明清福建農村社会の研究

三木 聰 著

北海道大学図書刊行会

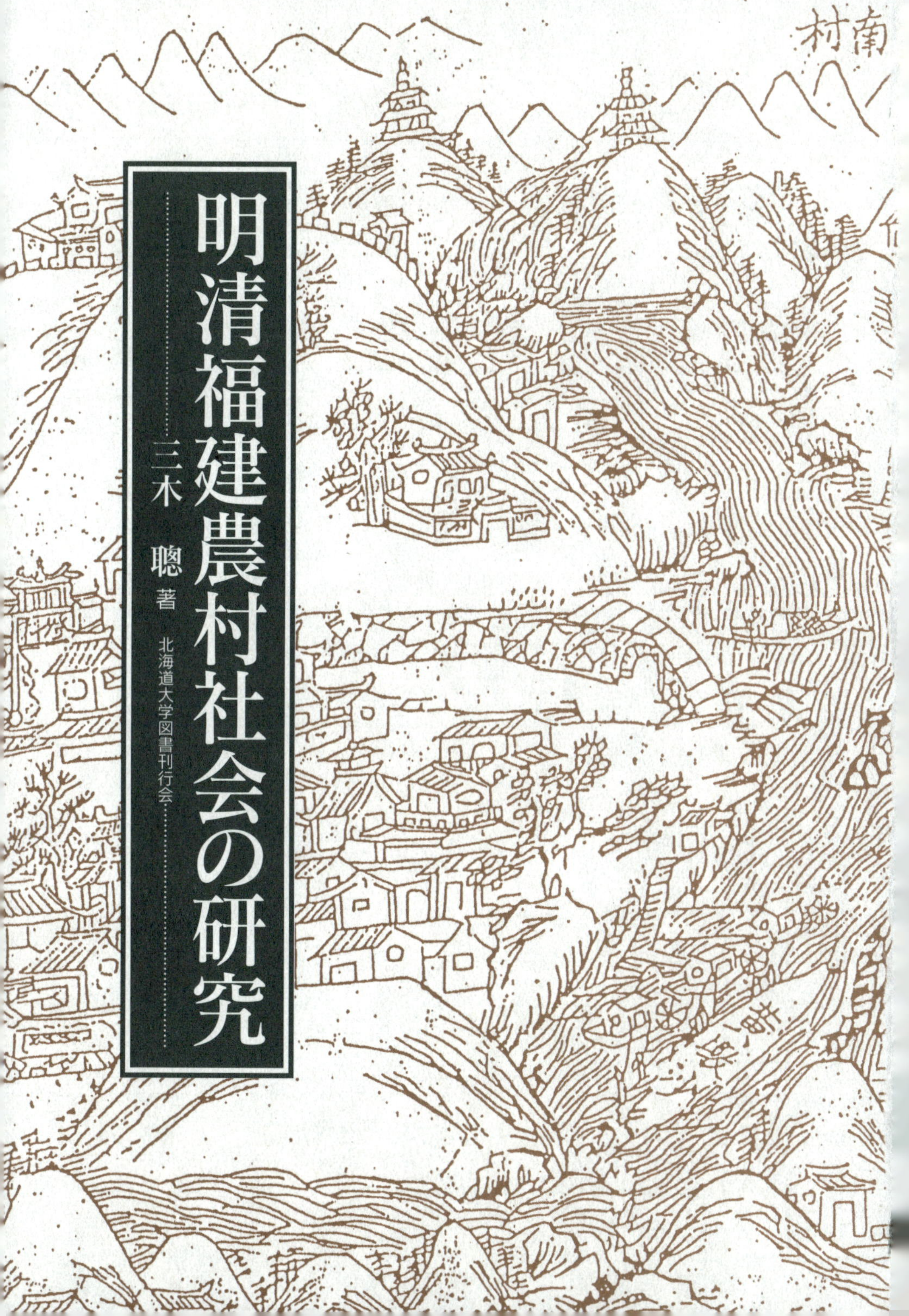

明清福建農村社会の研究――目　次

序　1

第一部　抗租と福建農村社会

第一章　明末以降の福建における抗租の展開　13
はじめに　13
一　万暦～崇禎年間　14
二　順治～康熙年間　25
三　乾隆年間　31
四　嘉慶～道光年間　40
おわりに　49
第二章　雍正年間の崇安県における抗租の展開　57
はじめに　57
一　史　料　58
二　分　析　64
(i)　抗租と一田両主制　64
(ii)　抗租と商業・高利貸資本　66

(iii)　抗租と国家権力　71
おわりに　73
第三章　抗租と阻米――明末清初期の福建を中心として――　77
はじめに　77
一　商品作物の展開　78
二　米穀の生産・流通　89
三　地主－佃戸関係と商業・高利貸資本　98
四　抗租と阻米――むすびにかえて――　104
第四章　沙　県――清代福建の一地方社会――　113
はじめに　113
一　県城および各都の概況　114
二　墟市・商品生産・商業資本　131
三　水碓・船碓と地主・商業資本　146
おわりに　155

第二部　抗租と明清国家
第五章　清代前期福建の抗租と国家権力……167
はじめに……167
一　雍正年間の平和県における抗租弾圧……169
(i)　同安県錦里黄氏と平和県屯田　169
(ii)　平和県屯田の抗租とその弾圧　173
(iii)　黄氏における収租体制の再編　179
二　地主収租体制と国家権力……183
おわりに……191
第六章　抗租と法・裁判……199
——雍正五年の〈抗租禁止条例〉をめぐって——
はじめに……199
一　〈抗租禁止条例〉の制定とその内容……202
(i)　制定過程　202
(ii)　条文内容　207
二　〈抗租禁止条例〉制定以前の抗租と裁判……215
(i)　福建の事例　215

(ii)　他地域の事例　221
(iii)　中央レヴェルの認識　228
三　〈抗租禁止条例〉制定以後の抗租禁圧……231
(i)　中央レヴェルの判決例　231
(ii)　地方レヴェルの禁令と抗租禁圧の実態　238
おわりに……260

第三部　保甲制と福建郷村社会

第七章　明末の福建における保甲制の展開……277
はじめに……277
一　福建における里甲制の変質……278
二　保甲制の実施とその展開……288
(i)　保甲制の実施状況　288
(ii)　朱紈の保甲制　289
(iii)　万暦年間の郷約・保甲制　295
三　保甲制と明末の農民闘争……305
おわりに……315

第八章　長関・斗頭から郷保・約地・約練へ——福建山区における清朝郷村支配の確立過程——……321
はじめに……321
一　郷保・約地・約練……322
二　長関と斗頭……330
三　保甲・団練と鉄砲狩令……343
おわりに……355
附　篇　明代里老人制の再検討……361
はじめに……361
一　里老人制の成立……363
二　申明亭と都・図……367
三　里老人制と裁判——当為と実態——……375
(i)　当為としての里老人制　375
(ii)　実態としての里老人制　382
(iii)　里老人制から郷約・保甲制へ　389
おわりに……394
補　論……402

第四部　図頼と伝統中国社会

第九章　抗租と図頼——『点石斎画報』「刁佃」の世界——……409

はじめに……409

一　『点石斎画報』「刁佃」の記事……410

二　明末以降の抗租における図頼の展開……415

三　図頼関係人命案件——租佃関係をめぐって——……423

(i) 康熙三十六年福建汀州府上杭県の傅氏自殺事件　423

(ii) 康熙四十年代湖南岳州府の毛玉鼎自殺事件　427

(iii) 道光二十年代江西吉安府泰和県の周作統自殺事件　430

(iv) 若干の考察　432

おわりに……433

第十章　軽生図頼考——特に威逼との関連について——……443

はじめに……443

一　図頼とは何か……444

二　図頼の地域的展開と習俗化……453

三　図頼と威逼……462
(i)　威逼条適用の実態と図頼の処理　462
(ii)　威逼・図頼関係人命案件　470
おわりに……478
第十一章　伝統中国における図頼の構図……487
――明清時代の福建の事例について――
はじめに……487
一　明清律と図頼……488
二　風俗と図頼……494
三　小忿・図頼・告官……502
おわりに……509
結　語……515
参考文献一覧　519
あとがき　539

史料索引　15
人名索引　9
事項索引　2

序

本書は、明末以降の華中・華南地域の農村社会で広汎に展開した抗租——小作農民である佃戸の地主に対する佃租(小作料)納入拒否闘争——について、その社会経済的な特質を中国の東南沿海に位置する福建省を地域的対象として考察するとともに、抗租に関連するいくつかの問題、すなわち国家権力の対応、郷村システムの形態、さらには佃戸の特異な行為(図頼)について検討を加えることで、明清時代の抗租をめぐる具体的な歴史像を構築しようと試みたものである。なお、本書では〈佃変〉や〈抗租反乱〉といわれる「蜂起としての抗租」のいわば対極に位置する日常的・経済的闘争としての抗租を直接の考察の対象としている。[1] 本論の叙述を行う前に、わが国の抗租に関する研究史を顧みることで問題の所在を明示しておきたい。

二〇〇二年という現時点から振り返るとき、わが国の明清史研究が一九八〇年代以降、ドラスティックな変貌を遂げたことは周知の事柄といえよう。それは象徴的には、七〇年代に至るまで中心的な位置を占めていた〈社会経済史〉の退潮と、八〇年代以降における〈社会史〉の隆盛として顕現しているように思われる。[2] 戦後、〈停滞論〉の克服を共通の課題としてスタートした明清社会経済史研究は、前近代中国に内在する〈発展性〉の解明を志向して展開したのであり、一九四九年の歴史学研究会で提起された〈世界史の基本法則〉に基づく発展段階論によって明清時代の歴史性を究明するという大きな潮流の中で、当該社会の〈土台〉を構成する地主‐佃戸関係およびその矛盾の表象としての抗租の問題は、明清社会経済史の中心的な課題の一つとされたのであった。七〇年代の初めに、明末清初という変革期の特質を理解するために重田徳氏によって提起された〈郷紳支配論〉は、中国の前近代史を「社会構成の非可逆的な展開」と捉え、かつ「郷紳支配」の中に「中国近代が対決した封建制の最終的構築」を見出そうとしたものであった(3)。この特殊中国的封建支配論の中で、重田氏は「郷紳支配」の基軸に地主‐佃戸間の階級関係を措定するとともに、明末清初における当該関係の対立的状況、すなわち抗租の一般化という現象こそが「郷紳支配」を「私的支配」から王朝権力との「癒着」へと向かわせた要因であったと指摘されたのである(4)。

重田氏が「郷紳支配」の体制化に根幹的にかかわるものとして位置づけた抗租それ自体がもつ豊かな内容は、主に当該時期の長江下流デルタ地域＝江南を対象として一九五〇年代末から六〇年代初にかけて発表された小山正明・田中正俊両氏の研究によって解明されたものであった(5)。江南の抗租史料を数多く発掘・紹介された小山氏は、高利貸資本との関係が形成される中で副業としての農村手工業を「商品生産化」すると同時に、地主に対する佃租不払い＝抗租を組み込むことで自立的な再生産を可能にした佃戸の一年間の経営サイクルを鮮やかに描出されたのである。小山氏によれば、抗租の背景には佃戸における「客観的物質的条件の形成」が見られたのであり、地主に対する抗租は佃戸が「封建的自営農」すなわち「農奴へと成長」したことの証であったという(6)。他方、小山氏の見解とは対照的に、抗租を「中国における封建的諸関係の解体過程を示すもの」とする田中氏は、「生産力の発展をふまえた佃戸層の成長」とそれに対する「地主層の収奪」の強化という事態が抗租現象をもたらしたのであり、抗租は「社会的なひろがり」或いは「社会性と日常性と」をもつものであったと指摘されている(7)。

以上のように、小山・田中両氏の研究は、明末清初における地主‐佃戸関係、或いは佃戸経営の歴史的段階についての見解を異にするものの、抗租自体を中国史における発展段階を規定するきわめて重要な歴史的指標と看做す点では共通していたといえよう。特に田中氏の場合、抗租がまさに「〈佃戸〉の史的発展を端的に顕示する事態」であり、抗租の研究が佃戸の「史的発展の追求」であることを強調されているのである[8]。

ところで、明末清初の江南における抗租の特質を理解するうえで、いわば中核的役割を果たしたのが嘉興府の万暦『秀水県志』巻一、輿地志、風俗、農桑の記事であった。小山・田中両氏の場合も、分析の中心に置かれていたものである[9]。当該史料は「往時」の〈牧歌的〉な地主‐佃戸関係とは対照的に、「邇来」に始まる佃戸の商品生産と関連した日常的抗租の展開、さらには隣接する湖州府における目的意識的な抗租の存在（「苕上奸民、聚党相約、毋得輸租巨室」）を描写したものであるが、佃戸の商品生産と抗租との関連性を解明するにあたって田中氏が万暦『秀水県志』とともに提示されたのが、福建の万暦『泉州府志』巻三、輿地志下、風俗の次のような記事であった[10]。

佃農所獲、朝登壟畝、夕貿市廛。至有豫相約言、不許輸租巨室者。

佃農が収穫したものは、朝には田圃で稔っていたものが、夕方には市場で売られている。豫め約束して租を巨室に納めることを許さないという者さえいる。

後半部分の「至有豫相約言、不許輸租巨室者」という表現に、万暦『秀水県志』の「苕上」における抗租との類似性が見られ、また前半部分では確かに佃戸の商品市場との日常的な接触が明記されている。しかしながら、万暦『泉州府志』の記述はあまりにも簡略であり、江南の抗租に関する豊かな歴史像と比較するとき、同時期の福建における日常的抗租についての乏しい知見を象徴しているといえよう。

さて、一九七一年に至って森正夫氏は、十四世紀後半から十八世紀後半までの地主‐佃戸関係の発展の軌跡を、抗租に表象された佃戸の「生産＝経営」の自立性と「階級的力量」の増大という点からトレースするとともに、十八世紀後半の江南を例に、小作田土に対する田面権を獲得して「階級的力量を飛躍的に強化した佃戸」[11]による抗租が、十六世紀以来の「抗租闘争の発展を如実に示」すものであるという見解を表明されたのであった。その後、森氏は一九八三年における概括的な論考の中で「抗租の時期区分」を行い、十六世紀半ばから十七世紀の二〇年代までを「抗租風潮の発生期」、十七世紀の三〇年代から十七世紀末までを「抗租叛乱の展開期」、そして十八世紀初から十九世紀の三〇年代までを「抗租の恒常期」と規定されたのである。(12) 一九五〇年代以降の抗租研究は、一九八三年に「時期区分」が行われることで、一つの到達点に立ち至ったと看做しえるのではなかろうか。(13)

その一方で、森氏は一九七一年の論考で「割愛せざるを得なかった論点」として「全期間を通じての再生産構造と農民支配における国家権力と地主＝佃戸関係との連関」を挙げており、(14) また一九八三年にも、残された課題の一つとして「国家権力と抗租する佃戸との関連の問題」を指摘されている。(15) 抗租に対して国家権力がどのようにかかわっていたのか、という問題は、明清時代の抗租研究における重要な課題として存在していたのである。

万暦『秀水県志』には、こうした国家権力の対応についても、

官司催科甚急、而告租者、或置不問。

官司による税の催促は甚だ厳しいが、租(の滞納)を告訴する者については、或いは放置して取り上げようともしない。

という、いわばネガティヴな内容が記されていた。税糧の督促は厳しく行われるにも拘わらず、佃租の滞納を地主が訴え出たとしても国家権力は放置して取り上げてもくれない、という当該記事の内実について、これまで最も整合的な解釈をされたのは濱島敦俊氏であった。濱島氏は次のようにいわれる。第一に、明初に実施された里甲制では農村社会の紛争を解決するためのシステムとして里老人制が行われ、些細な係争案件については直接、州県の衙門に告訴することが禁止されるとともに、里長・里老人に充当された農村居住の地主層(郷居地主)には裁判権・刑罰権が附与されており、そうした状況を槓杆として郷居地主の佃戸支配は完結していた。しかしながら、第二に、明代中期以降、里甲制・里老人制の衰退とともに抗租という新たな事態が現出してきたとき、官の側の制度的・法的な対応は現実の事態に追いつくことができなかったのであり、それが当該記事の抗租に対する

国家権力の不介入という内容に表現されている、と。[16] 濱島氏の見解は、江南の具体的な事例に依拠したものであり、歴史のダイナミズムを鮮やかに描いたものと評価することができよう。

従来、抗租と国家権力との関連を考える場合、雍正五年（一七二七）に制定された〈抗租禁止条例〉[17]という法の画期性が自明のこととされてきたように思われる。濱島氏の場合も、万暦『秀水県志』理解の射程には〈遅れてきた対応〉とでもいうべき〈抗租禁止条例〉が収められていたといえよう。しかしながら、筆者自身が一九七九年に紹介した明末万暦年間の福建巡撫許孚遠の布告には佃戸の抗租を禁止する内容が含まれていたのである。[18] こうした事例の存在は、当該の課題に関して〈抗租禁止条例〉の画期性や江南と福建との地域的な相違として理解するのではなく、明清国家に固有の法システムの運用と抗租との関連という視角から検討する必要性を浮かび上がらせているといえるのではなかろうか。

ところで、森正夫氏は上述の一九八三年の論考において、抗租と国家権力との関連のほかに、もう一つの重要な課題を提起されている。すなわち、それは「社会を構成する基本的な場、人間が生きる基本的な場としての地域社会と抗租との関連の問題」であり、抗租の経済的闘争としての側面とは別に、「場」における社会秩序との関連に注目したものであった。[19] すでに森氏は一九七九年において、明末段階に「在来の社会秩序が崩壊し、転倒しつつある事態の一環」として抗租を把握すると同時に、当時を生きた人々が抗租を「さまざまな分野、次元の社会関係を共通して貫流する秩序乃至秩序原理の変動の一環として」捉えていた事実を提示されている。[20] まさしく、抗租をいわば〈絶対視〉するのではなく、当該社会の中で〈相対的〉に理解する必要性を明示したものであった。それと同時に、明清時代の社会秩序の中に地主－佃戸関係を定位するとともに抗租自体も秩序の問題として考えるという森氏の視点は、抗租研究における新たな方向性を示唆するものであり、八〇年代以降の研究動向を先取りするものであったといえよう。

一九九二年に岸本美緒氏が総括的に述べているように、八〇年代以降の明清史研究の新しい潮流は、当該社会に内在する発展的諸側面ではなく、むしろ現代中国にも連なる〈伝統中国〉の「固有の型」或いは「変わらないもの」を注視するという方向で展開してきたように思われる。[21] 明清史研究におけるパラダイムの大きな転換を経験することで、逆に抗租研究の新たな一面、すなわち、従来の〈発展〉的理解とは別に、伝統中国社会の〈持続〉的な側面との関連で抗租の再検討を行うという道が見えてきたのではなかろうか。近年の研究では、一九九四年に寺田浩明氏が「約」を媒介とした明清時代の社会秩序の一環として抗租に見られる「盟約」――「行動基準の共有状態」を成立させるもの――の問題を位置づけるとともに、伝統中国の持続的な秩序形成の論理に包摂された抗租の一側面を提示されている。[22]

以上、わが国の抗租に関する研究史をおおまかに概観するとともに、抗租研究における二・三の課題について述べてきた。以下、本書では次の三つの側面から、抗租をめぐる諸問題に迫っていくことにしたい。

第一に、すでに万暦『秀水県志』と万暦『泉州府志』との抗租記事の比較のところで若干の言及を行ったが、明末以降の抗租の特質、特に佃戸の商品生産と関連する抗租の社会経済的側面が、江南の具体的史料によって解明されてきた一方で、江南以外の諸地域における抗租の実像、すなわち地域的特性に密着した抗租像はこれまであまり明らかにされていないといえよう。本書では、第一部として、万暦『泉州府志』がきわめて簡略に表現した福建の抗租の特質を、福建特有の社会経済的状況との関連において考察することにしたい。

第二に、森正夫氏による課題の提起において明示された、抗租と国家権力との関連の問題である。本書では第二部として、明清王朝国家による抗租禁圧の実態を福建の事例研究によって提示するとともに、明末以降の抗租に対する王朝国家の回答と看做されてきた雍正五年(一七二七)の〈抗租禁止条例〉を、伝統中国の法制度・法文化との関連において把握しなおすことにしたい。特に後者では、抗租という〈土台〉の変化に即応した当該条例の画期性とは別の側面が明らかになるであろう。また第三部として、国家による抗租の禁圧・取締とも関連する問題であるが、明末以降の農村社会に実施された治安・秩序を維持するための〈郷村システム〉＝郷約・保甲制について、福建を地域的対象とした考察を行うことにしたい。

第三に、伝統中国的な社会秩序、或いは法文化に関連すると思われるが、地主に対する抗租を行うにあたって佃戸が選択した行為の問題である。上述の福建巡撫許孚遠の布告には、佃戸が抗租を貫徹するための方法論として、親族等の死骸を利用する〈図頼〉という凄惨な行為を選択していたことが明記されている（「或負銀租経年不納、甚至軽生図頼」）。何ゆえ佃戸たちは図頼という行為を選択したのであろうか。本書では第四部として、図頼の問題を検討することにしたい。図頼という行為は必ずしも抗租に限定されたものではないが、図頼の分析を通じて伝統中国の〈持続性〉と関連した抗租の多様な歴史像の一端が明らかになるであろう。

ところで、本書が中心的に取り扱う福建の農村社会については、故傅衣凌氏の厖大な研究が残されている。明清時代の福建農村社会に関する傅氏の研究は、地主‐佃戸関係、商品生産、商業・高利貸資本、さらには郷族等、きわめて多岐にわたる問題を包摂したものであるが、その基軸に位置するものは佃戸・奴僕を主体とする農民闘争史研究であった。特に抗租については「蜂起としての抗租」の解明が中心に行われており、福建関係の〈佃農風潮〉〈佃変〉に関する数多くの史実が提示されている(23)。本書は、福建史の基礎的な知識をはじめとして傅氏の研究からきわめて多くの点を学んでいることを、特に附言しておきたい。

なお、本書は筆者が一九七九年以降、継続的に発表してきた十一編の旧稿に基づいて構成されている。旧稿と本書の章立てとの関係を示せば、以下のようになる。

① 「明末の福建における保甲制」『東洋学報』六一巻一・二号、一九七九年（本書第三部第七章）

② 「清代前期福建の抗租と国家権力」『史学雑誌』九一編八号、一九八二年（同第一部第一章および第二部第

五章）
③「清代の福建における抗租の展開」『北海道大学文学部紀要』三四巻一号、一九八五年（同第一部第一章および第二章）
④「抗租と阻米――明末清初期の福建を中心として――」『東洋史研究』四五巻四号、一九八七年（同第一部第三章）
⑤「抗租と法・裁判――雍正五年（一七二七）の《抗租禁止条例》をめぐって――」『北海道大学文学部紀要』三七巻一号、一九八八年（同第二部第六章）
⑥「沙県――清代福建の一地方社会――」『史朋』二四号、一九九一年（同第一部第四章）
⑦「明代里老人制の再検討」『海南史学』三〇号、一九九二年（同第三部附篇）
⑧「抗租と図頼――『点石斎画報』「刁佃」の世界――」『海南史学』三二号、一九九四年（同第四部第九章）
⑨「軽生図頼考――特に〝威逼〟との関連について――」『史朋』二七号、一九九五年（同第四部第十章）
⑩「長関・斗頭から郷保・約地・約練へ――福建山区における清朝郷村支配の確立過程――」山本英史編『伝統中国の地域像』慶應義塾大学出版会、二〇〇〇年、所収（同第三部第八章）
⑪「伝統中国における図頼の構図」歴史学研究会編『紛争と訴訟の文化史』〈シリーズ歴史学の現在二〉、青木書店、二〇〇〇年、所収（同第四部第十一章）

本書をまとめるに際して、論旨は基本的には旧稿を踏襲している。また、第一章が旧稿②および③の一部をもとに再構成しており、第六章が⑤の一部を削除しているほか、旧稿における誤脱の訂正や体裁の統一、さらには若干の史料の補足を行っている。

（1）抗租には非日常的・暴力的な蜂起としての抗租と日常的な経済闘争としての抗租という「二つの極」が見られる点については、［濱島敦俊 - 八二］五四八頁、参照。なお、註に参考文献を提示する場合は、巻末の「参考文献一覧」に示した引用略記による。

（2）一九八〇年代以降の〈社会史〉に関する研究動向については、［馬淵昌也 - 九六］参照。

（3）［重田徳 - 七一b］。

（4）［重田徳 - 七一b］三六三・三六八頁。

（5）［小山正明 - 五八（同 - 九二）］・［田中正俊 - 六一b］。

（6）［小山正明 - 九二］二九六・三〇〇頁。

（7）［田中正俊 - 六一b］七六頁。なお、［田中正俊 - 六一b］を掲載する『世界の歴史』一一〈ゆらぐ中華帝国〉、筑摩書房、一九六一年の初版で「当時の抗租は社会的ひろがりをもったのであった」と記す箇所が、一九七九年の新訂版では「当時の抗租は社会性と日常性とをもったのであった」と改められている。

（8）［田中正俊 - 六一b］七〇頁。

（9）万暦『秀水県志』の抗租記事に最初に注目されたのは、［藤井宏 - 五三c］（一〇四―一〇五頁）である。なお当該史料については、それぞれ森正夫・濱島敦俊・山本英史の三氏による日本語訳が存在する。この三者の訳は、当該史料全体を理解するうえできわめて重要な箇所において解釈の相違が見られるが、本書の論旨とは直接関係しないこともあり、ここでは違いが見られるという指摘だけに止めておきたい。［森正夫 - 八三］二五〇―二五一頁、［濱島敦俊 - 九四］六七―六八頁、および［山本英史 - 九八］一五―一六頁、参照。

（10）［田中正俊 - 六一b］七六―七七頁。

（11）［森正夫 - 七二］。

（12）［森正夫 - 八三］二三二―二三五頁。

（13）なお、［濱島敦俊 - 八二］五四八頁でも江南に限定されているとはいえ、明末清初が「目的意識的な佃変・抗租暴動」に代表される抗租の「昂揚」期であり、清代中期には抗租の持続性は見られるものの「相対的安定」期に入り、清末に再び「非和解的抗租が登場する」という見解が示されている。

（14）［森正夫 - 七二］二三二頁。

(15) [森正夫 - 八三]二三九頁。
(16) [濱島敦俊 - 八二]五五三―五五九頁。
(17) 本書第二部第六章では当該条例についての考察を行っているが、主として抗租禁止にかかわる条項に焦点をあてており、本書では当該条例を差しあたって〈抗租禁止条例〉と称することにしたい。
(18) [三木聰 - 七九]九七―九八頁。当該布告については、本書第一部第一章、一四―一六頁、参照。
(19) [森正夫 - 八三]二三九頁。
(20) [森正夫 - 七九]一五五頁。
(21) [岸本美緒 - 九二]一六〇頁。
(22) [寺田浩明 - 九四a]八七―八九頁。
(23) 取りあえず、[傅衣凌 - 四四]・[傅衣凌 - 四七]・[傅衣凌 - 六一b]・[傅衣凌 - 七五]等、参照。

第一部　抗租と福建農村社会

第一章　明末以降の福建における抗租の展開

はじめに

明末清初期の華中南農村社会に展開した抗租闘争が、直接生産者小農民＝佃戸の歴史的発展を明示する、きわめて重要な指標であったことは、つとに田中正俊氏によって指摘されたところである。(1)また、商品生産の展開にともなう佃戸の主体的力量の増大、佃戸の地主に対する経済的従属からの相対的な自立、および新たな収奪者としての前期的な商業・高利貸資本の農村社会への出現、という佃戸を取り巻く社会的・経済的な構図の中で、明末以降、抗租は日常的な経済闘争として行われたのであった。(2)

ところで、如上の抗租理解は、主要には経済的最先進地帯であった江南デルタ地域の豊富な具体的史料に基づくものであったが、江南デルタと同様に抗租の広汎な展開の見られる地域の一つに、中国の東南沿海に位置する福建地方を挙げることができる。福建の抗租については、早い段階から傅衣凌氏によって数多くの事例が発掘・紹介され、かつ傅衣凌・森正夫・王連茂氏等によって主に非日常的な蜂起・暴動としての抗租――泉州府の〈斗栳会〉、汀州府の〈黄通の抗租反乱〉等――についての詳細な研究が発表されてきた。(3)しかしながら、江南の研究状況と比較するとき、福建の抗租研究では、特に日常的な経済闘争としての抗租について、当該地域に特殊な社会的・経済的状況に即した考察が十分に行われているとはいい難いように思われる。

例えば、明末の代表的な抗租史料とされる、江南の万暦『秀水県志』巻一、輿地志、風俗、農桑の記事と、福建の万暦『泉州府志』巻三、輿地志下、風俗の記事とを比較対照した場合、前者が如上の明末段階における抗租理解の基軸に位置するほどの豊富な内容を有しているのに対して、後者は佃戸の商品市場との恒常的な接触、特に農産物の商品化（「佃農所獲、朝登壟畝、夕貿市廛」）を契機として目的意識をもった抗租が行われている事実（「至有豫相約言、不許輸租巨室者」）を簡潔に伝える一方で、当該地域における佃戸の経営および再生産の内実や佃戸と商業資本との具体的な関係、等についてはほとんど何も語っていないのである。(4) こうした点には、福建の抗租研究における課題の一端が明示されているといえよう。

本章では、まず、そうした課題に接近するための基礎的作業の一つとして、明末の万暦年間から清代後期の道光年間に至るまでの、ほぼ二百五十年の間における福建の抗租状況を通時的に概観しておきたい。

一　万暦～崇禎年間

明末の福建における地主－佃戸関係および抗租に関する、最も詳細な史料として、万暦二十年（一五九二）から同二十二年（一五九四）にかけて福建巡撫を務めた許孚遠の『敬和堂集』公移撫閩稿、「照俗収租、行八府一州」を挙げることができる。以下、段落を区切って、ほぼ全文を提示することにしたい。(5)

(a)節撫閩・候《ママ》二県郷農、相率赴院告称、閩例禾稲、主佃均分子粒。前因穀賤、勒佃認租、近窺穀貴、投勢分収、一到田所、威嚇抽索、十科得六、希図積粟高擡。稍不如意、百計挟害、誣以盗抜、及刁難送倉。郷農畏威、莫敢誰何、等情到院。

閩・侯官二県の郷農が相率いて院〔巡撫衙門〕に訴えてきたことに拠ると、「閩の慣例では禾稲は田主・佃戸が収穫物を均分することになっています。以前は穀価が賤かったことによって、〔田主は〕佃戸に認租（定額租）を無理強いしていましたが、近頃は穀価が貴くなったのを窺って、勢力を投じて分収（分益租）にしようとしており、一たび田圃に到ると、威嚇して〔佃租を〕取り立て、〔収穫の〕十割の中から六割を得、穀物を積み上げて〔穀価の〕高騰を図っています。少しでも意に逆らえば、百計を用いて妨害し、〔穀物を〕盗抜したとか〔佃租の〕送倉を邪魔したという理由で官に誣告します。郷農は〔田主の〕威勢を畏れて、敢えて咎め立てする者もいません」とあった。

(b)又該本院訪得、閩俗佃田、原有分割与納租二様。近因穀貴、旧時照則納銀者、今将改議分割、旧時分割禾稲者、今将例外科責、以致佃田小戸、共抱驚惶。及訪、有等刁潑佃戸、結党澈頼、不顧理法、遇分収則先盗抜、議納粟又多挿沙、或負銀租経年不納、甚至軽生図頼。田主糧食賦税、従何而出。此人心之所不平、在法紀尤難偏護。

また本院が調査したところ、閩の俗では田を小作する場合、もともと分割（分益租）と納租（定額租）という二種類があった。近頃では穀価が貴くなったことで、旧時は規定に照らして銀租を納めていたものが、今では分割に変更しようとしており、旧時は禾稲を分割していたものが、今では規定外に取り立てようとしており、それによって小作している小戸は、みな恐惶をきたしている。さらに調べたところ、ある種の悪賢い佃戸が仲間を集めて悪事を行い、道理や法を顧みず、分収（分益租）の場合には〔田主の収租よりも〕先に〔稲を〕盗抜し、納粟（定額現物租）と決まっていれば砂を多く混ぜ、或いは銀租を滞納して何年も払わず、甚だしい場合には軽生《じきつ》して図頼を行っている。〔こうした状況では〕田主の糧食や賦税は何によって賄われるのであろうか。これは人心が公平とは看做さないものであり、法規においてもとりわけ擁護し難いのである。

(c)除出示暁諭外、相応通行禁約。為此牌仰本府・州官吏、即便督行各属県、一体出示、遍発城市郷村、諭令所属有田之家、与力田人戸、務要各相体恤。照依土俗旧例、原係分収者、照旧分収、不許勒索於常例之外。原係納租者、仍前送納、不許改創為分割之議。斗斛等秤、要得平準、僮僕門幹、禁毋虐擾、使可長久与民相安。其各佃戸、自当遵守旧規。或与分割禾稲、或是納穀納銀、俱要及時交完、以給主人供輸糧食、不許恃強拖頼。此後敢有勢家収租噬利、虐害小民、及小民恃頑強割、或拖負田租、反行図頼者、該県官各与剖理処分、務使大小人情、両得其平、毋絲毫偏枉。

告示を出して暁諭《せつゆ》する外に、まさに禁約を通行《つうたつ》すべきである。この為に各府・州の官に命じて、ただちに所属の各県に督励し、一体で告示を出して、城市・郷村に遍く発し、田を所有する家と小作する戸とに命じて、務めて必ず各々が体恤するようにさせよ。〔田主は〕土俗の旧例に照らして、もともと〔佃租が〕分収であったものは旧来通りに分収とし、規定の外に搾取することは許さない。もともと納租していたものは従来通りに〔佃租を〕納入させ、分割の方式に変更することは許さない。斗・斛等の〔収租用の〕枡は必ず平準を維持すべきであり、僮僕や門幹に禁じて〔佃戸を〕虐待させてはならず、幾久しく民とともに相安んずるようにせよ。各々の佃戸は自ずからまさに旧来の規定を遵守すべきである。或いは〔田主と〕ともに禾稲を分割し、或いは〔佃租として〕穀や銀を納入するときも、必ず期限通りに完納し、それによって田主の租税・糧食用〔の禾稲〕を供給するようにし、力に恃んで〔佃租を〕滞納することは許さない。今後、勢力のある家で収租時に利益を貪って、小民〔佃戸〕を虐待したり、小民で頑なに〔田主にだまって禾稲を〕強割したり、或いは田租を滞納し、かえって図頼を行う者がいたならば、当該の県官は各々が剖理《しんり》して処分《しょばつ》を行い、務めて大戸・小戸の人情がともに平《バランス》を得るようにし、僅かでも偏向があってはならない。

(a)は福州府の附郭＝閩・侯官両県の佃戸（「郷農」）が地主の不法行為を直接、巡撫衙門に訴え出た内容であり、

(b)は巡撫許孚遠の調査結果、(c)は孚遠から各府州への通達命令である。

まず、(a)・(b)では地主‐佃戸間の緊張関係の具体的様相が描かれている。米価の変動にともなって佃租の形態を恣意的に変更し、収奪の強化を図る地主に対して、佃租形態が現物による分益租（「分収」）の場合には刈り取りの時期より以前に「盗抜」を行い、現物による定額租（「納粟」）の場合には砂土を混入し、「銀租」の場合には何年も滞納するというように、佃戸の側はそれぞれの佃租形態に即応した抗租を行っていたのである。さらに佃戸は地主に対する嫌がらせとでもいうべき、死骸を利用した恐喝（「図頼」）さえ行っていたという。(6) こうした状況に対処するために、許孚遠は(c)において、きわめて具体的な措置を講じている。すなわち、地主に対しては佃租形態の恣意的変更の禁止や収租用の量器における平準の維持、或いは奴僕による佃戸虐待の禁止を、佃戸に対しては従来からの佃租形態の遵守と抗租の禁止とを、そして各県官に対しては地主・佃戸双方の違反に対する厳しい取締と処分（「剖理処分」）とを命じたのであった。

万暦二十年代の初めに、地主‐佃戸関係の矛盾の顕在化という事態に直面した福建巡撫許孚遠は、国家権力の直接的な関与・介入によって当該関係の止揚を企図したのであった。では、こうした許孚遠の考えは、明末段階の府州県レヴェルにおいて、どれほどの現実性を有していたのであろうか。

濱島敦俊氏によって紹介された祁彪佳『莆陽讞牘』所収の地主‐佃戸関係にかかわる史料は、貴重な事例をわれわれに提供してくれる。(7) 天啓四年（一六二四）から崇禎元年（一六二八）までの興化府推官時代における祁彪佳の判牘集『莆陽讞牘』から、濱島氏自身、注目すべき点の一つとして「欠租の処理をめぐる対応」――欠租した佃戸に刑罰が科せられていること――を指摘されているが、(8) 例えば次のような二つの史料が存在する。

(A)審得、生員呉邦良・邦衡、以田兌游藩哥父、邦良等得価五十両。及其父故、佃戸陳在仁等、輒負其租、又奚怪藩哥之興詞也。……第衅繇租起、而在仁之所負独多。応杖之、以懲久逋者。（『莆陽讞牘』「分巡道、一件、急救孤孀事、杖罪陳在仁」[9]）

審理したところ、生員の呉邦良・邦衡は田を游藩哥の父に典売し、邦良等はその価格五十両を得た。その父が亡くなるに及んで、佃戸の陳在仁等は租を滞納したのであり、またどうして藩哥の告訴を怪まなければならないのか。……ただ諍い事は租〔の滞納〕によって起こったのであり、しかも在仁の滞納額は独りだけ多いのである。まさに彼を杖刑として、それによって久しく〔租を〕滞納している者を懲らしめるべきである。

(B)審得、黄廷宥係陳賛佃戸、偶逋其租、以致興詞。今廷宥償明其租、詞可息矣。廷宥罰穀三石。（同前「一件、欺君占殺事、陳賛告黄廷宥等」[10]）

審理したところ、黄廷宥は陳賛の佃戸であったが、たまたま租を滞納したために訴訟沙汰となった。今、廷宥はその租を〔全額〕支払ったのであり、訴訟は止めるべきである。廷宥を罰穀三石とする。

(A)では佃戸陳在仁が「負租」によって、(B)では佃戸黄廷宥が「逋租」によって、ともに官の処罰——杖刑および罰穀——を受けているが、(A)の場合、末尾に「応杖之、以懲久逋者」と記されているように、この「負租」が単なる欠租——佃戸の貧窮化、或いは飢餓的状態から結果した佃租滞納——ではなく、「久逋」といわれるような持続的に行われていた抗租であったことは明らかであろう。『莆陽讞牘』所収の他の判牘でも、「逋租」した佃戸の処罰に際して「以為欺逋者戒（それによって〔佃租を〕欺逋した者の戒めとする）[11]」或いは「以為頑佃之戒（それによって頑佃の戒めとする）[12]」と祁彪佳自身が述べているように、天啓年間の興化府では〈頑佃〉による日常的な抗租が普遍的に展開していたのである。

許孚遠と祁彪佳と、この両者の事例の間に、直接的な関連を見出すことはできない。しかしながら、興化府における祁彪佳の判牘を明末福建のコンテクストの中に置いてみるとき、先の許孚遠の理念が府州県レヴェルで着実に実現していたことを指摘しえるのではなかろうか。

ところで、許孚遠の史料は「八府一州」という福建全域に出された通達であったが、そのこと自体が当時の福建において抗租がある程度の地域的拡がりをもつ現象であったことを物語っており、また、その一端を天啓年間の興化府に確認したのであったが、次に当該時期の福建各府の状況を探っていくことにしたい。

まず、福州府については、藤井宏氏によって紹介された閩県の郷紳、周之夔の『棄草文集』巻五、議、「広積穀、以固閭閻議」が、崇禎年間の福州近郊農村社会の状況について次のように伝えている。(13)

毎歳未及春杪、各村農佃、早已無耕本、無日食、不得不向放生穀之人、借生作活。及至冬熟時、先須将田中所収新穀、加息完債。穀債未了、租債又起。又須豫指餘粒、借銀財主、以還田主租銭。其極貧者、生穀債本、竟莫能償、只随冬加息、子什其母。甚有寧負田主租、不敢負穀主債、恐塞下年掲借之路者。如是而収成甫畢、貧佃家已無寸儲矣。

毎歳、未だ春の終わりにもなっていないのに、各村の農佃には早くも耕作の元手が無く、日々の食糧も無く、生穀を貸与してくれる人に頼って生活していかざるをえない。冬の稔りの時期になると、先ず田圃から収穫した新穀で、利息を加えて債務を完済する。穀債が未だ終わってもいないのに、〔今度は〕租債(佃租の支払い)が始まる。また豫め餘剰の米穀によって銀を財主から借り、それによって田主の租銭を支払うのである。極貧の者は、生穀の債本さえも遂に償還することができず、ただ冬を過ぎて利息が加わるだけで、その額は元本の十倍にもなる。甚だしい場合には、むしろ田主の租を滞納しても、敢えて穀主の債務は滞納せず、次年の貸借の路が塞がるのを恐れる者さえいる。このようにして収穫が終わったばかりなのに、貧佃の家にはすでに僅かの蓄えさえ無いのである。

佃戸の再生産が「財主」「穀主」といわれる高利貸資本からの借銀・借穀を必要不可欠としている状況を描写するとともに、関連して抗租という事態にも言及しているのである。この記事では、地主および高利貸による厳しい収奪に晒されて呻吟する佃戸の姿が前面に押し出されているが、しかし、農村社会における高利貸資本の存在に大きく規定されながらも、既存の地主－佃戸関係の解体を志向する「貧佃」の一面（「寧負田主租」）にこそ注目しなければならないであろう。

ほぼ同じ頃、同じく閩県の郷紳、董応挙は『崇相集』議二、「熊公象洋義田三款」の第一款の中で、

　一、画一租額、以便徴収。照得、観察所買閩清義田、毎両租額三十斤算、官民両利。瑋児所買合北里象洋義田、租額毎両以四十斤算。此雖象洋郷例、然佃戸年年欠租、業主不能収。当時但知郷例之可依、不知欠租之難討、遂以此為準。

　一、租額を画一にして（佃租の）徴収を便利にすること。調べたところ、観察が購入した閩清（県）の義田は、一両ごとの租額が三十斤で換算しており、官も民もともに好都合だとしている。瑋児が購入した合北里象洋の義田では、租額は一両ごとに四十斤で換算している。これは象洋の郷例ではあるが、しかし佃戸は毎年のように欠租しており、業主は（佃租を）徴収することができないのである。当時はただ郷例に依拠すべきことを知るだけで、欠租が取り立て難いことを知らず、遂にこれを以て基準としたのである。

と記述している。この記事全体は、当時の福州府知府熊士逵(14)によって閩県の合北里象洋に設置された救荒用の「義田」の経営をめぐる内容であるが、ここに提示した箇所からは、象洋一帯で毎年のように佃戸の「欠租」という事態が発生しており、かつ地主による「欠租」の追比がきわめて困難な様相を呈していたことが窺われる。これは明らかに抗租状況と看做すことができよう。

万暦『泉州府志』によって抗租の展開が指摘された泉州府については、また次のような史料が存在する。万暦～崇禎頃の同安県の郷紳、蔡献臣の『清白堂稿』巻一七、所収の万暦『同安県志』学租の「論曰」には、

　学租之設、以贍貧士、而以其餘、為課餼修葺之需、至便計也。況取諸橋梁寺観之餘、良工苦心矣。奸佃拖欠、無所不至。司牧者、何能無惻然。

学租の設置は、貧しい士人を助け、その余剰でもって供物や修理の費用を賄うものであり、それは至便の計であった。ましてやこれを橋梁〔の税〕や寺観〔の租〕から取っていたのであり、良工の苦心というべきものであろう。奸佃の拖欠は、見られないところはない。司牧《ちほうかん》たる者は、どうして不憫に思わないでいれようか。

という記載を見出すことができる。明初以来、同安県では学田が設置されず、万暦末という時期に至っても橋税の一部および廃寺田からの上がりが学租に充当されていた。(15) 無論、ここに見える「奸佃拖欠」を一般民田の抗租と同一視することはできないが、しかしながら「無所不至」という表現に、「奸佃」による抗租が当該地域ではすでに風潮化していた状況を看取することができよう。

漳州府については、崇禎『漳州府志』巻八、賦役志、田賦考に、次のような記事が存在する。

按、佃戸出力代耕、如傭僱取値。豈得称為田主。縁得田之家、見目前小利、得受糞土銀若干、名曰佃頭銀、田入佃手。其狡黠者、逋租負税、莫可誰何。業経転移、佃仍虎踞。故有久佃成業主之謡。皆一田三主之説、階之為厲。

按ずるに、佃戸が力を出して〔田主の〕代わりに耕作するのは、雇傭人が〔働いて〕賃金をもらうようなものである。どうして田主と称することなどできようか。そもそも田を所有している家は、目前の僅かな利益を見て、糞土銀若干を受け取っており、「佃頭銀」と称してはいるが、〔結果として〕田は佃戸の手中に入ることになる。その狡猾な者は、租や税を滞納しているが、〔田主は〕咎めることさえできないのである。すでに土地〔の所有権〕が移転しても、佃戸は依然として居座っている。故に「久佃は業主と成る」という俗諺さえ存在するのである。こうした一田三主の説は、これを階として厲《わざわい》になるのである。

この記事は、明代後半以降の漳州府において特徴的に見出すことのできる〈一田三主制〉に関する記事の割註である。(16) その内容は、佃戸が地主に「糞土銀」＝「佃頭銀」を支払うことで小作田に対する何らかの権利を獲得し、それに依拠して地主収租権の分化した二形態＝「大租主」「小税主」に対して抗租(「逋租負税」)を行っているというものである。[17]

こうした明末の状況とは対照的に、漳州府の附郭である龍渓県の地方志、嘉靖『龍渓県志』巻一、地理、風俗には、次のような記述を見出すことができる。

(a)大抵業農之民甚労、其間無田者衆、皆佃人之田。年豊則業佃相資、歳歉則業佃倶困。

大抵、農を業とする民は甚だ苦労するものであるが、その間に田を所有しない者は多く、みな他人の田を小作している。豊作の年には業主も佃戸もともに助け合い、不作の年には業主も佃戸もともに困窮するのである。

(b)柳江以西、一田二主。其得業帯米収租者、謂之大租田。以業主之田、私相貿易、無米而録小税者、謂之糞土田。糞土之価、視大租田十倍、以無粮差故也。

柳江より以西は、一田二主である。土地を所有して米《ぜい》が掛かり、租を徴収するものを「大租田」という。業主の田を勝手に売買し、米が掛からず小税を取り立てるものを「糞土田」という。糞土(田)の価格は大租田に較べて十倍にもなるが、粮《ぜい》も差《えき》も掛からないからである。

(b)では、龍渓県を流れる九龍江(「柳江」)より西の地域に、地主収租権の分化による「一田二主」制がすでに展開していたことが述べられているが、ここで特に注目したいのは(a)の記述である。[18]当該県志が編纂された嘉靖十五年(一五三六)頃に、先の崇禎『漳州府志』における地主‐佃戸関係の緊張状態を見出すことはできず、ここでは年歳の豊・歉によって「業佃相資」「業佃倶困」と表現されているのである。嘉靖『龍渓県志』と崇禎『漳州府志』の記事を比較対照するとき、われわれは嘉靖二十年代の江南デルタに存在した有名周知の認識、すなわち正徳以前の「相資相養」の関係から「邇年以来」の「相猜相讐」の関係へと地主‐佃戸関係の変質を指摘した、かの徐階の文章を想起するのである。[19]「相資相養」的な地主‐佃戸関係を徐階は正徳以前に想定し、「業佃相資」

的な地主−佃戸関係を嘉靖『龍渓県志』は現在（嘉靖十年代）のこととして記すというように、多少のタイム・ラグが見られるとはいえ、福建の漳州府の場合も、明末にかけて「業佃相資」「業佃俱困」的状況から抗租を生み出す状況へと、地主−佃戸関係の変質を確認することができよう。

さらに、福寧州においても、明末の段階に抗租現象を見出すことができる。[20] 万暦『福安県志』巻一、輿地志、風俗には、当地の「偸俗」の一つとしてきわめて簡略な表現ながらも、

　其在村落悪少、動以逋租自毒。

　村落にいる悪少年たちは、ともすれば佃租を滞納して自ら服毒する。

と明記されている。「逋租自毒」とは抗租を貫徹するために自殺をも厭わないという図頼の風潮を表したものだと思われる。

以上、福建の沿海に位置する福州・興化・泉州・漳州の四府、および福寧直隷州のすべての地域において、明末の段階に抗租の展開を確認することができた。他方、内陸部に位置する延平・建寧・邵武・汀州の四府では、この時期、同様の事例を見出すことができるのであろうか。

建寧府の万暦『建陽県志』巻三、籍産志、藝産には、次のような記事が存在する。

　自六月起、至九月十月、早晩諸稲、随時登収。然刈禾、無敢過霜降者。一歳間、茶至三収、苧至四収。富農高廩、蓋蔵稍貯、額賦供官。佃農輸租大家、貯餘以備春作。嬉嬉如也。

　六月から始まって九月・十月に至るまで、早・晩の諸稲は随時収穫される。しかしながら、稲の刈り取りは決して霜が降る時期を過ぎることはない。一歳の間に、茶は三回摘み取り、苧麻は四回収穫する。富農の高倉には、穀物が少しく蓄えられ、額賦《ぜいりょう》は官に納入される。佃農は租を大家（田主）に納め、餘りを蓄えて春の耕作に備えている。楽しそうである。

特に「富農高廩」以下の傍点部分に注目したい。これは、かの万暦『秀水県志』が「往時」のこととして書き記したところとまさに同文なのである。(21) しかし、万暦『秀水県志』では「嬉嬉如也」の直後から「邇来」に始まる著名な抗租記事が続くのに対して、万暦『建陽県志』には抗租に関する記事が全く缺落しているのである。

では、万暦『建陽県志』の当該記事と万暦『秀水県志』の抗租記事とは如何なる関係にあったのであろうか。実は、万暦二十九年(一六〇一)序刊の前者における撰者代表の一人＝傅国珍は、後者が編纂・刊行された万暦二十四年(一五九六)直前の万暦二十一年(一五九三)から同二十二年(一五九四)にかけて、秀水県を附郭の一つとする浙江嘉興府の知府として在任していたのである。(22) 従って、当該知府在任当時、当地の郷紳、黄洪憲によって書かれた万暦『秀水県志』風俗の記事を、(23) 傅国珍が直接閲読していた可能性があると同時に、少なくとも嘉興府の農村社会における抗租状況を認知していたと思われるのである。そうした自らの体験を踏まえて書かれた万暦『建陽県志』では、抗租について一切触れられておらず、かつ万暦『秀水県志』の「往時」の記事がそのまま引用されている点を考慮するとき、傅国珍自身は、当時の建陽県ではほぼ同時期の嘉興府(或いは秀水県)の状況とは異なって、地主‐佃戸関係の矛盾が抗租を現出させるほどには顕在化していないという認識をもっていたといえるのではなかろうか。

しかしながら、わが国には現存しない万暦『建寧府志』巻四、輿地志四、風俗の記事は、万暦『建陽県志』との間に十年以上のタイム・ラグがあるとはいえ、如上の傅国珍の認識を真っ向から否定するような内容となっているのである。当該記事は「以前建俗之大都」を叙述した後、次のような事態を伝えている。

今日則不然。父母死、溺于堪輿家言、停棺択地、或一二十年。利謀計奪、訟牒不休。婚姻間有論財者。少年不務本業、而博塞以為生、毎至傾人之産。又或群結無頼、号為打手、縈驚市井。呫嗶後輩、或軽侮其長者。黠佃逋主之租、又従而詭移其田、顧先膚愬以惑聴。或有水火之災、悪少乗機、搶擄富豪家婦。

今日〔の状況は〕はそうではない。父母が死ぬと堪輿家（風水師）の言のままに、棺を放置して〔墓地用の〕土地を選ぶことになり、それが十年・二十年にもなることがある。利益を貪り計略を謀って、訴訟は止むことがない。婚姻ではまま財産を論ずる者がいる。少年は本業に務めず、博打で生計を立てており、常に他人の財産を傾けるに至っている。また或いは徒党を組んだ無頼たちは「打手」と称して、市井を騒がせている。喧噪な後輩には、年長の者を軽侮する者がいる。黠佃は田主の租を滞納しており、またその田を〔別の佃戸に〕詭移し、〔田主より〕先に訴訟を起こして〔官の〕審理を惑わしている。或いは水火の災害が起こると、悪少年たちはその機会に乗じて富豪の婦人を誘拐したりする。

ここでは、すでに森正夫氏が明らかにされた明末における社会秩序の変動、或いは在来の社会関係の転倒という状況に関連する記述の中で、[24]「黠佃逋主之租」という抗租の存在が指摘されているのである。万暦『建陽県志』における傅国珍の認識とは異なって、明末の建寧府においても、地主－佃戸関係の矛盾は抗租という事態を生み出していたのである。但し、現時点では、この建寧府の一例以外に、明末の内陸各府における日常的抗租の事例を筆者はいまだ見出しえていない点を附言しておきたい。

二　順治～康熙年間

明清鼎革期の福建では、地主－佃戸間の階級的対立がきわめて尖鋭化することによって、武装蜂起としての抗租、すなわち〈佃変〉が各地において展開した。[25]崇禎年間の泉州府における〈斗栳会〉闘争、順治年間の汀州府寧化県を中心とした〈黄通の抗租反乱〉をはじめ、順治三年（一六四六）から同五年（一六四八）までの間には、興化府莆田県・延平府将楽県・邵武府泰寧県において、佃戸を主体とした県城の包囲・陥落および地主の殺害等の事件が陸続と発生していたことが、すでに明らかにされている(26)。

〈斗栳会〉闘争が崇禎末にほぼ鎮静化されたにも拘わらず、泉州府では清初に至っても「佃民の桀驁さ」は依然として継続していた(27)。そうした状況のもとで、康熙『同安県志』巻四、風俗志は近年における「俗弊最甚者」の一つに「覇租」を挙げ、次のように叙述している。

一曰、覇租。同少平曠之地。凡糧戸産業、率多星散、必藉土着之人、佃畊輸納、以供国課。近有負嵎覇畊、始而欠租、継且佔田。業主向較、反遭凌辱。迨鳴官拘究、非賄差攏脱、則賄承寝案。官斯土者、雖懲一二、而簿書鞅掌、勢難周理。於是強佃安享無糧之田、業主苦受虚産之累。

一つは覇租である。同安県は広々とした土地が少ない。およそ糧戸（業主）の産業《とち》は、概してその多くが分散しており、必ず土地の人が小作して（租を）納入することで国の租税を払っている。近頃では（佃戸の中で）頑なに覇耕する者がおり、初めは欠租を行い、次いでその田を自分のものにしてしまう。業主が咎め立てすると、かえって凌辱を受けることになる。官に訴えて拘引・究明してもらおうとすると、（佃戸は）差役に賄して（一件から）逃れようとするのでなければ、経承に賄して（一件を）有耶無耶にしてもらおうとする。この土地に官となった者は、一人・二人（の佃戸）を懲らしめたとしても、簿書（日常業務）に忙しく、勢いとして目配りすることは難しいのである。こうして強い佃戸は税糧の掛からない田を享受し、業主は（佃租の入らない）虚産の累を甘受しているのである。

同安県では、地主の所有する田土が各地に散在しており、それらは佃戸によって耕作されていた。この時期にはすでに抗租が一般化していたが、それに対して「鳴官拘究」とあるように、当該県志の編纂された康熙五十二年（一七一三）頃には、地主の告訴をうけて官による抗租の摘発・取締が現実に行われていたのである。この記事より少し前の時期に当たるが、王連茂氏によって紹介された、泉州府城内に居住する蘇氏の族譜『燕支蘇氏族

譜』巻一二、「唐舎公祀田租声方折産米図数」には、

以上田一段三坵、載租三石五斗。明万暦丈量、配産弐畝七分捌厘四毫捌糸捌忽、在二甲戸内、坐在迎春門外三十五都下准郷、土名南離仔小匯内。現耕曾昇、崇禎間只納三石。至清康熙庚戌年二月、纘翰府控曾昇、再立認批三石五升。

以上、田は一段三坵、〔租佃契に〕記載された租額は三石五斗である。明の万暦年間の丈量によって決められた田産〔の面積〕は弐畝七分捌厘四毫捌糸捌忽である。〔帳簿上は〕二甲の戸内に在り、迎春門外の三十五都下准郷の土名は南離仔小匯内に坐落している。現在の耕作者は曾昇であるが、崇禎の間にただ三石〔の租〕を納めただけであった。清の康熙庚戌年二月に至って、〔蘇〕纘翰は〔泉州〕府に曾昇を訴え、再び三石五升の認批《けいやくしょ》を取り交わした。

という記述が存在する。[28] 泉州府城近郊に所在した蘇氏の「祀田」では、佃戸曾昇が元来は三石五斗であった佃租に対して、明末の崇禎年間以来、三石しか納入しないという慢性的な欠租状態が現出していた。当該史料は、康熙庚戌＝九年（一六七〇）に地主の蘇纘翰が泉州府に告訴し、佃戸曾昇との間に改めて三石五斗の佃租額を取り決めたというものである。地方官（泉州府）の介在によって地主－佃戸間の佃租をめぐる調整が行われている点に注目したい。

建寧府の事例として、乾隆『浦城県志』巻一〇、人物考二、尚義、国朝、季濂の項には、次のような記載が見られる。

季濂、字孔玉、邑庠生。性仁厚。佃有積欠、雖豊歳、不稟追。毎遇歳歉、悉焚券蠲租、且給之食。有葉姓者、累債棄婦、且泣別矣。濂慨然捐貲以償、夫婦得完。徐邑侯高其義、過訪之。語人曰、醇謹老成、此邦之望。

季濂、字は孔玉、邑《けん》の庠生《せいいん》である。性は仁厚である。佃戸に〔租を〕長年滞納する者がいたが、豊歳であっても〔官に〕訴えて追徴してもらうことはなかった。不作の年に遇う度に、悉く券を焼いて佃租を免除し、かつ〔佃戸に〕糧食を与

えた。葉という姓の者がおり、債務が積み重なって妻を売らねばならず、まさに泣き別れようとしていた。濂は慨然と金を出して〔葉の債務を〕償ってやり、夫婦は完うすることができたのである。徐知県はその義を高く評価し、彼の家を訪問した。人に語って言うには、「〔季濂は〕醇謹に老成しており、これこそは邦の望である」と。

ここではまず、当該記事の内容がいつ頃のことかを確定しなければならない。同県志所収の季濂の父欽文の伝からは、季濂が康熙丙子＝三十五年（一六九六）に実在していたことが確認され[29]、従って、ここに見える「徐邑侯」が康熙五十五年（一七一六）に浦城県知県に就任した徐球を指したものであることが窺われる[30]。すなわち、この記事の内容は康熙年間の後半ないし末年のことだといえよう。次に、季濂が〈尚義〉として顕彰される所以を探るならば、それは第一に、佃租を「積欠」していた佃戸を官に訴追しなかったこと、第二に、歉年時に佃租の蠲免および佃戸の賑救を常に行っていたこと、そして第三に、多額の負債を抱えて鬻妻を餘儀なくされていた葉某――おそらくは季氏の佃戸であろう――に対して資金の援助を行い、その負債を返済させたこと、以上の三点による。特に第一の点に注目したい。ここでの「積欠」が「豊歳」にまで及んでいたことから、それが単なる欠租ではなく日常的な抗租を表したものであり、また「雖豊歳、不稟追」ということが季濂顕彰の理由の一つとされたこと自体、当時、抗租・欠租した佃戸を地主が官に告訴することが一般化していたことを明示しているといえよう。

以上の同安県を含む泉州府および建寧府浦城県の事例は、上述の天啓年間における興化府の事例とともに、雍正五年（一七二七）に制定された〈抗租禁止条例〉より以前の段階に、地主の告訴を前提とした地方官による抗租の摘発・取締という、地主－佃戸関係に対する国家権力の直接的な介入の道がすでに拓かれていたことを如実に物語っているのである[31]。

しかしながら、地方官による抗租取締の道が拓かれていたことと、それが実際の面で有効に機能していたこととは、また別問題である。先の康熙『同安県志』の抗租記事からは、佃戸が胥吏・差役と結託して抗租の貫徹を図っている状況と表裏をなして、地方官（知県）による抗租取締が十全には機能していないことが窺われるのである。この点について、同じく康熙『同安県志』巻三、賦役志、均徭、所収の「讜論」にも、

一、頑佃之逋租不究、将負嵎抗欠、業戸無租可収。何糧可徴。況同邑大害、凡田遇強戸佃耕、則租穀無取、且遭毆殺者、所在皆是。呈稟則官長視為細故不理、即理亦遷延寝擱、終無比追。此正糧累之本、為邑主者、其可忽諸。

一、頑佃の逋佃を究明しなければ、頑なに抗租を行い、業戸は租を徴収できないことになる。〔そうであれば〕どうして〔業戸から〕税糧を徴収することなどできようか。ましてや同安県の大きな弊害としては、強い戸が佃作すると、すなわち租穀が徴収できないばかりか、かつ〔業主で〕毆殺に遭う者さえおり、至るところで皆そうなのである。〔業主が〕訴え出ると地方官は細故と看做して〔訴状を〕受理しようとせず、たとい受理したとしても〔審理を〕引き延ばしたり有耶無耶にしたりして、ついには〔欠租を〕追徴することもしない。これはまさに糧累（税糧滞納）の原因であり、知県たる者、どうしてなおざりにしてよいであろうか。

と叙述されている。同安県では抗租という現実の事態に対して、官の側が抗租を「細故」と看做して地主の訴えを受理しようとせず、また、たとい受理したとしても積極的に抗租を取り締まろうとはせず、滞納分の佃租の追比も行われないという状況にあったのである。

こうした同安県の事例に端的に示されているように、この時期の国家権力による日常的抗租の取締・禁圧は、地主層を満足させるほどに十分な成果をあげていなかったと看做すことができよう。

以上のほかにも、康熙年間の抗租史料として、『鳳池林氏族譜』巻二、世系紀上、第五世、孟房には、康熙三十五年（一六九六）の武挙人林和の[32]、

我家祭田、係於潜公所置、当日頗多。続被各房盗売、今所存無幾、僅敷一歳之需。亦縁此田坐産閩県阮洋地方、佃戸刁悍特甚。毎年租額、狡頼不納、即納有些須。

我が家の祭田は、潜公が購入したものであり、当時〔の田土額〕は頗る多かった。次いで各房に盗売され、今では残存しているものがほとんど無く、僅かに一年の〔祭祀等の〕需要を賄えるだけである。またこの田が閩県の阮洋というところに坐落していることによって、佃戸の粗暴は特に甚だしいのである。毎年の租額は抗租して納めようとせず、たとい納めたとしても僅かばかりの額である。

という言が残されている。福州府閩県の阮洋（府城の東郊）に所在した林氏の「祭田」では、毎年のように「刁悍」な佃戸による抗租が行われていたという。

また、建寧府の康熙『崇安県志』巻一、封域志、風俗には、

市田者与置田者、各不問其田、而僅問其佃。……佃田之名曰賠、賠為田皮、買為田骨。田与某耕種、亦止書苗之数、而併不及田之坵塅。雖主家換賠、亦聴佃人自相授受、佃去則租無矣。而主家竟不知田之所在。此邑中常有無租而仍納空粮之田主、有匿田耕種収穫而無課之佃戸也。

田を売る者と田を買う者とは、各々がその田〔の所在〕を問わず、僅かに佃戸〔が誰なのか〕を問うだけである。……田を佃作する場合は賠と称しているが、賠は田皮の為に〔用いられ〕、買は田骨の為に〔使われている〕。田を某に耕作させると、〔租佃契には〕ただ苗《でんそ》の数を書くだけで、全く田の枚数（坵塅）は書き入れない。主家（田主）が賠を換えるといっても、また佃戸同士が授受することを許しており、佃戸が換われば租は徴収できなくなる。そうして主家は遂に田の所在が分からなくなるのである。当県には常に佃租は徴収できないのに依然として税糧を納めている田主がおり、田〔の所在〕を隠匿して耕作・収穫することで佃租を納めない佃戸がいるのである。

とあり、地主の名目的な土地所有の進展および田皮・田骨という一田両主制の存在のもとで、それらと構造的に

連関した抗租が描かれているが[33]、続いて編纂された雍正『崇安県志』巻一、風俗にも、

崇為胡・劉・朱・蔡之郷、流風遺俗、猶有存者、服教被化、尤為易易。惟佃田一端、積習如錮。官民米之額、軽重不倫。……操移風易俗之権者、其留心於斯二者歟。

崇安県は胡〔安国〕・劉〔子翬〕・朱〔熹〕・蔡〔元定〕の郷里であり、〔当時の〕流風遺俗は今なお存続しており、服教被化はとりわけ容易である。ただ佃田の一事が牢固な積習として残っており、官・民の米の額《ぜい》が軽・重を異にしているだけ〔が問題なの〕である。……移風易俗の権を操る者は、この二者に留意すべきではないか。

という記述を見出すことができる。崇安県では宋代に名儒を輩出して以来、〈良風美俗〉がなお存続していると指摘されている一方で、雍正年間においても「佃田」と表現された地主‐佃戸関係をめぐる事態——当然、抗租の問題が含まれている——は依然として大きな社会問題となっていたのである。なお、当該県志、風俗には、地主‐佃戸関係および抗租に関する詳細な割註が附されており、その内容の分析は次章で行うことにしたい。

三　乾隆年間

乾隆二十二年(一七五七)に福建布政使徳福によって編纂され、「十載」を経て同じく福建布政使顔希深によって補訂・刊行された『閩政領要』[34]巻中、「民風好尚」には、「閩俗頽敝」の最たるもの五項目の一つとして「抗租」が挙げられ、次のように記されている。

一曰、抗租。閩人業主佃戸、並無情意浹洽、彼此視為仇讐。佃戸以抗租為長技、収割之時、恃強求減。田主往郷、畏其凶横、勉強依従、待佃戸入城市、則拘禁于家、令其補完田租、始行放回。否則任意凌虐。佃戸自

顧孤掌、畏其勢力、忍怒還租、竄業主下郷収租、佃戸亦糾合衆佃、成群相攅殴、或灌以穢物、恃衆報復。租竟抗頼、顆粒不給、以致業佃互相訐訟、経年不休。寧化県為尤甚、往往醸成人命。地方官応実心勧化、実力懲儆。(35)

一つは抗租である。閩人の業主と佃戸とは全く情意が打ち解けることはなく、互いに仇讐と看做している。佃戸は抗租を得意技としており、収穫の時には強引に減租を求める。田主は〔収租のために〕郷村に赴くが、その凶暴さを畏れて、無理して〔佃戸の言う通りに〕従い、佃戸が城市に来るのを待って、すなわち家に拘禁し、〔不足分の〕田租を補完させて、始めて解放する。そうでなければ任意に〔佃戸を〕虐待する。佃戸は自らが一人であることを考え、その勢力を畏れて、怒りを忍んで租を支払うが、業主が郷村に下って収租するのを窺うと、佃戸はまた多くの佃戸を糾合して、集団で〔田主を〕袋叩きにし、或いは汚物を浴びせかけ、人数に恃んで報復を行う。租は結局のところ抗租となって、一粒〔の米穀〕も納められず、そうして業主と佃戸とが互いに訴訟沙汰を起こして、何年も終わらないという状況に至る。〔こうした状況は〕寧化県が特に甚だしく、往々にして人命事件を醸成している。地方官はまさに誠実に教化や懲戒を行うべきである。

ここではまず、抗租が福建における全省レヴェルの社会問題として、布政使によって認識されていた点に注目したい。内容的には、城居の地主と郷居の佃戸とが「仇讐」の間柄として描かれており、佃戸の抗租と地主の収奪とがともに物理的暴力を拠り所に行われているというように、地主‐佃戸間の尖鋭な対立的状況が示されている。(36) それと同時に、そうした事態が「業佃互相訐訟、経年不休」とあるように、地主‐佃戸間の〈打官司〉という問題をも醸成していたのである。ただ訴訟の発生が単に地主側から佃戸に対する一方的な糾弾であったばかりでなく、佃戸の側にとっても地主との裁判闘争という積極的な意味合いをもつものであった点は言を俟たないであろう。(37)

泉州府では、乾隆年間に至っても抗租が持続的・恒常的に展開していた。万暦『泉州府志』からおよそ一世紀半の後に編纂された乾隆『泉州府志』巻二〇、風俗には、

地斥鹵而瘠、租入不足以供、仰海運甚於望。歳遇灾祲則飢、歳稍豊而黠佃又飽其私庾。万暦府志云、……佃農所獲、朝登隴畝、夕貿市廛。至有豫相約言、不許輸租巨室者。及今此風未改。其尤黠者、或串通胥役、以為庇護。而食租者難矣。

土地は塩を含んで痩せており、租の収入は〔糧食を〕供給するには足りず、海運〔による米穀の移入〕を甚だ頼みとしている。凶作の歳には飢えることになるが、少しばかり豊作でも黠佃（悪賢い佃戸）がまた自分の懐を飽かそうとする。万暦府志は云っている。「……佃農が収穫したものは、朝には田圃に稔っていたものが、夕方には市場で売られている。豫め約束して租を巨室に納めることを許さないという者さえいる」と。今に至ってもこの風潮は改まっていない。最も悪賢い者は、或いは胥吏・衙役と結託して〔彼らに〕庇護されている。〔その結果〕租で生活している者（田主）〔の暮らし向き〕は困難になるのである。

という記事が存在する。万暦府志の抗租記事をそのまま引用した後、「及今此風未改」と附言するように、明末以降、乾隆年間にかけて抗租状況は持続していたのである。同じく乾隆府志、巻二一、田賦には、

邇来郷佃負嵎、抗欠租穀。有田之家、雖豊歳、不能半入、稍値歉歳、全付烏有。然穀可逋、賦不可免、拮据輸将、漸成稿落。是故奏報不及全完、非尽納戸之頑也。

近頃、郷村の佃戸は頑なに租穀を抗欠している。田を所有する家は、豊歳だとはいっても〔租穀の〕半分も取り立てることができず、少しでも歉歳になると全く無になってしまう。しかしながら、租穀は滞納することができても、賦税は免れることができず、難儀して納入することで〔田主は〕次第に没落していく。故に〔税収の〕奏報が全完にならないのは、すべてが納税戸の所為ではないのである。

とあって、佃戸の抗租が地主（「有田之家」）の納税に多大な影響を与えており、奏銷・報銷において税糧額が完納とならない原因は「納戸之頑」がすべてではないとさえ認識されていたのである。

また、乾隆『同安県志』巻一四、風俗は、康熙県志の抗租記事を含む歴代関係方志の記事を引用した後、その〈按語〉において、

　至食租之家、又患黠佃覇拠、至有朝登隴畝、夕貿市廛者。

　租で生活する家については、また黠佃が（佃作する田に）覇拠し、朝には田圃で稔っていたものが、夕方には市場で売られているという状況に困っている。

と述べている。まさに万暦・乾隆の両『泉州府志』風俗、所載の抗租記事を斟酌した内容となっているが、地主（「食租之家」）は依然として「黠佃覇拠」に悩まされていたのである。

ところで、乾隆『泉州府志』風俗の抗租記事には、万暦府志、風俗の当該記事とは大きく異なる状況が明示されていた。すなわち「其尤黠者、或串通胥役、以為庇護」と、佃戸が抗租を貫徹するにあたって、地方官憲の最末端に位置する胥吏・差役と結びついていたと記されている点がそれである。先に提示した康熙『同安県志』風俗によれば、康熙末の段階ですでに抗租に対する官の介入を前提として、佃戸の側は差役（「差」）や経承（「承」）に賄賂をつかませて取締の対象から免れたり、地主の訴えの揉み消しを図っていたのである。抗租における佃戸の胥吏・差役層との結託という事態は、まさに抗租の摘発・取締に端的に表現された、地主－佃戸関係に対する国家権力の直接的な介入を前提として現出したものであった。

漳州府においても、崇禎『漳州府志』に描かれた地主－佃戸間の緊張関係は持続していた。乾隆『漳州府志』巻四五、紀遺上には、

　国初沿明季陋習、佃人納税之外、又納租。故有一業両主之名。経当道禁革、已無其名。……然近佃戸有糞土

之説、藉上下承耕之例、踞佃匿畝、抗税代耕、百弊叢生。業主文弱、竟不得主持、空輸国課。

国初には明季の陋習を踏襲して、佃人が税を納める以外にまた租も納めていた。故に一業両主という名称が残っていたのである。当道による禁革を経て、すでにその名称は無くなった。……しかしながら近頃では佃戸に糞土の説があり、上手と下手とが小作を継承するという例に託けて、佃戸同士で田畝を隠匿し、抗税したまま耕作を替わることで、様々な弊害が発生している。業主は文弱で、結局のところどうすることもできず、〔佃租が入らないのに〕国課《ぜい》を納めるはめになる。

とあり、この時期、糞土銀の授受を媒介とした事実上の〈田面権〉を基盤として、佃戸が「匿畝」や「抗税」（抗租）を行い[38]、それによって地主の側は税糧の滞納を余儀なくされていたという。

邵武府の乾隆『建寧県志』巻九、風俗、蠹俗には、次のような注目すべき記述が存在する。

各郷水田、皆召土人耕佃。相土宜而布利、民食攸関、按歳額以上租、国賦攸頼。雖山隴有燥湿高下之異、皆予瞻力餘膏、即種藝有水禾旱稲之殊、務交成顆浄穀。乃有黠佃弄巧、毎致田主受虧自食。毎値嘉禾納輸、偏栽異種、一粒而芒長径寸。斗量儘有全完之名、毎桶而糲件数升、秤較僅得半収之実。屢経呈禁、未尽変更。甚至時和年豊、漫縁歉歳以勒減、且有疆分界析、敢指越畔以図欺。弊極百端、数難枚挙。農民固当憫恤、而刁風殊難姑容也。

各郷の水田では、どこでも土地の人に小作させている。土宜を測って適したものを植えることは、民の糧食に関わることであり、歳々の額にもとづいて租を〔田主に〕納入することは、国賦の頼るところである。山の田圃には乾燥・湿潤や高・低の違いがあるとはいえ、多くの労働力と豊かな地味が与えられていれば、たとい作物に水稲・陸稲の違いがあったとしても、務めて粒立ちの良い浄穀を〔田主に〕納入すべきである。ところが、黠佃には巧妙な方法を弄する者がおり、常に田主が損害を蒙ることになる。〔租としての〕嘉禾を納入するにあたっては、わざと異種の稲を栽培し、

〔穀の〕一粒は芒が長くて直径が一寸にもなる。一斗を量ると「全完《かんのう》」という名目は有るが、〔租を量る〕桶ごとに粃《しいな》が数升分も混ざり、重さを量ると僅かに半分という実質を得るだけである。しばしば禁止措置を講じているが、それでも尽く変えるまでには至っていない。甚だしい場合には天候が順調で豊作のときでも、妄りに不作だと称して減租を無理強いし、さらには勝手に田圃を分割し、向こうの畔を指して欺瞞を図っている。多くの弊害が生じており、その数は枚挙し難いものである。農民はもとより憐れむべきではあるが、刁風は殊に容認し難いのである。

福建省内では有数の「産米の郷」と謳われた建寧県の水田地帯[39]では地主‐佃戸関係が普遍的に展開していたが、乾隆時期、地主収奪に対する佃戸の抗租はきわめて巧妙な方法によって行われていた。当地の佃租は一般的には「穀」（稲米の籾殻つき）の形態で徴収されていた（「務交成顆浄穀」）が、「黠佃」は特に芒が長くて太い「異種」の水稲を栽培し、それを佃租として地主に納入していたのである。従って、地主が収租用の「桶」[40]で一斗の租穀を徴収したとしても、籾殻・芒の「数升」分を除くと、実質的には「半収」にしかならないという有様であった。さらに、地主に対して豊年でも不作だと偽って佃租の削減を要求したり、自ら佃作している田土を欺隠したりするというように、建寧県における佃戸の抗租状況はまさに「刁風」と化していたのである。

汀州府においても、いくつかの関係史料を見出すことができる。乾隆『汀州府志』巻六、風俗は、所属各県の〈風俗〉状況について記しているが、地主‐佃戸関係に関連するものとして、長汀県と寧化県とは際立った対照をなしている。まず、長汀県については「勤倹」「樸素」の〈風俗〉に対応して、

衣税食租之子、不出戸庭、力田治山之民、常安本分。

税や租で生活している者は、戸庭を出ることはなく、田や山を耕している民は、常に本分に安んじている。

というような地主（「衣税食租之子」）と佃戸（「力田治山之民」）との〈有るべき姿〉が描かれているが、それとは対照的に、寧化県に関しては「強悍難治」といわれる原因の中に、

他如喜闘健訟拒捕抗租。

他には喜闘・健訟・拒捕・抗租の如きものがある。

と「抗租」が含まれているのである。先の『閩政領要』の抗租記事が「寧化県為尤甚」と記す意味合いを、ここからも確認することができよう。

また、乾隆18『上杭県志』巻一、風俗、習俗には、

農夫火耕水耨、沾体焦汗、尽力南畝。腴田歳率三収、次亦両穫。土力既竭、勧墾無隙剩。僻遠無知之徒、相率負隅逋租税。自羅日光懲艾之後、風亦稍熸。

農夫は火耕水耨し、身体は汗に塗れても、南畝に尽力している。肥沃な田は歳ごとに概ね三回の収穫があるが、それに次ぐものも二回の収穫がある。地力はすでに涸渇し、開墾を勧めても空き地さえない。僻遠に住む無知な徒は、仲間同士で頑なに租・税を滞納している。羅日光〔の乱〕が鎮圧された後は、そうした風潮も少しは治まっている。

と記述されている。乾隆十一年〔一七四六〕に、清朝中央政府の銭糧減免政策を契機として佃戸羅日光を中心に佃租の減免を要求する〈抗租反乱〉が上杭県で勃発したことは、周知の通りである。[41] この記事によれば、羅日光の〈抗租反乱〉をピークとして、その後はやや下火になったとはいえ、当地では「相率負隅逋租税」という日常的な抗租が持続的に展開していたのである。

さらに、乾隆『永定県志』巻一、封域志、土産、稲の項の末尾には、次のような記事を見出すことができる。

近三十年、邑通栽一種、曰硬秥。殻厚糓重、作飯硬而易変味、蔵隔年則蠹。以其耐風、佃耕利之。田主無如何也。

近三十年、県ではどこでも一種〔の稲〕を栽培しているが、それは「硬秥」という。殻が厚くて糓は重く、飯を炊けば硬くて味が変わり易く、貯蔵して一年を過ぎれば腐ってしまう。耐風性があることによって佃戸はこれを利としてい

る。田主は〔それを〕どうすることもできない。

これは「近三十年」の間に永定県全域に流行した「硬秥」という稲の品種（秈稲の一種）[42]についての記載であり、直接的に抗租現象を描いたものではない。しかしながら、ここでは硬秥の栽培が佃戸に「利」をもたらしており、それに対して「田主無如何也」と表現されているのである。まず、硬秥の栽培が当地の佃戸に広く受容されていたことが窺われるが、この飯米にも貯蔵にも適さない品種を佃戸が積極的に導入していった理由はどこに見出しえるのであろうか。およそ次の二点を考えることができよう。第一に、当該史料に明記されているように、硬秥が耐風性に富む品種であったことが、おそらくは当地の自然条件に合致していたのであり、そのために生産量の増大が見込まれたこと、第二に、地主による佃租の徴収が一般に穀の定額形態で行われていたと假定するならば、硬秥の「殼厚」がまさに佃租の実質的な削減を佃戸にもたらしたことである。特に第二の点は全くの推定でしかないが、「佃耕利之。田主無如何也」という状況の第一義的な要因であったように思われる。[43]すなわち、佃戸にとって硬秥の存在価値は佃租用という一点に在ったのであり、それこそまさに地主の収奪に対抗するためのものだったのである。

この永定県の事例および先の建寧県の事例に見える、地主収奪に対する佃戸の抵抗形態は、佃戸が自らの経営に密着しつつきわめて能動的に行っていたものであり、同時にまた、明末以降における地主‐佃戸間の緊張関係の日常化という歴史的与件のもとで醸成されてきたものであったといえよう。

ところで、乾隆『永定県志』にはいま一つの注目すべき記事が存在する。それは、同県志、巻五、兵刑志、刑法の、次のような記載である。

抜苗強割、依搶奪律科断〈(a)田有皮骨之分。田骨者、納糧当差、田主也。田皮者、始自田主恐佃戸欠税、先収佃戸賃批銀、為欠税抵償地、其後佃戸承替、逓増収接耕批銀。是為田皮大概。田骨収税一桶、田皮可収税三五桶不等。故俗有金皮銀骨之謡。(b)邑境田少、昔年扺十金之田、今可作数十金、以至百金出売。於是佃耕納税、亦倍於昔。終歳勤動、餘利無幾、殊為可憫。然亦往往欠税覇耕〉。(引用史料の〈　〉内は割註の記載。以下、同)

苗を抜いたり勝手に刈り取ったりしたならば、搶奪律によって処罰する〈(a)田には皮・骨の違いがある。田骨とは、(税)糧を納め差(役)に当たるものであり、田主(にかかわるもの)である。田皮とは、はじめに田主が佃戸の欠税を恐れ、まず佃戸から賃批銀を取って欠税のときの保障とし、その後、佃戸が交替するときに次第に接耕批銀を増額させていったものである。これが田皮の概要である。田骨が一桶の税(佃租)を徴収する場合には、田皮は三〜五桶ほどの税を徴収することができる。故に「金皮・銀骨」という俗諺があるのである。(b)県の境域では田が少なく、昔は十金(銀十両)の田が、今では数十金から百金に至る価格で出売されている。そこで佃作して納める税も、また昔の(二)倍にもなっているのである。(佃戸は)年中働いても利益はほとんどなく、誠に憐れむべきものである。しかしながら、往々にして欠税・覇耕している〉。

割註の(a)では田皮・田骨の一田両主制およびそれと関連する押租(「賃批銀」「接耕批銀」)について述べられており、(b)ではこの時期の田価上昇にともなう地主の収奪強化という趨勢とともに、そうした状況下における抗租(「欠税覇耕」)の展開が指摘されている。では、この割註と本文とを論理的に連関させている媒介項はどこに求めればよいのであろうか。それは末尾の「欠税覇耕」ということになろう。この時期にはすでに清朝中央政府によって制定された〈抗租禁止条例〉が存在していたにも拘わらず、何ゆえ抗租が「抜苗強割」にアナロジーされ、「搶奪律」によって裁かれるべきものとされているのであろうか。この史料は、雍正五年(一七二七)の〈抗租禁止条例〉より以前の段階に、抗租・欠租に対する「搶奪律」の適用を推定された濱島敦俊氏の見解をある程度は裏付けていると同時に[44]、雍正五年(一七二七)以降も、地方レヴェル(府州県)の現実として同様の事態が存在していた可能性を浮かび上がらせるものだといえよう。逆に、府州県の抗租取締において〈抗租禁止条例〉が如何なる現実性を有していたのかを問わねばならないであろう。(45)

四　嘉慶〜道光年間

十九世紀前半に至っても、福建の抗租風潮は持続していた。泉州府晋江県の人、黄貽楫の編纂になる『李石渠先生治閩政略』嘉慶六年（一八〇一）三月の項には、当時の福建巡撫李殿図の奏文が「疏陳閩省脱欠銭糧積弊」として引かれているが、その中に、次のような抗租に関する記載が存在する。

一則頑梗佃戸、宜厳行懲治也。査、各省佃田、或先出租而後種田、或先種田而後納租。倘有脱欠、則業主可以収田改佃、而閩省則不然。田根者、与業主有分拠之勢。業主即欲転佃、有田根者、為之阻隔、不能自行改佃。於是有脱欠田租、至七八年之久者。業主忿其欠租、則以行凶覇占控告、或竟糾衆収割、欲以償其逋年之租。而佃者即以糾衆搶掠致控、甚或糾約結会、抵禦群毆、而械鬥之勢成矣。伏思、佃戸果因歉収欠租、似属常情。而閩省之頑佃、先之以把持、継之以挟制、又済之以凶横、致使業主有田無租、枵腹包糧。応厳飭地方官、按其情節、分別軽重、以為懲治、則業主有租可収、而糧賦不至脱欠矣。(46)

一つは、すなわち頑な佃戸であり、厳しく処罰を行うべきである。査べたところ、各省の佃田では、先に租を払って後に田を耕したり、先に田を耕して後に租を納めたりしている。もし〔租の〕滞納があれば、業主は田を取り上げて佃戸を交替させることができるが、しかし閩省ではそうではない。田根は、業主と分立するほどの力をもっている。業主がたとい佃戸を替えようとしても、田根を有している者が拒絶すれば、自ずから改佃することはできない。こうして〔佃戸の中には〕田租を滞納すること七・八年もの長きに至る者がいる。業主が欠租に憤慨した場合は、すなわち〔佃戸が〕凶行を行い〔田を〕覇占しているといって告訴したり、或いは多くの人を集めて〔勝手に〕収割を行い、それによって長年の〔滞納分の〕租に充当しようとする。そうすると佃戸は逆に多くの人を集めて〔稲を〕強奪したといって告訴したり、甚だしい場合には仲間を集めて約や会を取り結び、〔業主に〕抵抗して集団で殴りかかり、〔結果として〕械闘の情勢となるのである。伏して思うに、佃戸が凶作によって欠租するのであれば、それは常のことに属すると思われる。しかし閩省の頑佃は、まず〔田主を〕把持し、次いで挟制し、さらには凶悪を尽くし、業主は田を所有していても租は徴収できず、空腹を抱えながら税糧も背負い込むことになるのである。まさに厳しく地方官に命じて、その事情に応じて〔事柄の〕軽重をわきまえ、それによって処罰を行うべきであり、〔そうすれば〕すなわち業主は租を徴収することができ、税糧も滞納には至らないであろう。

　李殿図は「各省佃田」とは異なる福建の特殊性として田面権（「田根」）の問題を取り上げ、「頑梗佃戸」によって「田根」に依拠した抗租が長期的・持続的に行われている事態を指摘している。また、ここでは地主による対抗措置の如何によって、抗租が裁判闘争（「致控」）から佃戸の組織「約」「会」による武力闘争（「械鬥」）へと発展していくことが述べられている。

　この時期、いくつかの地方志にも田面権を基盤とした抗租に関する記述が散見する。漳州府の嘉慶『雲霄庁志』巻二〇、紀遺、賦役には、

　謹按、佃戸糞土之説、係偶強私相授受、藉此挟制業主、不得召佃、以遂其拖欠租税之計。此所以有良田不如良佃之謡。

　謹んで按ずるに、佃戸における糞土の説は、〔佃戸同士で〕勝手に〔田を〕授受するものであり、これに借りて業主を挟制し、〔別の〕佃戸を招くことができないようにし、それによって租・税を滞納するという計略を完遂させようとする

ものである。これこそが「良田は良佃に如かず」という俗諺が存在する所以である。とあり、田面権に依拠した佃戸の抗租（「拖欠租税」）によって〈良田は良佃に如かず〉という俗諺が存在する所以であるとさえ認識されていたのである。[47]建寧府の嘉慶『浦城県志』巻六、風俗には、乾隆県志以後の六十年間に生じた事態として、

田分皮骨、頑佃私賃逋租、往往訟累不休。

田は皮・骨に分かれており、頑佃は勝手に〔田皮の〕授受を行って佃租を滞納し、往々にして訴訟沙汰は止まないのである。

と記されている。田皮・田骨による一田両主制のもとで「頑佃」の抗租が展開しており、それが地主－佃戸間に頻繁な訴訟を惹起していた。汀州府の道光『永定県志』巻一六、風俗志でも、先の乾隆県志の田皮・田骨関係記事を参酌した記載の末尾に、

又佃戸多白借耕、往往欠税覇耕、以致田主呈控、所在皆有之。

また佃戸の多くはただで耕作し、往々にして欠税・覇耕しており、それによって田主が〔佃戸を〕告訴することが、どこでも見られる状況になっている。

と書かれているのである。

道光四年（一八二四）から同十三年（一八三三）までの間に、福建の建寧府建陽県・福州府古田県・興化府仙遊県・漳州府詔安県の各知県・署知県、および邵武府の署同知を歴任した陳盛韶は、[48]その著作『問俗録』巻二、古田県、「根面田」において、次のような記述を残している。

古田之田根田面、猶建陽之田皮田骨。曷言乎田面也、完丁糧者也。曷言乎田根也、耕耘納租与面者也。其租計畝、以秤量之。然則面果為主乎、曰否。根亦有手置、有祖遺、自持一契拠、管業耕種。苟不逋租、田面不

得過而問焉。於是尾大不掉、有一年欠租、約以二年、二年欠租、約以三年、積日累月、租多難償。私将田根售売、而田面不知買者、或不問。因此渉訟、醸為奪耕強割重案。

古田の田根・田面は、あたかも建陽の田皮・田骨のようなものである。何を田面と言うかというと、丁・糧を納める者である。何を田根と言うかというと、耕作して田面を有する者に租を納める者である。租は畝を計って秤で量る。そうであれば田面だけが果たして田主かというと否である。田根にも購入する者がおり、相続する者がおり、自ら一枚の契拠《けいやくしょ》を持って〔その田を〕管業・耕作している。かりに租を滞納しなければ、田面は口出しすることができないのである。こうして尾が大きくなって振ることができず〔田主が佃戸を統御できなくなり〕、一年の欠租が二年になり、二年の欠租が三年になるというように、月日を積み重ねることで、租の多くは納入されなくなる。〔佃戸が〕勝手に田根を売買しても、田面〔を有する田主〕は購入した者〔が誰か〕を知らず、また問おうともしない。これによって〔田主と佃戸との間で〕訴訟沙汰となり、奪耕・強割という重案さえ醸成しているのである。

福州府の古田県においても、「田根・田面」慣行の定着にともなって「田根」を保持する佃戸の抗租が一般化していた。また、佃戸が抗租を行い、かつ「田根」を私売するという事態を原因として、地主（田面主）と佃戸（田根主）との間に訴訟沙汰が起こり、結果として「奪耕強割」の〈重案〉が現出していたという。

ところで、一田両主制の存在が確認されている各地域でも、そうした慣行が地域内のすべての田土を被うようなものでなかったことは贅言を要しないであろう。この点に関連して、建陽県時代の陳盛韶は、次のように語っている。

(A)同一田而骨皮異名何。骨係田主、宜税契収糧、過戸完糧。皮係耕戸、宜納租与骨。……有一田而売与両戸、一田骨一田皮者。有骨皮倶買者。田皮買売、並不与問骨主。骨係管業、皮亦係管業。骨有祖遺、皮亦有祖遺。其間争訟、有田皮而謀混田骨、希図抗租者。有佃戸謀混田皮、希図覇田者。惟以契拠佃拠中見為断。（『問俗録』巻一、建陽県、「骨田・皮田」）

同一の田において骨と皮と名称を異にするのはなぜであろうか。骨は田主であるからには、まさに税契して税糧〔の負担〕を〔帳簿に〕記入し、過割して税糧を納めるべきである。皮は佃戸であるからには、まさに佃租を骨〔を所有する田主〕に納めるべきである。……一つの田を両戸に売買すると、一つの田骨と一つの田皮となる場合がある。骨・皮を併せて購入する場合もある。田皮の売買は、全く骨主には関係ないのである。骨は〔その田を〕管業することになるが、皮もまた管業ということになる。骨には相続するということがあるが、皮にも相続がある。その間に訴訟沙汰になると、田皮なのに田骨だと偽って抗租しようとする者がいる。佃戸で田皮だと偽って覇田しようとする者がいる。ただ契拠・佃拠・中見〔人〕によって判決を下すだけである。

(B)佃戸除納租外、当即出銀数両与田主、書立起埂字拠、撥与栽種。日後起佃、仍将佃戸銀両退還。荷当字拠者、乃佃戸書立求耕、情願納租、無起埂銀者。起埂之弊日久、視為故物、假作田皮覇踞。又或云、開墾若干田畝、宜補工費。又或云、当年給銀十両、今田値四五十両、宜加倍給還。荷当之弊、転至抗租覇産、造出起埂字拠、要退還銀両。蓋田已耕種数十年、甚至数代、久則弊生也。此輩悪佃、宜尽法究治、以保富民。（同前、巻一、建陽県、「起埂・荷当」）

佃戸は租を納めるほかに、その場で銀数両を田主に払って起埂の字拠《けいやく》を取り交わすと、〔その田は〕佃作に出されることになる。後日、〔田主が〕佃戸を替えようとすれば、やはり佃戸の銀両を返還しなければならない。荷当の字拠は、すなわち佃戸が「耕作を希望し、佃租の納入を願い出た」ことを取り交わすものであり、起埂銀のないものである。起埂の弊害としては、長い月日が経つと、故物と看做し、田皮と偽って〔田を〕覇占することがある。或いは「若干の田畝を開墾したので、宜しく工費を補うべきだ」と言う。また或いは「当時、銀十両を払ったが、今の田価は四十～五十両であり、宜しく〔起埂銀を〕二倍にして返還すべきだ」と言う。荷当の弊害としては、転じて抗租・覇産に至ることであり、また起埂の字拠を捏造して、銀両の退還を要求することがある。蓋し田はすでに数十年も〔同じ佃戸に〕耕作され、甚だしい場合には数代にもわたるが、長くなればすなわち弊害が生ずるのである。これらの悪佃は、法を尽くして処罰し、それによって富民を保護すべきである。

建陽県では、(A)に描かれた田皮・田骨慣行とは別に、(B)に述べられているように、押租(「起埂銀」)の授受によって佃戸の所謂〈耕作権〉が成立している「起埂」、さらには押租さえも見られない「荷当」という諸慣行が同時並列的に存在していた。こうした諸慣行の錯綜状態の中で、佃戸は自ら耕作・関与している田土に固有の慣行を欺瞞し、自らの権利・義務を混乱させることによって、(A)「抗租」「覇田」、(B)「覇踞」「抗租覇産」を行っていたのである[49]。

以上のように、嘉慶~道光年間の福建では、田土に対する社会的慣行としての一田両主制が広汎な地域的展開を遂げるにともなって、田面権を基盤とした抗租が各地で盛行していた[50]。そうした状況とともに、当該時期における抗租と国家権力との関連について、道光『龍巖州志』巻七、風俗志、農事の「按語」は、次のような記述を残している。

巖地山多田少、耕農者衆。往往視田畝租額、有贏餘者、多出資銭、私相承頂。至貲本漸積、餘利漸微。偶逢歉歳、即懇減租、既乃豊歳、亦且拖延。迨積年短欠、則田主起耕、近郭農民尚畏法、不敢阻抗。特有三四郷落、預約田主起耕、不許郷内承頂、外郷来佃、輒阻種搶収、幾不可制。邇来業戸因抗租覇耕、控者甚夥。前雁石郷、経官懲創、頑佃稍戢。然他郷似此悪習、未尽革除[51]。

龍巖の地は山が多くて田が少ないが、農業に従事する者は多い。往々にして田畝の租額を視て、〔佃戸の中で〕餘裕のある者は、資金を多く出して、窃かに〔田面の〕授受を行う。資本が漸次蓄積されたとしても、餘利はさほど多くはならないのである。たまたま歉歳に遇うと、すなわち減租を懇請し、たとい豊歳であっても、また〔佃租の納入を〕滞らせる。〔佃戸が〕積年にわたって滞納するに及んで、田主が起耕しようとした場合、附郭に近いところの農民は法を畏れて、敢えて阻止・抵抗しようとはしない。特に三・四の聚落では、豫め田主による起耕を約束しながらも、〔同じ〕郷内で〔田面を〕受け渡すことは許さず、外郷から来た佃戸に対しては、耕作を阻んだり、勝手に刈り取ったりして、ほとんど制止することもできない。近年では業戸の中で抗租・覇耕に因って、〔官に〕訴える者が甚だ多くなった。先頃、雁石郷では官の取締によって、頑佃がやや治まったのである。しかしながら、他郷ではこうした悪習が、未だ尽くは革除されてはいないように思われる。

ここで特に注目したい内容は、佃戸の田面権保持と関連した抗租の展開とともに、それへの対抗措置とでもいうべき地主の「起耕」行為が、「近郭農民尚畏法、不敢阻抗」とあるように、官権力の介入によって州城近郊地域では実現していたという点であり、また地主による「抗租覇耕」の訴えが頻繁に行われる中で、雁石郷では官の取締によって「頑佃稍戢」という事態さえ現出していたことである。しかしながら、佃戸の抗租が全く鎮静化されたわけではない。当該州志にも「似此悪習、未尽革除」と明記されているように、地主収奪の強化に対峙して、佃戸の抗租は確実に持続・展開していたのである。(52)

さて、この時期に至って、明末の万暦『泉州府志』以来の、佃戸における商品生産と抗租との関連をより具体的に伝えてくれる、二つの史料が登場する。一つは、前田勝太郎氏によって紹介された、泉州府の(I)嘉慶『恵安県志』巻三、物産、貨之属、糖の記事であり、(53)いま一つは、傅衣凌氏によって紹介された、延平府の(II)道光『永安県志』巻九、風俗志、農事の記事である。(54)

(I)邑中出者、多販売福州・涵頭。其往蘇者、皆台湾所出。糖利甚多、種蔗田多則妨稲。奸佃亦藉以抗租。

邑中から産出されたものは、その多くが福州・涵頭で販売される。蘇州へ運ばれて行くものは、すべて台湾の所産である。砂糖の利益は甚だ多いために、甘蔗を栽培する田が多くなれば、稲〔の栽培〕を妨げることになる。奸佃もまた

〔甘蔗栽培に〕託けて抗租を行っている。

(II)永邑山多田少、依山者半皆梯田。大約以雨露多寡、山水有無為豊歉。蓄水池塘、運水桔槹無有也。比来佃田者、不顧民食、将平洋腴田、種蔗栽煙、利較穀倍。一値雨水不調、拖欠田租、貽悞田主。現今生歯日繁、寄居者衆、穀産不足於食。其可不亟謀以保蔗哉。

永安県は山が多くて田が少なく、山に近いところの半ばは梯田《たなだ》となっている。おおよそ雨露の多・寡や山水の有・無によって豊作・歉作〔の目安〕としている。水を蓄える池塘や水を運ぶ桔槹は無いのである。近頃では田を小作する者が、民の糧食を顧みず、平らで肥沃な田において、甘蔗や葉煙草を栽培しており、その利益は米穀に較べて二倍にもなる。ひとたび雨水の不調に遭うと、〔佃戸は〕田租を滞納して、田主を困らせる。現在では人口が日々に増加しており、〔当地に〕寄居する者も多く、米穀の生産は〔当県で〕食べる分には足りないのである。速やかに対策を講じて多くの人々を保つようにしないでよいであろうか。

(I)では恵安県の砂糖生産がある程度の広域的市場を有していたこと――省会福州や興化府莆田県の涵頭市[55]への販出――を背景として、佃戸による甘蔗栽培が当地では発展しており、そうした状況の中で「奸佃亦藉以抗租」と記されているのである。他方、(II)でも当時の近況(「比来」)として、佃戸による甘蔗・葉煙草栽培の広汎な展開の中で「雨水不調」時に「拖欠田租」の存在が指摘されているが、この場合の「拖欠田租」が「雨水不調」という自然条件を原因とする、佃戸の支払い不能という事態(単なる欠租)を表すものではなく、「雨水不調」を口実とした佃戸の主体的な佃租不払い＝抗租を表現したものであることは明らかであろう。

(I)・(II)によれば、佃戸の経営に甘蔗・葉煙草栽培が積極的に導入された所以は、それらが稲作との比較においてより多くの利益をもたらすからであった。そして、その結果としての稲田から蔗田・煙田への作付転換――米穀作付面積の減少――の進展は、必然的に米穀不足の問題を惹起することになるのである。この点、(II)では「民食」を顧みない甘蔗・葉煙草栽培の拡大が「穀産不足於食」という事態をもたらした一因とされているように、米穀不足が直接的に糧食不足に帰結する問題であったことは言を俟たないであろう。しかしながら、それのみに一元化することもできない。商品作物栽培の発展にともなう米穀不足を地主－佃戸関係に即して考えてみるとき、それは米穀生産から相対的に遊離した佃戸にとって飯米確保の問題に関連すると同時に、佃戸の商品生産に即応した佃租の現物(米穀)から貨幣への移行が認められない場合には、佃租のための米穀の購入を必然化させるものでもあったのである。[56]

　ところで、恵安県の(I)の場合、甘蔗栽培の発展および稲田の蔗田化、すなわち甘蔗のモノカルチャー化という動きは、決して清代後期に初出の現象ではなく、泉州府一帯ではすでに明末の段階に同様のことが報告されている。[57]さらに、万暦『泉州府志』風俗に見える商品生産・抗租の記事、その後の地方志史料に描かれた抗租の風潮化という事態をも併せ考慮するとき、(I)の抗租を含む内容は、まさに明末以来の持続的な状況であったと看做すことができよう。それと同時に、米穀生産が「不敷本地半年之食用(本地の半年分の食糧にも足りない)」といわれた泉州府では、[58]米穀の問題がさらに深刻なものとなっていたことも予想しえるのである。

　以上の恵安・永安両県の状況は、とりわけ「土窄人稠」といわれ、米穀事情の恒常的な緊張・逼迫――他地域からの大量の米穀移入が不可缺――が指摘されている福建全体にとっても同様であったと思われる。[59]福建の抗租の地域的・社会経済的特殊性は、商品作物栽培に代表される佃戸の商品生産の問題とともに、当該地域における米穀市場および流通過程の問題と密接に関連づけて解明しなければならないであろう。

おわりに

以上、明末以降の福建における抗租の展開について、いわば通時的な概観を行ってきた。明末から清代後期にかけて、当該地方では日常的抗租の持続的な展開を確認することができるが[60]、地域的・空間的に見ても、福建のほぼすべての府・州において抗租は展開していたのである。明末以来の地主－佃戸関係の恒常的な緊張状態の中で、一部の地域では佃戸が自らの経営に密着しつつ、かつきわめて能動的に地主収奪に対抗する事実上の減租闘争を敢行していた(建寧・永定両県)。また特に清代後期には、一田両主制の一層の地域的展開にともなって、多くの史料が田面権を基盤とした抗租の存在を伝えているのである。

本章では、抗租と国家権力との関連についても若干の検討を行った。清朝中央政府によって〈抗租禁止条例〉が制定された雍正五年(一七二七)より以前の段階において、すでに抗租の摘発・取締が地方の官権力によって現実に行われていた点は、明末清初期のいくつかの事例によって確認することができたが、この時期、官による抗租の取締が果たして有効に機能していたか否かについては、若干の疑問を呈しておかねばならないであろう。

明末以降の抗租の歴史性を集中的に表現した、佃戸の商品生産との関連については、福建の地域的特質として甘蔗・葉煙草等の商品作物栽培の発展が日常的抗租と結びついていたが、当該地方における米穀事情の緊張は飯米・佃租の両面で佃戸の家計を圧迫していたのである。従って、福建の抗租については、当地における米穀の市場・流通という側面からも考察を加える必要があろう。

なお最後に、以上の考察において全く言及することのできなかった問題を提示して、本章を終えることにしたい。

福建の社会的・経済的実情に即して抗租の問題を理解しようとする場合、必然的に、福建・広東・江西等の華南農村社会に広汎に存在していた同族的結合、すなわち〈郷族〉との関連を検討しなければならないであろう。(61)傅衣凌氏は〈郷族〉の存在が地主－佃戸間の「等級厳重な階級対立に温情脈々たるヴェールを被せ」、「搾取関係を隠蔽」していたことを指摘されているが、(62)〈郷族〉それ自体が地主の収租を保証する「搾取機構」としての側面をもつものであったことを明示しているといえよう。では、こうした〈郷族〉の厳然と存在する福建の農村社会において、何ゆえ、明末以降に抗租が盛行し、それに対して国家権力の介入が必要とされたのであろうか。まず、この点が問われなければならないであろう。

また、森正夫氏は〈黄通の抗租反乱〉をめぐって「このような佃農層を抑圧する地主支配を基礎づける同族結合が、それに対抗する佃農自身の革命組織をも基礎づけ、さらに革命主体内部の弱さと強さを生み出した」という見通しを述べられているが、(63)それは〈郷族〉に対するいま一つの重要な視角を提起したものであった。すなわち、福建の佃戸にとっての社会的生活・再生産の場＝〈郷族〉社会における日常的闘争としての抗租に対して、〈郷族〉がプラス・マイナスの両面で如何なる作用を及ぼしていたのか、換言すれば〈郷族〉社会における抗租にとって、如何なる困難が存在し、如何なる前途が開けていたのかを具体的・実証的に解明しなければならないであろう。福建の抗租研究にとっての一つの課題である。

（1）［田中正俊－六一b］七〇頁。
（2）［小山正明－五八（小山正明－九二）］・［田中正俊－六一b］参照。
（3）［傅衣凌－四四］・［傅衣凌－四七（傅衣凌－八二a）］・［傅衣凌－六一a］・［傅衣凌－七五（傅衣凌－八二a）］・［森正夫－七二］・［森正夫－七三］・［森正夫－七四］・［王連茂－七八（王連茂－八四）］等、参照。

（4）［森正夫-八三］二五四頁、参照。森氏はここで商品として売りに出される農作物に米穀を想定されているが（一三三頁）、泉州の歴史的・地理的条件から見て、甘蔗等の商品作物を想定する方がより蓋然性が高いのではなかろうか。本章第四節、四六―四七頁、参照。
（5）当該史料の邦訳については、［森正夫-八三］二五五―二五九頁を併せて参照されたい。
（6）図頼については、本書第四部、参照。
（7）［濱島敦俊-八三］。
（8）［濱島敦俊-八三］六八頁。
（9）［濱島敦俊-八三］七四―七五頁。
（10）［濱島敦俊-八三］九二頁。
（11）祁彪佳『莆陽讞牘』「本府、一件、号天救命事、笞罪林度」（［濱島敦俊-八三］八九頁）。
（12）同前「本府、一件、屠占惨害事、杖罪林廷相」（［濱島敦俊-八三］九〇頁）。
（13）［藤井宏-五三b］一〇五―一〇六頁。
（14）当該史料の前文には「熊公祖義田之事」とあり、また「今蒙侯官趙父母発下租冊」とある。乾隆『福州府志』巻三三、職官六、明、侯官県知県によれば「趙父母」には知県趙挺が該当し、同じく、巻三一、職官四、明、福州府知府によれば「熊公祖」には知府熊士逵が該当するのである。
（15）康熙『同安県志』巻二、官守志、学租に、
旧志、洪武初、前代学田皆廃。隆慶元年、知県鄠一相、復清南門橋税七十八両五銭五分三厘、原議以半入学食士。……万暦二十九年、知県洪世俊、議将呉陂庄廃寺溢額田三十九畝五分、年登租銀四十九両四銭五厘、内発納糧餉共銀五両四銭二分六厘、餘入学修理。又議将奇江庄廃寺田二百六十二畝五分、年徴租銀九十八両四銭零入学。

とある。
（16）福建の一田三主制については、差しあたって［西村元照-七四］一三〇―一三一頁、参照。
（17）［西村元照-七四］一三一頁では、顧炎武『天下郡国利病書』原編二六冊、福建、所引の『漳浦県志』によって、一田三主制下の佃戸には「また地代のほか税糧をも負担させられる者が出ている」と指摘されているが、西村氏の依拠する当該史料の「佃戸」の項に見える「出力代耕、租税皆其辦納」の「税」とは税糧を指したものではなく、「小税主」に納入する佃租として

の「税」である。
(18) 当該史料は、［林祥瑞－八二］六五頁において紹介された。
(19) 徐階『世経堂集』巻二二、「復呂沃州」。［藤井宏－五三b］一〇六－一〇七頁、参照。
(20) 明末の福寧州では、社会関係としての〈主人－奴僕〉〈主人－佃戸〉等の諸関係の「秩序原理」が崩壊しつつあったことが、森正夫氏によって指摘されている。［森正夫－七九］一四一－一四三頁、参照。
(21) 万暦『秀水県志』巻一、輿地志、風俗、農桑の「貯其餘以備春作」の「其」が万暦『建陽県志』の当該事では欠けている。
(22) 万暦『嘉興府志』巻九、郡職、皇明。
(23) 万暦『秀水県志』風俗の記事は、黄洪憲『碧山学士集』巻九、「秀水県志小序」にも収録されている。
(24) ［森正夫－七九］参照。
(25) 〈佃変〉という名辞は、傅衣凌氏によってはじめて用いられた。［傅衣凌－七五（傅衣凌－八二a）］参照。
(26) ［森正夫－七二］二三六－二四〇頁。
(27) 乾隆『泉州府志』巻二〇、風俗、所引の『温陵旧事』。［森正夫－七二］二三七頁、参照。
(28) ［王連茂－八四（王連茂－七八）］四八頁、および五二頁訳註(55)、参照。
(29) 乾隆『浦城県志』巻一〇、人物考二、尚義、国朝、季欽文の項に、
季欽文、字復亨。好善楽施。康熙丙子、歳歉、命子濂、概免佃租、復賑其貧甚者。
とある。
(30) 光緒『浦城県志』巻一八、職官、国朝、県職表。
(31) 〈抗租禁止条例〉については、本書第二部第六章、参照。
(32) 『鳳池林氏族譜』巻二、世系紀上、第十三世、孟福房、林和。
(33) 当該史料は、［片岡芝子－六四］四八頁において紹介された。
(34) ［東京大学東洋文化研究所－八二］二六七頁によれば、『閩政領要』は「闕名撰」とされているが、後者の序には、
乾隆二十二年、前司徳福、留心体訪、纂修成書。本司蒞任於茲三載、追溯纂輯之年、已歴十載。其間今昔異宜、章程更定、難資稽攷。乃就已成之書、参以時政、重加刪訂。

とあり、徳福が編纂したものを補訂した人物については、福建布政使（「本司」）としての在任三年目が乾隆三十二年（一七六七）

頃になることが窺える。［銭実甫‐八〇b］一八四四―一八四七頁によれば、乾隆二十八年（一七六三）十月から同三十一年（一七六六）十月まで在任した顔希深が該当すると思われる。
(35) 当該史料は、［傅衣淩‐四四］五八頁において紹介された。
(36) 収租のために農村に出向いて抗租に遭遇した地主が「佃戸が城市に来るのを待って、すなわち家に拘禁」するという記述は、佃戸が偶然的に城市に来たのではなく、農村と城市との間を恒常的に往来していることを窺わせる。すなわち、こうした状況を万暦『泉州府志』の抗租記事と関連させてみるとき、佃戸の城市商品市場との密なる接触を看取することができよう。［森正夫‐八三］二五四頁註（1）、参照。
(37) 福建における佃戸の裁判闘争については、［森正夫‐七一］二三九頁、参照。
(38) ここでの「税」が佃租としての「税」であることは、註（17）で述べた通りである。
(39) 本書第一部第三章、参照。清末の記事として、『福建事情実査報告』三五公司、厦門、一九〇八年、二三頁にも「全省中第一ノ米産地ハ、邵武府ノ建寧県ニシテ、……」と書かれている。
(40) 〈黄通抗租反乱〉当時の汀州府寧化県では、収租用の量器の単位として「桶」が用いられていた（［森正夫‐七一］二三七―二三八頁）。また傅家麟（傅衣凌）編『福建省農村経済参考資料彙編』福建省銀行経済研究室、永安、一九四二年、一八五―一八八頁、所収の福建省地政局編『福建省初歩整理土地概況』一九三九年の「福建省各県田地折畝習慣調査票」によれば、民国期の建寧県で地積表示単位として一般に用いられていたのは産量を表す「桶」であったという。
(41) ［傅衣淩‐六一a］一八七―一八八頁、および［森正夫‐八三］三四五―三六〇頁、参照。
(42) ［天野元之助‐七九a］一〇八―一〇九頁。
(43) ここで第二の点を提示したのは、およそ地主‐佃戸関係という社会関係を〈利〉という概念で測る場合、それはとどのつまり佃租の収取の問題に収斂すると思われるからである。
(44) ［濱島敦俊‐八二］五五九頁、および六二二頁註（25）。
(45) 本書第二部第六章、参照。
(46) 当該史料は、今堀誠二氏によって紹介された。［今堀誠二‐六八（今堀誠二‐六七）］一一八頁、および一二五頁註（1）。
(47) 「良田不如良佃」という俗諺は、周知のように康熙年間の人、張英の「恒産瑣言」（『篤素堂文集』巻一四、雑著、所収）に見られるが、かつて仁井田陞氏は［仁井田陞‐六二（仁井田陞‐五一）］一一一頁において、この俗諺を抗租に対する「地主の嘆声」を象徴するものと理解された。それに対して岸本美緒氏は[中山美緒 - 七六(岸本美緒 - 九七)]において「恒産瑣言」のきわめて精緻な分析を行い、張英が「良佃」と対比しているのは「生産意欲を持たない無能な劣佃」であり、「抗租のことは張英の念頭にはなかった」(一八九・一九二頁)と、仁井田氏の見解を批判されたのである。ただ、清代後半の嘉慶年間の福建雲霄庁下では、この俗諺が「恒産瑣言」段階の〈原義〉を離れ、抗租という現実の事態を明らかに反映したものへと変質している点は注目されよう。

(48)『問俗録』の巻一から巻五までの目録には、それぞれ「建陽県道光四年十月初二日莅任、五年十月二十八日卸事」「古田県四月十一日莅任、六月十七日卸事」「仙遊県道光六年八月二十八日莅任、七年六月初六日卸事」「詔安県道光八年四月初一日莅任、十一年二月初九日卸事」「邵軍庁道光十二年閏九月初九日莅任、至十三年五月初二日卸事」と書かれている。

(49)[濱島敦俊 - 八四a]四六頁註(7)では、抗租・欠租を四つに分類し、その一つに一田両主制ないしは所有権・耕作権の譲渡をめぐって「耕作者と地主との間で権利義務の認識が一致していない場合」すなわち「何人が地主か、何人が佃農か否か、佃農であるとしても権利・義務が如何様、またどの程度のものであるか、法的に明確でない場合」に起こるものが提示されている。

(50)一田両主制に関する最も総括的な研究として、[寺田浩明 - 八三]参照。また清代後期における抗租と一田両主制との関連については、[森正夫 - 七一]二六〇―二七一頁、参照。

(51)当該史料は、[傅衣凌 - 四四]二二頁において紹介された。

(52)民国『永定県志』巻二七、循吏伝、鄧万皆の項には、
　知県鄧万皆、広東永安人。嘉慶十一年任。警刁佃、清蠹弊、釐積案。
とあり、また光緒『漳州府志』巻二七、宦績志四、国朝、詔安県知県、楊福五の項には、
　楊福五、字介堂、直隷保安州進士。咸豊五年任。時詔邑覇田抗租、積習相沿、業主無利可収、徒受納課之累。福五廉知其弊、為之逐戸清釐。
とあって、清代後期には知県による「刁佃」「覇田抗租」の取締がその治績の中で評価されている例を見出すことができる。

(53)[前田勝太郎 - 六四]五六七頁。

(54)[傅衣凌 - 四四]四三頁。なお当該史料を「佃戸と商品市場との緊密な関連」として最初に注目されたのは、森正夫氏であった([森正夫 - 六二]一一〇頁)。

(55)　乾隆『莆田県志』巻一、輿地志、里図、延寿里、涵頭市には、
　人家稠密、商賈魚塩輻輳、為莆中開市。

とある。
(56)　本書第一部第三章、八八頁、参照。なお、[劉永成 - 八〇]八七頁の「乾隆刑科題本(土地債務類)地租形式分布情況統計表」によれば、福建の「貨幣租」の割合は「折租」をも含めて全体の一八・三%であり、また厳中平等編『中国近代経済史統計資料選輯』科学出版社、北京、一九五五年、二八九頁、所収の「各省実物地租及貨幣地租的比重」でも、同じく一九・三%となっている。乾隆年間から民国二十年代にかけて、福建では佃租の貨幣納化がほとんど進展しなかったのであり、かつその比率自体も低いレヴェルにあったといえよう。
(57)　著名な史料であるが、陳懋仁『泉南雑志』巻上には、
　其地為稲利薄、蔗利厚、往往有改稲田種蔗者。故稲米益乏、皆仰給於浙・直海販。

とある。
(58)　徳福・顔希深『閩政領要』巻中、「歳産米穀」には、
　如漳州府属之龍渓・漳浦・平和・海澄・詔安五邑、泉州府属之晋江・南安・恵安・同安四邑、……即晴雨応時、十分収成、亦不敷本地半年之食用。

とある。本書第一部第三章、参照。
(59)　天啓『邵武府志』巻首、所収「鄭按台巡歴昭武文説二首」の「問俗説」には、
　故閩之田、恒不足以贍閩之用。逢年大有、尚借糴於呉・粤・江右之間、歳或不登、則有皇皇莫必其命耳。

とあり、豊年でも江南・広東・江西からの米穀移入に依存している福建の状況が述べられている。「鄭按台」とは万暦年間最後の福建巡按御史鄭宗周である(道光『福建通志』巻九六、職官、明、巡按監察御史)。[藤井宏 - 五三a]三〇―三一頁、および[安部健夫 - 七二]四八二―四八六頁、参照。
(60)　清末以降も福建では抗租が持続的に展開していた。例えば、民国六年(一九一七)に書かれた『泉州張鎔竇書』「存公業項」には、
　外郷田租園租、被抗甚多。収来存為公項。

とあり、民国『建寧県志』巻五、風俗、巋俗には、乾隆県志の抗租記事を引用した後、

今日人心愈壊、呑租不交者有之、扛荒勒減者有之、瞞田私売者有之。較之昔日、殆有甚焉。

とある。また『福建統計月刊』三巻四期、一九三六年、所収の「古田県概況初歩調査」二二頁でも、「地主と佃農との関係」という項目で事実上の抗租について書かれており、「地主と佃農との衝突」の九九％は「佃農の不良なる者」に起因すると指摘されている。

(61)〈郷族〉という名辞の説明として、民国『晋江県志』巻三、社会志、第十編「郷族」の中で、撰者荘為璣氏は次のように記している。「閩南では聚族して住んでおり、姓によって郷の名としている。遂に宗族と郷村とが結びつき、血縁と地縁とが一体となって、その力量はさらに大きくなっている。故に私はそれを「郷族」と呼ぶのである」と。また、[傅衣凌－六一b(傅衣凌－八二a)]・[森正夫－八五]参照。

(62)[傅衣凌－八九a(傅衣凌－八二b)]五二頁。

(63)[森正夫－六二]一二一頁。

第二章　雍正年間の崇安県における抗租の展開

はじめに

中国福建省図書館蔵の雍正『崇安県志』巻一、風俗には、康熙『崇安県志』巻一、封域志、風俗に見えるものとほぼ同文の、次のような記事が存在する。(1)

売田者与買田者、各不知其田、而僅知其佃。……佃田之名曰賠、賠為田皮、買為田骨。田与某耕種、止書租穀之数、並不及田之坵塅。佃人換賠、亦聴自相授受。故主家不知田之所在、佃去則租無矣。此邑中、所以有無租而仍納空粮之田主、有匿田耕種而無課之佃戸也。

田を売る者と田を買う者とは、各々がその田〔の所在〕を知らず、僅かに其の佃戸〔が誰なのか〕を知っているだけである。……田を小作する場合を賠と言っているが、賠は田皮の為に〔用いられており〕、買は田骨の為に〔使われている〕。田を某に耕作させると、〔租佃契には〕ただ租穀の数を書くだけで、全く田の枚数(坵塅)は書き入れない。佃人が賠を換えるときも、また〔主家は〕勝手に授受することを許している。故に主家は田の所在を知らないのであり、〔もとの〕佃戸が去れば租は徴収できなくなる。これが当県において、租は徴収できないのに依然として税糧を納めている田主がおり、田〔の所在〕を隠匿して耕作することで課《そ》を納めない佃戸がいる所以である。

康煕県志に描かれた一田両主制と関連する抗租の存在は雍正県志においても踏襲されており、従って、同じく風俗の別の箇所では「惟佃田一端、積習如錮」と記されているのである。(2)

しかしながら、ここで特に注目したいのは先の記事の直後に附載された長文の割註であり、そこには十八世紀前半の建寧府崇安県の抗租に関する、きわめて豊富な内容が提示されている。本章ではこの割註の全文を紹介し、その内容の分析と整理とを行うことにしたい。

一　史　料

史料の全文は、次の通りである。

(I)此管志所載、就平時言也。夫主不知田、則佃人那移田塅、隠匿坵数、莫可究詰。迨至転賠下手、向之那移隠匿者、皆其私有、故有田而無課。然田主之租、尚未尽無也。康煕十三年、遭耿逆之変、佃逃田荒。十五年、王師勦平。餘寇江拐仔・楊一豹、嘯聚黄岡・白塔之間、西路村落、虔劉焚燬、数十里蕩無炊烟。即佃人之欺隠、而無課者、尽付之荊棘叢中。及十九年平定、而原佃或逃亡、或故絶、後之開墾者、多異地之人。於是有耕此主之田、而兼併彼主之田者。有豪強而受人投献者。有未尽墾、而減其租者。因有照所減之租、転売於人、而虚其原額者。有減後墾尽、或従前兼併、原主不能覚察、因而田多租少、佃人之賠価、重於田主之売価者。且有抗租覇耕、不能起業者。種種弊端、皆由田主不知田。故田皮雖奉憲禁、積習未能改也。夫田虚糧懸、民累最大、欲甦其累、其惟清丈乎。田皮之禁、上憲通行、以崇論之、可禁而不必禁者也。夫田主之田、大率散布於村落之間、其勢不能以自耕、則必有佃田之人。耕者田非己有、則必售其値於原佃之人、始有田之可耕。故田不必禁。

これ〔以上〕は管志〔管声駿編纂の康熙『崇安県志』〕の記載であり、平時について言ったものである。そもそも田主が田〔の所在〕を知らなければ、佃人が田塅を那移し、坵数を隠匿したとしても、〔田主は〕究詰することはできない。〔佃戸が田を〕下手に転賠したならば、かつて〔佃戸が〕那移・隠匿していたものは、すべて勝手に占有していたのであり、故に田は有るのに税は掛からないことになる。しかしながら、田主の〔取り立てる〕租は、まだ尽く無くなったわけではなかった。康熙十三年（一六七四）、耿逆〔靖南王耿精忠〕の変が起こると、佃戸は逃亡して田土は荒廃した。十五年（一六七六）になって、王師〔清軍〕は〔耿逆の変を〕平定した。餘賊の江拐仔・楊一豹は、黄岡〔山〕と白塔〔山〕との間に集結し、〔崇安県〕西路の村落では〔彼らによって人々が〕殺害され、〔家々が〕焼き払われ、数十里にわたり蕩然として炊煙も立たなくなった。たとい佃戸が欺隠して租を払わなくなっていた田も、尽く荊棘の叢中のような〔荒れ果てた〕状態になってしまったのである。十九年（一六八〇）に〔江拐仔等が〕平定されると、もとの佃戸が或いは逃亡したり、或いは故絶したりしたために、後に〔荒廃した田を〕開墾した者の多くは異郷の人であった。そこで〔佃戸の中には〕こちらの田主の田を小作しながら、あちらの田主の田を兼併するという者がいた。豪強の輩で他人の投献を受け入れる者がいた。また尽くは開墾されていないので、その租を減額するという者がいた。そのために減額した租額によって、他人に〔その田を〕転売し、その原額を有耶無耶にするという者がいた。〔租を〕減額した後に開墾が終わり、或いは以前の〔佃戸による〕兼併のことを、もとの田主が察知することができず、そのために田は多いのに租は少なく、佃人〔の間の田皮〕の賠価が、田主〔の間の田骨〕の売価より高くなるという場合があった。さらに〔佃戸が〕抗租・覇耕しても、〔田主は〕田を取り上げることができないという場合があった。〔以上の〕種々の弊害は、すべて田主が田〔の所在〕を知らないことに起因するのである。故に田皮については上憲の禁令を奉じているとはいえ、積習を未だ改めることができないのである。そもそも田〔の所有者〕がはっきりしないために税糧が滞納状態になっていることは民累の最大のものであり、この累を取り除こうとするならば、それはただ丈量するだけでよいであろうか。田皮に対する禁令は、上憲による通達が出されているが、崇安県について論ずるならば、禁じることは可能だとしても、必ずしも禁じなくてもよいものである。そもそも田主の〔所有する〕田は、ほぼ各村落の間に散在しており、理の当然として自耕することはできないのであるから、必ず田を佃作する人がいなければならないことになる。耕作する者はその田が自分の所有するものではないので、必ず〔田皮の〕値をもとの佃戸に払って、はじめて耕作することのできる田をもつことになる。故に田〔皮〕は必ずしも禁じなくてもよいのである。

(II)然有必不可長之刁風。非力挽其頽波、則効尤者衆、而田主受其害。何也。糧従田出、課頼租輸。居官者、以為銭糧軍国重務、考成攸関、徴比之期、視逋賦者如讐、箠楚弗恤。至於佃戸抗租、以為細事、或批郷長査覆、或着郷長催還、郷長亦以為細事、置若罔聞。及准差拘、差役又以為細事、齎発之後、任意沈擱。幸而到案、官以欠租者多貧民、従而姑息之。独不思、賦不可逋、租顧可抗耶。田主独非民。田主之肌膚、曾佃戸之不若耶。抑皆富民可以輸納、而無藉於租穀耶。彼見夫田主之無如伊何也、愈肆抗欠。効尤者以為某某欠租、田主如彼何也、刁風日熾。故佃戸欠租、毎至五六年不等、及田主另召佃種、強者覇耕搶割、因而争闘、致成命案者有之。弱者抗欠多年、将田転賠下手、田主不覚。幸而下手供租、則従前抗欠、猶可付之東流。倘仍尋旧轍、田主又如之何哉。夫田主収租、猶須輸課。刁佃不賦、白享籽粒、且賠其田。揆之情理、深可痛恨。此風之必不可長者也。

しかしながら、決して助長してはならない刁風がある。務めてその頽廃の流れを挽回しなければ、それを真似る者が多くなり、田主はその被害を受けることになる。それは何ゆえであろうか。〈糧は田より出て、課は租に頼って輸《おさ》めらる〉。官に就いている者は、銭糧〔の徴収〕は国家の重大事であり、〔官の〕考成に関わるものであると考え、徴収の時期になると、賦税を滞納した者を仇のように看做しており、〔その者を〕鞭打って憐れむことはない。佃戸の抗租については、細事であると考え、或いは郷長に命じて〔実情を〕調査・報告させたり、或いは郷長に命じて〔滞納分の佃租の〕納入を催促させたりするが、郷長もまた〔抗租を〕細事であると考え、放置して聞かなかったようにしている。〔官が佃戸の〕拘引を認めると、差役もまた〔抗租を〕細事であると考え、〔召喚状を〕手渡した後は、勝手に〔一件を〕打ち捨ててしまう。幸いにして〔抗租した佃戸が〕出頭したとしても、官は欠租した者の多くが貧民であることによって、〔一件を〕いい加減に〔終わら〕してしまう。〔官は〕賦税は滞納してはならないが、佃租はかえって抗欠しても構わないと思っていないことがあろうか。田主はどうして民でないことがあろうか。田主の肌膚が佃戸〔のそれ〕に勝らないということがあろうか。そもそも富民が〔賦税を〕輸納できるのも、〔佃戸から徴収する〕租穀に依存していないことがあろうか。彼〔佃戸A〕は田主が〔抗租した〕彼〔佃戸B〕をどうすることもできないのを見て、いよいよ抗租を勝手放題に行う。それを真似る者〔佃戸C〕は某々が欠租したとき、田主は彼をどうすることもできなかったと思うならば、〔抗租という〕刁風は日に日に盛んになるのである。故に佃戸の欠租は、常に五・六年ほども続き、田主が別に〔佃戸を〕呼んで小作させようとすると、〔佃戸の〕強い者は覇耕・搶割を行い、それによって〔田主との間に〕争い事が起こり、人命案件を引き起こすという場合がある。弱い者でも長年にわたって抗租し、〔小作している〕田を下手に転賠したとしても、田主は察知することさえできない。幸いにして下手が佃租を払うのであれば、以前の抗欠〔分の租〕は、これを水に流してもよいであろう。もし依然として〔佃戸が〕従来通りに〔抗租〕するならば、田主はまたこれをどうすることができようか。そもそも田主は収租したとしても、やはり税糧を納入しなければならない。刁佃は賦税が掛からず、〔しかも抗租によって〕米穀をただで享受し、かつその田を〔他の佃戸に〕転賠したりする。これを情理に照らして考えるならば、深く痛恨すべきものである。この風潮は決して助長させてはならないものである。

(III)雖然、耕田者豈病狂喪心、楽於抗欠。収割之後、穀安往哉。大抵一郷之中、毎有一二土豪、挙放私債。納銀還穀曰青苗、借穀倍息曰生谷、皆違禁以取利。新穀登場、即行索取、窮民徳其応急、忘其剝削。先償所貸、穀已入土豪之家、逮田主収租、顆粒無存、竟未如之何矣。若田主具控其佃、彼且置身局外、批郷長則代為嘱托、准差拘則代為賫発、召佃別種則主使覇耕、以為借貸剝削之地。是田主之課田、土豪之利藪也。

そうであるとは言っても、田を耕す者が気が狂い心を喪失したように、抗租を楽しむことがあろうか。収穫の後、穀物は一体どこに行ってしまうのであろうか。大抵、一郷の中には、どこでも一・二の土豪がおり、私債を貸し出している。銀を借りて穀物で返済するものを青苗と言い、穀物を借りて同額の利息を払うものを生谷と言うが、ともに禁令に違反して利息を取り立てている。新穀が稔ると、〔土豪は〕すぐに〔元本・利息の〕取り立てを行うが、貧しい民はそれが急場を救ってくれることを徳として、その搾取を忘れている。〔佃戸が〕まず貸りたものを償うと、穀物はすでに土豪の家に入ってしまい、田主が収租に到っても、〔佃戸の許には〕一粒も残っておらず、結局、こうした事態をどうすることもできないのである。もし田主がその佃戸を告訴したとしても、彼（土豪）はしばらくはその身を局外に置き、〔官が〕郷長に〔調査を〕命じると、〔佃戸に〕代わって〔郷長への〕請託を行い、拘引を認めると、代わって〔召喚状を〕手渡し、〔田主が〕別の佃戸を呼んで小作させようとすると、〔もとの佃戸に〕覇耕を指図し、そうして〔彼ら佃戸を〕貸付や搾取の拠り所としている。田主の課田は、土豪の利藪となっているのである。

(Ⅳ)誠下令邑中曰、田皮雖奉上禁、佃戸無欠租者、田主不許藉端起業、以奪窮民粒食之資。其欠租者、聴田主召佃、不許原佃阻撓。若覇耕及強割、一経告発、従重治罪、仍追前欠租穀。佃戸将田転賠、通知田主。如私相授受、隠匿抗欠情弊、田主具実控告、上手欠租、着落下手清還。地方土豪青苗生谷、俟田主収租之後理取。倘敢収割之時、即行索取、致虧田主租穀者、許田主一併指名告発、究其挙放私債、違禁取利之罪、追穀給主。如此則刁風少息、国課有頼、自無輸納不前、累官長之考成者矣。移風易俗、不誠在於良有司也歟。

〔官は〕まさしく県内に命令を下して〔次のように〕言うべきである。「田皮は上憲の禁令を奉じてはいるが、佃戸の欠租したことのない者は、田主が事に託けて田を取り上げ、それによって貧しい民の糧食のもとを奪うことは許さない。欠租した者については、田主が〔別の〕佃戸を小作に呼ぶことを許し、もとの佃戸がそれを妨害することは許さない。

もし〔もとの佃戸が〕覇耕したり強割したりして、ひとたび〔田主の〕告発があったならば、〔律例の〕重い規定によって処罰し、さらに滞納分の租穀を追徴する。佃戸が田を転賠するときは、田主に通知せよ。もし〔佃戸の間で田皮を〕勝手に授受して、〔田の〕隠匿や抗租の弊害が見られ、田主が事実に基づいて告訴したならば、上手の〔佃戸の〕欠租は下手〔の佃戸〕に命じて返済させる。土地の土豪による青苗・生谷については、田主の収租を俟ってその後で取り立てるべきである。もし〔土豪が〕敢えて収穫の時に、すぐに〔元本・利息の〕取り立てを行い、結果として田主の〔徴収する〕租穀が不足することになった場合は、田主が〔土豪と佃戸とを〕一緒に名指しで告発することを許し、〈私債を貸し付け、禁令に違反して利息を徴収する〉という罪を究明し、〔土豪から〕穀物を追徴して田主に支給する」と。このようにすれば、すなわち刁風は少しく治まり、国課《ぜいりょう》も拠り所をもち、自ずから〔賦税の〕納入が進まず、地方官の考成に累を及ぼすことも無くなるであろう。移風易俗のことは、まさに優秀な官〔の手腕〕にかかっているのである。

当該史料は、四つの部分から構成されている。(Ⅰ)では「田主不知田」に端的に表現された、土地の所有と使用〔耕作〕とをめぐる地主‐佃戸間の権利・義務関係の混乱・錯綜によって現出していた多様な事態について叙述されている。(Ⅱ)では「必不可長之刁風」としての抗租について、特に国家権力との関係の実態が述べられており、また(Ⅲ)では当該地域における抗租の一側面、すなわち「土豪」といわれている高利貸資本と佃戸の再生産・抗租との関連性が指摘されている。そして最後に、(Ⅳ)では(Ⅰ)・(Ⅱ)・(Ⅲ)で詳述された地主‐佃戸関係の危機的状況に対して、在来の地主‐佃戸関係を維持すべく国家権力の直接的な介入の必要性が、当該史料の著者によって主張されているのである。

以下、この史料から抽出しえる三つの問題——抗租と一田両主制、抗租と商業・高利貸資本、および抗租と国家権力——について、若干の分析を加えることにしたい。

二　分析

(i)　抗租と一田両主制

康熙『崇安県志』風俗においてすでに指摘されているように、当該地域では田皮・田骨がそれぞれ物権として互いに独立して売買されており、特に佃戸による田皮の売買(「賠」)を大きな要因として「主家不知田之所在」という事態が生じていた。また(I)の記載によれば、康熙十三年(一六七四)から同十五年(一六七六)まで、この一帯を席巻した〈耿精忠の乱〉(3)、および康熙十九年(一六八〇)にかけての江拐仔・楊一豹一党の跳梁(4)を直接的な契機とする、田土の荒廃、佃戸の逃亡、そして乱後における再度の開墾という一連の動きの中で、「田主不知田」という事態はさらに拍車がかけられたのであった(5)。康熙・雍正年間の崇安県における抗租状況は、一面では「田主不知田」であるがゆえに必然的に現出していたのである。それと同時に、明らかに田面権に依拠していたと思われる、意識的な「抗租覇耕」も行われていた。

ところで、(I)の記載からは、この時期の崇安県において一田両主制(田皮・田骨)が在地の社会的慣行としてすでに確立・定着していたことを窺うことができる。この点に関連して、崇安県に隣接する建寧府建陽県および邵武府邵武県には、それぞれ次のような史料が存在する。万暦『建陽県志』巻二、建置志、書院、薦山書院、「本祠祀田」に引かれた、万暦二十七年(一五九九)の建陽県知県魏時応の言には、

今査、其田骨一十一籮二斗半、田皮一十五籮、向係張陽得・張経毛収租。又有田骨三籮七斗半、向係朱邦行

収租。

今、査べたところでは、田骨一十一籮二斗半・田皮一十五籮は、かつては張陽得・張経毛が収租を行っていた。また田骨三籮七斗半は、かつては朱邦行が収租を行っていた。

とあり、万暦四十一年(一六一三)に邵武県知県に就任した呉甡の『憶記』巻一、癸丑(万暦四十一年)の項には、

邵武俗、置田者名田骨、佃田者名田皮、各費価若干。

と見える。邵武の習俗では、田を購入する者を田骨と名づけ、田を小作する者を田皮と名づけており、各々の費用は若干である。ともに万暦年間においてすでに田皮・田骨の存在を確認しえるのであり、両県に隣接する崇安県でも田皮・田骨慣行の始期を明末段階まで遡及することが可能のように思われる。

さて、(I)・(IV)ではこの時期、田皮に対する「憲禁」「上禁」の存在が明示されている。おそらくは『福建省例』所載の雍正八年(一七三〇)の禁令だと思われるが[6]、こうした官の禁令にも拘わらず、ここでは田皮が「不必禁者」であるという、当該史料の著者独自の見解が示されている。すなわち、田皮の存在と関連した抗租状況が見られる一方で、田皮・田骨慣行の社会的な確立という現実を背景として、田皮それ自体を全面的に否定すべきものとは看做されていないのである。但し、田皮は「不必禁者」だからといって、田皮に関連する問題を個々の地主‐佃戸間における私的なものとして放置せよ、というのではない。(IV)に明記されているように、著者は田皮・田骨慣行に対する官の一定の介入・規制によって、すなわち、一方では欠租しない限りにおいて佃戸の〈耕作権〉を保証――地主の恣意的な「起業」を禁止――し、他方では佃戸間の田皮の授受に際して地主への通告を義務づけることで、既存の地主‐佃戸関係を維持すべきことを主張しているのである。

如上の見解と類似したものとして、ほぼ同時期の雍正十二年(一七三四)頃に制定された、漳州府平和県の屯田に関する地主黄氏の収租「事宜」がある[7]。そこでは、

一、糞土之例、奉部文厳禁、民田猶烈。況屯田乎。各佃所耕田、不得私相授受。如欲転交他手、旧佃須引新佃、対業主道明、業主察其可者許之。

一、糞土の例は、部文による厳禁を奉じているが、民田ではなお盛んに行われている。ましてや屯田では〔尚更である〕。各々の佃戸が耕作している田は、〔佃戸同士で〕勝手に授受してはならない。もし他人に売り渡したいと思うならば、旧の佃戸は新しい佃戸を引き連れて、業主に対して説明し、業主がそれを可とした場合はこれを許す。

と記されており、「糞土之例」すなわち糞土銀・田面権の社会的慣行としての定着の中で、きわめて現実的な対応――当該慣行の容認とそれに対する一定の規制――が地主によって行われているのである。一田両主制に対する地主側のこうした対応は、当該時期には一般的な趨勢となっていたのではなかろうか。

(ii)　抗租と商業・高利貸資本

「土豪」の高利貸活動と佃戸の抗租との関連性を活写した(Ⅲ)の記載は、当該史料全体の中でも特に注目すべきものだといえよう。

(Ⅲ)の前半(「竟末如之何矣」まで)では、まず「土豪」による高利貸付として「青苗」「生谷」という二つの形態が挙げられている。前者は銀を貸与し、後者は米穀を貸し出すものであるが、ともに債務者側(ここでは佃戸)は秋成時に現物＝米穀で負債を返済するというものであった。従って、秋成時には必然的に佃戸の労働生産物をめぐって「土豪」の収債と「田主」の収租とが競合的関係を形成することになり、その結果として「先償所貸、穀已入土豪之家、逮田主収租、顆粒無存」という、地主にとっての〈欠租〉という事態が現出していたのである。こうした状況はすでに第一章第一節で提示した、崇禎年間の福州府閩県に関する周之夔の記載ときわめて類似したものだといえよう。周之夔によれば「寧負田主租、不敢負穀主債」というように、佃戸は地主への佃租の納入と「穀主」＝高利貸資本への負債の返済とを天秤にかけ、「下年揭借之路」を閉ざさないようにするために主体的・意識的に〈欠租〉を行っていたのであり、それはまさに抗租というべきものであった。他方、(III)の場合も「徳其応急」「先償所貸」というように、佃戸は優先的に「土豪」の負債を返済していたのであり、それと表裏をなして抗租は志向されていたのである。

次に、(III)の後半(「若田主具控其佃」から)では、如上の抗租状況に対抗して地主の側が抗租した佃戸を官権力に告訴し、或いは当該佃戸の強制的な「退田」と新たな「召佃」とを行ったとしても、「土豪」の側は前者の場合には事件揉み消しの方向で暗躍し、後者の場合には佃戸を煽動して「覇耕」させるという事態が報告されている。崇安県における抗租は、一面では佃戸と「土豪」との結びつきによって貫徹していたのである。

では、地主－佃戸および「土豪」－佃戸という二つの関係の中で、佃戸が特に前者よりも後者との関係を重視すべきものとしていた所以はどこに求められるのであろうか。それは「土豪」からの負債が農業経営の生産資金として、或いは端境期の飯米として、佃戸の再生産の営みが完結するうえで必要不可欠なものとなっていたからにほかならないであろう。(8) また(III)の記述には当該史料の著者が属する社会階層の、直接的な利害関係に基づく価値観が強く反映しており、史料全体を流れるトーンからも、著者がここで「田主」と書かれた、おそらくは〈城居地主〉の一人であったことが推定される。一方、(III)において非難の対象とされ、「土豪」という名辞を与えられた高利貸資本は「大抵一郷之中、毎有一二土豪」(III)とか、或いは「地方土豪」(IV)と記されているように、明らかに郷村に居住する存在であった。こうした地主の城居性および「土豪」の郷居性ということ自体も、また佃戸と「土豪」との関係をより緊密化させていた条件の一つであったと思われる。

佃戸の労働生産物の収奪をめぐる、城居の「田主」と郷居の「土豪」との対立的現象を描いた(III)の記載の、その帰すべき方向は抗租に具象化された地主－佃戸関係の解体と、高利貸資本の小農民（佃戸）に対する経済的支配の再編とであった。従って、(Ⅲ)の末尾において「是田主之課田、土豪之利藪也」と強い危機感を表明した地主側は、いわば形振りかまわず官権力に依存し、「地方土豪青苗生谷、俟田主収租之後理取」(Ⅳ)というように「土豪」の債務取り立て時期に対して規制を加えることで、自らの佃租収奪の完遂を企図せねばならなかったのである。(9)

ところで、崇安県の農村社会における「土豪」の経済活動は、単に「青苗」「生谷」という高利貸付のみに終始していたのであろうか。(Ⅲ)においては何ら直接的には言及されていないが、ともに〈前期的資本〉として高利貸資本とは〈双生児的関係〉にあった商業資本の側面を「土豪」のいま一つの存在形態として措定することが可能なのではなかろうか。(10)その場合の具体的な姿として「青苗」「生谷」との関連で最も蓋然性が高いのは、秋成時に債本・利息として回収した米穀を転販する米商であろう。

では、この時期、崇安県一帯は米穀流通のうえで如何なる位置を占めていたのであろうか。ここでは取りあえず、崇禎年間の(A)周之夔『棄草文集』巻五、議、「条陳福州府致荒縁繇議」および乾隆年間の(B)徳福・顔希深『閩政領要』巻中、「歳産米穀」の二つの史料を提示しておきたい。

(A)福州一府、上仰延・建・邵・汀、及古田・閩清・大箬・小箬各山各渓米、皆係彼処商販、順流而下、屯集洪塘・南台二所、以供省城内外、及閩安鎮以下沿海之民転糴。……各処米、大約出之浦城・松渓・建陽等、居其十之四、出之邵武者十之六。蓋邵武又転得之江西也。延・汀米差少。

福州一府は、上は延平・建寧・邵武・汀州および古田・閩清・大箬・小箬の各山各渓の米に頼っているが、すべて彼の地の商販が〔閩江の〕流れに乗って下り、洪塘・南台の二ヵ所に屯集し、それによって省城の内外および閩安鎮以下の沿海の民が購入できるようにしている。……各地の米は、ほぼ浦城・松渓・建陽等の県で産出されたものが、その十の四を占めており、邵武府で産出するものは十の六にもなる。蓋し邵武はまたこれを江西から購入しているからである。延平・汀州両府の米はやや少ない。

(B)建寧七属、邵武四属、田多膏腴、素称産穀之郷、而浦城・建寧両邑、尤為豊裕。省城民食、不致缺乏者、全頼延・建・邵三府有餘之米、得以接済故也。

建寧府の七県と邵武府の四県とは、田の多くが肥沃であり、もとより産穀の郷と称せられているが、浦城・建寧の両県は〔米の生産が〕最も豊富である。省城の糧食が缺乏状態に陥らないのは、すべて延平・建寧・邵武三府の餘剰米に頼って、供給が可能となっているからである。

この(A)・(B)二つの記事によって、明末から清代中期にかけての状況をある程度は窺うことができよう。華中南の中で「米穀事情にいちばん恵まれていなかった」といわれる福建にあって[11]、崇安県の属する建寧府は邵武府とともに「産穀之郷」と謳われており、また福建最大の消費都市である省都福州の米穀供給地としてきわめて重要な位置を占めていたのである。ただ(A)・(B)ともに崇安県の名は明記されておらず、建寧府の属県として(A)では浦城・松渓・建陽の三県が、(B)では「豊裕」として浦城県が挙げられているだけである。しかしながら、福建の大動脈である閩江の本支流によって、崇安県が福州およびその近郊の二大物資集散地＝南台・洪塘[12]と直接的に連絡していた点、ならびに福建にあっては米穀がきわめて投機性の高い商品であった点を考慮するとき[13]、崇安県産の米穀もまた商業資本にとって大きな商品的価値をもつものであったと見て大過あるまい。

以上の状況から、(III)に見える「土豪」のいま一つの存在形態として、特に福州を終点とする米穀流通圏の起点に位置する、在郷の商業資本＝米商を想定することができよう。それと同時に、(III)に描かれた「土豪」と佃戸との関係では、米穀市場の存在を前提として「土豪」が佃戸に生産資金の〈前貸〉（高利貸付）を行い、秋成時に米穀を独占的に買い上げるという、いわゆる〈問屋制前貸〉的な生産形態の存在をも看取することができるのではなかろうか。[14]

なお、崇安県に推定した商業・高利貸資本による〈前貸〉の事例は、明末の汀州府清流県にも見出すことができる。康熙『清流県志』巻五、橋梁、「鄧公橋」は、崇禎六年(一六三三)から同十二年(一六三九)まで在任した知県鄧応韜[15]によって建設された浮橋＝鄧公橋に纏わる、次のような事情を伝えている。

按、清流附郭米石、僅民食半年、上流則資黄鎖・烏材・石牛諸路、下流則資玉華・嵩口・墇埠等処、以益之。往年奸販包糴、載下洪塘、以済洋舡、貪得高価。又安沙黠商、百千成群、放青苗子銭、当青黄甫熟之時、即拠田分割、先于嵩口造舡、及期強載出境。

按ずるに、清流県の附郭で生産される米穀は、僅かに〔当地の〕糧食の半年分にしかならず、上流では黄鎖・烏材・石牛の諸路から供給され、下流では玉華・嵩口・墇埠等の処から供給されて、それによって増えている。往年は奸商が〔米を〕買い占め、〔福州の〕洪塘に運んで海船に売り渡し、高価を貪っていた。また安沙の黠商が、数多く群れを成して、青苗子銭を貸し付け、麦や米が稔る時期になると、すなわち田で〔収穫した穀物を農民と〕分け合っているが、先に嵩口において船を造り、時期が来ると無理やり〔船に〕積み込んで外境に搬出している。

この時期、清流県では「奸販」によって米穀の買占(「包糴」)が行われ、福州の洪塘市に転販されていたことが述べられているが、こうした状況が現出した所以は、米穀需給の面で清流県が決して餘裕のある地域でなかったにも拘わらず、「奸販」にとって該県産の米穀を清渓から沙渓へ、そして閩江を通じて容易に洪塘へ搬運することができ、それによってより多くの利潤が彼らにもたらされるからであった。また「奸販」の商業活動と関連して、かつ同時並行的に進行していた事態として、隣県である沙県の商人(「安沙黠商」)が清流県の小農民に対して「青苗子銭」を貸与し、収穫期に現場で米穀による債本・利息の取り立てを行い、それを〈他境〉へ転販していることが叙述されている。[16]まさに有利な市場条件を前提として、商業資本が〈前貸〉による小農民の生産支配を行っていたことを表示しているといえよう。

以上、(III)に描写された「土豪」の佃戸に対する高利貸付に関する記載内容を敷衍して、雍正年間の崇安県農村社会に「土豪」と表現された商業・高利貸資本の小農民(佃戸)を対象とした〈問屋制前貸〉的生産形態が、福建内部の米穀流通市場を前提として存在していたことを推定した。当該地域では、こうした状況と密接に関連して佃戸の日常的な抗租が展開していたのであり、かつ抗租をめぐる城居の地主と「土豪」・佃戸陣営との対立という事態が現出していたのである。すなわち、この時期、一方では既存の地主‐佃戸関係の解体、他方では商業・高利貸資本‐小農民(佃戸)間の経済的支配＝隷属関係の再編という動きが進行していたのである。

(iii) 抗租と国家権力

すでに論及したように、当該史料の著者は、この時期における一田両主制の展開ならびに「土豪」の高利貸活動と関連した抗租の盛行に対し、国家権力の直接的な介入によって、佃戸が抗租した場合には地主の新たな「召佃」を保証し、かつ佃戸間の田皮の「転賠」に際しては地主への通告を義務づけること、さらに「土豪」の収債についてはその時期を地主の収租後に設定すること、等の具体的方策を(IV)において提議しているのである。

ところで、当該地域における抗租と国家権力との関係、特に官による抗租の取締の実態について述べているのが、史料の(II)である。ここではまず、佃戸の抗租が「刁風」と化している原因の一端として、崇安県の官が〈賦は租より出づ〉という当時の社会通念——ここでは「糧従田出、課頼租輸」という——を全く認識せず[17]、抗租を「細事」と看做して適切な措置をとろうとしない点、つまり官権力の抗租取締が何ら有効に機能していない点に対する著者の慨嘆の念が吐露されている。しかしながら、その一方で「或批郷長査覆、或着郷長催還」とあるように、官の命をうけて在地の「郷長」が抗租の実情調査および滞納佃租の催追を行うという事態が、いわば制度的に確立していたことも窺えるのである。

(II)に見える「郷長」については、万暦六年(一五七八)から同八年(一五八〇)まで福建巡撫として郷約・保甲制を実施した耿定向の『耿天台先生文集』巻一八、雑著二、牧事末議、「保甲」に、

一、都・郷長、止令表正一都・郷、督率各図・里、譏察奸宄、挙行郷約、解息忿争。不必責之出官奔走。

一、郷長・都長は、ただ一郷・一都を正しく導き、各々の図・里を統率して、悪人を探し出したり、郷約を実行したり、紛争を解決したりするだけである。必ずしもこの者の責任として官に出頭して(雑役に)奔走させるべきではない。

一、訪、閩俗民間朔望、礼拝社神、婉有古初里社之意。蓋縁先賢礼教未泯也。就中行令郷長、挙行郷約、宣教聖諭、令民知相親相恤之誼。蓋教化行而民心得、而後法制可挙也。

一、訪ねたところ、閩の習俗として民間では毎月の朔・望(一日・十五日)に社神に礼拝するが、それは古代の里社の意を体現したものである。蓋し先賢の礼教が未だ消滅していないからである。なかでも郷長に命じて郷約を挙行し、聖諭を宣唱させ、民にともに親しみともに憐れむという情誼を理解させる。蓋し教化を行って民心を得れば、その後で法制を実行することができるからである。

と記されているように、本来的には明末の郷約・保甲制[18]のもとで「郷」(地理的区画)を単位として置かれたものであり、主に郷約の担い手として在地社会における治安・秩序維持の責任を負わされた、おそらくは約正と同様の存在であったと思われる。ただ、この崇安県における郷長は、明末以降の保甲制(或いは郷約・保甲制)の度重なる実施という具体的過程の中で郷村社会に定着し、かつ清代の福建各地に見られる「地保」「保長」「郷保」「約保」「郷約」「郷地」と同様に、実際には主として治安・警察の機能を担うべき存在であったといえよう[19]。雍正年間の崇安県では、こうした郷長が日常的な抗租の取締の面でも一定の役割を果たすべきものと認識されてい

たのである。すなわち、地方官と在地の治安機構とが一体化した抗租の禁圧・取締のシステムが、清代前期の当該地域ではすでに形成されていたことを推定しえるのではなかろうか[20]。

しかしながら、(II)の記載によれば、崇安県のこうしたシステムは現実には十全に機能していなかったのである。そうした状況にも拘わらず、地主の側には官権力に依存する以外に自らの佃戸支配・佃租収奪を完結するための他の選択肢は残されていなかったのであり、自らが抗租に対する具体的な方策を建議し、官権力の即時の対応を期待せねばならなかったのである。

おわりに

以上、本章では雍正年間の建寧府崇安県の抗租状況について若干の考察を行ってきた。ここで紹介した雍正『崇安県志』風俗の記事は、一田両主制(田皮・田骨慣行)の展開、農村社会における商業・高利貸資本の活動、さらには地主－佃戸関係に対する国家権力の関与という諸点との関連において、抗租の「刁風」化現象を具体的に描写したものであり、福建の農村社会および抗租の特質を解明するうえできわめて有益な史料であるといえよう。

特に「土豪」といわれる商業・高利貸資本に関していえば、福建における抗租の特質が当該地域の特殊な米穀の生産・流通問題と密接に関連していたことを示唆しており、福建の各地域における具体的な米穀事情の解明が次の課題として浮かび上がってくるのである。

(1)　本書第一部第一章、三〇頁、参照。

(2)　同前、三一頁、参照。
(3)　〈耿精忠の乱〉については、取りあえず[劉鳳雲 - 九四]参照。
(4)　江拐仔・楊一豹については、乾隆『邵武府志』巻一二、兵制、寇警の康熙十六年(一六七七)および同十九年(一六八〇)の条に見える。
(5)　崇安県に隣接する邵武府光沢県でも、乾隆『光沢県志』巻二〇、人物志二、郷行、国朝、曾文彩の項に、
甲寅兵荒、田多為佃侵。
と記されている。「甲寅兵荒」は〈耿精忠の乱〉を指している。
(6)　『福建省例』巻一五、田宅、「禁革田皮・田根、不許私相買売、佃戸若不欠租、不許田主額外加増」。本書第二部第五章、参照。
(7)　本書第二部第五章、一七九―一八二頁、参照。
(8)　この点、同時期の江南の佃戸が「米典」(質屋)との接触をもちながらも「手工業を通じて佃戸経営を再生産するのに必要な飯米部分の獲得」を、すなわち〈自立単純再生産〉を可能にしていた状況とは、質的に些か異なるといえよう。[小山正明 - 九二(小山正明 - 五八)]二九〇―二九二頁、参照。
(9)　(Ⅳ)では、地主に欠租状況を将来した場合は「土豪」の収債そのものを明律以来の、戸律、銭債、「違禁取利」の条に牽強附会して法的に取り締まることを主張しているのである。
(10)　[大塚久雄 - 三五(大塚久雄 - 六九)]・[岡田与好 - 六〇]参照。
(11)　[安部健夫 - 七二]四八三頁。
(12)　南台・洪塘は、万暦24『福州府志』巻五、輿地志五、福州府城の「城外の市」に挙げられており(但し南台は「潭尾市」という名称)、ともに福州府城南郊を西から南東に流れる閩江と烏龍江とに挟まれた南台島に所在した。南台は府城南門外の万寿橋・江南橋を渡ってすぐの閩江側に、洪塘は府城西門外の洪山橋を渡った烏龍江側に位置していた。それぞれの繁栄の様相として、まず南台については、乾隆『福州府志』巻九、津梁、閩県、橋、江南橋に引かれた、乾隆十三年(一七四八)就任の福建巡撫潘思榘の「記」に、
南台為福之賈区、魚塩百貨之湊。万室若櫛、人烟浩穰。赤馬餘皇、估艑商舶、魚蜑之艇、交維于其下。

とある。次に洪塘については、万暦四十年(一六一二)纂の王応山『閩都記』巻一九、湖西侯官勝蹟に、

洪塘市、在洪塘江之濱。民居鱗次、舟航上下雲集。

とあり、また民国『洪塘小志』疆域に、

昔時洪塘、有安仁渓・大箬・閩清・大穆・源口・白沙各処船隻、転運上郡外省諸貨、停泊洪江、商賈輻輳、貿易繁盛、儼然一商港也。

と記されている。

(13) 明末の事例として、許孚遠『敬和堂集』公移撫閩稿、「頒正俗編、行各属」所収の「郷保条規」には、

一、閩省地窄人稠、糧食往往取給他処。比年荒旱頻仍、民益艱食。海上穀船、自浙之温・台、広之高・恵・潮而来、又被豪牙磐戸、一網包羅。因而閉糶、価値一時騰貴、貧民難買升斗之糧。可為傷憫。

と記されている。本書第三部第七章、参照。

(14) [田中正俊-八四]四一一―四一二頁、参照。

(15) 康熙『清流県志』巻七、職員、明知県。

(16) 康熙『清流県志』巻五、橋梁、鄧公橋、所収の裴養清「題鉄石鄧公橋」には、

沙人乗不給、先時貸金、後時償粟、一母五子、捆載実帰。

と見える。裴養清は清流県出身の天啓元年(一六二一)の挙人である(同県志、巻八、選挙、明郷挙)。

(17) 〈賦は租より出づ〉については、本書第二部第五章、一九二―一九三頁、参照。

(18) 本書第三部第七章、参照。

(19) 中国第一歴史檔案館・中国社会科学院歴史研究所合編『清代地租剝削形態』〈乾隆刑科題本租佃関係史料之一〉上・下、中華書局、北京、一九八二年、所収の乾隆『刑科題本』では、地主-佃戸関係をめぐる人命案件に関して、官憲への「稟称」を行う「地保」「保長」等の様々な名称が見られる。福建の各地域との関連で例示すれば、「地保」(泉州府安渓県・延平府順昌県・建寧府政和県・同府浦城県)、「保長」(漳州府海澄県)、「郷保」(漳州府長泰県・建寧府松渓県)、「約保」(漳州府平和県)、「郷練」(建寧府建陽県)、「練保」(建寧府建安県)、「郷地」(建寧府浦城県)、等である。また、本書第三部第八章、参照。

(20) 本書第二部第五章、一八六頁、参照。

第三章　抗租と阻米
――明末清初期の福建を中心として――

はじめに

本章は明末清初期における抗租の特質の一端を、中国東南沿海に位置する福建地方の特殊な社会的・経済的状況との関連において究明することを目的としている。

先学の諸研究によって明らかにされているように、佃戸の商品生産の展開は、明末以降の抗租の歴史性を明示する現象であったが、[1] 福建における佃戸の商品生産と抗租との関連、特に佃戸の再生産構造――商品生産を含む――における抗租の位置づけについては、いまだ十分な解明がなされていないといえよう。すでに第一章で明末から清代後期に至る福建の抗租の展開を概観するとともに、第二章では雍正『崇安県志』風俗に見える抗租記事の分析によって、如上の課題への接近を試みたが、本章もまた同様の課題に向けての基礎的作業の一つである。

ところで、清代後期の道光『永安県志』巻九、風俗志、農事に、

比来佃田者、不顧民食、将平洋腴田、種蔗栽煙、利較穀倍。一値雨水不調、拖欠田租、貽悞田主。現今生歯日繁、寄居者衆、穀産不足於食。

近頃では田を小作する者が、民の糧食を顧みず、平らで肥沃な田において、甘蔗や葉煙草を栽培しており、その利益は米穀に較べて二倍にもなる。ひとたび雨水の不調に遭うと、〔佃戸は〕田租を滞納して、田主を困らせる。現在では人口が日々に増加しており、〔当地に〕寄居する者も多く、米穀の生産は〔当県で〕食べる分には足りないのである。

と端的に記述されているように、佃戸の商品生産（甘蔗・葉煙草栽培）と抗租との関連という課題には、「不顧民食」或いは「穀産不足於食」という糧食としての米穀の問題がいま一つの重要な環として内在していたのである。(2)

従って、本章では福建における商品生産（商品作物栽培）、米穀の生産・流通、および佃戸の抗租という三者の有機的な関連について特に検討を加えようとするものである。

一　商品作物の展開

［表－1］は、乾隆中頃に二人の福建布政使、徳福・顔希深によって書かれた『閩政領要』巻中、「各属物産」の記事を整理し、福建各地の特産物を一覧表にしたものである。これによれば、福建の各府州県の特産物としては、茘枝・龍眼・落花生・甘蔗・砂糖・茶・筍乾・煙草等の農産物およびその加工品、夏布（苧布）・紙・瓷器等の手工業製品、さらに木材（杉）等、各種各様の品目が挙げられている。それと同時に、当該史料には、

均有客商販運、各省頼以資用。

均しく客商が販運しており、各省はそれに頼って資用している。

と記されており、これらの産品は「客商」によってまさに全国各地（「各省」）に流通していたのである。(3)

次に［表－2］は、福建各地の明清時代の地方志の中から、それぞれの地域の産品が主として福建以外の地域へ

移出されていたことを明記する史料を抽出し、それに基づいて移出産品とその移出先とを明記したものである。これら二つの表によって、福建商品の大雑把な流通状況、或いはその傾向を把握するならば、およそ次の二点を指摘することができよう。

まず第一に、広汎な全国的流通市場を背景として、福建の各地域ごとに特徴的な商品を見出すことができる。すなわち、南部沿海一帯(清代の行政区画としての興化・泉州・漳州三府)の砂糖、西部一帯(同じく漳州・龍巖・汀州の二府一州)の煙草、そして北部一帯(同じく延平・建寧・邵武三府)の杉・紙・茶・筍乾である。第二に、[表-2]からも明らかなように、如上の福建商品の流通市場としては、清代における江蘇・浙江・湖南・湖

[表-1] 福建各地の特産品

府州名	県　名	品　　名
福州府	閩県・侯官	茘枝・龍眼・福橘・橄欖
	長楽	夏布
	福清	紫菜
興化府	莆田・仙遊	苧布・紅花・落花生
泉州府	厦門	海粉
	同安	甘蔗
漳州府	漳浦	水墨二品・器皿・眼鏡
	龍渓	氷糖・橘餅・閩薑
延平府	順昌・将楽	紙
建寧府		杉木
	崇安	茶葉
	建安・甌寧	夏布・香菰・冬筍
	松渓	筍乾・紅菰
	浦城・建陽	蓮子・生熟烟絲
邵武府	泰寧・建寧	夏布・筍乾
汀州府	上杭	鉄鎖・棕器・竹器
福寧府		紫菜
	寧徳	磁器
台湾府		紅白糖・落花生
永春州		夏布
	徳化	磁器
龍巖州		籐枕・茶葉・落花生
	寧洋	紙

典拠：徳福・顔希深『閩政領要』巻中,「各属物産」。

［表 - 2］福建各地の省外移出産品と移出先

府州名	県名	時期	移　出　産　品	移　出　先	典　拠
福州府	福清	康熙	夏布	江・浙等	(1)
	古田	万暦	紅麹	遠方・閩中	(2)
興化府		弘治	青麻布	他処	(3)
			砂糖	各処	(3)
泉州府		崇禎	茘枝乾・龍眼乾・黒白糖	天下	(4)
	晋江	康熙	茘枝乾・龍眼乾	温・台・蘇・杭・南京等	(5)
		道光	砂糖	他方	(6)
	同安	嘉靖	青靛	浙	(7)
漳州府		康熙	砂糖	各省	(8)
			烟草	呉・越・広・楚漢	(8)
	龍渓	康熙	煙草	呉・広・楚・越	(9)
		乾隆	砂糖	呉・越	(10)
	平和	康熙	砂糖・烟草	外省	(11)
延平府	南平	嘉慶	苧布	四方	(12)
			筍	呉・越・江淮	(13)
	永安	雍正	杉樹	外郡	(14)
		道光	筍	江・浙・漢・広等	(15)
			紙	江南・広東・福州等	(15)
建寧府	崇安	嘉慶	武夷茶	四方	(16)
邵武府		万暦	紙	湖広・南直隷	(17)
汀州府	永定	乾隆	烟	江西・広東	(18)
	上杭	乾隆	巾布	江・広	(19)
龍巖州		道光	茶葉・煙葉	他省	(20)

典拠：(1)康熙『福清県志』巻 1，地輿志，土産，貨之属，夏布。(2)万暦『古田県志』巻 5，食貨志，物産，貨之属，紅麹。(3)弘治『興化府志』巻 12，戸紀 6，貨殖志。(4)崇禎『閩書』巻 38，風俗志。(5)康熙『安海志』巻 4，物類志，菓品。(6)道光『晋江県志』巻 72，風俗志，農事。(7)嘉靖『永春県志』巻 1，輿地志，物産，貨，靛。(8)康熙『漳州府志』巻 26，民風，衣食。(9)康熙『龍渓県志』巻 10，風俗。(10)乾隆『龍渓県志』巻 19，物産，貨之属，糖。(11)康熙『平和県志』巻 10，風土志，民風，農。(12)嘉慶『南平県志』物部，巻 1，物産，帛属，苧布。(13)同前，物産，貨属，筍。(14)雍正『永安県志』巻 5，物産。(15)道光『永安県志』巻 9，風俗志，商賈。(16)嘉慶『崇安県志』巻 2，物産，貨属，武夷茶。(17)天啓『邵武府志』巻 9，輿地志 9，物産，貨之属，紙。(18)乾隆『永定県志』巻 1，封域志，土産，通有者，烟。(19)乾隆 18『上杭県志』巻 1，風俗，習尚。(20)道光『龍巖州志』巻 7，風俗志，商賈。

北・江西・広東の華中南諸省を挙げることができるが、なかでも「江・浙」「蘇・杭・南京」「呉・越・江淮」「江南」「南直隷」と記された江蘇・浙江両省、特に江南一帯が福建商品の最も重要な販売市場となっていたのである。この時期、全国的な流通市場の中で、江南地方は中国の南北の流通のいわば結節点に位置していたことが指摘されているが、(4) 福建の商品はその江南との間にきわめて太いパイプを有していたといえよう。

では、福建産商品の全国的市場への流通に対して、逆に如何なる商品がその対価として福建に移入されていたのであろうか。

すでに著名な史料であるが、万暦『泉州府志』巻三、輿地志下、風俗に、

稲米菽麦絲縷綿絮、繇来皆仰資呉・浙。

稲米・菽麦・絲縷・綿絮は、従来よりすべて呉・浙から移入している。

とあるように、明末の泉州府では衣・食にかかわる物資が江浙地方から移入されていたのである。また漳州府について、清代中期の乾隆『漳州府志』巻四五、紀遺上、物産には、

漳紗漳緞漳絨、漳之物産也。而絲則取諸浙西。棉苧等布、本機所織、不譲他郡。而苧則取之江右、棉則取之上海。即粟米之需、龍渓多資台湾、詔安多資広東也。

漳紗・漳緞・漳絨は、漳州府の特産である。絲はこれを浙西から移入している。棉・苧等の布は、本地の機で織られており、他の府には負けない。苧麻はこれを江右から移入しており、棉花はこれを上海から移入している。米穀の需要について、龍渓県ではその多くを台湾から移入しており、詔安県ではその多くを広東から移入している。

と記されており、当該地域ではこの時期、米穀を台湾・広東から、生糸・棉花を江南から、そして苧麻を江西から移入していたのであった。

以上の二つの史料でも叙述されているが、福建の移入品目のうち、その最大のものは米穀であった。この米穀

の移入状況については次節で詳述するとして、ここで少しく触れておきたいのは衣料物資の移入についてである。すでに明代中期の弘治『八閩通志』において、福建の絹織物業が原料の生糸を江南(「呉杭」)からの供給に依存していたことが述べられているが[5]、明末の泉・漳二府の都市絹織物業——主として海外市場を背景としていた——でも江南の「湖糸」が原料として用いられており[6]、こうした状況は清代中期に至っても継続的に存在していたのである。また「湖糸」とともに、重要な移入品目となっていたのは棉花および棉布であった。西嶋定生氏の棉業研究において紹介された、清代乾隆年間の褚華『木棉譜』の記事が明確に描写しているように、当時、福建・広東商人が江南で福建・広東産の砂糖(「糖霜」)を売却し、繰棉(「花衣」)を購入して帰るという貿易構造が江南‐福建・広東間には存在していたのであり[7]、まさにこうした構造の一端が前掲の乾隆『漳州府志』には描かれていたといえよう。

ところで、西嶋氏は福建の棉布業の高度な技術性を前提として棉布よりも棉花(繰棉)が福建に移入されていたことを指摘されているが[8]、福建の内陸地域においては、道光『永安県志』巻九、風俗志、商賈に、

如閩筍客、販売江・浙・漢・広等処、貨脱買布回発。

閩の筍客(筍乾を販売する客商)の如きは、江・浙・漢・広等の処で販売しているが、貨を卸した後に布を買い、〔福建に〕戻って発売している。

と見られるように、永安県の筍乾の移出に対して、「江・浙」等の地域からは棉布が移入されていたのである[9]。

如上の福建の特産品のうち、清代に商品作物として大々的に発展を遂げた茶をはじめとして、木材・紙・筍乾の生産は、主として延平・建寧・邵武という〈山区〉に展開したものであった。他方、地主‐佃戸関係の広汎な存在が予想される平野部の水田地帯で行われた小農民段階の商品生産は、甘蔗・葉煙草の栽培であった[10]。

福建の重要な移出品である砂糖の生産およびその原料としての甘蔗の栽培は、すでに宋代において一定の地域

的展開を見ていたが、[11]明末の段階におけるより一層の発展の中心的地域は、南部沿海に位置する泉州・漳州・興化の三府であった。[12]この時期の泉州府では、甘蔗栽培が稲作地帯に浸透することによって水稲から甘蔗への作付転換を惹起し、その結果として米穀(糧食)不足にともなう江南からの米穀移入が必要不可欠とされる状況に至っていた。[13]

また、漳州府においても同様の事態が報告されている。康熙『漳州府志』巻二六、民風、衣食は、当該地域の商品作物栽培全般について、次のように叙述している。

俗種蔗、蔗可糖。各省資之、利較田倍。又種桔、煮糖為餅、利数倍、人多営焉。烟草者、相思草也。甲于天下。貨于呉于越于広于楚漢、其利亦較田数倍。其他若荔枝龍眼梨柚落花生之属、俗亦最貴。故或奪五穀之地、而与之争而穀病。……今棄佳種、而趨末食、則田漸少、而粟愈不足。

俗は甘蔗を植えており、甘蔗は砂糖にすることができる。各省ではこれを移入しており、その利益は田(稲)に較べて二倍になる。また柑桔も植えており、砂糖で煮て餅を作るが、その利益は数倍にもなり、多くの人がこれを営んでいる。烟草とは相思草のことである。天下第一である。呉・越・広・楚漢に移出されており、その利益は田に較べて数倍になる。その他では荔枝・龍眼・梨柚・落花生の類も、俗は最も珍重している。故に〔これらの作物は〕五穀の土地を奪っており、これと争うことで米穀〔の栽培〕は衰退していく。……現在では、佳種(稲)を棄てて末食(商品作物)に趨っており、〔結果として〕稲田は徐々に減少し、米穀は益々不足するのである。

漳州府ではこの時期、甘蔗・葉煙草・荔枝・龍眼・落花生および柑橘類の栽培が米穀生産に比較してより多くの利益をもたらすがゆえに大々的に展開していた。従って「明初生歯繁民、不足於食(明初より人口は増加し、食糧が不足していた)」[14]といわれていたにも拘わらず、当該地域では稲作面積の縮小が漸次進展し、それにともなって糧食問題は緊張の度合を強めていたのである。

　ところで、明末の段階に呂宋島から福建の漳州府に伝来したとされる葉煙草は、[15]清の乾隆年間にはすでに福建の代表的な商品作物として認知されるに至っていた。[16]この約一世紀半の間に、葉煙草栽培は福建農村社会に広汎に浸透し、かつ定着していたのである。［表‐3］は主として福建の地方志の中から、その「風俗」に見える葉煙草関係の記事、および「物産」の葉煙草の項に社会的・経済的状況にかかわるコメントの附されたものを抽出し、地域ごとに整理したものである。この表からも明らかなように、まず福建の八府二州（台湾を除く）のうち福州府以外のすべての府・州に葉煙草栽培の展開を確認することができる。

　それと同時に、［表‐3］における泉州府の02・04、漳州府の09、延平府の14・15・16、汀州府の22・23・25・26、龍巖州の30・31の諸史料に記述されているように、葉煙草の栽培はまさに「稲田」地域に展開し、稲作を駆逐する様相を呈していたのである。しかも、葉煙草はその性質上、栽培にきわめて肥沃な土壌を必要とするのであり、[17]「腴田」（15・16・26）、「膏田」（22・23）、「良田」（25）という肥沃な生産性の高い土地に浸透することによって、福建の米穀不足は益々拍車を掛けられたのであった。

　以上のように、明末から清代にかけて、福建では甘蔗・葉煙草に代表される商品作物の栽培が大々的に展開していったが、その原因の一端を葉煙草栽培農民に即して考えるならば、それは「利較田倍」といわれているように、葉煙草の栽培が在来の稲作に比較してより多くの利益をもたらすがゆえに、彼らによって積極的に導入されたからであった。しかしながら、他方において、葉煙草の栽培はより集約的な農業経営、すなわち土地に対する多量の労働力および肥料の投下を必須の条件としていたのであり、[18]栽培農民にとっては逆により多くの生産資金を必要とするものでもあったのである。

　また、当該農民にとっては、さらに稲作から商品作物栽培への転換にともなう、次のような二つの問題が存在していた。それは第一に、米穀生産の相対的な減少にともなって、自家用の飯米を如何に確保するか、という問題である。そして第二に、佃租の問題である。すなわち、地主−佃戸関係のもとに置かれた小農民＝佃戸の場合、地主へ納入する佃租の形態が自らの商品生産の展開に即応したかたちで現物から貨幣への移行が見られないときには[19]、必然的に佃租用の米穀を購入しなければならなかったのである。

特に後者に関して、清初の段階に葉煙草栽培が急速に進展した汀州府に、康熙三十五年（一六九六）から知府として在任した王簡庵は、『臨汀考言』巻六、詳議、「諮訪利弊八条議」の第四項の中で、次のような状況を伝えている。

汀属八邑、僻処深山、本無沃野平原、尽係層巒畳障。所有田土、即使尽栽稲穀、不足民間日給、而所需食米、半資江西接済。是以山僻村農、惟知耕耘稼穡、従無種煙網利之徒。自康熙三十四五年間、漳民流寓於汀州、遂以種煙為業。因其所獲之利息、数倍於稼穡、汀民亦皆効尤。邇年以来、八邑之膏腴田土、種煙者十居三四。彼種煙者、止知図利以肥私、而有田者、亦惟租多為勝算。殊不知、八邑通計、毎年少収米穀、不下百餘万石、且種煙之人、又必買穀以償租、而窮民之食米、益致不敷矣。如本年四五月間、青黄不接之時、適値江西遏糴、本地無穀可買、闔郡生霊、嗷嗷待哺、以致米価倍増、民情惶惑者、職此故也。

汀州府属の八県は、深山の僻地に所在しており、もともと沃野や平原は無く、尽くが折り重なった山々である。すべての田土で、たとい稲穀を栽培したとしても、民間の日々の〔糧食の〕供給には足りず、必要な食米は、その半ばを江西からの移入に頼っている。従って、山僻の村農たちはただ稼穡《いね》の栽培だけを知っており、従来、葉煙草を植えて利益を貪るような輩などいなかったのである。康熙三十四・五年の間より、漳州の民が汀州に寄寓し、遂に葉煙草の栽培を生業とした。その獲得する利益が、稼穡の数倍になるために、汀州の民もみなそれを真似るようになった。近年、八県の肥沃な田土では、葉煙草を植える者が十の三・四も占めている。かの葉煙草を植える者は、ただ利益を図って自らを肥やすことだけを知っており、しかも田を所有する者も、ただ租の多いことだけを勝算としている。八県の合

［表－3］続き

府州名	県名	史　　料
邵武府		19　乾隆『邵武府志』巻 6，物産，草之属，烟草 郡地広種之。
	光沢	20　光緒『光沢郷土志略』商務 烟草，……他境尚有通販者。
汀州府	寧化	21　康熙『寧化県志』巻 2，土地部，土産，草之属，淡芭菰 今俗名烟。種出東洋，十餘年内，人競蒔之。……始惟閩・広人間食之，今則通天下用之。
	永定	22　乾隆『永定県志』巻 1，封域志，土産，通有者，烟 永以膏田種烟者多，近奉文厳禁，即種於旱地高原，亦損肥田之糞，十之五六。 23　同，巻 4，学校志，礼俗，民風 膏田種烟，利倍於穀，十居其四。法令不能禁。 24　民国『永定県志』巻 17，土壌志，第四章－1，農地－3 煙草為永定主要特産，過去栽培域区，普及全県。
	上杭	25　乾隆 18『上杭県志』巻 1，物産，貨類，煙 杭山多地少，可種之地甚少，人情射利，棄本逐末。尚皆以良田種煙，実害農之大者，近亦奉文切禁矣。 26　民国『上杭県志』巻 10，実業志，農業 邑中穀食，不足供全年之用，多藉汀・潮接済。蓋山多田少，下東路諸村，腴田又皆種煙，妨礙穀食不少。
福寧府	福安	27　光緒『福安郷土志』巻 1，人類部，実業門，商 煙茶魚塩之属，在境之商，固獲其利，而懋遷呉・越，尤不乏人。
永春州		28　呉中孚『商賈便覧』巻 3，各省買売馬頭，福建省 永春，煙交易頗大。
龍巖州		29　康熙『龍巖県志』巻 2，封域志，風俗 山峻水険，舟楫不通，見通志。邇来販煙四出，商賈漸繁矣。 30　同，巻 2，封域志，土産，貨之属，煙 崇禎初年，始種之，邇来称盛。……其与農夫争土，而分物力者，已十之五矣。 31　同，巻 2，封域志，土産 論曰，……若夫煙盛而粟衰，商多而農少，亦巖之本計失乎。 32　道光『龍巖州志』巻 7，風俗志，商賈 其物産，惟茶葉煙葉，通於他省，而墟市土肆，数倍従前。
	寧洋	33　康熙『寧洋県志』巻 2，輿地志，物産，貨之属，煙 崇禎初年，始種之。……然較之漳属十邑，寧猶未及十之一也。

［表－3］明末以降の福建における葉煙草栽培の展開

府州名	県名	史　　料
興化府	仙遊	01　乾隆『僊遊県志』巻8下，邑肇志，風俗 東郷間種烟葉花生，獲息較贏。
泉州府		02　乾隆『泉州府志』巻19，物産，貨之属，薫 安渓出者，勝於漳浦・石碼。近村民亦多以此占稲田，最失本計。
	晋江	03　乾隆『晋江県志』巻1，輿地志，物産，貨之属，薫 土烟不及漳。
	同安	04　乾隆『同安県志』巻14，物産，貨，薫 同西界村民多種此，然烟場稠而稲田稀，失本計矣。
漳州府		05　崇禎『漳州府志』巻27，風土志，物産，草之属，淡芭菰 近多蒔之者。 06　康熙『漳州府志』巻26，民風，衣食 烟草者，相思草也。甲于天下，貨于呉于越于広于楚漢，其利亦較田数倍。 07　同，巻27，物産，貨之属，煙草 今各省皆尚之，外省亦有種者。然惟漳煙称最，声価甲天下。漳又長泰最勝。 人多種之，利甚多。
	龍渓	08　康熙『龍渓県志』巻10，風俗 又種煙草，貨于呉于広于楚・越，利数倍。 09　乾隆『龍渓県志』巻10，風俗 惟種蔗及烟草，其獲利倍，故多奪五穀之地。 10　同，巻19，物産，貨之属，烟草 種盛閩中，……今所在皆有。惟漳烟称最。
	海澄	11　康熙『海澄県志』巻11，風土志，物産，草之属，淡芭菰 其種流入江西・湖広，推漳其最。
	平和	12　康熙『平和県志』巻10，風土志，民風，農 近域種蔗，取漿為糖，亦種烟草，以貨外省。
	長泰	13　乾隆『長泰県志』巻10，風土志，土産，貨属，煙草 本邑最勝，人多種之，利甚多。
延平府	南平	14　嘉慶『南平県志』人部，巻8，風俗，生業 年来烟草獲利，栽者日夥。城堧山陬，彌望皆是，且有植於稲田者。 15　同，物部，巻1，物産，貨属，煙草 価昂甚以腴田種藝者。
	永安	16　道光『永安県志』巻9，風俗志，農事 比来佃田者，不顧民食，将平洋腴田，種蔗栽煙，利較穀倍。
建寧府	浦城	17　光緒『浦城県志』巻7，物産，貨之属，烟草 邑中種於田者曰田烟。種於山者山烟。……遠近皆著名。 18　陸耀『烟譜』生産，第一 第一数閩産，而浦城最著。

計では、毎年減収となる米穀は、百餘万石を下らず、かつ葉煙草を植える人たちは、また必ず米穀を購入して〔田主に〕租を納めており、そうして貧しい民の食米が益々不足していくことを知らないのだ。例えば本年四・五月の間の、青黄不接の時期に、たまたま江西で遏糴（米穀の移出禁止措置）が行われ、本地で購入できる米穀が底をつき、府全域の人々は嗷々として〔糧食を〕求め、そのために米価が倍増し、民情が恐慌を来すことになったのも、ただこの理由によるのである。

すなわち、①汀州府所轄の八県はもともと糧食の自給自足が不可能な地域であり、従来より江西省からの移入米穀にかなりの部分を依存していた。②康熙三十年代の中頃、漳州人の移住によって伝来された葉煙草の栽培は、近年では当地の肥沃な田土の三〇〜四〇%を占めるという有様であった。また、③葉煙草の栽培は佃戸の経営にも浸透していたが、彼らは自らの経営に葉煙草栽培を導入することで佃租のための米穀の購入を餘儀なくされていた。④こうした状況を背景として、当地の糧食不足は緊張の度合を強めていた——市場に出回る米穀のうち飯米部分の減少——のであり、従って、江西省‐汀州府間の米穀流通の存否は当地の死活問題となっていたのである。

以上の汀州府の事例からも明らかなように、商品作物栽培の進展にともなって、米穀の生産と流通とをめぐる緊張状態はより一層増幅されていたのであり、こうした状況は佃戸の経営にとっても多大の影響を与えていたのである。彼らの経営は、商品生産を展開することによってより多くの利益を獲得する一方で、飯米の確保および市場からの佃租用米穀の購入という新たな課題を内包していたのである。

二　米穀の生産・流通

清代前期の華中南諸省において、福建の米穀事情が最も恵まれていなかった点を指摘されたのは、安部健夫氏であった[20]。この時期、福建地方は「豊年」時でさえも省外からの米穀移入に大きく依存していたのであり、特に明末以降における商品作物栽培の進展は、そうした状況をさらに推し進めていたのである。

［表－4］は、明代後期（嘉靖年間）から清代中期（乾隆年間）にかけての、福建の米穀移入状況を時代順に表示したものである。ここからはまず、福建で消費される米穀の主な供給地についておおよその傾向および時期的な推移を窺うことができよう。(A)嘉靖年間から万暦年間にかけては、福建に隣接する広東の恵州・潮州両府と浙江の温州・台州両府とが主要な供給地となっていた。(B)万暦の中頃には江南からの米穀移入が始まっていたが[21]、湖広米の全国的な流通によって、明末清初期には次のような状況が現出していた。すなわち、湖広で生産された米穀が長江・大運河を経由して江南の蘇州西郊の楓橋鎮――当時の最大の米穀集散地――に集められ、そこから上海・乍浦の海港に運ばれ、最後は海運によって福建に輸送されるというものである[22]。この江南から移入される米穀は、すでに前節で言及したように、嗜好品に代表される福建産商品の江南への移出に対する対価の一部をなしていたのである。(C)康熙末頃からは、台湾米が福建の移入米穀においてきわめて大きな比重を占めるようになり[23]、また雍正・乾隆年間には「洋米」「番米」といわれる、主に暹羅・呂宋を中心とした東南アジアの米穀が福建に輸入されていたのである[24]。

こうした福建における米穀移入状況の時系列的変化とは別に、同時平行的に存在していた事実は、福建の隣省

［表－4］福建各地の米穀移入状況

時　期	府名	県名	移　入　元	典拠	備　　考
嘉靖中期			浙(温州)・広(恵州・潮州)	(1)	福・興・泉・漳
同	泉州	同安	広粟	(2)	
嘉靖38年	漳州		粤潮	(3)	
嘉靖40年	延平	沙県	江西	(4)	大飢
万暦中期			浙(温州・台州)・広(高州・恵州・潮州)	(5)	
同	福州		温州	(6)	常時
万暦36年	福州		江淮・蘇松	(7)	大飢
万暦末期			呉・粤・江右	(8)	大有年
同	泉州		江・浙	(9)	
崇禎初期			嘉興・湖州・松江・無錫	(10)	福州及下郡
同	泉州		呉越・広東	(11)	
崇禎9年	汀州		江贛	(12)	大飢(江贛遏糴)
康熙初期			粤東	(13)	向年
康熙中期	汀州		江西(贛州)	(14)	
康熙45年			蘇州→乍浦	(15)	
康熙末期			湖広→江浙(楓橋)→上海・乍浦	(16)	豊年
同	漳州	龍渓	台湾・広東・蘇松	(17)	
雍正2年	汀州		江右	(18)	
雍正4年			江省・粤省，湖広→蘇州→乍浦	(19)	
同			台湾・浙江	(20)	
乾隆13年	汀州	上杭	潮米	(21)	
乾隆17年	汀州	上杭	江右	(21)	荒時
乾隆中期			江浙・台湾	(22)	
同	泉州	晋江	台湾	(23)	
同	泉州	同安	台湾，広之南米・番米	(24)	
同	泉州	厦門	洋米・台米	(25)	
同	漳州	龍渓	台湾	(26)	
同	漳州	詔安	広東	(26)	

典拠：(1)鄭若曾『籌海図編』巻4，「福建事宜」。(2)康熙『同安県志』巻10，祥異志，明。(3)康熙『海澄県志』巻20，叢談志。(4)順治『延平府志』巻21，稽古志，灾祥，沙県。(5)許孚遠『敬和堂集』公移撫閩稿，「頒正俗編行各属」。(6)王士性『広志繹』巻4，江南諸省。(7)万暦41『福州府志』巻75，雑事志4，時事。(8)天啓『邵武府志』巻首，鄭宗周「問俗説」。(9)万暦『泉州府志』巻3，輿地志下，風俗。(10)周之夔『棄草文集』巻5，議，「条陳福州府致荒縁繇議」。(11)崇禎『閩書』巻38，風俗志。(12)崇禎『汀州府志』巻24，祲祥志。(13)王命岳『耻躬堂文集』巻2，奏疏，「条陳閩旱補救要策疏」。(14)王簡庵『臨汀考言』巻17，檄示，「禁米牙店家通同奸販糶米出境」。(15)『李煦奏摺』36，「蘇州米価騰貴縁由摺」。(16)蔡世遠『二希堂文集』巻7，書，「与浙江黄撫軍請開米禁書」。(17)康熙『龍渓県志』巻10，風俗，物産。(18)『宮中檔雍正朝奏摺』2輯，「鎮守福建汀州等処地方陳有功奏報地方糧価摺」。(19)同前，6輯，「福建巡撫毛文銓奏報地方被水事摺」。(20)同前，6輯，「鎮守将軍何天培奏報請厳遏糴之禁摺」。なお『宮中檔』についてはその代表的なものを提示するに止めた。(21)乾隆18『上杭県志』巻3，祥異，国朝。(22)郭起元『介石堂集』巻8，書，「上大中丞周夫子書」。(23)乾隆『晋江県志』巻1，輿地志，風俗。(24)乾隆『同安県志』巻14，風俗。(25)徳福・顔希深『閩政領要』巻中，「歳産米穀」。(26)乾隆『漳州府志』巻45，紀遺上，物産。

=江西——湖広とともに全国的に有数の米穀供給地であった——からの米穀の移入が、当該時期全体を通じて一貫して行われていたことである。また[表-4]を一見して明らかなように、福建の各府・州の中で省外からの米穀移入を行っている地域としては、泉州・漳州・汀州の三府がきわめて突出した存在となっていたのである。

以上のように、福建地方は米穀事情の恒常的な緊張・逼迫という状況のもとで省外からの米穀移入を不可欠としていたのであったが、他方、福建内部における米穀の生産・流通状況はどのようなものだったのであろうか。

この問題について、乾隆年間の状況を最も包括的に伝えてくれる史料は、『閩政領要』巻中、「歳産米穀」の記事である。[図-1]は、当該史料に基づいて、そこに描かれた福建の各府・州・県を各々の地域内における米穀の生産と消費とに関して、①餘剰米穀が存在し、それを移出している地域、②ほぼ自給自足が可能な地域、③自給自足が不可能であり、米穀の移入を必要不可欠としている地域に分けて表したものである。これによれば、およそ①には内陸の延平・建寧・邵武三府および沿海の興化府が、②には福寧府・永春州・龍巖州が、そして③には泉州・漳州・汀州三府が、それぞれ該当するのである。福州府は些か複雑な様相を呈しているが、福建最大の都市=福州府城を抱えていることによって、全体的には③と看做すことができよう。ここでまず注目しておきたいのは、明末以降、甘蔗・葉煙草という商品作物の栽培が広汎に展開した泉州・漳州・汀州の三府がそのまま③に該当する点である。

次に、米穀の流通状況から見て、福建省内をほぼ三つの区域=流通圏に分けることができる(但し②に該当する府・州は除く)。まず『閩政領要』「歳産米穀」の記載に、

福州府属之閩・侯二邑、為会城首県。……食指浩繁、而地不加広。歳産米穀、即遇豊収、亦祇敷本地一季食用、惟頼上游客販接済。……建寧七属、邵武四属、田多膏腴、素称産穀之郷、而浦城・建寧両邑、尤為豊裕。省城民食、不致缺乏者、全頼延・建・邵三府有餘之米、得以接済故也。

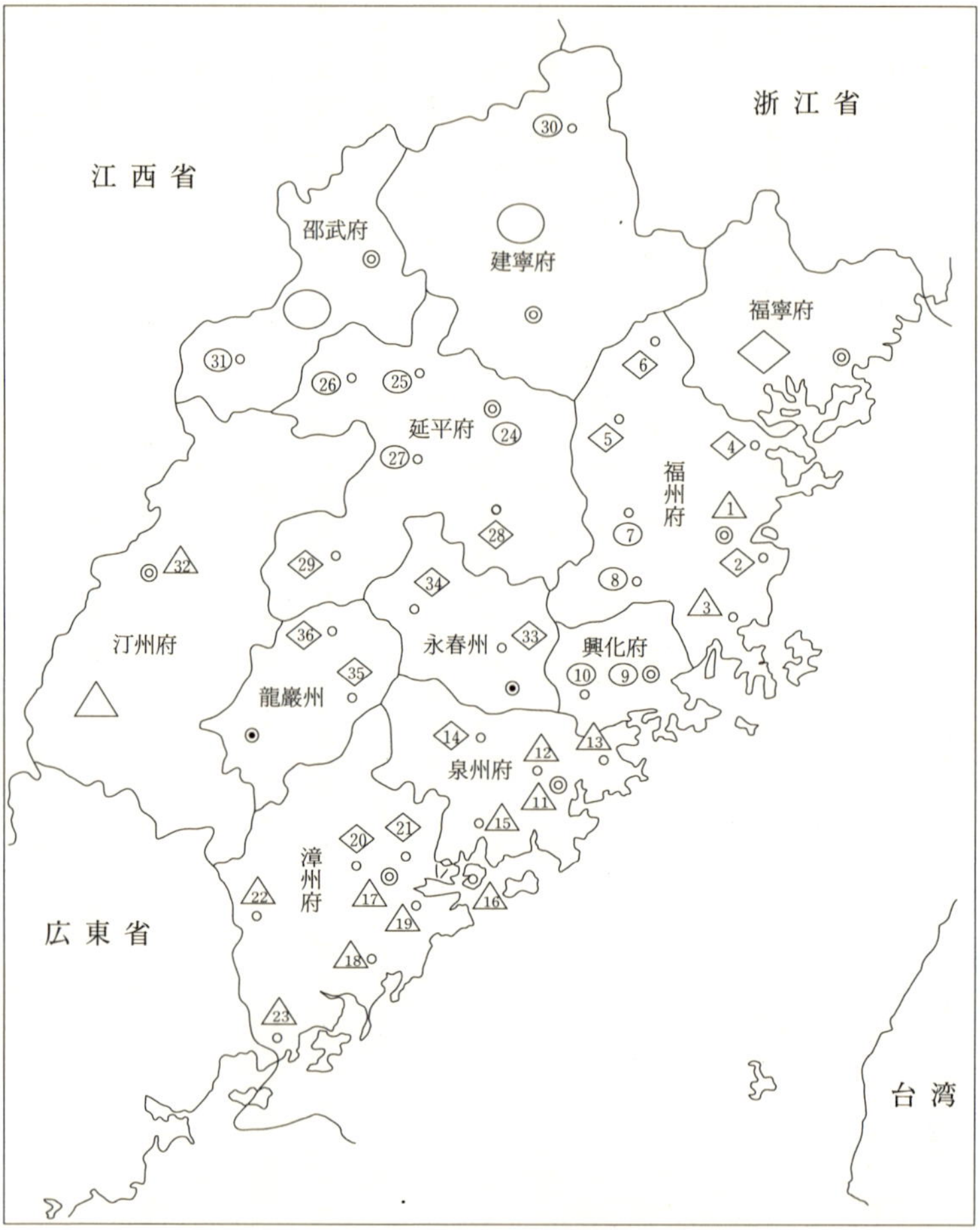

[図 - 1] 乾隆年間における福建の米穀生産状況

註 1 ：⬭は①の地域，◇は②の地域，△は③の地域を示し，大きいものは府全体の状況を，小さいものは県の状況を表している。なお，◎は府城，◉は州城，○は県城を示す。

註 2 ：県名は数字で表示した。各々，以下の通りである。
1 閩県・侯官，2 長楽，3 福清，4 羅源，5 古田，6 屏南，7 閩清，8 永福，9 莆田，10 仙遊，11 晋江，12 南安，13 恵安，14 安渓，15 同安，16 厦門，17 龍渓，18 漳浦，19 海澄，20 南靖，21 長泰，22 平和，23 詔安，24 南平，25 順昌，26 将楽，27 沙県，28 尤渓，29 永安，30 浦城，31 建寧，32 長汀，33 徳化，34 大田，35 漳平，36 寧洋

典拠：徳福・顔希深『閩政領要』巻中，「歳産米穀」。

福州府属の閩・侯官の二県は、会城の首県である。……人口は多いが、土地は広くない。一年に生産される米穀が、たとい豊作であったとしても、本地の一季の食用に足りるだけであり、ただ〔閩江〕上流の客商による供給に頼るだけである。……建寧府の七県と邵武府の四県とは、田の多くが肥沃であり、もとより産穀の郷と称せられているが、浦城・建寧の両県は〔米の生産が〕最も豊富である。省城の糧食が缺乏状態に陥らないのは、すべて延平・建寧・邵武三府の餘剰米に頼って、供給が可能となっているからである。

と見られるように、その第一は、産米地区＝延平・建寧・邵武三府と消費地区＝福州府（特に省城）とからなる米穀流通圏であり、この両者は福建の大動脈である閩江の本・支流によって結びついていた。明末の史料、周之夔『棄草文集』巻五、議、「条陳福州府致荒縁繇議」には、

福州一府、上仰延・建・邵・汀、及古田・閩清・大箬・小箬各山各渓米、皆係彼処商販、順流而下、屯集洪塘・南台二所、以供省城内外、及閩安鎮以下沿海之民転糴。

福州一府は、上は延平・建寧・邵武・汀州および古田・閩清・大箬・小箬の各山各渓の米に頼っているが、すべて彼の地の商販が〔閩江の〕流れに乗って下り、洪塘・南台の二ヵ所に屯集し、それによって省城の内外および閩安鎮以下の沿海の民が購入できるようにしている。

とあって、この流通圏には米穀供給地として③に該当する汀州府（一部の地域）も含まれていたのであり、そこには〈有〉から〈無〉へという単純な米穀の流れでは理解しえない問題が存在していたのである。また、これら産米地区の米穀は閩江を下って、一旦は福州近郊の二大市場＝洪塘・南台に搬入され[25]、そこから省城および沿海の諸地域に搬運・販売されていた[26]。

第二の区域は、沿海の興化・泉州・漳州三府である。ここでは興化府のみが産米区に数えられているが、但し、興化産の米穀は泉州府の晋江・恵安両県に流通しているのみであり[27]、泉・漳両府のほとんどの地域は、既述のよ

うに、広東・江南・台湾および東南アジア諸国からの米穀の移入・輸入に大きく依存していたのである。すなわち、泉・漳両府はまさに福建省外の諸地域との間で米穀流通圏を形成していたといえよう。

最後に、第三の区域は、汀州府である。この府は米穀自給の不可能な③に該当する地域であったが、隣接する江西省(贛州府・建昌府・寧都州)と広東省(潮州府)とによって流通圏を形成していた。『閩政領要』「歳産米穀」には、

至汀州府属之八邑、産穀倶属有限、惟長汀係附廓首県、汀鎮駐劄斯地、兵民雑処、食口頗衆。縁地与江西建昌府属之広昌・贛州府属之石城等県毗連、素藉江西米穀接済。並因汀郡与江西、均食粤塩、従前定有江西米販、挑米来汀者、准其買回塩斤。

汀州府属の八県については、ともに米穀の生産には限度があったが、ただ長汀県だけが附郭の首県であって、汀州鎮がこの地に駐屯しており、兵・民が雑居し、人口は頗る多かった。当地は江西の建昌府属の広昌や贛州府属の石城等の県と隣接しているので、もともと江西からの米穀供給に頼っていた。また汀州府と江西とは均しく広東の塩を食べていたので、従来から江西の米商が米を担いで汀州に来た場合、塩を購入して戻ることを許していた。

と記されているように、汀州府(特に長汀県)は、江西の米穀および広東の塩の流通の結節点に位置していたのである。(28) 汀州府における葉煙草栽培(商品生産)の進展という事態を考えるとき、まさに江西─[米穀]→汀州─[米穀・煙草]→広東、および広東─[塩]→汀州─[塩・煙草]→江西という流通状況が存在していたといえよう。(29)

以上、福建の米穀流通を中心として三つの経済圏を設定してきたが、それらは(I)産米地＝延平・建寧・邵武三府および非産米地＝汀州府の一部と米穀消費地＝福州府とからなる区域──福建省内では最大の米穀流通圏──、(II)興化・泉州・漳州三府からなる区域──消費地＝泉・漳両府は省外・海外諸地域と米穀流通圏を形成していた──、そして(III)汀州府を結節点として江西・広東の一部からなる区域であった。[図－2]は、明の隆慶年間から

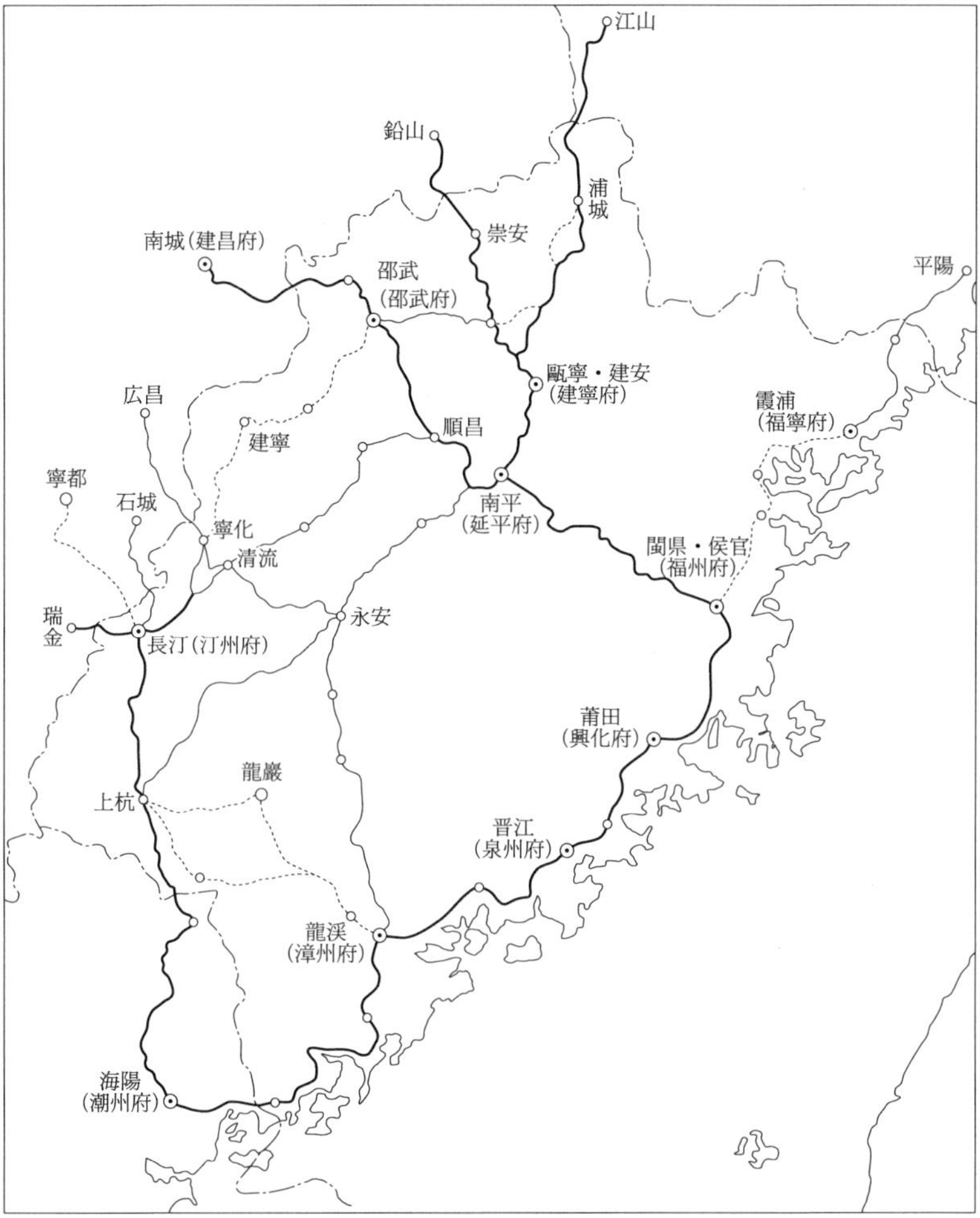

[図 - 2] **福建の商業流通ルート**

註：太い実線は幹線ルートを，細い実線は準幹線ルートを，破線はその他のルートを表す。但し，これらは下記の 7 種類の商業地理書の記載に基づき，単純にその記載頻度によって，5 種類以上の文献に見られるものを幹線とし，3 種類以上を準幹線，それ以下をその他のルートとしたものである。

典拠：①黄汴『一統路程図記』隆慶 4 年(1570)刊。②陶承慶『商程一覧』万暦刊。③憺漪子『士商要覧』清刊。④崔亭子『路程要覧』清刊。⑤陳舟士『天下路程』乾隆 6 年(1741)刊。⑥頼盛遠『示我周行』乾隆 39 年(1774)刊。⑦呉中孚『商賈便覧』乾隆 57 年(1792)刊。

清の乾隆年間にかけて編纂された七種類の商業地理書[30]に基づいて、福建省内(隣接地域との間をも含む)を中心とする商業ルートを図示したものであるが、当該図の幹線・準幹線ルートの位置からも、如上の三つの流通圏の設定がほぼ妥当なものであることが窺えよう。

ところで、福建の特殊な米穀事情を考慮するとき、糧食不足を直接的に補塡する存在として、明末以降、特に注目すべきものとなっていた甘藷(番薯)の栽培について触れておく必要があろう。

明の万暦二十年代に呂宋より伝来した甘藷は、当初、救荒作物としてその栽培が奨励されたのであったが、高い生産性と土地の肥痩を問わず栽培可能であることとによって、瞬く間に、商品作物栽培の進展してきた沿海地域に浸透していったのである。[31]明末の泉州府では、甘藷が「貧者」の糧食として一定の意味をもっていたことが指摘されているが、[32]沿海の諸地域において甘藷が「可佐五穀之半(五穀の半ばを賄うことができる)」「沿海民食、半資於此(沿海の食糧の半ばはこれに助けられている)」という段階に至るのは、およそ乾隆年間頃のように思われる。[33]

なかでも泉州府では、糧食全体に占める甘藷の比重がかなり高かったようである。その典型的な事例として乾隆『同安県志』巻一四、物産、穀之属に附載された「番薯」の項には、

按、番薯非穀類也。但同邑徧地皆種、比戸皆食。且以此物之盛衰、卜年歳之豊歉。利薄而用宏、幾与五穀並重。

按ずるに、番薯は穀類ではない。ただ同安県ではどこでも植えており、隣近所でみなが食べている。さらにこれの収穫の多寡によって、年歳の豊歉を測っている。〔番薯の〕利益は薄いが用途は広く、ほとんど五穀と並んで珍重されている。

と記されており、当該地域では米穀生産量の低さも相俟って、「比戸皆食」といわれるほどに甘藷は糧食として一般化していたのであった。

沿海地域における展開に比べて、内陸地域への甘薯の浸透にはある程度のタイム・ラグが存在していたようである。[34]清代後期の道光年間における状況として、延平府の道光『永安県志』巻九、物産志、麦属、番薯の項には、

永邑尚来少種、今城郷所在多有、亦可醸酒。歳資給、以当糧食。且種植易為力、貧家可獲餘糧。永又山多田少、近多闢山、栽種此物、足資半載之糧。誠非無補也。

永安県では従来〔番薯の〕栽培は少なかったが、今では城も郷もどこでも多く植えており、さらに酒を醸造することもできる。毎年〔番薯が〕供給されると、それを糧食に当てている。さらに栽培にはあまり力を使わず、貧しい家でも餘剰の食糧を得ることができる。永安県はまた山が多くて田が少なく、近頃では山を開墾することが多いが、〔そこでは〕これを栽培しており、それによって半年分の糧食を賄うことが可能となっている。誠に〔恰好の〕補完物である。

と見られるように、永安県ではこの時期に至って甘薯の栽培が一般化し、特に山地の開墾とそこでの栽培とによって甘薯の生産が「半載之糧」に相当するとまでいわれているのである。ここでは、甘薯の栽培によって「貧家可獲餘糧」とある点に注目したい。米穀不足を補塡する存在としての甘薯は、特に「貧民」「貧家」といわれる階層――当然、多くの佃戸を含むであろう――の糧食としてより重要性を有していたのであるが、[35]彼らはまさに商品作物(甘蔗・葉煙草)の栽培を行う存在であった。[36]

以上、福建における甘薯の展開について少しく述べてきたが、当面問題とする明末から清代中期にかけての段階に限定するならば、甘薯の存在意義は、米穀不足を補塡するという点にあったのであり、糧食の中心はあくまでも米穀であった。[37]この時期、甘薯栽培が最も展開していたと思われる泉・漳両府について、『閩政領要』「歳産米穀」は、次のように述べている。

地土瘠薄、堪種禾稲者、僅十之四五。其餘尽属沙磧、止堪種植雑糧地瓜番薯而已。即晴雨応時、十分収成、亦不敷本地半年之食用。幸両府人民、原有三等。上等者以販洋為事業、下等者以出海採捕、駕船挑脚為生計。

惟中等者、力農度日。故各属不患米貴、只患無米。

土地は痩せており、稲の栽培に堪えるものは、僅かに十の四・五のみである。その他は尽く砂地であり、ただ雑穀・地瓜・番薯の栽培に堪えられるだけである。たとい天候が順調で、十分な収穫があったとしても、本地の半年分の食用も賄えない。幸いにして(泉・漳)両府の人民は、もとより三等に分かれている。上等の者は販洋(海上貿易)を生業としており、下等の者は漁業や水夫・人夫で生計を立てている。ただ中等の者だけが農業に従事して生活している。故に各県では米価の高騰を患うのではなく、ただ米そのものが無いことを患うのである。

泉・漳両府においては、米穀・甘薯等の生産が「本地半年之食用」にしか充当せず、従って、糧食の不足部分は上述のように移入米穀に依存せねばならなかったのである。また、この史料の末尾に見られるように、当該地域では需要と供給とのアンバランスからくる米価騰貴よりも、「無米」といわれる米穀そのものの缺乏状態に社会的問題としての重大性が存在していたのであり、この点には特に注目しなければならないであろう。

三　地主‐佃戸関係と商業・高利貸資本

糧食の恒常的な缺乏状態に置かれていた福建地方において、市場に流通する米穀はきわめて投機性の高い商品となっていた。前節で検討したところの、米穀の生産・消費に関する地域区分では②に該当する福寧府について、乾隆『福寧府志』巻一一、食貨志、倉儲、所収の乾隆二十四年(一七五九)から同二十五年(一七六〇)までの福寧府知府、李拔(38)の「請勧民出穀平糶議」は、端境期における米価の騰貴および米穀購入の困難さを次のように説明している。

(a)蓋縁福寧地方、田少価貴。貧民無田可耕、惟仰給于富戸、傭工租種、分得餘粒、尚難餬口。中人或有田数畝、至数十畝、収其所入、亦僅敷日食、鮮有餘穀出糶。惟素封之家、田連阡陌、毎至収租、多者数千、少亦数百、家計優裕。又無緩急需用、倉箱累累、坐擁長物、必俟青黄不接、市価増昂、始交米舗、善価而沽。倘不遂欲、即行閉倉、一遇凶歳、顆粒無出、坐視流亡、而莫之救。良可憫惻。

蓋し福寧地方は田が少なくその価格は貴い。貧民に耕作できる田が無ければ、ただ富戸に頼んで傭工や佃戸となって穀物を得るが、それでも口を糊することは難しい。中人は或いは数畝から数十畝までの田を所有しているが、その収入では、僅かに日々の糧食を賄えるだけであり、餘剰の穀物を売却することはほとんどない。ただ素封《かねもち》の家だけが、〔所有する〕田は阡陌を連ね、収租の時期になると、多い場合は数千石、少ない場合でも数百石〔の佃租収入〕があり、家計には餘裕がある。また緩急の需要がなければ、倉には〔米穀が〕累々と積まれて、無用の長物を抱えているだけであるが、必ず青黄不接〔の時期〕に、市場価格が高騰したときを俟って、始めて米舗に引き渡し、よい価格で売るのである。もし思い通りでなければ、ただちに倉を閉じ、たとい凶歳になったとしても、一粒の米も出さず、〔人々が〕流亡するのを坐視して、救おうともしない。誠に憐れむべきものである。

(b)夫外郡富商大賈、積穀図利、盈千累百、亦所常有。然得価則売、而失利亦売。蓋欲得本、更為他貿、不能久積故也。若府属米舗、不過闤闠窮民、微貲告糴、冀覓蠅頭。……

そもそも他府の富商・大賈が、穀物を積み上げて、巨額の利益を図ることは、よく有ることである。しかしながら〔それ相応の〕価格を払えば売ってくれるのであり、利益を失っても売ってくれるのである。蓋し元手を回収しようとすれば、なおさら他で売らねばならず、長く積んだままにはしておけないからである。〔福寧〕府城の米舗の如きは、都市の窮民に過ぎず、僅かの資本で米を買い入れ、少しばかりの利益を求めるだけである。……

(c)是故囤積在商賈、其害尚浅、而囤積在富戸、其害更深。

従って、囤積を商賈が行う場合、その害はまだ浅いのであり、囤積を富戸が行う場合、その害はさらに深いのである。

ここでは当該地域の米穀問題が、まず(a)地主‐佃戸関係の展開との関連において述べられている。すなわち、地主(「富戸」「素封之家」)は佃戸(「貧民」)から収租した米穀を「囤積」し、端境期の米価騰貴を目論んで「閉倉」を行っており、その一方で、佃戸は糧食缺乏状態(「尚難餬口」)に置かれていた。また、こうした地主の投機的行為との対照において、(b)「外郡富商大賈」「府属米舗」という米穀商人が本質的には「久積」行為を行う存在ではないことが論じられ、最後に結論として、(c)市場に流通する米穀の減少および米価の騰貴という社会問題が、基本的には地主の「囤積」行為に起因することが指摘されている。この史料からは、第一に、当該地域では米穀の商品市場への投入がもっぱら地主によって行われていたこと、換言すれば、当地の米穀市場がまさに〈地主的市場〉[39]として展開していたこと、第二に、それと密接に関連して、端境期の地主による佃戸への糧食貸与がこの時期にはもはや行われていなかったこと、この二点を指摘することができよう。

ところで、明末清初の段階に、福建の地主‐佃戸関係がそれ以前の「業佃相資」「業佃倶困」的関係から抗租を現出させる関係へと変質していたことは、すでに述べたところであるが[40]、こうした地主‐佃戸関係の変質の背景には、一般的な趨勢として、地主が生産の現場から遊離して城居化するという状況が存在していたのであった[41]。それはまた、佃戸の再生産を完結させる重要な環としての、端境期における地主から佃戸への糧食貸与の缺落を意味するものでもあった。

崇禎年間の福州農村社会の状況を描いた、周之夔『棄草文集』巻五、議、「積穀末議」は、現物＝米穀の佃租を「不便」と看做して佃租の貨幣納化を推進する地主層(「大戸」)の考えに対して、著者周之夔が逐一反駁を加えたものであるが、その中で彼は、

慮発糶遇豊虧本、遇凶招禍。夫謂豊年穀無所用者、但可語於有粟之人耳。至於貧農、則無論豊凶、未及春杪、

餅儲皆罄。儻富人所積之穀、真無所售、初不禁其放生取息、一以活農、一以自利也。

米穀を売る場合、豊歳には缺損を出し、凶歳には禍を招くことを〔大戸は〕心配する。そもそも豊年には米穀は用なしであると言うのは、ただ米穀を有している人だけに言えることである。貧農については、豊・凶に拘わりなく、まだ春の終わりにもなっていないのに、もう蓄えはすべて底をついている。もし富戸が積んである米穀を、本当に売る機会がないときに、はじめて生穀を貸し出して利息を取ることを禁じなければ、一つは農民を活かすことになり、一つは自分に利益をもたらすことになるのである。

と述べている。地主にとって佃租物納による〈積穀〉は、端境期に佃戸（「貧戸」）の飯米として貸与されることで「活農」の機能を果たし、同時にそれが「放生取息」で行われることで「自利」の機能をも果たすというように、まさに二重の利点を内在するものであることが主張されているのである。しかしながら、当該地域の現実として、この史料からも窺えるように、地主による佃戸への糧食の貸与という状況はもはや存在していなかったのである。従って、この缺落を補塡する存在として、明末以降の農村社会には商業・高利貸資本が登場し、佃戸との間に緊密な関係を形成していくのである(42)。

雍正年間の建寧府崇安県では、「土豪」といわれる高利貸資本が佃戸に対して、端境期の飯米と農業経営の生産資金とを貸し付け、秋の収穫時には債本・利息ともに米穀による取り立てを行っていたが、この時期には「土豪」の収債と地主の収租とが競合関係を形成し、結果として佃戸の地主に対する抗租という事態が現出していた。また、こうした「土豪」の高利貸活動は、他方では、消費都市福州を終点とする米穀流通圏の起点に当該地域が位置することによって、実質的には佃戸に対して生産資金を〈前貸〉し、秋成時に米穀を独占的に買い上げるとともに、それをより有利な市場へ転販するという、商業資本（米商）としての経済活動の一環をなすものであったと看做しえるのである(43)。

崇禎年間の汀州府清流県には、一面において、この崇安県と類似した状況が存在していた。第二章において部分的に紹介した史料であるが、康熙『清流県志』巻五、橋梁、「鄧公橋」の記事は、次のように書かれている。(44)

鄧公橋、在鉄石巡司前、今存。按、清流附郭米石、僅民食半年、上流則資黄鎖・烏材・石牛諸路、下流則資玉華・嵩口・墇埠等処、以益之。往年奸販包糴、載下洪塘、以済洋舡、貪得高価。又安沙黠商、百千成群、放青苗子銭、当青黄甫熟之時、即抝田分割、先于嵩口造舡、及期強載出境。巧富勢族、利其貴糶、多為之縦横、以致丙子歳大飢。巨販閉糴、米価騰踊、幾於激変。鄧公設法賑済外、爰申禁飭、博採輿論、于鉄石磯建橋、以截下流之米頓、使米価常平。邑民安堵、題之曰鄧公橋。

鄧公橋は、鉄石巡検司の前に在り、今でも存在している。按ずるに、清流県の附郭で生産される米穀は、僅かに〔当地の〕糧食の半年分にしかならず、上流では黄鎖・烏材・石牛の諸路から供給され、下流では玉華・嵩口・墇埠等の処から供給されて、それによって増えている。往年は奸商が〔米を〕買い占め、〔福州の〕洪塘に運んで海船に売り渡し、高価を貪っていた。また安沙の黠商が、数多く群を成して、青苗子銭を貸し付け、麦や米が稔る時期になると、すなわち田で〔収穫した穀物を農民と〕分け合っているが、先に嵩口において船を造り、時期が来ると無理やり〔船に〕積み込んで外境に搬出している。金儲けのうまい勢族は、米が貴く売れることを利として、多くの場合、勝手放題にさせており、その結果として丙子の年に大飢饉が起こったのである。巨販が米の売却を停止したので、米価は高騰し、ほとんど暴動状態になった。鄧公は方法を講じて救済を行うほかに、禁令を出して、広く輿論を聞き、鉄石磯に〔浮〕橋を建造して、〔船に積載して〕川を下っていく米を押し止め、米価を通常に戻したのである。県民は安堵し、〔この橋に〕鄧公橋という名を掲げたのである。

清流県は恒常的な米穀不足の状態にあったにも拘わらず、当地で生産された米穀は商業資本（「奸販」「安沙黠商」）によって買い占められ、より有利な市場＝〈他境〉――福州の洪塘市など――へと搬出されていたのである。

こうした商業資本による事実上の買い占めという事態は、一方では小農民（佃戸）に対して生産資金（「青苗子銭」）を貸与し、収穫時に米穀によって債本・利息を回収するという〈問屋制前貸〉的な形態によって行われていたのであり、他方では「巧富勢族、利其貴糴、多為之縦横」とあるように、地主と商業資本との癒着によって招来されていたのである。

特に地主と商業資本との関係について、同県志、巻六、荒政、には、

　其黠《ママ》富利価、留一家半年之食、餘尽傾儲与之。

　悪賢い富戸は〔高騰する米の〕価格を利とし、一家の半年分の糧食を残して、他は尽く倉を傾けて売りに出す。

とあり、また、

　無奈、巨販睥睨其問《ママ》。富戸貴一分、大販則分半、而小販則加二。貴猶可言也。以米尚在本境、縦貴不至飢也。

　何ということか、巨販はそこで〔市場を〕睥睨しようとする。富戸が〔米価を〕一割貴くすれば、大販は一割五分とし、小販は二割増しとする。〔米価が〕貴いのはまだましである。米はまだ本境に在るのであり、たとい貴くても飢えるには至らないのである。

と記されている。清流県の米価騰貴現象は、主として、地主（「富戸」「黠富」）から商業資本へ大量の米穀――まさに地主が佃戸から租穀として収奪したもの――が売り渡されるにともない、両者の結託によって米価操作が行われていたことに起因していた。しかしながら、この米価騰貴という現象は、あくまでも当該地域における第二義的な社会問題でしかなかったのである。すなわち、当該地域の第一義的な問題は、米穀が「本境」に存在するか否か、という点にあったのである。先の「鄞公橋」の記事からも窺える、米穀が出境しなければ飢餓には至らない、という認識にこそ注目しなければならないであろう。

清流県の場合、結局のところ「丙子」＝崇禎九年（一六三六）に搶米暴動が勃発したのであったが、[45] この事件を

収拾した知県鄧応韜は鉄石磯に浮橋を建設することによって、地主・商業資本による米穀の他境への搬出そのものの防止を企図したのであった。まさに、米穀が「本境に在る」という状態を維持することが、地方官(知県)にとっても重要な課題となっていたのである。

四　抗租と阻米——むすびにかえて——

以上のように、明末の汀州府清流県では米穀問題が米価の騰貴ではなく、米穀を「本境」内に確保しえるか否か、という点に存在していたが、同様に、沿海の泉・漳両府においても「不患米貴、只患無米」といわれる状況にあったことは既述した通りである。

ところで、明末の福州府長楽県の状況について、崇禎『長楽県志』巻一一、叢談志には、

長邑山多田少。故田穀所入、不給邑人之食、毎仰於延・建諸郡。……然長邑之田、一歳再熟、晩禾所得、雖実不如前、佃戸皆資以自給。若穀不出境、亦略足贍食。且麦荳番薯之属、又足以佐穀食之不及。惟奸民恣意外販、水則繇馬江・洋門、闌出閩県、陸則繇坑田、運入福清、而穀乃耗竭矣。是非厳禁、民食無繇足也。

長楽県は山が多く田が少ない。故に収穫された米穀では、県の人々の糧食を賄えず、常に延平・建寧諸府からの移入に頼っている。……しかしながら、長楽県の田は一歳両熟(二期作)であり、晩禾の収穫は実際のところ早稲に及ばないとはいえ、佃戸にとっては自給の助けになっている。もし米穀が他境に移出されなければ、ほぼ糧食を賄うのに足りるのである。さらに麦・豆・番薯の類も、また米穀の不足を補ってくれる。ただ奸民が勝手に外販しており、水上では馬江・洋門を経由して、妄りに閩県へ持ち出し、陸上では坑田を経由して、福清へ搬運しているが、その結果、

米穀は〔長楽県から〕消滅してしまうのである。これを厳禁しなければ、民の糧食を賄う術はなくなってしまうのである。

という記載が存在する。当該地域では稲の二期作が行われており、かつ麦・豆・甘薯の栽培もあって、佃戸には飯米自給の可能性が開けていた。但し、それは「若穀不出境、亦略足贍食」というように、あくまでも米穀が〈他境〉へ搬出されないこと――現実には閩県・福清県に搬出されていた――を前提としていたのである。佃戸は一方では佃租＝米穀を地主に収奪され、他方ではその米穀を飯米として購入する存在であった。従って、米穀を当該地域内に確保することは、佃戸の再生産が完結するうえできわめて重大な意味をもっていたのである。

次に、泉州府安渓県の状況を述べた、時期的に異なる二つの史料に注目したい。一つは、(a)康煕『安渓県志』巻四、風俗人物志一、貢俗の、万暦年間の何喬遠[46]による記事であり、いま一つは、(b)乾隆『安渓県志』巻四、風土の記事である。

(a)県至郡城、水可舟也。民間有田、悉入於郡大家之手、載粟入郡、而民間米粟、以此不充佃種之家。[47]

県から府城までは、川を船で行くことができる。民間の田は尽く府〔城〕の大家の手中に入り、〔船に〕米穀を積載して府城に運ばれることで、民間の米穀は小作する農家の口に入ることはない。

(b)惟民間田畝、向悉入於郡宦家之手。比来倶帰於本地之有力者、粟不入郡、民食稍舒。此則較勝於前耳。

ただ民間の田畝は、かつては尽く府城の宦家《きょうしん》の手中に入っていた。近頃は本地の有力者の手に戻り、米穀は府城に運ばれることがなく、民の糧食は少しの餘裕を得たのである。これは以前に比べてやや勝っているだけである。

(a)万暦年間には、安渓県の土地が泉州府城に居住する郷紳地主(「大家」「宦家」)によって集積・所有され、当地の米穀はまさに佃租として府城へ運ばれていた。従って、安渓県では米穀そのものが不足し、佃戸(「佃種之家」)にとっても飯米の缺如という事態が現出していたのである。ところが、(b)乾隆年間に至って、かつては府城の郷紳に集積されていた安渓の土地が地元の地主(「有力者」)の手中に戻り、当地の糧食問題は少しく緩和されたのであった(「民食稍舒」)。すなわち、明末の段階における地主の城居化——ここでは府城に居住——および生産の現場からの遊離という状況のもとで、地主による佃租の収奪は、佃戸の居住する地域内における米穀の缺乏という事態に直結していたのである。

明末清初期の福建では、商品作物の栽培を中心とする商品生産の展開、米穀の生産・流通構造の特異性、地主の城居化の進展および佃戸の商品生産にともなう地主–佃戸関係の変質——「業佃相資」的関係から両者間の稀薄な関係へ——、農村社会への商業・高利貸資本の浸透および彼らと小農民(佃戸)との間の経済的な支配＝隷属関係の成立、さらには〈地主的市場〉としての米穀流通市場を前提とした地主・商業資本による米穀の〈他境〉への搬出と〈本境〉における米穀不足、等々、様々な要素が有機的に絡み合った状況のもとで、佃戸の地主に対する抗租は広汎に展開していたのである。当該時期の抗租は、佃戸が自らの労働生産物、或いは再生産における飯米部分を構成するものとしての米穀を、自らが居住する〈本境〉内に確保するための闘いとしての側面をも内在させていたのではなかろうか(48)。すなわち、福建においては、地主の佃租収奪にともなう米穀の〈他境〉への流出、ないしは地主・商業資本の結託によるより有利な市場への米穀の搬出を、佃戸は抗租という手段によって阻止していたのであり、抗租闘争はまさに阻米闘争としての一面を有するものであったといえよう(49)。

時期的には清代中期の史料になるが、『福建省例』巻三四、刑政、「禁服毒草斃命図頼」には、乾隆六十年(一七九五)における福州府閩県の地主馮恒裕等の呈文が引用されているが、そこには次のような注目すべき記述を見出すことができる。

裕等省居業戸、孤身到郷収租、藉強欺弱、勒湊勒尽。稍不遂欲、即攔阻租穀、不許出水。甚至挟帯毒草、到寓恐嚇。如此郷蛮、難以理諭。

〔馮恒〕裕等、省城に居住する業戸は、単身で郷村に出向いて収租を行うが、〔佃戸たちは〕力に恃んで弱い者を欺き、無理やり〔金を〕集めて使い尽くしてしまう。少しでも思い通りにならなければ、すなわち租穀〔の持ち出し〕を阻止し、〔船に積んで〕出発することを許さない。甚だしい場合には毒草を携帯して、〔業戸の〕寓居に到って威嚇を行う。こうした野蛮な者たちは、道理によって諭すのは難しいのである。

福州府城に居住する馮恒裕等の地主は、収租のために佃戸の居住する農村へと出向き、取り立てた佃租を船に積んで搬出しようとしたときに、佃戸たちの「攔阻」に遭遇していたのである。佃戸たちにとって、米穀を〈本境〉内に確保することはまさに喫緊の課題だったのである[50]。

ところで、福建とは些か事情は異なるものの、全国的な米穀市場を背景にもつ隣省＝江西の抗租に関して、同様の史料が存在する。(A)雍正十一年—乾隆二年（一七三三—一七三七）の両江総督、趙弘恩の『玉華堂集』両江示稿、「為厳禁囤積高擡、阻運租穀、以済民食事」および(B)乾隆六年—同八年（一七四一—一七四三）の江西巡撫、陳弘謀の『培遠堂偶存稿』文檄、巻一五、江西巡撫任、「飭禁阻米彊買悪習檄」乾隆七年（一七四二）十二月附の記事である。

(A)甚至各処佃戸、比比効尤、不独拖欠租穀、抑且結党郷禁、将田主租穀、勒令本庄糶売、以致置産輸賦之家、反受有糧無租之累。

甚だしい場合には、各地の佃戸が誰彼なく悪事をまね、ただ租穀を滞納するばかりでなく、さらに集団で郷禁を行い、田主の租穀を、無理やり本村内で売りに出させており、土地を所有して賦税を納めている家が、かえって税は掛かるのに租は徴収できないという累を受けるに至っている。

(B)初聞各省米貴、採買甚多、以為将来米価、自必日昂、因此不肯出糶。亦有貧民藉米貴為名、阻撓富戸、不許売穀。或郷村之穀、不許入城、此郷之穀、不許売於彼郷。或沿途攔阻客米、不許出境。更或将田主租穀、不許入城。遂至米穀上市者少、本地有無不能相通、価値益見其貴矣。[51]
初めに各省の米価が貴く、〔米を〕買い付ける者が甚だ多いことを聞いて、将来の米価が必ず日々に上昇するだろうと考え、それによって敢えて米を売ろうとはしない。また貧しい民は、米価の高騰に託けて、富戸を妨害して、米穀の売却を許さない。或いは郷村の米穀を、城市に運ぶことを許さず、此の郷の米穀を、彼の郷で売ることを許さない。或いは道の途中で客商が運ぶ米を阻止し、他境に搬出することを許さない。さらには田主の租穀を、城市に運ぶことも許さないのである。〔その結果〕遂に米穀の市場に出回るものが少なくなり、本地では〔米穀の〕有無が相通じず、価格は益々高騰するのである。

まさに、抗租と阻米との密接な関連を窺うことができよう。それぞれの背景とする米穀の生産・流通構造は異なるものの、江西に確認した抗租＝阻米の存在は、明末清初期の福建の農村社会にも見出すことができるのではなかろうか。

（1）〔小山正明-五八（小山正明-九二）〕・〔田中正俊-六一ｂ〕・〔森正夫-八三〕参照。
（2）本書第一部第一章、四七―四八頁、参照。
（3）福建商品の流通状況については、〔佐久間重男-五三（佐久間重男-九二）〕・〔藤井宏-五三ａ〕・〔香坂昌紀-七一〕・〔松浦章-八三〕・〔宮田道昭-八六〕・〔郭松義-八二〕等、参照。
（4）〔宮田道昭-八六〕六頁。
（5）弘治『八閩通志』巻二五、食貨、土産、福州府、帛之属、絲に、
民間所須織紗帛、皆資於呉航《ママ》所至。
とある。〔佐伯有一-五六〕三八三頁、参照。
（6）〔藤井宏-五三ａ〕二八―二九頁、および〔佐伯有一-五六〕三八三―三八六頁、参照。福建の絹織物は品質・価格の面でとうてい江南のそれには及ばず、もっぱら海外市場を存立の条件としていた。

（7）［西嶋定生－六六（西嶋定生－四七）］八八〇―八八一頁。
（8）［西嶋定生－六六］八八三頁。
（9）また汀州府の乾隆『永定県志』巻一、封域志、土産、通有者、烟には、
即淡芭菰。……但貨於江西・広東、多帯米布棉苧之類、回邑給用。是是利也。

とあり、煙草の江西・広東への移出に対して米穀・棉布等が移入されていたことが述べられている。
（10）福建の商品作物栽培については、［藤井宏－五三ａ］・［前田勝太郎－六四］・［Rawski－1972］等、参照。
（11）［戴国煇－六七］二六頁および三八―四一頁。
（12）現在でも福建の甘蔗栽培は当該地域に集中している。［陳及霖－八四］一四九―一五〇頁、参照。
（13）陳懋仁『泉南雑誌』巻上。本書第一部第一章、五五頁註（57）、参照。
（14）康熙『漳州府志』巻二六、民風、衣食の本文所引箇所の直前に見える。
（15）葉煙草の中国への伝来の時期およびその経路については、［田尻利－九九（田尻利－八五）］二八五―二九一頁、参照。
（16）例えば、乾隆年間の福州府閩県の人、郭起元の『介石堂集』古文、巻八、書、「上大中丞周夫子書」には、
閩地二千餘里、原隰饒沃、山田有泉滋潤、力耕之原足給全閩之食。無如始闢地者、多植茶蠟麻苧藍靛糖蔗離支柑橘青子茘奴之属、耗地也三分之一。其物猶足供食用也。今則煙草之植、耗地十之六七。

と記されている。
（17）［天野元之助－五六］二四七頁。
（18）例えば、康熙『龍巖県志』巻二、封域志、土産、貨之属、煙には、
用力視耘耔加勤、糞漑加禾稼数倍。

とある。また、［天野元之助－五六］二四六―二四七頁、および［傅衣凌－八二ａ（傅衣凌－七七）］一五〇―一五二頁、参照。
（19）本書第一部第一章、五五頁註（56）、参照。
（20）［安部健夫－七一（安部健夫－五七）］四二四―四三二・四八二頁。
（21）万暦41『福州府志』巻七五、雑事志四、時事、万暦三十六年（一六〇八）五月の条には「大飢」として、
時連年荒旱。巡撫徐公学聚、給引招商、聴其興販。於是商賈転運、鱗集江干、穀価雖騰、民鮮飢色。故江淮・蘇松之米、浮海入閩、自徐公始也。

と記述されており、江南からの米穀移入は万暦三十六年（一六〇八）に始まったという。
(22)［安部健夫‐七一］五一〇―五一一頁、［則松彰文‐八五］一六六―一六八頁および一七四―一七五頁、［Chuan and Kraus‐1975］pp. 60-62、参照。
(23) 台湾米移入にともなって、この時期、従来の状況とは逆に泉・漳地方から広東の潮州方面への米穀移出という現象が起こっていた。［則松彰文‐八五］一六九―一七〇頁。
(24)［藤井宏‐五三a］三一頁、［高崎美佐子‐六七］一九―二四頁、［安部健夫‐七一］五一九―五三〇頁補註(10)、および［傅衣凌‐五六］二〇三―二〇四頁、参照。また『歴史檔案』一九八五年三期、所収の中国第一歴史檔案館編「乾隆年間由泰国進口大米史料選」、および［李鵬年‐八五］参照。
(25) 南台・洪塘については、本書第一部第二章、七四―七五頁註(12)、参照。
(26) 後述の崇禎『長楽県志』巻一一、叢談志、参照。
(27)『閩政領要』巻中、「歳産米穀」に、

至興化府属之莆田・仙遊二県、田土較漳・泉、稍為肥腴。……除本地民食外、尚可接済晋・恵隣封。

とある。
(28) 端境期の状況と関連して、王簡庵『臨汀考言』巻一七、檄示、「禁米牙店家通同奸販糴米出境」には、照得、汀属地方、原不出産米穀、所藉江西運販、以資民間口食。前因天雨連綿、青黄不接、自贛州而運至汀城之米客無幾、由汀城而搬往粤省之奸販甚多。計其所入、不敷所出。

と見える。
(29) 註(9)、参照。
(30)［水野正明‐八〇］参照。
(31)［天野元之助‐五八］二七頁。
(32) 万暦『泉州府志』巻三、輿地志下、物産、蔬之属、番薯に、

比土薯、省力而獲多。貧者頼以充腹。

とある。
(33) 乾隆『莆田県志』巻二、輿地志、物産、穀類、番薯、および乾隆『福寧府志』巻一二、食貨志、物産、蔬、番薯、参照。

(34) 例えば、乾隆『邵武府志』巻六、物産、蔬之属、番薯に、
向産福州・興化、今郡中広種之。
とある。
(35) [天野元之助－五六]二五五頁、参照。
(36) 本章はじめに、所引の道光『永安県志』巻九、風俗志、農事、参照。
(37) D・H・パーキンズ氏は、甘薯の栽培面積が中国全体では二十世紀になってから急速に拡大したこと、それにも拘わらず甘薯には依然として救荒作物的側面が強かったこと、さらに中国人にとってその風味が糧食としての限界性を有していたことを指摘されている。[Perkins－1969]p. 48。
(38) 乾隆『福寧府志』巻一五、秩官志、国朝、福寧府知府。
(39) 湖南に関するものとして、[重田徳－五六(重田徳－七五)]参照。
(40) 本書第一部第一章、二二一―二三頁。
(41) 福建の状況については、[傅衣凌－六一 a]七五―七六頁および一六九頁、参照。
(42) 本書第一部第一章、一九―二〇頁、参照。
(43) 本書第一部第二章、六六―七一頁、参照。なお、甘蔗栽培農民に対する商業資本の〈問屋制前貸〉的生産支配の事例としては、民国期のものであるが、東亜同文会編『支那省別全誌』一四巻、福建省、同会、一九二〇年、七二八頁に見える。[前田勝太郎－六四]五七七頁、参照。「問屋制前貸生産」については、[田中正俊－八四]参照。
(44) 本書第一部第二章、七〇頁。
(45) 康熙『清流県志』巻六、荒政には、
明崇禎九年丙子、歳飢。四月初旬、米斗二銭、市無米糴。二十日、飢民擁入県署、呈告官米。知県鄧応韶、令殷富売米、定価斗九分。不十日、而殷富米尽無以応。飢民拆毀湯□□門戸、扭見県官、洶洶欲変。県官仍令富家無米者、斗折銀一銭四分。至五月初六日、各村飢民、復紛紛呈告。県官大怒、将龔坊為主、刁民重責枷示。漸見殷富受累、無術可施、方始平息。

と記述されている。
(46) 何喬遠は泉州府晋江県の人で、万暦十四年(一五八六)の進士。『名山蔵』、崇禎『閩書』の撰者として著名である。何喬遠については、[林田芳雄－九七]参照。

(47)　当該史料は、[清水泰次‐五四]三頁において紹介された。

(48)　ここでは便宜的に〈本境〉という用語を使用したが、これは或いは佃戸が日常的に接触する「農村集市市場を中心とする地域社会」であろうか。[古島和雄‐八二(古島和雄‐七二)]一一―一二頁、参照。

(49)　[傅衣凌‐六一ａ]一八四―一八六頁では、佃戸の反抗闘争の一つの類型として「平倉・平米」闘争が挙げられているが、まさしく卓見であったといえよう。また、湖南における米穀市場とそれを背景とした搶米風潮について、[重田徳‐五六(重田徳‐七五)]はきわめて精緻な分析をされている。なお岸本美緒氏は暴動としての「集団的抗租」に「搶米的」な性格がある点(「問題は、特に村外への米の流出を止めることで、単に地主に払わないということではない」)を指摘されている([北海道大学東洋史談話会‐八二]六二頁)。

(50)　福建における直接的・物理的な阻米闘争としては、例えば、中国人民大学清史研究所・檔案系中国政治制度史教研室合編『康雍乾時期城郷人民反抗闘争資料』上冊、中華書局、北京、一九七九年、三〇四頁、所収の『硃批奏摺』「福建提督武進陞奏」乾隆八年(一七四三)五月二六日附に、

続拠建寧鎮標中営游撃杜茂稟報、浦城県民、借称米貴、斂銭郷禁、攔截米船。

とあり、また道光『沙県志』巻一五、祥異志、災祥、国朝、道光十四年(一八三四)四月の条に、

米価昂貴。時城中奸販囤積、悪商搬運四郷之米、為飢民攔阻。

とある。

(51)　(B)の記事は、[重田徳‐七五(重田‐五六)]六五頁註(95)において、その存在が紹介された。また『培遠堂偶存稿』巻一五、江西巡撫任、「申厳阻米例禁檄」乾隆八年(一七四三)二月附にも、同様の記載が見られる。

第四章　沙　県
——清代福建の一地方社会——

はじめに

明末清初を転換期として、中国の東南沿海に位置する福建の農村社会では、それ以降、清一代を通じて、小作農民である佃戸の地主に対する日常的な抗租闘争が持続的に展開した。前章まで筆者は、福建の抗租の問題を、当該地域に固有の社会的・経済的諸条件との関連において考察を加えてきたが、この時期の福建では、商品作物栽培を中心とする商品生産の展開、福建内部における特殊な米穀流通市場の存在、および農村社会の商業化にともなう前期的商人資本(商業・高利貸資本)と小農民(佃戸)との間の経済的支配=隷属関係の成立という状況との密接な関連のもとで、佃戸による抗租が行われていたのである。

本章は、直接的に抗租の問題を扱ったものではなく、福建の一地域を対象として、抗租という現象を生み出す背景としての当該地域の社会的・経済的諸条件の一端を、いわばミクロな視角から考察しようとするものである。

さて、本章が対象とする地域は、福建内陸の〈上四府〉の中の延平府に属する沙県である。沙県は、福建の最大河川である閩江の支流の一つ、沙渓の流域に所在し、〈山区〉といわれる山地・丘陵地帯に位置していた。従って、現在でも沙県を含む三明地区の耕地面積は、土地面積の僅か七・四％にしか過ぎない。[1]しかしながら、当該地域は明清時代を通じて、最大の消費都市かつ物資集散地であった省都福州をターミナルとし、閩江の本支流を大動脈とする福建最大の流通市場圏に包摂されていたのである。[2]

ところで、従来の研究において沙県が注目されたのは、主として十五世紀中頃に明朝中央政府をも震撼させた〈鄧茂七の乱〉によってであった。[3]当該地域の地主‐佃戸関係に存在していた「冬牲」という副租、および不在地主に対する「送粟」慣行の廃止が鄧茂七等反乱主体の初発の要求であり、〈鄧茂七の乱〉自体は明末時期に頻発する〈抗租反乱〉の先駆的形態であったといえよう。[4]

但し、本章が沙県を考察の対象とした所以は、史料的偶然性によるところが大きく、本章自体は明清時代に編纂された沙県の地方志史料の存在に大きく規定されている。現存する四種類の地方志を時代順に提示するならば、以下の通りである。①嘉靖二十四年（一五四五）刊『沙県志』一〇巻（以下、嘉靖志と略称）、②康熙四十年（一七〇一）刊『沙県志』一二巻（康熙志と略称）、③道光十四年（一八三四）刊『沙県志』二〇巻・首末各一巻（道光志と略称）、④民国十七年（一九二八）刊『沙県志』一二巻（民国志と略称）である。[5]このうち、③はわが国には現存しないが、筆者は一九八二年の夏、福建省図書館所蔵本を閲覧し、部分的に抄写する機会を得た。以下、延平府および周辺諸県の地方志をも参照しつつ論を進めることにしたい。

一　県城および各都の概況

明初において沙県は、県治の置かれた都市部が二つの坊に分けられ、農村地域（「郷」）が三十二の都に区画されていた。[6] しかしながら、景泰三年(一四五二)には沙県および尤渓県の一部によって永安県が析置されるにともない、沙県の二十四都の一部および二十五都から三十二都までの地域が割譲され、[7] さらに成化八年(一四七二)には将楽・沙県・清流・寧化の四県の一部によって帰化県が析置され、沙県の十九都が帰化県の地となった。[8] 従って、それ以後の沙県は、二十都が二つの事実上の都(「団」)に分割されることによって、城内二坊および城外二十四都——二十二都と二団——という区画に落ち着くこととなったのである。また、県城自体は明初段階には存在せず、〈鄧茂七の乱〉鎮圧後、やはり治安・防衛を第一義的理由として弘治四年(一四九一)から同六年(一四九三)にかけて建設されたのであった。[9] なお、各都の配置については[図-3]を参照されたい。

康熙志、巻二、疆域志には、[図-3]として提示した「県総図」をはじめ、県城を中心とした「両坊経界図」および各都に関する「二十四都経界図」という二十七枚の絵図が収録されており、それとともに「両坊」については「市」「街」「坊」の数と名称と、各都については「図」数および「市」「街」「鎮」「墟」「村」の数と名称とを含んだ若干のコメントが附されている。これらの内容は、清代前期における沙県の状況について、きわめて興味深い情報をわれわれに提供してくれる。

本節では、まず康熙志、巻二、疆域志の記載に依拠して、沙県の各地域の状況について概述することにしたい。[10] なお[表-5]は両坊・各都の「図」「村」の数および「街」「市」「墟」の名称を表示したものである。

両坊　[図-4]は「両坊図」として描かれた、沙県城を中心としてその東郊・西郊をも含む絵図の一部、すなわち県城部分である。沙県衙門をはじめとする各種の官衙および城隍廟・東嶽宮・福聖寺などの寺廟を中心とする建造物、さらには数多くの街巷とそれらに沿うかたちで連続する家並みの甍とが描かれている。

[表-5]によれば、城内には十字市と呼ばれた「市」と直街・前街・後街という三つの「街」とがあり、県衙門から南門へ続く直街を境として、城内は二つの坊——東が興義坊、西が和仁坊——に分かれていた。[11] 十字市は

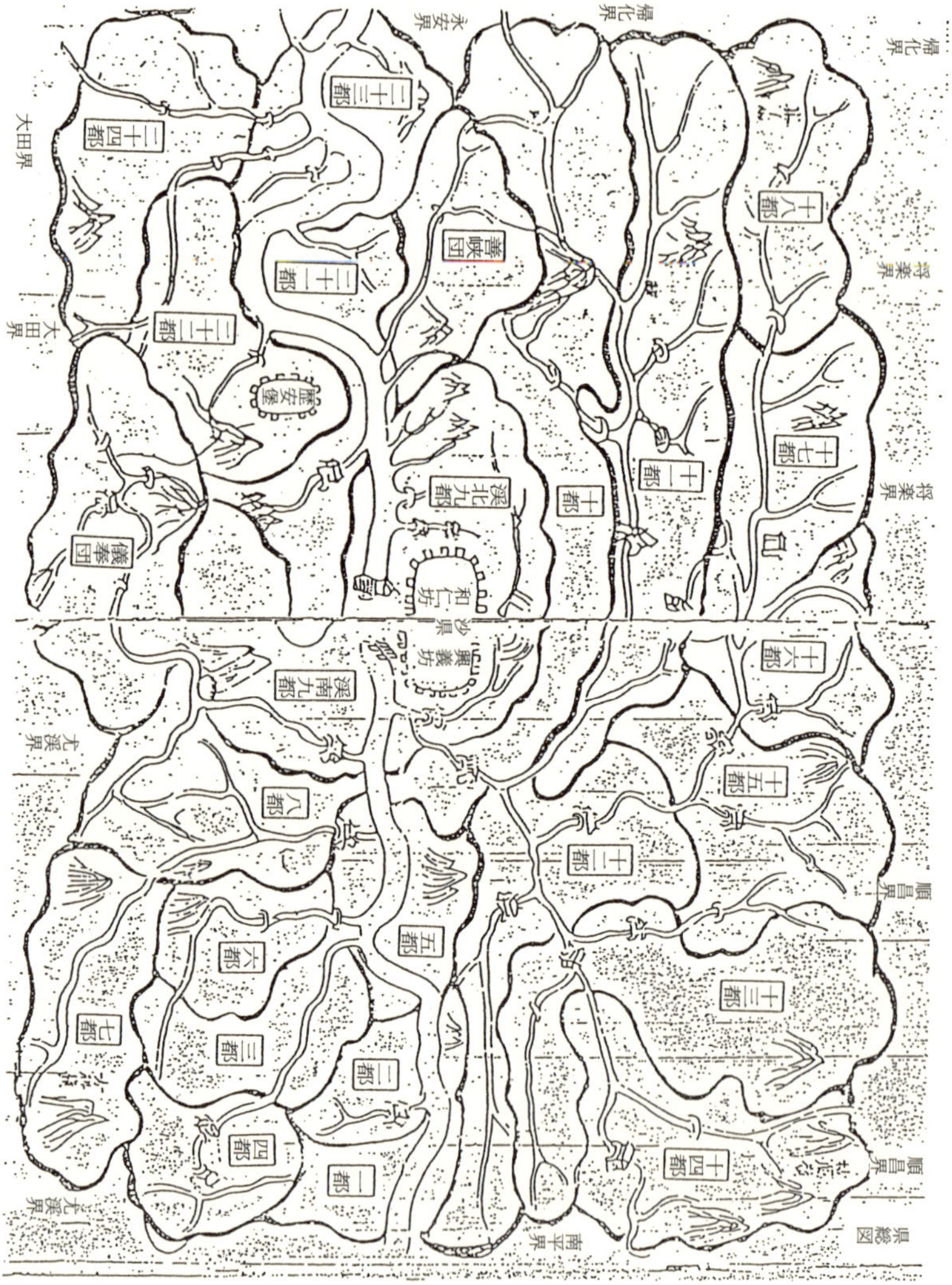

［図－3］康熙『沙県志』巻2，疆域志，「県総図」

[表 - 5] 沙県の坊・都・図・村・街・市・墟

坊・都	図数	村数	街　　名	市　名	墟名
興義坊・和仁坊	14		直街・前街・後街	十字市	
一　都	3	14	青洲街		
二　都	3	17	館前街		
三　都	2	21			
四　都	1	17	湖源街		
五　都	5	31	高砂街		
六　都	2	10			
七　都	2	18			
八　都	5	42		琅口市	鎮頭墟
九　都	6	60			
十　都	5	26			
十一都	4	30			富口墟
十二都	3	11			
十三都	3	28			高橋墟
十四都	3	24			
十五都	5	26			山　墟
十六都	2	19		下茂市	下茂墟
十七都	3	15		下茂市	下茂墟
十八都	2	14			
儀奉団	6	26			
善峡団	3	27			
二十一都	9	22	洋口街・徐枋街	洋口市・歴西市	
二十二都	7	6	歴東前街・歴東後街・三元前街・三元後街	歴東市・三元市	
二十三都	1	13	莘口街・黄砂口街		
二十四都	3	52			
合　計	102	569	15	7	5

典拠：康熙志，巻2，疆域志。なお興義坊・和仁坊の図数はそれぞれ5・9である。

その割註に「在南門」とあり、[図 - 4]を見る限り、南門を入って直後の東西に延びる街路――これが前街であろう――と直街とが交差する一帯を指していると思われる。おそらくは、この辺りが城内最大の繁華街だったのではなかろうか。また「両坊図」によれば、西門外にも城内と連続するかたちで街巷が拡がっており、清末の時期にはむしろこちらの方がより繁華な地域であったことが報告されている[12]。

さて、南門を出ると眼前には沙渓――当時は太史渓とも呼ばれていた――が西

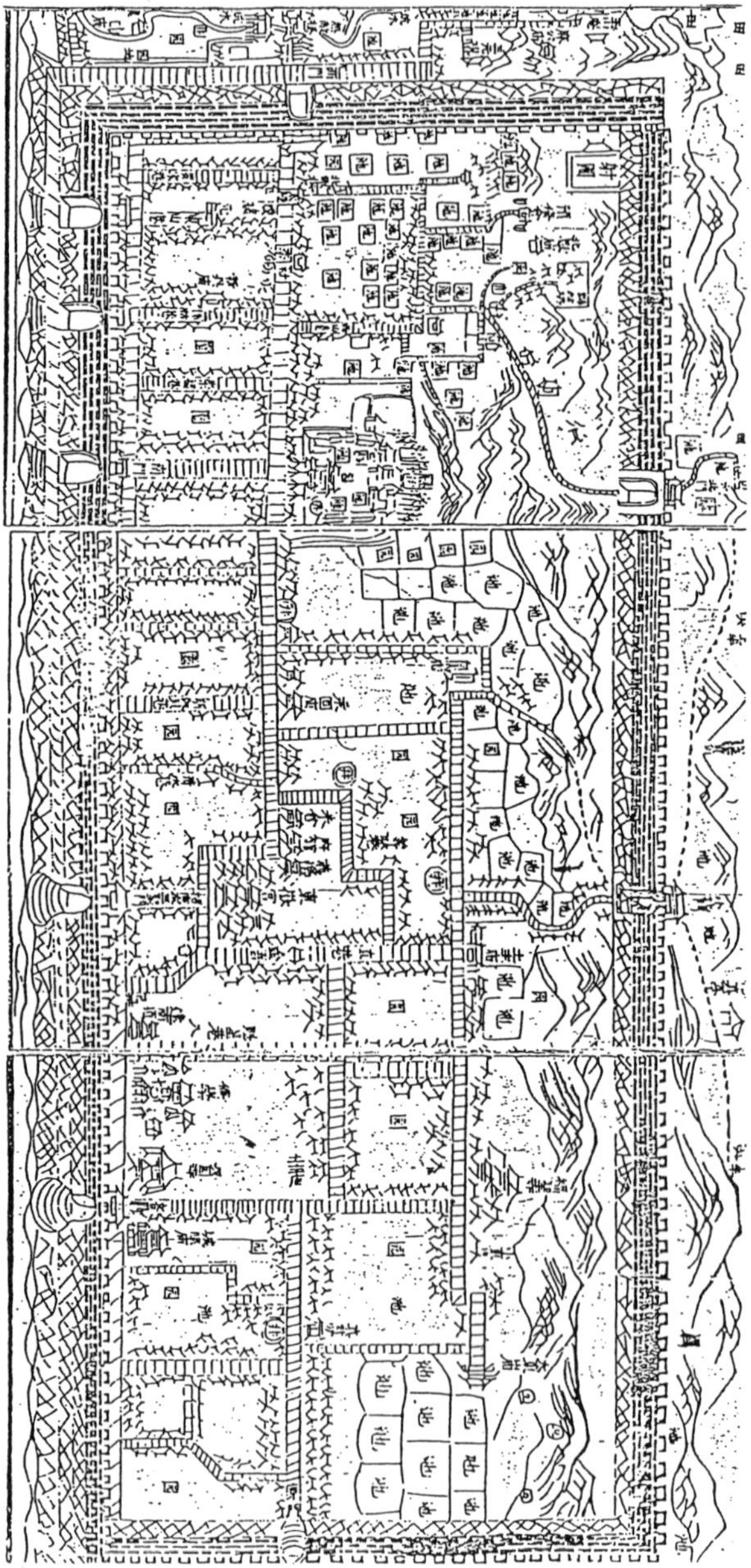

［図－4］康熙『沙県志』巻2，疆域志，「両坊図」(部分)

南から東北の方向へゆったりと流れており（「十里平流」[13]）、そこには該県領域の沙渓に架かる唯一の橋梁＝祥鳳橋が存在していた。祥鳳橋はもともとは翔鳳橋といわれ、南宋の嘉定四年（一二一一）にそれまでの浮橋に代わって「板橋」として建設された後、度重なる焼失と再建とを経て、正徳三年（一五〇八）に十三の橋脚（「墩」）と橋上に五つの「飛甍聳閣」をもつ壮麗な橋として出現した。[14] しかし、その橋も嘉靖三十五年（一五五六）七月、一夜のうちに焼失し、その後、万暦六年（一五七八）から同九年（一五八一）にかけて幅約一一メートル、長さ三二〇メートル以上の「石墩一十三座」「屋八十三間」というより壮大な橋として再建されたのである。その際に祥鳳橋と改名されたのであった。[15] 当時、壮麗な上部構造をもつ橋自体が「商賈の聚まる所」ともいわれており、[16] おそらくは城内の十字市から南門を経て祥鳳橋に至る、その一帯が沙県城およびその周辺の商業中心地となっていたのではなかろうか。

ところで、康熙志は「両坊図」に関して、次のようなコメントを残している。

其民、城中之民多賈、城外之民多農。……富者甕塩不厭、貧者養池灌圃、足以自給、樵蘇笋蕨、不待賈而足。雖歉歳、亦少流離。但逐末者多、率難土著、丁亦多耗。游食者衆、難以謀生、田無常主。

その民は、城中の民には賈が多く、城外の民には農が多い。……富者は粗末な料理を厭わず、貧者は池で〔魚を〕養い畑で〔野菜に〕水を遣り、それによって自給することができ、薪や山菜は、賈を待たなくても足りている。歉歳になったとしても、また流離〔する民〕は少ないのである。但し逐末《しょうばい》する者が多くて、概ね土著し難く、丁の数もまたかなり減少している。游食する者も多くて、生計を謀り難く、田には決まった田主がいないのである。

城内・城外の構成員の中心に位置する存在を、前者＝商人（「賈」）と後者＝農民（「農」）という二つの階層で括っており、かつ「逐末者多」という表現がなされている点に、県城における商業の一定程度の活況を窺うことができよう。同志、巻一、方輿志、風俗でも、

論曰、……然末流之弊、飾以長浮、華以生侈。商賈工技、競趨以媒利、視他邑為多。

論じて言う。……しかしながら、末世の弊害として、軽薄や奢侈で飾っている。商賈・工技は、競って利益を謀っており、〔そうした状況は〕他県に較べて多いのである。

と書かれており、きわめて抽象的な表現ながら、当該地域の商業活動が「他邑」に比べて相対的に盛んであることが指摘されている。(17)

また［図－4］において注目したいのは、城内に数多くの池塘が存在し、街巷と街巷との間を埋めるように「園」が展開している点である。前掲のコメントでは「養池灌圃、足以自給」と記されており、この時期、城居の住民にとっての副食の一部をなす魚・蔬菜の類が城内の養魚池および菜園によってかなりの程度が賄われていたといえよう。(18)

次に、各都の概況について見ていくことにしたい。まず、沙渓に接するかたちでその両岸に位置していた一都・二都・三都・五都・八都・九都・善峡団・二十一都・二十二都・二十三都から始めることにしよう。

一都　沙県の最東部、南平県との境界に位置しており、沙渓の左右両岸に広がっていた。十四の聚落（「村」）のうち、右岸の青洲のみが「街」とされているが、

然多百家之聚、亦入沙一雄鎮也。

しかしながら、百家の聚落が多く、また沙県〔の境域〕に入るときの大きな鎮である。

とあるように、かなり大きな聚落がいくつか点在していたと思われる。この地の農業については「田稍瘠、農力作（田はやや瘠せているが、農民は農業に努めている）」と記されている。

二都　一都に隣接する沙渓両岸の地である。「街」としては右岸の館前街が挙げられている。当地の景観は沙渓を挟んで「闌闠《しゅうらく》は相望」んでおり、「河北の一小県」のようであった。民は富裕で、かつ土地は肥沃であり、

まさに「楽土」であったという。

三都　二都の西隣、沙渓の右岸に広がる地域である。ほとんどが山地であり、その間を縫うように流れる河川の流域に僅かに田土が所在していた。また、

層梯而種、不能隴畝計。

〔田は〕段々にして植えており、〔地積を〕隴畝で数えることはできない。

とあるように、山にかけて〈梯田〉が造成されていた。(19)二十一の聚落に「百家之聚」は存在せず、当地の田は「最下」であったという。

五都　二都・三都に隣接する五都では、沙渓の右岸に位置する高砂が「街」とされている。当地に関する康熙志のコメントには、次のような記述が見られる。

高砂雖居成市、然多襍民、鮮土著者。玉口・龍岡・洋渓、倶為百家之聚、鶏犬相聞、亦県東之一保障也。田多平衍、易於播種。鸕鶿諸処、猶麗附郭。城頭以下之粟、多積於玉口、池滄以下之粟、多積於高砂。蓋因近水、便於転運也。民俗椎質、率以積貯為饒。

高砂は居住地が市になっているとはいえ、しかし襍民が多く、土著の者は少ない。玉口・龍岡・洋渓は、ともに百家の聚落であり、鶏や犬〔の鳴き声〕が聞こえ、また県東の保障となっている。田の多くは平らで、栽培するのが容易である。鸕鶿等の諸処は、なお附郭と連続している。城頭以下の米穀は、その多くが玉口に集められ、池滄以下の米穀は、その多くが高砂に集められる。蓋し水に近いことで、転運に便利だからである。民俗は質朴で、ほぼ〔米穀を多く〕蓄えることで裕福だと看做している。

高砂は、嘉靖志、巻二、疆里、村市では「市」として数えられていたにも拘わらず、［表－5］からも明らかなように、康熙志では「市」と看做されていない。しかしながら、当該記事によれば、高砂が当時も市場町であっ

たことは明らかであり、「多穙民、鮮土著者」という記述に、商人を中心に移住民が多く聚まって来ていたことを読み取ることができよう。他に大きな聚落（「百家之聚」）として玉口・龍岡・洋渓の三ヵ処が挙げられているが、沙渓の左岸に位置する玉口は左岸で生産された米穀の集散地となっており、まさに市場町としての機能を果たしていたのである。一方、右岸で生産された米穀は高砂に集められていた。当地の米穀は玉口・高砂から〈他境〉へと搬出されていたのである。

八都　沙渓の右岸に広がり、その支流をなす洛陽渓の流域を中心とした「田広而腴、易於耕耨（田は広くて肥沃であり、耕作には容易である）」といわれる地域である。「市」として琅口、「墟」として鎮頭、そして「鎮」として洛陽鎮がそれぞれ挙げられているが、鎮頭墟は洛陽鎮に所在していた。[20]また琅口市は洛陽渓と沙渓との合流地点に位置していた。琅口市・鎮頭墟については、それぞれ、

違城郭十有五里、而近即有琅口之市。居餘千室、誠附城之一外蔽耳。

城郭から十五里ほど離れており、近くには琅口の市が有る。住居は千室に餘り、誠に附城の外壁となっている。

鎮東之墟、貿易頗為県中之利、而郷民亦頼以取財云。

鎮東の墟は、貿易が頗る県内の利益になっており、郷民もまたそれに頼って財を得ている。

と記されており、琅口は千戸を超える規模の市場町であり、鎮頭墟も沙県の商業流通においてきわめて重要な位置を占めていた。

九都　沙県城のいわば附郭に当たる地域であり、康熙志ではここだけが「県治渓北九都図」「県治渓南九都図」の二枚の絵図で表示されている。聚落数は六十と多いが、規模の大きなものは存在しなかった。康熙志には〈鄧茂七の乱〉との関連で、

及鄧賊之後、甘食褕服之夫、半為屠割流移所殲、而能芟夷檻褸者、幾何人。……故自旧県以西、大小嶺以下、

方二十里、所居之民、亦皆流寓僑寄、求其世為土著者、能幾家耶。

鄧賊〔鎮圧〕の後には、富裕な者たちの半ばが、殺害されたり流亡したりして居なくなり、〔富を〕失って貧窮に甘んじている者も、どれほどいようか。……故に旧県より以西、大小嶺以下の、方二十里に、居住する民もみな流寓・僑寄の者であり、代々土著している者を求めたとしても、どれほどの家があろうか。

と記されている。〈鄧茂七の乱〉によって、当地のおそらくは地主を含む多くの富民層（「甘食褕服之夫」）が殺害され、かつ流亡する中で、その後、旧県から県城にかけての「方二十里」の一帯は、移住民（「流寓僑寄」）の居住するところとなったという。(21) また渓南地区（右岸）について、「竹木・菜菓之食」が県城（「一邑」）の需要を十分に賄っており、(22) さらには、

而姜油魚螺之利、視他都頗得実用。何者、以市近而易於貿遷也。

姜油・魚螺の利は、他の都に較べて頗る実際的である。なぜならば、市が近くて商売がしやすいからである。

とあるように、県城の市場に近いことによって、この地区では「姜油・魚螺之利」があったという。

善峡団　沙渓の左岸に広がる、碧渓流域を中心とした地域である。土地は肥沃（「膏壌」）であり、なおかつ、

矧山饒竹木之豊、水資舟楫之便。而高源・棕櫚坑之石灰、邑中之所取給者、其利不既広耶。

ましてや山は豊富な竹木に恵まれており、水は舟運の便をもたらしている。そして高源・棕櫚坑の石灰は、県内で必要とされており、その利益は多くないことがあろうか。

と記されている。水運の便に恵まれていたことによって「竹木」の類が商品として流通しており、また石灰も県中に販運されていた。

二十一都　沙渓の上流に位置する二十一都から二十三都にかけては、まさに繁華な商業区であったといえよう。［表‐5］からも明らかなように、二十一都では「街」「市」がそれぞれ二つずつ挙げられている。洋口街（洋口

市)は右岸の沙渓とその支流である洋渓との合流地点に所在し、徐枋街は隣接する二十二都との境にあって「二十二都図」の方に「徐坊」として描かれている。他方、左岸の歴西市は二十二都の歴安堡(歴東市)に対峙した最大の聚落、尾歴水西に所在していた[23]。康熙志によれば、「民富」の点では左岸が右岸に「倍」していたという。また、

山拠呂峯之奇、民饒竹木之利。違県不遠、易於貿遷。田多夷壌、力作不苦、称楽土也。

山には呂峯の奇があり、民は竹木の利に恵まれている。県城からの距離はさほど遠くなく、商売はしやすいのである。田の多くは平坦で、農作業に苦労せず、楽土と称している。

とあって、当該地域が農業に比較的恵まれており、なおかつ「竹木之利」が流通面での地理的利点との関連で述べられている。

二十二都　康熙志の「二十二都図」を[図-5]として提示したが、二十二都には城郭を有する歴安堡が置かれていた。嘉靖四十一年(一五六二)の〈蘇阿普の乱〉を契機として城堡の建設が企画され、基址が完成した時点で一旦中断されたが、万暦十四年(一五八六)から同十六年(一五八八)にかけて最終的に建造されたのであった。城壁の周囲は約一・八キロメートルで東西南北に四つの門が設置されており、沙県における「上流の一保障」と看做されていた[24]。

二十二都の聚落数は僅かに六であるが、それぞれが数千戸ないし数百戸の「巨鎮」であった。「市」としては歴安堡に所在する歴東市およびその上流の三元市の二ヵ処、「街」としては歴東市・三元市の各々前後二街の四ヵ処が挙げられている。歴東市・三元市を中心とする二十二都の状況については、

二十二都、即元尾歴団地。今猶謂之尾歴、仍古名也。其北為三元、為館前。跨渓以西、為白沙、為台鏡。皆拠水為麗、井里臚列、巍然巨鎮也。多者幾千家、少亦不下数百。士敦詩礼、農務稼穡、女工織紝。俗樸而勤

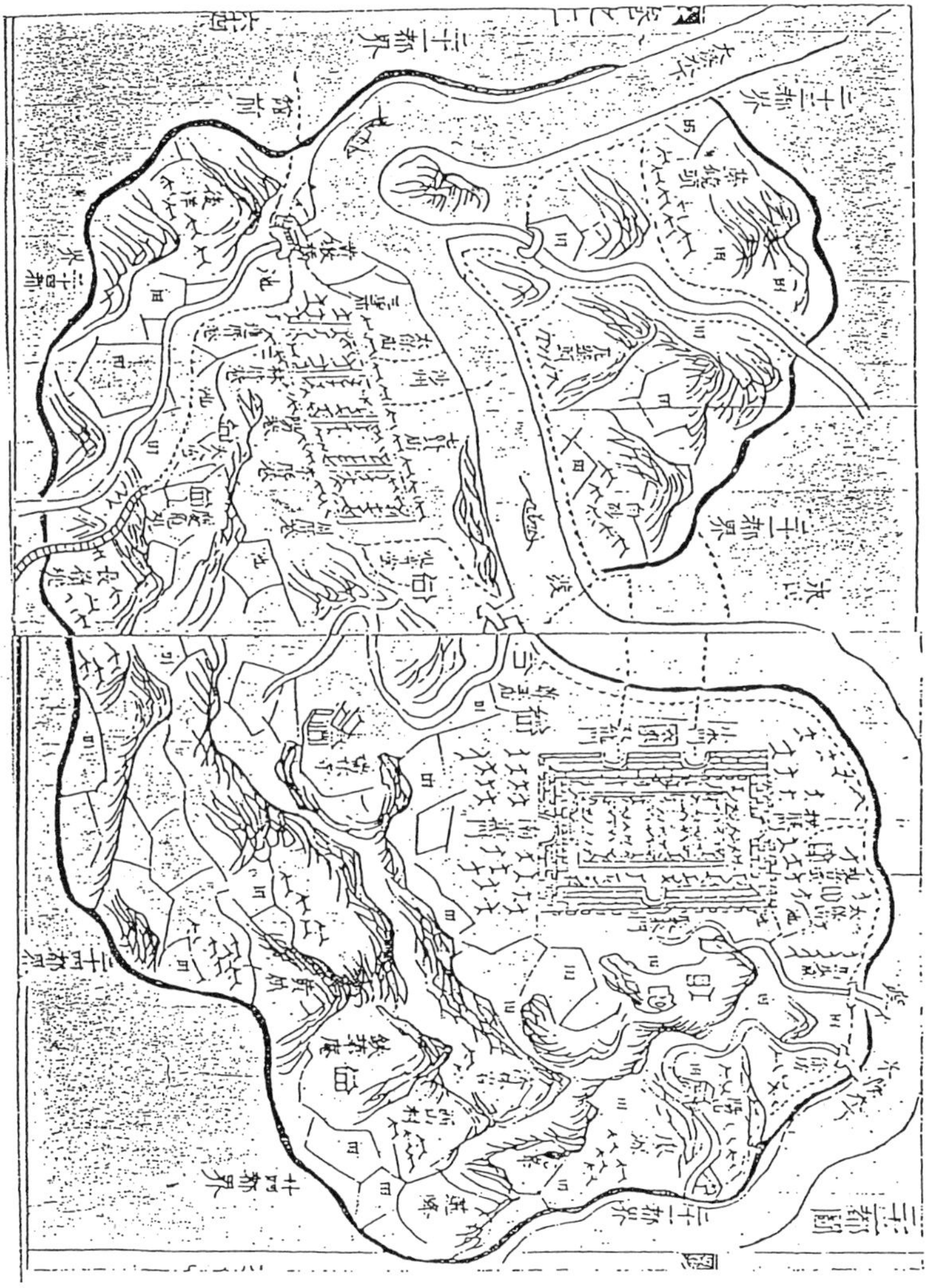

［図－5］康熙『沙県志』巻2，疆域志，「二十二都図」

治生、田瘠而力糞壌。早作夜息、俗使然也。但衣食饒、頗耽於麯蘖、繊嗇甚、或計於錙銖。惟有識者、不為之染矣。……麦豆蠟菓絹布、為各都之冠、饒有餘利云。

二十二都は、元の尾歴団の地である。今でもなお尾歴と言うのは、古い名を用いているからである。その北は三元であり、館前である。渓流を跨いで西は、白沙であり、台鏡である。すべて水際に広がっており、井里《しゅうらく》には〔家々が〕並んでおり、巍然たる巨鎮である。多いものでは数千家、少ないものでも数百戸を下らない。士は詩礼に敦く、農は稼穡に務めており、女は機織りに巧みである。俗は質樸で生計に務めており、田は瘠せていても改良に努力している。朝早く起きて〔働き〕夜は休むのは、俗がそうさせているのである。但し衣食が豊かになれば、大いに酒造りに耽り、吝嗇がひどくなれば、錙銖を計えることさえする。ただ有識者だけが、これに染まってはいないのである。……麦・豆・蠟・菓・絹布〔の生産〕は各都〔の中〕の一番であり、多くの餘利が有ると云う。

と叙述されている。末尾の「饒有餘利」という表現に、当該地域における商業貿易の盛行を窺うことができよう。

二十三都　二十二都に連続し、永安県との境界に位置している。「街」として右岸の莘口街とその対岸の黄砂口街とが挙げられているが、前者については、

莘口襍民成市、皆以操舟為業、衆商所輳、習漸奸悍。

莘口は襍民によって市ができており、みな操船を業としている。多くの商人が集まっており、習俗は次第に悪辣になってきている。

とあるように、「衆商所輳」であり、まさしく市場町となっていたのである。

続いて、沙渓右岸の奥地に位置する四都・六都・七都・儀奉団・二十四都について見ていくことにしたい。

四都　尤渓県との境界に位置する四都は、山間の盆地を中心とした地域であり、その中心に「数百家の聚」として湖源街が位置していた。肥沃な田土が広がるこの地に胡氏一族が代々居住していたという。おそらくは沙県

の中でも最も初期に開発された地域の一つであったと思われる。なお「四都図」では、湖源の附近に「龍穴」が描かれており、その辺りは〈風水〉上からも聚落の形成にとって絶好の地であったといえよう(25)。

六都　三都および五都に隣接した「崇岡畳障、盤鬱参錯」といわれる山地であり、聚落数は僅か十である。この地の特産物としては梨・栗・豆・芋および桑・麻・油・笋が挙げられている。

七都　尤渓県との境界地域で、土地は肥沃(「腴」)であり、民は「力作」しているという。但し、水運の便が悪く、そのために田価は最も賤かった。

儀奉団　沙県の最南部に位置し、尤渓県および大田県に隣接した地域である。馮山坪・昌栄坑・豊餘・後渓・羅坑源・湖源の各聚落について「各為大姓、号称甲氏(各々に大姓が居り、第一の族と称せられている)」と述べられており、おそらくは同族的結合が強く、同姓村落的様相を呈していたものと思われる。また、

　然西僯二十一都、亦漸為刁客所染、習於健訟。

　しかしながら、西は二十一都に隣接しており、また次第に悪賢い客商に影響され、健訟を習いとしている。

とあり、沙渓流域の二十一都と連なることによって、商業資本(「刁客」)が当地に入り込んでいる状況を窺うことができよう。

二十四都　永安・大田両県との境界に位置し、儀奉団と同様に最も奥まった地域である。聚落数は五十二と多いが、それぞれの聚落はきわめて小規模なものであった(「里無十家之聚」)。当該地域の田土については、

　依山而墾、就水而鋤、畝為坵者数十。芟柞難而耒耜困、用力苦而収穫倹。故毎帳載粮六升、俗之所謂小米田也。

　山側を開墾し、水のあるところを耕しており、一畝を坵で数えると数十にもなる。〔草を〕刈り〔木を〕伐ることに難儀し、鋤起こしも困難であり、作業は苦しいのに収穫は少ない。故に帳簿には粮《ぜい》が六升と記載されており、俗に小米田

と称している。

と記されており、農業経営の困難さ、生産力の低さによって、税糧徴収の面では低ランクの「小米田」とされていた。[26] また「竹木・棕茶之饒」がありながらも、流通ルートにのせることが困難であったという。二十四都は相対的に貧しい地域であったといえよう。

最後に、沙渓左岸の奥地に位置する十都・十一都・十二都・十三都・十四都・十五都・十六都・十七都・十八都について見ることにしたい。

十都　九都の北側に隣接する地域である。農業の面ではきわめて恵まれており、凶年においても飢えることのない「楽土」であったという。康熙志では次のように記述されている。

故地方最厚田地、産物亦往往甲它里。民近県而知畏法、地得利而勤播種。楽歳可以鼓腹、凶年亦不至啼飢。洵楽土也。

故にこの地は、土地が最も肥沃で、産物も往々にして他の里〔の中〕でも一番である。民は県城に近いために法を畏れることを知っており、地の利を得て農業に務めている。豊歳には鼓腹することができ、凶年でも飢餓には至らない。洵に楽土である。

十一都　幼渓を挟んで十都に隣接する十一都も、田土は肥沃であり、「楽土」と評されている。この地で注目したいのは富口墟の存在であり、康熙志の記載もその重心は商業流通の面に置かれている。

其中富口一墟、各郷之産所会。大而米粟、小而菓蓏、皆城中之所取給、不可一日無者。而魚塩之貨、又各郷所恃以為養。各負貿遷、五日一市。蓋県北一都会也。民習於販、不無喬偽、而城中仰機利之夫、又設穽鑿抔、以益其疾。其能淳古者、幾希。且東賈北郷、西賈夏陽、歳無寧日、術已工矣。

その中で、富口の一墟は、各郷の物産が集まる所である。大きなものでは米穀、小さなものでは果物類で、すべて県城の需要するものであり、一日も無くてはならないものである。魚・塩の貨も、また各郷〔の人々〕がそれに頼って〔家族を〕養うところのものである。各々の人が〔物資を〕背負って〔来て〕販売しており、五日に一度、市が立つ。蓋し県北の都会である。民は商売を習いとしており、詐欺行為も見られ、城内の機利を求める輩は、また策略や抜け道を考え、それによって弊害を増している。その純朴さを維持している者はほとんど稀である。さらに東は北郷で商売し、西は夏陽で商売しており、歳に安寧の日は無く、〔商売の〕術もすでに巧妙である。

富口墟は、当該地域における大きな市場町であった。五日に一度の定期市の日には、当地の商人とともに沙県城内の商人(「城中仰機利之夫」)までが来集しており、「米粟」「菓蓏」「魚塩」などの日用必需品が取引されていた。また、富口墟が県城の重要な米穀供給地となっている点には注目したい。

十二都　当地も「地多夷壌、田衍易治(土地の多くは平らで、田は広く耕作しやすい)」と述べられている。聚落の一つである桂口について「糖蔗之利」が特記されており、また、十一都の富口墟と十三都の高橋墟との間に位置することによって、十二都の住民には「賈人の習」があったという。

十三都　最大の聚落は高橋であり、「墟」が存在していた。また当地には「酒麯の利」があり、酒糟は福建各地に移出されていた。

十四都　沙県の最北部の南平・順昌両県との境界に位置しており、相対的に平地が多く、土地は肥沃であった。特産物としては桂岩(西岩)村の「瓜」が挙げられているが、やはり流通の便が悪く、「鮮有知其味者(その味を知る者は少ない)」という。

十五都　二十六の聚落のうち最大規模の中堡・長湾には代々、張氏一族が居住していた。「墟」としては順昌県との境界地域に位置する山墟が挙げられているが、明代の隆慶・万暦頃には順昌県の盧氏が盤拠し、墟の利益を独占していたという。

十六都　茂渓流域に広がる地域であり、［表－5］からも明らかなように、「市」および「墟」の両方に下茂が挙げられている。「十六都図」「十七都図」によれば、下茂は十六都と十七都とに跨る大きな聚落であった。康熙志のコメントでは、

　土平而沃、易於耕播。毎一人力作、可播二石種、種斗穫八石。瘠者亦得六石。力之所致、足贍俯仰。故人多積著、頗以口腹自恣。

　土地は平らかつ肥沃であり、耕作しやすいのである。一人の農作業で、二石の種籾を播くことができ、一斗の種籾で八石〔の米〕を収穫することができる。瘠せた土地でも六石を収穫できる。労働によって、暮らしを賄うことができる。故に人々には多くの〔食糧の〕備蓄があり、口腹《たべること》は自在にできている。

と記されており、十六都は全体的に農業生産力の高い、きわめて豊かな地域であった。また十五都との境界地帯の土地は順昌の盧氏に所有されていたという。

十七都　将楽県との境界に位置していた。「市」および「墟」として、十六都と同様に下茂が挙げられている。十六都から連続する、その大聚落の中に北郷寨巡検司が置かれていた。下茂の状況については、

　地狭而人稠、闤巷井里、倶同城市。而四民之業、各効其能、斌斌盛矣。其侈靡之俗、多与十六都同。

　土地は狭くて人口は多く、闤巷井里《しゅうらく》は城市と同じである。四民の業《なりわい》は、各々がその能力を活かしており、ほどよく調和している。奢侈の俗は、その多くが十六都と同じである。

と述べられている。

十八都　将楽・帰化両県との境界領域に位置し、羅坑坪・巖干という大きな聚落が存在していたが、「市」ないし「墟」は挙げられていない。康熙志では、

　田腴力勤、居積為饒。農安其生、士知向学。亦吉地也。但与十六七都密邇、習染難移。

田は肥沃で〔農業に〕務めており、〔糧食の〕蓄積も豊富である。農はその生活に安んじており、士は向学を知っている。また〔風水の上からも〕吉地である。但し十六・十七都と近接しており、習俗は移し難いのである。

と記されており、農業面では生産力の高い地域であった。また当地は十七都の下茂市の市場圏に包摂されていたと思われる。

以上、康熙志、巻二、疆域志の記載に依拠して、沙県の県城および各都の状況について概観してきた。沙県はそのほとんどの地域が山地であったが、その一方で河川の流域を中心にある程度は肥沃な土地が広がっていたのである。康熙志の各都に関する記事では「地衍田腴」(二都)、「田沃而衍」(四都)、「田多平衍」(五都)、「田腴」(七都)、「田広而腴」(八都)、「最厚田地」(十都)、「其田疇多沃壌」(十一都)、「夷壌田衍」(十二都)、「地平而土沃」(十四都)、「土平而沃」(十六都)、「田腴」(十八都)、「膏壌」(善峡団)、「田多夷壌」(二十一都)というように、全二十四都のうち十三の都について農業生産(特に米穀生産)面でプラスの評価が与えられているのである。またそれ以外でも「田瘠而力糞壌」(二十二都)と土地改良が行われている点が指摘されており、こうした点には留意する必要があろう。

二　墟市・商品生産・商業資本

前節では沙県の各地域の概況について述べてきたが、本節では沙県における墟市の発展、商品生産の展開、および商業資本の動向について検討することにしたい。

〔図－6〕は、〔表－5〕に提示した康熙年間における沙県の「街」「市」「墟」のうち、県城内に所在するものを

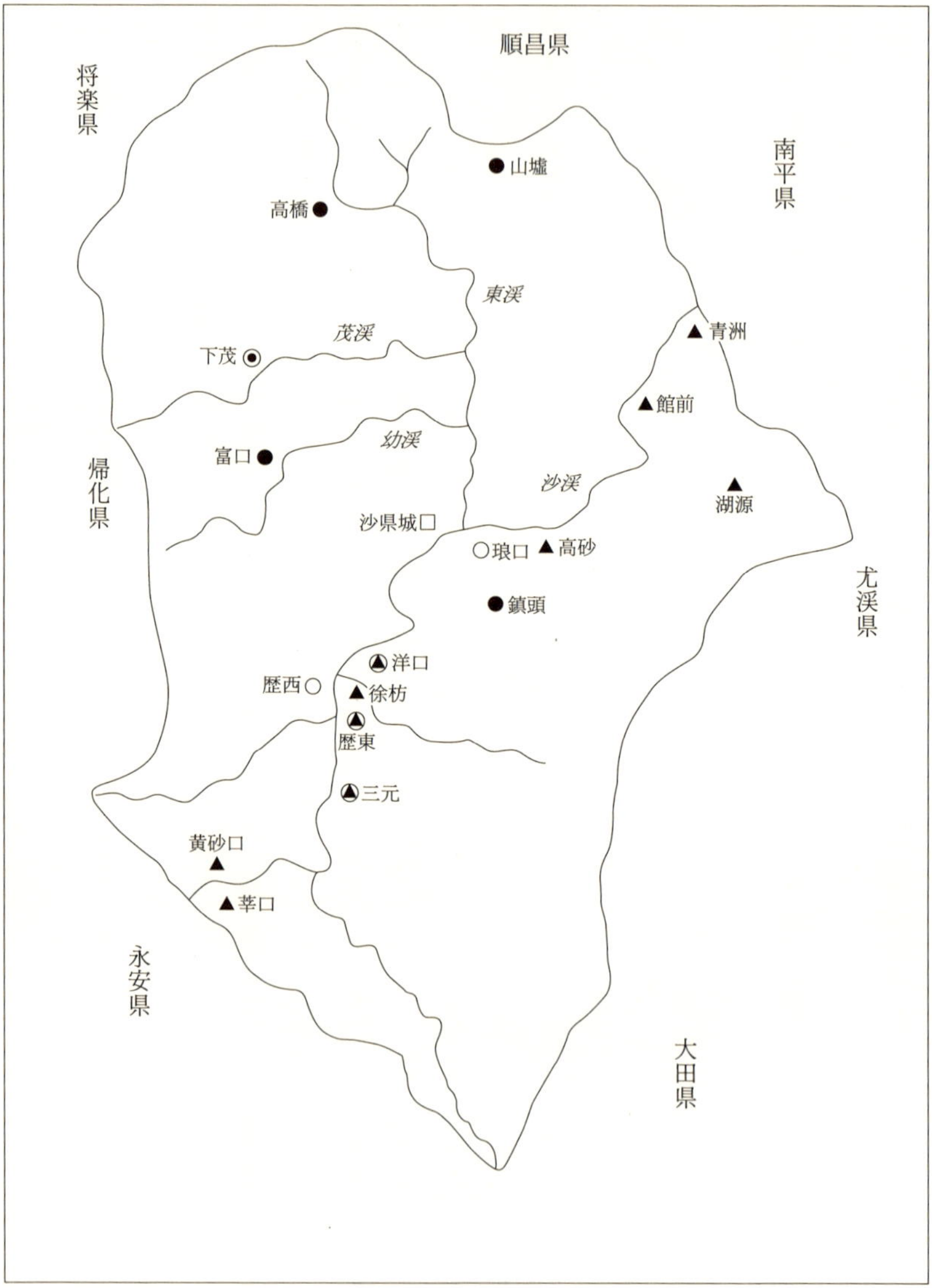

［図－6］沙県の街・市・墟

註：傅以礼等編『福建全省地輿図説』「沙県図」に依拠して作図した。
▲＝「街」，○＝「市」，●＝「墟」，◬＝「街」＋「市」，◉＝「市」＋「墟」である。

除外して、地図上にドットしたものである。当該図からも明らかなように、延平府管内を永安県から沙県を経由して南平県へと下って閩江本流に流れ込む沙渓は、まさしく当該地域における商品流通の基幹をなしていたのであり、沙県域内においても、沙渓の上流から下流にかけて、莘口・黄砂口、三元、歴東・歴西、徐枋、洋口、県城、琅口、高砂、館前、青洲というように大きな聚落と市場町とが連なっていた。ここで留意しておきたいことは、沙渓の両岸に位置するこれらの聚落が、康熙志ではすべて「街」または「市」とされている点である。また、「街」の中でも高砂・莘口については「市を成す」と明記されており、事実上の「市」であったと看做して間違いないであろう。

他方、「墟」として提示された五聚落は、沙渓の左右両岸から奥地に入った、沙渓の支流域に位置していた。これらの「墟」がまさに定期市を指していることは、十一都の富口墟について「五日一市」とあり、十六都（十七都）の下茂墟について「五日一墟」と記されていることからも明らかである。(27)では、康熙志が——嘉靖志および民国志も同様に——「市」と「墟」とを截然と分けて記述している理由はどこにあるのであろうか。「市」とされた七ヵ処のうち、県城の十字市および洋口・歴東・三元の三市はすべて「街」としても表示されている。［図-4］［図-5］によって明らかなように、洋口市を除いた他の三市はまさしく都市的景観をもつ地域に所在していたのである。また琅口市についても「街」とはされていないが、「居餘千室」と記されているのである。こうした点を勘案するとき、「市」とされた七つの聚落には、ほぼ毎日開かれる常設の市場および多数の店舗が存在していたと思われる。(28)なお、十六・十七都の境界に位置する下茂は、［表-5］では「市」「墟」双方に挙げられているが、おそらくは常設市場と定期市場とが併在していた聚落であったと看做すことができよう。

以上のように、沙県域内では沙渓の両岸に県城を中心として常設の市場町（「市」）が点在し、沙渓の支流に沿って奥地に定期市場町（「墟」）が所在していた。沙渓流域の「市」と支流域の「墟」との関係は、相対的に広域流通圏の基幹ルートに位置する「市」とそこから派生する下位の流通圏の結節点としての「墟」という、いわば上級市場と下級市場との関係にあったと考えることができるのではなかろうか。[29]こうした理解を可能にする事実を象徴的に表しているのは、前節においても提示した富口墟に関する、

其中富口一墟、各郷之産所会。大而米粟、小而菓隋、皆城中之所取給、不可一日無者。

その中で、富口の一墟は、各郷の物産が集まる所である。大きなものでは米穀、小さなものでは果物類で、すべて県城の需要するものであり、一日も無くてはならないものである。

という記述である。県城＝上級市場－富口墟＝下級市場という関係のもとで、前者の商人が後者において商業活動に従事している状況を窺うことができよう。

次に、沙県における墟市の歴史的な展開を検討すべく、十六世紀中頃の嘉靖志、十八世紀初頭の康熙志、および二十世紀前半の民国志の各地方志に記載された「市」「墟」について整理したものが、［表－6］である。墟市数の単純な増減から見れば、嘉靖から康熙へという時代の推移が墟市の発展とあまり結びついておらず、「墟」の数はむしろ減少さえしているのである。[30]しかしながら、いま一度、より細かく［表－6］を分析するならば、「市」については嘉靖から康熙にかけて下茂・洋口・三元の三市が新たに出現しており、特にそれまで「市」の所在しなかった十六都に下茂市が生まれた点に注目しなければならないであろう。他方、嘉靖志に見える高砂市が康熙志では「市」とされていないが、上述のように高砂は事実上の「市」として機能していたのである。また「墟」についても、十三都の華厳・羅墩の二墟が消滅しているとはいえ、八都には新たに鎮頭墟が生まれているのである。当然のように、各地方志の記載基準の異同による誤差が存在するが、［表－6］に示されたデータは十六世紀から十八世紀にかけて沙県地域における商業化の一定の進展を表示しているといえよう。

［表－6］嘉靖・康熙・民国各志における沙県の市・墟

坊・都	市名			墟名		
	嘉靖志	康熙志	民国志	嘉靖志	康熙志	民国志
興義坊・和仁坊	大市	十字市	十字市			
一　都						
二　都						勇渓墟
三　都						漁渓湾墟・三八墟
四　都						湖源墟
五　都	高砂市					高砂墟
六　都						
七　都						水潮洋墟
八　都	洛陽市	琅口市	琅口市		鎮頭墟	鎮頭墟・後湖墟（今停）
九　都						
十　都						
十一都				富口墟	富口墟	富口墟・柳源墟
十二都						
十三都				華厳墟・高橋	高橋墟	高橋墟
十四都				墟・羅墩墟		
十五都				黄砂墟	山　墟	中堡墟・黄沙墟（今無）
十六都		下茂市	夏茂市		下茂墟	夏茂墟
十七都		下茂市	夏茂市	下茂墟	下茂墟	夏茂墟
十八都						
儀奉団						官庄墟・華口墟
善峡団						碧玉墟・蓋竹墟
二十一都	尾歴水西市	洋口市・歴西市	洋口市・洋渓市・歴西市			洋渓墟
二十二都	尾歴水東市	歴東市・三元市	歴東市・三元市			歴東墟
二十三都						莘口墟
二十四都						杜水墟
合　計	5	7	8	6	5	22(20)

註：嘉靖志の「墟」では，他に十九都の新坊および二十五都の新橋の 2 墟が挙げられているが，ともにそれぞれ帰化県・永安県に分割された地域であり，この表からは除外した。
典拠：嘉靖志，巻2，疆里。康熙志，巻2，疆域志。民国志，巻4，城市志。

一方、［表-6］によれば、十八世紀から二十世紀にかけての「墟」数の増大はあまりにも顕著である。康熙志と民国志との間の変化は、「市」数の面では横這状態であるが、「墟」数の面では四倍強へと大きく増加している。沙渓流域における「墟」の増加ばかりでなく、奥地の支流域である四都・七都・儀奉団・二十四都等に新たに「墟」が出現している点には注目されよう。嘉靖から康熙へという発展のレヴェルを遥かに超えた、この時期の沙県の、特に農村地域における商業化の結果にほかならないであろう。

さて、如上の墟市の発展を支えた、沙県における商品生産・商品流通についても検討しなければならない。康熙志、巻二、疆域志には、沙県の墟市に流通した商品についての明確な記述をあまり見出すことはできないが、まず五都に関して高砂・玉口が米穀の集散地となっていたこと、および十一都に関して富口墟に集められた「米粟」が県城に流通していたこと等、米穀の商品としての流通については僅かながら存在する。沙県域内で生産される他の物資としては、六都の「梨・栗・豆・芋之甘」「桑・麻・油・笋之利」、九都の「竹木・菜菓之食」「姜油・魚螺之利」、十二都の「糖櫧之利」、十三都の「酒麯之利」、善峡団の「竹木之豊」「石灰」、二十一都の「竹木之利」、二十二都の「麦・豆・蠟・菓・絹布」等が提示されており、おそらくは商品として市場に流通していたものと思われる。しかし、その一方で、二十四都のように「竹木・棕茶之饒」がありながら交通の便の悪さによって市場に流通しえない状況を指摘される地域も存在していたのである。

康熙志、巻五、田賦志、物産の前文では、

沙俗務農重穀、故無奇産。女工織紝、惟足以衣夫、故亦無文繡。然山林多、故饒竹木之利。園圃盛、故蔬菜亦繁。最可甘者、四時鮮筍不断、雅称藜藿之觴。蓋其俗固倹也。

沙県の俗は農に務めて穀を重んじており、故に珍しい物産はない。女は機織りに巧みであるが、ただ夫に着せる分しか作らず、故にまた装飾もない。しかしながら、山林は多く、故に竹木の利に恵まれている。畑は多く、故に蔬菜も豊富である。最も美味なものとして、四季いつでも新鮮な筍があり、藜藿の餉（貧しい者のご馳走）と雅称されている。蓋しその俗がもともと質素だからである。

と叙述されている。「務農重穀」という定型化された表現の中に、農業生産総体における米穀生産の比重の大きさを窺うことができると同時に、ここでは沙県の特産品の代表的なものとして木材・紙（「竹木之利」）および蔬菜・筍が挙げられている。同じく、物産、「貨之属」でも、蠟燭・苧麻・藍靛・茶・油類・紙類等の山地特有の産品が提示されているが、(31)しかしながら、康熙志の記載は、如上の産品がどのような地域に流通していたのかについての情報を全く伝えてはくれない。

時代を下って、清代後期に至ると、道光志、巻一、方輿志、風俗の中に、次のような記述を見出すことができる。

至於城外多務農、城中多逐末。粟米麦豆茶笋紙木、邑中之賈、恃以生息者孔多也。而行貨之商、遠者達於呉・楚、近者不過七閩、亦得貿遷有無、以収財貨。

城外（の民）についてはその多くが農に務めており、城中（の民）はその多くが逐末《しょうばい》をしている。粟米・麦・豆・茶・笋・紙・木など、県内の商賈は、それらに頼って金を儲けている者が甚だ多い。行貨の商（客商）は、遠くは呉・楚にまで行っており、近くは七閩に過ぎないが、有無を売買して、財貨を収めているのである。

沙県の特産品として米穀・茶・筍・紙・木材等が挙げられ、これらの物資が福建省内から長江中下流域（「呉・楚」）へと流通していることが指摘されている。おそらくは、康熙志の段階においても同様の状況が存在していたのではなかろうか。

乾隆年間の史料、徳福・顔希深『閩政領要』巻中、「各属物産」には、

本省貿易之大、無過茶葉杉木笋乾三項。

本省の貿易の主要なものは、茶葉・杉木・筍乾の三項に過ぎるものはない。

とあり、この時期、福建から全国各地へ移出された商品の中で代表的なものは茶葉・杉木・筍乾であった。[32] まさしく、これらの物資はすべて内陸の〈上四府〉を中心として産出されたものである。[33] 延平府に関しては、明末以降、特に順昌・将楽両県の紙が有名であり、[34] 他にも、嘉慶年間の南平県では「竹木・筍菰の産」が福建随一といわれており、[35] 筍は「呉越・江淮」に、苧布は「四方」に移出されていた。[36] また、雍正年間の永安県では杉木が「外郡に運」ばれていたという。[37]

これらの商品の中で、木材、特に杉木に関しては、すでに明末の段階において、次のような二つの史料が存在する。一つは延平府に隣接する邵武府の(A)天啓『邵武府志』巻九、輿地志九、物産、貨之属、杉の記載であり、いま一つは(B)許六奇『明季北略』巻五、崇禎二年己巳、所収の「張延登請申海禁」という当時の浙江巡撫張延登の上奏の一部である。

(A)旧本地少種之者、故郡之老屋、猶多用松木為棟梁。近三四十年来、郡人種杉、彌満岡阜、公私屋宇、悉用之。皆取諸本土而足、且可転販、以供下四府宮室之用。蓋駸駸乎与延・建之杉等矣。郡人之所謂貨此其最重者也。

旧時は本地でこれを植える者は少なく、故に府城の老屋は、その多くが松材を用いて棟や梁としていた。この三・四十年来、府の人々は杉を植えるようになって、〔杉林は〕丘陵地帯に広がっており、公私の建物は尽くこれを使用している。〔建築用の〕すべて〔の材木〕を当地の供給で賄うことができ、かつ〔餘剰分は〕転販し、それによって下四府の家屋の需要に供することが可能となった。蓋し〔邵武府の杉の植林地域が〕瞬く間に延・建〔両府〕の杉と等しくなってきたからである。府の人々の所謂「これを貨《しょうひん》として最も重んじる」ものなのである。

(B)臣細訪、閩船之為害于浙者有二。一曰、杉木船。福建延・汀・邵・建四府、出産杉木、其地木商、将木沿渓放至洪塘・南台・寧波等処発売。外載杉木、内装絲綿、駕海出洋。毎貨興化府大海船一隻、価至八十餘両。

其取利不貲。

臣が細さに調べたところ、閩船の浙江に被害をもたらすものは二つある。一つは、杉木船である。福建の延・汀・邵・建四府は、杉木を産出しているが、その地の木商は、木材を川に沿って放流し、洪塘・南台・寧波等の処まで運んで販売する。〔船の〕外側には杉木を積載し、内側には絲綿を装備して、海洋に出帆する。積荷ごとに興化府の大きな海船一隻では、その価値が八十餘両にも至る。その利益は数えきれないほどである。

(A)では「近三四十年」のこととして、邵武府の杉木が延平・建寧両府と同様に福建の沿海地域(〈下四府〉)に移出されていること、(B)では〈上四府〉の杉木が各地域の「木商」によって福州近郊の二大市場＝洪塘・南台に集められ、浙江の寧波へと移出されていることが述べられている。(38)

以上のいくつかの事例を参照して、康熙志段階の沙県の状況に敷衍するならば、沙県に関して「竹木之利」と表現された木材・紙・筍等の商品も、当該時期には福建各地、或いは省外へと移出されていたものと思われる。

ところで、清代前期の段階では全く注目されていなかったにも拘わらず、清代後期以降、沙県経済においてきわめて重要な意味をもつ二種類の商品が登場する。一つは茶であり、いま一つは煙草である。

沙県の茶については、十九世紀中頃の福建各地の状況を叙述した施鴻保『閩雑記』巻一〇、「建茶名品」に、

建茶名品甚多。……閩俗亦惟有花香小種名種之分而已。名種最上、小種次之、花香又次之。近来則尚沙県所出一種烏龍、謂在名種之上。

福建茶の名品は甚だ多い。……閩の俗ではただ花香・小種・名種の区分が有るだけである。名種が最上で、小種がこれに次ぎ、花香はさらにその次である。近年では沙県で生産される烏龍という一種が珍重されており、名種の上に位置すると言われている。

とあり、清代後期においてはじめて、沙県の茶が有名になってきたことが窺える。(39)また、民国志、巻八、実業志、

茶業には、

沙邑、茶有両種、一名烏龍、一名紅辺。製烏龍則用火烘、製紅辺則須日晒。製法略異、而装箱運銷口外、為吾沙出産品一大宗。清同治初、茶市大興、如富口・琅口・漁渓湾・館前・雲渓等郷、茶庄林立、要以琅口為最盛。由同治而光緒、茶之出数、有増無減。

沙県では、茶は二種類あって、一つは烏龍といい、一つは紅辺という。烏龍の製法は火を用いて乾燥させるが、紅辺の製法は天日に晒さなければならない。製法はほぼ異なっているが、箱に詰めて口外に移出されており、わが沙県の産品の最大のものである。清の同治の初め、茶市が大いに勃興し、富口・琅口・漁渓湾・館前・雲渓等の郷では、茶庄が林立したが、琅口〔の茶市〕が最も盛況であった。同治から光緒まで、茶の出荷数は増加するばかりで減少することはなかった。

と述べられている。茶が沙県の代表的産品となったのは、まさしく清代後期のことであり、清末にかけて茶の移出額は上昇の一途を辿ったのであった(40)。それと同時に、ここでは同治初年に沙県各地において大々的に茶市が勃興したことが指摘されている。こうした点は、おそらくは〔表－6〕に明示された民国志における「墟」数の急激な増大という事実と密接に関連していると思われる。

煙草についても、康熙志の段階ではその存在を全く見出すことはできなかったが(41)、民国初期には「沙県が煙草の生産地」であるとされ、民国志、巻八、実業志、菸業にも、

烟属奢侈品、其納税故較他貨為重。然在沙之東北区、如十四・十五・十六・十七・十八等都、皆以烟葉而出品大宗。該区農民、対於栽培烟葉、極為注意。……運銷於順・将・尤・永・延・建、以及省垣。

烟は奢侈品に属しており、その納税額は従って他の物資に較べて重いのである。しかしながら、沙県の東北区において、十四・十五・十六・十七・十八等の都では、ともに烟葉《はたばこ》が移出品の最大のものとなっている。該区の農民は、烟

葉の栽培に対して、極めて注意深く行っている。……順・将・尤・永・延・建、及び省垣《しょうじょう》に移出されている。
と記述されている。特に沙渓左岸の奥地では葉煙草栽培が盛んであり、福州をはじめ福建各地に移出されていたことが窺える。この時期には、十六都（十七都）の夏茂（下茂）が葉煙草生産の中心地となっており[42]、この一帯では葉煙草専業農家が出現していた[43]。

清代後期、おそらくは嘉慶年間以降の茶・葉煙草栽培の発展は、沙県における商業貿易に大いなる活況をもたらし、必然的に農村社会における墟市の増加に帰結したものと思われる。

次に、沙県における商業資本の動向について見ていくことにしたい。既述のように、康熙志、巻二、疆域志によれば、ともに事実上の市場町となっていた高砂（五都）について「然多襍民、鮮土著者」とあり、莘口（二十三都）についても「襍民成市」と述べられていた。当該時期の沙県では、どのような地域の商人が入り込み、商業活動を行っていたのであろうか。

清代後期の道光年間のものとして、次のような興味深い史料が存在する。道光志、巻一、方輿志、風俗には、先に提示した部分に続いて、

惟布帛之利、江浙之民取之。魚塩之利、福・興之民取之。薬材之利、江西之民取之。其開山廠以取材、則汀州人也。其販雑貨以求利、則下南人也。在城市、則各世其業、在墟集、則交易而退。雖有土著寄居之不同、総之不離乎逐末者近。

ただ布帛の利は、江浙の民がこれを得ている。魚塩の利は、福・興〔両府〕の民がこれを得ている。薬材の利は、江西の民がこれを得ている。山廠を開いて木材を生産しているのは、すなわち汀州の人である。雑貨を販売して利益を得ているのは、すなわち下南の人である。城市においては、各々〔の商人〕がその生業を承け継いでおり、墟集においては、交易して帰っていく。土著・寄居の違いがあるとはいえ、これを要するに逐末からは離れていないといえよう。

と記述されている。この時期の沙県では、江浙商人が衣料品を、福建沿海の福州・興化両府の商人が魚塩類を、江西商人が薬材を、汀州商人が木材を、そして「下南人」が雑貨類を、いわば独占的に取り扱っていた。類似の記事は、隣県の永安県についても存在する。道光『永安県志』巻九、風俗志、商賈には、次のように記されている。

邑之塩商、福州人。当商三間、本邑人。爐商、本地与下南人合夥。木商、本処人、汀州亦多。如閩筍客、販売江・浙・漢・広等処、貨脱買布回発〈旧尽本邑人、近亦有寧化・江西人〉。紙客、有運至江南・広東・福州者。香菰客、浙江人〈採造発售〉。糖品客、漳平・寧洋人〈有牙行〉。布客、江西人〈染布亦江西人〉。靛青客、汀州人〈採藍亦汀州人〉。

県の塩商は福州の人である。三軒の当商《しちや》は本県の人である。爐商は当地〔の人〕と下南人との合夥である。木商は当地の人であり、汀州〔の人〕も多い。閩の筍客の如きは、江・浙・漢・広等の処で販売しているが、貨を卸した後に布を買い、〔福建に〕戻って発売している〈以前はすべて本県の人であったが、近頃ではまた寧化や江西の人もいる〉。紙客には、江南・広東・福州まで運んでいく者がいる。香菰客は、浙江の人である〈〔香菰を〕採取して販売している〉。糖品客は、漳平・寧洋の人である〈牙行がいる〉。布客は、江西の人である〈染布を行うのも江西の人である〉。靛青客は、汀州の人である〈藍の採取を行うのも汀州の人である〉。

沙県の状況に比べてより詳細な記述となっているが、「塩商」「当商」「爐商」「木商」「筍客」「紙客」「香菰客」「糖品客」「布客」「靛青客」という十種類の商業資本が挙げられている。福建の商人としては当地の永安商人のほかに、福州・汀州両府および寧化（汀州府）・漳平（龍巌州）・寧洋（同）という近隣諸県の商人が、省外についてはは江西・浙江の商人が当該地域で活躍していた。なお如上の二史料に見える「下南人」とは、おそらくは〈上四府〉に対する〈下四府〉の南部、すなわち泉州・漳州両府の商人を指したものだと思われる。(44)

道光以前の時期については、各地の商業資本の沙県域内における活動を明記した直接的な史料を筆者はいまだ見出しえていないが、周辺諸地域の事例としては、すでに嘉靖年間の汀州府清流県の廟会に北直隷・江浙・福建・広東の客商が集まって交易を行っていた記録が残されており、[45] 同じく汀州府寧化県に関して、康熙『寧化県志』巻二、土地部、土産志、木之属、杉の中に、

先時徽賈買山、連筏数千為綑、運入瓜歩、其価不貲。近皆本邑木商自運、価大減于前、然寧土之食此利者多矣。

以前は徽賈が山を買い、〔材木を〕束ねて数千の筏を連ね、瓜歩に運び入れるが、其の利益は数えきれないほどである。近頃ではすべて本県の木商が搬運しており、その値は以前より大幅に減少したが、しかしながら、寧化県でこの利益を享受している者は多いのである。

と記述されている。[46] 新安商人（「徽賈」）の〈山区〉での活動、すなわち「木商」として杉木の買付・販運の状況が描かれているとともに、明末清初期（「近」）における地元商人（寧化商人）の擡頭という事態をも窺うことができよう。

明代の福建における新安商人の活動については、すでに藤井宏氏の研究によって指摘されており、内陸地域に関しては「鉄冶」の経営および〈前貸〉による製紙業者に対する生産支配の事例などが紹介されている。[47] 康熙志、巻八、官師志、宦業、明には、万暦十一年（一五八三）から同十六年（一五八八）までの沙県知県袁応文に関する、

袁応文、字聚霞、東莞人也。挙人、万暦間任。……有鉄嶺者、沙之県脈出焉。弘治中不戒、為豪商鼓鋳鉄冶、県中遂大疫、死者万餘人。

袁応文、字は聚霞で、〔広東〕東莞県の人である。挙人で、万暦の間に在任した。……鉄嶺〔という山〕があるが、沙県の〔風水上の龍〕脈が発するところである。弘治中に戒めることなく、豪商が鉄冶を開いたことで、県中で遂に疫病がはやり、死者は一万餘人にも上った。

という記事が存在する。ここに見える「豪商」にはまさしく新安商人を想定しえるのではなかろうか。

沙県に隣接する南平県に関しては、嘉慶『南平県志』人部、巻八、風俗、生業に、

地当閩越孔道、宜為一都之会。……居人既拙於謀、而又憚遠出。塩商質庫、悉他郷客。惟百工之属、或居其二三焉。僅矣。

当地は閩と越との孔道に面しており、都会となるのももっともである。……住民はたつきに拙ないばかりか、また〔他の地域へ〕遠出することをも憚っている。塩商や質庫は、尽く他郷の客商である。ただ百工に従事する者が、その〔十の〕二・三を占めているだけである。僅かである。

とあり、当該地域では塩商・典商（「質庫」）という大きな資本を擁すると思われる分野が、他地域の客商によって占められていたという。おそらくは新安商人も含まれていたであろう。

新安商人とともに当時の商業界を二分していた山西商人については、建寧府崇安県を中心とする武夷山一帯の茶業を清初段階には支配していたことが指摘されており[48]、康熙三十四年（一六九五）―同四十一年（一七〇二）の汀州府知府、王簡庵の『臨汀考言』の判牘にも、福建から広東にかけて活動する「山西客人」が被害者となった盗案が収録されている[49]。おそらくは沙県の周辺諸地域においても、清代の中頃までは山西商人の活動が見られたのではなかろうか。

しかしながら、新安商人・山西商人の二大商業資本集団は、清代中期から後期にかけて、福建の〈山区〉諸地域の商業界に占める影響力を相対的に低下させたようである。典型的には武夷山一帯の茶業にその現実を見出すことができるが、茶業において中心的地位を占めたのは江西商人であった[50]。前掲の康熙『寧化県志』に描かれていたように、寧化県の木材に見られた新安商人から地元商人への移行という事態も、まさにそうした状況を象徴しているといえよう。

それと同時に、前掲の道光志および道光『永安県志』にも明記されていたが、江西商人は清代後半から民国期にかけて福建の〈上四府〉の商業界に確固とした地盤を獲得したのであった。(51)なお江西商人の活動はすでに明末の段階に見出すことができる。福建の最も辺鄙な地域の一つである、建寧府寿寧県の崇禎『寿寧待志』巻上、風俗には、次のような記述が見られる。

　寿無土宜、貿易不至、故人亦無習賈者。惟正街鋪行数家、販売布貨雑物。然皆江右客也。

　寿寧に特産のものはなく、貿易も行われておらず、従って住民に賈を習いとする者はいない。ただ正街の鋪行《みせや》数家が、布貨や雑貨を販売しているだけである。しかしながら、すべて江右の客商である。

新安商人・山西商人、さらには江西商人という、明清時代において全国的規模の商業貿易活動に従事した客商集団とともに、福建各地域の商人集団、沿海の福・興・泉・漳四府および〈山区〉各県の商人が、清代前期の段階には沙県域内において商業活動を行っていたものと思われる。(52)他方、地元沙県の商人自体も沙県を中心とした商業流通圏において活動していたのである。前節で検討した、康熙志、巻二、疆域志に「民習於販」(十一都)、或いは「有賈人習」(十二都)とあることからも、そうした状況を窺うことができよう。

また、前章で提示した史料であるが、康熙『清流県志』巻五、橋梁、「鄧公橋」には、明末の崇禎年間に関する、次のような記事が存在する。

　鄧公橋、在鉄石巡司前、今存。按、清流附郭米石、僅民食半年、上流則資黄鎖・烏材・石牛諸路、下流則資玉華・嵩口・墟埠等処、以益之。往年奸販包羅、截下洪塘、以済洋舡、貪得高価。又安沙黠商、百千成群、放青苗子銭、当青黄甫熟之時、即拠田分割、先于嵩口造舡、及期強載出境。

　鄧公橋は、鉄石巡検司の前に在り、今でも存在している。按ずるに、清流県の附郭で生産される米穀は、僅かに〔当地の〕糧食の半年分にしかならず、上流では黄鎖・烏材・石牛の諸路から供給され、下流では玉華・嵩口・墟埠等の処から供給されて、それによって増えている。往年は奸商が〔米を〕買い占め、〔福州の〕洪塘に運んで海船に売り渡し、高価を貪っていた。また安沙の黠商が、数多く群を成して、青苗子銭を貸し付け、麦や米が稔る時期になると、すなわち田で〔収穫した穀物を農民と〕分け合っているが、先に嵩口において船を造り、時期が来ると無理やり〔船に〕積み込んで外境に搬出している。

沙県商人(「安沙黠商」)が(53)、沙渓の上流に位置する汀州府清流県の小農民に対して「青苗子銭」を前貸し、収穫の時期には債務の取り立てによる強制的な米穀収買を行って〈出境〉していることが描かれている。ここでは、取りあえず、米商として沙渓流域で活動する沙県商人の存在に注目しておきたい(54)。

三　水碓・船碓と地主・商業資本

本節では、まず沙県における米穀の生産・流通の問題から検討することにしたい。

筆者は前章で、清代中期の福建内部における米穀の生産・流通状況について分析を加えたが、沙県を含む延平府は全体的には産米地区に属し、餘剰米穀を移出する地域となっていた(55)。沙県に関しては、上述したように、諸河川流域を中心としてある程度は広がっていた肥沃な田土が、餘剰部分を含む米穀生産を担っていたのである。乾隆中頃の『閩政領要』巻中、「歳産米穀」では、

上游延平府属、南平・沙県・順昌・将楽四邑、地土稍厚、米穀出産亦多、尚有客商販運。尤渓・永安二邑、只敷本地民食。

〔閩江〕上流の延平府では、南平・沙県・順昌・将楽の四県が、土地がやや肥えており、米穀の生産も多く、客商が販

運を行っている。尤渓・永安の二県は、〔米穀の生産が〕ただ本地の糧食を賄うだけである。とあり、延平府の中でも南平・沙県・順昌・将楽の四県が米穀移出地域とされ、尤渓・永安の二県が僅かに自給可能な地域とされている。

しかしながら、永安県ではすでに雍正段階において「生歯漸繁」という事情もあって他地域からの米穀移入が必要不可欠となっており、[56]同様に南平県でも、嘉慶『南平県志』人部、巻五、倉貯には、

又按、閩省上游、素称産米。惟建郡田多、次則邵武亦稍有餘耳。延平所産、不足供本郡民食、猶資建・邵接済。……地之所産不能増、人之滋生、日以繁庶、兼以客戸頻加、棚民漸夥。米価日昂、富戸復居奇遨勒。

また按ずるに、閩省の上流は、もともと産米〔地域〕と称されている。ただ建寧府だけは田が多く、それに次ぐのは邵武府であるが、やや餘裕があるだけである。延平府の〔米穀〕生産は、本府の糧食として供給する分には足りず、建・邵〔両府〕からの補給に頼っている。……土地で生産されるものを増すことはできず、人口の増加は、日々に上昇しており、さらに客戸も頻りに増え、棚民も徐々に多くなっている。米価は日々に高騰し、富戸は居奇〔投機行為〕を勝手放題にしている。

と記述されている。福建の産米区に属する延平・建寧・邵武三府の中で、延平府は最も下位にランクされていたが、[57]嘉慶年間にはもはや当該府産出の米穀が府全体の糧食を賄うことができず、建・邵両府からの移入を餘儀なくされていた。また、米価の恒常的な高騰という事態も存在していたのである。その主たる要因は移住民の増加をも含む人口の急激な増大であった。従って、引用部分の末尾に明記されているように、米穀自体が「富戸」による投機の対象となっていたのである。

延・建・邵三府で生産された米穀は、主に閩江本支流を流通ルートとして省都福州へと搬運・移出されていた。この点に関連して、明末崇禎年間の史料、周之夔『棄草文集』巻五、議、「条陳福州府致荒縁繇議」には、

福州一府、上仰延・建・邵・汀、及古田・閩清・大箬・小箬各山各渓米、皆係彼処商販、順流而下、屯集洪塘・南台二所、以供省城内外、及閩安鎮以下沿海之民転糴。然必上流之民、相度彼処山冬豊稔、省城春杪騰踊、然後将本販下取利、歳以為常。

福州一府は、上は延平・建寧・邵武・汀州および古田・閩清・大箬・小箬の各山各渓の米に頼っているが、すべて彼の地の商販が〔閩江の〕流れに乗って下り、洪塘・南台の二ヵ所に屯集し、それによって省城の内外および閩安鎮以下の沿海の民が購入できるようにしている。しかしながら、必ず上流の民が、彼の地における山冬(晩稲)の作柄や、省城における春の終わりの〔米価〕高騰を推し量り、その後で商販が〔省城に〕下って利益を得ているが、それは毎歳の常態となっている。

とあり、福州への搬運は「上流之民」すなわち延・建・邵三府等生産地の商業資本によって行われていたのである。

清代の嘉慶年間の状況として、黄貽楫『李石渠先生治閩政略』は、福建按察使時代の李殿図の治績を記した嘉慶三年(一七九八)の項に、次のような叙述を残している。

正月、先生以閩省三載以来、年穀順成、而糧価未極平減、疑有市儈把持等弊。廉得、侯官県奸棍鄭挺立、即鄭端秀等、私充米牙、稔悪多年。縁省垣人煙稠密、所需米石、半資上游三府、源源販運。鄭端秀聞知前歳台湾風災、海販稍稀、欲思壟断取利、通知上游米販、許以擡価包売、囤積不下。各販戸向皆聴其指揮、以致省城糧価驟昂。

正月、先生は閩省がこの三年以来、作柄が順調であるのに、糧価があまり下がらないために、市儈《ブローカー》による〔市場の〕独占等の弊害が存在するのではないかと疑ったのである。調査したところ、侯官県の棍徒、鄭挺立すなわち鄭端秀等は、密かに米牙となり、何年間も悪事を働いていた。そもそも省垣の人口は稠密であり、必要とする米穀の半ばは、

〔閩江〕上流の三府から次々と販運されてくるものに頼っていた。鄭端秀は、前年に台湾で風災があり、海からの移入がやや少ないことを察知し、〔市場を〕壟断して利益を貪ろうと考え、上流の米販に通知し、価格を高くして〔米穀を〕買い占め、それを囤積して〔福州に〕下って来ないように命じたのである。各々の販戸は以前からその指令を聴いており、その結果、省城の糧価が急激に高騰することになったのである。

ここでは福州の「市儈」「米牙」が米穀に対する投機的活動と米価の操作とを行っていたことが描写されているが、福州の商業資本と「上游米販」との間には密接なネットワークが結ばれており、前者の指令のもとに延・建・邵三府（「上游三府」）における米穀の買い占め（「囤積」）が行われていたのである。

以上のように、延平・建寧・邵武三府から福州へという米穀の商品としての流通は、直接的には閩江上流地域の商業資本によって行われていたが、彼らと移出先の福州の商業資本との間には密接なネットワークが形成されており、そうしたネットワークを通じて米穀の買い占めおよび価格の操作が行われていたのである。

では、閩江本支流を動脈とする米穀流通圏の中で、本章が直接的に対象とする延平府沙県はどのような位置にあったのであろうか。ここでは主として、稲穀を搗いて白米とする、いわば精米施設としての水碓・船碓に焦点をあてて検討することにしたい。

基本的には流水を利用して精米を行い、さらには製紙・製香にも使用される水碓は、浙江（特に浙東）・福建・江西・広東等の「山渓急流」の地域に多く存在していた。[58] 福建では特に〈上四府〉において普遍的に見られたが、[59]延平府に関しては、嘉靖『延平府志』巻五、食貨志、水利の中で、総数百六十座の水碓について記されている。[60]各県の内訳を［表‐7］として提示したが、この表によれば、沙県の水碓数が僅か十二座であるのに対して、[61]南平県の水碓数は百二十九座と突出しており、府全体の八〇％を占めている。しかしながら、製紙業の盛んな順昌県について「家ごとに水碓が有る」という記述が存在することもあって、[62]［表‐7］の数値がそのまま各県の水碓の

［表-7］延平府の水碓数

県　名	水碓座数	備　考
南　平	129	
将　楽	12	船碓7・地碓5
沙　県	12	
順　昌	5	
永　安	2	
合　計	160	

典拠：嘉靖『延平府志』巻5，食貨志，水利。

実数を表しているとは考えられず、各県とも実際の数は南平県のそれにかなり近いものであったと思われる。

また、嘉靖『延平府志』の当該記事では、将楽県についてのみ船碓と地碓との区別がなされているが、地碓がおそらくは一般的な水碓を指していると思われるのに対して、船碓は河流中に船隻を停泊させて船内に碓を設置し、船の両外側に附設した輪車の回転を利用して精米等を行うものであった(63)。実際に、河川に船碓が設置された状況を、［図-7］として提示した道光『永安県志』巻一、図考、所収の絵図から窺うことができよう。

船碓は沙県においても存在していた。傅衣凌氏によって紹介された史料であるが(64)、道光志、巻一六、金石志、紀事功碑に収録された乾隆四十六年（一七八一）の「禁船碓碑」は、きわめて興味深い内容となっている。

拠合邑士民羅亶緒等具呈称、邑十里平流、水声沈寂、自古竝無船碓攔河。邇来船碓一十八座、斬断平流、大傷県脈。石庄石櫃、暗埋河内、致来往官民糧貨等船、多受惨害。又自船碓一設、勾通奸販、囤積高擡、無所不至。業以万命陳情事、僉叩給発封条、飭差協保、将所有船碓、悉行押拆、仍還邑誌原無船碓攔河之旧。此功此徳、応与史水長流。拆碓以後、各奸販囤積之米、即有発糶米舗、雖昂価未即平減、貧民亦得買食資生。窃恐害民之船碓、違禁復設。合具輿情呈懇、勒石厳禁。庶風雨不磨、而一邑謳歌、子孫永続、等情。拠此為査私造船碓、業已拆除。茲拠前情、合再示禁、勒石永除。嗣後毋許私造船碓、及勾通奸販、囤積高擡、貽害貧民。各宜凛遵毋違。碑在儀門。

全県の士・民、羅亶緒等の呈文の称するところに拠ると、「県内〔を流れる沙渓〕は〈十里の平流〉で、水音は静寂であ

［図－7］道光『永安県志』巻1，図考，「水南村図」

り、古くから全く河の流れを遮るような船碓はありませんでした。近頃では十八座の船碓が、平流を断ち切り、大いに県脈を傷つけています。石庄や石櫃が河の中に埋められており、往来する官や民の糧貨等の船の多くが被害を受けています。また船碓がひとたび設置されると、奸販と結託し、必ず〔米穀を〕囤積して〔価格を〕つり上げようとします。すでに多くの人々の陳情によって、封条（封印紙）を発給するように請願したところ、差役に命じて保甲と協力し、すべての船碓を尽く撤去し、〔沙〕県志にもともと河を遮る船碓〔の記載〕が無かった昔〔の状況〕に戻すようにされました。この功徳は、まさに歴史の流れの中に残すべきであります。船碓を破壊した後で、各々の奸販が囤積した米を、米舗に売却させれば、高騰した米価がすぐには〔適正価格まで〕下がらないとはいえ、貧民もまた糧食を購入して生活を維持することができるでしょう。考えますに、恐らくは民に害をもたらす船碓は、禁令に違反してまた設置されるのではないでしょうか。まさに民情に基づいて懇請し、石碑に刻んで厳しく禁止すべきであります。〔そうすれば〕風雨に磨耗することもなく、この県は〔平和を〕謳歌し、子孫は永遠に続いていくことになるでしょう」とあった。これによって私造の船碓を取り調べ、すでに撤去した。ここに先の事情に拠って、まさに再に禁令を出し、石碑に刻んで永遠に取り除くべきである。今後、私造の船碓、および奸販と結託し、〔米穀を〕囤積して〔価格を〕つり上げ、貧民に害をもたらすようなことを許してはならない。各自、宜しく遵守すべきであり、違反してはならない。石碑は〔県衙の〕儀門のところに建っている。

当時、沙県では県城外の南を流れる沙渓に十八座の船碓が設置されていた。この碑文は沙県の「士・民」が既存の船碓の撤廃と今後の設置禁止とを上請し、それが当時の知県陳松によって認可され、沙県衙門内の儀門に建立された石碑に刻まれたものである。[65] ここで「士・民」が船碓の禁止を求めた理由は、次の三点にあった。第一に、沙渓における船碓の設置が「斬断平流、大傷県脈」という点である。まさしく風水思想の影響を受けたものであった。第二に、船碓の設置が沙渓における船隻の航行の障害になるという点である。沙渓は「官民糧貨等船」が頻繁に往来するきわめて重要な交通路であった。そして第三に、船碓が「奸販」による米穀の買い占め

〔「囤積」〕と密接に関連しているという点である。特に第三の点に注目したい。

ところで、沙県ではこうした船碓がいつ頃から存在していたのであろうか。「禁船碓碑」には「古竝無船碓攔河」と書かれているが、嘉靖『延平府志』では、将楽県の項に「船碓」が明記されていた。(66) 沙県でも明末の段階には船碓が存在していたのである。江南の常州府江陰県出身で旅行家として著名な徐弘祖は『徐霞客遊記』巻一下、「閩遊日記後」の中で、崇禎三年（一六三〇）八月のこととして、

十一日、……泊於旧県。十二日、山稍開、西北二十里、抵沙県。城南臨大渓、雉堞及肩、即渓崖也。渓中多置大舟、両旁為輪、関水以舂。

十一日、……旧県に泊まる。十二日、山がやや開け、西北に二十里ほど行くと、沙県に至る。県城の南は大渓に臨んでおり、城壁およびその肩のところは、すなわち渓崖である。渓中には多くの大船が浮かんでおり、〔船体の〕両側には輪車が設けられており、そこに水を取り入れて〔米を〕搗くのである。

と記述している。徐弘祖はまさに沙県城南門外の沙渓河流中に多くの船碓を目撃したのであった。おそらくは明末以降、一貫して船碓は存在していたものと思われる。

さて、道光志の「禁船碓碑」に描かれた、船碓と「奸販」との結合による「囤積」という事態の存在は、「奸販囤積之米」が「米舗」に売り出されさえすれば、米価がすぐには下落しなくとも「貧民」には糧食を購買することができると記されていることからも明らかなように、当時の沙県に米価騰貴および糧食欠乏という状況をもたらしていたのである。また先掲の『李石渠先生治閩政略』の記事をも勘案するとき、沙県の「奸販」による「囤積」行為は、最大の米穀市場である福州の「市儈」「米牙」との密接な繫がりのもとになされていたと理解しえるのではなかろうか。沙県の米価騰貴・糧食欠乏は、まさしく沙県－福州間に形成された米穀流通圏そのものに規定されて現出したものだったといえよう。

以上のように、精米施設としての船碓と結びついた「奸販」による米穀の買い占めが、本来は米穀餘剰地域に属する沙県に糧食缺乏という重大な社会問題を惹起していたのである。では、この船碓・水碓はどのような階層によって所有されていたのであろうか。

現時点では具体的な史料を全く見出しえていないが、『沙県文史資料』五輯、一九八六年、所収の羅蓮善「清初沙県風雲人物――羅其熊伝――」は、本章との関連において注目すべき内容となっている。(67) その関連部分を紹介することにしたい。

羅其熊、字は尚之、号は農荘。生没は天啓四年(一六二四)―康熙四六年(一七〇七)であり、沙県の夏茂(下茂)に居住していた。彼の生涯は明清鼎革後の南明政権および〈三藩の乱〉(耿精忠の乱)と直接・間接にかかわっていたが、筆者が特に注目したいのは晩年の事蹟である。羅蓮善氏によれば、羅其熊は夏茂周辺の荒地の開墾事業を行い、また茂渓中流域に壩・圳という水利施設を設置し、茂渓の水を引いて灌漑を行うことで、一面の荒地を「良田」に変えたという。(68) その夏茂一帯の土地は見渡す限り其熊の所有地であった。其熊は六十七歳のときに八人の男児に対して財産分与を行ったが、その時点で「田産一二、三七〇頃、房屋八大幢、磚瓦廠八座、水碓坊八座、土堡一大座を所有し、さらに山地には無数の松・杉を所有し、その財富は東渓流域一帯では最大であった」という。

羅其熊はいわば開発地主的側面を併せ持つ下茂一帯の大地主であり、広大な土地を所有すると同時に、水碓八座を所有して精米業をも経営していたのである。きわめて限られた事例ではあるが、地主による水碓の所有という事実を確認した。

沙県では、おそらくは地主所有の水碓・船碓において、自らの佃戸から収奪した佃租＝米穀、および周辺の自耕農を含む小土地所有者から購入した米穀の精米が行われており、その過程で、商業資本(「奸販」「悪商」)との密接な結びつきによって米穀が〈他境〉へ搬運・移出されるという構図を見出しえるのではなかろうか。そこでは地主自らによる米穀の買い占め(「囤積」)という事態も存在していたと思われるが、主要には地主と商業資本との結託による買い占めに、さらには沙県の商業資本と福州の商業資本(「市儈」「米牙」)との間に結ばれたネットワークによって沙県の米穀が福州へと移出されるという状況が加わり、結果として当該地域にいわば〈人事〉としての飢餓的状態＝糧食缺乏が招来されていたのである。

おわりに

以上、本章は康熙『沙県志』巻二、疆域志の分析を出発点として、清代における延平府沙県の社会的・経済的状況に関する考察を行ってきた。きわめて限られた史料のために推定に終始した部分もあるが、今後の史料捜集によって実証性をより深めることにしたい。

最後に、本章が考察の対象とした沙県を中心として、清代における米穀の生産・流通についてまとめるならば、およそ次のように指摘することができよう。

地理的には閩江の上流、沙渓流域に位置する沙県は、福建の省都福州をターミナルとし、かつ閩江の諸水系を媒体として成立していた、福建最大の流通市場圏に包摂されており、従って、当該地域の商品生産および商業活動は、この流通市場圏によって大きく規定されていた。米穀の生産では産米地区に属し、基本的には餘剰米穀の移出を行っていた沙県では、地主と商業資本との結託による米穀の買い占めという事態が展開しており、そこでは地主を所有主体の中心とする水碓・船碓＝精米施設の存在が重要な環節となっていたのである。また最大の米穀消費市場である福州の商業資本と沙県の商業資本との間に取り結ばれたネットワークによって米穀の買い占めには拍車がかけられ、半ば強制的に米穀の福州への搬運・移出が行われていたのである。

沙県の商業資本による米穀の買い占めは、おそらくは沙県の周辺地域にも波及していたと思われる。特に汀州府清流県では沙県商人による小農民への生産資金の〈前貸〉が行われており、収穫期に債務の取り立てによって米穀が〈他境〉へ搬出されるという状況が存在していた。

以上に述べた、沙県を中心とする米穀の流通状況を図式化するならば、およそ次のようになるであろう。

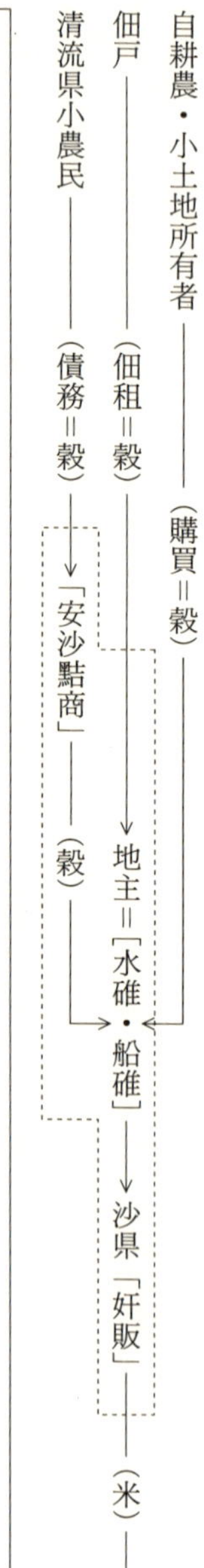

すなわち、［　］内において、米穀の買い占め(「囤積」)が行われていたのであり、水碓・船碓という精米施設はまさしく重要な役割を担っていたのである。[69]

以上のような米穀の生産・流通構造を背景として沙県では次のような事態が現出していた。道光志、巻一五、祥異志、国朝の記載は、乾隆十四年(一七四九)四月の出来事として、

十四年四月、米価昂貴。時城中奸販囤積、悪商搬運四郷之米、為飢民攔阻。斗米七百餘文、市無可糴。挙人徐逢盛・陳名世・林観珠等、呈請賑済。知県王庚及典史鈕宝順、尽心設法、勧諭富民捐米、分為八廠平糶。六十一日、共散米伍千三百石有奇、民頼以甦。

十四年四月、米価が高騰した。時に城中の奸販は〔米穀を〕囤積し、悪商は四郷の米を搬運しようとして、飢えた民にそれを阻止された。一斗の米〔の価格〕は七百餘文にもなり、市場には売ることのできる米が無くなったのである。挙人の徐逢盛・陳名世・林観珠等は、〔官が〕賑済を行うように請願した。知県王庚と典史鈕宝順とは、心を尽くして方策を講じ、富民に米を寄付するように勧告し、八廠に分けて平糶を行った。六十一日で、併せて米五千三百石餘を売り出したところ、それによって民〔の暮らし〕は甦ったのである。

と叙述している。「市無可糴」と表現された糧食缺乏という事態が、まさに「奸販囤積」によって惹起されたものであり、「悪商」による農村社会からの米穀の搬出に対して、小農民——広汎な佃戸層を含む——を中心とした阻米闘争がたたかわれているのである。上述の米穀流通市場を勘案するとき、道光志の当該記事は特殊かつ稀有な事件を収録したものではなく、当時の米穀をめぐる社会問題の、まさに氷山の一角を描いたものだといえよう。

なお、地主によって佃租＝米穀を収奪される佃戸の側から阻米闘争を考えるとき、そこには地主に対する佃租不払い＝抗租との密接な関連を看取することができよう。(70)

（1）〔陳及霖－八四〕一三〇頁。
（2）本書第一部第三章、九三—九五頁、参照。
（3）〈鄧茂七の乱〉については、〔宮崎市定－四七（宮崎市定－九二）〕・〔田中正俊・佐伯有一－五四〕・〔田中正俊－五四〕・〔田中正俊－六一b〕・〔酒井忠夫－六二〕・〔西村元照－七九〕等、参照。
（4）特に〔田中正俊－六一b〕参照。
（5）〔国立国会図書館参考書誌部－六九〕二五一頁、〔国立中央図書館特蔵組－八一〕九五頁、〔中国科学院北京天文台－八五〕五四五—五四六頁、〔朱士嘉－八九〕四〇二頁、および〔山根幸夫－九五b〕三〇頁による。

(6) 康熙志、巻二、疆域志、「県総図」。なお当該史料には「在郷者為都、分三十三都」と書かれているが、三十二都の誤りだと思われる。
(7) 嘉靖志、巻二、疆里、坊都、国朝、および雍正『永安県志』巻二、疆域。
(8) 嘉靖志、巻二、疆里、坊都、国朝、および万暦『帰化県志』巻二、建置志、沿革。
(9) 嘉靖志、巻二、疆里、城池。なお沙県城も福建の長泰・漳平・光沢等の県城と同様に〈風水〉を考慮して建造されたことは、同志、巻首、所載の「県城図」からみて明らかである。［堀込憲二－八五］参照。
(10) 本節において、とりたてて断りなく史料を引用する場合は、すべて康熙志、巻二、疆域志の記載である。
(11) 康熙志、巻二、疆域志、両坊図に、
宋知県洪唐、分県治以東、……為興義坊、分県治以西、……為和仁坊。市列其中間焉。明仍旧、国朝因之。

と見える。
(12) 東亜同文会『支那省別全誌』一四巻〈福建省〉、同会、一九二〇年、一四八―一四九頁。
(13) 嘉靖志、巻首、所載の「通県水図」叙には、
則衍迤曠夷、渾湛縈渟、無復衝激。所謂十里平流也。即太史渓、県治俯焉。

とある。
(14) 嘉靖志、巻二、疆里、橋井、翔鳳橋。
(15) 康熙志、巻四、経政志、橋梁、祥鳳橋。また、同じく、祥鳳橋に収録された田一儁「重建祥鳳橋記」に、
橋凡広三丈四尺、長一百丈餘、為石墩一十三座、為屋八十三間。

とある。
(16) 例えば、明末清初期の江南松江府華亭県の人、王澐の『閩遊紀略』に、
閩橋巨者、木一石二。在建州者、曰通都。下壘巨木、上屋之。商賈之所聚也。

とある。
(17) すでに嘉靖『延平府志』巻一、地理志、風俗、沙県において、
商賈工伎之流、視他邑為多。

と書かれており、同文が、嘉靖志、巻二、疆里、風俗にも載せられている。なお清末の段階においても、沙県は「附近諸県ニ

比スレハ商業盛ナリ」、「一見シテ商業ノ繁盛ナルヲ知ルニ足ル」といわれていた(三五公司『福建事情実査報告』同公司、厦門、一九〇八年、一五六頁および三五八頁)。

(18) 沙県における蔬菜の栽培状況については、康熙志、巻五、田賦志、物産に、

園圃盛、故蔬菜亦繁。

とある。また道光志、巻一、方輿志、風俗では、

是以言飲食、則稲米以供三飧、麦之属不過作餅餌茶食、而街市細民、皆頼以謀生。菜蔬足供日用、魚塩糖果、皆来於外府。

と記述されており、蔬菜が自給可能であったのに対して、魚は「外府」から移入されていたという。

(19) 福建山間地域に〈梯田〉が普遍的に見られる点については、[清水泰次－五四]一頁、および[片岡芝子－六四]四二頁、参照。

(20) 康熙志、巻二、疆域志、八都では、洛陽鎮の割註として「俗呼鎮頭」と記されている。洛陽鎮は北宋の元豊年間に置かれた鎮である(康熙志、巻一一、雑述志、古蹟、洛陽口鎮)。

(21) 「旧県」とは唐の武徳四年(六二一)に県治の置かれた、沙県城の東十里の地を指し、明清時代にはその地が「旧県」と呼ばれていた。嘉靖志、巻二、疆里、県治、および康熙志、巻一一、雑述志、古蹟、旧県治。

(22) 註(18)、参照。

(23) [傅衣凌－四四]で紹介された『歴西正順廟志』の正順祖廟は二十一都の歴西の南郊に所在していた。

(24) 康熙志、巻四、経政志、険隘、歴安堡。なお〈蘇阿普の乱〉については、[青山一郎－九二]八三－八四頁、参照。

(25) [三浦国雄－八八]一七四－一七七頁、参照。

(26) 「小米田」については、康熙志、巻五、田賦志、田糧、明、民田において、

按、沙田有二、則有曰大米者、有曰小米者。大米者、毎田租米二石郷、謂之一帳、実抵官斛一石六斗、載民糧八升。小米者、旧以禾秤、後以難於収積、故収細米。毎米二石、折米一石六斗郷、実抵官斛一石二斗八升、載民糧六升。真以畝計、則同以五升為畝也。若以銀折、大米有毎帳収銀六銭者七銭者八銭者。蓋以米之精粗計也。小米毎帳、惟折銀五銭矣。向時斗斛不一、後経官較、民始称平。

と記述されている。

(27) 清末においても、沙県各地の「墟日」は一と六、二と七、三と八などの日に開かれる「五日一墟」であった。前掲『福建事情実査報告』一五七頁、参照。

(28)　[林和生-八〇]七三―七八頁では、豊富な広東の事例から「墟」と「市」の相違および「市場の階層」について分析されているが、沙県の場合は広東の事例とは異なって「市」が「墟」よりも大きな聚落に所在し、かつ階層的にも上位にランクされるように思われる。

(29)　[戴一峰-八六]一〇九頁では「近代の閩江流域は、商品流通の発展にともなって次々と初級市場を生み出し、併せてさらに閩江の本支流をネットワークとして、沿江に分布している初級市場、内地中心市場および福州中心市場を環節とする市場網を形成していた」と指摘されている。なお、周知のスキナー理論との関連でいえば、沙県の「墟」および一部の「市」が「標準市場町」(standard market town)、沙県城および歴東等の「市」が「中間市場町」(intermediate market town)に相当するのではなかろうか。[Skinner-1964, 65(G・W・スキナー-七九)]参照。

(30)　[斎藤史範-九〇]八二八―八二九頁、参照。なお、斎藤氏は沙県の墟(「郷市」)数について、嘉靖志・順治『延平府志』・康熙志の比較対照による前二者の八から後者の五への減少を指摘されているが、やはり新県析置による割譲地域は除外すべきであろう。

(31)　康熙志、巻五、田賦志、物産、「貨之属」では、次のように産品がリスト・アップされている。
為鉄、為鉛、為糖、為蜜、為黄蠟、為白蠟、為綿花、為苧蔴、為葛、為棕毛、為茶、為桐、為桕油、為茶油、為磁器、為靛、為麤紙、為牌紙、為連四紙。

(32)　清末における類似の表現としては、福州府の光緒『閩県郷土志』商務雑述四、輸出貨に、
八閩物産、以茶木紙為大宗、皆非産自福州也。
と見える。[前田勝太郎-六四]五七五頁、参照。

(33)　本書第一部第三章、七九頁、参照。

(34)　明の万暦年間の王世懋『閩部疏』では「呉・越」に流通していた福建の代表的な商品の中に「順昌之紙」が見え、清の康熙年間の江南松江府の人、葉夢珠の『閲世編』巻七、食貨六では「竹紙」として「古筐将楽紙」が挙げられている。また乾隆年間の『閩政領要』巻中、「各属物産」で、延平府の特産として提示されているのは「順昌・将楽之紙」のみである。本書第一部第三章、七九頁[表-1]参照。

(35)　嘉慶『南平県志』物部、巻一、物産に、
南平竹木笋菰之産、甲於七閩。

とある。
（36）　本書第一部第三章、八〇頁［表－2］、参照。
（37）　雍正『永安県志』巻五、物産に、
杉樹在昔頗饒、而時価已百倍於昔、商人競採、運之外郡。
とある。
（38）　乾隆年間においても『閩政領要』巻中、「各属物産」の中に、次のように記されている。
建寧木植、多在深山通澗之処。秋冬砍伐、俟春水漲発、由渓順流而下。木客於南台収買、紮簰海運江浙售売、内地各処、多資利用、而福防庁之商税、又全藉木料、以充数也。
（39）　これ以前における茶の重要性は、主として茶油の原料としての意味が大きかったと思われる。例えば、王世懋『閩部疏』では、
閩山所産、松杉而外、有竹茶烏臼之饒。竹可紙、茶可油、烏臼可燭也。
と記されている。
（40）　民国志、巻八、外交志、通商の方では、
清咸豊間、茶市初興、琅口多開茶庄、富口・高砂・鎮頭・漁渓湾、皆有茶市。
と書かれている。また、民国志、巻五、物産志、貨属、茶にも、
呂峯山草洋、産者良。咸・同間、産数較多、近年漸減。
と見える。
（41）　沙県に隣接する南平県でも、嘉慶『南平県志』人部、巻八、風俗、生業には、
年来烟草獲利、栽者日夥。城堧山阪、彌望皆是、且有植於稲田者。
と記されており、葉煙草栽培の発展は「年来」のことであった。
（42）　前掲『支那省別全誌』一四巻、五六五頁。
（43）　［戴一峰－八九］六三頁。
（44）　施鴻保『閩雑記』には「上諸府」「下諸府」或いは「下府」という語が頻出する。
（45）　嘉靖『汀州府志』巻三、地理、坊市、清流県、会、樊公会に、

毎歳八月二十六日、相伝樊公誕辰。……先期八月初、直隷・江浙・閩広各処客商、倶齎本地所有貨物、集於県中。とある。[藤井宏－五三a]二九頁、参照。

(46)［前田勝太郎－六四]五七九頁、参照。

(47)［藤井宏－五三b]三八―四三頁、および[藤井宏－五三c]一〇九頁。

(48)［前田勝太郎－六四]五八二頁、参照。なお山西商人については、[寺田隆信－七二]参照。

(49) 王簡庵『臨汀考言』巻一〇、審讞、「長汀県招解頼廷光等、強盗得財殺傷人」に、

審看得、西客王君祥等船、泊策田河下、被盗刧殺一案、……因江大目即江現標、在於閩粤接壌之峰市地方、名開歇家、実為蔵奸之藪。康熙三十六年二月二十一日、山西客人李化仙・王君祥・王冲斗三人、自広東貿易、而回盤壩上船。有在逃未獲之江長生・張士栄、見其行嚢厚重、即与大目相商、令其先至上杭県樟樹潭地方頼士龍家、邀合同夥。而長生携帯木棍、士栄手執扁挑、尾船後行。

とある。

(50) 嘉慶『崇安県志』巻一、風俗には、

星村茶市、五方雑処。物価昂貴、習尚奢淫。奴隷皆紈袴執事。江西及汀州人為多、漳・泉亦間有之。

とある。また建寧府建陽県の麻沙について、施鴻保『閩雑記』巻八、「麻沙書板」には、

今則市屋数百家、皆江西商賈、販鬻茶葉。餘亦日用雑物、無一書坊也。

と記されている。なお江西商人の全国的市場における地位については、[傅衣凌－八二a]一九二―一九三頁、参照。

(51) 前掲『支那省別全誌』一四巻では、延平府城に関して「江西人は多く布店、民船業に従事し、商業界に勢力あり」(一四二頁)と記されており、沙県に関しても「問屋業としては福州人勢力を得、江西人之に亜ぐ」(五六六―五六七頁)とある。

(52) 傅衣凌氏の研究によれば、福建山区では将楽・建寧・永定・連城等の県に多くの商人がおり、なかでも「連城商人」「永定烟商」は著名だったという。[傅衣凌－八二a(傅衣凌－六一b)]一二頁、および[傅衣凌－八二a(傅衣凌－四七)]三四九―三五〇頁。

(53)「安沙」という名辞については、永安県の清流県との境界地域に安沙という市場町(「市」)が所在するが(雍正『永安県志』巻二、疆域、市)、ここに見える「安沙黠商」とは、同じく康熙『清流県志』巻五、橋梁、「鄧公橋」所収の裴養清「題鉄石鄧公橋」に、

沙人乗不給、先時貸金、後時償粟、一母五子、捆載実帰。

とあるように、沙県商人を指していると思われる。

(54) なお、ここでは触れることができなかったが、沙県における商業資本の活動、特に福建各地の商人の活動は当該地域を含む山区における〈棚民〉を中心とした移住・開発の問題と密接に関連していたと思われる。この問題に関しては、[前田勝太郎－六四]・[森田明－七六]・[クリスチャン・ダニエルズ－八八]等、参照。

(55) また[Wang－1986]pp. 81-84、および[王業鍵－八七]参照。

(56) 雍正『永安県志』巻五、物産に、

論曰、……今観於永、岡陵澗壑、十居七八。黍稲所入、惟正之供以外、僅支数月之糧、餘多取給外邑。

とある。

(57) 後述の周之夔『棄草文集』巻五、議、「条陳福州府致荒縁繇議」でも、福州への米穀の移出について〈上四府〉の中では「延・汀差少」と記されている。

(58) 水碓については、[天野元之助－七九a]八六〇―八六七頁で詳述されている。製紙・製香における水碓の利用については、[傅衣凌－五六]六頁、参照。なお清華大学図書館科技史研究組編『中国科技史資料選編』〈農業機械〉、清華大学出版社、北京(奥付には発行年が不記載)、二八三頁、所収の清代前期の文献、陸廷燦『南村随筆』巻六には、

水碓閩・浙最多。凡山渓急流処、皆可為之。

とある。

(59) [朱維幹－八六]二一―二二頁。

(60) 嘉靖『延平府志』の当該記事は、すでに[朱維幹－八六]二一頁において紹介されている。

(61) 嘉靖志、巻二、疆里、水利、水碓に記された水碓数は十二座である。

(62) 註(58)所引の傅衣凌・天野元之助両氏も引用されている史料であるが、王世懋『閩部疏』に、

閩中水碓最多。然多以木櫃運輸、不駛急流中、壅激為之則佳。順昌人作紙、家有水碓。至造舟急灘中、夾以双輪如飛、舂声在舟。

とある。

(63) 前註『閩部疏』の記事、参照。

(64)　［傅衣凌－八二a（傅衣凌－六一b）］八七－八八頁。

(65)　「禁船碓碑」は、民国志、巻九、金石にも収録されており、表題に附された註には、
　乾隆四十六年、闔邑士民呈請、知県陳松、勒在儀門。
と記されている。

(66)　明末の建寧府建陽県にも船碓の存在を確認することができる。万暦『建陽県志』巻三、籍産志、賦役、国朝に、如網米鸕鷟米、皆以魚而税者也。乃船戸碓戸、亦称魚課、則以均取利于水耳。第船碓稍不能常而課米、姑属見役。
とある。

(67)　末尾の註によれば、この「羅其熊伝」は、①羅其熊の「自叙分関序」、②彼の六十歳時に李世熊が書いた「寿文」、③「有関文献」、④「民間伝説」に依拠して叙述されているという。このうちの②は李世熊『寒支二集』巻三、序、「羅君某甫六十寿文」だと思われるが、当該史料には羅其熊の本章が注目する事蹟については記されていない。なお李世熊『寒支二集』はわが国には現存せず、筆者は一九九〇年九月、杭州の浙江省図書館所蔵本を閲覧した。

(68)　圳については、康熙志、巻三、山川志、叙水、陂圳に、
　陂圳皆溉田之水也。截渓而漑者、曰陂、疏山而漑者、曰圳。邑率山田、鮮近渓者。故圳多而陂少。

とある。

(69)　民国期の状況について、［巫宝三・張之毅－三六］（邦訳「福建省に於ける食糧の市場販売機構」福大公司企画課編『南支那経済叢書』三巻、株式会社福大公司、台北、一九四〇年、所収）では「福建の産地市場では殆んど皆精米工場が取引の中心組織となっている」（邦訳四五頁）とあり、また「閩西、閩北の穀類市場には石油精米機はなく、水力を利用して精米している」（同五〇頁）と書かれている。

(70)　本書第一部第三章、一〇六－一〇七頁、参照。

第二部　抗租と明清国家

第五章　清代前期福建の抗租と国家権力

はじめに

明末清初期の華中南農村社会では、直接生産者小農民＝佃戸による反地主闘争としての抗租が広汎に展開した。当該時期の抗租の盛行は、佃戸が副業としての家内手工業および商品作物栽培に従事し、それらを「商品生産化」することによって自らの主体的力量を増大させ、地主に対する経済的な従属から脱却するという状況において実現したものであった。また、佃戸の力量の上昇が地主の収奪強化をもたらすというように、地主‐佃戸間における緊張の高まりの集中的表現として抗租は展開したのであり、それはまさに「社会的なひろがり」を有していたのであった。

こうした見解は、一九五〇年代後半から六〇年代初めにかけて、小山正明・田中正俊両氏によって構築された論理であり、当該期の抗租理解の基調に位置するものだといえよう(1)。しかしながら、その後の抗租研究の進展の過程でも、一つの重要な問題が残されてきた。それは抗租と国家権力との関係、すなわち、いわば私的な経済関係としての地主‐佃戸関係の矛盾の表現である抗租に対して国家権力は如何にかかわっていたのか、という問題

である。(2)

十八世紀の前半、雍正五年(一七二七)に至って、清朝中央政府は次のような、所謂〈抗租禁止条例〉を制定した。

一、凡不法紳衿、私置板棍、擅責佃戸者、郷紳照違制律議処。衿監吏員、革去衣頂職銜、杖八十。……至有姦頑佃戸、拖欠租課、欺慢田主者、杖八十。所欠之租、照数追給田主。(3)

一、およそ不法な紳衿で、ひそかに板棍《けいぐ》を設置して、擅に佃戸を責めた場合、郷紳は「違制律」に照らして処分する。衿監・吏員は、衣頂・職銜を剝奪し、杖八十とする。……悪賢い佃戸で、租課を滞納し、田主を欺瞞する者がいた場合は、杖八十とする。滞納した租は、数量の通りに追徴して田主に支給する。

内容的には、①「紳衿」の佃戸に対する私的刑罰行使の禁止と、②佃戸の抗租の禁止とを、併せて規定したものである。

当該条例をめぐる従来の研究を顧みると、一九六三年に李文治氏は、清代前期の抗租の激化に表現された、地主の佃租収奪における「強制関係」の弱体化の中で、この条例が①「農民の反抗闘争の威力」に対する緩和策であるとともに、②地主の収租を保証する「経済外強制の一表現形式」であったという見解を提示された。(4)一方、わが国の研究ではこの条例が清朝国家の性格規定に密接にかかわるものとして注目されてきた。一九六七年に重田徳氏は、地丁銀制成立後の清朝国家を佃戸との間の「直接的パイプ」を喪失して地主の佃戸支配を放任した「地主制的権力」と規定し、当該条例の②を「地主の利害を代弁」する限りにおいて、特殊清朝権力として地主‐佃戸関係に介入する法的表現と理解された。(5)こうした重田氏の見解に対して、一九六八年に小島晋治氏は清朝国家を「封建地主の権力」としながらも、「国家権力が「地主に代って」佃戸の支配にのり出す動き」としてこの条例を提示され、(6)一九七七年に宮崎一市氏は清朝の佃租減免令との関連においてこの条例を再検討し、雍正五年(一七二七)段階の清朝権力を「法現象的には業‐佃関係から独立した外在的権力」と規定するとともに、その

「地主的権力」化の契機が雍正十三年（一七三五）における佃租減免令の廃止であると指摘されたのであった(7)。

以上のように、特にわが国の研究では清朝国家権力の性格の理論的把握を志向して雍正五年（一七二七）の〈抗租禁止条例〉が問題とされ、その限りにおいて地主‐佃戸関係と国家権力との関連が指摘されてきたのである。しかしながら、その一方で、それぞれの地域における地主‐佃戸関係と国家権力との関連の具体的な有りようについては、必ずしも十分な解明がなされているとはいい難いように思われる(8)。従って、本章では主として清代前期における抗租の問題を、地主‐佃戸関係と国家権力との関連という視角から検討しようとするものである。以下、本章が中心的に考察の対象とするのは、雍正十年（一七三二）の漳州府平和県屯田における抗租とその弾圧の事例についてである。

一　雍正年間の平和県における抗租弾圧

(i)　同安県錦里黄氏と平和県屯田

泉州府同安県積善里の錦里（錦庄・錦宅ともいう）に居住する黄氏一族の族譜として、乾隆三十四年（一七六九）に黄濤によって編纂された『錦里黄氏家譜』（以下『家譜』と略称）巻二、徴文には、濤自身が兄黄江の事蹟を記した「内閣中書叔兄巨川行状」が収録されているが、その中に次のような記載を見出すことができる(9)。

本族有祖遺屯田、在平和県。歴管三百餘年、佃字無存、頑佃抗租図佔。族人幾以延玩失之。兄曰、是吾任也。即親赴控理、守候数閲月、竟得租額認佃而還。

本族には祖先が遺した屯田が有り、平和県に所在している。三百餘年にもわたって管業してきたが、佃字（租佃契）は残っておらず、頑佃が抗租して〔屯田の〕占拠を企てたのである。族人は〔それへの対応を〕引き延ばして、ほとんど〔屯田を〕失うところであった。兄は「これは私の任務である」と言った。自ら〔平和県に〕赴いて訴訟を起こし、数ヵ月も滞在したが、遂に〔滞納分の〕租額と認佃〔字〕とを持ち帰ってきたのである。

黄氏一族所有の漳州府平和県の屯田では「頑佃抗租図佔」という問題が発生していたのである。この抗租についてては、その弾圧に直接かかわった黄江が雍正十二年（一七三四）に著した「控理屯田序」（『家譜』巻一、祀典、所収）の中で詳述されている。本節では黄江「控理屯田序」の分析を通じて、雍正時期の抗租と国家権力との関係の具体的様相を明らかにしていきたい。

『家譜』によれば、黄氏の始祖杰は八世紀中葉、唐の天宝頃の人で、その郷里は河南の光州（清初には汝寧府光州）であった。[10]その後、黄氏は蘇黄・漳黄・潮黄という、それぞれ蘇州・漳州・潮州に居住する「三黄」に分家した。その中で漳黄の系統が十一世紀半ばの十世薜の時代に至って同安県の錦里に遷居し、[11]以後「錦里黄氏」として二十五世の江・濤の世代へと続いてきたのである。

では、黄氏は如何なる経緯をたどって平和県の屯田を所有するに至ったのであろうか。『家譜』巻一、祀典、所収の万暦四十五年（一六一七）の黄克家「叙祖屯顚末」は、次のように伝えている。

按、屠龍坂（薜―引用者）三世祖、兄弟三人、五材公中子也。以洪武九年丙辰、抽充南京左衛軍。故久無勾。迄宣徳三年戊申、奉例撥其侄、寄操於附近永寧衛金門所。迄正統二年丁巳、清収頂絶軍温彦安名伍、後頂故軍呂嫣乞、屯種於平和県清寧里等処。

按ずるに、屠龍坂は三世祖であるが、兄弟は三人おり、五材公は二番目であった。洪武九年丙辰に、南京左衛軍に調充された。故に久しく調べる術はなかったのである。宣徳三年戊申に及んで、例を奉じてその侄を〔軍に〕出したが、附近の永寧衛金門所に配属された。正統二年丁巳に至って、故絶軍温彦安の名籍を継承し、後には故絶軍呂媽乞〔の名籍〕を襲って、平和県清寧里等の処の屯田を耕種することとなった。

その発端は、十五世五材が明初の洪武九年（一三七六）に南京の留守左衛軍に調充されたことに始まる。[12]その後、宣徳三年（一四二八）には五材の姪が泉州府管内に置かれた永寧衛所属の金門千戸所に配属され、その関係から正統二年（一四三七）以降、平和県所在の屯田を頂種したのであった。[13]

明代の屯田は衛所制度のもとで軍糧補給を目的として設置されたものであったが、十五世紀前半の時点ですでに崩壊の兆候を見せ始め、明末段階には福建でも屯田が「豪右」「豪家」の兼併の対象となり、その民田化が着実に進行していた。[14]そして、清初に至って屯田は各県の管轄となり、事実上の民田と化したのであった。[15]こうした動きの中で、黄氏は平和県の屯田に対して「召佃」による地主経営を行い、万暦四十五年（一六一七）以降は、一族全体の族産（「祖遺屯田」）として所有してきたのである。[16]

次に、黄氏の地主としての存在形態を探るために、明清鼎革以後における江・濤の直系血族の経済活動を『家譜』巻二、徴文、所収の、江・濤の祖父日旭、父錫明、長兄澄、および次兄濱等の伝記によって見ていくことにしたい。[17]

清初において、黄氏はきわめて困難な境遇に置かれていた。順治十八年（一六六一）および康熙十七年（一六七八）の二度にわたる遷界令が錦里一帯をもその該当区域に含んだためである。[18]この時期、黄日旭の一家は移住を餘儀なくされ、康熙十九年（一六八〇）の最終的な展海の後もしばらくの間、一家の凋落状態は変わらなかった。そうした中で、黄氏の生計の基盤となり、後に一族の再建・発展を成し遂げたものは、主として商業貿易活動であった。黄日旭は海外貿易活動（「販洋」）の途上、呂宋の宿霧で客死したが、彼の長子錫聡、次子錫明もともに「販洋」に従事したのである。特に江・濤の父錫明は、後に台湾を拠点とした商業活動によって一代でかなりの財を蓄積し、[19]族内の貧家に対する救恤、族人の挙業への援助等、一族の中心として黄氏の発展に寄与したのであった。錫明には六人の男児がいた。上から澄・濱・江・濤・瀾・洲である。江・濤が挙業に邁進し、それぞれ挙人と進士とになったのに対して、台湾での商業活動を引き継いだのは次兄濱であった。ところが、濱の経営は康熙末年に台湾を席捲した〈朱一貴の乱〉によって壊滅的打撃を被ったのである。しかし、そうした逆境にもめげず、その後、彼は蘇州に赴いて再び商業活動に精勤し、その有様は「雞幾鳴、盤子声猶啅啅也（鶏が鳴く頃まで、算盤の音が啅々と聞こえていた）」といわれるほどであった。[20]

ところで、『家譜』所収の伝記からは黄氏の地主としての具体像をほとんど見出すことができず、僅かに江・濤の世代では長兄澄について「独秉家政二十五年」と書かれており、彼が地主としての側面を担ったものと思われるのみである。また土地所有の規模についても、族譜としての性格上、ただ族産として平和県に屯田約四十八畝、[21]錦里一帯に山園四十餘畝を所有していたこと、[22]および江・濤の堂叔黄錫時が銀一千両で義田を設置したことが記されている程度である。[23]

しかしながら、『家譜』巻一、祀典に附された錦里一帯の山図の按語には、黄氏の地主の側面を些か窺わせる、次のような記述が存在する。

按、本山……係上下二房歴掌祖山、他族不得侵葬。此山為錦里来龍、保障灌注民田数百頃。近因樵採者多、草木光潔、竟将鍬鋤掀掘草根、山土開鬆。大雨衝流、溪淤田荒、貽害不少。且山童沢竭、於地理亦不利焉。甲戌春、濤経稟明県主明公、出示厳禁、許刈割、不許鋤抜。嗣後応数年一次演戯申禁、庶積害可除云。[24]

按ずるに、本山は……上・下二房が長年にわたって管掌してきた祖山であり、他の一族は〔この山に〕侵葬することはできなかった。この山は錦里の来龍となっており、民田数百頃の灌漑を保障していた。近頃では〔樹木を〕伐採する者が多く、草木がすっかり無くなったために、遂に鍬鋤で草根まで掘り起こし、山の土は脆くなったのである。大雨で押し流されると、渓流は淤塞して田土は荒廃し、その被害は少なくなかった。さらに山が禿げて沢が涸れれば、地理(風水)にとっても都合の悪いことになる。甲戌の春、(黄)濤の申し出によって賢明なる知県閣下が、告示を出して厳しく禁止し、刈り取ることは許すが、鋤起こすことは許さないこととした。今後、まさに数年に一度、演劇を催して禁令を申し渡せば、きっと弊害も取り除かれるであろうという。

黄氏の「祖山」に源を発する地下水脈は、錦里一帯の民田数百頃の灌漑を保障していた。ところが、近年、草木の伐採および草根の採掘によって「祖山」の禿山化が進んだために、大雨のときなど渓流が淤塞し、田畑が荒廃するという弊害が露わになっていた。そこで、乾隆十九年(一七五四)に黄濤の要請をうけて知県が告示を出し、草根採掘の禁止という措置がとられたというものである。

この記事からは、次の点を指摘することができよう。第一に、黄氏は従来、地下水脈の水源地の所有を媒介として、その水脈の利用＝灌漑によって再生産を維持していた錦里一帯の民田数百頃に対し、〈共同体的用益〉にかかわる規制力を把握していた。第二に、この時期、黄氏の規制力の弱体化にともなって生産条件の荒廃という事態を招いたが、国家権力の介入によって、黄氏は改めて〈共同体〉的な規制力を掌握し直した、と。すなわち、こうした側面から見て、黄氏は錦里一帯の郷村社会に対して何らかの支配的力を及ぼしていた郷居地主の一族であったと推定することができよう。(25)

(ii)　平和県屯田の抗租とその弾圧

さて、当面問題とする黄江「控理屯田序」の分析に移ることにしたい。黄江は、まず、平和県屯田の抗租状況について次のように叙述している。

(A)按、抽軍屯田、始自洪武九年、屯業至今三百餘歳矣。兵燹疊経、家乗闕焉、歴来掌管、設法遁更、倶不可考。其受種納租額数、惟認佃字詳焉。而族姓繁衍、流伝失守、并廿年前収租旧簿、亦悉湮没。矧古認佃字乎。又毎年輪房、仝往収租、計予身労、其不殫跋渉、惟備人数者耳。又能得其有材幹、可以査核田額、制撫諸佃者乎。平和故巖邑、以窵遠久祖之業、而収租者、又不得人。衆佃之生奸覬也、固宜。

按ずるに、軍を調して田を屯種させることは、洪武九年から始まったが、屯田は今に至るまで三百餘年にもなる。戦火が繰り返され、家乗が失われ、従来の〔屯田〕管理は、そのやり方も次第に変更されて、共に調べる術もなくなった。その受種数や納租額については、ただ認佃字だけが詳らかにできるのである。さらに族人が増えると、伝え守ることができなくなり、二十年前の旧い収租簿も、すべて湮滅してしまったのである。ましてや古い認佃字ではなおさらである。また毎年、論番の房が、収租に行くことになっていたが、その苦労を憚って、出かけて行こうともせず、ただ人数を備えるだけであった。また才幹があって田土額を調査し、佃戸たちを手懐けることのできる者を探し出すことなどできるはずもなかった。平和〔県の地〕はもとの龍巖県であり、はるか昔の先祖の土地なのに、収租を行う者に〔適任の〕人がいないのである。衆佃が邪悪な考えをもつのも、もとより当然であろう。

(B)歴年以来、漸次拖欠、比近年頑悪極矣。毎業主到田取租、輒共頑頼衆佃、約謀只納幾分、而供飯互推、坐臥濫悪以苦之。業主即不願収、不能忍其苦也。

歴年にわたって、次第に〔租を〕滞納していき、近年では頑悪ぶりは極まっている。業主が田に到って租を取り立てようとすると、すなわち頑なで悪賢い衆佃は、ただ何割を納入するかまで取り決め、〔業主に〕食事を供する場合も互いに押し付け合い、寝ても覚めても悪事を尽くして苦しめるのである。業主が収租を願わなくなるのは、その苦しみに堪えられないからであった。

抗租の様相は(B)において描かれている。その内容は、当該屯田の抗租が「歴年以来」のものであり、近頃では

「衆佃」が租額の何割を納入するかまで勝手に取り決め、収租に来た地主に対しても「濫悪」の限りを尽くしているというものである。[26]

他方、(A)においては、黄江に「衆佃之生奸覬也、固宜」といわせた、抗租の原因が記されている。その原因については、さらに「控理屯田序」の末尾において、次のように総括されている。

要之、就今所見、大弊有三。第一、是屯帖各認佃字、及歴年租簿、不能謹蔵、以致失落。第二、是収租人、不公択有材幹者、而輪房濫充。第三、是就佃完納丁米。

これを要するに、現在の所見では、大きな弊害として三つ考えられる。第一に、屯帖、各々の認佃字、および歴年の租簿を、きちんと保存しておくことができず、紛失してしまったことである。第二に、収租を行う人に、才幹のある者を全体で選ばず、〔族内の〕房の輪番でむやみに充当していることである。第三に、佃戸によって丁米を完納していることである。

ここでは「第一」と「第二」の点が(A)の叙述と重なるものである。この二点は黄氏の側における地主経営の不備にかかわるものであった。すなわち、「屯帖」・「認佃字」(租佃契)・「租簿」の紛失と、収租業務が族内各房の輪番によって行われ、収租に明るい人材を得ていなかったこととである。そして、こうした地主経営の不備は、黄氏が同安県に居住する〈寄荘戸〉であったことによって増幅されていた。[27] さらに〈寄荘戸〉であったことが、「第三」の「就佃完納丁米」すなわち佃戸による納税と密接に関連していたのである。特に第三の点は、佃戸にとって当該屯田における田面権の存在とともに、抗租の重要な基盤になっていたと考えられる。

「就佃完納丁米」については、また、先の(B)に続く箇所で次のように述べられている。

(C)雍正九年、族人乃赴平和県控、県主鞅掌簿書、而族人遠渉多艱。悪佃十餘家、遂糾夥約誓、拠我田租、以買拘差、幷供諸費。蓋用我矛攻我盾也。而我族相沿旧、有対佃完糧之弊。故悪佃訴詞、遂欲倍納糧米、拠佔我業。是亦狂矣。

雍正九年、族人が平和県に赴いて告訴したところ、県主は簿書（日常業務）に忙しく、族人が遠く出向いて来たことには多くの困難が伴っていたのである。悪佃の十餘家は、遂に仲間を糾合して誓約し、我々の田租に依拠して、拘差を買収し、併せて諸費用を供出しようとした。蓋し我が矛を用いて我が盾を攻めたのである。我々一族には従来から、対佃完糧という悪弊が存在していた。従って悪佃は〔平和県に〕訴詞し、遂に糧米《ぜい》を倍納することで、我が田業を占拠しようとしたのである。狂気の沙汰であった。

雍正九年（一七三一）、佃戸の抗租に対抗して、地主黄氏は平和県への告訴を敢行した。ところが、こうした地主側の攻勢に対して「悪佃十餘家」は黄氏へ納入すべき佃租を元手とした「拘差」の買収、および「対佃完糧」に乗じた屯田占有の画策という行動に出たのであった。[28] ここでは特に後者の問題について見ていくことにしたい。

「就佃完納丁米」「対佃完糧」という現実の事態をもたらした、佃戸からの直接徴税という施策は、〈寄荘戸〉の場合、すでに明代の嘉靖年間にその理念形態の存在を見出すことができるが、[29] この時期に浙江・江蘇・安徽諸省で実施された順荘編里法では、この施策が現実に採用されたのであった。[30] 福建における順荘編里法の体系的な実施については十分な考察がなされていないが、[31] 呉興祚『撫閩文告』[32] 巻下、「酌定編審法条款」康熙二十二年（一六八二）二月二日附の全六条に及ぶ方策の第四条には、

一、田売異県之人、無戸可推、着買主照例貼差匀丁。如住居遠方、躲避不応、准着佃戸承認、就租輸納。

一、田を別の県の人に売って、推収できる戸が無い場合には、買主が例に照らして差役・丁銀を負担する。もし住居が遠方に在り、身を隠して応じないときは、佃戸に承諾させて、租の中から納入することを許す。

とあり、福建でも〈寄荘戸〉の場合にはいわば最終的手段として佃戸による納税が行われたようである。

また、康熙末の平和県では「花名清冊」および「魚鱗底簿」が存在せず、そのために「里班」による包攬・詭

寄等の弊害が派生していたが、康熙五十六年(一七一七)に当該知県王相は「田畝清冊」の作成によって「税負担の不均等」を是正するための改革を実施した[33]。その折の王相の告示には、

仰各里佃知悉、務将所佃之田若干畝、田主係何姓名、照式造報、毋得隠匿。

各里の佃戸に命じて承知させ、務めて佃作している田が何畝で、田主が何という姓名であるかについて、様式に照らして報告書を作成し、隠匿してはならない。

とあって[34]、「田畝清冊」作成の前提として、王相は佃戸による田主名および耕作田土面積の申告を行わせており、まさに佃戸を媒介として税額の把握を目指していたのである。従って、官権力と佃戸との間にこうした直接的な関係が形成されたことによって、平和県では〈寄荘戸〉の場合に佃戸による納税が現実に行われていたとしても決して不自然ではないといえよう。

すなわち、佃戸による納税という、佃戸と国家との間の直接的な関係の存在――逆に地主は完全な名目的土地所有者に過ぎなくなる――は、佃戸に自ら耕作する土地への執着を強めさせると同時に、「故悪佃訴詞、遂欲倍納糧米、拠佔我業」と黄江が述べるように、黄氏の告訴に対抗する裁判闘争という手段で土地所有者への転化を画策させた大きな要因であったと看做すことができよう。

さて、(C)に記された雍正九年(一七三一)の告訴が結局は失敗に終わった後、翌十年(一七三二)九月、黄氏の側は再度、平和県に対して抗租取締の訴えを行ったのである。「控理屯田序」は、その顚末を次のように伝えている。

(D)雍正十年壬子九月十八日、江与叔徳延・兄黙、躬詣平和、幸我祖之霊。県主彭公、即察核情実、嚢擒首悪、責限厳比。而餘党糾謀益力、樹党彌固、再宰猪盟神。彼以我遠客不能持久、且臘近矣、訟事将自息也。然我守催日益迫、而彭公簽票畳出、無奈他何。十一月廿六日、徳延叔使江求県主、遣典史追捕。於是彭公飭典史

李丼原簽差、仝本処約練保長人等、一斉到田、設計擒獲、逐戸追取租穀認字。於是衆佃計窮。廿八日、江与典史李住新橋、衆佃乃相率叩頭、清完租穀、仍各写認租字一紙。於是我屯租額、乃有憑矣。夫所以客守数閲月、苦与各佃相持者、豈第為完租計哉。蓋欲租額之有憑也。廿九日、徳延叔馳各佃家収租畢。

雍正十年壬子九月十八日、〔黄〕江と叔父の徳延、兄の黙とは、平和県に赴き、我が祖先の霊を慰めようとした。知県の彭公は、ただちに実情を調査して、首謀者を捕縛し、期限を決めて厳しい〔滞納佃租の〕取り立てを行った。残された仲間は糾合して力を増し、その団結力は益々強固となり、さらに猪を屠って神に誓った。彼らは我々が遠来の客で長く持ち堪えることができず、かつ臘(十二月)が近いので、訴訟沙汰も自ずと終わるであろうと考えた。しかしながら、我々の督促が日に日に迫り、彭公の簽票(令状)が何度も出されたことで、彼らはどうすることもできなかったのである。十一月二十六日、叔父の徳延は江を通じて、知県に典史を派遣して〔佃戸を〕追捕するように要求させた。そこで彭公は典史李および簽票を手渡した差役に命じて、本処の約練・保長等と共に、一斉に田に到って、計画通りに〔佃戸を〕捕縛し、戸ごとに租穀と認〔佃〕字とを取り立てた。遂に衆佃の企みは窮まったのである。二十八日、江が典史の李と共に新橋に居ると、衆佃は相率いて叩頭し、租穀を完納して、さらに各々が認租字に署名した。こうして我が屯田の租額は、根拠をもつことができたのである。そもそも数ヵ月も滞在し、抵抗する佃戸に苦しんだのは、ただ〔滞納分の〕租穀を完納させるためだけであったのか。蓋し租額の根拠を求めたからであった。二十九日、叔父の徳延が各々の佃戸の家を回って収租し、ことは終わったのである。

この年、黄江は族人二名とともに直接、平和県に乗り込んだ。当地の知県彭適[35]は黄江等の告訴をうけて、遂に抗租状況の調査、首謀者の逮捕、および滞納佃租の厳しい取り立てを実行した。それに対して、佃戸の側は「宰猪盟神」して相互の団結を強化し、官憲・地主勢力と対峙したのである。しかしながら、十一月二十六日以降、黄氏の要請をうけた知県彭適の命令によって敢行された、典史・差役をはじめとして在地の約練・保長等の総動員による[36]、抗租する佃戸の逮捕、滞納佃租の追比、「認租字」[37](租佃契)の強制的な取り交わし等の官憲・地主側の攻勢のまえに、佃戸の抵抗は遂に押さえ込まれたのであった。

以上のように、平和県屯田における佃戸の抗租は、雍正十年（一七三二）の国家権力の強力な介入によって弾圧・鎮静化されたのであり、その一方で、地主黄氏は自らの佃租収奪を貫徹することができたのである。また、この事件において、在地の治安・秩序維持機構ともいうべき保甲制が地主の佃戸支配を補完する〈暴力装置〉として一定の役割を果たしている点には注目したい。

(iii)　黄氏における収租体制の再編

雍正十年（一七三二）の抗租弾圧によって、地主としての佃租収奪が一応の完遂を見た後、黄江は「事宜」全五条を作成し、新たな収租体制の確立を目指したのであった。

その「事宜」は「控理屯田序」の後半部分に収録されているが、ここでは次の三ヵ条について検討することにしたい（大文字のローマ数字は「事宜」の第何条かを示す）。

(I)一、収租例、原早晩二冬、往斗係十六管半。郷于康熙辛酉年、以抗欠故、在漳州督糧庁、結控更定、合早季于晩冬、只一次取租、合両小斗為一大斗。皆所以就便。今所伝三十三管斗、係前対佃官定者也。因本年与衆佃結控、他欲撲滅我斗、使我罔拠、乗諸収租人帯斗到田、造計偸去。故蔡梧当堂法比時、詐為認佃、欲用部頒官斗也。後来叩服、欲完租時、我斗不敢出還。蓋恐我復把他作賊論也。因更做新斗、衆佃又嫌大些、故許其毎斗扣去二合。然此特権用、畢竟当再做也。

一、収租の規定は、もともと早・晩二冬〔の穀〕ごとに行い、従来の斗〔枡〕は十六管半であった。先頃、康熙辛酉の年に、〔佃戸の〕抗租を原因として、漳州府の督糧庁で、裁判によって取り決め、早冬を晩冬と合わせて、ただ一回の収租とし、小斗二つ分を一大斗とした。すべて都合に合わせたためであった。今伝わっている三十三管斗〔という枡〕は、先に佃戸に対して官が定めたものである。今年、衆佃との間で裁判となったが、彼らは我が斗を撲滅して、我々に拠り所を無くさせようとし、収租人が斗を持って田に到ったときに、計略によって盗み去ったのである。故に〔佃戸の〕蔡梧が官衙で追究された時、偽って認佃したのは、部頒の官斗を用いることを求めたからであった。後に承服して、租を完納しようとした時も、我が斗を敢えて返還することはなかった。蓋し我々が彼を盗人として告発することを恐れたからである。さらに新しく造った斗を、衆佃はまた大いに嫌ったので、一斗ごとに二合の扣除を許した。しかしながら、これは假の処置であり、結局のところもう一度〔斗枡を〕造るべきである。

(Ⅲ)一、収租毎年記賬、須逐項記得分明。如某佃耕田若干、該納穀若干、今現納若干、尚欠若干。毎年如此開列、後来便好与他計較。従前多有不分暁的人、到田収租、簿上只記某佃共来穀若干而已、又或記乞譲若干。後来当官如何与他打算。故糊塗人、切不可令往収租也。

一、収租は毎年記賬し、必ず項目ごとに分明に記載すべきである。某佃は耕田は若干、納めるべき穀は若干、現在納入分は若干、滞納分は若干と。毎年、このように開列《きさい》すれば、後に彼と争論した場合に好都合なのである。従来は〔収租のことを〕理解していない者が多く、田に到って収租を行うときも、帳簿にはただ某佃が合計穀若干を納めたとだけ記し、また或いは〔穀〕若干分の割引を求めたと記していた。〔このような記載では〕後に〔争いが起こった場合〕官の前でどのように彼とやり合うことができようか。故に愚鈍な人を、決して収租に行かせてはならないのである。

(Ⅳ)一、糞土之例、奉部文厳禁、民田猶烈。況屯田乎。各佃所耕田、不得私相授受。如欲転交他手、旧佃須引新佃、対業主道明、業主察其可者許之。然後新佃仍依所承上手、作認字一紙。業主即将此紙、粘于旧佃所認有県印者之紙後、永勿棄去、存来歴也。

一、糞土の例は、部文による厳禁を奉じているが、民田ではまだ盛んに行われている。ましてや屯田では〔尚更である〕。各々の佃戸が耕作している田は、〔佃戸同士で〕勝手に授受してはならない。もし他人に売り渡したいと思うならば、もとの佃戸は新しい佃戸を引き連れて、業主に対して説明し、業主がそれを可とした場合はこれを許す。そうした後、新しい佃戸は継承した上手〔契〕に準拠して、一枚の認租字を作成する。業主はこの紙を、もとの佃戸の県印のある紙（認租字）の後に貼りつけ、永久に廃棄してはならず、来歴を明確にしておくのである。

(I)は収租枡をめぐる内容である。地主黄氏の収租方式は、従来、漳州府一帯で普遍化していた二期作を前提として[38]、早稲・晩稲の収穫ごとに年二回、「十六管半」という枡を使用して行うというものであった[39]。だが、この記載によれば、すでに康熙二十年（一六八一）において抗租（「抗欠」）を原因とする詞訟が起こり、漳州府の「督糧庁」で地主・佃戸双方の立ち会いのもとに、収租は年一回、枡には「大斗」＝「三十三管斗」を使用することが取り決められたのであった[40]。しかしながら、こうした措置にも拘わらず、地主‐佃戸間の紛糾は続き、すでに述べた雍正十年（一七三二）段階に至って「他欲撲滅我斗」とあるように、佃戸の側は黄氏の収租枡に焦点をあてた闘争を敢行し、収租枡を強奪するという行動に出ていたのである。結局のところ、佃戸の闘争は官憲の弾圧を被ったが、他方、地主黄氏の側も収租用の「新斗」を造りながらも、佃戸の闘争のまえに一斗につき二合の扣除を余儀なくされたのであった。従って、(I)の結論として黄江は、二合扣除の措置をあくまでも暫定的なものとして、今後における収租枡の操作法の確立を主張しているのである[41]。

以上の(I)の内容は、きわめて重要な問題を内在しているが、特に、第一に、すでに康熙二十年（一六八一）段階において、国家権力による抗租の取締が現実に行われている点、第二に、同時期、地主‐佃戸間の私的な収租方式――収租回数・収租枡――の問題が国家権力の関与のもとに画定されている点に注目したい。すなわち、抗租弾圧の行われた雍正段階には、国家権力がすでに固有のものとして地主‐佃戸関係に密接にかかわっていたのである。

次に、(III)は収租簿の記帳をめぐる内容となっている。結論として、収租業務は「糊塗人」にではなく、実務に明るい人に担当させるべきことが規定されているが、そこでは「後来当官如何与他打算」と述べられているように、佃戸の佃租滞納およびそれに対する官の追比という事態が前提として考慮されているのである。また、こうした黄江の主張の延長線上には、清末段階に出現する「知数先生」あるいは「師爺」という収租の専門家の存在を想定することができよう(42)。

(IV)では「糞土之例」——佃戸が地主に糞土銀を支払うことで事実上の田面権を獲得する慣行——が問題とされている。すなわち、当該屯田には糞土銀・田面権の慣行が存在しており、佃戸の間で勝手な転佃＝田面授受が行われていた。また、佃戸における田面権の掌握は、抗租の重要な基盤となっていたと思われる(43)。ところが、この時期には「部文厳禁」とあるように、当該慣行に対する官の禁令が存在していたのである。従って、こうした状況を踏まえて、黄江は糞土銀・田面権の慣行を真っ向うから全面的に否定するのではなく、佃戸の主体的意志による田面の授受を容認しながらも、地主としての黄氏の最終的な承認を附加することで、佃戸の勝手な田面授受に規制を加えようとしたのであった。換言すれば、この時期の糞土銀・田面権の慣行としての定着の中で、地主の側は官の禁令——たとえそれが実効性を有していなかったとしても——の存在に依拠して、はじめて当該慣行に対する何らかの規制を加えることができたと看做すことができよう(44)。

以上のように、雍正十年(一七三二)の抗租弾圧後に作成された、黄江の収租「事宜」——私的な経済関係としての地主‐佃戸関係を維持するための方策——には、国家権力の影が色濃く映じているのである。すなわち、事件後の地主黄氏においては、地主‐佃戸関係に対する国家権力の一定の介入を自明の前提として、自らの佃戸支配・収租体制の再編が志向されたといえよう。

二　地主収租体制と国家権力

前節で論じた漳州府平和県の状況は、清代前期の福建の農村社会において、どれほど普遍化しえるのであろうか。本節では、以下、抗租弾圧・欠租追比、収租枡、租佃契、および一田両主制の諸問題との関連において、若干の検討を行うことにしたい。

抗租弾圧・欠租追比については、乾隆『刑科題本』「刑部尚書鄂爾達等題」乾隆二十五年(一七六〇)五月二十二日附に、泉州府安渓県の人命案件に関連して次のような事例を見出すことができる。

訊拠蔡侃供、小的是葉世沾工人。今年十一月十七日午後、小的在書館、伺候葉世沾読書。有原差呉沈、同蔡奇到書館、清算欠租。呉沈出外喫烟。蔡奇向葉世沾説、我在你家做工八年、受了多少辛苦。就欠租三栳、也是有限、怎麼就去告追。葉世沾説、種田若不還租、銭粮出在何処。豈容你頼欠麼。(45)

訊問での蔡侃の供述によると〔次のようにあった〕。「私は葉世沾の雇傭人であります。今年十一月十七日の午後、私は書館で、葉世沾の読書の世話をしていました。〔そのとき〕差役の呉沈が蔡奇と一緒に書館に来て、欠租の清算を行いました。呉沈は外に出て煙草を吸っていました。蔡奇は葉世沾に向かって言いました。「私は貴方の家で八年も働き、どれほど苦労したことでしょう。三栳ばかりの欠租など、たかが知れているのに、どうして告追などしたのですか」と。葉世沾は言いました。「田を耕作して租を払わなかったなら、銭粮はどこから出せばいいのか。どうしてお前の滞納を許すことができようか」と。……」と。

この記事は一件の殺人事件に関する上奏であるが、その内容は地主葉世沾と佃戸蔡奇との関係の具体的様相が描かれている。ここでは、葉家の佃戸蔡奇が佃租を「三栳」ばかり欠租したために、[46]差役（＝原差）によって地主の家まで引っ立てられ、滞納分の佃租を強制的に支払わせられているのである。また、地主葉世沾の欠租追比が「種田若不還租、銭粮出在何処」という、まさに〈賦は租より出づ〉の論理に依拠している点にも注目したい。

次に、雍正年間の事例として、『宮中檔雍正朝奏摺』六輯、所収の福建布政使沈廷正「奏報地方見聞摺」雍正四年（一七二六）九月二十九日附の中に、

今臣細加訪査、巡撫毛文銓、自到閩省、先因不諳地方情形、或将窮民有拖欠地主租穀者、通飭地方官、照依徴比銭糧之例、勒限拘追、以致窮民不無嗟怨。

今、臣が細さに調査したところ、〔福建〕巡撫の毛文銓は、閩省に着任して以来、まず当地の状況に通じていないために、窮民で地主の租穀を滞納した者がいたならば、地方官に命じて、「銭糧を徴比する例」に照らして、期限を決めて拘引・追徴させたところ、窮民の怨嗟の声を招いたのである。

という記述が存在する。[47]内容的には、佃戸（＝窮民）の欠租問題について、巡撫毛文銓が各地方官に命じて「徴比銭糧之例」による欠租の強制取り立てを行わせたところ、佃戸たちの怨嗟の声を招来したとして、暗に毛文銓の施策を批判したものである。この記載は、きわめて重要な問題を内包しているといえよう。第一に、雍正五年（一七二七）の〈抗租禁止条例〉より以前の段階に、巡撫の命令をうけた地方官によって現実に欠租の追比が行われている点である。そして第二に、当該条例以前の時期に、国家権力による抗租・欠租の追比にともなう佃戸の処分が、税糧関係の法規に基づいて行われていた可能性があるという点である。特に後者については、更なる実証的究明が不可欠であるが、先の平和県の事例に見られたように、抗租・欠租の問題が府州県の「督糧庁」や「糧衙」等で取り上げられている点ともかかわってくるのではなかろうか。[48]

時期的に遡って、康熙年間の事例としては、康熙三十年代から四十年代にかけて、いまだ〈黄通の抗租反乱〉の

残火くすぶる汀州府に、[49] 知府として在任した王簡庵の『臨汀考言』巻一三、審讞、「長汀県民鄧万献抗租、誣告田主」に、

鄧万献乃胡理源之佃戸也。因歴年抗欠田牛等租、理源於三十四年二月間、曾将万献及同佃陳有向控県、批衙査追。詎万献刁頑成性、抗拘不服。当経捕衙繳詞長令、復行准理、万献復逞刁抗質。……総之、万献与陳有向、均係理源佃戸、平日逞刁抗欠、是其長技。

鄧万献は胡理源の佃戸である。歴年にわたって田・牛等の租を抗欠したことによって、理源が三十四年二月の間に、万献および同じく佃戸の陳有向を県に訴えたところ、〔知県は〕捕衙に命じて調査・追徴させた。ところが、万献は生まれつき乱暴で、拘引に抵抗して承服しなかった。ただちに捕衙は訴状を戻し、長汀県の知県が審理を行ったところ、万献はまた不逞にも審問に抵抗したのである。……これを要するに、万献と陳有向とは、共に理源の佃戸であるが、普段から不逞にも抗租することを、その得意技としていた。

という記載が見出される。ここでは、佃戸鄧万献・陳有向の歴年の抗租に対して、地主胡理源が長汀県（汀州府の附郭）に告訴し、それをうけて県の「捕衙」および知県が取り調べを行っているのである。

以上、康熙・雍正・乾隆のそれぞれの時期における事例を提示したが、雍正五年（一七二七）の中央レヴェルにおける〈抗租禁止条例〉の制定に先んじて、福建ではすでに康熙段階から官憲による抗租の摘発・取締が現実に行われており、以後、抗租弾圧・欠租追比の問題は各地方官によって着実に実施されていたのである。

ところで、乾隆『刑科題本』「署刑部尚書阿克敦等題」乾隆十九年（一七五四）閏四月十二日附には、福建の建寧府建陽県の事件に関して、

縁宋朋公堂兄宋武烈、有大苗田一段、坐落封門後地方、原係張米奴佃耕。……乾隆十三年起、至十六年、米奴積欠租穀二十六籮無償。乾隆十八年三月内、武烈託郷練張行等、向米奴清租、欲起田自耕。

そもそも宋朋公の堂兄宋武烈は、大苗田一段を所有していたが、それは封門の辺りに坐落し、もとから張米奴が小作していた。……乾隆十三年から十六年まで、米奴は租穀二十六籮を滞納して払わなかった。乾隆十八年三月、武烈は郷練の張行等に託して、米奴に〔滞納分の〕租を全額支払わせ、田を取り上げて自耕しようとした。

とあり[50]、同じく乾隆『刑科題本』「刑部尚書鄂爾達題」乾隆二十五年(一七六〇)四月二十四日附には、

拠福撫呉士功疏称、馮永謙有田四十二石、向係曾徳貴領種。縁乾隆二十二三両年、曾徳貴共欠租穀二十五石未還、二十四年、新旧之租、倶無交還。馮永謙投明保長李応龍、於七月二十日、同往取討。

福建巡撫呉士功の上奏によると、馮永謙は田四十二石を所有し、これまで曾徳貴に耕作させていた。そもそも乾隆二十二・三の両年、曾徳貴は合わせて租穀二十五石を滞納して払わず、二十四年には、新・旧の租すべてを納入しなかった。馮永謙は保長の李応龍に訴え出て、七月二十日に、一緒に〔滞納佃租の〕取り立てに出向いた。

とある[51]。ともに、在地の治安機構に属する郷練・保長が欠租の追比を行っているのである。先の平和県の事例をも参照するとき、この時期、知県―胥吏・差役―保長(保甲制)という、地方官から在地の治安機構へと連なる形態で抗租弾圧・欠租追比システムが成立していたことを見出しえるのではなかろうか。

次に、収租枡に関しては、福建北部の邵武府の地方志、乾隆『邵武府志』巻八、田賦の中に、次のような記事が存在する。

案、邵県田米、名色不同。佃人負送城中者、曰送城大米、散貯各郷者、曰頓所小米。大米田価、倍于小米。収租斗斛、旧有城郷官斗之異名、加二加三之軽重不一、遂致主佃互控。後経知府任煥、酌頒斗式、凡送城米、定以佃人送納者、毎石照官斗、加二斗量収。如業戸自僱人挑運者、則加二斗五升、幷禁混納攅水、及有芒之穀。白上官垂為定例、勒石于府儀門之左。時雍正八年也[52]。

案ずるに、邵武県の田米には、名目上の違いがあった。佃戸が城中まで運んで来るものを、「送城大米」と言い、各

郷にそれぞれ貯蔵するものを、「頓所小米」と言った。大米の田価は、小米の二倍であった。収租用の斗斛には、元来、城斗・郷斗・官斗という異なった名称が存在し、二割増・三割増という軽重の違いもあって、遂に主・佃の間で互いに告訴するという事態に至ったのである。後に知府任煥は、斟酌して斗式を頒布し、およそ「送城米」は、佃戸が送納するもので、官斗で一石ごとに二斗を加えて徴収することに定めた。もし業戸が自ら人を雇って運搬するのであれば、すなわち二斗五升を加えることとし、併せて混ぜ物をしたり、水を加えたりすること、および芒附きの穀〔で納めること〕を禁じた。上官に上請して定例とされ、その碑文は府衙門の儀門の左に建てられたのである。時に雍正八年のことであった。

この記事については森正夫氏によって佃戸の一連の闘争における位置づけがなされているが(53)、ここでは地主‐佃戸間における詞訟問題の発生にともなって、雍正八年(一七三〇)に邵武府知府任煥が収租の様式として収租枡を官斗に統一し、かつ附加米についても「送城米」の佃戸による搬入の場合は一石ごとに二斗、地主側搬入の場合は二斗五升と規定している点に注目したい。

すなわち、平和県の場合と同様に福建北部の邵武県においても、収租枡の規格ないし収租枡操作の方式が地方の官権力によって画定されているのである。

租佃契の問題についても、同じく邵武府の咸豊『邵武県志』の中に注目すべき記事が存在する。同県志、巻一七、風俗志、所収の房永清「正俗条約」全十八条の第十六条「督承佃以杜瞞田也」は、次のように規定している。

糧畝不清、皆由魚鱗田冊久失、致刁佃瞞田呑租、移坵換塅、安享無糧之租。更有受価私脱、称為違例皮田之弊。此皆由失鱗冊所致。亦由業戸買田時、並不細査四界毗連何処、詳載契内。是以年久被佃呑匿、有糧無租、累及子孫、或遺害図差、或累甲戸虚賠。此病久積、相習成風、真堪痛恨。合定承佃字式、内要載明、此田上手係某、売与某人、再訂本冬租若不清、来春即召他人耕種。字様中載田坵多寡、分清各坵、毗連四界、照式

令佃立字承耕。如遇頑佃不遵、田主稟究、当官押写、或押退田。若能如此、則租課両清、官民有益。(54)

糧畝が明瞭でないのは、すべて魚鱗田冊が久しく失われていることに起因しており、刁佃が〔耕作している〕田を誤魔化して抗租したり、坵塅を移し換えることで、税糧の掛からない租を享受するという事態を引き起こしている。さらに金銭を受領して勝手に〔田皮を〕売り渡し、違例の皮田といわれる悪弊も存在していた。これらはすべて魚鱗冊が失われているためである。また業戸が田を購入する時に、四界がどの土地と隣り合わせであるかを細かく調べて、契約書に詳しく記載しないことも原因である。こうして年月が経つと佃戸に〔田を〕隠匿されて、糧は掛かるのに租は納入されず、その累は子孫に及び、或いは図差に被害を与え、或いは甲戸に〔税糧の〕賠償という負担を掛けることになる。こうした弊害が続くと、それは風潮となるのであり、誠に痛恨に堪えないものである。まさに承佃字（租佃契）の様式を定め、内には必ずこの田の上手は某であって、某人に売却したものであることを記載し、さらにこの冬に租をもし納入しなければ、来春には他の人を招いて耕種させることを定めるべきである。字句の中には田坵の多寡、明確な各坵の所在、隣り合わせの四界を書き入れ、様式に照らして佃戸に契約書に署名させてから耕作させるのである。もし頑佃が〔上記のことに〕遵わず、田主が申し出れば、官の前で強制的に記入させ、或いは退田させることにする。もしこのようにできれば、租も課《ぜい》も共にきちんと納められ、官も民も裨益されることになろう。

時期的には清代後期の嘉慶年間の史料であるが、これによれば邵武県では「魚鱗田冊」の紛失および租佃契記載の不備を原因として、「刁佃」による「瞞田呑租」「移坵換塅」、さらには「皮田」＝田面権にともなう弊害——それらは抗租状況をもたらす——が現出し、結果として末尾の文言から窺えるように「課」＝税糧の滞納という事態が派生していた。そこで知県房永清は租佃契の記載様式に関する事細かな指示を出し、また「頑佃」が租佃契への署名を拒否した場合には「当官押写」とあるように官の強制力によって署名させたり、或いは強制的に「退田」させるという方策を打ち出したのであった。

ここで特に注目したいのは、国家権力の強制を媒介として地主‐佃戸間の租佃契の取り交わしが志向されている点である。つまり、そのことは地主の収租行為＝佃戸支配が国家権力によって半ば公認されることを意味しており、かつそうすることで「本冬租若不清」という佃戸の抗租に対して、地主の「退田」行為が実質的に保証されることになっていたといえよう。

次に、黄江「事宜」(Ⅳ)に「糞土之例」に関する「部文厳禁」が存在し、房永清「正俗条約」第十六条には「違例皮田」とあるように、この時期、一田両主制に対する官の禁令の存在を窺うことができる。

福建におけるこの問題については、すでに仁井田陞氏が『福建省例』巻十五、田宅、「禁革田皮田根、不許私相買売、佃戸若不欠租、不許田主額外加増」の分析によって、一田両主制に対する「政府の干渉」を指摘されたが[55]、当該記事によれば、汀州府の状況を背景として雍正八年（一七三〇）に「田皮」＝田面権に対する禁令が出され、その後も福州府の状況をめぐって乾隆二十七年（一七六二）・二十九年（一七六四）・三十年（一七六五）と立て続けに「田根」＝田面権に対する禁令が出されているのである[56]。

このように禁令が繰り返し出されていること自体、その実効性を疑わせるものであるが、一田両主制に対する禁令の前提には、汀州府について、

是田皮即属佃戸之頂乎、一経契買、即踞為世業、公然抗欠田主租穀、田主即欲起田召佃、而不可得。甚有私相皮田転売他人、竟行逃匿者、致田主歴年租欠無着、駄糧累比、陥身家而悞考成。弊害不堪、亦難名言。

田皮が佃戸によって授受されることになると、一度、契買されれば、すぐに世業のようになって、公然と田主の租穀を抗欠し、田主がたとい田を取り上げて〔別の〕佃戸を招こうとしても、できないことになる。甚だしい場合には勝手に皮田を他人に転売し、遂に逃げ隠れる者さえ出てきて、田主は何年も租を滞納され、糧を払えないために取り立てに苦しみ、〔田主は〕財産を失い〔官は〕考成を過つことになる。弊害による堪えられない事態は、明言し難いものである。

と述べられているように、佃戸による田面権に依拠した抗租および田面の勝手な売買という状況が、第一義的な問題として存在していたのである。

ところで、田面権に対する直接的な禁止措置とともに、同じ条文の中には、

　嗣後佃戸若不欠租、不許田主額外加増、生端召佃。

今後、佃戸がもし租を滞納しなければ、田主が額外に〔租を〕加増し、事を起こして〔別の〕佃戸を招くことは許さない。

とあって、地主の恣意的収奪に対して規制が加えられ、佃戸が「欠租」しない限り、地主の勝手な「起田召佃」行為を禁止する――逆に佃戸の〈耕作権〉を保証する――という措置もとられているのである。この点にも注目する必要があろう。

康熙年間の漳州府漳浦県では「供丁子戸型」といわれる「勢家・大族」による体系的包攬構造が確立し、一田三主制もその構造の中に包摂されていたが、そこでは「勢家・大族」が自らの包攬体系を強化するために一田三主制のもとでの大租権を集積していた[57]。康熙三十六年（一六九七）から同四十一年（一七〇二）までの漳浦県知県陳汝咸は、こうした包攬構造を打破するための改革を断行したが、その一環として、康熙『漳浦県志』巻七、賦役志上、田賦に、

　康熙三十六年、知県陳汝咸、詳奉院司、革除租主、酌還価値、田帰税主、収戸行糧。於是糧産帰一、而大租之弊永除、佃戸唯納租田主。其佃頭糞土銀、郷俗相沿、不至為害者聴之。

康熙三十六年、知県の陳汝咸は、詳文に対する院・司の批を奉じ、租主を廃止して、〔租主になるために支払った〕代価を償還すると共に、田を税主に戻して、〔土地台帳に〕立戸して糧を課した。こうして税糧と田産とは一つになったのであり、大租の弊害は永遠に除かれ、佃戸はただ租を田主に納めるだけとなった。佃頭糞土銀については、郷俗ではこれまで踏襲して来ており、害を為すに至らないものはこれを許したのである。

とあるように、[58]大租主の廃絶を積極的に推進したのであった。但し、ここで特に注目したいのは末尾の傍点部分である。すなわち、田面権成立の一因とされる地主 - 佃戸間の「佃頭糞土銀」の授受が、すでに慣行として定着していることを前提として、「不至為害者」――「害」とは田面権に依拠した抗租等を指すと思われる――という限定つきながらも、国家権力によって公認されているのである。

以上のように、一田両主制に対して国家権力は、抗租の展開という現実のもとでその基盤としての田面権を直接的に禁止すると同時に、抗租を行わない限りにおいて佃戸の〈耕作権〉を保証するという措置をとったのであった。特に後者の場合、それは地主 - 佃戸間における矛盾の激化を緩和するための一種の妥協的産物と理解することができよう。

おわりに

以上、本章では、雍正年間における漳州府平和県屯田の抗租およびその弾圧の事例の分析を中心として、清代前期の福建における抗租の問題を、地主 - 佃戸関係と国家権力との関連という視角から若干の考察を行ってきた。

平和県屯田では、歴年にわたって展開した抗租が雍正十年(一七三二)に国家権力の強力な介入によって弾圧され、その後、権力の直接的な関与・介入を前提とした形態において、地主の佃戸支配・収租体制の再編が志向されたのである。このように、明末以来の抗租の盛行という地主 - 佃戸関係の矛盾の顕在化の中で、清代前期の段階に国家権力は、地方官から在地の治安機構(保甲制)へと連なる形態で抗租弾圧・欠租追比システムを完整化し、それによって地主の佃租収奪を直接的に保証したのをはじめ、様々なかたちで私的な経済関係としての地主 - 佃戸関係に介入していたのである。すなわち、この時期の国家権力の動向は、まさに地主 - 佃戸関係の総体的な再編・維持を志向したものであったと理解することができよう。

なお、本章で検討した清代前期の動きは、その端緒的形態を明末の段階に見出すことができる。万暦二十年(一五九二)から同二十二年(一五九四)までの福建巡撫許孚遠の通達(『敬和堂集』公移撫閩稿、「照俗収租、行八府一州」)は、その典型的な事例である。(59)許孚遠は当時、地主－佃戸関係の危機的状況を強く認識し、「照俗収租」とあるように在来の地主－佃戸関係の維持という命題において、地主の恣意的収奪の規制および佃戸の抗租の禁止という措置をとり、各県官に違反の摘発を命じたのであった。この通達の内容は、まさにその延長線上にかの雍正五年(一七二七)の〈抗租禁止条例〉を想起させるものであるが、福建では当該条例以前の段階から、明らかに抗租に対する国家権力の直接的な介入という事態が存在していたのであり、許孚遠の理念は、府州県レヴェルにおいて着実に実現されていたのである。

ところで、地主－佃戸関係と国家権力との関連を検討するとき、〈賦は租より出づ〉という社会通念のもつ意味を改めて考えてみる必要があろう。かつて重田徳氏は、雍正年間の地丁銀制確立期にこの通念が「すぐれて当代的な現実を反映」したものとして成立したと捉え、(60)それを「土地税」が「地代の一分肢たる性格を深めていく」例証とされた。(61)それに対して森正夫氏は、南宋の楊護「経界始末序」に見える「有田則有租、有租則有賦、此天下至公之法」および同じく王遂「修復経界本末記」に見える「抑田必有租、租必有税、自昔莫不自然」を引き、「租税が地代の一分肢たる性格」をもつという認識が宋代以来のものであると、重田氏の見解を批判されたのであった。(62)しかしながら、〈賦は租より出づ〉が「租税」＝「地代の一分肢」を表すとする、両氏に共通する見解は、あくまでもこの通念の一側面しか捉えていないように思われる。

筆者は〈賦は租より出づ〉が時代の社会経済的背景をきわめて鋭く表現したものであると考える。すなわち、この通念は抗租の一般化によって税糧滞納という問題が惹起された状況において、つまり佃戸―[租]→地主―[賦]

↓国家という図式では、当該社会の第一義的な矛盾が［租］段階に存在し、それにともなって派生的に［賦］段階の矛盾——税糧滞納という事態に端的に発現する——が顕在化するという状況において成立するものであり、だからこそ、それは国家権力が税糧確保のために［租］段階に介入する論理となりえるのである。福建の事例では、乾隆年間の安渓県において差役をともなった欠租追比のときに、地主が「種田若不還租、銭粮出在何処」といい、また明末に許孚遠がかの通達の中で、佃戸の抗租によって「田主糧食賦税、従何而出」と述べる論理が、まさに〈賦は租より出づ〉と同質のものだといえよう。その点、森氏所引の南宋の史料はともに経界法に関するものであり、文脈全体からも「富家大屋」と「貧民下戸」との間の税役不均という［賦］段階の矛盾が主要な問題とされており、そこでは［租］段階の矛盾については何ら言及されていないのである[63]。従って、両史料とも〈賦は租より出づ〉に対応するものではなく、〈賦は租より出づ〉という通念が宋代に存在したことを明示するものではないと思われる。すなわち、〈賦は租より出づ〉とは明末以降における抗租の展開、およびそれにともなう地主‐佃戸関係への国家権力の直接的介入という現実の事態の中から成立してきたものであり、すぐれて明末以降的な通念であるといえよう。

（1）［小山正明‐五八（小山正明‐九二）］・［田中正俊‐六一b］。
（2）当該問題については、［濱島敦俊‐八二］・［濱島敦俊‐八四a］・［濱島敦俊‐八六a］・［濱島敦俊‐八六b］参照。
（3）雍正『大清律集解附例』巻二〇、刑律、闘殴、「威力制縛人」、条例、欽定例。
（4）［李文治‐六三a］・［李文治‐六三b］。
（5）［重田徳‐六七（重田徳‐七五）］。
（6）［小島晋治‐六八］。
（7）［宮崎一市‐七七］。

(8)　この点、清末民国初期江南の地主研究では、この時期に出現した租桟・追租局等の国家権力・地主階級の一体化による佃租収奪機構、および抗租した佃戸の弾圧に象徴される収租業務へのあからさまな介入の様相等について具体的な究明がなされており、そうした研究状況とはきわめて対照的である。[天野元之助－四〇(天野元之助－七八)]・[村松祐次－七〇]・[小島淑男－六七]・[小島淑男－七四]・[小島淑男－七八]等、参照。

(9)　黄濤は、字は宜亭、号は文川である。乾隆十六年(一七五一)に進士となり、湖北省宜昌府長楽県の知県に任じている(『家譜』巻二、世叙、宜亭)。黄江は、字は宜川、号は巨川である。雍正二年(一七二四)に挙人となり、乾隆十三年(一七四八)に内閣撰文中書舎人に任じている(同、巻二、世叙、宜川)。なお『家譜』については、[多賀秋五郎－八二]二二一頁、参照。

(10)　『家譜』巻二、登仕録、本派各代仕籍、杰。

(11)　『家譜』巻首、劉金「三黄姓源」。

(12)　ところが、黄濤は「叙祖屯顛末」の末尾に自ら按語を附して、五材の生存年代に関する克家の見解を批判し、五材は南宋末元初の人であり、南京の衛に調充されたのは「其(五材)の派下の孫子」ではないか、と記している。

(13)　康熙『平和県志』巻六、賦役志、屯田に、

国朝全書内開載、本県附徴永寧衛屯田三十畝。

とある。

(14)　[王毓銓－六五]参照。

(15)　康熙『平和県志』巻六、賦役志、屯田に、

国朝康熙六年、裁衛所官、将屯就地、撥帰各県、而屯田悉為賦額。

とある。

(16)　『家譜』巻一、祀典、黄克家「叙祖屯顛末」。

(17)　以下の叙述は『家譜』巻二、徴文、所収の黄濤「節孝祖母王太孺人行実」、黄江「先妣陳宜人伝」、同「奉直大夫先府君亮峰公行略」、黄濤「中憲大夫仲兄懃軒行状」および官献瑶「誥封直大夫元臣八十歳序文」による。

(18)　遷界令については、[浦廉一－五四]参照。

(19)　黄氏の台湾を拠点とした商業活動については不詳であるが、この時期の台湾がすでに福建内地の重要な米穀供給地となっていた点との関連を窺えるのではなかろうか。[安部健夫－七一(安部健夫－五七)]四八五－四八六頁、参照。

（20）明末清初期、江南の蘇州府・松江府一帯において棉花・棉布を収買する福建商人の活発な動きが指摘されている。［西嶋定生－六六（西嶋定生－四七）］八八〇—八八二頁、および［宮崎市定－九二（宮崎市定－五一）］八八—九〇頁、参照。

（21）『家譜』巻一、祀典、「屯田坐址畝数」。

（22）『家譜』巻一、祀典、「各処祀業坐址畝数」では、各園の地積の総計が「受種子」四・三五石と記されている。こうした地積の表示については、明末の同安県の郷紳、蔡献臣の『清白堂稿』巻一〇、尺牘、「与呉旭海新令君」の中にも、当地の田価を記した箇所に、

然田種一斗、出租一石者、旧止価五六金、漸増至七八金、而今且増至十一二金矣。

と見える。「受種子」数の畝数への換算については、明代中期の『便民図纂』巻二、耕穫類、収稲種に、種籾に関して「畝ごとに穀一斗を計う」とあり、明末の徐光啓『農政全書』巻二五、樹藝、稲にも「畝ごとに一斗以上」とあって（ともに［天野元之助－七九ａ］三〇三頁）、ほぼ一斗＝一畝と考えられる。また蔡献臣の記事でも「種一斗」で「租一石」の田はその収穫高をほぼ二石と見積もることができ、これを一畝に比定しても決して不自然ではないと思われる。従って、ここでは「受種子」一斗を地積一畝で換算し、結果として「受種子」四・三五石は四十三・五畝となる。

（23）『家譜』巻二、徴文、李復発「皇清例援朝議大夫州司馬加四級砥園黄君墓誌銘」。黄錫時も台湾を拠点とした商業活動によって蓄財した。

（24）当該史料は、［田仲一成－七三］一六七頁において全文が紹介された。

（25）こうした理解については、［田中正俊－七二］附載の森正夫「討論要旨」に見える田中氏の発言（七三—七四頁）および［田中正俊－七八］四五頁に負うところが大きい。また［濱島敦俊－六九（濱島敦俊－八二）］・［濱島敦俊－七八（濱島敦俊－八二）］参照。

（26）(B)に見える「供飯」とは、崇禎年間の〈斗栳会〉の抗租を記した乾隆『泉州府志』巻二〇、風俗、所収の『温陵旧事』の中に、以前の慣行として地主が郷村へ収租に赴いた場合、佃戸が「一飯を供する」ことが描かれており、おそらくはそうした慣行の残存したものであろう。［森正夫－七一］三五三頁、参照。

（27）寄荘戸については、［川勝守－七四（川勝守－八〇）］参照。

（28）『家譜』巻一、祀典、「屯田坐址畝数」には、雍正十年（一七三二）の「認佃」として、十六名の佃戸の名前が記されている。

（29）［川勝守－八〇］二一三頁、参照。

(30)［小山正明 - 七一（小山正明 - 九二）］・［川勝守 - 七七（川勝守 - 八〇）］参照。

(31) 興化府の乾隆『仙遊県志』巻一九、賦役志二、「徴法附考」には、

至知県史正治、始命順村造冊、沿甲滾催。

とあり、一知県による順荘編里に類する制度の実施を見出すことができる。なお史正治は雍正十年（一七三二）任の署仙遊知県事である（同志、巻三七、職官志一、文職、知県）。

(32) 内閣文庫蔵の『撫閩文告』には撰者名が明記されていないが、そこに収録された告示は康熙十七年（一六七八）十月から同二十一年（一六八二）二月二日までのものであり、［銭実甫 - 八〇a］一五四六―一五四八頁によれば、当該期の福建巡撫は呉興祚である。

(33)［西村元照 - 七四］一三六―一三七頁、参照。

(34) 康熙『平和県志』巻六、賦役志、所収の王相「厳飭各戸速造田畝清冊告示」。

(35) 乾隆『漳州府志』巻一一、秩官四、国朝歴官、平和県知県。

(36) 当該時期の約練・保長等については、本書第三部第八章、参照。

(37)「認租字」とは定額租の租佃契であろうか。「認租」＝定額租については、本書第一部第一章、一四―一六頁所引の許孚遠『敬和堂集』公移撫閩稿、「照俗収租、行八府一州」参照。なお当該屯田の佃租形態はごく一部を除いてすべて定額租である。註(44)参照。

(38) 康熙『漳州府志』巻二六、民風、衣食には「田両熟」とある。

(39) 二期作に合わせた年二回の収租という慣行は、民国期にもその存在が指摘されている。［徐天胎 - 四一］六三―六四頁。

(40) 例えば、［小山正明 - 九二］二九七頁所引の盧崇興『守禾日紀』巻四、讞語類、「一件、假官虐民事」では康熙十四年（一六七五）に県の「糧衙」が欠租の追比を行っており、また［劉永成 - 七九］六六頁所引の乾隆『刑科題本』では乾隆三十一年（一七六六）に松江府奉賢県で地主が佃戸の欠租を「松江府管糧通判衙門」に告訴している。また、特に後者から見て、ここの「督糧庁」とは漳州府の通判の衙門を指すと思われる。なお、漳州府の附郭＝龍渓県の康熙『龍渓県志』巻二、規制、公署には、府の衙門として「海防同知館」と「糧捕通判館」とが併記されており、同じく巻二、規制、倉廒には「府糧捕庁」の存在が見える。「督糧庁」は「糧捕通判館」＝「糧捕庁」と同じものを表しているといえよう。

(41) なお(I)の末尾には、乾隆五年（一七四〇）に「三十三管恰好之斗」が造られ、二合の扣除が廃止されたことが附載されてい

る。
(42)「知数先生」は陶煦『租覈』重租申言、「稽古」に見える。[鈴木智夫 - 七七]一〇九—一一〇頁、参照。「師爺」については、[村松祐次 - 七〇]三四六—三五〇頁、参照。
(43)康熙『平和県志』巻六、賦役志、田賦に、
今和邑之俗、……甚至拖欠累累、連年不結、業戸雖欲起佃、而租戸以糞土田根之説、争衡掣肘。

とある。
(44)本文には提示しなかったが、(II)は総田土額四十八畝のうち四畝餘を除いた田土の佃租形態として定額現物租(「足租実粟」)を再確認したものであり、(V)は不確定な出租田土額について今後、究明・確定すべきことを説いたものである。
(45)中国人民大学清史研究所・同檔案系中国政治制度史教研室合編『康雍乾時期城郷人民反抗闘争資料』(以下『康雍乾』と略称)上冊、中華書局、北京、一九七九年、一一二頁。
(46)当該地域では租米の容量が「栳」で表示されていたようである。乾隆『安渓県志』巻一二、藝文下、記、荘成「添建義学房間、幷捐置田租記」参照。
(47)『宮中檔雍正朝奏摺』六輯、国立故宮博物院、台北、一九七八年、六六五頁。
(48)註(40)参照。また[濱島敦俊 - 八二]五五八—五五九頁、参照。
(49)[森正夫 - 七三]二八—二九頁、参照。
(50)中国第一歴史檔案館・中国社会科学院歴史研究所編『清代地租剝削形態』〈乾隆刑科題本租佃関係史料之一〉(以下『地租剝削』と略称)下、中華書局、北京、一九八二年、五三二頁。
(51)『康雍乾』上冊、一一〇—一一一頁。
(52)当該記事は、[傅衣凌 - 四四]一九—二〇頁で咸豊『邵武県志』巻四、田賦志、田賦、所載によって紹介された。
(53)[森正夫 - 七一]二九三頁。
(54)当該史料は、[傅衣凌 - 四四]七四頁註(1)において紹介された。
(55)[仁井田陞 - 六〇(仁井田陞 - 四六)]一七五頁および一九八—二〇〇頁。
(56)福州府下では田面権・田底権を表す一般的名称とは異なって、田面権＝「田根」、田底権＝「田面」といわれている。[徐天胎 - 四一]六四頁、および[仁井田陞 - 六〇]一八〇頁註(12)、参照。

（57）［西村元照－七六］一三四－一三六頁、参照。
（58）当該史料は、［片岡芝子－六四］四六頁において紹介された。
（59）本書第一部第一章、一四－一六頁、参照。
（60）［重田徳－七五（重田徳－六七）］一一二－一一三頁。なお重田氏の場合〈賦は租より出づ〉の「当代的な現実」とは「「賦は田より出で、役は丁より出づ」というような伝統的な観念」との対比においてである。
（61）［重田徳－七五（重田徳－七一b）］一八八頁。
（62）［森正夫－七六］八三頁。楊謹「経界始末序」および王遂「修復経界本末記」はともに崇禎『松江府志』巻一〇、田賦三、前代賦額、所収。なお筆者は正徳『松江府志』巻六、田賦上、所収の記事に拠った。
（63）［高橋芳郎－八三］八三頁では、「経界始末序」「修復経界本末記」の所引部分に見える「租」は佃租を表したものではなく、「所有権の所在を保証し明示する根元的文書」＝「契約書、地籍、税籍等」であると指摘されている。

第六章　抗租と法・裁判

――雍正五年の〈抗租禁止条例〉をめぐって――

はじめに

明末清初期の華中南農村社会では抗租の風潮化が見られたが、それはまさに中国史における地主制（地主－佃戸関係）の発展＝解体の重要な指標と看做されるべきものであった。(1)では、こうした地主－佃戸関係の直接的な矛盾に対して、明清王朝国家はどのようにかかわっていたのであろうか。当該時期の抗租研究における重要な課題の一つであるといえよう。(2)

この課題との関連において、従来の研究が特に注目してきたのは、雍正五年（一七二七）に制定された、次のような条例の存在についてである。

一、凡不法紳衿、私置板棍、擅責佃戸者、郷紳照違制律議処、衿監吏員、革去衣頂職銜、杖八十。地方官失察、交部議処。如将佃戸婦女、占為婢妾者、絞監候。地方官失察徇縦、及該管上司、不行掲参者、倶交部分別議処。至有姦頑佃戸、拖欠租課、欺慢田主者、杖八十。所欠之租、照数追給田主。（雍正『大清律集解附例』巻二〇、刑律、闘殴、威力制縛人、条例、「欽定例」）

一、およそ不法な紳衿で、ひそかに板棍《けいぐ》を設置して、擅に佃戸を責めた場合、郷紳は「違制律」に照らして処分する。衿監・吏員は、衣頂・職銜を剝奪し、杖八十とする。地方官の取り調べが行き届かなければ、〔吏〕部に送って処分する。もし佃戸の婦女を、勝手に婢・妾とした者は、絞・監候とする。地方官の取り調べが行き届かず、〔情実に〕とらわれて見逃した場合、および当該の上司で、弾劾を行わなかった者は、共に〔吏〕部に送って各々処分する。悪賢い佃戸で、租課を滞納し、田主を欺瞞する者がいた場合は、杖八十とする。滞納した租は、数量の通りに追徴して田主に支給する。

従来の研究では、(A)紳衿の佃戸に対する私刑の禁止と(B)佃戸の地主に対する抗租の禁止とを主要な内容とする当該条例の成立が、明末以降の地主制の発展＝解体の中で、ア・プリオリに画期的なものであるという認識を共有してきたといえよう(3)。その一例として、清朝国家論との関連において重田徳氏は次のように指摘されている。〈抗租禁止条例〉の制定は十八世紀前半（雍正年間）における地丁銀制の成立と密接に関連するものであり、それ以後の清朝権力は地主的権力としての性格をもち、地主制における「経済外強制の装置」としての役割を果たすようになる、と(4)。

しかしながら、〈抗租禁止条例〉の存在そのものを無前提に抽象化・理論化するのではなく、やはり①当該条例がどのような現実の中から成立し、②その条文内容にどのような意味が込められていたのか、また③当該条例が一つの法規範として現実にどのように運用され、どれほどの現実性を有していたのか、という諸点について、具体的・実証的に問わねばならないであろう。

ところで、滋賀秀三氏を中心とする清代法制史研究が明らかにされているように、〈戸婚・田土の案〉といわれる民事的案件は、行政の最末端レヴェル＝州・県が判決を出し、刑罰（笞・杖・枷号）を執行しえる〈州県自理の案〉であり、そこでは厳密な擬律は必ずしも必要とされておらず、原告‐被告間の実質的な紛争の解決が志向されていたのである。[5] そうであるならば、まさに〈戸婚・田土の案〉に含まれるべき佃戸の佃租滞納（抗租・欠租）に対して、地主の告訴を前提とした州・県レヴェルの裁判および刑罰の執行の過程においても依拠すべき律・例が必ずしも存在しなくてもよいことになろう。すなわち、〈抗租禁止条例〉が画期的なものであり、当該条例の成立によって国家権力が地主制における「経済外強制の装置」として、抗租禁圧のために地主－佃戸関係に直接的に介入するようになる、という理解は、あまりにも一面的に過ぎるように思われる。

以下、本章では上述の①②③の課題について、特に〈抗租禁止条例〉の抗租禁止の条項（B）に焦点をあてて検討することで、当該条例制定の意義について考えることにしたい。それと同時に③の課題との関連において、国家権力によって抗租に対するきわめて苛酷な禁圧が行われていた清末民国期の江南に典型的に見出される状況——租桟・追租局・押佃所等の諸機関の存在を媒介とした国家権力・地主階級の一体化による収租体制が確立し、国家権力によって抗租・欠租した佃戸に対する恣意的な刑罰が行使されていた[6]——が、どのような歴史的文脈の中から現出してきたのか、という点についても検討すること、換言すれば、清末以降の事態を現出させた論理を清末以前の国家権力の抗租への対応に関する法制度史的考察を通じて探ること、これもまた本章が意図するところである。

一　〈抗租禁止条例〉の制定とその内容

(i)　制定過程

〈抗租禁止条例〉の制定過程については、『清世宗実録』にきわめて簡潔な記述が存在するが、[7]一九八一年に経君健氏は檔案史料を利用した詳細な研究を発表された。[8]ここでは、行論の必要性から、経氏の研究を参照しつつ、『雍正上諭』の記載によって当該条例の制定過程を跡づけておきたい。

東京大学東洋文化研究所蔵の『雍正上諭』は、雍正年間の両広総督孔毓珣によって刊行されたものである。[9]同書、六年、所収の「一件、特参私刑索詐縦僕阻耕之挙人、以粛功令事」の記載は、〈抗租禁止条例〉の制定に関するものであり、きわめて具体的な情報をわれわれに提供してくれる。以下、その全文を紹介することにしたい。

雍正六年正月二十八日、准刑部咨、広東清吏司案呈。河南総督田文鏡、於雍正五年七月二十九日、題前事。八月十八日、奉旨、這所参王式渙、着革去挙人。其倚勢虐民等情、及本内有名人犯、該督一併厳審、究擬具奏。餘着議奏。該部知道。欽此欽遵。於雍正五年八月十九日、抄出到部。経吏部会同臣部、除王式渙倚勢虐民等情、行文該督、厳審究擬外、嗣後如有不法紳衿、仍前私置板棍、擅責佃戸、経地方官詳報題参、郷紳照違制律議処、衿監吏員、革去衣頂職銜、照威力制縛人、及於私家拷打者、不問有傷無傷、並杖八十律治罪。地方官失於覚察、経上司訪出題参、照狗庇例処分。如将佃戸婦女、佔為婢妾者、倶革去職銜衣頂、照豪勢之人、強奪良家妻女、佔為妻妾者、絞監候律治罪。地方官不能査察、狗縦肆虐者、照溺職例革職。該管上司、不行掲参、照不掲劣員例議処、等因具題。奉旨、這本内、但議田主苛虐佃戸之罪。倘有奸頑佃戸、拖欠租課、欺慢田主者、亦当議及。則立法方得其平。着再議具奏。欽此。査、紳衿私置板棍、擅責佃戸、姦淫佃戸婦女、佔為婢妾者、固宜懲治。而奸頑之佃戸、拖欠租課、欺慢田主者、若不擬罪、実法所未平。嗣後有奸頑佃戸、拖欠租課、欺慢田主者、応照不応重律、杖八十、折責三十板、所欠之租、照数追給田主。如此、則田主不至苛虐、而奸佃亦知有懲儆、庶於法得其平矣。俟命下之日、通行直隷各省、一体遵行、等因、於雍正五年十一月二十七日題。十二月初五日、奉旨、依議。欽此。相応移咨前去、欽遵査照施行。

雍正六年正月二十八日、刑部の咨文を受領したところ、広東清吏司の案呈によれば〔次のようにあった〕。河南総督田文鏡は、雍正五年七月二十九日に前事を題奏した。八月十八日、上諭を奉じたところ、ここで弾劾している王式渙については、挙人〔の身分〕を剝奪する。勢力に依拠して民を虐待した等の事情、および題本内に名前の見える容疑者については、当該の総督が併せて厳しく取り調べを行い、究明・擬罪して上奏せよ。その他についても上奏するように命ずる。当該の部は承知せよ、とあった。欽此欽遵。雍正五年八月十九日に、〔上諭は〕抄出されて〔刑〕部に到った。すでに吏部は臣部〔刑部〕と合同で、王式渙の勢力に依拠して民を虐待した等の事情については、当該の総督に通達して、厳しく取り調べて究明・擬罪させる以外に、今後、もし不法な紳衿で、依然としてひそかに板棍を設置して、擅に佃戸を責める者がおり、地方官の報告と弾劾が行われたならば、郷紳は「違制律」に照らして処分し、衿監・吏員は衣頂・職銜を剝奪して、「威力によって人を縛り上げ〔た者〕、および私家で拷問を行った者は、有傷・無傷を問わず、すべて杖八十とする」という律に照らして処罰する。地方官の取り調べが行き届かず、上司が調べ出して弾劾したならば、「狥庇例」に照らして処分する。もし佃戸の婦女を勝手に婢・妾とした者がいたならば、共に職銜・衣頂を剝奪し、「豪勢の人で、良家の妻女を強奪し、佔めて妻・妾とした者は、絞・監候とする」という律に照らして処罰する。地方官で取り調べが行き届かず、虐待を見逃した者は、「溺職例」に照らして免職とする。当該の上司が、弾劾を行わなければ、「劣員を告発しなかったという例」に照らして処分する、等のことを題奏した。上諭を奉じたところ、この題本では、ただ田主が佃戸を虐待した場合の罪を提議しているのみである。もし悪賢い佃戸で、租課を滞納し、田主を欺瞞する者がいるのであれば、まさに論及すべきである。〔そうすることで〕すなわち立法ははじめてその平《バランス》を得ることになろう。再度、議論して上奏することを命ずる、とあった。欽此。調べたところ、紳衿でひそかに板棍を設置し、擅に佃戸を責め、佃戸の婦女を姦淫し、勝手に婢・妾とした者については、もとより宜しく処罰すべきである。悪賢い佃戸で、租課を滞納し、田主を欺瞞した者について、もし擬罪しなければ、誠に法として未だ平のとれないことになろう。今後、悪賢い佃戸で、租課を滞納し、田主を欺瞞する者がいたならば、まさに「不応重律」に照らして、杖八十、折責三十板とし、滞納した租は、数量の通りに追徴して田主に支給すべきである。このようにしたならば、すなわち田主は〔佃戸を〕虐待するに至らず、しかも奸佃も懲罰のあることを知り、法においてもその平を得ることになろう。命の下る日を俟って、直隷・各省に通達して、一体で遵守させるようにする、等のことを、雍正五年十一月二十七日に題奏した。十二月初五日、上諭を奉じたところ、議の通りにせよ、とあった。欽此。まさに〔関係部局に〕移文・咨文を出し、謹んで承知の上、施行すべきである、と。

この記載によって、〈抗租禁止条例〉の制定過程をまとめるならば、およそ次のようになるであろう（なお『雍正上諭』の記事で日附の缺如しているものは、経君健氏の研究によって補うことにする）[10]。

①雍正五年（一七二七）七月二十九日

河南総督田文鏡の上奏がなされる[11]。内容は、挙人王式渙等の不法行為を摘発し、彼らを弾劾したものである。

②同年八月十八日

雍正帝の上諭が出される。雍正帝は、王式渙については挙人身分を剥奪すること、他の人犯については当該総督が再調査を行うこと、および当該事件を吏部と刑部とに通知することを命じた。

③同年八月十九日

雍正帝の上諭が刑部（および吏部）に至る。

④同年九月十九日

吏部・刑部は合同で答申を行う。その内容は、不法な紳衿による佃戸の私刑に対して、郷紳は「違制律」を適用し[12]、衿監・吏員は衣頂・職銜を剝奪するとともに「威力制縛人律」を適用して処罰を行うこと、等々を提議したものである。

⑤同年九月二十二日

吏部・刑部の答申に対して、雍正帝の上諭が出される。雍正帝は吏部・刑部の提議内容を不十分なものとして却下し、両部に再度の答申を命じたが、同時に、立法におけるバランス(「平」)の必要性を強調し、田主の佃戸虐待の罪とともに頑佃の抗租の罪について明確に示唆した。

⑥同年十一月二十七日

吏部・刑部は再度答申を行う。紳衿による佃戸の私刑に対する罪とともに、頑佃の抗租に対しては「不応重律」を適用して処罰し、それによって法としてのバランスを取ること、および皇帝の裁可を得た後、これらの内容を直隷・各省に「通行」し、法として遵行すべきことを提議した[13]。

⑦同年十二月五日

雍正帝の上諭が出され、吏部・刑部の答申は裁可された。

⑧雍正六年(一七二八)正月

当該条例の内容が直隷・各省に通知される。同月二十八日、両広総督孔毓珣は刑部の咨文を受領した。

以上のように、〈抗租禁止条例〉は雍正五年(一七二七)七月二十九日の田文鏡の上奏を出発点とし、十二月五日の雍正帝の裁可によって最終的に法＝条例として成立した。そして、翌年一月、全国に公布されたのである[14]。

以上の〈抗租禁止条例〉の制定過程において、まず注目しなければならない事実は、最初の田文鏡の上奏が挙人王式渙等の不法行為という特定の事件を前提としてなされていることである。経君健氏が紹介された『吏垣史書』「署吏部左侍郎査郎阿題本」（九月十九日）所引の田文鏡の上奏の一部では「豫省の紳衿」による一般的な状況が述べられているだけであった[15]。この『雍正上諭』の記載によってはじめて、挙人王式渙等による不法行為という特定の事件の存在を知ることができたのである。これが第一の点である。但し、この事件の詳細な内容については、現時点では明らかではない。

第二に注目しなければならない点は、田文鏡の上奏および雍正帝の上諭②をうけた吏部・刑部による最初の答申③では、単に紳衿の佃戸に対する私刑等についての処分(A)が提起されたのみであり、頑佃の抗租については全く言及されていないにも拘わらず、雍正帝の上諭⑤においてはじめて抗租の罪が示唆されたことである。第三の点は、紳衿の佃戸に対する私刑、具体的には挙人王式渙等の不法行為という特定の事案の処理を前提として法＝条例を制定するにあたり、法としてのバランスが重視され、紳衿の佃戸に対する私刑の罪(A)と均衡を取るべく頑佃の抗租の罪(B)が条文に明記されたことである。特に第二・第三の点を敷衍するならば、〈抗租禁止条例〉の抗租禁止に関する条項(B)は、法＝条例そのものにおけるバランスの必要性から特に皇帝の上諭によって附加されたものであり、立法過程それ自体の中から現出した、きわめて技術的色彩の濃いものであったと看做すことができよう。

この点に関連して、吏部の官僚もまた当初、抗租の禁止を立法化する必要性を全く認めていなかったことは注目に値する。すなわち、上述の「署吏部左侍郎査郎阿題本」には、

佃戸本係貧民賃地耕種、原非奴隷。縦拖欠租課、亦宜呈稟地方官究追。何得倚恃紳衿、私置板棍、任意撲責。

佃戸とは本来、貧民が土地を借りて耕作しているのであり、もとより奴隷ではない。たとい租課を滞納したとしても、また宜しく地方官に申し出て究明・追徴してもらうべきである。どうして紳衿であることをかさに着て、ひそかに板

棍を設置し、勝手に〔佃戸を〕打擲してよいであろうか。

と明確に書かれているのである。頑佃の抗租については改めて立法化するまでもなく、各地方官が地主の告訴をうけて処罰すべきものであるという認識は、中央政府の官僚の中にも存在していたのである。

以上、〈抗租禁止条例〉の制定過程によれば、紳衿の佃戸に対する私刑の禁止(A)については、田文鏡の上奏――地方における社会的要請――から一貫して条例制定の必要性が主張されていたのに対して、抗租の禁止(B)については、当該条例に法としてのバランスを附与すべく立法の過程で現出したものであった。すなわち、当該条例の抗租禁止に関する条項が、雍正五年(一七二七)に制定されねばならない必然性はなかったといえよう。(16)

(ii)　条文内容

ここでは〈抗租禁止条例〉に見える、紳衿の佃戸に対する私刑の禁止(A)および頑佃による抗租の禁止(B)という二つの条項について、若干の分析を加えることにしたい。

(A)の条文内容については、まず第一に、当該条項に見える紳衿の私刑を田主一般のそれに等置しえるのであろうか。換言すれば、それは「不法紳衿、私置板棍、擅責佃戸者」という条文を紳衿地主以外の地主――庶民地主・非身分性地主といわれるもの――の場合にも適用できるのか、という問題である。(17)

こうした問題が生じる所以は、当該条例の制定過程からも明らかなように、吏部・刑部によって提議された紳衿の私刑という命題が雍正帝の上諭では「田主苛虐佃戸之罪」に読み替えられているからである。さらに乾隆年間に編纂された『皇朝文献通考』巻一九七、刑考三、刑制、雍正五年(一七二七)の項にも、

定田主苛虐佃戸、及佃戸欺慢田主之例。

田主が佃戸を虐待すること、および佃戸が田主を欺瞞することに関する例を定める。

とあって、この後に実録の当該記事とほぼ同文のものが記載されている。雍正帝による「紳衿」から「田主」への読み替えが、まさにそのまま踏襲されているのである。(A)の条項が田主一般の私刑に関するものであるという認識は、当時、共通のものとなっていたのではなかろうか。

清末の著名な法学者であり、刑部尚書にまで陞った薛允升(18)は『読例存疑』巻三五、刑律、闘殴上、威力制縛人の〈抗租禁止条例〉に関する按語において、次のように述べている。

謹按、佃戸之名、不見於律。惟豪富之人、役使佃客擡轎、見於郵駅門。是雇工人外、又多一名目矣。此例重在私置板棍擅責、故厳其罪。若因口角毆傷、如何科断、並未議及。即就例文而論。他物毆人、罪止擬笞、私家拷打監禁、亦止杖八十。佃戸究与平民不同、擅責即擬満杖、似嫌太重。究竟佃戸与田主、是否以平人論、何以並不叙明耶(19)。

謹んで按ずるに、佃戸という名称は、律に見出すことはできない。ただ「豪富の人が佃客を役使して轎を擡《かつ》がせる」という文言が、〔兵律の〕郵駅門に見えるだけである。このことは雇工人のほかに、また名称が一つ多いことになる。この条例の重点は「ひそかに板棍を設置し、擅に責める」というところに在り、従ってその罪を厳しくしているのである。もし〔主佃間で〕口喧嘩を原因とした殴り合いで怪我した場合、どのように裁くかについては、全く何も言及していないのである。そこでこの例文に即して論じてみよう。「他物で人を殴った」ならば、〔刑律、闘殴、闘殴の条によって〕罪はただ笞に擬《しょ》せられるだけであり、「私家で拷問・監禁した」としても、ただ杖八十のみである。佃戸は詰まるところ平民とは違うのであり、「擅に責め」てすなわち満杖(杖百)に擬せられるのは、甚だ重い嫌いがあるように思われる。結局のところ佃戸と田主と〔の間〕は、平人として扱うのか否か、どうして全く明記していないのであろうか。

まさしく薛允升でさえも当該条例を「佃戸と田主と」の問題と認識していたのである。允升は当該条例の重点が(A)に置かれていることを正しく認識しながらも、地主と佃戸との間には〈主佃の分〉という、ある種の身分的差等が存在しており、それにも拘わらず、地主が佃戸を「擅責」した場合に杖一百の刑に処せられるのは「似嫌太重」と述べているのである。

雍正帝や薛允升のように、(A)の条項の紳衿の私刑を地主一般のそれとして読み替えることは果たして可能なのであろうか。乾隆五年(一七四〇)における〈抗租禁止条例〉の改訂は、この疑問に対して貴重な手掛かりを与えてくれる。

初めに、改訂後の(A)・(B)両条項を提示しておきたい。乾隆『大清律例』巻二七、刑律、闘殴上、威力制縛人、所収の当該条例は、次のような記述となっている。

一、凡地方郷紳、私置板棍、擅責佃戸者、照違制律議処。衿監革去衣頂、杖八十、照例准其収贖。……至有奸頑佃戸、拖欠租課、欺慢田主者、杖八十、所欠之租、照数追給田主。

一、凡そ地方の郷紳で、ひそかに板棍を設置し、擅に佃戸を責めた者は、「違制律」に照らして処分する。衿監は衣頂を剝奪して、杖八十とするが、例に照らして罰贖を許す。……悪賢い佃戸で、租課を滞納し、田主を欺瞞した者がいた場合は、杖八十とし、滞納した租は、数量の通りに追徴して田主に支給する。

乾隆三十七年(一七七二)から同三十九年(一七七四)まで刑部右侍郎として在任した呉壇[20]の『大清律例通考』巻二七、刑律、闘殴上、威力制縛人、所収の当該条例の按語は、乾隆五年(一七四〇)の改訂に関して、次のように叙述している。

謹按、此条係仍雍正五年十二月原例改定。査、原例内開、……。乾隆五年、館修以名例、挙監生員等、除行止有虧、其餘倶准折贖。今紳衿私置板棍、擅責佃戸、将官員照違制律議処、誠為允当。惟生監革去衣頂、仍杖八十的決、似属過重。査、律以威力制縛人、於私家拷打者、杖八十。佃戸雖与奴僕不同、而既有主佃之分、亦与平人有間。似応照例准其折贖。応増入照例准其収贖字様。

謹んで按ずるに、この条は雍正五年十二月の原例に基づいて改定したものである。調べたところ、原例には「……」と書かれている。乾隆五年に、〔律例〕館は名例律を修改し、挙人・監生・生員等は、行いに傷のある者を除いて、その他についてはすべて罰贖を許すことにした。今「紳衿でひそかに板棍を設置し、擅に佃戸を責めた場合、官員は「違制律」に照らして処分する」とあるのは、誠に妥当である。ただ生員・監生については衣頂を剥奪し、さらに杖八十という体刑にするのは、重すぎるように思われる。調べたところ、律には「威力によって人を縛り上げ、私家において拷問を加えた者は、杖八十とする」とある。佃戸は奴僕とは違うとはいえ、すでに〈主佃の分〉があるからには、また平人とは異なっているのである。まさに例に照らしてその罰贖を許すべきであろう。まさに「例に照らしてその罰贖を許す」という字句を加えるべきである。

薛允升の見解とは対照的に、呉壇は郷紳が皇帝支配の一翼を担うべき「官員」であるがゆえに、彼らに対する「違制律」――皇帝の命に違反した場合に適用される――の適用による処分＝杖一百を妥当なものと述べているのである。

また、呉壇の按語からも窺えるように、乾隆五年(一七四〇)の改訂過程において、最終的に確定した前掲の改訂条文のほかに、いま一つの改訂条文が存在していた。道光二十七年(一八四七)刊の『大清律例按語』巻五八、乾隆朝乾隆五年、刑律、闘殴、威力制縛人には、〈抗租禁止条例〉の「修改」として次のような条文が収録されている。ここでは(A)の条項のみを提示することにしたい。

一、凡不法紳衿、私置板棍、擅責佃戸者、官員照違制律議処、餘罪収贖。衿監革去衣頂、杖八十、亦照例准其収贖。(21)

一、およそ不法な紳衿で、ひそかに板棍を設置し、擅に佃戸を責めた場合、官員は「違制律」に照らして処分し、餘罪は罰贖とする。衿監は衣頂を剝奪し、杖八十とするが、また例に照らしてその罰贖を許す。

〈抗租禁止条例〉の「原例」に見える「郷紳」という語句が「官員」に改訂されているように、郷紳地主の佃戸に対する私刑は、条例制定の当初から単なる地主としての処分ではなく、まさしく郷紳＝「官員」としての処分が志向されていたのである。従って、「官員」とは看做されない「衿監」よりも、刑量の面で重くなるのは当然であった。

他方、「衿監」の佃戸に対する私刑の場合は当初、身分の剝奪のほかに杖八十という体刑が規定されていたが、この刑罰の適用は「威力制縛人律」本条によるものであった(『雍正上諭』)。但し、乾隆五年(一七四〇)の名例律の修改によって「挙・監・生員等」の「折贖」が認められたことにともない[22]、当該条例でも「衿監」については「収贖」が認められたのである。なお、この点に関して、呉壇は「衿監」に対して杖八十の体刑を科すことを「過重」とし、「収贖」適用の妥当性を主張するために、地主‐佃戸関係における〈主佃の分〉の論理を援用したのであった[23]。すなわち、庶民地主の場合でも地主と佃戸との関係は「平人」対「平人」の関係ではなく、佃戸は一段低い地位に置かれているのであり、ましてや「衿監」地主の場合は地主‐佃戸間の身分差が相対的に大きくなるのであるから「衿監」地主に「収贖」を認めることは当然である、という論理であろう。

以上のように、〈抗租禁止条例〉の(A)の条項の内容は、まさしく紳衿の私刑に限定されるべきものであり、地主一般の問題に敷衍しえるものではなかったのである。では、紳衿地主以外の地主、すなわち庶民地主の場合、佃戸に対する私刑はどのように処断されたのであろうか。これが(A)の条文内容に関する第二の問題である。

康熙五十四年(一七一五)刊の沈之奇『大清律輯註』巻二〇、刑律、闘殴上、威力制縛人の律文の総註は、次のように書かれている。

国家設官、所以執法治民。凡民有争論事理、並須告官。曲直是非、一聴官司裁決。若恃其威勢力量、足以制服乎人、不告官司、将人綑縛、及雖不綑縛、将人拏至私家、或拷打以肆其毒、或監禁不容其出。綑縛人、拷打人、監禁人、三者皆官法之事。而豪強以威力擅行之、故不問有傷無傷、並杖八十。

国家が官を設けたのは、法を執行して民を治めるためである。およそ民に事理を争論することがあれば、すべて必ず官に訴えるべきである。曲直・是非については、ひたすら官司の裁決を聴《ゆる》すべきである。もしその威勢や力量に恃んで、人を屈服させることができれば、官司に訴えないで、人を縛り上げたり、縛り上げないとしても、人を捉えて私家に行き、或いは拷問を加えて悪さを尽くし、或いは監禁して〔家から〕出ることを許さないことになる。人を縛り上げたり、人を拷問したり、人を監禁することの、三者はみな官法のことである。それなのに豪強が威力を用いて勝手にこれを行えば、有傷・無傷を問わず、すべて杖八十とするのである。

沈之奇によれば、他人を「綑縛」「拷打」「監禁」する行為はすべて「官法之事」とされており、本来、私刑という行為に対してはその対象が佃戸であるか否かを問わず、すべて「威力制縛人律」によって処断されるべきものであった(24)。従って、「板棍」を用いて佃戸に私刑を加えた庶民地主の場合は必然的に当該律そのものが適用されることになっていたのである。

すなわち、地主の佃戸に対する私刑という不法行為は、本来的には「威力制縛人律」によって処罰されるべきものであったが、それに対して〈抗租禁止条例〉の(A)の条項は、紳衿地主という特定の地主層にのみ適用されるものとして出現したのであり、まさしく「威力制縛人律」を補完するためのものだったのである。

次に、〈抗租禁止条例〉の(B)の条項については、なぜ頑佃の抗租に対して杖八十という刑罰が規定されたのであろうか。

その理由としては、第一に、〈抗租禁止条例〉が具体的な事案の処理を立法化したものであり、かつ法としてのバランスが最優先された点を考慮するとき、抗租に対する杖八十という処罰規定は、まさに「衿監」の私刑に対する刑罰＝杖八十——同時に、庶民地主の私刑に対して「威力制縛人律」を適用した場合の刑罰——とのバランスが図られたものと看做すべきであろう。雍正『大清会典』巻一七六、刑部二八、律例二七、刑律一、闘殴一、威力制縛人、罪名、杖八十の項には、上述の三者を併記して、

威力制縛人、私家拷打監禁者。

威力で人を縛り上げ、私家で拷問・監禁を行った者。

不法衿監吏員、私置板棍、擅責佃戸者。

不法な衿監・吏員で、ひそかに板棍を設置し、擅に佃戸を責めた者。

奸頑佃戸、拖欠租課、欺慢田主者。

悪賢い佃戸で、租課を滞納し、田主を欺瞞した者。

と書かれている。かつて魏金玉・経君健両氏は、抗租に対する刑量が債務不履行に対するもの——最も重い場合でも杖六十——よりも重いことを理由に、国家権力による抗租の処理がきわめて特別なものであり、また抗租の処罰が地主の私刑に対する処罰よりも実質的に重いものであることを指摘された[25]。しかしながら、上述のように杖八十という刑罰は立法上の技術的側面に関連して定められたものであり、刑罰の軽重の単純な比較によって両氏のように理解することはできないであろう。

第二に、〈抗租禁止条例〉の制定過程によって明らかなように、頑佃の抗租に対する杖八十という刑罰は「不応重律」の適用によって規定されたものであった[26]。このことは一面において、まさしく当時の州・県レヴェルにおける抗租取締の現実をある程度は反映していたのではなかろうか。

間接的にではあるが、この点を窺わせるものとしてすでに濱島敦俊氏が紹介されているように、明末の万暦十

年代における裁判の風潮として「問官」が的確な擬律を行わず、安易に「不合」として「不応重律」を適用していることを、山西按察使時代の呂坤は述べていた。[27]また姚思仁『大明律附例註解』巻二六、刑律、雑犯、不応為の総註にも、

万暦十五年十二月二十日、題奉欽依、以後問擬一応罪犯、律有正条者、依律科断、毋得一概通擬不応。律無正条、該載不尽者、照依不応為条、分別事理軽重、論擬笞杖、亦毋得一概従重、致淆律意。

万暦十五年十二月二十日、題奉欽依したところ、以後、すべての犯罪者を審問・擬罪するとき、律に正条がある場合は、律によって裁き、一概にすべて「不応」に擬してはならない。律に正条が無く、当該の規定が〔意を〕尽くしていない場合は、「不応為」条に照らして、事柄の軽重を分けて、笞か杖に擬罪すべきであり、また一概に重〔い条項〕に依拠して、律の意味するところを乱すようにしてはならない、とあった。

と記述されており、[28]何らかの案件があればそれに「不応律」――特に「不応重律」――を適用するという状況が一般化していたことを窺うことができよう。万暦十五年（一五八七）の上諭は、まさにそうした風潮を戒めるものだったのである。

〈抗租禁止条例〉の抗租に対する「不応重律」の適用という規定は、明末以来の「不応重律」適用の拡大という状況、すなわち抗租した佃戸についても「不応重律」を適用して処罰するという現実――官による懲戒としての軽微な処分という側面をも有していた[29]――を背景として、それと何らかの関連性をもって出現したものであるといえよう。

二　〈抗租禁止条例〉制定以前の抗租と裁判

(i)　福建の事例

明末の万暦二十年代において、当時の福建巡撫許孚遠が抗租禁止の通達を福建全域に出していたことは、すでに第一章で紹介したところであるが、ここではいま一度、当該史料である許孚遠『敬和堂集』公移撫閩稿、「照俗収租、行各属」の一部を提示し、これまであまり注目しなかった点について若干の指摘を行うことにしたい。

照依土俗旧例、原係分収者、照旧分収、不許勒索於常例之外。原係納租者、仍前送納、不許改創為分割之議。斗斛等秤、要得平準、僮僕門幹、禁毋虐擾、使可長久与民相安。其各佃戸、自当遵守旧規。或与分割禾稲、或是納穀納銀、俱要及時交完、以給主人供輸糧食、不許恃強拖賴。此後敢有勢家収租噬利、虐害小民、及小民恃頑強割、或拖負田租、反行図頼者、該県官各与剖理処分、務使大小人情、両得其平、毋有絲毫偏枉。

〔田主は〕土俗の旧例に照らして、もともと〔佃租が〕分収であったものは旧来通りに分収とし、規定の外に搾取することは許さない。もともと納租していたものは従来通りに〔佃租を〕納入させ、分割の方式に変更することは許さない。斗・斛等の〔収租用の〕枡は必ず平準を維持すべきであり、僮僕や門幹に禁じて〔佃戸を〕虐待させてはならず、幾久しく民とともに相安んずるようにせよ。各々の佃戸は自ずからまさに旧来の規定を遵守すべきである。或いは〔田主と〕ともに禾稲を分割し、或いは〔佃租として〕穀や銀を納入するときも、必ず期限通りに完納し、それによって田主の租税・糧食用〔の禾稲〕を供給するようにし、力に恃んで〔佃租を〕滞納することは許さない。今後、勢力のある家で収租時に利益を貪って、小民(佃戸)を虐待したり、小民で頑なに(田主にだまって禾稲を)強割したり、或いは田租を滞納し、かえって図頼を行う者がいたならば、当該の県官は各々が剖理《しんり》して処分《しょばつ》を行い、務めて大戸・小戸の人情がともに平《バランス》を得るようにし、僅かでも偏向があってはならない。

この通達において許孚遠は、①地主に対しては佃租の恣意的な収奪および奴僕による佃戸虐待の禁止を、②佃戸に対しては抗租の禁止を、そして③州・県の地方官に対してはそれぞれの違反行為の取締を命じたのであった。特に注目したいのは③についてである。許孚遠は①②の違反行為に対する処罰とともに、関係事案の裁判(「剖理」)では「大」＝地主と「小」＝佃戸との間の「人情」のバランス(「平」)を重視すべきことを説いているのである。すなわち、地方官が地主－佃戸関係の具体的紛争を処理するにあたって、その拠りどころとして許孚遠が構想したものは法ではなく、まさしく「人情」であった。

滋賀秀三氏が述べるように、民事的案件＝〈戸婚・田土の案〉(〈州県自理の案〉に含まれる)における「最も遍在的な裁判基準」は「情理」であり、特に「人情こそはすべてに冠たるおきてであった」[30]。明末段階において、抗租はまさしく〈州県自理の案〉として処理されるべきものだったのではなかろうか。実際の裁判において、抗租の問題はどのように取り扱われていたのであろうか。いくつかの事例について見ていくことにしたい。

まず、天啓四年(一六二四)から崇禎元年(一六二八)まで興化府推官を務めた祁彪佳の判牘集『莆陽讞牘』には、佃租の滞納に関する、次のような二つの判語が存在する[31]。

(a)審得、生員呉邦良・邦衡、以田兌游藩哥父、邦良等得価五十両。及其父故、佃戸陳在仁等、輒負其租、又奚怪藩哥之興詞也。……第衅繇租起、而在仁之所負独多。応杖之、以懲久逋者。(『莆陽讞牘』「分巡道、一件、急救孤孀事、杖罪陳在仁」)

審理したところ、生員の呉邦良・邦衡は田を游藩哥の父に典売し、邦良等はその価格五十両を得た。その父が亡くなるに及んで、佃戸の陳在仁等は租を滞納したのであり、またどうして藩哥の告訴を怪しまなければならないのか。……ただ諍い事は租〔の滞納〕によって起こったのであり、しかも在仁の滞納額は独りだけ多いのである。まさに彼を杖刑として、それによって久しく〔租を〕滞納している者を懲らしめるべきである。

(b)審得、陳生一魁、用銀四両、典林亦川及川侄憲賦園一所。憲賦用銀二両、贖回一半矣。其未贖一半、係亦川子憲度所佃。憲度称、止有憲賦倒契、亦無父親契、又無己佃批。故乗而逋其麦租。不知、当時四両共一契、原契因憲賦贖時繳還、故止憲賦一契。今憲賦已認矣。原業主還租、又何必佃批也。但生員追索四十四年以後之逋、又擅呈之於平海経歴、致度之不堪也。元年以前之逋免追、六年之租、聴本生催取。惟元年至五年租利、量判還銀一両。仍笞度、以為欺逋者戒。生員擅呈下衙、姑量罰穀二石。(同前「一件、号天救命事、笞罪林度」)

審理したところ、生員の陳一魁は、銀四両を用いて、林亦川および〔亦〕川の侄憲賦の園一ヵ所を典買した。憲賦は銀二両を用いて、その半分を贖回した。未だ贖回していない半分は、亦川の子の憲度が佃作していた。憲度は言っている。「ただ憲賦の倒契があるだけで、父親の契約書は無く、また自分の佃批(租佃契)も無い」と。故にそれに乗じて麦租を滞納したのである。当時は四両で一枚の〔典売の〕契約書を作成し、原契は憲賦が贖回した時に返還したのであるから、従って、ただ憲賦の一枚の契約書しか存在しないことになるのを知らなかったのか。今、憲賦はすでに〔そのことを〕認めている。もとの業主が租を納めるのに、どうして佃批が必要であろうか。但し生員が四十四年以後の〔租の〕滞納分を追徴しようとして、また勝手に平海〔衛〕の経歴に訴えたので、〔憲〕度としても堪えられなくなったのである。〔天啓〕元年以前の滞納分については追徴を免じ、六年の租については、本生(陳一魁)が取り立てるのを聴す。ただ元年から五年までの租については、〔憲度が〕銀一両を払うこと〔で釣り合う〕と判断する。やはり〔憲〕度を笞罪とし、それによって〔田主を〕欺いて〔租を〕滞納した者の戒めとする。生員が勝手に下の衙門に訴えたことについては、罰穀二石とする。

(a)では佃戸陳在仁の「租」滞納が、(b)では佃戸林憲度の「麦租」滞納が、それぞれの裁判における中心的な問題とされている。判語の末尾に「久逋」(a)および「欺逋」(b)と記されているように、ともに単なる欠租——佃戸の貧窮・飢餓によるやむをえない佃租滞納——ではなく、まさしく抗租であるとの認識のもとに、祁彪佳による判決が下されたものであった。ここで注目しなければならない点は、同じ抗租の案件に対して、(a)では杖刑、(b)では笞刑という相異なる処罰が科せられていることである。それぞれ如何なる法的根拠によるものかは明記されておらず、笞刑・杖刑がおそらくは祁彪佳の裁量による懲戒行為(「懲久逋者」「為欺逋者之戒」)としての意味合いをもつものであったと思われる。但し、この二つの判決例に敢えて法的な根拠を求めるならば、まさに「理の為す可からざる所の者」を犯した場合に適用される「不応為律」——刑罰は笞四十から杖八十まで——が該当することになろう(32)。

次に、清初の康熙三十四年(一六九五)から同四十一年(一七〇二)までの汀州府知府、王簡庵(諱は廷掄)の『臨汀考言』巻一三、審讞には「長汀県民鄧万献、抗租誣告田主」という表題の附された、次のような判語が残されている。

審看得、鄧万献乃胡理源之佃戸也。因歴年抗欠田牛等租、理源於三十四年二月間、曾将万献及同佃陳有向控県、批衙査追。詎万献刁頑成性、抗拘不服。当経捕衙繳詞長令、復行准理、万献復逞刁抗質、因理源現充憲役、捏詞上控。……在万献欲卸抗租之罪、昧心虚捏、羅織多人、倶与理源欠租情事、毫無干渉。総之、万献与陳有向、均係理源佃戸、平日逞刁抗欠、是其長技。……縦使理源素日取租成隙、情或有之。然課従租辦、亦難云充衙役者、竟置租・牛於不問也。無良至此、本当依律反坐、姑念万献事犯赦前、諒予薄懲、実為厚倖。

審理したところ、鄧万献は胡理源の佃戸である。歴年にわたって田・牛等の租を抗欠したことによって、理源が三十四年二月の間に、万献および同じく佃戸の陳有向を県に訴えたところ、〔知県は〕捕衙に命じて調査・追徴させた。ところが、万献は生まれつき乱暴で、拘引に抵抗して承服しなかった。ただちに捕衙は訴状を戻し、長汀県の知県がまた審理を行ったところ、万献はまた不逞にも審問に抵抗し、理源が現在、憲役に充てられていることに託けて、訴状を捏造して上訴したのである。……万献は、抗租の罪を逃れるために、心を欺いて虚偽を捏造し、多くの人を巻き込もうとしたが、すべて理源の欠租の事柄とは全く無関係である。これを要するに、万献と陳有向とは、共に理源の佃戸であるが、普段から不逞にも抗租することを、その得意技としていた。……たとい理源が平日、租を取り立てるときに諍いを生じたとしても、事情としては有りえることである。しかしながら、課《ぜい》は田によって賄われるのである。衙役に充てられている者だからといって、結局のところ〔田〕租や牛〔租〕を不問に附せとは言い難いのである。悪行もここに至れば、もとより律によって反坐とすべきであるが、万献の犯罪が恩赦の前であったことを考慮して、軽い懲戒を与えることは、〔万献にとって〕誠に大きな幸いであろう。

この事案は、地主胡理源が抗租を理由に佃戸鄧万献・陳有向を長汀県に告訴したのに対して、逆に鄧万献が胡理源を汀州府に上訴したものである。王簡庵の判は、万献の訴えを誣告としながらも恩赦が出ていることによって「反坐」の罪を免じ、万献を「薄懲」処分にしたものである。ここでは抗租そのものに対する佃戸二人の処罰は行われていないが、鄧万献・陳有向の抗租については事実と認定し、万献の誣告が「抗租の罪」を逃れるために行われたものであると指摘している。この時期、〈抗租禁止条例〉という国家の法がいまだ成立していないにも拘わらず、「抗租の罪」という認識が地方の現場――府・州・県――においてすでに確立している点には、特に注目する必要があろう。[33]

以上の祁彪佳および王簡庵の判語を除いて、現在までのところ福建における抗租関係の具体的な裁判事例をほとんど見出すことはできない。しかしながら、当時、佃戸の抗租を地主が州県衙門に告訴し、佃戸の処罰と佃租の追徴とを求める事態が、すでに一般化していたのではなかろうか(34)。

抗租案件に対する地方官の取り扱いについて、康熙年間の泉州府にはきわめて興味深い史料が存在する。すでに紹介したものではあるが、康熙『同安県志』巻三、賦役志、均徭、所収の「讜論」は、次のように記されている(35)。

一、頑佃之逋租不究、将負嵎抗欠、業戸無租可収。何糧可徴。況同邑大害、凡田遇強戸佃耕、則租穀無取、且遭殴殺者、所在皆是。呈稟則官長視為細故不理、即理亦遷延寝擱、終無比追。此正糧累之本、為邑主者、其可忽諸。

一、頑佃の逋佃を究明しなければ、頑なに抗租を行い、業戸は租を徴収できないことになる。〔そうであれば〕どうして〔業戸から〕税糧を徴収することなどできようか。ましてや同安県の大きな弊害としては、強い戸が佃作すると、すなわち租穀が徴収できないばかりか、かつ〔業主で〕殴殺に遭う者さえおり、至るところで皆そうなのである。〔業主が〕訴え出ると地方官は細故と看做して〔訴状を〕受理しようとせず、たとい受理したとしても〔審理を〕引き延ばしたり有耶無耶にしたりして、ついには〔欠租を〕追徴することもしない。これはまさに糧累（税糧滞納）の原因であり、知県たる者、どうしてなおざりにしてよいであろうか。

この記事には、地方官の抗租取締が十分に機能していないことに対する、おそらくは地主層に属すると思われる著者の不満が表明されているといえよう。ここでは官側が地主による抗租の訴えを受理しない理由として、抗租が本来は民間での解決が望まれる〈戸婚・田土の案〉＝〈細事〉（「細故」）に属する案件である点が指摘されている(36)。地主の不満には、抗租に対する法的根拠の缺如という問題は全く視野の外に置かれていたのである。

以上のように、明末清初期の福建では、基本的には地主の告訴を受理した府・州・県の裁判を経て、抗租した佃戸の処罰が行われていたのである。但し、裁判の場において抗租の案件は〈細事〉或いは〈小事〉といわれる〈州県自理の案〉として各地方官が自らの裁量――〈情理〉を最も重要な基準とする――によって処理すべきものとされていたのであり、抗租案件を処理するための国家の専法の必要性を地方の現実の中から見出すことはできない。それと同時に、逆に〈細事〉であるがゆえに抗租案件が地方官によって重要視されず、むしろ等閑視されるという事態もまま存在していたのである。しかしながら、こうした現実の中から「抗租の罪」という認識が地方レヴェルでは徐々に確立していたのであり、〈抗租禁止条例〉の制定を俟つまでもなく、抗租それ自体は国家権力によって処罰されるべき「罪」と看做されていたのである。

(ii)　他地域の事例

以上に検討を加えた福建以外の地域についても、明末清初期の裁判史料の中に抗租・欠租に関するいくつかの事例を見出すことができる。

当該時期の江南デルタ地域における抗租の風潮化については、すでに詳細な研究がなされているが[37]、特に濱島敦俊氏が明らかにされたように、上述の福建の状況とは対照的に江南では国家権力が抗租の問題に介入せず、地主層の不満・慨嘆を招くという状況が存在していた[38]。その典型的な事例が、有名周知の万暦『秀水県志』巻一、輿地志、風俗、農桑に見える、次のような記述である。

官司催科甚急、而告租者、或置不問。

官司による税の催促は甚だ厳しいが、租〔の滞納〕を告訴する者については、或いは放置して取り上げようともしない。

地主による抗租の訴えが官司によって取り上げられない原因として、抗租・欠租を処理するための法的根拠が缺如していたこと、および当時の官の方針として佃戸保護的な色彩が濃厚だったことを濱島氏は推定されているが、[39] その一方で、抗租そのものが〈細事〉であるがゆえに地主の告訴が州県官によって重視されないという事態も存在していたのではなかろうか。

濱島氏によって紹介された史料であるが、崇禎六・七年（一六三三・三四）の南直隷巡按御史時代における祁彪佳の『按呉親審檄稿』一四二「一件、為出巡事」には、

曾養弘種林廷之田四畝、而逋其租、其事甚小。乃林廷告之該県、批糧三衙、輒誣養弘為搶麦。不知、田係弘佃、麦係弘物。豈有反行搶劫之理。甚矣、衙官断事之不明也。

かつて養弘は林廷の田四畝を耕作して、その租を滞納したが、そのことは甚だ些細なことである。ところが林廷はこれを該県〔無錫県〕に訴え、〔知県は〕糧三衙に命じ〔て取り調べさせ〕たが、すなわち養弘を誤って搶麦と看做したのである。田は〔養〕弘が佃作していたのであるから、麦は〔養〕弘のものであることを知らないのか。どうして逆に搶奪を行う道理があろうか。〔何と〕甚だしいことか、衙官の裁きの不明なることは。

という記述が見られる。[40] これ自体は常州府無錫県の判に対して覆審を行った祁彪佳の「批判」であるが、濱島氏自身が指摘されているように当時、抗租・欠租を「搶禾」「搶麦」と看做し、「白昼搶奪律」を適用していた現実が確かに存在していたように思われる。[41] 但し、この「批判」において祁彪佳は「白昼搶奪律」適用の誤りを叱責するとともに、佃租滞納の問題を「其事甚小」と述べているのである。すなわち、抗租・欠租の案件は本来的には〈州県自理の案〉として、まさに懲戒レヴェルの処分におさめるべきものと認識されていたといえよう。

清初の康熙年間に至ると、浙江の嘉興府に次のような事例が存在する。小山正明氏によって紹介された史料であるが、康熙十四年（一六七五）から同十七年（一六七八）までの嘉興府知府、盧崇興の[42]『守禾日紀』巻四、讞語、「一件、假官虐民事」には、

審得、呉鳴羽身充脚頭、而倚富横行者也。有卜忠郷民、向憑祠生袁有三、租種鳴羽田三畝三分、毎年議租四石九斗五升。十四年十月十三日、已完四石六斗、所欠者三斗五升耳。羽乃具呈該県、批送糧衙、挟以田主之勢、恣行嚇騙之謀。……欠租三斗五升、法応断給。所租田畝、退与鳴羽、繳還租約、另行召種可也。

審理したところ、呉鳴羽は自ら脚頭になり、富裕をかさに着て横行している者である。卜忠という郷民がおり、かつて祠生の袁有三を保証人として、鳴羽の田三畝三分を佃作し、毎年の租を四石九斗五升と取り決めた。〔康熙〕十四年十月十三日、〔卜忠は〕すでに四石六斗を納め、滞納分の租は三斗五升のみであった。ところが鳴羽は該県に訴え、〔案件は〕糧衙に批送されたが、〔鳴羽は〕田主としての勢力をかさに着て、勝手に恐喝の企てを行ったのである。……〔卜忠の〕滞納分の租、三斗五升については、法としてはまさに支払うように断ずるべきである。佃作している田畝は鳴羽に返還し、租佃契も返して、〔鳴羽が〕別に〔佃戸を〕招いて耕作させるようにすればよいであろう。

と記されている。(43) この盧崇興の判では、佃戸卜忠の欠租を訴えた地主呉鳴羽の不法行為に対して「重杖」という擬罪がなされる一方で、欠租した佃戸に対して笞・杖という体刑は科せられていないものの、官の強制による滞納佃租の支払いおよび佃戸卜忠の退佃という厳然とした処置がとられているのである。江南においても、官権力は地主－佃戸関係の問題、特に抗租・欠租に対しては介入の方向に在ったことが窺えよう。

次に、(a)李漁『資治新書』巻一四、判語部、租賃に収録された、明末の万暦三十九年(一六一一)から同四十一年(一六一三)まで山東登州府萊陽県知県として在任した文太青(44)(諱は翔鳳)の「違断抗納事」、および(b)順治六年(一六四九)から同十二年(一六五五)まで浙江金華府の推官を務めた李之芳(45)の『棘聴草』巻二〇、讞詞摂婺邑、「本県、一件、為祈天親勦事」の二つの史料を提示することにしたい。

(a)呉世禎之抱牘、已経郭令断結、杖董遷儒而追租。奈何其慫期弗付也。呉生再控、遷儒舌結。不可不再杖之、以斥梗令者。

呉世禎の訴状については、すでに郭知県の判決によって、董遷儒を杖刑として、〔滞納分の〕租を追徴することとした。ところが、〔遷儒は〕期限を無視して支払わなかった。呉生が再び訴えると、遷儒は口を閉ざしたままであった。再びこの者を杖刑とし、裁きに逆らう者を咎めないわけにはいかないのである。

(b)審得、黄謨向以田八石七斗、売与邵啓明之父。雖経過割、仍行包佃、此名与而実不与也。至七八両年、夏取其麦、秋又収其禾。蓋儼然吾家旧物。而邵之租息、帰烏有矣。雖猶以局磊致辯、毋乃視藐諸孤乎。但査、原契曾載、還銀取贖。果能完璧、当即帰田、此亦無不可者。然逋租之黄謨、不可不杖。

審理したところ、黄謨はかつて田八石七斗を、邵啓明の父に売却した。過割を行ったとはいえ、〔黄謨は〕依然として〔そのまま〕佃作を行っており、このことは名目はかかわっているが、実際はかかわっていないことになる。〔順治〕七・八の両年に至って、夏は麦を取り入れ、秋はまた稲を収穫し〔たのに租を払わなかっ〕たのである。蓋し〔黄謨にとっては〕恰も自分の家に以前からある物であったからである。こうして邵の佃租は、烏有に帰したのである。〔黄謨は〕なお様々な事柄によって辯解したとはいえ、年若い孤児と看做して〔寛大に扱って〕はならない。但し調べたところ、もとの契約書には「銀を払って贖回する」と書かれている。果たして全額払うことができれば、すぐに田を返還することも、またできないことではない。しかしながら、租を滞納した黄謨は、杖刑としないわけにはいかないのである。

(a)はきわめて簡略な内容であるが、おそらくは地主呉世禎が佃戸董遷儒の欠租を訴え、結果として遷儒は杖刑に処せられ、滞納した佃租の追徴を命じられたものであろう。明末段階の、しかも地域的には山東の事例であり、注目すべきものと思われる。他方、(b)は李之芳の金華県署知県としての判語である。その内容は、田土を売却した後もそのまま佃戸として耕作していた黄謨の「逋租」を地主邵啓明が金華県に告訴し、それに対して李之芳は佃戸黄謨に杖刑を科したものである。(a)・(b)ともに佃戸による欠租の案件であり、かつ被告の佃戸は杖刑処分を受けているのである。まさしく県官による懲戒としての軽微な処罰が行われたものだといえよう。

山西の太原府には判牘そのものではないが、一つの裁判に関する、次のような事例が残されている。すなわち、康熙七年(一六六八)から同十二年(一六七三)までの交城県知県、趙吉士(46)の『牧愛堂編』巻六、詳文、戸婚、「一件、富殺貧命事」の記載である。

看得、趙茂李巨鰲之佃戸也。立約受価、為巨鰲耕種地土。今秋禾已熟、自応呼田主、看験収割、而茂乃私自割帰。鰲子李二、来収秋禾、見田無籽粒、因而向趙茂而問之。茂復欺其稺子一人独至、抗不為礼。李二血気方剛、闘狠之状、勃勃欲舒、持拳相向、茂拒不容殴。李二大声疾呼、而地隣韓邦奉、途人李進福、勧解散去。茂揣鰲必行告、已先捏証誣告于本府。蒙批職審。庭鞫時、趙茂干証、無一到官、而巨鰲二証、述其当日勧解情形、鑿鑿有拠。験趙茂之妻、刺腿瘡疤、平復無痕。至詰其所告凶器、亦並無寸鉄。査、巨鰲所議工価、則按時給発無負。趙茂既不問田主、而割其禾、又復捏虚誣控、本応重懲、姑念貧民無知、擬杖以警。巨鰲盗殴之訴、茂既係佃人、私割帰家、難同盗論。

調べたところ、趙茂は李巨鰲の佃戸である。契約書を立て代価を受けて、巨鰲のために土地を耕作していた。現在、秋禾《いね》がすでに稔っているからには、自ずからまさに田主を呼んで、〔作柄を〕実見してから収穫すべきであるのに、茂は勝手に刈り取って持ち帰ったのである。〔巨〕鰲の息子の李二が、秋禾を収穫するためにやって来たが、田に一粒〔の穀物〕も残っていないのを見て、趙茂にこのことを問いただした。茂はまた一人で来た息子を欺こうとして、対等に出て〔地主に対する〕礼を行わなかった。そのことで李二の血気は盛んになり、にわかに喧嘩しようとして、拳を握って向かっていったが、茂は〔李二を〕拒んで殴るのを許さなかった。李二が大声で叫んだので、隣に住む韓邦奉と通行人の李進福とが、〔両者を〕仲裁して解散させたのである。茂は〔巨〕鰲が必ず告訴するだろうと考え、先に証人を捏造して本府に誣告したのである。〔府の〕批を受けて当職が審理を行った。法廷での取り調べの時、趙茂の証人は、一人として出頭しなかったが、巨鰲の二人の証人は、当日の仲裁の状況を証言したのであり、明白な根拠があるといえよう。趙茂の妻を取り調べたところ、大腿部を刺されたという傷は、恢復して痕も無かった。訴え出たところの凶器について詰問しても、全く寸鉄も出てこなかったのである。調べたところ、巨鰲が取り決めた工価は、すなわち定期的に支払われており、滞らせたことはなかった。趙茂は田主に知らせないで、禾を収穫したばかりか、また虚偽を捏造して誣告したのであるから、もとより重く処罰すべきであるが、貧民の無知を考慮して、杖刑に擬して戒めとする。巨鰲の盗殴の訴えについては、茂がすでに佃戸であり、勝手に収穫して家に持ち帰ったとはいえ、盗みと同等に論ずることは難しいのである。

当該史料に見える地主李巨鰲と佃戸趙茂との間の関係は、佃租に関しては双方の「看験収割」(分益租の一種)によるというものであった。係争それ自体は、趙茂が「私自割帰」したことを発端としているが、「看験収割」を内容とする地主‐佃戸関係において、佃戸の「私自割帰」という行為はまさに抗租と看做すべきものであろう。ここでは地主・佃戸の双方とも官への告訴を行っているが、判者趙吉士はまず佃戸趙茂に対して「田主」に知らせないで勝手に収穫したこと、およびおそらくは地主李氏側が趙茂の妻に傷害を加えたと誣告したこと、この二点について問罪すべきであるという判断を示している。実際には趙茂は情状酌量(「貧民無知」)によって杖罪に擬せられたのみであるが、しかし、佃戸の抗租自体が問罪の対象とされている点には注目したい。それと同時に、李巨鰲の方も趙茂の行為を「盗殴」として告訴しているが、抗租を裁く法の欠如によって抗租が〈細事〉と看做され、官によって無視されかねないという地主側の懸念があったのではなかろうか。

以上、具体的な裁判の過程で抗租・欠租がどのように取り扱われたか、について江南・浙東および山東・山西の各地域の事例の検討を行ってきた。国家の法の欠如にも拘わらず、基本的には抗租・欠租それ自体は官による処罰の対象、或いは地主‐佃戸関係に対する官の介入を招く直接的要因となっていたのである。また抗租・欠租に対する処罰は福建の事例と同様に、やはり杖刑という懲戒的処分に止まっていたといえよう。

ところで、直接的な判牘史料ではないが、康熙年間の湖南郴州には地方官による次のような告示を見出すことができる。それは康熙五十三年（一七一四）に興寧県の署知県に就任した楊葳の「禁悪佃占田示」であり、[47] 嘉慶『直隷郴州総志』巻終、附考、所収のものである。[48]

茲奉憲委、来署此邑。悪佃耙苗、日毎見告。夫目今耙苗、則秋成之争穫、勢所必至。除現在差査究処外、合行出示厳禁。為此示仰業主並佃戸人知悉。其已経離耕者、或自種、或另批、任聴従田主之便。其現在承佃者、本年秋成、或臨田均分、或認納租穀、務須照議遵行。従前如有旧欠、視多寡之数、亦必限年清還。在業主止以得租為期、既已収租、自必聴其佃種、諒無好為更張之理。倘敢逞凶強穫、抗不給租、及田主因事退耕、公然占踞者、田主完糧之後、許依状式簡明具控、以憑厳拿、尽法痛処。除追租外、定行勒令離耕、並厳究扛帮済悪之人、以為佃戸強梁者戒、云云。

ここに上憲の委任を奉じて、この県に来て署〔知県〕となった。悪佃の耙苗については、毎日のように訴えられている。そもそも目前の耙苗は、すなわち収穫物の取り合いであり、当然、起こりえるものである。現在、調査・究明して処罰するのを除いて、まさに告示を出して厳禁すべきである。このために業主および佃戸に命じて承知させる。すでに〔佃戸が〕耕作を止めたものについて、或いは〔業主が〕自ら耕作するか、或いは別に小作させるかは、田主の都合に任せる。現在、小作している者について、本年の収穫を、〔主・佃が〕田に臨んで均分するか、或いは租穀を納入するかは、務めて必ず規定に照らして遵守すべきである。以前にもし滞納があれば、その数量の多・寡を見て、必ず年を限って返済すべきである。業主は、ただ租を得ることだけを期待しており、すでに収租が終わったならば、当然、その小作を聴すべきであり、自分勝手に〔佃戸を〕変更しようとする理屈は成り立たないのである。もし〔佃戸が〕敢えて凶悪にも無理やり収穫し、〔田主に〕抵抗して租を納めず、また田主が事情によって小作をやめさせようとしたときに、公然と占有する者がいたならば、田主は税糧を納めた後に、様式に基づいて簡明に告訴することを許し、それによって〔当該の佃戸を〕逮捕し、法を尽くして処罰するようにせよ。〔官は〕租を追徴するほかに、必ず強制的に耕作を止めさせるようにし、併せて〔佃戸に〕肩入れして悪事を助けた人を厳しく追究し、それによって佃戸の頑強な者の戒とする、云々。

「悪佃耙苗」とは、秋成時の佃戸による「強獲」を含む事実上の抗租を表したものであろう。ここに提示した記載の直前において、楊蔵は抗租が郴州所属のすべての地域――郴州および永興・宜章・興寧・桂陽・桂東の五県――で展開していることを述べているが、興寧県の状況が特に甚だしかった。(49) この告示の中で地主・佃戸双方に対して在来の関係を維持すべきことを命ずるとともに、佃戸の抗租・覇耕に対処すべく、地主には納税後に正規の手続（「状式」）によって告訴すべきこと、およびそれを受理した後の裁判を経て抗租に対する具体的処理――佃戸の処罰を含む――を行うことを、楊蔵は明言しているのである。当該地域では、事実として地主による「悪佃耙苗」の訴えが日常化していたが、抗租の問題はまさに地主の告訴、知県による裁判、そして佃戸の処罰という形態で具体的に処理されていたのである。

(iii)　中央レヴェルの認識

以上のように、この時期、抗租・欠租の問題は府・州・県による裁判においていわば〈細事〉として取り扱われ、杖刑・笞刑という懲戒レヴェルの処罰を含む具体的な処理が行われていた。

では、雍正五年（一七二七）の〈抗租禁止条例〉制定以前において、中央政府レヴェルでは抗租の問題をどのように扱うべきものとされていたのであろうか。すでに前節で触れたように、〈抗租禁止条例〉制定時期における吏部官僚の認識は、抗租については立法化するまでもなく、地方官が個々の事案に即して処理すべきであるというものであった。ここでは、康熙・雍正期の銭糧蠲免・佃租減免政策と関連する二つの史料を提示することにしたい。

一つは、康熙五十二年(一七一三)刊の『定例成案合鐫』巻五、戸部、田宅、補遺、「追比田租」康熙四十四年(一七〇五)十一月附の、次のような記載である。

一、戸部覆、御史李条奏、査、康熙二十九年七月内、原任山東巡撫仏倫条奏、直隷各省、遇有蠲免銭粮、将蠲免銭粮之分数、分作十分、以七分蠲免業戸、以三分蠲免佃種之民。但恐地方官日久玩忽、業主仍有照常勒取、亦未可定。応照前例通行各省、出示暁諭、務使業主佃戸、得沾実恵。至所称佐弐等官、視追比佃租、以為利藪、敲朴之威、甚于比較、等項、査、佐弐等官、擅受民詞、例有処分。応令該督撫厳行申飭。如有此等情弊、即行査参。奉旨依議。

一、戸部は〔次のように〕覆奏した。御史李の条奏には「調べたところ、康熙二十九年七月内に、原任の山東巡撫仏倫の条奏には「直隷・各省で、銭粮を蠲免するという事態になったならば、蠲免する銭粮の数量を十割として、その七割は業戸を蠲免し、三割は佃作する民を蠲免する」とあった。但し恐らく地方官は日が経つにつれて軽視したり、業主もやはりいつも通りに取り立てたりということがあるかも知れない。まさに前例に照らして各省に通行し、告示を出して暁諭《せつゆ》し、務めて業主・佃戸が、実恵を享受できるようにさせる」とあった。「佐弐等の官は、佃租の追徴を儲け口と看做しており、〔佃戸に対する〕敲朴《けいぼく》の威力は、〔銭粮の〕比較《とりたて》よりも甚だしいのである」等ということについて、調べたところ、佐弐等の官が勝手に民の訴状を受理することは、例にその処分が規定されている。まさに当該の督撫に命じて厳しく申し渡しを行わせるべきである。もしこれらの弊害が見られたならば、ただちに監査して弾劾を行うようにする、と。〔康熙帝の〕上諭を奉じたところ、提議の通りにせよ、とあった。

清朝の銭糧蠲免・佃租減免政策についてはすでにいくつかの研究において論及されており[50]、贅言を要しないが、「追比田租」と題された当該史料の主題はまさに傍点部分ということになろう。ここでは官による刑罰（「敲朴之威」）をともなう佃租追比の違法性が指摘されているのではなく、正印官（知州・知県）ではない佐弐官——州では州同・州判、県では県丞・主簿——等が地主の告訴を受理し、抗租・欠租した佃戸に対して恣意的な刑罰を行使することの違法性が述べられているのである。[51] すなわち、戸部の官僚および御史李某の認識では、地主が告訴した抗租案件を官が処理すること自体は決して否定されていないのである。

いま一つの史料は、雍正十年（一七三二）刊の黄文煒『定例類鈔』巻一一、戸部、蠲賑、「蘇松二府佃戸減租」であり、そこでは、

雍正三年四月、戸部議准、光禄寺卿杭奕禄条奏、請勅下江南督撫、行令蘇・松二府之州県、凡有田之人、于恩免額徴銭粮数内十分中、減免佃戸三分。……其租田之佃戸、亦不得借端図頼于減数之外、将田之額数、短少不還、致業戸輸賦有缺。倘有此等頑佃、業戸呈告、該地方官察出実情、亦従重責治。

雍正三年四月、戸部の議准によれば、光禄寺卿杭奕禄の条奏に「江南督撫に勅命し、蘇・松二府の州県に命じて、およそ田を所有する人は、恩免額徴銭粮の数量を十割とし、その中から佃戸は三割を減免させるようにして頂きたい」とあった。……田を小作する佃戸が、何かに託けて減免の数量の外に抗租を企て、その田の（佃租）額を、滞納して払わず、業戸が賦を納入するときに不足を来すという事態を招いてはならない。もしこれらの頑佃について、業戸が告訴したならば、当該の地方官は実情を調査し、重く処罰するように、とあった。

と叙述されている。雍正三年（一七二五）の蠲免政策の内容に関する部分は省略したが、[52]〈抗租禁止条例〉制定の二年前に戸部の「議准」の中で抗租の禁止が明言されている点は注目されよう。それと同時に、頑佃の抗租については、地主の告訴をうけて地方官が調査・処分すべきであるという見解が表明されているのである。

以上のように、〈抗租禁止条例〉制定以前の段階において、中央政府の官僚でさえも佃戸の抗租は法の制定を俟

つまでもなく、府・州・県の各地方官が自らの裁量によって処理すべきであるという認識をもっていたのである。〈抗租禁止条例〉の中の抗租禁止条項(B)の出現は、地方レヴェルのみならず、中央政府レヴェルにおいても実質的必要性に基づくものではなかったといえよう。

三　〈抗租禁止条例〉制定以後の抗租禁圧

(i)　中央レヴェルの判決例

雍正五年(一七二七)の〈抗租禁止条例〉成立の後、抗租をめぐる具体的案件において、当該条例はどのように運用されていたのであろうか。まず、中央政府レヴェルの判決例について若干の分析を加えることにしたい。〈抗租禁止条例〉によって杖八十という刑罰が規定された佃戸の抗租は、官が執行しえる刑の上からは当然のように〈州県自理の案〉に含まれるものであり、抗租のみの事案が中央政府の裁判で取り扱われることは基本的にはありえなかった。従って、ここで分析の対象となる具体的な事例は、すべて〈題結の案〉[53]に含まれる人命案件であるが、但し、佃戸の抗租が何らかのかたちで事件に関連していたというものである。以下、中国で刊行された二種類の史料集、すなわち『康雍乾時期城郷人民反抗闘争資料』[54]および『清代地租剝削形態』[55]によって紹介された乾隆『刑科題本』の中から該当するいくつかの事案について、その概要を提示した後、抗租の問題がどのように処理されていたのかを具体的に見ていくことにしたい。

①「刑部尚書尹継善等題」乾隆三年(一七三八)五月十四日附、広東肇慶府新興県の事案[56]、

地主欧効尭は所有する田土を佃戸温明宗に小作させていた。乾隆元年（一七三六）、明宗が租穀三石六斗を滞納したために、欧効尭は新興県に告訴し、該県は明宗に欠租の全額納入（「清交」）を命じた。翌二年（一七三七）七月九日、欧効尭の弟効禹が収租に出向いたところ、温明宗は前年分の滞納額を差し引かれるのを恐れ、本年分の租穀納入の前に領収書（「収字」）の発給を要求した。しかし、欧効禹はそれを認めず、両者の間で諍いが起こった。明宗が殴りかかっていくと効禹は火磚を拾って投げつけたが、その火磚は明宗の背後に座っていた養女陶亜妹の頭部（「顖門」）に当たった。亜妹はその傷が原因でまもなく死亡した。

この一件を審理した署広東巡撫王謩は、欧効禹を「戯殺・誤殺・過失殺傷人律」の適用によって死刑（「絞・監候」）に処すべきことを擬するとともに、それと併せて、

温明宗合依奸頑佃戸、拖欠租課、欺慢田主例、応杖八十、折責三十板、已経照例先行発落。所欠租穀三石六斗、照数追給田主欧効尭収領。其田仍聴田主另行批佃。

温明宗はまさに「悪賢い佃戸で、租課を滞納し、田主を欺瞞した」という例に依拠して、杖八十とし、三十板に換算して処罰すべきであるが、すでに例に照らして先に〔刑の〕執行を行っている。滞納した租穀三石六斗は、数量の通りに追徴して田主欧効尭に支給して受領させる。その田についてはやはり田主が別〔の佃戸〕に佃作させることを許す。

という具題を行った。中央の三法司――刑部・都察院・大理寺――は王謩の定擬通りに「完結」すべきことを答申し、最終的に乾隆帝の裁可を得たのである。

②「署刑部尚書阿克敦等題」乾隆十九年（一七五四）十月十七日附、浙江金華府東陽県の事案[57]、

地主斯守通が所有する土名深塘頂の田十一秤は、佃戸斯狗が小作していたが、斯狗は歴年にわたって佃租を滞納していた。乾隆十八年（一七五三）の三月中に、斯守通は斯狗に対して、滞納分の佃租を帳消しにする代わりに、斯狗を退佃させて自らが耕作することを通知した。五月三日、斯守通が兄守武および弟連祖ととも

に、その田土で田植え（「挿秧」）を行っていたところ、それを聞きつけた斯狗は斯九・斯流海・斯南龍とともに天秤棒・鋤柄を担いで阻止しようとやって来た。そのために双方の間で乱闘状態となった。斯守通が天秤棒を拾って斯流海を殴ろうとしたところ、斯九の頭部（「顋門帯右」）に当たった。また駆けつけて来た守通の侄の斯大は、斯九が叔父を殴打しようとしているのを見て、天秤棒を拾って打ち下ろしたところ、これも斯九の頭部（「頂心」）を傷つけることとなった。その晩、斯九は死亡した。

浙江巡撫周人驥は審理の結果、斯守通によるものを致命傷と判断し、「凡同謀共殴人傷、皆致命、……若当時未死、而過後身死者、当究明何傷致死、以傷重者坐罪」という乾隆五年（一七四〇）の条例[58]によって守通を「絞・監候」に擬すると同時に、

斯狗佃田抗租、除毀秧計値無多、軽罪不議外、合依奸頑佃戸、拖欠租課、欺慢田主者、杖八十例、杖八十。但糾衆阻種、醸成人命、罪浮於律、応加枷号一個月示儆。仍追所欠租穀、給斯守通収領。……田帰斯守通管種。

斯狗は田を小作して抗租したのであり、引き抜いた稲の価値は少なく、軽罪として不問に附すのを除いて、まさに「悪賢い佃戸で、租課を滞納し、田主を欺瞞した者は、杖八十とする」という例に依拠して、杖八十とすべきである。但し〔斯狗は〕衆を集めて耕作を阻止しようとし、人命事件を醸成したのであるから、罪は律〔の規定〕より重くなり、枷号一個月を加えて懲戒の意を示すべきである。さらに滞納分の租穀を追徴し、斯守通に支給して受領させる。……田については斯守通に返して管業させる。

という具題を行った。三法司の会議は、周人驥の具題の内容をそのまま承認したのである。

以上の①②の事例は、佃戸の抗租を発端として人命案件が醸成されたものである。ともに当該佃戸は直接的な加害者・被害者の立場になかったが、但し、人命案件を惹起する原因となった抗租について〈抗租禁止条例〉が適

用されたもの――②では人命の醸成という理由で枷号一ヵ月が加えられている――である。[59]

しかしながら、同じく乾隆『刑科題本』には、次のような事例をも見出すことができる。[60]

③「署刑部尚書阿克敦題」乾隆十六年(一七五一)六月三日附、福建漳州府龍渓県の事案、

陳万は兄陳和とともに地主黄元碧の田一段を小作し、租穀二十四石を納入することになっていたが、毎年、佃租を滞納していた。乾隆十五年(一七五〇)十月十三日、黄元碧は佃戸陳万等が今年も佃租を払わないのではないかと考え、林和の船を雇い、弟黄周とともに佃戸に無断で稲を刈り取って今までの欠租分に充てようとした。元碧等がまさに稲を船に搬入しようとしたとき、それを見た陳万は船のところまで来て阻止しようとした。船上において黄周と陳万との間で格闘となり、陳万の手にした竹竿が黄周の頭部(「頂心の偏右」)に当たった。そのために黄周は足を踏み外し、河に落ちて溺死した。

加害者陳万は「闘殴及故殺人律」によって「絞・監候」に擬せられたが、陳万とともに佃租を滞納していた陳和について福建巡撫潘思榘の具題では、

陳和抗租不還、合依不応重律、杖八十、照例先行折責発落。所欠租穀、於陳和名下照追、給主収領。田聴黄元碧召佃管耕。

陳和は抗租して払わなかったのであり、まさに「不応重律」に依拠して、杖八十とすべきであるが、例に照らして先に〔三十板に〕換算して刑罰を執行している。滞納分の租穀は、陳和の名義から〔数量に〕照らして追徴し、田主に支給して受領させる。田は黄元碧が佃戸を招くか、〔自ら〕管理・耕作するかを許す。

と記されており、抗租そのものに対する処罰が提議されている。おそらくは、潘思榘の具題通りに三法司による答申が行われ、乾隆帝の裁可を受けたものと思われるが、ここで留意しなければならない点は、陳和の抗租に対して「不応重律」による擬律が行われていることである。

④「刑部尚書鄂彌達等題」乾隆二十三年（一七五八）三月二日附、広東広州府清遠県の事案[61]、

地主羅連富は田土二十六畝八分八厘八毫餘を所有していた。乾隆十四年（一七四九）羅連富は江永隆および彼の姪子江裔均・江亜瑞の三者と租佃契約を結び（「批佃」）、江永隆等は批頭銀三十二両を支払い、毎年三十五石の租穀を納入することになった。乾隆二十・二十一両年（一七五五・五六）、佃戸江永隆等は租穀二十六石四升五合を滞納した。乾隆二十一年（一七五六）十一月、羅連富は永隆等が小作している田土のうち、二十畝一分六厘七毫三絲を監生の陳儒威に売却した。そのとき、連富は陳儒威とともに、売却した田土についてはこれまでの租佃契約を破棄して儒威が別に召佃すること、および残りの六畝餘については今まで通り江永隆等に小作させることを、永隆に通知した。その後、陳儒威は購入した田土を李会受・李孟奇に小作させた。しかし、羅連富が批頭銀を返却しなかったので、江永隆の子江接章と江裔均・江亜瑞は退佃を認めなかった。乾隆二十二年（一七五七）三月十三日、三人が当該田土で犂耕していたところ、李会受・李孟奇がやって来て双方の間で諍いとなった。李孟奇は江裔均に棍棒で背骨を殴打され、次いで江接章に同じく棍棒で右胸を傷つけられ、帰宅した後に死亡した。

三法司および吏部・兵部の会議は、江接章によるものを致命傷と看做し、接章を「絞・監候」に擬したのである。この事案処理の一環として、署広東巡撫周人驥の具題には、

羅連富将田転売、不還批頭銀両、致啓釁端、応与拖欠租穀之江永隆、均照不応重律、杖八十、各折責三十板、先行発落。羅連富未交批頭銀三十二両、除江永隆等拖欠租穀二十六石四升五合、時値価銀一十五両六銭二分七厘、応行扣抵外、尚欠銀一十六両三銭七分三厘、応令羅連富照数交還江永隆等収領。陳儒威与羅連富、買受田二十畝一分零、応聴李会受佃耕。羅連富剰田六畝零、亦聴羅連富另行批佃。

羅連富は田を転売しておきながら、批頭銀を〔江永隆等に〕返却せず、事件を引き起こしたのであるから、まさに租穀

を滞納した江永隆と共に、均しく「不応重律」に照らして、杖八十とし、各々三十板に換算して処罰すべきであるが、すでに(刑罰は)執行している。羅連富がまだ支払っていない批頭銀三十二両は、江永隆等の滞納した租穀二十六石四升五合、その時の価格で銀十五両六銭二分七厘と、まさに差し引きを行うべきであるのを除いて、まだ滞納している銀十六両三銭七分三厘は、まさに羅連富に数量の通りに支払わせ、江永隆等に受領させるべきである。陳儒威が羅連富から購入した田二十畝一分零については、まさに李会受の佃作を許すべきである。羅連富の残りの田六畝餘は、羅連富が別に佃作させるのを許す。

と記述されている。退佃時に押租(「批頭銀」)を返却しなかった地主羅連富、および事件の発端となった租穀を滞納した江永隆の両者には「不応重律」適用による杖八十が擬せられているが、この内容はそのまま乾隆帝の裁可を得たのである。

⑤「戸部尚書兼管刑部事務英廉等題」乾隆四十三年(一七七八)十月十九日附、浙江台州府仙居県の事案[62]

陳国玉は地主呉明端の所有する田土八分を小作し、毎年、穀・麦の二租を納入することになっていた。しかし、乾隆三十九年(一七七四)、陳国玉は租穀七斗五升・麦租八升を滞納した。四十二年(一七七七)七月、国玉は小作田のうちの三分を地主に無断で陳阿添に転佃し、「租銭」一千文を得るとともに、四十三年(一七七八)以降、租穀六斗を阿添が国玉に対して支払うように取り決めた。四十二年(一七七七)の秋成の後、陳国玉が租穀六斗を滞納したことで、地主呉明端は国玉から小作田土のすべてを取り上げ、その八分の田を呉欽本に小作させた。十月八日、陳阿添はすでに三分の田に麦を蒔き終わっていた。十月二十二日、呉欽本がその田を翻耕していると、陳阿添が陳国勝とともに駆けつけて来て、それを阻止しようとした。そのとき、近くの田で農作業をしていた呉佳相・呉鑑治の親子が両者の諍いを仲裁するためにやって来たが、陳国勝の子国仁は逆に天秤棒を持って呉佳相の背後から右のこめかみ(「右太陽」)を殴りつけた。呉佳相は次の日に死亡した。

加害者陳国仁は「闘殴及故殺人律」によって「絞・監候」に擬せられたが、浙江巡撫王亶はその具題の中でさらに、

陳国玉欠租不清、復将佃田転租起釁、亦属不合。応照不応軽律、笞四十。所欠呉明端穀麦、并陳阿添租価銀一千文、照追給領。

陳国玉は欠租して払わず、また佃作している田を又貸しして事件を引き起こしたのであり、不合《ふとどき》である。まさに「不応軽律」に照らして、笞四十とすべきである。滞納している呉明端の穀・麦〔の二租〕、並びに陳阿添の租価銀一千文は、数量の通りに追徴し、〔各々の者に〕支払って受領させる。

と述べている。陳国玉の「欠租不清」に対しては「不応軽律」の適用による笞四十という刑罰が科せられているのであり、これも乾隆帝の裁可を得たのである。

以上の③④⑤の事例もまた人命に関する事案であり、直接の加害者がすべて死刑に処せられている一方で、事件の発端となった抗租・欠租に対しては「不応重律」或いは「不応軽律」が適用されているのである。

以上、各省の巡撫の定擬および三法司の答申を経て、最終的に乾隆帝自身によって裁断された人命事案五例について見てきたが、それぞれの事案の発端となった事柄は、①「欠租」、②「佃田抗租」、③「抗租不還」、④「拖欠租穀」および⑤「欠租不清」というように、すべてが佃戸の抗租・欠租であった。乾隆年間にはすでに〈抗租禁止条例〉が存在しているにも拘わらず、中央政府の処置は巡撫の定擬をそのまま承認したものであるとはいえ、〈抗租禁止条例〉の適用のほかに「不応重律」の適用、或いは「不応軽律」の適用というように、それぞれの事案によって異同が見られるのである。この事実は、「刑名の総匯」たる刑部[63]を含む中央政府の裁判でも、本来的に〈細事〉〈小事〉に該当する抗租に対してはさほど厳密な擬律が要請されていなかったことを明示しているとい

えよう。すなわち、抗租の取締・禁圧における法の適用という点で、〈抗租禁止条例〉と「不応重律」との間に実質的な違いはほとんどなかったのである。

それと同時に、以上の五事例のうち①②③④の四例では、抗租した佃戸の処罰とともに当該佃戸の退佃が命じられている。特に④では「批頭銀」という押租慣行が存在しており、佃戸の欠租額が押租額を超過していないにも拘わらず、国家権力による退佃が強制されているのである。こうした巡撫および中央の処置にも注目しておきたい。

(ii)　地方レヴェルの禁令と抗租禁圧の実態

本節では、まず中央政府レヴェルの裁判における〈抗租禁止条例〉の運用の実態について見てきたが、次に当該条例制定以後の各地域における抗租禁圧の状況を、特に地方レヴェルの禁令に基づく抗租の処理と当該条例との関連に焦点をあてて検討することにしたい。但し、筆者の非力から、ここでは湖南・広東・江西・福建・江蘇の五省について若干の分析を行うのみである点を断っておきたい。

湖南　『湖南省例成案』所収の湖南の地主－佃戸関係および抗租に関する豊富な内容については、すでに多くの研究による紹介・分析がなされているが、(64)同書、戸律、田宅、巻四、「示禁買田贖找、承継逼嫁、乞養異姓、剝削佃戸、枯骨朽棺、駆逐苗中鉄匠、借貸苗債各条」乾隆十一年(一七四六)十二月十四日附には、次のような記載が存在する。

一、剝削佃民。苛索役使之積習、請賜厳禁也。査、定例内開、凡地方郷紳、私置板棍、擅責佃戸者、照違制律議処。衿監革去衣頂、杖八十、准其収贖。……至有奸頑佃戸、拖欠租課、欺慢田主者、杖八十、所欠之租、照数追給田主、等因。煌煌定例、備極厳明。夫貧苦小民、地無立錐、向大戸富人、佃種田土、除完租課之外、餘供仰事俯育之需、本属良民。……乃卑職査得、楚南習俗、凡小民佃田、倶有進庄礼銀、又名写田銭、毎種田一畝、需用進庄銀、自一両至二両不等。必先将此銀交送田主、然後允其承田。毎畝納租、自一石以及一石幾斗・二石不等。此外更多雑派、有新米一項、毎畝自一升至二三升不等。又有新鶏一項、毎一十畝自一隻至両三隻不等。更有需索鶏鴨蛋柴薪糯米年節肉、以及収租人執盪小利等項、層層剝削。……業蒙前撫憲蔣、将進庄礼銀等項、剴切飭禁在案。応請憲恩俯賜、通行各属、将田主剝削佃民種種陋習、広行示禁、幷刊設木榜、交与保甲人等、豎立通衢、止許収取正租、不得稍有雑派、以及希図進庄写田等銀、頻頻換佃、致令窮民失所。……如佃戸人等、藉此欺慢田主、抗騙租穀、亦請飭行照例杖儆追究。則主佃相安、両無虧累矣。(65)

一、佃民を収奪すること。搾取・役使するという積習については、厳禁〔の命令〕を賜わるよう願うものである。調べたところ、定例内には〔次のように〕書かれている。「およそ地方の郷紳で、ひそかに板棍を設置し、擅に佃戸を責めた者は、「違制律」に照らして処分する。衿監は衣頂を剝奪し、杖八十とするが、その罰贖を許す。……悪賢い佃戸で、租課を滞納し、田主を欺瞞する者がいた場合は、杖八十とし、滞納分の租は、数量の通りに追徴して田主に支給する」等と。輝かしい定例は、きわめて厳正である。そもそも貧窮の小民は、〔所有する〕土地が立錐も無く、大戸・富人に対して、田を小作して租課を納めるのを除いて、その残りで父母に仕え妻子を養うための費用を賄うのであり、もとより良民である。……ところが、卑職が調査したところ、楚南の習俗では、およそ小民が田を小作するには、すべて進庄礼銀、またの名を写田銭というものがあり、小作する田一畝ごとに、進庄銀が求められるが、〔その額は〕一両から二両まで様々である。〔佃戸は〕必ず先にこの銀を田主に納め、その後に田を借りることが許されるのである。一畝ごとの納租額は、一石から一石数斗・二石まで様々である。この他にさらに多くの雑派がある。「新米」という一項があるが、一畝ごとに一升から二・三升まで様々である。また「新鶏」という一項があるが、十畝ごと一羽から二・三羽まで様々である。〔田主は〕さらに鶏鴨蛋・柴薪・糯米・年節肉を取り立て、収租に来た人が小銭を稼ぐなどの項目があり、〔佃戸は〕何重にも及ぶ収奪を受けている。……すでに前の巡撫蔣〔溥〕によって、進庄礼銀等の項目を、適切に禁止して頂いたことは案《ファイル》に残されている。まさに上憲の御恩を賜り、〔湖南の〕各府に通達し、田主が佃民を収奪している種々の悪習については、広範に禁止を行い、併せて榜示を作り、保甲等に与えて、交通の要衝に立てさせ、〔田主には〕ただ正規の租を収取することだけを許し、少しでも雑派を取り立てたり、進庄・写田等の銀を徴収しようとして、頻繁に佃戸を取り替え、窮民が寄る辺を失うことのないようにして頂きたい。……もし佃戸等が、これに託けて田主を欺瞞し、租穀〔の納入〕に抵抗したならば、〔上憲が〕命令を出し、例に照らして杖刑による懲戒にして頂きたい。〔そうすれば〕すなわち田主も佃戸も相安んじ、共に累を被ることはないであろう。

ここに提示した史料は、雍正十二年（一七三四）から湖南の長沙府安化県知県、乾隆四年（一七三九）から永順府龍山県知県を歴任し、同九年（一七四四）以降、永州府道州知州に就任していた段汝霖の詳文の、全七条にわたる提議の第四条の部分的な記載である。汝霖の記述の主題は、湖南の地主‐佃戸関係に見える慣行（「習俗」）としての「進庄礼銀」をはじめ、地主の佃戸に対する苛酷な収奪の禁止を求めたものであるが、特に注目したいのはこうした地主の収奪にかかわるものではなく、知州段汝霖の詳文に〈抗租禁止条例〉が引用され、これに依拠して佃戸の抗租に対処（「杖儆追究」）すべきことが上請されている点である。段汝霖が在任した道州では、おそらくは〈抗租禁止条例〉によって抗租の取締および佃戸の処分が行われていたのではなかろうか。[66]

次に、張五緯『涇陽張公歴任岳長衡三郡風行録』巻一、岳州府、「扎飭各邑査辦刁佃控案」は、嘉慶四年（一七九九）に岳州府知府に就任した張五緯が府下各県に出した通達命令であるが、そこでは次のような内容が記されていた。[67]

照得、置産召佃、両有裨益之挙、按畝交租、為大勢皆然之事。且田主毎年輸糧納餉、活口養家、全頼於斯。雖歳有豊歉、田有肥磽、応減応交、自有常例、照議按田完納、最属公平。何以抗欠覇踞、竟至刁佃成風。推原其故、非恃庄屋遼遠、即欺田主愚懦。更有可仗以逞其刁者。一経田主控追、即以応交租穀之半、賄囑原差、遂可安然無事。……是田主空賠無租之賦、佃戸反享無田之租。由此刁風日盛、言之殊堪痛恨。総因有司率以告租為細故、蠹役随視官法如弁髦。既受賄而包庇佃人、復持票而盤算田主。縦使追得些須、併且化為烏有。歴任相沿、致成悪習。若不立法厳飭、何以儆刁蛮、而安良懦。除出示暁諭外、合亟札飭。為此札仰該県、立即遵照。嗣後如遇田主控告刁佃欠租踞庄等情、査明如係積年慣欠、為数雖少、以及年歳豊収、而新欠多租、併佃戸借貸田主銭穀、積欠未清、将佃戸差喚到案、査照原有進庄銀両、照数抵償外、所有餘欠、仍即厳行比追給領、勒令出庄、另召耕種。不得任聴悪佃抗踞、至春不起田。

調査したところ、〔田主が〕田産を購入して佃戸を招くことは、〔田主・佃戸の〕両方にとって有利な事柄であり、〔佃戸が〕畝に照らして租を納めることは、大勢として当然のことである。かつ田主が毎年、税糧を運び兵餉を納め、家族を養うことは、すべてこれに頼っているのである。歳には豊・歉が有り、田には肥・磽が有って、まさに〔租を〕減らすべきか納めるべきかについては、自ずから慣わしが有るとはいえ、規定に照らし田〔の面積〕に応じて〔租を〕完納することが、最も公平に属するのである。どうして抗租したり覇占したりして、遂に刁佃が風潮化することになるのであろうか。その理由を推し量るならば、庄屋が遠いことを当てにするのでなければ、田主の愚かで小心なところを欺くのである。さらにそれを恃みに悪さをほしいままにできる者がいる。ひとたび田主が〔租を〕追徴するように訴えたならば、すぐに〔田主に〕納めるべき租穀の半分で、原差を買収して、遂に平穏無事でいることができるのである。……田主は租の納められない賦を空しく償い、佃戸は田を持たない租を逆に享受している。こうして刁風は日に日に盛んになっており、これについて言えば誠に痛恨に堪えない。すべては有司が概ね租に関する告訴を細事と看做し、蠹役も官法を無用の長物のように見ているためである。〔衙役は〕賄賂を受けて佃戸を庇護するばかりか、票を持って田主と算盤をはじく。たとい〔田主が佃戸から〕僅かばかり取り立てたとしても、結局、烏有に帰してしまうのである。歴代の官が踏襲することで、悪習と化したのである。もし方法を講じて厳命しなければ、どうして粗暴〔な佃戸〕を戒めて、善良〔な田主〕を安んじることができようか。告示を出して暁諭《せつゆ》するのを除いて、まさに速やかに命令を出すべきである。このために当該の県に命じて、ただちに遵守させる。今後、もし田主が刁佃の欠租や覇田などの状況を訴えることがあったならば、調べた結果、積年にわたる〔租の〕滞納であり、数量が少ないとはいえ、またその年が豊作であるのに、新たに多量の租を滞納し、さらに佃戸が田主の銭や穀を借りておきながら、積もり積もった滞納分をまだ返済していないのであれば、佃戸を召喚して出頭させ、取り調べてもともと進庄銀両が有ったならば、数量に照らして差し引くほかに、残りすべての滞納分は、やはり厳しく追徴して〔田主に〕受領させ、〔佃戸に〕所払いを命じ、〔田主には〕別に〔新たな佃戸を〕招いて耕作させるようにする。悪佃が抗租・覇占するに任せて、春になっても〔田主が〕田を取り上げることができないようにしてはならない。

この張五緯の通達では、まず当該地域の「刁佃」「悪佃」による抗租および「踞庄」の実態が述べられているが、こうした状況は一面では佃戸と官司の末端に位置する差役（「原差」）との癒着によって現出していた。この記事の中でも特に注目したいのは、官権力が地主の「告租」を「細故」と看做しているという点である。この時期に至っても、州県レヴェルの裁判では抗租・欠租の問題は〈細事〉〈小事〉であるという認識が依然として存在していたのである。それと同時に、張五緯が各県に命じた対応策の一つとして、抗租した佃戸から滞納佃租を追比する一方で、当該佃戸を官の強制力によって「出庄」させることが明記されているのである(68)。

広東　〈抗租禁止条例〉制定後の広東に関しては、光緒『清遠県志』巻首に、雍正十二年（一七三四）七月三日附の広東総督鄂爾泰による「厳禁売産索贖、霸頑佃踞耕逋租告示」が収録されている。ここではまず、広東全域に対する当該告示の内容について見ていくことにしたい。

照得、……再佃人批耕田地、如拖欠租課、応聴田主另行召佃批耕。乃粤東之頑佃、以田坐落伊村、把持耕種、租穀終年不清。或田主欲改批別佃、則藉称頂手糞質名目、踞為世業、不容田主改批、亦不容別人承耕、逞凶撤潑、往往醸成命案。更有一種奸悪佃戸、欺田主相隔窵遠、竟将田地改坵易段、私行盗売。及至発覚査追、則止将売剰之田退回。而田主因年月久遠、無従稽考、遂至田去糧存、賠累無底。種種積弊、均関人心風化。合行出示厳禁。為此示諭督属官吏軍民人等知悉。嗣後、……至佃戸如有拖欠租課、及盗売主業者、即照律分別治罪、所欠之租、及所得之花利、倶照追給主。其田勒令退還業主、另行召佃批耕、不許藉称頂手糞質名色、恃強踞佔。各宜凛遵毋違。[69]

調査したところ、……さらに佃戸が田地を小作して、もし租課を滞納したならば、まさに田主が別に〔佃戸を〕招いて小作させることを許すべきである。ところが粤東の頑佃は、田が彼の村に坐落していることによって、無理やり耕作を続け、年が終わっても租穀は〔田主に〕納められないのである。田主が別の佃戸と契約しようとすれば、すなわち頂手・糞質の名目に託けて、家代々の田業だと偽り、田主が〔佃戸を〕変更することを許さず、また別人が小作することも許さず、凶悪にも騒ぎを起こし、往々にして命案を醸成している。さらに一種の悪賢い佃戸がおり、田主〔の住居〕が遠く隔てているのを利用して、遂に田地を改坵易段し、ひそかに盗売を行っている。それが発覚して追究されたとしても、ただ売り残しの田を〔田主に〕返還するだけである。田主は〔租佃契約の〕年月がはるか昔であるために、調べる術がなく、遂に田はなくなったのに糧《ぜい》だけが残り、底なしの累を被るに至っている。種々の積もり積もった弊害は、すべて人心や教化に関わるものである。まさに告示を出して厳禁すべきである。このために総督所轄の官吏・軍民人等に諭して承知させる。今後、……佃戸で租課を滞納し、また田主の田を盗売するような者がいたならば、ただちに律に照らして各々を処罰し、滞納分の租および獲得した利益は、すべて〔数量に〕照らして追徴し、〔田〕主に支給する。その田については業主に返還させ、別に佃戸を招いて小作させるようにし、頂手・糞質の名目に託けて、無理やり〔田を〕覇占することは許さない。各自、宜しく遵守し、誤ってはならない。

この史料は広東における「頑佃」「奸佃」による抗租の風潮化という現実に対して出された総督鄂爾泰の禁令であるが、記述の内容からして中央の〈抗租禁止条例〉を前提としたもののように思われる。特に佃戸による抗租と田土の盗売とに対して「照律分別治罪」と書かれた点は、抗租と盗売とをそれぞれ法に基づいて処罰すべきことを命じたものだといえよう。ここで抗租に対して適用される「律」とはまさしく〈抗租禁止条例〉を指すことは明らかであろう。また当該告示においても、抗租の摘発・処分を受けた佃戸に対しては小作田土からの退佃が強制されているのである。

乾隆二年(一七三七)に羅定州知州に就任した逯英[70]もまた、次のような告示を残している。逯英『誠求録』巻一、告示、所収の「為勧諭佃戸交租、以免控累事」は、

照得、佃人批佃業戸田地、仰事俯育、取給于斯。業戸雖藉佃力以収租、而佃人則頼業戸以資生也。……無如羅属有等頑佃、承批到手、任意拖租。田主理討不得、勢必另行召耕、彼則踞而不与、或逞凶殴逐、或統党毀耗、竟将他人之糧田、視為自己之世業。迨控到官、按法懲治、押令完租退佃、則云、有田耕則生、無田耕則死。……茲値収割之候、合行出示勧諭。為此示仰闔属耕佃人等知悉。嗣後各具天良、凡批耕業戸田畝、務宜照批交租、毋得花費拖欠。将有田耕則生、無田耕則死之語、記誦于収割之時、自必按期交納、不致控追押退。

調査したところ、佃戸が業戸の田地を小作したならば、親に仕え妻子を養うことは、ここから供給されるのである。業戸は佃戸の労働に借りて収租するとはいえ、やはり佃戸も業戸に頼って生活を助けられているのである。……ところが、羅定州のある種の頑佃は、〔田主との〕契約によって〔田土を〕手にしたならば、勝手に租を滞納している。田主が〔租を〕取り立てることができなければ、当然のように別に〔新しい佃戸を〕招いて耕作させようとするが、彼らは〔田土を〕占有して返そうともせず、或いは凶悪にも〔新しい佃戸を〕殴って追い払ったり、或いは仲間を率いて〔作物を〕荒らしたりして、遂に他人の糧田を、自らの世業のように看做している。〔田主の〕訴えが官に到ると、〔当該の佃戸は〕法に照らして処罰され、強制的に〔滞納分の〕租を支払わされ、小作を止めさせられるが、そうすると〔佃戸は〕言う。「耕作する田が有れば生きていけるが、耕作する田が無ければすなわち死ぬ」と。……この収穫の時期に当

たって、まさに告示を出して説諭を行うべきである。このために管轄の佃戸等に命じて承知させる。今後、各々の者が良心を持ち、およそ業戸の田畝を佃作したならば、宜しく契約書の通りに租を納めるべきであり、〔収穫した穀物を〕浪費して〔租を〕滞納してはならない。「耕作する田が有れば生きることができ、耕作する田が無ければすなわち死ぬ」という言葉を、収穫の時に噛み締め、必ず期限を守って〔租を〕納入し、〔田主に〕訴えられて〔滞納分の租を〕追徴され、強制的に〔小作を〕止めさせられることにならないようにせよ。

と記載されている。羅定州においても「頑佃」の抗租（「任意拖租」）が一般化していたが、秋成の時期にあたって、期限を遵守して佃租を地主に納入するよう佃戸に改めて促すことが、逯英の告示の目的であった。ここでも逯英の認識として、地主による佃戸の抗租の訴えを受理した官権力が、当該佃戸を処罰するとともに小作田土から退佃させるという処置が当然のこととして記されているのである。

江西　雍正十一年（一七三三）から乾隆七年（一七四二）まで江西按察使を務めた凌燽[71]の『西江視臬紀事』巻二、詳議、「平銭価、禁祠本、厳覇種条議」の「厳覇種」の項は、江西における一田両主慣行（田皮・田骨）および田皮を基盤とした抗租について述べているが、抗租に対する官側の処置についてもきわめて興味深い内容となっている。

一、抗租覇種、業不由主之俗、宜禁也。……刁奸佃戸、輒恃不能起耕、遂逋租不清、歴年積累、動盈数百石。田主催之不応、起之不能、不得不鳴官究追。而地方有司、又未免以業富佃貧、量追了事。究之、応得之租、十無一二。現在各属類此之案、不一而足。査、田皮田骨名色、相沿已久、固属刁俗難移。但田皮起于工本、而工本究有成数。応請通行飭示。凡佃戸有抗租至三年不清者、即将所欠租穀、照時折価、抵作工本。如累欠不清、逾于工本之数者、即許業戸起佃另賃、無許佃戸仍借工本田皮之説、強行抗占。違者以占耕論。倘佃戸額租無缺、而業戸額外勒加、指為逋欠者、一并論罪。庶主佃両無偏競、而争端可息矣。

一、〔佃戸が〕抗租・覇占し、田土が田主の思うままにならないという習俗は、宜しく禁止すべきである。……悪賢い佃戸は、〔田主が〕小作する田を取り上げられないことに恃んで、遂に租を滞納して払わず、歴年の〔滞納佃租の〕累積が、ややもすれば数百石以上にもなる。田主が催促しても応じようとせず、田を取り上げようとしても不可能であれば、官に訴えて究明・追徴してもらわざるを得ない。それなのに地方の有司は、業戸が富裕で佃戸が貧窮であるために、ほぼ取り立て可能な分だけを追徴して事を終わらせてしまう。これを要するに、〔田主が〕まさに獲得すべき租の、一・二割にもならないのである。現在、各地のこれに類似した案件はかなりの数になる。調べたところ、田皮・田骨の名目は、以前からすでに久しく、もとより悪習の改め難いものである。但し、田皮は〔佃戸が田土に投下した〕工本から起こったものであり、しかも工本は突き詰めれば数量がわかる。まさに〔次のように〕通達によって命令して頂きたい。およそ佃戸で抗租して三年も払っていない者がいたならば、滞納分の租穀を、時価に照らして換算し、工本〔の代価〕に当てる。もし何年も滞納して、〔その額が〕工本の数量を超えていた場合は、ただちに業戸が田土を取り上げ、別〔の佃戸〕に貸与することを許し、佃戸が依然として工本や田皮の説に託けて、無理やり抗租・覇占することは許さない。〔命令に〕違反した者は「占耕」ということで処罰する。もし佃戸が租を滞納してもいないのに、業戸が租額のほかに無理に〔収奪を〕加え、〔それが払われないと〕滞納だと訴える者がいたならば、併せて処罰する。〔そのようにすれば〕きっと主・佃の双方が競い合うこともなく、争いごとも終わらせることができるであろう。

この記載によれば、当該地域における田面権（「田皮」）は、佃戸が小作田土に投下した「工本」を基盤として成立していた。[72] こうした認識のもとに凌燽は抗租への対応策として、佃戸が滞納した佃租額とすでに投下した「工本」額とを差し引き、前者が後者を超過した場合に地主の「起佃」（小作田土の取り上げ）を許可するという、きわめて具体的な措置を提言しているのである。同時に、それにも拘わらず、依然として抗租・覇占を行う佃戸に対しては「占耕」の罪に当てて処罰することをも明記している。ここでは抗租・覇占を処断するものとして〈抗租禁止条例〉の存在は視野の外に置かれていたのであり、「占耕」という記載からして、戸律の「盗耕種官民田」

条――刑罰は最高でも杖九十――の適用が考えられていたと思われる。[73]

抗租した佃戸の処罰に関して、江西にはいま一つ注目すべき史料が存在する。すでに著名なものであるが、乾隆三十五年（一七七〇）に寧都直隷州の仁義郷に建立された石碑に刻まれた、いわゆる「寧都仁義郷横塘塍茶亭内碑記」である。[74] ここでは当該碑文の全七条からなる「奉憲厳禁条款」の第七条「刁佃欺詐抗租」の記述を特に問題としたい。

査、粮従租辦。田主応納之税、既毎年無欠、佃戸之恃頑抗租、豈容竟置不追。今各項郷例、其已甚者、久奉革除、今日久禁弛、復生苛索。茲本署州、査照前案、再行永禁。在佃戸以省許多浮費、其応還之租、自当毎年按額清楚。如敢仍前刁抗、許田主稟究。現年之租、即将佃戸責懲、勒限清還。欠至二年三年者、枷号一月・重責三十板、仍追租給主。欠至三年以上者、将佃戸枷号四十日・重責四十板、俟追租完日、駆逐出境。如有退脚銀両、即令田主照数給還、另行招佃。倘佃戸原未欠租、而田主因不遂需索、将租故意不収、提控抗租者、仍治以誣告之罪。

調べたところ、粮は租に従って辦《まかな》われる。田主がまさに納めるべき税は、毎年滞納がないのに、佃戸の頑な抗租を、どうして遂に放置して追及しないでいれようか。今、各項の郷例のうち、そのすでに甚だしいものについては、長い間、〔上憲の〕廃止命令を奉じながらも、今日では禁令も弛み、また〔田主の〕搾取を生じている。ここに本署州は、前案を継承して、再び禁止を行う。佃戸は多くの費用を省かれたことで、まさに支払うべき租は、自ずから毎年の額に照らして完納すべきである。もし敢えて従来通りに抗租したならば、田主が〔官に〕訴え出ることを許す。その年の租〔を抗租した場合〕は、ただちに佃戸を懲戒処分とし、期限を決めて完納させる。滞納が二年・三年に至った者は、枷号一月・重責三十板とし、さらに租を追徴して田主に支給する。滞納が三年以上に至った者は、佃戸を枷号四十日・重責四十板とし、租を追徴して納めた日に、当地から所払いとする。もし退脚銀両が有ったならば、ただちに田主に命じて数量の通りに〔佃戸に〕返還させ、別に佃戸を招くようにさせる。もし佃戸がもともと滞納していないのに、田主が〔恣意的な〕収奪ができないことで、租を故意に受け取らず、抗租だと告訴した場合は、当然「誣告」の罪で処罰する。

〈賦は租より出づ〉（「粮従租辦」）は、この時期、すでに自明の社会通念となっていた。当該史料の記載によれば、この通念に基づいた官権力による抗租の処理と佃戸の処罰とが〈抗租禁止条例〉と比較してより具体的なものとなっているのである。すなわち第一に、佃戸の抗租した年限に応じて刑罰の度合が三段階に分けられている。第二に、一年（「現年」）のみの抗租に対しては佃戸の「責懲」が規定されているが、この場合は州県官の裁量による軽微な処罰に止まるものであろう[75]。第三に、抗租した年限が「二年・三年」と「三年以上」との二つの場合について明確な刑罰が規定されている。前者の場合は「重責三十板」＝杖八十であり、〈抗租禁止条例〉の処罰に相当するが、さらに枷号三十日が加えられている。後者については「重責四十板」＝杖一百であり、さらに枷号四十日が加えられているのである。ともに量刑的には〈抗租禁止条例〉の規定を超過した内容となっている。そして第四に、抗租した佃戸に対しては、滞納佃租を完納した後に「駆逐出境」させることが規定されているのである。

　江西に関する如上の二つの事例は、〈抗租禁止条例〉が地方レヴェルの抗租禁圧の面でほとんど現実的意味をもっていなかったことを明示しているといえよう。特に寧都州では事実上〈抗租禁止条例〉とは全く異なった内容をもつ、地方独自の抗租処理・佃戸処罰の規定を現出させていたのである。

福建　〈抗租禁止条例〉制定以後の福建では、抗租禁令に類するものとして『福建省例』の中に次のような記載を見出すことができる。すなわち、同書、巻九、税課例、所収の乾隆四十九年（一七八四）における「根契納税、就佃征糧、艀船烙号給照、軍流分都安置」（全四項）の第一項「請飭根契納税、以杜刁抗、以裕国課也」である。

　査、閩省田根名色、業於雍正八年、乾隆二十七・二十九等年、畳奉禁革、全在地方官、実心経理。如有藉係契買根田、逋欠租穀、或恃根謀奪田面、或一根分売数家、以致業主難於収租者、一経控告到官、即行訊明確情、按律究治、追価充公。田帰業主、另行召佃、呈明批給耕納。倘遇刁頑之佃、敢以田在伊手、阻撓覇佔、即行厳拘到案、従重詳辦。

調べたところ、閩省の田根という名目は、すでに雍正八年、乾隆二十七・二十九等年に、重ねて〔上憲の〕禁止命令を奉じており、すべては地方官が、誠実に処理することにかかっている。もし〔佃戸が〕契約によって取得した根田に託けて、租穀を滞納したり、或いは田根に依拠して田面を奪い取ろうとし、或いは田根を数家に分売したことで、業主の収租が難しくなって、ひとたび〔業主の〕告訴が官に到ったならば、ただちに実情について取り調べ、律に基づいて〔佃戸を〕処罰し、〔田根の〕価格を追徴して没官とする。田は業主に戻して、別に佃戸を招き、〔新しい佃戸に〕貸与して耕作・納租させたことを報告させるようにする。もし悪賢い佃戸が、田が彼の手元にあることで、〔業主が佃戸を招くことを〕邪魔して覇占するようなことがあったならば、すぐに〔当該佃戸を〕厳しく拘引して出頭させ、重く処罰する。

同書、巻一五、田宅、「禁革田皮・田根、不許私相買売、佃戸若不欠租、不許田主額外加増」に見られるように、福建では雍正八年（一七三〇）以来、田面権（「田皮」「田根」）に対する禁令が度々出されていたが[76]、この史料もまたその一環に位置するものである。ここでは田面権に依拠した抗租をはじめ、三つのケースについて「律」に基づく処罰（「按律究治」）が明記されているが、上述の広東の事例と同様に、抗租に関しては〈抗租禁止条例〉がこの場合の「律」に相当するものと思われる。

福建にはまた州県レヴェルの抗租禁圧の実態を窺わせる、二つの史料が存在する。すでに紹介したものであるが、雍正『崇安県志』巻一、風俗、附載の割註の中に、次のような記述が見られる[77]。

糧従田出、課頼租輸。居官者、以為銭糧軍国重務、考成攸関、徴比之期、視逋賦者如讐、箠楚弗恤。至於佃戸抗租、以為細事、或批郷長査覆、或着郷長催還、郷長亦以為細事、置若罔聞。及准差拘、差役又以為細事、竇発之後、任意沈擱。幸而到案、官以欠租者多貧民、従而姑息之。

〈糧は田より出て、課は租に頼って輸《おさ》めらる〉。官に就いている者は、銭糧〔の徴収〕は国家の重大事であり、〔官の〕考成に関わるものであると考え、徴収の時期になると、賦税を滞納した者を仇のように看做しており、〔その者を〕鞭打って憐れむことはない。佃戸の抗租については、細事であると考え、或いは郷長に命じて〔実情を〕調査・報告させたり、或いは郷長に命じて〔滞納分の佃租の〕納入を催促させたりするが、郷長もまた〔抗租を〕細事であると考え、放置して聞かなかったようにしている。〔官が佃戸の〕拘引を認めると、差役もまた〔抗租を〕細事であると考え、〔召喚状を〕手渡した後は、勝手に〔一件を〕打ち捨ててしまう。幸いにして〔抗租した佃戸が〕出頭したとしても、官は欠租した者の多くが貧民であることによって、〔一件を〕いい加減に〔終わら〕してしまう。

建寧府崇安県では、雍正時期にすでに地方官と「郷長」とが一体化した形態による抗租の取締・禁圧のためのシステムが成立していた。しかし、それにも拘わらず、抗租そのものを「細事」と看做して軽視するという傾向は、県官・差役・郷長のそれぞれの段階において依然として存在していたのであり、結局のところ抗租の禁圧はほとんど実効性をもちえなかったのである。

次に、乾隆『永定県志』巻五、兵刑志、刑法には、

抜苗強割、依搶奪律科断。

苗を抜いたり勝手に刈り取ったりしたならば、「搶奪律」によって処罰する。

という記事が存在する。この記事には割註が附されており、そこでは当該地域における田皮・田骨慣行の存在および田価の騰貴にともなう佃租額の上昇について述べられており、最後に「然亦往往欠税覇耕」と書かれている。(78)当該史料の本文と割註との間の媒介項はまさに割註末尾の「欠税覇耕」という記述であり、(79)汀州府永定県では抗

租の案件が「抜苗強割」にアナロジーされ、「搶奪律」によって裁かれる——最も軽い刑罰でも杖一百・徒三年である——という事態が窺われるのである。[80]

以上の二つの事例は、州県レヴェルの現実における〈抗租禁止条例〉の位置を二つの方向からネガティヴに照射しているといえよう。すなわち第一に、抗租の案件が〈戸婚・田土の案〉＝〈細事〉であるという認識のもとに、当該条例が抗租禁圧のための法として必要不可欠なものとは看做されていないということ、そして第二に、それとは逆に抗租を〈細事〉としてではなく、〈抗租禁止条例〉以外の「搶奪律」という法によって処理するという、まさに当該条例そのものが無視されているということである。

江蘇　乾隆二十三年(一七五八)から同二十七年(一七六二)まで、二度目の江蘇巡撫として在任した陳弘謀[81]の『培遠堂偶存稿』文檄、巻四五、江蘇巡撫再任、「業佃公平収租示」乾隆二十四年(一七五九)九月附は、当時の江南における抗租状況を含めて、次のような記述となっている。

乃聞、竟有無良之輩、藉名報災、観望延挨、不肯完租、将所収米穀、蔵匿質当。更有奸徒、倡為不還租之説、把持糾約、不許還租。殊不知、朝廷糧賦、出於田租、業主置田、原為収租。佃不還租、粮従何出。在業主、豈甘棄置不取。而江南百餘万石漕粮、非租将何完納。此等乗機騙租之刁佃、即属藉端生事之頑徒。若不懲治、天理何存、王法安在。為此暁示蘇・松・常・太等業佃人等知悉。除佃戸已経完租、業主已経饒譲、彼此相安者、毋庸另議外、……凡有控告抗租者、地方官就近速准審追。

ところが、聞いたところでは、遂に悪い輩で、災害に託け、様子を窺って引き延ばしたり、租を納めようとせず、収穫した米穀を、隠匿したり質入れしたりする者がいる。さらに奸徒で、租を納めないという説を唱えて、〔他の佃戸に〕圧力をかけて糾合し、租を納めることを許さない者もいる。朝廷の糧賦は、田租から出ており、業主が田を買うのは、もとより収租するためであることを知らないのか。佃戸が租を納めなければ、粮は何によって賄われるのであろうか。業主にとっては、どうして甘んじて〔租を〕捨て置いて徴収しないでいれようか。しかも江南の百餘万石の漕粮は、租が〔納入され〕なければ、どうして完納することができようか。こうした機会に乗じて抗租を行う悪賢い佃戸は、すなわち言いがかりをつけてごたごたを起こす頑徒である。もし〔彼らを〕処罰しなければ、天理は一体どこに存在し、王法はどこにあるのであろうか。このために蘇州・松江・常州・太倉等の業主・佃戸等に示して承知させる。佃戸がすでに租を納め、業主がすでに〔租を〕まけてやり、互いに相安んじている場合は、別に問題とする必要はないが、……およそ〔業主で〕抗租を告訴する者がいたならば、地方官は速やかに受理して究明せよ。

まさしく〈賦は租より出づ〉という認識に裏打ちされた抗租禁圧の告示であるが、ここに提示した部分の末尾において、陳弘謀は抗租の訴えに対し、各地方官が速やかに対応して取締を行うべきことを述べている。[82]現実には州県官が抗租の問題を〈細事〉として等閑視する傾向がやはり存在していたのではなかろうか。

陳弘謀の抗租禁令を遡ることおよそ二十年、常州府江陰県では次のような抗租に関する告示が出されていた。すなわち、乾隆七年（一七四二）三月の「江陰知県」呉震による「厳禁頑佃抗租告示」（『澄江治績続編』巻二、集、文告、所収[83]）である。

照得、粮従租辦、普天同例。……乃江邑佃民、刁悍異常、視業主之田、竟同己産。収穫之後、先尽私用花銷、只且存下糠粞癟穀、并着水攙和搪抵、或将低銭粗布、任意准折、還未及半、竟行侵欠。此在豊歳且然。若遇水旱不登、地方悪棍、借灾煽惑、以軽作重、捏熟作荒、公然結党抗頼。連村累市、比戸成風。更有呑欠数年、顆粒不納、及至業戸上緊追討、竟将田畝転榷他人、婪価遠揚。業主銭粮積年賠納。此種悪習、江邑到処皆然。而惟沙洲為尤甚。……然積習難移、去歳秋成、各業具稟呑租、紛紛不絶。縁値漕忙、是以詳委粮衙代比。旋値該衙奉差公出、仍赴県控。本県恐一経差拘、不無擾累、故止牌仰地保差催。乃各佃視為泛常、藐抗如故、致改歳以来、稟控抗拘者、無日不有。批閲之下、深堪痛恨。本応立寘大法、姑念佃田之戸、多属愚民、非再行厳飭、恐不能家喩戸暁。為此示仰合邑佃戸人等知悉。当思業主置産完粮、非租奚頼。爾等仰事俯育、舍田奚資。……本県当勧諭業主、公平収受、勿事刻苛。其外積年旧欠、分別按熟帯還、以紓佃力。倘再冥頑不霊、経此番暁示之後、尚有抗欠新租、致業主具控者、定当立拿枷責、游示各郷、仍押吐退、另行招佃。

調査したところ、粮は租によって辦われるのであり、〔このことは〕天下の定例である。……ところが、江陰県の佃民は、きわめて狡猾かつ乱暴であり、業主の田を、結局、自分の産《とち》と同じであると看做している。〔稲を〕収穫した後には、まず自分たちのために消費してしまい、ただ糠・籾や粃《しいな》を残すだけであり、水に浸けて混ぜ合わせて〔佃租だと〕ごまかしたり、或いは低銭・粗布によって、勝手に〔佃租に〕充てたりしているが、それでもまだ〔佃租額の〕半分にもならず、結局は滞納ということになる。このことは豊歳においてもそうなのである。もし水旱害によって凶作になったならば、土地の棍徒が、災害に託けて〔佃戸を〕煽動し、軽いものでも重いと言い、豊作を偽って凶作と言い、公然と集団で抗租する。村落・墟市を結び、戸を連ねて風潮となっている。さらに〔佃租を〕数年も滞納して、一粒も納めず、業戸が無理に取り立てようとすると、遂に田畝を他人に転売し、その価格を貪って高飛びする。業主の銭粮は〔佃租が納められないのに〕何年も納入することになる。この種の悪習は、江陰県では到るところで見られるのである。ただ沙洲が最も甚だしいのである。……しかしながら、積もり積もった習俗は改め難く、去年の秋の収穫時には、各々の業主による抗租の訴えが、次から次へと絶えなかった。〔そのときは〕漕忙に当たっていたので、〔本県は〕粮衙に任せて〔佃租を〕代わりに追徴させた。ところが、該衙が命令をうけて出張したために、〔業主は〕やはり県に訴えて来るようになった。本県がひとたび差役による拘引を認めたならば、恐らくは〔民を〕患わすことになると考え、ただ地保に命じて〔佃租の納入を〕催促させただけであった。ところが、各々の佃戸はいつものことと看做して、これまで通りに蔑ろにするだけであり、年が改まってからも、〔業主に〕告訴されながらも〔官の〕拘引に抵抗する者が、見られない日は無かったのである。批閲したところ、深く痛恨に堪えない。もとよりすぐに法を適用すべきであるが、しばらくは佃作する戸の多くが、愚かな民であることを考慮して、さらに厳しく命令するのでなければ、恐らくは家々に説諭を行き渡らせることはできないであろう。このために県全体の佃戸等に命じて承知させる。考えてもみよ、業主が田を購入して粮を納める場合、租が〔納められ〕なければどうして頼みとすることができようか、汝等が親に仕え妻子を養う場合も、田を棄ててどうして賄うことができようか、と。……本県は、業主には公平に〔佃租を〕徴収し、〔佃戸に対して〕苛酷にしてはならないことを諭すべきである。その他に、何年も滞納した佃租は、それぞれ豊作の歳に〔その年の佃租に〕附加して納めさせ、それによって佃戸の負担を緩和するようにせよ。もしさらに〔佃戸が〕頑迷で従わず、今回の告示を経ても、なお新たに抗租して、業主に告訴されるような者がいたならば、必ずただちに捕らえて枷号に処し、各郷で晒し者にして、さらに〔小作している田を〕強制的に返させ、〔業主が〕別に佃戸を招くようにさせる。

当該史料については、すでに周遠廉・謝肇華両氏の研究において詳細な分析がなされており[84]、全体の内容に関してはは贅言を要しないであろう。但し、ここでは特に官権力による抗租の禁圧という側面にのみ触れることにしたい。この記述によれば、次の四点を指摘することができよう。第一に、当該地域における抗租の日常化にともなって、地主による「呑租」の訴えが「紛紛不絶」という状況が現出していたこと、第二に、「去歳」の状況として、呉震は地主の告訴に対して官による佃戸の召喚・拘引という措置は取らず、在郷の「地保」に滞納佃租の追比のみを命じていたこと、第三に、「改歳」後には地主に告訴された佃戸の拘引を呉震は命じていたこと、そして第四に、抗租した佃戸に対しては杖刑のほかに枷号を科して各郷村に晒し、かつ強制的に退佃させるという措置がとられていることである。

ここではまず第二の点に関して、農村社会で治安機能を担うべき地保が地主収租体制を維持するためのシステムの中にすでに組み込まれている状況に注目したい。次に第四の点に関連して、周遠廉・謝肇華両氏はこうした「知県の威嚇」が法規を超えたものであり、「この種の「游示各郷」というやり方は、それ自体が法を犯すものである」と指摘されている。(85) しかしながら、笞・杖・枷号という刑罰は〈州県自理の案〉において州県官が自らの裁量によって科すことのできるものであり、(86) 抗租した佃戸に対する呉震の措置を「法を犯すもの」とすることはできないであろう。こうした国家権力の対応＝「枷責」「游示」は、まさしく抗租自体が〈州県自理の案〉であることによってもたらされる範囲内のものであった。

国家権力による抗租の禁圧、或いは佃戸の処罰に関して、有名周知の『江蘇山陽収租全案』にもまた注目すべき記述を見出すことができる。淮安府山陽県の紳士層の「公呈」に始まり、最終的には両江総督・江蘇巡撫の裁可を経て、道光七年（一八二七）七月に建立された石碑「山陽県厳禁悪佃、架命擡詐、覇田抗租碑」に刻まれた全五条の具体的方策（李程儒『江蘇山陽収租全案』「計開詳定規条」(87)）は、①「悪佃」、②「奸佃」、③「頑佃」、④「強佃」、⑤「刁佃」という項目において、各佃戸をどのように処罰するかという点までをも詳細に記述している。ここでは特に⑤の内容について見ていくことにしたい。

一、刁佃。毎逢秋成、先将好稲収蔵、百計延挨、甫以糝癟拌土搀交、或短少額租、全以破物搪抵。稍不依従、遂至凌辱業戸、架詞先控。若遇業戸僅存孀婦以及幼子、更多藐玩、勢必受侮多端。兼之力単胆怯、不敢赴控、租為佃呑、田難為業。負屈含冤、情殊可憫。嗣後凡遇孀婦以及幼子之家、准其敦請周親、代呈追租。一面差協退田、押逐出荘、照例枷杖示懲。

一、刁佃。秋の収穫のたびに、まず粒よりの稲を隠匿し、様々な手段を講じて〔租の納入を〕引き延ばし、〔その後で〕やっと粃《しいな》に土を混ぜて無理やり納めたり、或いは定額の租を少なくして、すべて砕けたような米で無理やり〔佃租に〕充てようとする。〔業戸が〕少しでも従わなければ、遂に業戸を辱め、訴状をでっち上げて先に〔官に〕告訴する。もし業戸が僅かに寡婦や幼子だけが残されていた場合には、さらに蔑ろにし、勢として〔業戸は〕必ず様々な侮辱を受けることになる。これに加えて力も弱く度胸もないので、敢えて〔官に〕告訴しようともせず、〔結果として〕租は佃戸によって支払われず、田は〔自分の〕財産とは看做し難くなるのである。屈辱を受け怨みを抱いている様子は、情として誠に憐れむべきものである。今後、およそ寡婦や幼子の家では、その身内に頼んで、代わりに租の追徴を〔官に〕申し出てもらうことを許す。一面では、差役が協力して〔佃戸を〕田から立ち退かせ、〔佃戸を〕強制的に所払いにし、例に照らして枷号・杖刑に処し、懲らしめとする。

全五条のすべてがきわめて個別的かつ特殊な事例に即応した内容となっており、この「刁佃」についても、寡婦および幼児のみが残された地主の場合が想定されている。しかし、だからといって、ここに記載されたところの抗租した佃戸に対する処置を寡婦等の地主の場合にのみ該当するものだと看做すことはできないであろう。すなわち、佃戸の処罰についてはまさしく「例」＝〈抗租禁止条例〉に依拠すべきことが述べられているにも拘わらず、同時に枷号・杖という刑罰も明記されているのである。杖刑のほかに加えられた枷号は、〈抗租禁止条例〉の規定を超過したものであるが、但し〈細事〉に対する州県官の裁量の範囲内に含まれるものであった。当時、抗租した佃戸に対して枷号を科すという状況はまさに常態と化していたのではなかろうか。「照例枷杖」という記載の現出する所以はそこに在ったと思われる。なお抗租処理の一環として、ここでも官の強制による佃戸の「退田」「出荘」が明記されているのである。

ところで、濱島敦俊氏が紹介・分析された蘇州府の道光『元和唯亭志』巻二〇、雑記、紀行には「負欠佃農、拘繫鉄索者、不下数百人〔佃租を〕滞納した佃農で、鉄索に繫がれている者が、数百人を下らない）」とあり[88]、また道光十四年（一八三四）八月に、蘇州府崑山県に建立された「崑山県奉憲永禁頑佃積弊碑」の中にも「城廂内外之以抗租枷示者、相望于途（城廂の内外で、抗租によって枷号に処せられている者が、道に相望んでいる）」と書かれている[89]。こうした現実の事態は、本来的には地主の抗租の訴えに基づく個々の事案において、各州県官がそれを〈細事〉として取り扱い、自らの裁量によって枷号という刑罰を科していたものが、この時期に至って抗租に対する杖刑プラス枷号という量刑が自明のものと化した結果にほかならないであろう。

こうした状況との関連において、太平天国後の『江蘇省例』にはきわめて興味深い二つの規定が存在する。ともに仁井田陞氏によって紹介されたものであるが、(a)『江蘇省例』臬政、「比佃不准満杖濫用木籠」同治七年（一八六八）十二月附、および(b)『江蘇省例続編』藩例、「不准妄枷佃戸竝収禁」同治十年（一八七一）一月二十三日附である(90)。

(a)巡撫部院丁札開、嗣後比責佃戸、不得過満杖。再重亦僅准枷示而止、不得濫用木籠、致干例議。州県為民父母、業戸佃戸、均属赤子、不得過於残酷、以貧民性命、為無足重軽。

巡撫部院丁〔日昌〕の札《つうたつ》には〔次のように〕書かれていた。「今後、佃戸を〔抗租によって〕処罰するときは、満杖を超えてはならない。さらに重い場合でも、僅かに枷号を許すのみであり、妄りに木籠を用いて、規定に違反してはならない。州県官は民の父母官であり、業戸・佃戸は、均しく赤子であるから、残酷にし過ぎて、貧民の生命を重視するには及ばないなどと思ってはならない」と。

(b)署布政使応、為札飭事。……乃本司訪聞、蘇属風気、往往佃欠無多、業戸不特請官比追、抑且以枷号為常事、以致去冬呉江・該県、有佃戸脱枷自尽之案。甚至有請官収禁者。不思、佃戸尋常欠租、並無重大罪名。焉可軽易収入囹圄。実堪詫恨。当知業戸銭漕衣食、皆出于租、而佃戸終歳勤動、除完租外、所得無幾。其聚衆抗覇者、原不能不尽法懲辦。如所欠有限、而枷号収禁、幾致身家莫保。殊非卹佃之道。該地方官与業主、豈可不設身処地、量其飢飽、以卹其艱辛。合亟札飭。札到該府州県、立即併転飭遵照。嗣後如有業戸送佃追租、務須査明欠数之多寡、情節之重軽、分別辦理、不得仍蹈悪習、妄自枷禁。所関匪細、勿稍玩忽。

署布政使応〔宝時〕、札によって命令する件について。……ところが、本司が調査したところ、蘇州府の風気としては、往々にして佃戸の欠租が多くもないのに、業戸はただ官に頼んで〔欠租を〕追徴してもらうだけでなく、さらに〔佃戸を〕枷号に処すことを常態としており、結果として去年の冬には呉江県や当該県で、佃戸が枷号を脱して自殺するという事件が起こったのである。甚だしい場合には、〔業戸が〕官に頼んで〔佃戸を〕拘禁してもらうことさえある。〔官や業戸は〕佃戸の通常の欠租が、さほど重大な罪名には当たらないとは思いもしないのだ。どうして軽々しく囹圄《ろうごく》に拘禁してよいであろうか。誠に痛恨に堪えない。業戸の銭漕や衣食は、すべて租によって賄われているが、佃戸は一年中、懸命に働いても、納入する租を除くと、所得がほとんど無いことを、まさに知るべきである。衆人を集めて抗租・覇占する者は、もとより法によって処罰しなければならない。もし〔租の〕滞納に限度があるのに、枷号に処したり拘禁したりすれば、〔佃戸は〕ほとんど一家を保つことさえできなくなるのである。それは殊に佃戸を憐れむという道ではない。当該の地方官と業主とは、どうして自らを〔佃戸の〕身になって考え、その飢・飽を推し量って、その艱難辛苦を憐れまないでいれようか。まさに速やかに札によって命令すべきである。札が該府・州・県に到ったならば、ただちに〔配下に〕命じて遵守させよ。今後、もし業戸が佃戸を〔官に〕送って租を追徴させた場合は、必ず滞納額の多寡や事態の軽重を調査し、それぞれ処理すべきであり、悪習を踏襲して、妄りに枷号や拘禁にしてはならない。関係するところは些細なことではないのであり、少しも等閑に附してはならない。

(a)は江蘇巡撫丁日昌の命が[91]、(b)は署江蘇布政使応宝時の命[92]がともに省例＝法とされたものであるが、この二つの史料は当該時期における抗租禁圧の実態をきわめて鮮やかに叙述しているといえよう。まず(a)によれば、抗租した佃戸に対して現実には官権力による恣意的な杖刑および枷号が科せられており、さらには「木籠」——「站籠」ともいわれる——を用いた「立枷」という残酷な刑罰さえも行使されていたのである[93]。丁日昌の命は、抗租の処罰を杖一百および通常の枷号に止め、「立枷」を禁止するというものであった。〈抗租禁止条例〉が規定した杖八十という刑罰は、この時期の抗租に対しては現実的な意味を全く喪失していたのであり、佃戸に対する歯止めをなくした刑罰の行使が一般化する中で、省の最高長官たる巡撫でさえも国家の法規定を超えたところの杖一百という刑量を敢えて明記することで、府・州・県レヴェルの恣意的な刑罰行使に対する一定の規制を加えねばならなかったのである。

次に(b)によれば、当時「尋常欠租」という個々の佃戸による日常的な抗租・欠租と「聚衆抗覇」という集団的な抗租とが一括りにされて枷号という刑罰を科せられ、或いは「囹圄」――非定制の牢獄＝覊舗・自新所・班館の類であろう[94]――に拘禁されるということが、まさしく常態と化していたことを窺うことができよう。ここでの応宝時の対応は、それぞれの抗租事案における内容の違いを峻別し、「尋常欠租」については佃戸を枷号・拘禁することの禁止を説いているのである。(b)の内容は後の押佃所[95]という、もっぱら抗租・欠租した佃戸のみを拘禁する牢獄体制の成立に至る過渡的状況を描写したものと理解しえるのではなかろうか。

以上、冗長をも顧みず、湖南・広東・江西・福建・江蘇の五地域における地方レヴェルの抗租禁令の内容と抗租禁圧の実態とについて概観してきた。それぞれの地域に関してはきわめて限られた史料に依拠するものではあったが、およそ次のように指摘することができよう。

雍正五年(一七二七)に〈抗租禁止条例〉が制定された後、理念的には当該条例に依拠した抗租の禁圧・取締という状況が一部の地域(湖南・広東・福建)で見出されるにも拘わらず、地方レヴェルの一般的な現実は、抗租の問題が法制度上それ自体に固有の〈戸婚・田土の案〉＝〈細事〉として処理され、かつそうした現実を前提として抗租に対する禁令がそれぞれの地域で出されていたように思われる。特に江西・江蘇の両地域では、まさに抗租が州県官の裁量によって処罰しえる〈細事〉であるという基本的な認識を前提として、従って、州県官が執行しえる笞・杖・枷号という刑罰の範囲内で〈抗租禁止条例〉の規定を超過したところの禁令＝処罰規定を現出させていたのである。抗租した佃戸に対する処罰が州県官の裁量に委ねられていたということは、笞・杖・枷号の範囲内とはいえ、論理的には佃戸に対するきわめて恣意的な刑罰の執行という事態――例えば、杖刑では一百以上[96]、枷号では「立枷」等――を招く道が拓かれていたことを明示しているといえよう。清末にかけての抗租禁圧の動きは、まさしくこうした文脈の上に現出したものと看做しえるのではなかろうか。また抗租への対応策として、上述のほとんどの禁令では国家権力の強制によって佃戸を退佃させるという措置がとられていた。抗租に対する退佃という強制的処置は、清代中期以後の地方レヴェルにおいてきわめて一般化していたのである。

おわりに

以上、本章では雍正五年(一七二七)に制定された〈抗租禁止条例〉について、その制定過程および条文内容の分析を行うとともに、当該条例が明末以来の如何なる現実の中から成立し、かつ制定以後、法規範として抗租の禁圧・取締の面で如何なる実質性を有していたのか、という諸点について若干の考察を行ってきた。

紳衿の佃戸に対する私刑の禁止と佃戸の地主に対する抗租の禁止とを主たる内容とする〈抗租禁止条例〉は、その制定過程より見るならば、前者の条項が河南総督田文鏡の上奏から一貫して立法の必要性が主張されていたのに対して、後者の条項は当該条例に法としてのバランスを附与すべく立法の過程で新たに出現してきたものであり、当初からその立法化が必要不可欠なものとして積極的に推進されたものではなかったのである。次に、条文内容より見るならば、紳衿の私刑に関する条項は、まさに字義通りに紳衿地主という特定の地主層に対してのみ適用されるべく制定されたのであり、地主全般の佃戸に対する私刑の規制を意図したものではなかった。紳衿身分をもたない庶民地主の私刑については、本来的には「威力制縛人律」によって処罰されるべきものだったのである。他方、抗租に関する条項は、抗租した佃戸に対する杖八十という処罰を「不応重律」の適用に対応させたものであったが、そのことはまさに明末以来の現実をある程度は反映したものであったといえよう。

〈抗租禁止条例〉の制定を俟つまでもなく、明末以来、抗租は現実に国家権力による禁圧の対象とされていたのである。基本的には、地主の告訴を受理した州県レヴェルの地方官による裁判を経て、抗租した佃戸の処罰が行われていたが、抗租の案件は〈戸婚・田土の案〉＝〈細事〉として取り扱われ、従って各地方官が自らの裁量によって懲戒的処分＝笞刑・杖刑を執行していたのである。また、こうした抗租の処理は「不応為律」の適用による抗租の処罰と実質的な違いはほとんどなかったといえよう。まさしく〈抗租禁止条例〉という抗租禁圧に関する法制定の必要性は存在しなかったのである。なお、この時期には抗租自体が〈細事〉であることに起因して、当該案件が地方官によって重要なものとは看做されず、しばしば等閑視されるという事態も存在していた。しかしながら、こうした状況の中から、康熙年間の福建に見られるように「抗租の罪」という認識は地方レヴェルで徐々に確立していたのである。

雍正五年（一七二七）に〈抗租禁止条例〉が成立した後、佃戸の抗租を発端とした人命事案に関する中央政府の判決の中に、当該条例に依拠した擬律によって佃戸の処罰が行われるという事例を見出すことができる。しかしながら、その一方で、全く同様の案件に関して「不応為律」による擬律という事例も存在するのである。中央政府の裁判においてさえも〈細事〉に該当する抗租に対しては、さほど厳密な擬律が要請されていなかったといえよう。〈抗租禁止条例〉制定以後における地方レヴェルの状況としては、地方官の当為として当該条例に依拠した抗租の禁圧・取締の事例が見出せるものの、一般的には抗租の問題が〈抗租禁止条例〉制定前の段階と同様に、依然として〈戸婚・田土の案〉＝〈細事〉として取り扱われ、かつそうした現実を前提として各地域では抗租に対する禁令が出されていたのである。さらに抗租が〈細事〉に属するものであるがゆえに、州県官が自らの裁量に基づいて執行しえる刑罰＝笞・杖・枷号の範囲内で、〈抗租禁止条例〉の規定を超えた禁令＝処罰規定さえも現出させていたのである。こうした点を敷衍するならば、国家権力による抗租の処理において、笞・杖・枷号という刑罰に限定されるとはいえ、佃戸に対するきわめて恣意的な刑罰の執行という事態はまさに必然的にもたらされるものだったといえよう。

清末という時代を生きた江南の蘇州府元和県の陶煦が、有名周知の『租覈』「重租論」の中で、

夫尋常戸婚田土之事、定例丞佐官不得専擅。又凡有罪者、不論大逆不道、皆容訴。独至追比佃農、則不然。即或情実可原、如疾病死葬之故、致種而弗耨、耨而弗穫、穫而無以納租、納租而不充其額者、往往而有。以天理人情論之、自寛其既往、待其将来。何乃訴詞未畢、而行刑之令早下矣。

そもそも普通の戸婚・田土の案件は、定例では佐弐官が勝手に処理してはならないのである。またおよそ罪の有る者でも、大逆・不道に拘わらず、すべて訴詞が許されている。〔それなのに〕ただ佃農〔の滞納佃租〕を追徴する場合だけはそうではない。例えば情実の許すべきものとして、病気や葬式という理由のように、〔苗を〕植えても草取りができず、草取りをしても収穫ができず、収穫しても納租することができず、納租してもその額を満たすことができない場合が、往々にして有るであろう。天理や人情によって論ずるならば、自ずから既往のことを寛大にして、将来のことを考えるべきであろう。どうして〔佃戸の〕訴詞がまだ終わってもいないのに、早くも〔佃戸に対する〕刑罰執行の命令が下るのであろうか。

と述べているように(97)、本来的には情理（「天理・人情」）という地方官の健全なバランス感覚(98)に基づいて抗租・欠租の問題は処理されるべきものであったにも拘わらず、この時期には地方官の裁量による処罰という側面が肥大化することによって、地主の告訴と官の処罰（笞・杖・枷号）とが直結した形態で抗租・欠租に対する禁圧が行われていたのである。こうした清末の状況は、まさしく清末以前の歴史の中ですでにそのレールが敷かれていたといえよう。

最後に、〈抗租禁止条例〉が現実の抗租禁圧という面でほとんど実質性を有していなかった点、および当該条例が現実的な必要性に基づいて制定されたものではなかった点を勘案するとき、たとい〈抗租禁止条例〉の存在その

ものに清朝国家の地主制に対する理念の端的な表白を見出しえるとしても、当該条例の成立、すなわち雍正五年(一七二七)或いは雍正年間を画期として清朝国家の性格が「地主制的権力」化したことを指摘することはできないであろう。抗租への対応という側面に限定して述べるならば、〈抗租禁止条例〉の制定如何に拘わらず、明清王朝国家に固有の法制度を前提として、明末以来、国家権力による抗租の禁圧は行われていたのである。

(1)［田中正俊－六一b］参照。

(2)当該課題に関しては、すでに濱島敦俊氏によって次のような多くの研究が発表されている。［濱島敦俊－八二］・［濱島敦俊－八四a］・［濱島敦俊－八四b］・［濱島敦俊－八六a］・［濱島敦俊－八六b］。

(3)〈抗租禁止条例〉に論及するものとして、次のような諸研究がある。［仁井田陞－五一(仁井田陞－六二)］・［仁井田陞－五六(仁井田陞－六二)］・［重田徳－六七(重田徳－七五)］・［小島晋治－六八］・［近藤秀樹－七二］・［宮崎一市－七七］・［奥崎裕司－八六］・［濱島敦俊－八六a］・［濱島敦俊－八六b］・［景甦・羅崙－五九］・［李文治－六三a］・［李文治－六三b］・［魏金玉－六三］・［経君健－八一(経君健－九三)］・［馮爾康－八四］・［周遠廉・謝肇華－八六］・［戎笙－八六］等。また経君健氏は一九八三年一〇月、中国昆明市で開催された第一回中国封建地主階級研究学術討論会において「試論雍正五年佃戸条例――清代民田主佃関係政策的探討之一――」と題する報告を行われており、その内容は論文として『平准』二期に掲載されているとのことであるが、筆者は未見である。なお、森正夫氏の御厚意によって当該討論会に提出された経氏のレジュメ(部分的なもの)を入手することができた。ここに森正夫氏に対して深甚の謝意を表する次第である。

(4)［重田徳－七五］一一二―一一三頁および一九九頁。

(5)［滋賀秀三－八四］・［小口彦太－八五］等。

(6)［天野元之助－四二］・［天野元之助－七七(天野元之助－七九b)］・［村松祐次－七〇］・［小島淑男－六七］・［小島淑男－七四］・［小島淑男－七八］等、参照。

(7)『清世宗実録』巻六一、雍正五年(一七二七)九月戊寅の条に、

吏部等衙門議覆、河南総督田文鏡疏称、豫省紳衿、苛虐佃戸、請定例厳行禁止。嗣後不法紳衿、如有苛虐佃戸者、地方官詳

報題参、郷紳照違制例議処、衿監吏員、革去職銜。得旨、凡立法務得其平。本内但議田主苛虐佃戸之非。儻有姦頑佃戸、拖欠租課、欺慢田主者、何以竝不議及。著再議具奏。尋議、嗣後姦頑佃戸、拖欠租課、欺慢田主者、請照不応重律論杖、所欠之租、勒追給主。直省一体遵行。従之。

とある。

(8) ［経君健-九三（経君健-八一）］の特に二六―二八頁。

(9) 『雍正上諭』の末尾には「兵部尚書兼都察院右副都御史総督広東等処地方軍務兼理糧餉加九級臣孔毓珣敬刊」と書かれており、また同書の書根には「孔制台上諭」と抄写されている。

(10) ［経君健-九三（経君健-八一）］。

(11) 田文鏡は雍正五年（一七二七）七月一日の雍正帝の特旨によって河南総督を授けられたが、文鏡自身は七月十三日に吏部の咨文を受領した（田文鏡『総督両河宣化録』巻一、奏疏、「恭謝天恩事」雍正五年七月）。また［馮爾康-八五］一一四頁、参照。

(12) 「違制律」とは、吏律、公式、制書有違（呉壇『大清律例通考』巻七、吏律、公式、制書有違）の、

凡奉制書、有所施行、而〈故〉違〈不行〉者、杖一百。

という条文を指す。以下、律・例の条文を引用する場合は、呉壇『大清律例通考』（以下『通考』と略称）によって巻数等を提示し、かつ条例についてはその記載順序に従って第何条例というように記す。

(13) 「通行」の段階ですでに法としての効力を有する点については、［滋賀秀三-七四］一九二頁、参照。

(14) 以上のように、〈抗租禁止条例〉が雍正五年（一七二七）に制定されたことは事実として明らかである。但し、かつて重田徳氏は光緒『大清会典事例』巻八〇九、刑部、刑律、闘殴、威力制縛人の当該条例の按語に依拠して雍正三年（一七二五）制定説を主張された（［重田徳-七五］一一三頁）。また馮爾康氏は①雍正五年（一七二七）には雍正帝によって法制定の指示が出されたに止まり、②雍正十二年（一七三四）に至って当該条例が制定されたという新たな見解を表明された（［馮爾康-八四］二八八―二八九頁）。特に馮氏の見解は、①については後述の『皇朝文献通考』巻一九七、刑考三、刑制、雍正五年（一七二七）の記載に基づき、②については光緒『大清会典事例』巻一〇〇、吏部、処分例、擅責佃戸の記載に依拠するものであった。しかしながら、①については『皇朝文献通考』の当該記事に「定……例」と明確に書かれている。②については光緒『大清会典事例』がそのまま踏襲した乾隆『大清会典則例』巻一五、吏部、考功清吏司、田宅、擅責佃戸に、

一、擅責佃戸。雍正十二年議準、凡不法紳衿、私置板棍、擅責佃戸、勘実、郷紳照違制律議処、衿監吏員、革去衣頂職銜、

照律治罪。地方官容隠、不行察究、経上司訪出題参、照徇庇例処分。失覚察者、照不行察出例、罰俸一年。如将佃戸婦女、占為婢妾者、皆革去衣頂職銜、按律治罪。地方官徇縦肆虐者、照溺職例革職。不能詳察者、照不行察出例、罰俸一年。該管上司、徇縦不行掲参、照不掲報劣員例議処。至有姦頑佃戸、拖欠租課、欺慢田主者、照例責治、所欠之租、照数追給田主。

とあって、あたかも馮氏の見解のように当該条例の雍正十二年(一七三四)制定説が成り立つ余地があるように思われるが、乾隆『大清会典則例』が吏部、考功清吏司の項に、光緒『大清会典事例』——および嘉慶『大清会典事例』——が吏部、処分例の項に記載していることからも明らかなように、当該記事が直接的に問題としているのは官僚の功過・処分に関してであり、従って、紳衿の私刑(A)および頑佃の抗租(B)については「雍正十二年議準」とは全く無関係であると考えるべきであろう。雍正五年(一七二七)段階の〈抗租禁止条例〉の条文と比較するとき、乾隆『大清会典則例』の当該記事では傍点部分が新たに附加されているのであり、この地方官の処置に対する功過・処分についての改訂がまさに雍正十二年(一七三四)の「議準」によって行われたと解釈すべきである。この点に関して、雍正三年(一七二五)に編纂が開始された雍正『吏部処分則例』巻一七、戸例、田宅、「私置板棍、擅責佃戸」の記載が、

一、凡不法紳衿、私置板棍、擅責佃戸者、郷紳照違制律議処、衿監吏員、革去衣頂職銜、照律治罪。地方官失於覚察、経上司訪出題参、照狥庇例処分。如将佃戸婦女、佔為婢妾者、倶革去衣頂職銜、照律治罪。地方官不能査察、狥縦肆虐者、照溺職例革職。該管上司、不行掲参、照不掲劣員例議処。至有奸頑佃戸、拖欠租課、欺慢田主者、照律責治、所欠之租、照数追給田主。

となっており、雍正五年(一七二七)段階の〈抗租禁止条例〉とほぼ同文であるのに対して、乾隆七年(一七四二)に編纂が開始された乾隆『吏部処分則例』巻一七、戸例、田宅、「私置板棍、擅責佃戸」では、

一、凡不法紳衿、私置板棍、擅責佃戸者、郷紳照違制律議処、衿監吏員、革去衣頂職銜、照律治罪。地方官容隠、不行査究、経上司訪出題参、照狥庇例処分。失覚察者、照不行査出例、罰俸一年。如将佃戸婦女、佔為婢妾者、倶革去衣頂職銜、照律治罪。地方官狥縦肆虐者、照溺職例革職。不能査察者、照不行査出例、罰俸一年。該管上司狥縦、不行掲参、照不掲報劣員例議処。至有奸頑佃戸、拖欠租課、欺慢田主者、照律責治、所欠之租、照数追給田主。

という記載となっており、まさに「失覚察者、照不行査出例、罰俸一年」および「不能査察者、照不行査出例、罰俸一年」という乾隆『大清会典則例』の傍点部分に相当する記述が加えられているのである。以上の考察から、馮氏の見解は①②ともに成り立たないものであるといえよう。なお〈抗租禁止条例〉が雍正六年(一七二八)に公布された点は、すでに[魏金玉 - 六三]一

二九頁において指摘されている。

(15)　[経君健 - 九三]二六頁。

(16)　経君健氏もまた、前掲「試論雍正五年佃戸条例」(レジュメ)の中で、抗租禁止の条項が「生みだされたのはある種の偶然性を帯びていた」ことを指摘されている。

(17)　一九八〇年八月に開催された北海道大学東洋史談話会夏期シムポジウム「抗租闘争の諸問題」での討論の席上、山本英史氏の「雍正五年の条例が佃戸に対する私刑の禁止を紳衿に対してのみしていることをどう考えるか」という質問に対して、筆者は次のような回答を行った。「河南総督田文鏡が紳衿の佃戸虐待という個別事例により上奏し、それをうけて条例が発布され、その立法手続の間に佃戸の欠租という新たな状況が加わっていった。だから条例は、紳衿と佃戸となっているが、基本的には地主と佃戸である」と([北海道大学東洋史談話会 - 八二]五九頁)。ここでは筆者自身のかつての見解についても再検討し、自己批判を加えようとするものである。

(18)　薛允升については、[張偉仁 - 七六]四〇頁、参照。

(19)　当該史料については、[濱島敦俊 - 八六b]三九七頁において訳出・紹介されている。

(20)　呉壇については、『清史稿』巻三二一、列伝一〇八、呉紹詩、参照。

(21)　この条文はまた、嘉慶『大清会典事例』巻六三二、刑部、刑律、闘殴、威力制縛人に「此条係乾隆五年改定」という割註を附して収録されている。

(22)　『通考』の「乾隆五年、館修以名例、挙監生員等、除行止有虧、其餘俱准折贖」という記述はきわめて曖昧なものといえよう。なぜならば、名例律、五刑には清初以来、明の「問刑条例」をうけて改訂が行われた、

凡軍民諸色人役、審有力者、与挙人監生生員冠帯官、不分笞杖徒流雑犯死罪、応准納贖者、俱照有力稍有力図内数目、折銀納贖。

という条例(『通考』巻四、名例律上、五刑、第十一条例)が存在し、挙人・監生・生員についてはすでに贖罪が認められているからである。但し、この条例にはまた、

若挙監生員人等例、該除名革役、罪不応贖者、与軍民人等、罪応贖而審無力者、笞杖徒流雑犯死罪、俱照律的決発落。

という条項があり、「挙・監・生員人等」で身分剝奪処分を受けるような罪を犯した場合には贖罪が認められていなかったのである。ここでは後者に関連して、身分は剝奪するが、贖罪は許すという「修改」——或いは議論——が乾隆五年(一七四〇)

に行われたといえるのではなかろうか。この「修改」については『通考』の名例律の項からも具体的な記述を見出すことはできない。なお後年、この条例の「嘉慶六年修改、道光元年・十四年改定」として次のような条文が出現する。

凡進士挙人貢監生員、及一切有頂戴者、有犯笞杖軽罪、照例納贖、罪止杖一百者、分別咨参除名、所得杖罪、免其発落。

（薛允升『読例存疑』巻一、名例律上一、五刑、第十八条例）

(23) 〈主佃の分〉については、[重田徳-七一a（重田徳-七五）]・[高橋芳郎-七八（高橋芳郎-〇一）]・[濱島敦俊-八六b]参照。従来の研究で屢々引用されてきた『大清律例按語』の「佃戸雖与奴僕不同、而既有主佃之分、亦与平人有間」という記事のオリジナル・テクストは、本文で提示した『通考』の記事である。この点については、津田芳郎氏より御教示頂いた。記して謝意を表したい。なお、[魏金玉-六三]一三〇頁では、『通考』の当該記事が紹介されている。

(24) 「威力制縛人律」の律文は、次のように規定されている。

凡〈両相〉争論事理、〈其曲直〉聴経官陳告〈裁決〉。若〈豪強之人〉以威力〈挟〉制〈綑〉縛人、及於私家拷打監禁者、〈不問有傷無傷〉並杖八十。傷重、至内損吐血以上、各〈験其傷〉加凡闘傷二等。因而致死者絞〈監候〉。若以威力主使〈他〉人殴打、而致死傷者、並以主使之人為主、下手之人為従論、減〈主使〉一等。（『通考』巻二七、刑律、闘殴上、威力制縛人）

(25) [魏金玉-六三]一三〇頁、および[経君健-九三]二八頁。

(26) 「不応為律」の条文は、次のように記されている。

凡不応得為而為之者、笞四十、事理重者、杖八十。（『通考』巻三四、刑律、雑犯、不応為）

(27) 呂坤『実政録』巻六、所収の『風憲約』提刑事宜、「聴訟」（全十二条）の第八条に、

一、律有五笞之罪、世豈無犯笞之人。近日問官、全不引用笞律、只用不応得為而為。又只用事理重者。至於下不合二字、全不照管律条。如闘殴傍人、則曰不合不行勧阻、徒夫在逃、則曰不合鎖押乞食。招如此類甚多。皆是律外生法、科索無罪。以後律条無罪、而妄下不合字様、及有応得罪名、輒用不応得為而為、事理重者、不分批詞自理、倶以違制濫科、先拏承行吏書、問官另議。

とある。[濱島敦俊-八三]六九頁、参照。なお、[鄭涵-八五]四八頁によれば、『風憲約』は万暦十八年（一五九〇）の山西按察使時代に書かれたという。

(28) 当該史料は、[黄彰健-七九]九五八頁において紹介された。

(29) [中村茂夫-八三]二四―二五頁、参照。

(30)［滋賀秀三－八四］二八八頁。
(31) 以下に提示する二つの判語は、［濱島敦俊－八三］七四―七五頁および八九頁で紹介されたものである。
(32) 註(26)参照。
(33) 中央レヴェルにおける「抗租の罪」という認識の明確な表現としては、〈抗租禁止条例〉制定後の『清高宗実録』巻九、雍正十三年(一七三五)十二月壬午の条の「勧減佃租」における乾隆帝の言に、
若彼刁頑佃戸、藉此観望遷延、則仍治以抗租之罪。
とある。
(34) 本書第一部第一章、参照。
(35) 本書第一部第一章、二九頁。
(36)〈戸婚・田土の案〉については、［奥村郁三－六八］参照。
(37)［小山正明－五八(小山正明－九二)］・［田中正俊－六一ａ(田中正俊－七三)］・［森正夫－七一］・［濱島敦俊－八二］等。
(38)［濱島敦俊－八二］五五三頁。
(39)［濱島敦俊－八六ａ］一六頁。
(40)［濱島敦俊－八一］二一―二二頁。なお、史料番号は濱島氏の附されたものである。
(41)［濱島敦俊－八二］五五八―五五九頁。また本章註(80)、参照。
(42) 康熙『嘉興府志』巻一四、官師上、郡職、嘉興府知府、皇清、参照。
(43)［小山正明－九二］二九七頁。
(44) 順治『登州府志』巻一三、職官下、萊陽県知県、明、および康熙『萊陽県志』巻五、官師志、知県、明、参照。なお『資治新書』巻一、刑名二、提解類、所収の文太青「報窩犯」には「東萊県令、文太青、諱翔鳳、山西人」とあるが、太青の本貫は陝西西安府邠州山水県である(鄒漪『啓禎野乗』巻七、文光禄伝)。
(45) 康熙『金華府志』巻一一、官師一、国朝推官、参照。
(46) 康熙『交城県志』巻一二、官政、知県、国朝、および『清史稿』巻四七六、列伝二六三、循吏一、趙吉士、参照。
(47) 乾隆『直隷郴州総志』巻一八、名宦志、循令、国朝、楊蔵の項に、
又五十三年、署興寧。捐俸修志、訟到立决。尤厳悪佃、幷刊示広禁覇騙。

と記されている。
(48) なお、当該史料は乾隆『直隷郴州総志』巻終、附考には収録されていない。
(49) 同じく「禁悪佃占田示」には、
本県涖宜九載、曾署臨水・両桂、又曾護理州篆。此種刁風、在彼数処、事雖間有、不意興寧為独甚也。

とある。
(50) 〔周藤吉之 - 四三(周藤吉之 - 七二)〕・〔宮崎一市 - 七七〕・〔経君健 - 八六〕参照。
(51) 〔滋賀秀三 - 八四〕五六頁、参照。
(52) 〔経君健 - 八六〕七一頁、参照。
(53) 〔滋賀秀三 - 八四(滋賀秀三 - 六〇)〕二四頁、参照。
(54) 本書第二部第五章、一九七頁註(45)参照。
(55) 本書第二部第五章、一九七頁註(50)参照。
(56) 『地租剝削』上、二五―二六頁、所収の〇一三「広東新興県地主欧効禹、逼討佃戸逋欠租穀三石六斗」。
(57) 『康雍乾』上冊、五七―五八頁、所収。
(58) 『通考』巻二六、刑律、人命、闘殴及故殺人、第五条例。なお同書の按語には、
此条係雍正三年律内総註、乾隆五年館修、纂為専条。
とある。
(59) 以上の二例のほかにも〈抗租禁止条例〉が適用された事案としては、『地租剝削』上、四八―五〇頁、所収の〇二四「江西崇義県何乾州租山種杉、照郷例主二佃八抽分」乾隆十三年(一七四八)六月十三日附、および同、下、七五七―七五九頁、所収の三八五「広東羅定州梁上攜、依「奸頑佃戸、拖欠租課、欺慢田主」例論処」乾隆十八年(一七五三)七月二十六日附がある。
(60) 『康雍乾』上冊、一〇五―一〇六頁、所収。
(61) 『地租剝削』下、四〇五―四〇七頁、所収の二〇四「広東清遠県羅連富、藉口欠租、拒不退還佃戸「批頭銀」、致醸命案」。
(62) 『地租剝削』下、六八九―六九〇頁、所収の三四五「浙江僊居県陳国玉、因家貧、将佃田転租与陳阿添耕種」。
(63) 〔滋賀秀三 - 八四〕一五頁。
(64) 〔仁井田陞 - 五一(仁井田陞 - 六二)〕・〔白石博男 - 六〇〕・〔重田徳 - 六一(重田徳 - 七五)〕・〔森正夫 - 七一〕等。

(65)　当該史料については、［重田徳－七五］六八―六九頁、参照。

(66)　当該史料の初めの部分に、

　　擬道州知州段汝霖詳称、窃照、卑職自雍正十二年、叨任湖南安化県令、調任龍山県、陞補今職、在南十載有餘。風気俗習、略有見聞。

とある。なお知県・知州への就任年については、それぞれ嘉慶『湖南通志』巻八〇、職官一四、国朝三、同、巻八二、職官一六、国朝五、および同、巻八一、職官一五、国朝四に拠った。

(67)　『涇陽張公歴任岳長衡三郡風行録』目録の巻一、岳州府の割註に「嘉慶四年六月到任」と見える。

(68)　「欠租踞庄」――同義のものとして「抗欠覇踞」――という用例からして、この場合の「出庄」の含意は「退佃」「退田」と同じだと思われる。官の強制による退佃については、嘉慶六年（一八〇一）から同八年（一八〇三）までの衡州府署知府時代における張五緯の「禁刁佃七字璵言」（同書、巻四、衡州府、所収）に、

　　有等強横刁佃者。年年積慣昧良心。東君有業同無業。佃戸反為執業人。……田主屢催無谷繳。時常捨臉跪公庭。一経比追押退佃。

とある。

(69)　当該史料は、［前田勝太郎－六九］九頁において紹介された。

(70)　道光『広東通志』巻五六、職官表四七、国朝一四、羅定州知州、参照。

(71)　凌燽の在任期間については、［銭実甫－八〇b］二〇四二―二〇四九頁、参照。

(72)　［寺田浩明－八三］一〇二―一〇三頁および一一〇頁註(6)、参照。

(73)　「盗耕種官民田律」の律文は、

　　凡盗耕種他人田〈園・地土〉者、〈不告田主〉一畝以下、笞三十、毎五畝加一等、罪止杖八十。荒田減一等。強者〈不由田主〉、各〈指熟田・荒田言〉加一等。（『通考』巻九、戸律、田宅）

となっている。明末の万暦年間に編纂された『明律集解附例』巻五、戸律、田宅、盗耕種官民田の「纂註」には、

　　不告田主、而私自耕種、曰盗。不由田主、而用強耕種、曰強。

と記されている。

(74)　中華民国司法行政部編『中国民商事習慣調査報告録』一九三〇年（学生書局、台北、一九六九年、四二三―四二五頁）、所

収。〔森正夫－七二〕二六二頁、〔藤井宏－八二〕一一三－一三六頁、および〔草野靖－八九（草野靖－八〇）〕五七九－五八〇頁、参照。

(75) 州県官の細案に対する処罰が「杖懲」「杖責」「掌責」「責懲」「薄懲」等の名目のもとに行われる点については、〔中村茂夫－八三〕二四頁、参照。

(76) 本書第二部第五章、一八九頁、参照。

(77) 本書第一部第二章第一節、参照。

(78) 本書第一部第一章、三八－三九頁、参照。

(79) 「欠税」の「税」が佃租を表している点については、本書第一部第一章、五一頁註(17)、参照。

(80) 〔濱島敦俊－八二〕五五九頁および六二二頁註(25)は、明末段階の抗租に対する律の「白昼搶奪」条の適用を推定し、順治例として加えられた当該律の条例に、

如強割田禾、依搶奪科之。

とある点に注目されるとともに、当該条例に関して「すでに崇禎年間には判例が積み重ねられていたであろう」と指摘されている。なお、〔黄彰健－七九〕七六三頁では、薛允升が当該条例について「此条係前明問刑条例」と述べる点〔『読例存疑』巻二七、刑律、賊盗中一、白昼搶奪、条例〕を批判し、弘治・嘉靖・万暦の各「問刑条例」に当該条項が欠如していることを理由に、允升の誤りを指摘している。しかしながら、『通考』巻二四、刑律、賊盗中、白昼搶奪の当該記事を含む第二条例の按語には、

謹按、此条係順治初年律内、採取明例附律。

とあって、まさに「明例」であることが明記されているのである。従って、当該条例については万暦「問刑条例」の後に制定されたものと理解すべきであろう。

ところで、この「強割田禾」の条項を、抗租の問題に適用することは法解釈上、果たして妥当なものと考えられていたのであろうか。清初の法学者、沈之奇の『大清律輯註』巻一八、刑律、賊盗、白昼搶奪、第二条例の「上註」では、

割田禾、本与搶奪不同、重在強上。

とあって、当該条項の重点は「強」字に置かれているのであり、単なる「割田禾」とは区別されるという見解が述べられている。また王又槐『大清律例全纂集成』巻一九、刑律、賊盗上、白昼搶奪、第七条例の「附件」では「乾隆三十八年貴州案」と

して、

十人以上搶掠田麦、仍照搶奪科罪。

という記事が存在する。法解釈上からは、佃戸の日常的な抗租に対して「白昼搶奪律」の当該条例を適用することが妥当なものとは看做されていなかったといえよう。

(81)［銭実甫－八〇a］一六〇九－一六一三頁、参照。

(82)［周遠廉・謝肇華－八六］三六一－三六二頁、参照。

(83)『康雍乾』上冊、二八－二九頁、所収。なお『康雍乾』では「江陰、乾隆七年三月、呉震「厳禁頑佃抗租告示」」という表題が附されており、当該告示の内容からも乾隆七年(一七四二)当時、呉震が江陰県の知県ないしは署知県として在任していたことが窺われる。従って、当該史料を引用する［周遠廉・謝肇華－八六］三五七頁でも呉震を「江陰知県」と記しているのである。しかしながら、道光『江陰県志』巻一二、職官二、国朝、知県の項によれば、雍正十三年(一七三五)に蔡澍が就任した後、乾隆九年(一七四四)に王企堂が署知県に就任するまで当該項は空白となっており、さらに同県志、巻一五、名宦、未祀名宦伝、国朝、蔡澍によれば、

雍正癸卯進士。十三年、選授江陰県令。……在任九年、婦孺咸識其面。

とあり、乾隆九年(一七四四)当時の知県は蔡澍ということになる。『澄江治績続編』はわが国には現存せず、筆者にとって現時点では呉震についてのこれ以上の調査は不可能である。ここでは取りあえず周遠廉氏等によって「江陰知県」としておく。

(84)［周遠廉・謝肇華－八六］三五九－三六一頁。

(85)［周遠廉・謝肇華－八六］三六〇頁。

(86)［滋賀秀三－八四(滋賀秀三－六〇)］七頁、および［滋賀秀三－八四(滋賀秀三－七五)］二二七頁、等、参照。

(87)［森正夫－八三］三七〇頁註(7)、参照。森氏は『江蘇山陽収租全案』所収の「計開詳定規条」を含む四件の関係文書について懇切な邦訳をされるとともに、かつ詳細な註を附されている。なお碑文については、江蘇省博物館編『江蘇省明清以来碑刻資料選集』生活・新知・読書三聯書店、北京、一九五九年、四三四－四三六頁にも収録されている。『江蘇山陽収租全案』を利用した研究としては、［今堀誠二－六七(今堀誠二－六八)］・［森正夫－七一］等、参照。

(88)［濱島敦俊－八四a］九頁。

(89)前掲『江蘇省明清以来碑刻資料選集』四三七－四三九頁、所収。

(90)　〔仁井田陞‐五九(仁井田陞‐四二)〕六五〇頁註(4)、〔仁井田陞‐六二(仁井田陞‐五二)〕一一〇―一一一頁および一一六頁註(19)。

(91)　〔銭実甫‐八〇a〕一七一〇―一七一二頁によれば、丁日昌は同治六年(一八六七)から同九年(一八七〇)までの江蘇巡撫である。

(92)　〔銭実甫‐八〇b〕二三九〇頁の同治十年(一八七一)の江蘇の項には「(?)恩錫」とあり、また前後の年にも応宝時の名を見出すことはできない。但し〔銭実甫‐八〇b〕二一七三―二一七八頁によれば、同治八年(一八六九)から光緒元年(一八七五)までの江蘇按察使は応宝時であり、おそらくは同治十年(一八七一)当時、応宝時が署布政使に任じていたものと思われる。

(93)　〔仁井田陞‐五九〕六三九頁および六四三―六四四頁、参照。なお〔小山正明‐八五〕二一三頁には「立枷」の写真が掲載されている。

(94)　〔濱島敦俊‐八四a〕九―一三頁、参照。

(95)　〔天野元之助‐四二〕一三三頁、〔天野元之助‐七九b〕三四三―三四五頁、および〔小島淑男‐六七〕三二九頁、参照。

(96)　〔小島淑男‐六七〕三一九頁および三二七頁註(8)で紹介された『申報』光緒二年(一八七六)十二月十日の「窮佃可憫」には、

　蘇之業田者、遇有佃戸欠租、無不送官追比。撃其臀、復枷其項、或三日一比、或五日一比。比時或笞八百、或笞一千、惟業田者之所欲。

と書かれている。

(97)　〔鈴木智夫‐七七〕所収の『租覈』訳註、七九―八〇頁、参照。但し、鈴木氏は当該引用史料の末尾部分を「それなのに、地主たちは、どうして小作農の訴えもきかないうちに、はやばやと小作農に刑罰を加える命令を出してしまうのであろうか」と訳出されているが、傍点のところは「官は」或いは「州県官は」とすべきであろう。

(98)　〔滋賀秀三‐八四(滋賀秀三‐八一)〕二八三頁、参照。

第三部　保甲制と福建郷村社会

第七章　明末の福建における保甲制の展開

はじめに

明代中期以降、治安および秩序維持の制度として出現した保甲制は、明初の里甲制のように全国的に一律に施行された制度とは異なり、各々の地方官によって提議され、かつ実施されたものであった。本章は各地の様々な保甲制のうち、特に福建における保甲制――郷約・保甲制を含む――の考察を目的としたものである。

はじめに、従来の研究を一瞥するならば、一九三〇年代の山田秀二・松本善海氏以降、六・七〇年代の酒井忠夫・栗林宣夫・王賢徳等諸氏に至る研究において、里甲制・里老人制から郷約・保甲制への制度的移行、郷村社会内部での郷約・保甲制の軍事的・治安的役割等の制度内容については、かなりの解明がなされたといえよう(1)。しかしながら、保甲制と郷村社会の階層関係との関連については、実証的な究明が十分には行われていないように思われる。

本章では、考察にあたって、次のような問題視角を設定したい。第一に、保甲制は里老人制からの単なる制度的な移行ではなく、明初以来の郷村支配体制である里甲制の総体的な変質、すなわち里甲制における種々の機能を掌握していた糧長・里長・里老人層の没落にともなう、在地の階層関係および権力関係の解体という状況のもとで実施されたのであった。(2)従って、その場合、保甲制は郷村社会の如何なる階層を制度的基盤として実施されたのかが問題となるであろう。第二に、本源的には「隣保的・自衛的・保甲法的」な要素の少ないとされる里甲制の解体にともなって保甲制が出現してくる過程には、両者の間に質的な変化を見出すべきであり、(3)そうした変化をもたらす大きな契機として、明末にかけての民衆闘争の広汎な存在に注目する必要があろう。

以下、福建における里甲制解体の具体的な状況を提示した後、保甲制の実施状況およびその背景について考察することにしたい。

一　福建における里甲制の変質

わが国の里甲制研究は、里甲制を単に賦役徴収機構としてのみで捉えるのではなく、再生産にかかわる在地の共同体的機能、土地所有に基づく階層関係、さらには社会的・身分的関係をも視野に収め、総体として専制国家の農民支配、並びにそれと相互補完的な在地地主の郷村支配を貫徹する体制＝里甲制体制として理解してきた。(4)また里甲制の具体的な機能としては、主として賦役徴収、再生産維持、および治安・秩序維持の三点が挙げられている。(5)一方、明代中期以降における里甲制の変質＝解体は、〈郷紳的土地所有〉の展開を主な要因とする、里甲制の基盤をなした在地地主層の没落および在来の郷村支配体制の崩壊によるとされる。(6)こうした里甲制の解体という状況のもとで、里甲制が本来的に有していた諸機能は、それぞれ新たな形態の中に継承展開されたのであり、保甲制の実施もその一環に位置するものであった。

万暦六年（一五七八）に福建巡撫となり、郷約・保甲制を実施した耿定向の『耿天台先生文集』巻一八、雑著二、牧事末議、「保甲」には、[7]

近因戸籍棼散、里図錯居、始通之為保甲。

近頃、戸籍が乱れ、里図が錯綜したために、はじめて全域で保甲を行った。

とあり、保甲制実施の前提には里甲組織の錯綜という状況（「里図錯居」）が存在していたのである。

里甲制本来の編成が既存の郷村と不可分のものであるという理解は、従来の研究によってほぼ通説とされており、福建についても地方志等の具体的史料に基づいた論述がなされている。[8]しかしながら、小山正明氏は、嘉靖年間の福建泉州府同安県の郷紳、林希元の『林次崖先生文集』巻六、書、「与俞太守請賑書二」の中の「不知、里長所轄甲首、各散処外都、近者五六十里、遠者一二日程」を一事例として、明代の里甲編成が「村落のごとき地縁的関係を基礎として行われることは不可能」であるとされた。[9]それに対して、川勝守氏は小山説を批判し、林希元の記事を「里甲制の末期的症状」とされたのである。[10]筆者もまた川勝氏のように、当該記事の内容こそ「里図錯居」を表したものと考える。同じく泉州府の康熙『南安県志』巻一七、藝文志四、議に収められた、万暦年間の貢生黄懋中の「維条鞭議」に、

本県十排之長、旧係土著居民、催督以時、追呼不遠、与甲下十戸、甚相安也。

本県の十排（里）の長は、もとより土着の住民であり、時期になると〔税の〕督促を行い、呼び出す場合も遠くはなく、甲首の十戸とも甚だ安んじている。

と記されているように、里甲制本来の編成とは、里長が「甲下十戸」と近接して居住している形態であったと思われる。[11]

では、「里図錯居」の里甲編成とはどのようなものだったのであろうか。嘉靖後半〜隆慶頃の泉州府恵安県の

郷紳、李愷の『抑斎介山集』巻一六、議、「為恵安乞併啚」には、

以一啚言之、百戸之中、死絶者已三四十戸。以一県言之、三十六里之中、不可以為里者、殆居其半。一遇徭役、則十室九逃、或該排年、則流竄外郡。民之千苦万痛、所当優恤、未有甚於此時者也。……今版籍、若依旧額攅写、則田畝既荒、糧差尚在、人丁消乏、鬼名在冊。苟不行併啚通変之法、則詩云周餘黎民、靡有孑遺、今之謂也。又照、本県国初啚眼、有三四都・十二三都者、是二都而併為一也。有十四五六七都者、是四都而併為一也。見在里名、昭昭可考。伏乞留念加意、消亡過多者、即合二都為一都、丁糧繁庶者、或衰其多而益寡。

一図について言うならば、百戸の中には死絶したものがすでに三・四十戸にもなる。一県について言うならば、三十六里の中には〔一〕里をなさないものがほとんどその半ばを占めている。ひとたび徭役が割り当てられると、十室のうち九室が逃げ出し、或いは排年〔里長〕に当たると、府の外に流亡していく。これは民の大きな苦痛であって、まさに救済すべきであるが、これまで現在より甚だしいことはなかったのである。……今の版籍について、もし旧額のまま攅造したならば、田畝はすでに荒れ果てているのに税糧・徭役はなお残っており、人丁は少なくなっているのに鬼名が黄冊に存在することになる。いやしくも図を併せて融通するという方法を講じなければ、すなわち詩経が「周餘の黎民、孑遺有る靡し」と云うのは、今の謂になろう。また調べたところ、本県では国初の〔黄冊の〕図眼に、三四都・十二三都というものが見られるが、二都を併せて一〔都〕としたものである。十四五六七都というものも有るが、四都を併せて一〔都〕としたものである。現在の里名についても、参考にすることができよう。何とぞ〔この点に〕留意して、消亡の激しいものについては、二都を併せて一都とし、丁糧の多いものについては、或いは多いものを削って少ないものを補うようにして頂きたい。

と記されており、百十戸という里甲の基本的な編成原則の崩壊にともなう徭役の過重、および現年里甲各戸の没

落を回避するために、李愷は特に「消亡」の激しい図（＝都）[12]の「併畳」とともに各図間の丁・糧額の均等化を提議しているのである。

福建の場合、こうした丁・糧額を基準とした里甲編成については、すでに山根幸夫・小山正明両氏によって、丁・糧額を単位として帳簿上の里内各甲の均等化を図った十段法の実施が紹介されている[13]。福建の十段法は、成化年間の初めにおける邵武府知府盛顒の改革を先駆的形態として、嘉靖年間の中頃までに「均徭」＝雑役面の改革としてかなりの地域に普及した。そのことは嘉靖十八年（一五三九）頃の福建巡按御史李元陽によって十段法が実施されていることからも窺うことができよう[14]。

また、十段法は里甲正役の「綱銀」＝地方公費の面においても実施された。すでに嘉靖末の泉州府および隆慶元年（一五六七）の漳州府漳浦県の事例が紹介されているが[15]、いま少し漳州府について見てみることにしたい。万暦『漳州府志』巻五、漳州府、賦役志、征役、里甲では、嘉靖四十四年（一五六五）の巡撫・巡按による綱銀改革に触れた後に、

　隆慶三年、復議立規則、将十甲分作十段派徴。仍刊定書冊、分布各県、一体遵照施行。

　隆慶三年、また規定を取り決め、十甲を十段に分けて〔役を〕科派した。さらに書冊を編纂して各県に配布し、一体で遵守して施行するようにした。

とあり、隆慶三年（一五六九）に府下各県で十段法が実施されたことが記されているが、康熙『平和県志』巻六、賦役志、戸口、「四差法附考」では、

　隆慶元年、復議分作十段派徴、以丁四米六為則、員役無免。……自未役六甲起為第一段、以次編至五甲為十段、止一年徴其一段。

　隆慶元年、また十段に分けて〔役を〕科派することにし、丁四米六を規定として、員役は免除することのないようにし

た。……まだ就役していない六甲を第一段とし、順番に編成して五甲を第十段とし、一年にその一段から〔役を〕徴収するだけにした。

とあって、平和県では漳浦県と同様に隆慶元年（一五六七）の実施となっている。ほぼ同時代の史料として前者の信憑性は高いが、[16]後者も当該記事のように辛酉の年＝嘉靖四十年（一五六一）に編審して、翌四十一年（一五六二）に第一甲が就役すると、隆慶元年（一五六七）はまさに第六甲に当たる。ここでは年代の確定を留保しておくが、ともあれ漳州府における隆慶初年の綱銀面における十段法の実施を確認した。また後者の「員役無免」という記載は、里甲正役における優免否定を再確認したものとして注目されよう。

以上のように、十段法の改革を経て、福建では万暦六年（一五七八）、巡撫龐尚鵬・巡按商為正によって一条鞭法が実施され、税糧と丁料・綱銀・均徭銀・駅伝銀・民壮銀等の徭役とが一括して丁・糧に科派された。[17]こうして従来から里甲を単位として徴収された、正役内の丁料・綱銀および均徭銀は、形式的にも実質的にも里甲を離れることになったのである。しかしながら、条鞭実施後も里甲正役内の税糧徴収にかかわる徭役は力役として残存した。それに対して、明末の江南では優免限制と「照田派役」とを骨格とする均田均役法が実施され、里甲制は全面的に解体する。[18]他方、福建における全域的な改革は清朝支配下を俟たねばならないが、[19]一部の地域では明末に独自の改革が志向された。

漳州府平和県では、康熙『平和県志』巻六、賦役志、戸口、附役法に、

按、旧志云、一県而止十二里、可謂小矣。乃亡絶之戸、又居其半、則一歳応役、僅七八人焉。……至万暦三十年、知県季概、奉文審丁、撥盛補衰、抽多補絶、使十二啚通融適均、全班応役、無軽重之差。称善政云。

按ずるに、旧志には〔次のように〕書かれている。一県〔全体〕ではただ十二里だけであり、小規模〔の県〕ということができよう。それでも逃亡・断絶した戸が、半ばを占めており、一年に応役する者は、僅か七・八人のみである、と。

……万暦三十年に至って、知県の季概は、通達を奉じて丁数を調べ、盛を削って衰を補い、多を抜いて絶を補い、十二図が通融によって均等になり、全体の応役に、軽重の差がないようにした。〔その改革は〕善政と称賛されたという。

と記述されており、万暦三十年（一六〇二）に知県季概が丁数に基づく里甲組織の均等化を行い、「善政」との評価を受けている。興化府莆田県では、崇禎『閩書』巻六一、文涖志、興化府莆田県、皇朝知県、葉承遇の項に、

承遇、字思章、永嘉人。以進士任。……邑田旧分官民、直則官重而民軽。鬻者往往諞官為民、利厚直而存餘糧於戸、積久難償、即逃徙去。承遇欲均田為一、而私念浮糧亡可攤、会奉命履畝、即以丈出餘田、折補其額。於是一則法行、閭閻便之。先是編派里甲、多右巨室、而役貧民。承遇悉与更定、於豪貴人無所恕。……莆人久久談葉公均役均田事、時時出涕也。

承遇、字は思章、〔浙江温州府〕永嘉県の人である。進士によって〔当該知県に〕任じた。……県の田は古くから官・民に分けられており、その値は官が重くて民が軽かった。売却しようとする者は往々にして官を民と偽っていたが、田価が高いことを利とする一方で、戸に掛かっていた滞納分の糧が、積もり積もって償い難くなっており、〔売却すると〕すぐにも〔他所へ〕逃げていくのであった。承遇は均田を行って〔官・民の区別を〕一つにしようとしたが、浮糧（未納分の税糧）を〔他の田に〕割り当てることはできないと思っていたところ、たまたま〔上官の〕命令を奉じて田畝の丈量を行い、未登録の田を調べ出して、その額を補った。こうして〔官・民〕一則とする法が行われ、閭閻《ちいき》はこれを都合のよいことと看做した。これ以前に、里甲の科派では、巨室を助けて貧民を役していた。承遇は尽く改定を行い、豪貴の家も〔役の免除を〕許すことはなかった。……莆田の人々は、いつまでも葉公の均役均田のことを話して、時々涙を流しているのである。

と記されており、万暦五年（一五七七）に知県となった葉承遇[20]が、官・民田の一則化による「均田」と明らかに優免限制による「均役」とを内容とする改革を行い、後々まで「葉公均役均田事」として称えられたという。

また、崇禎末の福州府長楽県では、知県夏允彝によって均田均役に類する改革が実施された。[21] 崇禎『長楽県志』巻四、食貨志、役法は、それについての体系的な叙述を行っているが、その中に、

又里役之最苦者為解銀。一図之内、甲分大小不斉。其解銀之数、則悉炤図額、小甲毎為大甲所累。允彝乃為之均甲、如一図有田数百畝、即以毎十畝為一甲、毋偏多寡。

また里役の中で最も〔負担に〕苦しむものは解銀である。一図の中は、〔十ある〕甲の大小が揃っていない。解銀の数は、すなわち図の額として決められており、小さな甲は常に大きな甲によって過重な負担を掛けられていた。允彝はそこで均甲を行い、もし一図に数百畝の田が有れば、十畝ごとに一甲とし、〔各甲に〕多・寡の偏りがないようにした。

という記述を見出すことができる。里役の中で最も過重な「解銀」の負担を軽減するために、その科派にあたっては里内各甲の田土額の均一化が行われている。またこの記事の後に、

縉紳優免、酌有定数、此外一切均編。

縉紳の優免については、定められた数を斟酌し、それ以外はすべて均等に科派した。

とあって、優免の限制も行われているのである。

以上、一連の改革の中に優免否定・優免限制の事例が見られるように、福建においても徭役改革の背景として、優免特権による〈郷紳的土地所有〉の展開を窺うことができよう。この点についていま少し補足すると、すでに正徳末に福州府知府として在任した欧陽鐸の伝記である、王世貞『弇州山人四部稿』巻九六、神道碑、「明通議大夫吏部右侍郎贈工部尚書諡恭簡欧陽公神道碑」には、

改調福州。……而公議里役則曰、郡饒士大夫、其士大夫又饒産、民無幾矣。請得稍減分民半役。

福州〔の知府〕に転任となった。……公は里役について〔次のように〕提議した。「〔当該の〕府には士大夫が多く、その士大夫はまた多くの田産を所有しており、民〔の所有する田産〕はほとんど無い。民に掛かる半分の役を削減するよう

にして頂きたい」と。

とあり、郷紳による土地集積が描かれているが、この記事に対応する崇禎『閩書』巻五〇、文涖志、福州府、皇朝知府、欧陽鐸の項には、

又審編里甲。鐸謂、福州海六山三、田賦僅十一。里長正役、不得優仕宦尽免、偏累斉民。

また里甲の編審を行った。鐸は言った。「福州〔地方〕は海が六で山が三であり、田賦は僅かに十の一である。里長の正役は、仕官する者すべてを優免にし、偏って庶民に負担を掛けてはならない」と。

とあって、郷紳の土地集積が本来は否定されるべき里甲正役の優免と関連していることが窺えるのである。また濱島敦俊氏によって紹介された史料であるが、崇禎『長楽県志』巻四、食貨志、役法、所収の夏允彝「審役申文」には、

我国家大造黄冊、都図甲戸之別、截然不紊、田畝分厘、畢載規模、寔昉于此。自因循既久、有司毎当踐更、或以故事視、而勢豪強有力者、始得以乗間徇私。于是有田連阡陌、僅当寔役一年、家無担石、亦累虚役数月。不十年而中人之産幾破過半、卓錐無地者、又不知流離幾許矣。

我が国家が〔賦役〕黄冊を編造したときは、都・図・甲・戸の区別が、截然として乱れることはなく、田畝は分厘まで、その規模を記載しており、誠にここから始まったのである。〔その後〕慣習化してすでに久しくなると、有司が踐更《ようえき》を科派するたびに、或いは先例のままに行おうとすると、勢豪で力のある家が、間隙に乗じて私利を図ることになった。こうして田が阡陌を連ねるほどの〔大土地所有を展開している〕家が、僅かに一年の役を負担するだけであるのに対して、家に少しの蓄えもないものも、また数ヵ月の役に苦しんでいる。十年も経たないうちに、中人の家の破産するものが半分以上にもなり、僅かの土地も所有しない家のどれほどが離散していくのかわからないほどである。

と記述されている。[22] 郷紳（「勢豪強有力者」）が大土地所有を展開し、かつ優免の特権を享受している状況と、中小

地主（「中人」）およびそれ以下の階層の没落とが対比されているのである。

以上において、明代後半の福建における徭役改革の流れを概観してきたが、ここで確認しておくことは里甲組織が単なる徭役科派単位へと変質している点である。従って、徭役改革における里甲の改編はまさに「里図錯居」という状況をもたらしたといえよう。漳州府の康熙『漳浦県志』巻二〇、続志、方域は、この点について次のように述べている。

明制、城中曰坊、在郷曰都。毎十一戸為一甲、十甲為里、毎里為一図、繞於坊都。蓋合大司徒、与遂人之法而一之、所以定版籍、奠民居、辨疆域、其制甚善。後有保甲之法、十家為甲、十甲為保、即比閭族党之遺意、与坊里並行不悖。自里甲専以応役、但稽其在官之籍、而不復問其受廛之所。於是坊都図甲之名、祇為賦役而設、東西易位、遠近綜錯、無足為拠。其可依傍者、唯保甲冊耳。

明の制では、城内を坊といい、郷村を都という。十一戸ごとに一甲として、十甲を一里とし、里ごとに一図を作り、坊・都に繋げている。蓋し〔周代の〕大司徒と遂人の法とを一つにしたようなものであり、それによって版籍を作り、民居を定め、疆域を明確にしているのであり、その制は甚だ優れたものである。後に保甲の法が行われるようになったが、十家を一甲として、十甲を一保としたことは、すなわち〔周代の〕比閭族党の意を受け継いだものであり、坊里〔の制〕と同時に行われても矛盾するものではなかった。里甲が専ら応役のためのものとなってから、官が把握している籍を調べることはできても、また居住する場所を問うことはできなくなった。従って、坊・都・図・甲の名称は、単に賦役のためのものとなり、東西の位置や、遠近の違いについては、根拠とすることはできなくなった。依拠することのできるものは、ただ保甲冊だけである。

本来、郷村ないし地縁的関係に基づいていた里甲制が、ただ賦役機能にしかかかわらないものへと変質することによって、坊・都・図・甲という名称もまた単なる賦役科派単位に過ぎなくなるという状況が明示されている。

従って、こうした里甲制の変質が取りもなおさず里甲制固有の機能であり、かつ郷村と密着した治安・秩序機能の喪失をもたらすことは必然的な論理であろう。万暦～崇禎頃の泉州府同安県の郷紳、蔡献臣は『清白堂稿』巻一七、所収の万暦『同安県志』「里老総保」の中で、次のように述べている。

教民榜文云、民間婚姻田土闘殴相争一切小事、須要経由本里老人里甲決断。若係姦盗詐偽人命重事、方許赴官陳告。而戸部申明、老人里甲、合理詞訟条目、即闘殴争占窃盗賭博私宰邪術、里老亦得与聞。……今老人不由徳挙、半係罷閑吏卒、及無良有過之人、県官一有差委、即図攅銭。而里長亦多保家頂替、及慣熟衙門者、応役但得不侵収銭糧、竣事下班足矣。人情不古、里甲固不能任決断、即決断孰与之哉。吾邑見在老人、止十八名、亦足以明其無所事事矣。

教民榜文には〔次のように〕書かれている。「民間の婚姻・田土・闘殴・相争の一切の小事については、必ず本里の老人・里甲の決断《さいばん》を経由すべきである。もし姦盗・詐偽・人命という重事であれば、はじめて官に出向いて告訴することを許す」と。そして戸部が明示した老人・里甲が受理すべき訴訟項目は、すなわち闘殴・争占・窃盗・賭博・私宰・邪術であり、里甲・老人も関与することができたのである。……今、老人は徳によって選ばれることはなく、その半ばの者は罷免された吏卒や、善良ではなく咎のある者であり、県官がひとたび委任したならば、すぐさま金集めを図るのである。里長もまた家を保って交替することだけを考え、また衙門に慣れきった者も多く、役に応じてはただ銭糧を着服せず、ことが終わって交替すれば十分と看做していた。人情は昔のままではなく、里甲がもとより決断を担うことができないのであれば、決断は誰が与るのであろうか。我が県における現在の老人は、ただ十八名だけであり、何もできないことは十分に明らかである。

里甲制において郷村の治安・秩序維持にきわめて重要な役割を果たしていた、里老人・里長を中心とする裁判システム[23]は、明末段階に至って、里老人の質の低下、および里長が税糧徴収にしか関与しないという状況のもとで、もはやその機能を十全には果たしえなくなっていたのである。それと同時に、この同安県では里老人が完全に名目的存在に過ぎなくなっていたことも窺うことができよう。

すなわち、以上のように総体的な里甲制の変質という状況のもとで、先の康熙『漳浦県志』にも見られたように、現実の郷村および郷民を把握すべく、保甲制が実施されたのである。

二　保甲制の実施とその展開

(i)　保甲制の実施状況

管見によれば、福建において実施された保甲制の事例は別表の通りである。ここでは史料中に明確に「保甲」という語句の見られるもの、および内容的に明らかに保甲制と思われるものを提示した。また実施年代については、史料に明記されている場合を除いて、保甲制を実施した者が地方官として就任した年次を記した。

福建ではすでに正統十二年（一四四七）において、主に「鑛賊」に対する治安策としての総小甲制が御史柳華によって実施された(24)。しかしながら、総甲に任ぜられた鄧茂七を中心とする反乱の勃発によって、総小甲制が鄧茂七側の連帯および武装を強化する方向に作用するという事態が生じていたのである(25)。

その後、［表‐8］が示すように景泰四年（一四五三）の漳州府知府謝騫の事例以降、嘉靖年間にかけての保甲制は沿海地域を中心に実施された。こうした背景には当該時期における「海寇充斥」「下海通番」という海寇・密貿易の盛行(26)、さらにはその発展形態としての〈嘉靖海寇反乱〉が存在していたのである(27)。それと同時に、保甲制が沿海郷村地域に実施され、郷村内部から密貿易・海寇への参加を防止する意図を有していたことは、里甲制における治安・秩序機能の衰退を表しており、そうした事態が〈海寇反乱〉という状況のもとでまさに顕在化したと考えることもできよう。

一方、隆慶年間以降の保甲制は、郷約を包摂したところの郷約・保甲制として福建全域に実施された。[28] 別表によれば、この時期の保甲制は福建巡撫によって繰り返し実施されており、こうした状況は支配者側の理念の中に保甲制が福建全域にわたる制度として定着していたことを表しているといえよう。それはまた里甲制体制の解体の、より一層の進展に対応するものでもあった。

ところで、巡撫レヴェルにおいて当為とされた保甲制がどれほど府州県レヴェルに浸透していたのか、という点については、主に地方志の記事によって表中に記したが、筆者が閲覧しえた福建の地方志は数的にも限られ、かつ各地方志間における編纂および記載基準の異同等によって、見出すことのできた事例は二十一例のみであった。しかし、これらの事例はほぼ福建の各府にまたがっており、福建全域への保甲制の浸透をある程度は確認することができよう。

(ii)　朱紈の保甲制

朱紈についてはすでに片山誠二郎氏による詳細な研究があり、[29] ここでは保甲制以外の問題については論及しない。片山氏の場合、朱紈の対密貿易行政の一環として保甲制に言及されたが、保甲制そのものの制度内容の分析は行われておらず、従って筆者はいまだ紹介されていない史料を提示することによって、朱紈の保甲制の再検討を行うことにしたい。

［表－8］続き

年代	西暦	実施者(官職)	実施地域	備　考	典拠
同 39	1611	丁継嗣(巡撫)			(28)
同 40	1612	陽思謙(知府)	泉州府		(29)
同 40	1612	陶　鎔(知県)	漳州府海澄県	郷約・保甲	(30)
同 41	1613	趙時用(知県)	泉州府南安県		(31)
同 43	1615	黄承玄(巡撫)	福建全域	郷約・保甲	(32)
同？	？	張履端(知県)	泉州府晋江県		(27)
同 47	1619	周　立(知県)	漳州府詔安県		(25)
天啓 7	1627	祁彪佳(推官)	興化府		(33)
崇禎 10	1637	唐世涵(知府)	汀州府		(34)

典拠：(1)弘治『八閩通志』巻 38，秩官，名宦，郡県，漳州府。(2)崇禎『閩書』巻 45，文涖志，皇朝，巡撫監察御史。(3)崔涯『崔筆山文集』巻 1，奏疏，「巡按福建，亟陳要務，以靖辺患疏」。(4)『明世宗実録』巻 189，嘉靖 15 年 7 月壬午，および 7 月丙寅。(5)朱紈『甓餘雑集』巻 8，公移 2，福建・浙江提督軍務行。(6)嘉靖『龍巖県志』巻下，文教志，礼儀，および武備志，保甲。(7)謝廷傑『両浙海防類考』巻 3，「漁税事宜」。(8)譚綸『譚襄敏公奏議』巻 2，閩稿，「条陳善後未尽事宜，以備遠略，以図治安疏」。(9)崇禎『汀州府志』巻 16，官師誌，官師表，国朝。(10)葉春及『羅浮石洞葉絅斎先生文集』巻 7，政書，「恵安政書」12，保甲篇。(11)万暦『漳州府志』巻 29，詔安県，秩官志，歴官。(12)崇禎『漳州府志』巻 14，秩官志，国朝名宦伝。(13)康熙『平和県志』巻 5，兵防志，兵制，郷兵考。(14)康熙『漳浦県志』巻 11，兵防志，郷兵。(15)『明神宗実録』巻 81，万暦 6 年 2 月辛亥。(16)耿定向『耿天台先生文集』巻 18，雑著 2，牧事末議，「保甲」。(17)康熙『沙県志』巻 8，宦師志，名宦伝，明。(18)崇禎『閩書』巻 45，文涖志，皇朝，提督軍務兼巡撫福建。(19)崇禎『尤渓県志』巻 9，徴文志，明文，陳鳴金「蔣侯生祠碑記」。(20)康熙 22『建寧府志』巻 25，名宦志 3，文職。(21)許孚遠『敬和堂集』公移撫閩稿，「頒正俗編，行各属」。(22)万暦『古田県志』巻 12，藝文志，記，劉曰寧「大中丞省吾金先生黄田駅遺愛祠記」。(23)康熙『光沢県志』巻 8，藝文志，記類，王応鐘「程公去思祠記」。(24)乾隆『寧徳県志』巻 3，秩官志，宦蹟，知県。(25)康熙『詔安県志』巻 9，職官志，宦蹟。(26)崇禎『閩書』巻 61，文涖志，興化府，皇朝。(27)乾隆『晋江県志』巻 6，官守志，古今知県，宦蹟伝。(28)葉向高『蒼霞餘草』巻 12，墓誌銘，「明嘉議大夫巡撫福建都察院右副都御史禹門丁公墓誌銘」。(29)乾隆『晋江県志』巻 6，官守志，古今道府，宦蹟伝。(30)崇禎『海澄県志』巻 18，藝文志三，碑記，徐鑾「澄邑陶公徳政碑」。(31)乾隆『泉州府志』巻 31，名宦 3，明。(32)黄承玄『盟鷗堂集』巻 29，公移 1，「約保事宜」。(33)祁彪佳『祁忠恵公日記』所収，王思任「祁忠敏公年譜」。(34)崇禎『汀州府志』巻 12，扞圉志，関隘，「山村守禦議」。

嘉靖二十六年（一五四七）七月、浙江巡撫に任命されて福建沿海地域をも兼轄した朱紈は、同年十月、保甲制実施の通達を発した。朱紈の『甓餘雑集』巻八、公移二、「福建・浙江提督軍務行」には、嘉靖二十六年（一五四七）十月二十九日附でその内容が収録されているが、それによれば朱紈は郷紳（「巨室」）を頂点とする密貿易の盛行、並びに取締側の官・兵の腐敗という状況の中で、保甲制の実施以外には密貿易の禁圧をなしえないとして、福建沿海地域における保甲制の実施を命じたのであった。

［表－8］福建における保甲制の実施状況

年代	西暦	実施者（官職）	実施地域	備　考	典拠
景泰4	1453	謝　騫（知府）	漳州府沿海地域		(1)
正徳？	？	陸　偁（巡視海道）	沿海地域		(2)
嘉靖13	1534	崔　涯（巡按御史）	沿海・近坑地域		(3)
同15	1536	白　賁（巡按御史）	沿海・建寧府近坑		(4)
同26	1547	朱　紈（巡撫）	沿海地域		(5)
同32	1553	湯　相（知県）	漳州府龍巖県	郷約・保甲	(6)
同35	1556	胡宗憲（巡撫）	沿海地域	漁船等の編成排甲	(7)
同42	1563	譚　綸（巡撫）	沿海地域	単桅船の編保伍	(8)
同？	？	万廷言（推官）	汀州府		(9)
隆慶4	1570	葉春及（知県）	泉州府恵安県	郷約・保甲	(10)
同4	1570	潘　鏊（知県）	漳州府詔安県	郷約・保甲	(11)
万暦2	1574	周　祚（知県）	漳州府海澄県	郷約・保甲	(12)
同4	1576	龐尚鵬（巡撫）		家甲法	(13)
同5	1577	朱廷益（知県）	漳州府漳浦県		(14)
同6	1578	劉思問（巡撫）	沿海地域		(15)
同6	1578	耿定向（巡撫）	福建全域	郷約・保甲	(16)
同16	1588	徐顕臣（知県）	延平府沙県	郷約・保甲	(17)
同17	1589	趙参魯（巡撫）	福建全域	郷約・保甲	(18)
同17	1589	蔣良鼎（知県）	延平府尤渓県	郷約・保甲	(19)
同？	？	駱駸曾（知県）	建寧府甌寧県	郷約・保甲	(20)
同？	？	陳善行（同知）	汀州府		(9)
同20	1592	許孚遠（巡撫）	福建全域	郷約・保甲	(21)
同23	1595	金学曾（巡撫）			(22)
同25	1597	程　寰（知県）	邵武府光沢県	郷約・保甲	(23)
同25	1597	区日振（知県）	福寧州寧徳県	郷約・保甲	(24)
同27	1599	王　猷（知県）	漳州府漳浦県		(14)
同30	1602	黎天祚（知県）	漳州府詔安県		(25)
同34	1606	孫養正（推官）	興化府		(26)
同35	1607	李侍問（知県）	泉州府晋江県		(27)

すでに十五世紀後半の成化・弘治頃から、海上密貿易の元締的存在としての郷紳が注目されていたが、[30] 朱紈はそうした現実を十分に認識することによって具体的な方策を実施したのである。先の「福建・浙江提督軍務行」には、全十二条からなる「編埴考験之法」が収められており、保甲制の具体的内容を知ることができる。ここでは次の五ヵ条に注目したい（アラビア数字は、保甲規定の第何条かを指す。以下、同）。

(1)一、十家編作一甲。牌格十行、毎行坐定日期、毎月一家輪直三日。

一、十家で一甲を編成する。牌格は十行で、一行ごとに期日を定め、毎月、一家の当番は三日とする。

(3)一、十家牌、不立牌頭。新建伯云、一立牌頭、即鈐制各家、或有侵擾。此不易之論也。

一、十家の牌には、牌頭は立てない。新建伯は述べている。ひとたび牌頭を立てたならば、各々の家を押さえつけ、或いは搾取して騒ぎを起こすことになる、と。これは不易の論である。

(4)一、官吏生儒軍匠人等、雖有見行優免事例、惟此与差徭不同、不許容情優免。……蓋論優免、則假託窩占之弊作、不如不立保甲之為愈也。

一、官吏・儒生・軍匠人等は、現行の優免事例があるとはいえ、これと差徭とは同じではないのであり、情実による優免は許されない。……蓋し優免を認めたならば、詭寄を受け入れるという弊害が起こるのであり、保甲を行わない方がはるかにましである。

(11)一、編甲雖以十家為率、然須略較強弱、為之節制。如九家単丁独門、或貧難傭賤、一家共戸分門、或共門分爨、或富盛勢豪、若概編一甲、則牌雖輪直九家、決不敢譏察此一家、此一家足以奴隷此九家矣。必査共戸分門者、毎門塡入牌内一行、共門分爨者、毎爨塡入牌内一行。富盛勢豪者、雖無分門分爨、亦照依門面間数、分派弟男子姪、塡入牌内幾行。

一、編甲する場合は、十家を目途とするが、しかし、必ず〔各々の家の〕強・弱を較べて、制限を加えるべきである。もし九家が成丁一人の独立の家であり、或いは貧しくて雇われの身であり、〔残りの〕一家が共戸分門、或いは共門分爨〔の大きな家〕、或いは富裕で勢力のあるものであれば、一概に一甲を編成したとしても、牌が九家の当番になったときには、決してこの一家を調べて咎めることはなく、この一家が残りの九家を奴隷のように取り扱うであろう。必ず共戸分門の家を調べ、門ごとに牌内の一行に記載し、共門分爨の家も、爨ごとに牌内の一行に記載すべきである。富裕な勢豪の家は、分門・分爨していないとはいえ、門の広さの間数によって、弟男子姪に割り当て、牌内の何行かに記載する。

(12)一、保甲之法、操縦在有司則可、操縦在巨室則不可。近見聞一等喜談力行者、此不過為蓄植武断之地耳。非真欲厚俗也。

一、保甲の法は、操縦を有司が握るのは可であるが、操縦を巨室が握るのは不可である。近頃、見聞したところでは、ある種の〔保甲を〕務めて行うことを喜んで話す者がいるが、これは〔保甲を〕大いに武断するところにしようとしているだけである。真に厚俗を望んでいるのではない。

(1)の十家＝一甲という一段階編成、および(3)の「牌頭」を設置しないという内容は、正徳末の王陽明の「十家牌法」と一致しており、[31]また(3)において「新建伯」＝陽明の言が引かれているように、朱紈の保甲制は王陽明の影響を強く受けた内容となっている。但し、ここで特に問題となるのは「官吏生儒」(4)、「富盛勢豪」(11)、「巨室」(12)とあるように、郷紳の存在に対して注意が払われている点である。

まず、(4)では優免の否定が規定されている。「見行優免事例」とは嘉靖二十四年（一五四五）の優免規定を指していると思われるが、[32]本来、国家の徭役徴収において論じられるべき優免の問題が、何ゆえ敢えて保甲規定の中に表現されたのであろうか。一つは一般に保甲が徭役の側面を有するものであるとすることもできよう。[33]ただ個別福建の特徴として、朱紈自ら「此与差徭不同」と述べるように、ここではむしろ密貿易構造の頂点に位置する〈沿海郷紳〉を他の人々と一体で保甲に組み込むことに意味があったと思われる。換言すれば、違法の密貿易を行う、いわば被密告者としての〈沿海郷紳〉を官側が直接把握することで、密告連坐制を内在させた保甲制が有効に機能するとした点に、朱紈の意図を見出すことができよう。

(11)・(12)は保甲制の実施によって生じる、郷紳等の専断の防止を企図したものであり、このことは(3)の「牌頭」を立てないという措置からも窺うことができよう。(11)では「此一家足以奴隷此九家矣」という事態を危惧し、

「共戸分門」「共門分爨」等の大家に対してはそれぞれ「門」「爨」単位で、さらには「門面間数」によって保甲編成を行うべきこと、また(12)では保甲制の実施における郷紳の介在を厳しく拒絶し、全面的にいわば官主導型の保甲制を実施すべきことが規定されているのである。

以上のように、朱紈の保甲規定は明らかに郷紳に対する規制を強く打ち出した内容となっており、それは保甲制を実施する側の国家権力と郷紳との対立的状況を浮き彫りにしているかのようである。この時期、かの林希元のように密貿易という違禁行為を行うとともに、在地において「林府」と称して私的な裁判権を行使し、「郷曲に武断」するという「私的支配」を実現していた郷紳が存在しており[34]、かつそれが個別郷紳ではなく、階層としての「沿海郷紳層」であったことを、朱紈は十二分に認識していたのである[35]。従って、そうした認識がまさに保甲規定の中に反映したものと思われる。すなわち、一地方官としての朱紈の政策理念においては、こうした「沿海郷紳層」を国家の郷村支配の一翼を担う階層として全面的には承認しえないものとして捉えられていたのではなかろうか。

では、朱紈の保甲制はどれほど府州県および郷村レヴェルに浸透していたのであろうか。先の通達に対する泉州府・福州府からの報告では、沿海地域はもとより内陸の県や「深山窮谷」でも実施されたようである。また漳州府詔安県からは、保甲制が治安面で効果をあげていたことが報告されている[36]。しかしながら、「林府」のような郷紳による「支配」的状況が存在する同一の地盤に保甲制が実施されたとしても、果たして実質的な効果を期待できたのであろうか。この点に関して、『甓餘雑集』巻五、章疏四、「設専職、以控要害事」嘉靖二十八年(一五四九)二月二十五日附に引かれた漳州府同知龍遂の言は、詔安県梅嶺地方の林・何・傅・蘇等の大族による密貿易や「占産騙租」等の状況を述べた後に、

此等地方、已同化外。職嘗署掌県事数月、頗得其詳。間有要緊事情、行委典史陸鉄親拘、往往告難。問之則

曰、彼且蔑視官法、緩則閉門不理、急則攘臂抗拒。近雖有軍門保甲之設、初若稍就約束、尋復視為故紙矣。

このような地域は、すでに化外の地と同じである。私がかつて数ヵ月、署知県を務めたときに、その詳細を得ることができた。たまたま緊急の事態が生じたので、典史の陸鉄に命じて拘引に向かわせたところ、しばしばその困難を告げてきた。問いただしたところ、すなわち言った。「彼らは官法を蔑視しており、〔こちらが〕穏やかに出れば門を閉ざして相手にせず、厳しく出れば腕まくりして抵抗・拒否します。近頃、軍門《じゅんぶ》によって保甲が実施されましたが、初めのうちはやや従っていたものの、そのうちまた反故同然と看做すようになりました」と。

と伝えている。朱紈の保甲制が現実にはほとんど効力をもたず、結局のところ「故紙」も同然であったという現実が明示されているのである。

以上、朱紈の保甲制を通じて国家権力と郷紳との対立的状況を見てきたが、朱紈が保甲制によって規制しようとした対象は、様々な違法行為を行うとともに在地において「私的支配」を実現していた郷紳そのものであった。しかしながら、保甲制が現実には「故紙」でしかなく、かつ〈沿海郷紳〉および彼らと結託した官僚の圧力によって、朱紈の政策が中央で否定され[37]、さらには朱紈自身が失脚するという過程には[38]、嘉靖二十年代という一時期に、その本質を鮮明に現した「郷紳支配」の一面を垣間見ることができるのではなかろうか[39]。

(iii)　万暦年間の郷約・保甲制

万暦年間の福建では、郷約・保甲制が巡撫によってその全域に施行された。ここでは許孚遠・黄承玄両者による保甲規定の分析を中心に論述することにしたい。許孚遠は万暦二十年(一五九二)から同二十二年(一五九四)までの福建巡撫であり、彼の『敬和堂集』公移撫閩稿、「頒正俗編、行各属」には、きわめて広範囲にわたる内容をもった全四十五条からなる「郷保条規」(以下「条規」と略記)が収められている。また万暦四十三年(一六一五)から同四十五年(一六一七)までの福建巡撫黄承玄の場合も、彼の『盟鷗堂集』巻二九、公移一、「約保事宜」には、全二十七条の保甲規定(以下「事宜」と略記)が存在する。(40)

まず、郷約・保甲制の組織形態についてはすでに先学によって指摘されているように、保甲組織が地縁関係に基づいて編成された点は、(41)許孚遠・黄承玄の場合も同様に確認することができる。(42)また基本的には十戸＝一甲、十甲＝一保という戸数編成、および保長―甲長―各戸という系統を有する許孚遠の「条規」には、(43)

⑽一、郷約、各随地理遠近、人戸多寡、酌量為会。……郷村大者、一保一会不為多、郷村小者、或二三処、或四五処一会不為少。毎月初二日、保長率諸保甲、随約正、倶赴郷保会所行礼。

一、郷約は、それぞれ地理の遠近や、人戸の多寡によって、斟酌して会を作る。……郷村の大きなものは、一保ごとに一会としても多くはなく、郷村の小さなものは、或いは二・三ヵ処ごとに、或いは四・五ヵ処ごとに一会としても少なくはない。毎月の二日に、保長は〔配下の〕保甲〔に属する人々〕を率い、約正に従って、ともに郷保会所に赴いて礼を行う。

とあり、郷約の単位として「会」が地縁に基づいて設置され、約正を中心とした会の中に保甲組織が包摂されていた。(44)同様に、約―保―甲―戸という組織系統をもつ黄承玄の場合も、(45)約ごとに会が設けられていた。(46)

こうした会は郷約・保甲制の多角的な機能の面でも重要な位置を占めていた。黄承玄の「事宜」には次のような規定が存在する。

⑹一、各約人等、既同一会、便須休戚相関。会日約正遍詢各保内、有貧不能活、病不能医、患難無援、孤寡無靠、及婚葬耕読、苦於無資者、即当共為区処、曲加周卹。

一、それぞれの約の人々は、一つの会を同じくしているのであるから、須く互いの喜びや憂いに関心をもつべきである。会の日には、約正が各保の中に、貧しくて生活のできない者、病気なのに医者にかかれない者、禍に見舞われながら援助のない者、孤児や寡婦で寄る辺のない者、および婚姻・葬式・耕作・勉学で資金不足に苦しんでいる者がいるかどうかを遍く尋ね、ただちに一緒に対応を考え、よく救済を加えるべきである。

(7)一、毎約所官置印簿二扇、一存該県、一存該約。凡会日旌善紀悪、解忿卹窮等事、約正対衆、令約講備書於冊。毎会之後、輪遣甲長一人、齎冊赴県、循去環来、以憑稽覈。

一、約所ごとに官は印簿二冊を備え、一冊は該県に置き、一冊は該約に置く。およそ会の日に、善行を表彰して悪行を記録し、紛争を解決して窮民を救済することなど、約正が衆人に話をし、約講に命じて冊に記載させる。毎会の後に、甲長一人を輪番で派遣して、冊を県に届け、別の冊を持ち帰らせ、そうして〔官の〕監査に供するようにする。

⒂一、外寇之来、必藉本地奸民、勾引蔵匿。今行保甲、首以稽察為主。毎日甲内人等、有事出外、及親友寄宿、客商借寓者、倶要先報甲長、及直日之人。毎至黄昏時分、逐戸挨査、如一人不在、未経報知者、次日転告約保、紀簿示懲。

一、外郷の賊が来たときは、必ず当地の奸民が、手引きして匿うことになる。今、保甲を行う場合、まず検査をすることが中心である。毎日、甲内の人々は、事情によって外出したり、親族・友人が泊まったり、客商が宿泊したりする場合は、すべて必ず先に甲長および当番の人に報告する。毎日、黄昏時分には、戸ごとに検査を行い、もし一人でも不在がおり、まだ報告されていない場合は、次の日に約正・保長に報告し、簿冊に記録して戒めとする。

(6)では会を単位として救恤を、(7)では「旌善紀悪」および紛争解決を行うべきことが、さらに⒂では甲内での相互稽察を密接に約正・保長に報告すべきことが規定されている。「事宜」の⒂と関連して、許孚遠の「条規」にも、

(8)一、毎月初一日為始、各甲長将牌懸在一戸門上、初二懸在二戸門上、週而復始。如有出入存亡、応増減姓名。

会日掲報于約正保長、明註牌面、以憑二季類報于官、改正底冊。

一、毎月、一日を始まりとして、各々の甲長は、牌を一番目の戸の門に懸け、二日には二番目の戸の門に懸け、一週してまた始まりとする。もし人の出入や生死があったならば、まさに姓名を増減すべきである。会の日に約正・保長に報告して、牌面に明確に記載し、そうして二季ごとに一括で官に報告して、底冊を改正するようにする。

とあり、同様のことが窺える。許孚遠・黄承玄の保甲制では、本来的には郷約単位である会が治安をはじめ、その他の機能面でも重要な役割を果たしていたのである。

ところで、先の「事宜」(7)には「毎会之後、輪遣甲長一人、賫冊赴県、循去環来、以憑稽覈」とあり、同じく「条規」にも、

(9)一、各保甲人等、止於毎月初二日、赴会所申明郷約保甲条規一次。保長止於毎月十六日赴官、遁地方有事無事結状一紙。遁結之日、即帯善悪簿、聴掌印官査考、酌量奨戒。

一、各々の保甲に属する人々は、ただ毎月二日に、会所に赴いて郷約・保甲条規を一回はっきりと申し聞かす。保長はただ毎月十六日に官に赴いて、地方の有事・無事に関する保証書を提出する。提出の日には、善悪簿を持って行き、掌印官が査察し、斟酌して奨戒するのを聴す。

とあって、郷約・保甲制の運営体とでもいうべき会は密接に官と結びついていたのである。こうした官‐会の関係について、ここでは特に会の「解忿」機能に焦点をあてて考察することにしたい。

はじめに、明初の状況について述べるならば、里甲制のもとで里ごとに里老人を中心に里長・甲首によって構成される裁判システムが存在していた。それと同時に、『教民榜文』第一条には、

一、民間戸婚田土闘殴相争一切小事、不許輒便告官、務要経由本管里甲老人理断。若不経由者、不問虚実、先将告人杖断六十、仍発回里甲老人理断。

一、民間の戸婚・田土・闘殴・相争の一切の小事は、すなわち官に告訴することを許さず、務めて必ず管轄の里甲・老人の理断《さいばん》を経由すべきである。もし経由しなければ、その虚実を問わず、まず告訴した人を杖六十で処断し、さらに里甲・老人に差し戻して理断させる。

とあり、「戸婚・田土」等の民事案件および一部の刑事事件については官に直接訴えることが禁じられていた。
また第二条には、

一、老人里甲、与郷里人民、住居相接、田土相隣、平日是非善悪、無不周知。凡因有陳訴者、即須会議、従公剖断、許用竹篦荊条、量情決打。

一、老人・里甲は、郷里の人民と、住居が相接し、田土が隣り合っており、平日の是非・善悪については、周知しないことはない。およそ訴える者がいた場合は、ただちに須く集まって、公正に剖断《さいばん》すべきであり、竹篦や荊条を用いて、事情を量って決打《しょばつ》することを許す。

とあって、里老人・里長には明らかに裁判権・刑罰権が附与されていたのである(47)。すなわち、これらの点から類推すれば、里甲制における里老人を中心とした裁判機能は、地方の官権力からある程度は独立していたと看做すことができよう。

他方、郷約・保甲制の「解忿」機能については、許孚遠「条規」に次のように規定されている。

(19)一、凡有戸婚田土一切小忿、会衆互相勧解、或口稟約正、従公分辯、務使侵犯者帰正、失誤者謝過、心平気和、以杜後争。其或曖昧不明、跡無指証、止可敷陳礼法、微言諷諭、毋得軽発陰私、以開嫌隙、毋得擅行決罰、以滋武断。如違、定行査究不恕。

一、およそ戸婚・田土の一切の些細な紛争は、会衆が互いに仲裁を行い、或いは約正に口頭で申し出て、公正に解き明かし、務めて大きな誤りを犯した者を正しい道に立ち戻らせ、過失を犯した者に謝罪させて、心を平静にし、そうして以後の争いを止めさせる。その〔争いごとの内容が〕曖昧で明確ではなく、証拠がはっきりしない場合は、ただ礼法を申し述べ、婉曲な言葉で遠回しに諭すだけにし、軽々しく秘密を暴いて、嫌隙を開くようにしてはならず、勝手に処罰を行って、武断的な状況を増すようにしてはならない。もし従わなければ、きっと調査・究明を行って寛大にはしない。

「凡戸婚田土一切小忿」という書き出しは、刑事上の事項が削除されているとはいえ、『教民榜文』第一条と類似している。内容としては「戸婚・田土」関係の「小忿」が生じた場合は会の構成員が相互に、或いは約正が中心となって当事者間の調停を行い、紛争の解決を目指すべきことが規定されているが、ここからは裁判権・刑罰権の存在を窺うことはできない。また黄承玄の「事宜」にも、

(5)一、紀善誡悪之後、凡彼此相競、及冤抑不伸者、俱以実告約正、詢之保長、参之輿論、以虚心剖其曲直、以温語解其忿争、務令両家心服気平。但不許護強摧弱、不許索酒罰銭。

一、善人を記録に留め、悪人を懲戒した後、およそ互いに争い合ったりした者や、不当な言い掛かりを晴らすことのできない者が、ともに事実をもって約正に訴えたならば、〔約正は〕保長に諮り、輿論を参考にして、虚心にその曲直を解き明かし、温かい言葉でその紛争を解決し、務めて両家が心から服して平静な気持ちになるようにする。しかし強者を庇って弱者を虐げることは許さず、罰として酒や銭を取り立てることは許さない。

とあり、約正を中心とした「解忿」について規定されているが、ここでは「以虚心剖其曲直」とあるように、ある程度の是非の決定はなしえたとしても、罰則の行使は禁じられているのである。[48] 従って「小忿」について会内での解決が不可能なときは直接、地方官による裁断に委ねられたと思われる。[49] この点、万暦『漳州府志』巻八、漳州府、刑法志、詞訟には、

漳州争訟、亦惟婚姻田土銭債闘殴為多、有司官依律聴断。

漳州の訴訟沙汰は、ただ婚姻・田土・銭債・闘殴だけが多く、有司は律に依拠して審理している。と記されており、万暦初年の段階では「婚姻・田土」問題も地方官が直接「聴断」していたのである。こうした状況は、先に提示した蔡献臣の「里甲固不能任決断、即決断孰与之哉」という叙述にまさに対応するものだといえよう。

以上のように、郷約・保甲制は会を基盤とする「解忿」機能を有していたが、それは主として調解行為を重視したものであり、そこに明確な裁判権・刑罰権の存在を見出すことはできない。従って、会内での解決が不可能な場合、それは直接、地方官の裁断に委ねられたのである。〈郷村裁判〉という一機能に限定して里甲制と郷約・保甲制とを比較するとき、両者の間には質的な相違が認められ、後者における機能的な後退とともに国家権力の郷村社会内部への介入の強化を窺うことができよう。

次に、郷約・保甲制はその実施にあたって在地の如何なる階層に依拠していたのであろうか。まず許孚遠「条規」には次のように規定されている。

(1)一、……有司正官、盍以誠心実意、就而謀諸郷薦紳先生、謀諸耆老、及親臨庠序、謀諸通学英俊之士、令其公挙在城在郷堪為約正者幾人、約副者幾人。其人以心術光明、行誼高潔者為上、宅心忠実、操履端謹者次之、才識通達、素行無虧者又次之。首推士夫、及於耆老、及於挙監生員。随地方人材多寡為率、短中求長。……郷約已定、然後就郷約中僉保長、就郷約中編保甲。保長必有身家行止、足以統率衆人者為之。

一、……有司の正印官は、どうして誠心誠意をもって、諸郷の薦紳先生と謀り、耆老と謀り、さらに親しく県学に出向き、通学する俊秀の士と謀り、彼らに在城・在郷の人で、約正〔の職〕に堪えられる者を何人か、約副に当たる者を何人か推薦させるようにしないのか。その人は心根が公明で、行動が高潔な者を第一とし、心構えが忠実で、素行が謹直な者を第二とし、才知・見識が溢れ、素行に疵のない者を第三とする。まず士大夫を推薦し、〔次に〕耆老に及び、

〔さらに〕挙人・監生・生員に及ぶようにする。その地の人材の多寡によって比率とし、さほど良くない者の中から〔相対的に〕良い者を選ぶようにする。……郷約がすでに定まれば、その後、郷約〔にかかわる人〕の中から保長を選び、郷約の中で保甲を編成する。保長は、必ずその財産や行動が、衆人を統率するのに十分な者をこれに充てる。

会の最高指導者である約正の選考基準は「心術光明、行誼高潔」等の抽象的な、かつ人間性・倫理性を重視する方向が打ち出されており、主として郷紳・生監層がその対象とされているのである。(50) それに対して、治安面で全責任を負う立場にあった保長の場合は、(51) 物質的基盤（「身家」）の存在が不可欠とされていた。また黄承玄「事宜」には、

(1)一、近来約正保長、多不得人。……本郷若有縉紳先生孝廉文学、該州県虚心咨訪、聴其覈実公挙。……大概化導興除之事、約正総其要、守望稽察之役、保長任其労。約正宜択老成、保長宜択強壮。約正徳為主、而才為輔、其貧富俱不必問。保長首論才、而兼論徳、非殷実不可充也。

一、近来の約正・保長は、その多くは〔適任の〕人を得ていない。……本郷に、もし縉紳先生・孝廉（挙人）・文学（生員）がいたならば、当該の州県官は虚心に諮問し、彼らが実際に調べて推薦することを聴す。……おおよそ教化によって導き、利を興して害を除くことは、約正がその要点を押さえ、見張りや検査の役割は、保長がその仕事を担当する。約正は老成した者を選ぶべきであり、保長は強壮な者を選ぶべきである。約正は徳を主として、才を従とするが、貧富はともに問う必要はない。保長はまず才を論じ、兼ねて徳も問題とするが、富裕でなければ充当することはできない。

とあり、約正と郷紳との結びつきについては明記されていないものの、保長は「非殷実不可充也」というように明らかに地主層がその対象とされていたのである。(52)

万暦年間の郷約・保甲制では、約正・保長の選考対象として郷紳・生監層および在地地主層が考えられていた

が、特に郷紳・生監層は単に約正の対象としてばかりではなく、他にも重要な役割を担っていた。それは第一に、「条規」(1)および「事宜」(1)に見られるように、約正・保長の選出にあたって郷紳・生監層の意見が大きな比重を占めていた点である。そして第二に、郷村自衛の面においてである。

保甲制はそれ自体が〈自警団〉としての側面を有し、組織内には「槍鈀」「刀棍」等の武器や連絡用の銅鑼が常備されていたが、[53]許孚遠の場合には保甲制の実施を前提に郷兵が組織されている。[54]『敬和堂集』公移撫閩稿、「団練郷兵、行各道」所収の具体的方策(全八条)の第二条には、

一、郷宦挙監生員之家、不宜概使出兵。但此挙専為各保、地方所保、惟富室大家為重、貧人下戸干係甚軽。近因倭警屢伝、三県之間、有一家而招募壮士数百、或数十人、以自衛者。若令貧人為守、巨室安坐、設有緩急、彼将思逞、何足頼耶。今須理勧士大夫家、為之倡率。若果為保家保族之謀、即子弟童僕、皆可教之即戎。何須規避。如有一家能出兵十名以上者、県官特為優待、以励其餘。

一、郷宦・挙人・監生・生員の家は、概して兵を出させるべきではない。但しこのことは専ら各々の保についてであり、各地で守るところは、ただ富室・大家が重視されており、貧人・下戸の関係は甚だ軽いのである。近頃は倭の警戒がしばしば伝えられたことによって、三県の一帯では、一家で壮士数百人、或いは数十人を召募して、自衛している者がいる。もし貧人に〔地域を〕守らせて、巨室が座食していたならば、いざ緩急の際には、彼らが頑張ろうと思っても、どうして頼りにすることができようか。今は須く士大夫の家を道理で説得し、首唱者になってもらうべきである。もし一家・一族を守ろうとするのであれば、すなわち子弟や童僕に、みな武器に慣れることを教えるべきである。どうして忌避してよいであろうか。もし一家で兵十名以上を出すことのできる者がいたならば、県官は特に優待を行い、それによって他の人々を奨励するようにせよ。

とあり、第三条には、

一、製辦器械衣甲、及一月両次操練、供給飯食。……若有大家尚義捐貲、製辦器甲、分給各人者、自十副以上、保甲人等呈報、県官紀録奨励。

一、武器や甲冑を製造し、また一月二回の操練のときには、食事を支給する。……もし大家で義に感じて資金を援助し、武器・甲冑を製造して、各人に支給する者がいたならば、十揃い以上の場合は、保甲関係者等が報告し、県官は記録して褒賞を行う。

と記されている。前者では郷兵制を行うにあたって、郷紳・生監層が「倡率」すべきことが述べられているが、具体的には郷紳・生監の「子弟童僕」の郷兵化を企図したものだといえよう。後者では郷兵制を維持するための資金面で、特に「大家」の義捐が期待されているのである。同様に黄承玄の場合も「事宜」の中に、

(26)一、凡保中富家大姓、其族衆義男幹僕、率以千百計。宜於保甲之外、另集郷兵、以資防禦。各照上中戸、多者出三四丁、少者一二丁。

一、およそ保中の富家・大姓は、族衆・義男・幹僕が概ね千人・百人単位で数えられる。保甲の外に、別に郷兵を集めて、〔郷村の〕防衛のために役立つようにする。それぞれ上戸・中戸によって、多い場合は三・四丁を出し、少ない場合は一・二丁とする。

とあり、「富家大姓」という郷紳や地主の「族衆」や奴僕層に依拠した郷兵の組織化が図られているのである。ここで郷兵の対象とされた「童僕」「義男」「幹僕」等は、一面では地主としての郷紳が自らの佃戸支配を貫徹するための〈暴力装置〉、すなわち郷紳の私兵とでもいうべき存在であった[55]。従って、保甲制に基づく郷兵制の実施は、まさに郷紳の私兵の郷兵化をもたらすものであり[56]、それは郷紳に依拠する保甲制の一面を如実に表しているといえよう。

以上のように、許孚遠・黄承玄に代表される万暦年間の福建における郷約・保甲制は、制度の実施において郷

紳に大きく依存する内容となっており、この点では直接的に郷紳を規制した嘉靖年間の朱紈の事例とは明らかに異なっているといえよう。しかしながら、それと同時に、国家権力は郷村社会内部への介入の強化を企図しているのである。すなわち、万暦年間の郷約・保甲制は国家権力が郷村社会における郷紳の「私的支配」を全面的に容認したものではなく、当該時期の郷紳の力量を前提としながらも、郷紳に対するある程度の規制力を保持することで、専制王朝の郷村支配の貫徹を目指した一制度だとすることができよう。他方、郷約・保甲制の実施に対する郷紳の動向については、次のように推測することができるのではなかろうか。すなわち、郷紳の側は郷約・保甲制を受け入れて自らの「私的支配」を揚棄しながらも、国家権力と一体化することで郷村社会における一定の支配力を確保していった、と。またそうした状況を必然化させるものとして、明末における農民闘争の激化という与件が存在していたのである。

三　保甲制と明末の農民闘争

明末段階の華中南地域では、抗租・奴変という農民闘争が広汎に展開した。こうした農民闘争の存在は、治安・秩序維持制度としての保甲制の成立に少なからざる規定性を有したものと思われる。また、そのことは万暦年間の郷約・保甲制のように福建全域に拡大実施され、かつ国家権力と郷紳との一体化による郷村支配を志向した大きな要因であったといえよう。

許孚遠の「条規」には、次のような規定が存在する。

(6)一、各処寺廟庵堂、多有停留遠方遊僧遊道斎化不明之人。或倡行邪教、惑衆図財、或盗賊隠名、懐姦窺伺、為害地方不小。仰各照例、与民家一体、編入保甲、以便稽査。

一、各地の寺廟・庵堂には、遠方の遊僧・遊道や何か斎戒を行っている者が逗留することが多い。或いは邪教を唱道し、衆人を惑わして蓄財を図り、或いは盗賊が隠蓑にし、悪事を企てて隙を伺っており、当地に害をもたらすこと小さくはないのである。それぞれ規定に照らして、民家と一体で、保甲に編入し、便宜よく検査できるようにせよ。

この記述は『図書編』の規定とほぼ同文であり(57)、当該時期の保甲制におけるかなり普遍的な規定であると思われる。内容は保甲制によって「遊僧・遊道・斎化不明之人」の把握を目指したものであるが、特に「遊僧」等が「邪教」を唱道して「為害地方不小」と書かれている点に注目したい。

ここに見える「邪教」とは、王朝倫理から逸脱して非合法とされた白蓮教等の民間宗教を表したものであろう。こうした反体制的宗教の存在は、抗租等の日常的な経済闘争が王朝国家を射程に収めた非日常的な反乱へと飛躍するための大きな契機と考えられており(58)、また明末段階には数多くの教乱が存在し、福建でも白蓮教・無為教をはじめ「妖言」「盟香」という宗教臭の強い反乱を見出すことができる(59)。特に万暦三十二年(一六〇四)の建寧府における〈呉建の乱〉は明実録にも記載されるような大事件であり、呉建が「白蓮道教・妖術」で数千の人々を糾合して蜂起したものであった(60)。

こうした「邪教」問題について、万暦~崇禎頃の福州府閩県の郷紳、董応挙は『崇相集』議二、「録邪教防乱」の中で〈呉建の乱〉について述べた後、

其衆雖殲、有脱而蔓蔵山海間者。今福寧之秦嶼、興化之某所、連江之徐台、長楽之種墩、往往奉温州教主、呪咀君父。種墩衍教者、為馬全十、閩之嘉登里鄭七、実倡而奉之。其幻術与建類、令人尽売其産業以供衆、曰乱且至、汝且富貴。何処不是汝業。禁人祀祖先神祇、以預絶其心、惟祀無為教主。

その衆は殲滅されたとはいえ、逃れて山海の間に隠れ潜んでいる者がいる。今、福寧州の秦嶼、興化府の某所、連江

県の徐台、長楽県の種墩では、往々にして温州の教主を奉って、君父を呪咀している。種墩で布教している者は、馬全十といい、閩県の嘉登里に住む鄭七が、実際には首唱してこれを奉っている。その幻術は〔呉〕建と類似しており、人々にその財産を売り尽くして衆人に供与するようにさせており、また〔次のように〕言っている。「乱がやって来れば、汝は富貴になれる。どこでも汝の土地でないものがあろうか」と。人々に祖先の神を祀ることを禁じ、それによって豫めその心を絶つようにさせ、ただ無為教主だけを祀らせている。

と記している。この時期、無為教が沿海の福寧州・興化府、および福州府の連江・長楽県に浸透し、しかも浙東の「温州教主」を信奉しているというように、それはかなりの地域的拡がりを感じさせるものであった。また長楽の布教者馬全十が富人に財産を出させて「衆」に供与し、かつ「何処不是汝業」と述べるように、乱後の新たな社会を展望している点には注目しておきたい(61)。

従って、こうした状況に対して、官の側は保甲制の相互監視機能によって「邪教」の取締と教乱の事前防止とを喚起せねばならなかったのであり、董応挙が、

消盗弭邪之術、総帰於実行保甲。

盗賊を捕まえて邪教を取り締まる方法は、すべて保甲を実行できるかどうかに係っている。

というように(62)、郷紳の側も保甲制による「邪教」禁圧を積極的に主張していたのである。

ところで、上述の第六条のほかにも、「条規」には次のような三ヵ条の規定が存在する。

(7)一、山海寓居人戸、如種菁栽蔗砍柴墾荒之菁客、与藍・雷・盤三姓之畲人、及鑛徒塩販等、十百成群、結蓉重岡密澗之中。又有漁人海賈、傍澳而居、駕船而往、亦十百成群、出没島嶼波濤之外。総之莫非吾民、而蔵姦階乱最甚。除盗鑛私塩厳禁外、批山有山主、佃田有田主、澳居有澳甲、船居有船号。各宜藉以保甲之法、或給簿、或輪牌、或逓結、或禁夜、随宜処置。

一、山海に寓居する人戸として、菁を植え、甘蔗を栽培し、柴を刈り、荒れ地を開墾している菁客や、藍・雷・盤の三つの姓をもつ畲人、および鑛徒や塩販などのような者たちは、十人・百人で集団を形成し、重なり合った山やひっそりとした谷に小屋を建てて〔住んで〕いる。また漁民や海商は湾に沿って居住し、船に乗って往来しており、また十人・百人で集団を形成し、島嶼や波濤の外にまで出没している。これを要するに我が民でないものはいないが、奸民を匿って乱を萌すことは最も甚だしいのである。鑛山盗掘や私塩〔販売〕は御法度であるのを除いて、山を開墾するには山主がおり、田を小作するには田主がおり、湾に居住するには澳甲がおり、船に居住するには船号がある。それぞれ宜しく保甲の法によって、或いは簿冊を給付し、或いは牌の当番を決め、或いは互いに保証し合い、或いは夜間の行動を禁止し、適宜処置すべきである。

(25)一、民間慶賀賽祈宴会之事、不能尽免。乃演戯一節、誨導淫邪、壊人心術、或且為火盗之招。最宜禁止。

一、民間の慶賀・祭祀・宴会のことは、すべて止めることはできない。ところが演劇については、淫らで邪な行為を助長し、人の心を壊し、ある場合には火事や盗賊の原因にもなっている。最も宜しく禁止すべきである。

(27)一、閩省地窄人稠、糧食往往取給他処。比年荒旱頻仍、民益艱食。海上穀船、自浙之温・台、広之高・恵・潮而来、又被豪牙囤戸、一網包羅、因而閉糴、価値一時騰貴、貧民難買升斗之糧。可為傷憫。夫飢餓切膚、将甘心為盗賊。……今後会衆、勧令積穀之家、倡義平糴。但有穀船到港、聴其照依時価、両平交易、不許豪家囤戸、仍前包呑。

一、閩省は土地が狭くて人口が多く、糧食は往々にして外地から供給されている。近年では凶作や旱害が頻りに起こり、民の食糧事情は益々難しくなっている。海上の穀物を積載した船は、浙江の温州・台州、広東の高州・恵州・潮州からやって来るが、豪牙・囤戸に、一網のもとに買い占められ、そして販売を停止されると、価格は一気に騰貴して、貧民は一升・一斗の糧食を買うことさえ難しくなるのである。痛み憐れむべきである。そもそも飢餓が差し迫ると、甘んじて盗賊になろうとする。……今後、会の人々は、穀物を貯蔵している家に勧めて、義を唱えて平糴を行うようにさせよ。ただ穀物を積んだ船が港に到着したならば、時価に照らして、標準の交易を行うようにし、豪家や礱戸が、以前のように買い占めを行うことは許さない。

まず、(7)は菁客・畬人・鑛徒・塩商、並びに漁民・海商を「蔵姦階乱」の最たるものとして保甲制に組み込むことを意図した内容であるが、(63)「批山有山主、佃田有田主」という記述から窺えるように、当該の保甲制が福建に見られる山主－菁客、地主－佃戸という経済関係を無視したものではなかった点に注目したい。(64)(25)は演劇禁止の規定であるが、演劇が「火盗」を招くものとして注意が払われている。明末清初の江南の抗租事例の中に佃戸の団結化における演劇の一定の役割を見ることができるが、(65)演劇を通じて人々の間に〈横のつながり〉が醸成され易く、それ自体が反体制的運動と結びつくものと考えられたのであろう。(66)また、(27)では福建の恒常的な米穀不足、広東・浙江からの移入米に対する「豪牙・礱戸」の買い占め、その結果としての米価騰貴という状況の中で、「貧民」が「将甘心為盗賊」という事態を前提として、会を通じて「平糶」と買い占め防止とを目指したものである。ここではまさに米穀不足・米価騰貴が最終的には搶米暴動を惹起するという点に危惧の念が払われていたといえよう。(67)

以上、許孚遠「条規」の中の民衆闘争の存在を前提とするような規定について見てきたが、すでに述べたように万暦年間の郷約・保甲制が郷紳・生監層および在地地主層に立脚して成立したものであり、かつ「条規」(7)に見られるように、保甲制が地主－佃戸関係を無視したものではない点を考慮するとき、明末の福建において、抗租暴動の広汎な展開として現れた地主－佃戸間の緊張状態が、保甲制の成立に一定の影響を与えていたと看做しえるのではなかろうか。

この点に関連して、崇禎年間の福州府閩県の郷紳、周之夔の論を取り上げることにしたい。周之夔は『棄草文集』巻五、議、「広積穀、以固閩圉議」において、先の許孚遠「条規」(27)とも関連する、福建の米穀不足・米価

騰貴に対処するための「積穀」論を展開している。それは彼自身が、

　即如前所開列米貴之繇、豈尽天災。亦多人事乖舛。

すなわち先に列挙した米価騰貴の理由については、すべてが天災によるものであろうか。人事の行き違いによるものも多いのである。

と述べるように、「米貴」が単に福建の地域性や災害によって起きるのではなく、「人事」の問題――後述するように、とりわけ地主 - 佃戸関係の矛盾が色濃く反映していた――であるとの認識に立って論を進めたものであった[68]。

周之夔は、まず「官」「民」双方の「積穀も無い」という実情を述べているが、ここでは「民」の側について見ていくことにしよう。

(a)毎歳未及春杪、各村農佃、早已無耕本、無日食、不得不向放生穀之人、借生作活。及至冬熟時、先須将田中所収新穀、加息完債。穀債未了、租債又起。又須豫指餘粒、借銀財主、以還田主租銭。其極貧者、生穀債本、竟莫能償、只随冬加息、子什其母。甚有寧負田主租、不敢負穀主債、恐塞下年掲借之路者。如是而収成甫畢、貧佃家已無寸儲矣。

毎歳、未だ春の終わりにもなっていないのに、各村の農佃には早くも耕作の元手が無く、日々の食糧も無く、生穀を貸与してくれる人に頼って生活していかざるをえない。冬の稔りの時期になると、先ず田圃から収穫した新穀で、利息を加えて債務を完済する。穀債が未だ終わってもいないのに、〔今度は〕租債(佃租の支払い)が始まる。また豫め餘剰の米穀によって銀を財主から借り、それによって田主の租銭を支払うのである。極貧の者は、生穀の債本さえも遂に償還することができず、ただ冬を過ぎて利息が加わるだけで、その額は元本の十倍にもなる。甚だしい場合には、むしろ田主の租を滞納しても、敢えて穀主の債務は滞納せず、次年の貸借の路が塞がるのを恐れる者さえいる。この

ようにして収穫が終わったばかりなのに、貧佃の家にはすでに僅かの蓄えさえ無いのである。

(b)其田主及有力家城居者、倉廒既設外郷、或設他県。毎年不過計家口所食穀幾何、量運入城、餘尽就庄所変糶。即郷居大戸亦然。蓋米穀重滞、且多折耗、而出穀入銀、軽便易貯。故凡稍知心計之人、皆相率積銀、逐末生息、決不作積穀迂緩之務。又閩俗刁薄、稍稍家有囷倉蓋蔵者、旁観久已側目。及至春杪、慮無不人人防搶防盗、郷村去官府遠者尤甚。故大戸皆先行糶散、以示家無蓄積、冀緩其禍。

田主および有力な家で城居している者たちは、穀物倉を他の郷に設けたり、或いは他県に設置している。毎年、家族が食べる分の穀物を計って、城内に運び入れ、残りはすべて〔倉のある〕郷村で販売する。郷居の大戸もまた同様である。蓋し米穀は滞貨になると、損失・消耗も多く、穀を売り出して銀を入手しておけば、貯蔵にも便利だからである。故に少しでも機転のきく人は、みながみな銀を貯蔵し、商売によって利益を生み出そうとするのであり、米穀を蓄えるというような迂遠なことは決して行わないのである。また閩の習俗は軽薄であり、家に少しでも蓄えのある穀物倉を有している者がいれば、しばらくは傍観しているが、そのうち怒りの眼差しで見るようになる。春も終わりになると、搶奪や泥棒を防ぐことを考えない人はおらず、官府から遠く離れている郷村では特に甚だしいのである。従って、大戸は誰でもまず〔米穀を〕売り払い、家に〔米の〕蓄えのないことを示して、禍を免れようと願うのである。

(c)然則農人既力不能積、富家大戸力能積、而不欲積、且不敢積。奸人窺情乗便、自願増価、以傾富人之蔵、以趨接済之利。春夏方交、青黄不接、内地久空、外運復絶、洶洶嗷嗷、勢所必至、無足怪者。故曰、民亦無餘積矣。

そうであるならば、農民はすでに〔米穀を〕貯蔵することができず、富家・大戸は貯蔵することができても、貯蔵することを望まず、かつ敢えて貯蔵しようともしない。奸民は事情を窺い機会に乗じて、米価を上げることを願い、富民の倉を傾け〔て買い取り〕、それを〔米の不足しているところに〕持ち込んで売りつけることで利益を貪ろうとする。春と夏との境の、青黄不接の時期は、当地で〔糧食が〕なくなってから久しく、外地からの移入も途絶えている状況のもとで、洶洶嗷嗷たる〔暴動という〕事態は、勢いとして必至であり、別に怪しむべきことでもない。故に、民にもまた〔米穀の〕貯蔵がないと言うのである。

佃戸における「無寸儲」を結論とする(a)では、農村内部への「財主」「穀主」＝商業・高利貸資本の浸透によって、佃戸の「寧負田主租、不敢負穀主債」という抗租状況が描かれている。(69)一方、(b)は地主側について述べたものである。この時期の地主の城居化という一般的趨勢の中で、地主は「積穀」を嫌い、「出穀入銀」による商業行為を行っている。また「積穀」を嫌う原因の一つは、搶米を回避するという意図も含まれていたのである。従って、こうした地主・佃戸双方の「無餘積」という状態が、(c)に見られるように「奸人」＝商人の暗躍をもたらし、さらには端境期における「洶洶嗷嗷」たる暴動を現出させる、というのが周之夔の現状認識であった。

それに対して、彼は具体的な打開策を提議している。

今莫若長民守土者、預于収成之日、給示暁諭。遠近大戸有田者、除就近洋田、均分稲穀、及旧例納租、而上農力能自辦銀両、不経債主、可完田租外、其有遠田、不便分収、而農夫又介中下、勢当指穀掲債、方可完租者、許令農佃、即将浄穀、照依時価估値、量加秤頭准租、納還田主。田主不得額外横索、以虐佃戸。佃戸不得恃頑、故将湿爛多秕之穀、喝価欠零、及匿穀不還、以虐田主。如有此弊、致成争訟、官皆為一体究治。

今、地方官は豫め収穫の時期に、〔次のように〕告示を出して暁諭《せつゆ》するのがよい。遠近の大戸で田を所有する者は、近くにある洋田については、稲穀を均分し、或いは規定の通りに租を納めさせ、上農であれば自ら銀両を揃え、債主を経ないで、田租を納めることができるのを除いて、その遠くに田を所有する場合は、分収には都合が悪く、農夫もまた中農・下農であれば、当然のように米穀を指して〔銀を〕借り、やっと租を納めることができる者については、農佃に浄穀を時価に照らして計算し、秤に掛けるときの目減り分を加えて租に充て、田主に納入するようにさせる。田主は額外に搾取し、それによって佃戸を虐げてはならない。佃戸は頑なにも、わざと湿気を帯びて秕の多い米穀で、価格をごまかしたり少し減らしたりし、また米穀を隠匿して払わず、それによって田主を虐げてはならない。もしこうした悪弊があり、訴訟沙汰になったならば、官はすべて一体に究明・処罰する、と。

この記事は、国家権力の介入によって地主－佃戸関係の正常化を期待したものである。具体的には佃租の銀納という現状を、商業資本の介在しない穀納に変更すべきことを提唱しているが、それが地主の「積穀」、さらには端境期における地主の「開糶」に連なると考えたのであった。さらに、こうした正常化にともなう一連の措置を確固とするために、彼は、

蓋即前賢社倉義倉之法、踵其遺意行之、未有不効者也。……合無申厳保甲、令該地方約正副保長、確査真実用心積穀人戸、具名申報、彙成一善人冊、以備官司、不時奨賞。其苦心積穀独多、而春杪肯先平価発糶、以為各家好義倡者、准即請給扁額、請給冠帯、優棠其身、旌表其里。

蓋し前賢による社倉・義倉の法は、その残された意図を継承して行えば、未だ効果の上がらないものはないのである。……まさに重ねて保甲を厳密に行い、当地の約正・約副・保長に、真に心を用いて穀物を貯蔵している人戸を調査し、名を挙げて報告するように命じ、それによって善人冊を作成し、官司に備えて、時々に褒賞を出すようにすべきである。苦心して貯蔵した穀物が特に多く、春の終わりには率先して価格を下げて売り出し、各家のために義挙を唱えた者は、扁額や冠帯の支給を上請し、その身を優待し、郷里に旌表することを許す。

と述べるように、保甲制に一定の役割を求めているのである。

以上において、崇禎年間の周之夔の「積穀」論を紹介したが、この中で彼は地主－佃戸関係の危機を切り抜けるために国家権力の介入を求めていた。こうした国家権力の介入の事例は、すでに万暦年間の許孚遠の公移に見出すことができる。すなわち、許孚遠『敬和堂集』公移撫閩稿、「照俗収租、行各属」がその史料である。(70)

すでに第一章で詳しく紹介したように、当該史料では万暦二十年(一五九二)頃の福建における地主‐佃戸間の緊張関係の具体的な様相が描かれている。米価の高低にともなう佃租形態の恣意的な変更および収奪の強化を行う地主側の動向に対して、佃戸の側はそれぞれの佃租形態に即応した抗租を行っていた。こうした状況の中で、

除出示暁諭外、相応通行禁約。為此牌仰本府州官吏、即便督行各属県、一体出示、遍発城市郷村、諭令所属有田之家、与力田人戸、務要各相体恤。照依土俗旧例、原係分収者、照旧分収、不許勒索於常例之外。原係納租者、仍前送納、不許改創為分割之議。斗斛等秤、要得平準、僮僕門幹、禁毋虐擾、使可長久与民相安。其各佃戸、自当遵守旧規。或与分割禾稲、或是納穀納銀、倶要及時交完、以給主人供輸糧食、不許恃強拖頼。此後敢有勢家収租噬利、虐害小民、及小民恃頑強割、或拖負田租、反行図頼者、該県官各与剖理処分、務使大小人情、両得其平、毋絲毫偏枉。

告示を出して暁諭《せつゆ》する外に、まさに禁約を通行《つうたつ》すべきである。この為に各府・州の官に命じて、ただちに所属の各県に督励し、一体で告示を出して、城市・郷村に遍く発し、田を所有する家と小作する戸とに命じて、務めて必ず各々が体恤するようにさせよ。〔田主は〕土俗の旧例に照らして、もともと〔佃租が〕分収であったものは旧来通りに分収とし、規定の外に搾取することは許さない。もともと納租していたものは従来通りに〔佃租を〕納入させ、分割の方式に変更することは許さない。斗・斛等の〔収租用の〕枡は必ず平準を維持すべきであり、僮僕や門幹に禁じて〔佃戸を〕虐待させてはならず、幾久しく民とともに相安んずるようにせよ。各々の佃戸は自ずからまさに旧来の規定を遵守すべきである。或いは〔田主と〕ともに禾稲を分割し、或いは〔佃租として〕穀や銀を納入するときも、必ず期限通りに完納し、それによって田主の租税・糧食用〔の禾稲〕を供給するようにし、力に恃んで〔佃租を〕滞納することは許さない。今後、勢力のある家で収租時に利益を貪って、小民(佃戸)を虐待したり、小民で頑なに〔田主にだまって禾稲を〕強割したり、或いは田租を滞納し、かえって図頼を行う者がいたならば、当該の県官は各々が剖理《しんり》して処分《しょばつ》を行い、務め

て大戸・小戸の人情がともに平《バランス》を得るようにし、僅かでも偏向があってはならない。

とあるように、許孚遠は国家権力が地主‐佃戸関係に直接介入することで当該関係の危機を乗り切ろうとしたのである。(71)

明末において国家権力が地主‐佃戸関係に直接介入することで地主の収租を保証するという方向は、里老人・里長が郷村裁判機能を掌握することで経済外的な強制力をもち、それによって自らの地主としての立場からの佃戸支配をはじめ、郷村支配をも行っていた里甲制体制下における状況とは異質のものだといえよう。(72) こうした方向は、まさに里甲制の解体にともなう郷村社会内部への国家権力の介入を強化し、国家権力・郷紳の一体化による郷村支配を志向した保甲制の実施とむしろ同質のものと理解することができよう。

おわりに

以上、本章では、明代中期以降の里甲制体制の解体にともなって出現した保甲制について、特に福建を対象とした考察を行ってきた。

福建では特に万暦年間の巡撫によって保甲制(郷約・保甲制)が福建全域に実施された。当該時期の保甲制は〈郷紳的土地所有〉を展開する郷紳層を制度的な基盤とすると同時に、里甲制と比較して郷村社会内部への国家権力の介入を強化した内容となっている。こうした保甲制の実施は、明末における農民闘争の激化、とりわけ抗租に代表される地主‐佃戸関係の危機の克服を目指して国家権力が地主‐佃戸関係に直接介入していく方向と一致するものである。すなわち、明末の保甲制は国家権力・郷紳の一体化による郷村支配を志向した制度であったといえよう。

なお、本章では次のような重要な問題を考察の外に置かねばならなかった。第一に、本章が分析の対象としたのは保甲規定という保甲制を施行する側の理念の産物であり、「常に特殊な側面を有して実現される」(73)制度の現実面についてはほとんど触れることができなかった。第二に、保甲制をめぐる問題として、保甲制を実施した官僚たちの思想的な背景に立ち入ることができなかった。後者について、ここでは本章が中心的に扱った許孚遠が学問的には甘泉学派に属し(74)、学問上の弟子には江南において均田均役を推進した朱国禎・丁元薦がいるというように(75)、きわめて東林派に近い人物であった点を附言しておきたい。

(1)　[山田秀二－三四]・[松本善海－三九ａ(松本善海－七七)]・[酒井忠夫－六二]・[栗林宣夫－七一]・[王賢徳－七五]等。
(2)　[鶴見尚弘－七一]参照。
(3)　[鶴見尚弘－七一]五八頁。
(4)　[古島和雄－五〇(古島和雄－八二)]・[安野省三－六一]・[鶴見尚弘－六四]・[小山正明－六九(小山正明－九二)]・[濱島敦俊－六九(濱島敦俊－八二)]・[鶴見尚弘－七一]・[鶴見尚弘－七九]等、参照。
(5)　こうした学説整理については、[森正夫－七六]一一九頁。
(6)　[鶴見尚弘－七一]参照。
(7)　呉廷燮『明巡撫年表』巻四、福建(同書、下、中華書局、北京、一九八二年、五〇七頁)。
(8)　[鶴見尚弘－七一]七〇－七一頁、および[栗林宣夫－七一]四四－四八頁、参照。
(9)　[小山正明－九二(小山正明－六八)]一八一頁。
(10)　[川勝守－八〇(川勝守－七五)]一八七頁。
(11)　また『教民榜文』の第二条を見よ。本書第三部附篇、参照。
(12)　恵安県の場合、一都はほぼ一図(里)であった。[山根幸夫－九五ａ(山根幸夫－五四)]一六三頁、および本書第三部附篇、三七六頁[表－10]、参照。
(13)　[山根幸夫－六六]一二三－一二六頁、および[小山正明－九二(小山正明－六七)]一五六－一五九頁。

(14)　[山根幸夫－六六]一二五頁。李元陽の十段法について記す史料としては、漳州府の乾隆『龍渓県志』巻五、賦役、「役法沿革始末考」、延平府の嘉慶『南平県志』巻四、田賦志下、戸役、均徭、および汀州府の康熙『寧化県志』巻五、政事部、歳役志、明、均徭、等がある。

(15)　[小山正明－九二]一五八頁、および[栗林宣夫－七一]一五九頁。

(16)　万暦『漳州府志』は万暦元年(一五七三)序刊である。

(17)　[山根幸夫－六一]一九五頁、および[栗林宣夫－七一]一五八―一六一頁。福建の一条鞭法については、また[黒木國泰－九〇]・[谷口規矩雄－九八(谷口規矩雄－九〇)]参照。

(18)　[濱島敦俊－七〇(濱島敦俊－八二)]・[濱島敦俊－七六(濱島敦俊－八二)]参照。

(19)　康熙十一年(一六七二)に福建総督となった范承謨は「落甲自運」「計畝均派」等を内容とする改革を実施している。范承謨『范忠貞公集』巻八、「忠貞范公祠堂碑記」。

(20)　康熙『福建通志』巻三二、名宦、興化府、明、葉承遇、参照。

(21)　[Dennerline－1975]・[濱島敦俊－七九]参照。

(22)　[濱島敦俊－七九]一一頁。

(23)　里甲制における裁判については、[松本善海－三九(松本善海－七七)]・[小畑龍雄－五二]・[細野浩二－六九]等、参照。また本書第三部附篇、参照。

(24)　[田中正俊・佐伯有一－五四]八頁、参照。

(25)　万暦41『福州府志』巻七六、雑事志、五、叢談に、

先是有某御史、編郷民総甲之法、復有郡総甲、家置兵器。茂七頗驍雄、為都総甲、得衆甲推服、豪横既久、因謀作乱。夫是法之設、本以禦盗、其弊也適以資盗。立法之不可不慎如此。

とある。

(26)　例えば[表－8]の典拠(2)・(4)。

(27)　海寇・密貿易については、[佐久間重男－五三(佐久間重男－九二)]・[片山誠二郎－五三]・[片山誠二郎－五五]・[片山誠二郎－六二]等、参照。

(28)　[表－8]の典拠(32)の中で、黄承玄は、

照得、移風易俗、莫如郷約、弭盜安民、莫如保甲。八閩通行、非一日矣。
と明確に述べている。

(29) [片山誠二郎 - 五三]。
(30) [片山誠二郎 - 五三]二三頁、参照。
(31) [酒井忠夫 - 六二]六〇六頁、参照。
(32) [山根幸夫 - 六六]一二〇―一二一頁、参照。
(33) こうした理解については、[夫馬進 - 七七]参照。
(34) 朱紈『甓餘雑集』巻二、章疏一、「閲視海防事」嘉靖二十六年(一五四七)十二月二十六日。[片山誠二郎 - 五三]二七―二八頁、および[重田徳 - 七五(重田徳 - 七一b)]一九〇頁、参照。
(35) 朱紈『甓餘雑集』巻五、章疏四、「設專職、以控要害事」嘉靖二十八年(一五四九)二月二十五日。[片山誠二郎 - 五三]二七頁、参照。
(36) 朱紈『甓餘雑集』巻二、章疏一、「閲視海防事」嘉靖二十六年(一五四七)十二月二十六日。
(37) 朱紈『甓餘雑集』巻五、章疏四、「申論不職官員、背公私党、廃壊紀綱事」嘉靖二十八年(一五四九)正月八日。
(38) [片山誠二郎 - 五三]二九―三〇頁、参照。
(39) [重田徳 - 七五]一九〇頁では、郷紳支配の「本質はむしろ地丁銀以前の形成期の姿の中に赤裸に示されているといってよい」と指摘されている。
(40) 黄承玄「事宜」は、天啓『邵武府志』巻一〇、輿地志、風俗にも収録されている。
(41) [栗林宣夫 - 七一]二八六頁。
(42) 「条規」第三条および第十条、「事宜」第九条および第十一条。万暦六―八年(一五七八―八〇)の福建巡撫耿定向の場合も同様である。[表 - 8]の典拠⒃所収の保甲規定、参照。
(43) 「条規」第三条。
(44) 会についてはすでに[山田秀二 - 三四]が、嘉靖末に成立した章潢『図書編』巻九二、「保甲規条」の分析を通じて注目された。なお許孚遠「条規」は『図書編』の影響を受けており、⑽も「保甲規条」とほぼ同文であるが、孚遠自身が「人情・土俗を酌み、損益裁定す」(「条規」前文)と述べるように、それは単なる踏襲ではなく、独自の内容が加えられたものであり、ここでは孚遠の郷約・保甲規定として捉えておきたい。

(45) 「事宜」前文。

(46) 「事宜」(2)。

(47) [松本善海‐七七]一一九―一二〇頁、参照。また里甲制における糧長の裁判権については、[小山正明‐九二(小山正明‐六九)]二一六―二一八頁、里長の刑罰権については、[安野省三‐六一]七五頁、参照。

(48) 「事宜」(5)の「索酒罰銭」は、水利事業などで見られる共同体的制裁に類似している。[濱島敦俊‐八二(濱島敦俊‐六九)]一八二―一八三頁、参照。

(49) 「事宜」(4)では、軽犯罪の場合も最初は会内で「訓誨」を行い、二度目は官に報告することになっていた。

(50) [酒井忠夫‐六〇]七一―七二頁、参照。

(51) 「条規」(2)。

(52) 嘉靖十年代に福建巡按御史として保甲制を実施した崔涯の場合も、[表‐8]の典拠(3)には、

総甲・保長、倶推大家有行止之人充当。

と見える。

(53) 「条規」(17)、「事宜」(20)。

(54) 許孚遠『敬和堂集』公移撫閩稿、「団練郷兵、行各道」(全八条)第一条。

(55) [重田徳‐七五]一九四―一九五頁。

(56) 康熙『平和県志』巻一二、雑覧志、寇変には、

辛未年(崇禎四年)、賊首陳剪二、聚夥数百、拠老虎耳山、僭称陳元帥、假至正年号、連攻破土城、殺羅登九等。約正監生葉元省、挙義旗集家兵、購雷首等為嚮導、径擣老虎耳賊巣、斬剪二于沙坪、餘党奔散。

とあり、約正であった監生の葉元省の「家兵」が郷兵と同等の存在であったことが窺える。

(57) 註(44)参照。

(58) [小林一美‐七三]・[濱島敦俊‐七五(濱島敦俊‐八二)]参照。

(59) [傅衣凌‐八九(傅衣凌‐四一)]一五三頁註(1)、参照。

(60) 『明神宗実録』巻三九六、万暦三十二年(一六〇四)五月戊寅。

(61)［夫馬進‐七六］二一―二二頁、参照。なお〈呉建の乱〉については、［相田洋‐八三］六一―六二頁、参照。
(62)董応挙『崇相集』議二、「答問防海事宜、光沢善後、実行保甲、開洋利害諸款」。
(63)菁客については、［前田勝太郎‐六四］五七七―五七八頁、参照。また［傅衣凌‐六一a］一八六―一八七頁では、福建の「佃農暴動」の一類型として「菁客の反抗闘争」が挙げられている。
(64)崇禎末の浙江・江西・福建の省境地帯における「山寇」の鎮圧に活躍した熊人霖は、その善後策として『南栄集文選』巻一二、議、「防菁議下」の中で、
選誠妙邑令、假以事権、使其治内以防外、各行保甲、俾山主約束寮主、而寮主約束菁民、可不煩而定也。

と述べている。
(65)［小山正明‐九二（小山正明‐五八）］二九二頁。
(66)［相田洋‐七六（相田洋‐九四）］参照。
(67)現実に許孚遠在任時の万暦二十二年(一五九四)五月、米価騰貴下の福州府城において搶米暴動が勃発している。許孚遠『敬和堂集』撫閩疏、「題処乱民疏」。なお福州の搶米暴動については、［傅衣凌‐八二c（傅衣凌‐八九b）］・［中谷剛‐九〇］参照。
(68)こうした認識は、明末江南の「救荒論」の中に多く見られる。［森正夫‐六九］参照。
(69)(a)は、［藤井宏‐五三c］一〇五―一〇六頁において紹介された。
(70)本書第一部第一章、一四―一六頁、参照。
(71)明末における荒政・水利・丈量等の問題に関連して、地主‐佃戸関係への国家権力の介入が指摘されている。［田中正俊‐六一b］・［濱島敦俊‐六九（濱島敦俊‐八二）］・［森正夫‐六九］・［川勝守‐七一（川勝守‐八〇）］等。
(72)［濱島敦俊‐八二（濱島敦俊‐七八）］三六頁、参照。
(73)［鶴見尚弘‐六四］三六頁。
(74)［岡田武彦‐七〇］二九四―三〇四頁、参照。
(75)［濱島敦俊‐八二（濱島敦俊‐七四）］四七一頁。

第八章　長関・斗頭から郷保・約地・約練へ
——福建山区における清朝郷村支配の確立過程——

はじめに

十七世紀も終わりに近づいた康熙三十四年（一六九五）から十八世紀に入った同四十一年（一七〇二）まで、福建汀州府の知府として在任した王簡庵（諱は廷掄）[1]は、その治績の記録ともいうべき『臨汀考言』の中で[2]、当該時期の時代性を表現した、二つの言説を残している。一つは三藩の乱——福建では康熙十三—十五年（一六七四—七六）の〈耿精忠の乱〉[3]——を契機として増加した「経制額設」外の兵員の削減に関連するものであり、

今当四海昇平、民歌熙皞、並無用兵之処。似無庸復設随征矣。

今、四海は太平で、民は平和を謳歌しており、全く用兵のところなど無いのである。また（額外の兵員を）設けて遠征に従事させる必要もないようである。

と述べている[4]。いま一つは「風俗」に関する告示であるが、

汀郡素称箇僻、習尚淳龐。自遭耿逆蹂躙以来、民多窮困、人心不古、風俗日益偸薄、以致不顧父母之養、兄弟鬩墻、親族搆訟、以強凌弱、以衆暴寡。

汀州府はもともと簡・僻と称されており、習俗は醇朴であった。耿逆(耿精忠の乱)の蹂躪に遭遇して以来、民の多くは窮困し、人心は昔のままではなく、風俗は日に日に益々軽薄になり、父母の孝養を顧みず、兄弟は喧嘩に明け暮れ、親族は訴訟沙汰を起こし、強は弱を苛め、衆は寡を虐げるようになった。

と記している。(5)〈耿精忠の乱〉後における「風俗」の頽廃という状況は見られるものの、明清の鼎革からほぼ半世紀を経過した「今」を、汀州府知府としての王簡庵は、太平を謳歌している状態と表現したのであった。

こうした状態は、汀州府を含む福建の内陸、すなわち山区といわれる地域では、明清両王朝の交替、或いは〈耿精忠の乱〉にともなって現出した、権力の空白ともいうべきカオス的状況を経過することによってもたらされたものであった。まさに王簡庵が在任した康熙年間の後半に至って、清朝国家の基層支配・郷村支配は一応の確立を見たように思われる。

本章の課題は汀州府を中心とする福建山区を対象として、十七世紀半ばの明清鼎革期から十八世紀初めの康熙後半までの間に、如何なる経緯をたどって清朝の基層支配が確立したのかを問うことにある。(6)しかしながら、本章では基層の郷村社会における秩序・治安の維持に大きくかかわっていた郷約・保甲の制度的な定着と日常的な展開とに至る過程という、当該課題の一側面しか考察の対象としておらず、その点をはじめに断っておきたい。(7)

一　郷保・約地・約練

康熙年間の後半から乾隆年間にかけて、福建の郷村社会では明末以来の郷約・保甲制の度重なる実施によって社会的に定着し、かつ当該制度に淵源を有すると思われる郷約・地保・保長・約地等、様々な名称をもつ存在を見出すことができる。(8) こうした存在が戸口の管理や警察的機能を担うことで、地域社会における治安の維持や秩序の安定に一定の役割を果たしていたことは周知の事柄であろう。ここではむしろ当該時期の郷村社会における日常的な諍いや紛争の解決、或いは官の裁判との関連において、郷約・保長・約地等の具体的な存在形態を見ていくことにしたい。

最初に、乾隆年間の事例を乾隆『刑科題本』に収録された租佃関係史料の中から提示することにしよう。乾隆二十九年（一七六四）七月十六日、汀州府長汀県において、欠租の取り立てに出向いた地主陳仰達の姪陳永賓が、佃戸頼発子を床に突き倒して殺害するという事件が起こった。(9) 被害者頼発子の母頼謝氏は、事件後の処置に関して次のような供述を残している。

小婦人就去投明地保沈五保、要一同報官。到十七日早、小婦人同楊官龍、走到山坑口陳家倉裏、要拉陳永賓、来案下控究。随後沈五保也来了。是陳永賓央沈五保・楊官龍們、勧小婦人講和、情願旧租不要、新租也不討了、再拿出銭三千文、給小婦人買棺木、収殮児子。小婦人不依、又是沈五保們力勧、説陳永賓肯再出銀六十両、与小婦人養老。(10)

私はすぐに地保の沈五保に届け出て、一緒に官に報告しようとしました。十七日の朝、私は〔陳永賓とともに欠租の取り立てに来た〕楊官龍と一緒に、山坑口の陳家の倉へ行き、陳永賓を捕まえて官に出頭させ、究明してもらおうとしました。その後、沈五保もやって来ました。陳永賓は沈五保・楊官龍等に対して、私に和解を勧めるように頼み、旧租は取り立てないし、新租も徴収せず、さらに銅銭三千文を出して、私が棺を購入して息子を埋葬できるようにしたいと願い出たのであります。私が納得しないのを見て、沈五保等は説得に努め、陳永賓にさらに銀六十両を出させて、私の老後の費用にすると言いました。

この後、頼謝氏は沈五保の提案を受け入れ、「山地」を購入して頼発子の遺体を埋葬したのであるが、結局、噂は県衙門に伝わり、当該事件は公となったのである。人命案件を「私和」することは、当然のように違法行為であるが、[11]所謂〈重事〉でさえも郷村社会の内部で一応の決着をつけようとする動き自体に注目する必要があろう。それと同時に、ここでは「地保」が現実に地主‐佃戸間の紛争の調停を行い、両者の和解を成立させている点を確認しておきたい。

乾隆五十六年（一七九一）八月に起こった建寧府松渓県の事件は、土地を典売して佃戸となった董啓太の「欠租」と地主虞上明による佃田の取り上げ（「起田」）とをめぐる紛争において、佃戸の側が第三者の曾添生を利用して図頼を企てたものである。[12]被害者虞上明の供述によれば、

本月二十二日将晩、乗明一人在荘、董啓太串同曾添生、至荘吵鬧。曾添生持刀自劃。明見勢凶、奔投董添保理論。比至回荘、董啓太業已逃避、駭見曾添生、已被殺死在床、凶刀放在屍旁。

今月二十二日の晩に、私が一人で荘屋にいると、董啓太は曾添生を唆し、〔二人で〕荘屋までやって来て騒ぎを起こしました。曾添生は刀を持って自らを傷つけたのであります。私はその凶暴な様子を見て、急いで郷保の董添保に調解を頼みに行きました。次いで荘屋に戻ってみると、董啓太はすでに逃げ去っており、驚いたことに曾添生の死体が床に転がっており、凶器の刀が死体の側に落ちていました。

と記されている。[13]ここでは、図頼を察知した虞上明がすぐさま「郷保」に調停を依頼しているのである。郷保自体が郷村社会の諍いを執り成す存在であるという認識を前提としていたことは明らかであろう。

時期的には前後するが、乾隆十八年（一七五三）四月、同じく建寧府の建陽県では、地主宋武烈の族弟宋朋公が佃戸の張米奴を殺害するという事件が起こった。[14]当該事件の発端は佃戸側の佃租滞納にあった。

縁宋朋公堂兄宋武烈、有大苗田一段、坐落封門後地方、原係張米奴佃耕。内小苗田、係張米奴之業、乾隆二年間、米奴得価銀六両、売与宋武烈帰一管業、其田仍係米奴耕種納租。乾隆十三年起、至十六年、米奴積欠

租穀二十六籮無償。乾隆十八年三月内、武烈託郷練張行等、向米奴清租、欲起田自耕。米奴無力償租、情願退田。[15]

そもそも宋朋公の堂兄宋武烈は、大苗田一段を所有していたが、それは封門の辺りに坐落し、もとから張米奴が小作していた。その内、小苗田は張米奴が所有していたが、乾隆二年の間に、米奴は銀六両で宋武烈に売却したので、〔宋武烈が〕その両方を管業することになり、その田はこれまで通り米奴が耕種して租を納めていた。乾隆十三年から十六年まで、米奴は租穀二十六籮を滞納して払わなかった。乾隆十八年三月、武烈は郷練の張行等に託して、米奴に〔滞納分の〕租を全額支払わせ、田を取り上げて自耕しようとした。しかし、米奴は佃租を払うことができず、退田することを願い出たのである。

ここでは「郷練」が地主宋武烈の依頼を受けて佃戸張米奴の欠租追徴に出向いている。地主‐佃戸間における佃租滞納という、ある種の諍い状態の解決に向けて、当時の建陽県の郷村社会では郷練という存在が両者の間に介入していたのである。

以上の乾隆『刑科題本』の事例は、ともに地主‐佃戸関係という特定の社会関係における紛争の現場に、地保・郷保・郷練という存在が直接的に介在しており、当事者間の調停を行うことで紛争を解決し、それによって郷村社会の秩序維持に強くかかわっていたことを明示している。[16]

次に、少し遡って、雍正十一年(一七三三)から乾隆元年(一七三六)まで福建の分巡汀漳道として在任した徐士林の『徐雨峰中丞勘語』に収められた窃盗事件の判牘を見てみることにしよう。[17] 当該史料は山区の事例ではなく、沿海の漳州府海澄県において、雍正十年(一七三二)三月に起こった事件に関するものである。[18] ここでは、事件に関連して贓物の捜索を行うことが「保長」「郷長」の当然の責務として描かれており、それと同時に、窃盗犯王衛等のでたらめな訴詞に対して事件が露見した当初の段階で、

既不以誣賊擁捜、投知郷保、又不以誣賊埜贓、鳴控官司。

すでに「盗賊だと誣告されて捜索された」と、郷保に訴え出なかったばかりか、また「盗賊だと誣告されて贓物をでっち上げられた」と、官司に告訴しなかったではないか。

と、徐士林はそれを斥ける見解を述べている。[19]保長・郷長を合わせて「郷保」と呼ばれていたように思われるが、〈打官司〉の前に郷保への届け出（告訴）という段階が考慮されており、そうした意味で郷保はまさに裁判沙汰にも関与する存在であった。なお当該事件では県の裁判の証人として「練総」が登場している。[20]この場合はたまたま練総という立場にあった個人が証人として喚問されたというよりも、練総という役職に附随した業務の一環としての証人であったと思われる。

さて、康熙年間後半における汀州府の事例として、王簡庵『臨汀考言』に収録された三件の判牘史料を取り上げることにしたい。まずはじめは、武平県で起こった窃盗事件に関するものである。

審得、廖万郎与林上清、皆鼠窃之徒也。縁、万郎傭工於上清之家、窺隣居之鍾附龍、稍称温飽、糾合廖三哥・廖若九・廖定養、一夥五人、於本年四月三十夜、穿窬入室、偸其豆穀苧蔴鈴壺等物、在林上清家中、俵分而散。次早附龍投明郷約。至五月十八日、伊父鍾乗六、公同約地鍾際享・何文華等、於上清之家、捜獲茶壺一把、上有附龍記号。当将原贓繳報、捕衙差役行拘。[21]

審理したところ、廖万郎と林上清とは、共に窃盗を働く輩である。そもそも万郎は上清の家で傭工となっていたが、隣の鍾附龍〔の家〕が生活に不自由していないのを聞いて、廖三哥・廖若九・廖定養を集めて、一味五人で、今年の四月三十日の夜、こっそりと家の中に押し入り、豆穀・苧蔴・鈴壺等の物を盗み出し、林上清の家で〔贓物を〕分けて解散した。次の朝、附龍は郷約に〔事件を〕訴えたのである。五月十八日に至って、彼の父鍾乗六は、約地の鍾際享・何文華等と一緒に、上清の家で、一個の茶壺を見つけ出したが、その表面には「附龍」と書かれていた。すぐに贓物を

〔官に〕報告したところ、捕衙の差役が〔林上清を〕逮捕したのである。

当該窃盗事件では、まず被害者から「郷約」に被害届が出され、次いで被害者の父親と「約地」とが贓物の捜索を行っている。ここに見える郷約と約地とは、おそらくは同一の存在の別称であったといえよう。

次に、康熙三十六年(一六九七)のことだと思われるが、寧化県において搶米事件が発生した。四月の米価高騰時に「曹坊の奸民」が「亡命の徒」を糾合し、「平倉」をスローガンとして搶米を行ったものである。[22] その折に、該県の下頼(地名)に所在し、収奪した佃租を貯蔵していた俞永清の米倉(「租穀倉」)が襲撃されて一空と化したのであった。

永清伝聞被搶、命姪俞星・俞恵往看之時、奸徒遠去無踪。星・恵明知寡不敵衆、不敢追躡。其後将附倉隣居之頼自生・頼徳・頼求・頼鉄、指為搶穀之人、執之送県。……本府厳加究訊、不惟頼自生等、矢口不移、即郷約周検、地方頼高鼻・丘崇僉称、惟見曹坊之人、挑穀過去、並未見頼姓之人、破倉搶奪。則頼自生等之李代桃僵、皆俞星・俞恵鹿馬之指也。[23]

〔俞〕永清が搶奪されたことを伝え聞き、姪の俞星・俞恵に命じて調べに行かせた時には、奸徒たちはすでに遠く去って跡形も無かった。星・恵は寡は衆に敵わないと考え、敢えて追跡はしなかった。その後、倉の隣に住んでいた頼自生・頼徳・頼求・頼鉄を、穀物を搶奪した犯人だと指摘し、彼らを捕まえて県〔衙門〕へ送ったのである。……本府は厳しく訊問を加えたが、頼自生等は誓って〔供述を〕変えなかったばかりか、郷約の周検、地方の頼高鼻・丘崇もみな〔次のように〕供述したのである。「ただ曹坊の人たちが、穀物を挑いで過ぎ去っていくのを見ただけで、頼姓の人が倉を襲って搶奪したところは全く見ていません」と。すなわち頼自生等が身代わりにされたのは、すべて俞星・俞恵によるでたらめな指摘によるのだ。

搶米の被害に遭った俞永清の誣告の解明に、「郷約」「地方」の証言が重要な役割を果たしているのである。この場合も周検・頼高鼻・丘崇の証言は第三者としてのそれではなく、郷約・地方としての証言という点に意味があったと思われる。郷約・地方は郷村社会の治安維持に対して、日常的に注意を払うべき存在であると看做されていたからであろう。

三件目は、上杭県で起こった曹盛玉の服毒自殺をめぐる誣告事件である。全くの赤の他人である陳謙吉が、曹盛玉が盗賊に殺害されたと巡撫衙門に告訴したことによって、当該事件はきわめて複雑な様相を呈したのであった。(24) 巡撫から最終的に上杭県へと差し戻され、次いで汀州府での審理に至った段階で、王簡庵の判牘は次のような内容となっている。

嗣拠屍親隣佑郷約地方、陸続具訴前来、合之謙吉原詞、情同氷炭。及庭訊之下、拠曹盛玉之母包氏、並妻藍氏、親叔曹栄茂、堂兄曹盛山等僉称、盛玉貧不聊生。於康熙三十五年間、借頼志福之稲穀未償、本年六月二十九日、志福坐索咆哮、甚至毀其器皿。包氏喊聞隣佑、経保長郭以先、勧慰而去。盛玉受辱呑声、頓起軽生之念、採食断腸毒草、延至二更殞命。次日、約練李弘度等、赴県報官、適楊令与長汀県、会審別案、公出郡城、遂爾具稟典史。該典史以事干人命、一面申報該県、一面差役行査。包氏以負欠軽生、原係為貧所使、不欲図頼他人、随即自行殯葬、当経投逓甘結。迨楊令旋県之日、復具免験呈詞。質之約地隣佑、各供如出一口。(25)

次いで、屍親・隣佑・郷約・地方が、陸続と訴詞を提出してきたので、これらを謙吉のもとの告詞と突き合わせると、情況は全く異なっていた。庭訊《きいぱん》の場で、曹盛玉の母包氏、並びに妻藍氏・親叔曹栄茂・堂兄曹盛山等がみな証言するところでは、盛玉は貧しくて無聊を囲っていた。康熙三十五年に、頼志福の稲穀を借りたまま返済しなかったので、今年の六月二十九日、志福が取り立てに来て〔盛玉を〕怒鳴りつけ、さらに器皿まで毀すに至った。包氏が隣の家に知らせたところ、保長の郭以先が〔志福を〕宥めて帰らせたのである。盛玉は恥辱を感じて声もなく、にわかに軽生《じきつ》の考えを起こし、断腸毒草を食べ、二更〔午後十時頃〕になって死亡したのである。次の日、約練の李弘度等は、県〔衙門〕

に赴いて官に報告したが、たまたま楊知県は長汀県〔の知県〕と別件について合同で審理するために、府城に出張していたので、典史に〔当該事件を〕報告したのであった。当該の典史は事件が人命案件であるために、一面では当該知県に上申し、一面では差役に調査させた。包氏は〔借りた稲穀の〕滞納を原因とした軽生で、もとより貧しさがそうさせたのであって、他人を図頼しようなどとは思っておらず、ただちに自ら〔曹盛玉の〕埋葬を行い、その場で〔図頼を行わないという〕甘結《せいやくしょ》を提出したのである。楊知県が県に戻ってきた日に、〔包氏は〕また検死免除の申請書を提出した。〔楊知県が〕一件を約地・隣佑に質したところ、各々の供述は一つの口から発せられたよう〔に全く同じ〕であった。

事件は結局のところ、陳謙吉の誣告が立証され、王箇庵による反坐の擬罪が「憲台」に上申されたのである。当該案件には「郷約」「地方」「保長」「約練」「約地」が登場している。ここで郷約と地方とによって提出された訴詞は、当然のように曹盛玉の自殺の調査を踏まえたものであったと思われる。なお上記の史料の末尾に見える約地は、郷約・地方を合わせた呼称であろう。保長は借穀の取り立てをめぐる頼志福と曹盛玉との諍いを執り成し、約練は曹盛玉の自殺を官に報告するという役割を果たしていたのである。

以上、康熙年間の後半から乾隆年間にかけて、福建の山区を中心とした郷村社会に地保・郷保・郷練・保長・郷長・練総・郷約・約地・地方・約練という様々な名称をもつ者たちの存在を確認することができた。彼らは郷村社会の中で日常的に起きる諸々の諍い・紛争において、一方では紛争当事者間の調停や仲裁を行い、他方では〈打官司〉の場合に案件の調査や証人としての役割を担うことによって、当該社会の中で一定の存在価値を有していたのである。[26] ただ比較的平和で安定した時代における治安・秩序の維持という点を勘案するとき、如上の多種多様な名称は見られるものの、そのこと自体に各々の役割分担や職務内容の面でさほど大きな相違があったとも思われないのである。

なお、ここでは郷練・練総・約練という「練」の附いた名称にも注目しておきたい。なぜならば、こうした名称が郷村社会の自衛システムともいうべき団練との関連性を窺わせるからである。順治から康熙前半までの間に、福建山区では数多くの団練組織が存在していたのであり、その残滓が郷練・約練等の名称として継承されたのではなかろうか。この点については次節以降で検討することにしたい。

二　長関と斗頭

明清鼎革期の汀州府では、寧化県を中心に〈黄通の抗租反乱〉が起こった。当該反乱については、すでに森正夫氏によって時系列的な動向を含む詳細を極めた研究が行われている[27]。森氏によれば、当該反乱は首謀者＝黄通が収租枡(租桶)の是正を目指した「較桶之説」を提唱するというように地主‐佃戸関係の矛盾を内在させていたが、しかしながら、そうした問題に限定されない多様な性格・側面を有するものであったという。特に当該〈抗租反乱〉は「長関の蜂起」というべきものであったと森氏が述べるように、反乱集団の基盤には「長関」という組織が存在していたのである。本章ではこの長関組織が当該郷村社会において如何なる存在であったのか、を確認することから始めることにしたい。

森正夫氏が闡明された、この時期の長関の特徴を提示するならば、およそ次の五点にまとめることができよう[28]。

(I)長関は黄通によって結成された「広範囲にわたる統一的な軍事組織」であった。

(II)長関は佃戸の集団としての側面だけでなく、「政治的な被支配者である「農村の住民」の集団としての側面をもつ」ものであった。

(III)長関の組織には「各単位地域の「豪にして力有る者」、「豪なる者」」が「積極的に組みこまれていた」。

(Ⅳ)「創設期の長関集団の構成単位となった「郷豪」、「土豪」を中心とする社会関係と、同質の関係が、……反乱集団弾圧の方途をも基礎づけ」ていた。
(Ⅴ)「長関は、県境を越え、福建西北部を構成する周辺の数県の農村部に拡大し」かつ「各県の「諸郷」を連ねる地域権力となりつつあった」。

まず、(Ⅰ)・(Ⅱ)・(Ⅴ)に関して、長関という組織・集団の基底には「城中大戸」と「諸郷佃丁」との対立、或いは在郷の黄通と在城の黄氏との対立という状況が存在していたのであり、森氏が述べるように〈黄通の抗租反乱〉は「都市」に対する「農村」の反乱」としての性格を備えていた。[29] 従って、長関の組織は郷村地域にあたかも〈解放区〉を建設するように拡大していったのである。黄通の反乱およびその後の諸反乱から郷里＝寧化県泉上里を自衛することに粉骨砕身した李世熊は、その著作『寇変紀』の中で順治三年（一六四六）十一月の事柄として、次のように記述している。清軍の入閩にともなって汀州府知府に就任した李友蘭が黄通を「守備」として招撫した際、黄通は「千総」の「札」を「郷之殷実」や「黠猾者」に勝手に売り渡した。その折に、清流・帰化・泰寧・永安・沙の各県の村落では、「千総令旗」が次々と往来していた、と。[30] 長関という組織は、寧化県の周辺地域、すなわち汀州府の清流・帰化の両県、邵武府の泰寧県、延平府の永安・沙県の両県に浸透していたのである。なお李世熊の泉上里は、この段階ではまだ黄通の支配下に入っていなかったが、翌年二月には黄通の弟黄赤によって「長関編牌冊」に登記され、黄通による「裁判権の行使」を受けたという。[31]

さて、如上の長関の特徴のうち、ここでは特に(Ⅳ)に注目したい。〈黄通の抗租反乱〉後も混乱状況が継続していた寧化県において、李世熊の郷里では十数名の「喇棍」が墟市（「市積」）で騒擾を起こし、それが李祥をリーダーとする「天罡」の乱へと発展したのである。[32] その際も李世熊は地域社会の防衛に尽力したのであった。彼の『寇変後紀』には、

吾知有司不以地方為念、乃倡議連合附近二十餘郷、力行保甲、約集牌丁、于六月二十二日、駆逐賊党。
私は有司が地域のことを考えてくれないのを知っていたので、附近の二十餘郷に連合することを提唱し、保甲を実行し、牌丁を結集して、六月二十二日に賊党を追い払った。

と記されている。[33] 既存の政治権力に依存しえない、事実上の権力空白という状況の中で、李世熊は「附近二十餘郷」を結集して保甲を実行し、地域社会の危機を乗り切ったのであった。この場合の保甲組織は「約集牌丁」とあるように明らかに郷兵組織を内包させていたのであり、郷村社会にとってはかつての長関組織(I)の側面)と同質のものであったといえよう。

その後、康熙十三年(一六七四)に至って〈耿精忠の乱〉が福建社会を再びカオス的状況に陥れた。汀州府寧化県の社会も例外ではなく、李世熊は「耿藩」が反乱を起こしたことにともなって「旧時長関」が挙兵し、県城を攻撃したことを書き残している。その際に、黄通の子姪と宿敵であった寧文龍の子姪・配下とが寧化・清流・帰化各県の郷村社会を襲撃したことで、各々の地域はその「酷掠」に遭ったのである。[34] この一連の事態の中で、『寇変後紀』には、

于是柳楊数十郷、連為一関、合盟禦賊。
そこで柳楊〔里〕の数十郷は、連合して一関を組織し、盟約を結んで賊を禦いだ。

という記述を見出すことができる。[35] 帰化県の寧化県との境界に位置する柳楊里に出現した[36]「関」という組織は、その名称からしても、かつての長関を継承したもののように思われる。まさしく、蜂起した側も防衛した側も旧来からの長関という組織を下地にしていたのである。

〈耿精忠の乱〉という社会的混乱状況の中で、長関の組織は他の地域でも存在していた。ここでは二つの事例を紹介することにしたい。まず延平府の永安県について、汀州府長汀県の郷紳、黎士弘の『託素斎文集』に収録さ

れた庶人呉三鳳の墓誌銘は、次のように叙述されている。

君呉姓、諱三鳳、字振羽。……為人激昂倜儻。少客永安、娶於馮、遂卜居永邑之麟橋。読書解大意、貧不竟学、退而修計然之策。出入燕冀・呉浙・荊襄・東粤之間、数年資用亦饒。……順治甲午、巨寇数万、起延・邵、摽掠及四郷。郷民固不習兵、聞警各争求趨避。君立為画策、謂賊雖多、無食不能三日住。脱一動足、家室先不保。約束郷人、堅壁清野以待。更部署丁壮、潜伏要害、出賊不意、火炮斉挙、尽殺其前鋒。賊由是驚遁。至甲寅閩藩変起、偽弁沿郷射富民金銭、雞犬幾尽、而無頼子因縁為奸利、刻印横戈、盗窃名字者、不可勝数。君連絡各郷、為長関之会、竟三年中、百里内無一人敢従逆者。丙辰王師度嶺、閩大定。[37]

君は呉姓で、諱は三鳳、字は振羽である。……人柄は激昂し易いが〔何ごとも人に〕秀でていた。若い頃から永安県に客居したが、馮氏を娶って、遂に永安県の麟橋を永住の地とした。読書は大意を理解したが、貧しくて学を終えることはできず、止めて計然の策（商業）を修めた。燕冀（河北）・呉浙（江南）・荊襄（湖広）・東粤（広東）の地域に〔客商として〕出入りし、数年で多くの資産をなした。……順治甲午（十一年）、巨寇数万が延平・邵武で蜂起し、四郷はその掠奪に遭った。郷民はもともと兵事に暗く、〔賊の〕警報が届くと各々が争って避難しようとした。君は計略を立てて、〔次のように〕言った。「賊は多いとはいえ、食べ物が無ければ三日も留まることはできない。もしひとたび逃げ出したならば、家族を保つことはできないであろう」と。郷民を率い、堅壁清野〔の法〕によって〔賊の来るのを〕待機させた。さらに壮丁を配置し、要害に潜伏させて、賊の不意を突き、一斉に火炮を放って、その前鋒を尽く殺した。賊は驚いて遁走したのである。甲寅（康熙十三年）に至って、閩藩の変が起こると、偽弁（耿精忠配下の武官）が郷ごとに富民から金銭を巻き上げ、雞犬も幾ど尽きるほどであり、無頼の輩も何かと託けて利益を貪り、〔偽の〕印を刻したり武器を持って、名字（爵位称号）を勝手に名のる者が、数えられないほどであった。君は各郷と連絡し、長関の会を組織したところ、遂に三年の間、百里内に一人として逆賊に従う者はいなかった。丙辰（康熙十五年）に、王師（清軍）は〔分水〕嶺を越え、閩〔の兵乱〕は平定されたのである。

永安県に遷居した後、客商で財をなした呉三鳳は明清鼎革期においても、また〈耿精忠の乱〉のときも郷村自衛のためにリーダーシップを発揮したのであった。特に注目したいのは後者の時点において、三鳳が周辺の各郷を連合して「長関之会」を組織したことである。〈黄通の抗租反乱〉時には反乱集団側の組織と団結とを規定した長関が、ここでは対蹠的に反乱から郷村社会を自衛するための組織として機能していたのである。

同様の事例は、汀州府に隣接する江西の贛州府にも見出すことができる。乾隆『贛県志』所収の王郊「守贛実紀」は、康熙十二年(一六七三)に分巡贛南道に就任した王紫綬の治績を伝えるものであるが[38]、そこには次のような記述を見出すことができる。

康熙十四年、春夏之交、呉逆益猖獗、閩藩亦叛。贛之寧都・石城、既受閩寇剝膚之災、而南安之崇義・大庾、復為楚寇所困。山賊蜂起而応之。……惟贛南諸鎮、倚公為重、挙無異志。公以文職兼武備、指授方略、先除崖石劇賊、餘以次勦捕。将士用命所向克捷。然土寇乃烏合之衆、兵臨則竄伏山谷、兵旋復出擄掠。兵既疲於奔命、民復苦於供億。公乃議設聯絡長関、団練郷勇之法、使人自為戦、家自為守、首尾相応、互為声援。……自団練法行、郷勇為身家計、各尽心力、土寇始不得逞[39]。

康熙十四年の春夏の境に、呉逆(呉三桂)は益々猖獗し、閩藩もまた叛乱を起こした。贛州府の寧都・石城(両県)は、すでに閩寇による搾取を受け、南安〔府〕の崇義・大庾〔両県〕も、また楚寇に苦しめられていた。〔当地の〕山賊も蜂起して、これらに呼応していた。……ただ贛南の諸鎮だけは、公(王紫綬)が重責を担っており、異志を抱く者は全くいなかった。公は文職でありながら武備〔の職〕をも兼任していたが、方略を指図して、まず崖石の劇賊を討伐し、残りは次々に拿捕した。命令によって将兵が向かうところは、〔すべて〕勝利したのである。しかしながら、土寇は烏合の衆であり、兵が向かえば山谷に潜伏し、兵が帰れば掠奪を行った。兵はすでに奔命に疲れ、民もまた供応に苦しんでいた。公はすなわち長関を連絡して、郷勇を団練する方法を講じ、人々が自ら戦い、家々が自ら守り、首尾が呼応して、相互に応援するようにさせたのである。……団練の法が行われ、郷勇が生命・財産を守るようになると、各々が心力を尽くしたので、土寇は遂にほしいままにすることができなくなったのである。

分巡贛南道であった王紫綬は「土寇」の襲撃・掠奪に対して「長関」を組織・連合し、かつ「団練」を実施して「郷勇」を組織することで当該地域の郷村社会を防衛したのであった。長関はまさに反乱を鎮圧する側の組織として組み替えられていたのである。

以上のように、順治初年の汀州府寧化県において〈黄通の抗租反乱〉集団の組織を規定するとともに、近隣の地域へと拡大していた長関組織は、康熙十年代における〈耿精忠の乱〉の段階には主として郷村社会を自衛するための組織として機能していたのである。明清鼎革期に自生的かつ自律的な社会組織として出現した長関は、反乱集団側の組織としてであれ、郷村防衛側の組織としてであれ、国家権力の空白という状況のもとで軍事的性格を内包しつつ、郷村基層社会に一定の秩序と統合とをもたらしていたのであった。

ところで、〈黄通の抗租反乱〉が「較桶之説」或いは「城中大戸」と「諸郷佃丁」との対立に見られるように、地主‐佃戸関係の矛盾を内在させていたことは、傅衣凌氏の研究以来、周知の事柄であるが、明末清初期の福建では地主‐佃戸間の緊張関係が各地でいわゆる〈佃変〉を現出させていた。〈黄通の抗租反乱〉および泉州の〈斗栳会〉をはじめとして、当該時期の〈佃変〉の際立った特徴の一つは、佃戸層が地主の収租枡（収租用の量器）に焦点をあてた闘争を敢行したことである。[40]そうした状況と関連するものとして、康熙後半の汀州府では「斗頭」という組織が存在していた。

すでに傅衣凌氏の詳細な研究によって『臨汀考言』をはじめとする斗頭関係史料のほとんどが紹介されているが、[41]ここでは王簡庵在任中の寧化県と上杭県とにおける関係事案の分析を中心に、『臨汀考言』に描かれた斗頭の再検討を行うことにしたい。

まず、康熙三十六年（一六九七）に寧化県で起こった署典史殺害事件から見ていくことにしよう。『臨汀考言』所収の判牘は、当該事件の表題を「寧化県民羅遂等、私立斗頭、聚衆殺官」と記しており、事件の背景に斗頭の組織が存在していたことを匂わせている(42)。知府王簡庵による訊問の内容は、次の通りである。

> 卑職復加研訊、則聚衆較斗、実羅遂与羅通・羅石養・巫野・張善養・官竹・朱鑑七人為首、而杜先・廖養・張黄腫・謝六禾・張冶・張七十・廖継養・丁耀・丁黒・丁秋禾・丁狗屎・丁三禾・呉等・呉定・呉陳四・呉冬・余奈・温来・呉禾等一十九人、皆同声附和、恣其搶奪、復負嵎拒捕。除現獲杜先供認、手執馬叉、殺死署典史王駅丞、已拠供吐鑿鑿、其捕役黄行・羅坤・伍太・謝七十・伊能九五人、係在逃未獲之丁耀・丁黒・丁狗屎・呉定等殺死(43)。

卑職がまた訊問を加えたところ、すなわち衆を聚めた較斗（収租枡の比較是正）では、実際に羅遂・羅通・羅石養・巫野・張善養・官竹・朱鑑の七人が首謀者となり、杜先・廖養・張黄腫・謝六禾・張冶・張七十・廖継養・丁耀・丁黒・丁秋禾・丁狗屎・丁三禾・呉等・呉定・呉陳四・呉冬・余奈・温来・呉禾等十九人が、それに附和雷同し、搶奪をほしいままにし、また頑強に捕縛を拒んだのである。現在逮捕されている杜先の供述によれば、手に馬叉を持って、署典史の王駅丞を殺害したことは、すでに明確に白状しており、それを除いて、捕役の黄行・羅坤・伍太・謝七十・伊能九の五人は、〔現在〕逃亡中で捕縛されていない丁耀・丁黒・丁狗屎・呉定等が殺害したのである。

地主に対する「較斗」闘争の、しかも「当日較斗の時、人心鼎沸す」という熱狂的な状況の中で(44)、おそらくはその弾圧に赴いた寧化県の署典史＝「王駅丞」と五名の差役とが殺害されたのである。当該事件に関しては、また中央政府の『重囚招冊』に閩浙総督郭世隆の題本が収録されており、それによれば、

> 該臣看得、寧化県棍徒羅通・羅遂等、借争較斗名色、搶奪拒捕、殺死官役也。縁、寧邑田主多在城居、羅遂等恃倚郷衆、欲改小斗還租。即与羅石養・羅通等七人為首、倡議較斗。又糾杜先・廖養・張黄腫・謝六禾・

丁耀等十九人、横擾集場、搶奪財物。該県委駅丞査拿、羅遂等約会諸凶、指令持械伺候山口。杜先先刺駅丞王浩、丁耀等殺死各役。

該臣が調査したところ、寧化県の棍徒羅通・羅遂等は、較斗を争うという名目に託けて、搶奪を行い、逮捕を拒んで官役を殺害した。そもそも寧化県では多くの田主が城居していたが、羅遂等は郷衆を味方に附け、〔収租枡を〕小斗にして租を納入するように改めようとした。そこで羅石養・羅通等七人と共に首謀者となり、較斗を提唱したのである。また杜先・廖養・張黄腫・謝六禾・丁耀等十九人を集め、集場（墟市）で騒擾を起こし、財物を搶奪した。当該知県は駅丞に命じて逮捕させようとしたが、羅遂等は凶悪な輩と打ち合わせ、武器を持って山口（峠道）で待ち伏せるように命じた。杜先がまず駅丞の王浩を刺殺し、丁耀等が各役を殺害したのである。

と記されている。(45)ここからは次の二点を指摘することができよう。第一に、「田主」の多くが城居していたというように「較斗」をめぐる騒擾は城＝田主－郷＝佃戸の対立の表象であり、寧化県では〈黄通の抗租反乱〉時と類似した状況が依然として持続していたこと、第二に、『臨汀考言』に見える「署典史王駅丞」が王浩という人物であったこと、である。

当該事件に関しては、いま一つ注目すべき史料が存在する。つとに傅衣凌氏によって紹介されたものであるが、民国『寧化県志』には「循吏」として黄浩なる人物の、次のような伝が収録されている。(46)

黄浩、直隷完県人。康熙三十二年、以石牛駅丞、署典史。古田坑羅七禾、連煽郷衆、較斗減租、称長関令。奉県檄往捕、遇賊丁三禾狙撃之、遇害。邑人祀之三公祠。(47)

黄浩は、直隷完県の人である。康熙三十二年に、石牛駅丞のまま〔寧化県の〕署典史となった。古田坑の羅七禾は、郷衆を煽動し、較斗によって租を減らそうとしたが、〔そのときに〕長関の命令だと称した。〔黄浩は〕知県の命を奉じて逮捕に赴いたが、賊の丁三禾に遭遇して狙撃され、殺害されたのである。県の人々は彼を三公祠に祀った。

王浩と黄浩というように姓は異なるものの、両者は同一人物だと思われる。その理由としては、第一に、両者ともに駅丞のまま署典史に任命されており、しかも時期的にも一致すること、第二に、同じく「較斗」による騒擾の中で殺害されていること、第三に、殺害時に直接手を下した人物の名は異なるものの、民国県志に見える丁三禾は『臨汀考言』にも登場していること、そして第四に、「王」と「黄」とはきわめて音通しやすいこと[48]、以上の四点を挙げることができよう。王浩と黄浩とは同一の人物であり、上記の三史料は同一事件を記したものだったのである。

さて、「較斗」闘争が「長関令」によって敢行されたという、民国県志にのみ見られる記載は、きわめて注目すべきものだといえよう。王簡庵が明記するように、この「較斗」闘争の基盤には斗頭の組織が存在していたのである。すなわち、順治初年の〈抗租反乱〉期に寧化県を中心とした広汎な郷村社会を被い、康熙十年代の〈耿精忠の乱〉時にもその姿を現した長関は、康熙三十年代に再びその残滓を出現させたのである。斗頭が長関と関連していたことは、斗頭の組織自体が対地主闘争を目的とした佃戸のみの組織に限定されるものではないことを示唆しているといえよう。

王簡庵『臨汀考言』には、また上杭県の斗頭に関する、次のような二つの記事が存在する。

①審看得、斗頭一項、屢奉各憲厳行禁革、乃猶有愍不畏死、私立斗頭、横抽租穀、如棍徒林章甫者也。黄琨・廖煥南・劉天錫等、向有禾田出佃、収租之時、未免斗斛過大、又必取盈。林章甫等、始得藉端把持、強収圧領、彼倡此和、相効成風。雖曰此輩之刁頑、亦由於田主刻薄之所致也。……庭訊之下、不惟廖煥南・劉天錫等供訴、章甫新充斗頭、欺凌田主、即原詞干証謝文盛亦供、章甫抽穀、在加四上抽三合二合、没有在加三上抽等語。則章甫之自立斗頭、横抽租穀、百喙無辞矣。……其斗頭名色、仍遵憲示、永遠革除[49]。

審理したところ、斗頭という一項については、しばしば各憲による厳しい禁止命令を奉じているが、それでもなお少しも死を畏れず、ひそかに斗頭を立て、租穀を横取りしているものに、棍徒の林章甫のような輩がいる。黄琨・廖煥南・劉天錫等は、かつて禾田を所有して小作に出していたが、収租の時には、斗斛を過大にし、また必ず餘分に〔租を〕取るようにしていた。林章甫等は、はじめは事に託けて把持し、〔租穀を〕無理やり横取りしていたが、彼が唱えれば此が和すというように、〔誰もが〕真似ることで風潮となったのである。こうした輩の悪賢さによるとはいえ、また田主の〔佃戸に対する〕酷薄さが招いたことなのである。……庭訊の場で、ただ廖煥南・劉天錫等が、章甫は新たに斗頭となって、田主を苛めたと供述したばかりか、告状の証人である謝文盛もまた、章甫による租穀の横取りは、加四（四割増）の場合には三合・二合を取っていたが、加三（三割増）の場合には取っていない、などと供述している。〔そうであるならば〕章甫が自ら斗頭を立て、租穀を横取りしていたことは、どのように言っても辯解できないであろう。……斗頭という名目は、やはり上憲の命令に遵って、永久に禁止すべきである。

②田主出田、佃戸出力、田主納税、佃戸輸租、原有相資之義、百世不易之常経也。無如従前田主、欲於常額之外、巧計多取。乃製大斗収租、毎斗外加四五升不等、自不足以服佃戸之心。於是土棍乗釁、勾連奸佃、私立斗頭、一呼百応、以抗田主。此亦理勢所必然者、流弊至今、為害不浅。究竟佃戸出多、田主得少、徒中飽此輩之貪壑、殊可痛恨。[50]

田主が田を出して、佃戸が力を出し、田主が税を納めて、佃戸が租を納めることは、もとより相助けるという意味があり、百世不易の常経《きまりごと》である。ところが、従来の田主は、規定額のほかに巧妙に〔佃租を〕多く取ろうとしたのである。大斗を造って収租を行い、斗ごとに四・五升ほどを加算し〔て徴収し〕たので、当然のように佃戸の心を納得させることはできなかったのである。そこで土棍が機会に乗じて、奸佃を結集し、ひそかに斗頭を立て、一呼百応して、田主に抵抗したのである。これも道理と時勢とからして当然のことであって、その弊害は今日まで続いており、被害は小さくないのである。結局のところ、佃戸が〔佃租を〕多く出しても、田主は少ししか収めておらず、こうした輩の貪欲さを徒に満たしているだけであり、誠に痛恨に堪えない。

王簡庵は①②ともに斗頭の出現が地主側の「斗斛過大」「大斗」による過酷な佃租収奪に起因することを述べて、地主の行為を批判しているが、それと同時に、地主-佃戸間の問題に斗頭が介在し、結果として中間搾取を行っている点を厳しく非難している。また①では「屢奉各憲厳行禁革」と記しているように、当該時期より以前の段階から斗頭禁止の通達が出されていたのである。斗頭という存在・組織がかなり以前から持続的に存在していたことを窺わせるものだといえよう。(51)

ところで、①の史料は「上杭県民林章甫、私立斗頭」と題された判牘であるが、表題では「民」と記されていた林章甫が本文では「棍徒」とされており、「較斗」の問題に地主-佃戸以外の第三者=「棍徒」が斗頭として介在していたのである。同じく②の史料は「批上杭県民郭東五等、呈請較定租斗」と題された王簡庵による〈批〉であるが、ここでも「土棍」が斗頭となって「奸佃」を糾合していると述べられている。王簡庵は斗頭自体を地主-佃戸間に介在することで佃租の一部を中間搾取する存在と非難しているが、むしろ郷村社会の構成員の多くを巻き込んだ「較斗」問題という紛争の解決に向けて、いわば調整役を果たす存在として斗頭を位置づけることも可能ではなかろうか。斗頭という存在および組織は、地主収奪に対抗する佃戸の組織という側面をもちながらも、それに止まらない社会的・階層的な拡がりをもっていたように思われる。

この点に関連して、『臨汀考言』には上杭県における丘馮養の溺死事件に関する、きわめて注目すべき判牘が収録されている。内容から六つの段落に分けて、その全文を紹介することにしよう。

(A)覆審看得、丘馮養身死一案、事経両年、審凡数次。各犯僉供、搶人是実、並未毆差。蓋以陳益生等、蜂擁登舟之時、舟中之人、早已赴水逃避。質之県差李茂、舟子林福九等、如出一口。則丘馮養之死於溺、而不死於毆也、明甚。祇縁馮養身屍、並無着落、致蒙憲台祥刑慎獄、復発皐府究審。

再び審理したところ、丘馮養が死亡した一案は、事件から二年が経っており、審理も数回にわたって行われている。各犯はみな〔次のように〕供述している。「人から強奪したことは事実でありますが、決して差役を殴ったことはありません」と。蓋し陳益生等が押し寄せて乗船した時、船中の人たちは、すぐに水に入って避難したのである。このことを県差の李茂や船頭の林福九等に質したところ、一人の口から発せられたよう〔に同じ〕であった。すなわち丘馮養は溺れて死んだのであって、殴られて死んだのではないことは明白である。ただ馮養の死体の行方が分からなかったことで、憲台の刑獄を慎重に行えという命によって、また臬府が究明・審理することになったのである。

(B)遵査、丘馮養聞警赴水、在於武平之八田砂、而死後浮屍、在於上杭之百公灘。当日見屍報信、則有看守魚梁之鍾起元等若而人、斂米僱人、則有斗頭温茂彩等若而人、受僱収屍、則有温酉生等若而人。厳訊酉生堅供、与温化卿二人、用棍撈屍、不能傍岸、為急流衝射而去。当茲黒夜飛湍、遂至無従踪跡。夫以炎蒸潰爛之屍、出没於怒濤激石之際、而有不為齏粉者乎。然則丘馮養之身屍、亦惟水濱是問已耳。

〔命に〕遵って調べたところ、丘馮養が警報を聞いて水に入ったのは、武平県の八田砂であり、後に死体が浮いていたのは、上杭県の百公灘であった。当日、死体を発見して報告してきたのは、魚梁の看守をしていた鍾起元等であり、米を集め人を雇っ〔て捜索し〕たのは、斗頭の温茂彩等であり、雇われて死体を収容したのは、温酉生等であった。厳しく訊問したところ、酉生は〔次のように〕はっきりと供述している。「温化卿と二人で、棍棒を使って死体を引き揚げようとしましたが、岸に寄せることができず、急流のために流されてしまいました。闇夜で急流のために、結局、追跡する術はありませんでした」と。そもそも炎天下で腐爛した死体が、急流と岩石とのぶつかり合う場所に出没したのであるから、粉々に砕けないことがあろうか。そうであるならば、丘馮養の死体については、ただ水際だけを探すべきであろう。

(C)陳益生・周昌玉、搶奪犯人、仍照原擬、分別流徒不枉。事在赦前、相応援宥。但丘馮養之落水身死、実由於陳益生・周昌玉、聚衆搶犯所致、二犯情罪可悪。応否枷責、統候憲裁。

陳益生・周昌玉は、強奪の犯人であり、やはり〔県の〕擬罪に照らして、各々を流罪・徒罪としても〔法を〕枉げたことにはならないであろう。事件は恩赦の前に起こったのであるから、まさに寛容に処すべきである。但し丘馮養が水に落ちて死亡したのは、陳益生・周昌玉が、衆を聚めて強奪したことによって引き起こされたのであり、二人の情状は憎むべきものである。まさに枷号に処すべきか否かは、すべて憲台の決裁を俟つことにする。

(D)其起釁首禍之陳近陽・陳成甫、已伏冥誅、無庸置議。随従同行之陳六生・陳九有・陳自然子・饒向予・饒良玉・陳惟良等六犯、亦応援赦免提。黄玉琳・江果人、一係解審中途、一係保候在家、先後病故、応免査議。餘審無干、亟請省釈。
事件の首謀者である陳近陽・陳成甫は、すでに冥誅に伏しており、問題にする必要はない。手下の陳六生・陳九有・陳自然子・饒向予・饒良玉・陳惟良等の六人もまた、まさに恩赦を援用して免罪とすべきである。黄玉琳・江果人は、一人は審理のために護送される途中で、一人は保釈されて家に居るときに、前後して病死したのであり、まさに審理から除外すべきである。その他の者は調べたところ関わりがなかったので、速やかに釈放するように請う。

(E)至於田主佃戸、交租収租、悉照部頒斗斛。如有多収少交情弊、従重治罪。其斗頭名色、永行禁革。
田主・佃戸の納租・収租については、すべて部頒の斗斛に照らすこと。もし多く収めて少なく払うような弊害が見られたならば、重く処罰する。斗頭という名目については、永久に禁止する。

(F)聴候憲批允日、通行各県遵照可也。[52]
憲台の批允の日を待って、各県に通達して遵守・施行させるのがよいであろう。

(A)および(C)の記載を見る限り、おそらくは船着場において陳益生等を頭目とする強盗集団が客船を襲撃したときに、川に飛び込んで逃げようとした乗客の一人、丘馮養が溺死したというのが、事件の大筋である。また(A)では馮養の死が殴打によるものではなく、溺死であることが確認されており、しかも陳益生等の供述に「並未殴差」とあることから、丘馮養は差役であったと思われる。

事件そのものに関する記述よりも、ここでは(B)と(E)との内容に注目したい。川に流された丘馮養の死体捜索のために斗頭が動員されているのである。この場合は特に捜索のための費用と人員とを集める(「斂米僱人」)という点で、斗頭の温茂彩等が活躍しているのである。斗頭の組織は明らかに、地主収奪に対抗する佃戸の組織という性格に限定されたものではなかった。むしろ当該地域の郷村社会に密着した、より広汎な社会性を有した組織だったのではなかろうか。そうした点でも、斗頭の組織に長関との類似性を見出せるように思われる。[53]

ところで、当該史料では(E)の部分において斗頭に対する禁令が出されているが、この記事全体から見て些か唐突の感を免れない。おそらくは清初の混乱期の中から生成し、郷村社会の秩序や統合に密接にかかわるものとして現実に機能していた斗頭の組織は、この康熙後半という時期に国家権力によって否定されようとしていたのである。斗頭はまさに郷村社会の中から消滅していく運命にあったといえよう。

三　保甲・団練と鉄砲狩令

明清鼎革期および〈耿精忠の乱〉の時期を中心として、福建山区の各地域ではおそらくは保甲組織に立脚していたと思われる、様々な形態による団練の実施を見出すことができる。

汀州府の寧化県では上述のように、〈黄通の抗租反乱〉期に李世熊によって郷里＝泉上里を中心として保甲・郷兵の組織化が行われたが、それは地域社会を自衛する点できわめて有効性を発揮したのであった。李世熊の『寇

変後紀』には、また順治八年（一六五一）のエピソードとして、

是年九月、臨田寺僧即登伏誅。即登始為黄通千総、僧徒悉事劫掠。既投誠為練総、益無忌。

この年の九月、臨田寺の僧侶、即登が誅殺された。即登は初め黄通の千総となり、僧徒は尽く掠奪を行っていた。すでに投降して練総となったが、益々憚ることはなかったのである。

という記述が残されている。[54] 黄通の配下として長関組織の「千総」となっていた僧の即登が、官に投降した後に「練総」に任ぜられたという。練総とは団練のリーダーを表す名辞である。形式的ではあるが、反乱側の長関に対峙する、弾圧者側の団練という構図を窺うことができよう。

汀州府については、乾隆『汀州府志』に、〈耿精忠の乱〉期における団練の事例をいくつか見出すことができる。まず康熙十八年（一六七九）に帰化県の知県に就任した王国脈の伝には、

字均公、蒲州人。康熙十八年、知帰化県。……先是逆藩及海島鄭氏搆乱、十室九空、郷民聯甲保聚。丙辰逆平、多擁衆逋課。国脈厳団練之禁、申逋課之誅、未幾納課者累累。

字は均公、蒲州の人である。康熙十八年、帰化県の知県となった。……これ以前に、逆藩（耿精忠）および海島の鄭氏が叛乱を起こし、十室は九空となったが、郷民たちは甲を聯ねて聚落を守った。丙辰（康熙十五年）に逆藩が平定されると、多くの者が衆に恃んで課《ぜい》を滞納した。国脈は団練の禁止を徹底し、課を滞納したときの罰を申し渡したところ、ほどなく課を納める者が続々とやって来たのである。

と記されている。[55]〈耿精忠の乱〉に際して帰化県では「聯甲保聚」が行われ、また乱後に着任した知県王国脈は、税糧滞納に対する措置として団練の禁止を命じたという。〈耿精忠の乱〉時には、明らかに団練が行われていたのである。

次に、寧化県の人、謝朝庸の伝には、

寧化飲賓。……甲寅、逆藩之変、挈家避村落中、捐貲募郷勇、起団練、自成壁塁、賊不敢窺。

寧化県の飲賓である。……甲寅（康熙十三年）の逆藩の変では、家を挙げて村落中に避難し、資金を寄付して郷勇を募り、団練を組織して、自ら堡塁を造ったところ、賊は敢えて〔当地を〕窺うことはなかった。

とある。[56] 謝朝庸を中心に団練・郷勇による郷村の自衛が行われていたのである。さらに本貫が明記されていないが、呉済舟の伝にも、

字鼎黄。康熙甲寅、耿逆之乱、山寇范儀等、乗間竊発、盤踞寧化・清流地界。里中奸民湯成章父子、潜謀導賊入境、所至村落為墟。済舟与其友羅大韶・周曰庠、謀立団練、集郷勇、申約束、択能者、使統領之。首尾聯絡、互相応援、定計誘成章父子殲之。賊聞、率党万餘蜂至。済舟設奇置伏、分隊迭進、斬賊首千餘級、賊乃引退。丁丑、余奇生等嘯聚劫掠、済舟復団郷兵守禦。

字は鼎黄である。康熙甲寅における耿逆の乱では、山寇の范儀等が機会に乗じてひそかに活動し、寧化・清流〔両県〕の境界を根拠地とした。郷村内の奸民である湯成章父子は、ひそかに謀って賊を県境に引き入れたところ、〔賊の〕通過した村落はみな廃墟と化した。済舟は友人の羅大韶・周曰庠と共に、団練を組織し、郷勇を集め、紀律を申し渡し、能力のある者を選抜して統率させた。首尾は連絡して、相互に応援を行い、計略を設け成章父子を誘い、これを殲滅した。賊はそれを聞いて、一万餘の配下を率いて押し寄せて来た。済舟は奇策を設けて伏兵を配置し、隊を分けて繰り返し前進させ、賊の首千餘級を斬ったところ、賊はたちまち撤退した。丁丑（康熙三十六年）には、余奇生等が〔賊を〕集めて掠奪を行ったが、済舟はまた郷兵を組織して〔郷里を〕防衛した。

と記されている。[57] 呉済舟は団練によって郷勇を組織し、二度にわたる「山寇」「賊」の襲撃から郷村社会を守り抜いたのであった。

汀州府に隣接する延平府でも同様の事例を見出すことができる。永安県が清朝治下に入ると同時に知県として

着任した高咸臨について、雍正『永安県志』の名宦伝は、

高咸臨、銭塘人。順治三年、以貢随軍入閩、任知県。時四郊多塁、難於措治。下車後、恤飢饉、緩追征、儲器械、練義勇。

高咸臨は、銭塘県の人である。順治三年、貢生〔の身分〕で清軍に従って入閩し、知県に任じた。時に〔県城の〕四郊には多くの堡塁があり、処理し難かった。下車《ちゃくにん》した後、飢饉を救恤し、〔税の〕追徴を緩め、武器を貯え、義勇を団練した。

と叙述している(58)。永安県では順治の初めに、知県主導型の団練が行われていたのである。隣の沙県では〈耿精忠の乱〉時に、生員葉高登によって「団練保郷」が行われた。康熙『沙県志』には、次のように記載されている。

葉高登、字仲卓。……三十始補弟子員。……甲寅、山寇憑陵、与弟正輝、団練保郷。先捐資辦飯、徹夜護防(59)。

葉高登、字は仲卓である。……三十歳でやっと生員に補せられた。……甲寅(康熙十三年)、山寇が跋扈したが、弟の正輝と共に、団練によって郷里を防衛した。まず資金を寄付して飯を用意し、夜を徹して防御に務めたのである。

邵武府については、順治年間および〈耿精忠の乱〉後に関するものであるが、乾隆『邵武府志』の名宦伝に次のような二つの事例を見出すことができる。

王誉命、号鶴渓、上元人。順治八年、由恩貢任泰寧知県。……時当兵燹後、学宮公署、残燬略尽。誉命捐俸修葺。……時団練郷勇、以防寇警、撤駐防兵之擾(60)。

王誉命、号は鶴渓、上元県の人である。順治八年に、恩貢生から泰寧知県に就任した。……時は兵乱の後に当たり、学宮・公署はほとんど破壊されていた。誉命は俸給を寄付して〔それらを〕修復した。……時に郷勇を団練して、賊の侵入を防ぎ、駐防兵の擾害を除いた。

周元功、奉天人。康熙十六年、任同知。……光沢毛粟人楊一鳳、結弁丁及竹渓賊為乱、人心惶懼。元功率僚

属、集練義勇為守禦。会一鳳潜入城偵探、獲之遂窮治。(61)
周元功は、奉天の人である。康熙十六年に〔邵武府〕同知に就任した。……光沢県毛粟の人である楊一鳳が、兵丁および竹渓の賊と結託して乱を起こし、人心は恐慌を来したのである。元功は属僚を統率し、義勇を集練して防御を固めた。たまたま一鳳が〔邵武府〕城に潜入して偵察していたときに捕まり、遂に処刑された。

前者では泰寧県知県王誉命が「郷勇を団練」しており、後者では邵武府同知周元功が「義勇を集練」している。(62)ともに「寇警」「乱」という非日常的事態が継続していた時期であり、いわば地方官主導による団練が行われたのであった。

続いて、沿海地域に近接する永春州――当時はまだ泉州府永春県――の事例を二つほど、乾隆『永春州志』の中から提示することにしたい。

呂華、永春人、六七都練総。順治十一年冬、偽鎮黄愷、叛将王愛民・洪習山、突入永春派餉、攻破八坑寨、男女屠殺無遺。……華率郷兵、距馬跳寨守禦、賊不能攻。(63)
呂華は、永春県の人で、六七都の練総であった。順治十一年の冬、偽鎮の黄愷と叛将の王愛民・洪習山とが、永春に突入して兵餉を科派し、八坑寨を破って、すべての男女を殺害した。……華は郷兵を率い、馬跳寨を隔てて防禦したので、賊は攻撃することができなかった。

李士衡、永春諸生。康熙十七年、海寇肆横。士衡為練長、伺隙穿賊営、撃殺賊酋三級。(64)
李士衡は、永春県の諸生である。康熙十七年、海寇が横行した。士衡は練長となり、間隙を伺って賊営を攻め、賊酋三名を殺した。

それぞれ順治十一年（一六五四）および康熙十七年（一六七八）のこととして描かれているが、呂華は「練総」、李士衡は「練長」として郷里の自衛に尽力したのであった。練総・練長ともに団練のリーダーを指す名辞である。

以上、福建山区における団練の実施状況について概観してきたが、ともに順治年間、或いは〈耿精忠の乱〉前後の混乱期を中心として団練は行われ、「寇」「賊」「乱」から地域社会を防衛する上できわめて重要な役割を果したのであった[65]。但し、当時の事例では生員を中心とした郷村社会の実質的指導者、または行政の末端に位置する知県レヴェルのイニシアティヴのもとに行われたものがほとんどであったといえよう。

そうした意味で特異な事例に当たるかと思われるが、〈耿精忠の乱〉による社会的混乱がいまだ十分には収束していない段階の、康熙十七年（一六七八）から同二十年（一六八一）まで福建巡撫として在任した呉興祚[66]は、延平府順昌県に対して団練の実施を命じたのであった。呉興祚の『撫閩文告』[67]には、康熙十八年（一六七九）十一月二十四日附の、次のような通達が残されている。

照得、順昌県所轄浄安・婁杉一帯、山窟層畳、寇盗奸宄、易于潜蔵、嘯聚窃発之徒、屢屢見告。若不飭法勦禦、勢必貽害地方。今査、有義旅饒総兵標下守備游典、夙称勇敢、暁暢機宜、且備悉該地方山川形勢、与郷村勇壮郷民相習。除檄委該備前往団練、守禦地方外、合再出示暁諭。為此示仰該県所轄浄安・婁杉一帯地方居民人等知悉。如遇義旅守備游典到彼、該地都図里甲烟戸、悉聴団練、共遵約束、務期同心協力、守望相助[68]。

調査したところ、順昌県所轄の浄安・婁杉一帯は、山々が折り重なっており、寇盗や悪党が潜伏し易く、仲間を集めて襲撃する輩も、しばしば報告されている。もし方法を講じて取締・防禦しなければ、勢い必ず当地に害をもたらすであろう。現在、査べたところでは、義旅の饒総兵の標下に守備の游典という者がいるが、つとに勇敢だと言われており、機宜に通暁し、かつ当地の山川の形勢も知り尽くしており、郷村の勇壮な郷民とも親しんでいる。当該守備に命じ、〔当地に〕出向いて団練を行い、地域を防衛させるのを除いて、さらに告示を出して暁諭すべきである。このために該県所轄の浄安・婁杉一帯の住民等に命じて承知させる。もし義旅の守備游典が彼の地に到ったならば、該地の都図里甲の烟戸は、尽く団練〔の命令〕を受け入れ、共に紀律に遵い、務めて一体で協力し、互いに見張りを行うようにせよ。

この時期においても暗躍していた「寇盗・奸宄」に対して、順昌県の一部の地域ではあるが、緑営の守備游典の指導のもとに団練が組織され、郷村社会の自衛が企図されたのであった。

しかしながら、団練による郷村自衛の段階は、混乱の時代の終息と清朝地方支配の確立とにともなって終焉の時期を迎えることになる。汀州府に隣接する龍巖州の地方志、乾隆『龍巖州志』は「寇乱」の記事の論賛において、次のように指摘している。

歴来寇盗相仍、蓋保甲不行、山林易于伏莽、兵制未備、臨事束手無策耳。今之保甲、已如絲絡珠聯、防守不啻星羅棋布、可恃以無恐乎。(69)

従来、寇盗が頻繁に起こったのは、蓋し保甲が行われていなかったために、山林に潜伏し易く、兵制が整備されていなかったために、事に臨んでも全く無策であったからである。今の保甲は、すでに相互に連絡し合い、防禦もただ十分に配置されているだけでなく、恃んで恐れることが無いのである。

「保甲」や「兵制」が機能していない時期の「寇盗相仍」という状態から、相対的に平和となった「今」における保甲の有用性が述べられているといえよう。まさに保甲が機能しない混乱期から保甲が有効な安定期へ、という構図を読み取ることができるのではなかろうか。換言すれば、保甲制を基盤としながらもむしろ非日常的な軍事性を中心とした団練から、本来の日常的な治安・秩序性を中心とした保甲への回帰が、康熙年間の後半にかけて福建の山区では見られたように思われる。

時期的には前後するが、如上の事柄に関連する史料として、〈抗租反乱〉期の混乱状況を乗り切った李世熊は順治十五年(一六五八)に寧化県知県となった郭瓊(70)に宛てた書簡の中で、次のように述べている。

竊惟、天下大勢、莫不治於安靖、而乱於苛煩。兵興以来、民情揺沸、願治者多、喜乱者亦不少。静摂之猶虞其擾、騒動之必生他変、別境未詳。只如泉上下里、由丁亥迄丙申、四躙于流寇、一困于大兵、創痍未起、呻吟未息。自明公下車以来、敷政寛大、鶏犬不驚、祥風所煽、強暴化其九、逋負輸其八。太平之風、指日可俟。乃本月内、忽有汀州衛官王行牌給示、張掛本里内、有臨郷招撫、編甲団練、開墾等目。循名似美、挙行必乖。請言其弊。……若編甲一款、県幕県捕、歳歳挙行、里無漏戸、戸無漏丁。重復編甲、何事。至於団練一款、不便多端。村民嘻嘻耕鑿、無故聚談兵甲、習不仁之器、商殺人之事、名既不祥、機似倡乱。其不便一。衛官既無家兵、又鮮公役、勢必召募親随、以壮観瞻。凡応募非游惰之最、必奸黠之尤、一附兵籍、百肆狐威。於是逆奴脇主、狂子背父。名曰従兵、実乃逋逃淵藪。其不便二。衛官不能躬親歩伍、手自教習、勢必僉点練総、以長什伍。十夫之長、必僉殷実之戸、餽謝主将。練総必有常儀、取償細民、練総必多科派、蚕食紛紛。将何紀極。其不便三。既称奉上操演、必須編民供給。聴練者失業、幇練者竭財。其不便四。設或操演成営、勢必自為党讐。気習漸驕、望門坐食、侵漁尅剝、挟私報怨。宗老郷耆、睨不敢問、公差長吏、抗不得拘。空拳群狼、白噬乳赤。其不便五。且郷郷相接、隊隊相穿、狡猾之雄、従中復自為頭目。一卒通報、群郷応響、把持武断、勢侔郡県。図治不足、釀乱有餘。其不便六。[71]

ひそかに思いますに、天下の大勢は、安靖に治まり、苛煩に乱れないものはありません。兵乱が起こって以来、民情は動揺し、治を願う者は多いのですが、乱を喜ぶ者もまた少なくありません。平穏がなお騒擾を恐れ、騒動が必ず変乱を生ずることは、他の地域については詳細には知りません。ただ〔寧化県の〕泉上里・泉下里については、丁亥〔順治四年〕より丙申（同十三年）まで、四たび流寇に蹂躙され、ひとたび大兵に苦しめられましたが、その傷痕はまだ回復せず、呻吟の声もまだ止んではおりません。明公（郭璜）が下車《ちゃくにん》して以来、敷政は寛大であり、鶏犬を驚かすこともなく、祥風の吹くところでは、強暴な輩もその九割が感化され、〔税の〕滞納もその八割が納められました。太平の風〔が吹くこと〕は、近い将来に期待ができそうです。ところが、今月内に、急に汀州の衛官王某が行牌を発給し、

〔その告示が〕本里に張り出されましたが、〔そこには〕郷に出向いて〔賊を〕招撫すること、保甲を編成して団練を行うこと、〔荒れ地を〕開墾すること等の項目が書かれていました。名目はすばらしいように見えますが、実行すれば必ず失敗することになりましょう。その弊害について述べることを切に願います。……保甲を編成するという一項については、県の幕友や捕役が毎年のように実施しており、郷村には〔保甲から〕漏れている戸はおらず、〔各々の〕戸内にも漏れている丁はいないのであります。重複して編成するとは、何ということでしょうか。団練の一項については、多くの不都合な点があります。村民は嬉々として耕作に従事しており、訳もなく集まって戦さのことを話し、不仁の武器を習得して、人殺しのことを相談するのは、名目自体が不祥であり、その機会も兵乱を誘発するかも知れません。不都合の一であります。衛官には家兵がいないばかりか、また公役も少なく、勢い必ず親随《じゅうしゃ》を募集し、外見を立派に見せようとするはずです。およそ応募する者は游惰の輩でなければ、きっと狡猾な悪者であり、一度、兵籍に登録されたならば、虎の威を借りて勝手放題に振る舞うでしょう。そうすると、逆奴は主人を脅し、狂子は父に背くことになります。名目は従兵とは言っても、実際には逃亡者の隠れ家にほかなりません。不都合の二であります。衛官は自ら兵卒と親しんで、手ずから教練することはできず、勢い必ず練総を点検して、什伍の長とするでしょう。十夫の長には、必ず富裕な戸が充てられ、将校に付け届けをすることになります。練総には必ず常儀（上納銭）があり、〔それを〕細民から取り立てることになり、練総はきっと多くの額を科派して、しきりに収奪を行うことになります。どうしてその行き着くところを記すことができましょうか。不都合の三であります。官命を奉じて操演を行うと言った場合、必ず民を編成して〔金品を〕供給させることになるでしょう。操練に従う者は仕事ができず、操練を援助する者も財を失うことになります。不都合の四であります。もし操演によって営を編成したならば、勢い必ず徒党を組むことになるでしょう。気風は次第に傲慢になり、門を望んで坐食したり、〔他人を〕搾取し、私事に託けて怨みを報じることになります。宗老や郷耆は、睨めば敢えて問い質すこともできず、公差や長吏も、逆らうと拘束することさえできません。ぶらぶらしている群狼が、乳児を貪り尽くすことになります。不都合の五であります。さらに郷と郷とが相接し、隊と隊とが相繋がり、狡猾な輩が、その中から出てきて自ら頭目となるでしょう。一卒が通報すれば、多くの郷が呼応し、〔頭目は〕把持・武断し、その勢力は府県の官と同じくらいになることでしょう。治を図ってもできず、乱を醸して餘りが出ることになります。不都合の六であります。

まさに郷村社会の側からの保甲・団練批判だといえよう。李世熊の郷里である寧化県の泉上里周辺では、順治十四年（一六五七）までに「乱」や「騒動」が一応の終息を迎え、「太平」の日々が目前であると考えられていた。そこで李世熊は保甲の編成（「編甲」）が毎年のように行われる不都合を述べるとともに、「汀州衛官王」の通達による団練実施について六点にわたる「不便」を指摘したのである。「太平」の時代における団練の実施は、わざわざ反乱の温床を準備すること、郷兵には游民・奸民が集まって来ること、衛官・練総は郷民を収奪し、また私党を結んで郷曲に武断すること、等々、百害あって一利なし、というのが李世熊の主張であった。〈黄通の抗租反乱〉に際して保甲を編成し、郷兵を統率して郷里を自衛した李世熊にとっても、「太平」の時代における団練はまさに無用の長物と映じたのである。

福建山区の郷村社会は保甲・団練を実施し、郷村の自衛体制を固めることで、明清鼎革期および康熙十年代の〈耿精忠の乱〉期における巨大なカオス的状況を乗り切ったのであった。そうした過程の中で、明末以来の郷約・保甲制を淵源とする郷約・郷保・地保・約地・保長等とともに、団練に名称の由来をもつ練総・郷練・約練等の存在は郷村社会の中に定着していったのであり、それにともなって清朝国家の郷村支配も徐々に確立していったのではなかろうか。

特に〈耿精忠の乱〉を大きな契機として、以後、上述の状況は進展していったものと思われる。そうした歴史的推移に関連して、福建巡撫呉興祚の通達にはきわめて注目すべきものが含まれている。その中の一つがあたかも福建版〈刀狩令〉とでもいうべき、当時の郷村社会に散在していた火器を中心とする武器没収の命令であった。以下、『撫閩文告』に収録された康熙十九年（一六八〇）九月十二日附の当該通達の内容を紹介することにしたい。

切照、閩疆従遭変逆以来、一方百姓、傾喪于鋒鏑之下者固多、因而習慣兵革、敢于為乱者、亦遂不少。故山藪盗賊、常随滅随起、一夫狂嘯、遠近烏合、且胆能抗拒官兵、公然格闘。此雖由凶頑、耳目習熟使然、亦因家有利器、乃足資其横行。是以即小小百十成群、亦非耰鋤棘矜者、比迨流劫日久、漸至踞険作逆、深為地方大患隠憂。然此易動難静之風、固非旦夕所能変革。若使之凶械尽亡、総欲狂逞、無利器足恃、亦可阻抑其邪謀。査、兵械中之為害最大者、無過於火器計。閩省経此大乱数年、凡大而行営砲、小而排鎗鳥鎗等項、在倉卒乍定之際、其散軼于民間者、不知多少、而投誠帰農之帯回、与山寨村落之自置于平時者、其数亦応不計。此等若留在閭閻、一遇有事、適足為寇兵之資、貽害匪浅。今本部院議、将各処地方、凡民間所蔵鎗砲火器、尽行査出、収之入官。有不自首送者、予以重罰。務使此等藉為捍禦之具、浄尽無遺、庶乱萌可杜。矧現奉上諭、厳禁民間私鋳火炮、尤当速行窮捜。但恐泛然委令有司稽査、奉行不善、則徒多一番騒擾、而真正蔵匿火器、反未必果能査出。除興・泉・漳・邵・汀・福寧五府一州県、咨移総督部院・将軍提督・水師提督、併興化・福寧二鎮、分画府分、就近飭査外、所有福・延・建三府、応係本部院督査。合亟厳行。為此牌仰該道・府官吏、照牌事理、文到即便査照、転行所属各県、刻移城守防弁、幷遴委能員、親到郷村都里地方、不許多帯兵役、着令寨長保長甲首、将奉行原由、明白告諭。毋得張皇恐嚇、沿戸清査。如有旧蔵銅鉄砲子、及排鎗鳥鎗鑛火器等各項、尽行送出。在未経行査之先、自行首報、及報他人而得実者、倶量行給賞。[72]

ひそかに調べたところ、閩の境域では変乱に遭遇して以来、一地方の百姓で、鋒鏑の下で命を失った者はもとより多く、兵乱に慣れて、敢えて乱を起こす者も、また少なくない。従って、山谷に隠れる盗賊は、常に出たり消えたりしており、一人が気違いじみた行動を起こせば、遠近〔の輩〕が烏合し、かつ大胆にも官兵に抵抗し、公然と刃向かってきたのである。こうしたことは凶暴さが原因であるとはいえ、耳目が〔変乱に〕慣れ親しんだことがそうさせるのであり、また家々が武器を所持していたために、この輩の横行を助けることになったからであった。こうして小物が十人・百人と集団を作り、また本業に務めない者たちも、流劫の日々が久しくなるに及んで、次第に要害の地によって反乱を起こすようになり、地域の大患・隠憂となったのである。しかしながら、こうした動き易く鎮め難い風潮は、もとより旦夕の間に変革できるものではない。もし凶器・武器をすべて無くしたならば、誰もが不逞を働こうとしても、恃むべき武器が無く、その邪悪な考えを阻止することができる。調べたところ、武器の中でも被害をもたらす最大のものは、火器の類に勝るものはない。閩省ではこの間における大乱の数年を経て、およそ大きなものとしては行営砲、小さなものとしては排鎗・鳥鎗等があったが、急激に平定された際に、民間に散軼してしまったものが、どれほどあるかは知れず、投降して帰農する際に持ち帰ったり、山寨・村落で平時から準備していたものも、その数は計り知れないのである。これらがもし閭閻《しゃかい》に所在し、ひとたび有事に遭遇したならば、まさに賊兵を助けるものとなり、被害をもたらすことは少なくないのである。今、本部院は〔次のように〕提案する。それぞれの地域で、民間に所蔵されている鎗砲・火器については、すべて調べ出し、これを官に没収する。自ら〔官に〕差し出さなかった者がいれば、重罰に処す。これら防禦用だと偽っている武器を、尽く〔没収して〕残さないようにすれば、きっと反乱の芽を摘み取ることができるに違いない。ましてや現在、上諭を奉じたところ、民間で火器を私鋳することは厳禁されており、まさに速やかに徹底捜索を行うべきである。但しおそらくは漠然と有司に命じて調査させたとしても、実行が悪ければ、徒に騒ぎを起こすことになり、実際に火器を蔵匿している者がいても、かえって必ずしも調べ出すことができないことになろう。興化・泉州・漳州・邵武・汀州・福寧の五府一州の各県については、総督部院・将軍提督・水師提督に咨文・移文を出し、興化・福寧の二鎮を併せて、〔担当する〕府を画定し、近いところから調査させるのを除いて、残りの福州・延平・建寧の三府については、まさに本部院が監督・調査を行うべきである。速やかに厳しく実行すべきである。このために当該の道・府の官に命じ、牌の内容に照らして、文書が到着したならばただちに〔内容を〕確認し、所属の各県に通達し、すぐに県城等の守備兵および委任した官員に命じて、自ら郷村や都里に出向くようにさせるが、

〔その場合〕多くの兵役を連れて行くことは許さず、寨長・保長・甲首に命令して、実施理由を明確に告知するようにさせる。威張って脅しつけたり、一戸一戸、調査したりしてはならない。もし旧蔵していた銅や鉄の弾丸、および排鎗・鳥鎗・鑛火器等の類があったならば、すべて〔没収して〕官に納めるようにせよ。まだ調査が始まっていない前に、自ら〔所蔵する武器を〕差し出したり、また他人に関する事実を報告してきた者は、考量して褒賞を与えるようにせよ。

康熙十九年（一六八〇）は耿精忠が清朝に投降してから四年後に当たり、台湾の鄭氏がいまだ降っていないとはいえ、まさしく混乱の状況が終焉に近づいた時期であった。福建では明清鼎革期の混乱、「大乱数年」と表現された〈耿精忠の乱〉、および「山藪盗賊」による騒擾の時期を経過することによって、「行営砲」「排鎗」「鳥鎗」「鑛火器」等の火器類を中心とした兵器・武器が民間の社会に多数存在していたのであり、こうした事実が「乱」「寇」「賊」と表現された非日常的な反乱・騒擾による郷村社会の混乱に拍車を掛けていたのである。呉興祚の通達は民間に私蔵・退蔵された「鎗砲火器」の調査と没収とを目的としたものであった[73]。この通達が果たしてどれほどの現実性を有していたのかは不詳であるが、当時の八府一州という福建全域を対象として、いわば〈鉄砲狩り〉は行われようとしたのである。

呉興祚による〈鉄砲狩令〉はまさに混乱から安定への移行段階に位置する康熙十九年（一六八〇）という時期だからこそ、その意義を見出すことができるのではなかろうか[74]。すなわち、こうした過程を経て福建の山区では、いわゆる〈清朝の平和〉がもたらされたのであった[75]。

おわりに

以上、本章は十七世紀半ばの明清鼎革期から十八世紀初めの康熙後半までの時期の、汀州府を中心とする福建山区を対象として、清朝国家の基層支配の確立過程について若干の考察を行ってきた。郷村社会の秩序・治安の維持に関する制度史的な分析に終始した、きわめて一面的なものではあるが、導き出された結論を提示するならば、およそ次のようになるであろう。

康熙年間の後半における福建山区の郷村社会では、明清の鼎革および〈耿精忠の乱〉にともなうカオス的状況の中から生成し、地域の秩序・統合にかかわる組織として機能した長関・斗頭の消滅と、明末以来の郷約・保甲に制度的淵源をもつ郷約・郷保・地保・約地、或いは混乱期の団練に由来する郷練・約練、等の定着にともなう社会的秩序の再編という事態が展開していたのである。ともに郷村社会システムとして長関・斗頭と郷保・約地・約練等との鬩ぎ合いは、混乱から安定へという歴史的構図の中で、康熙後半という段階にいわば決着がつけられたといえよう。それはとりもなおさず、福建山区における清朝国家の基層支配・郷村支配の確立を意味していたと思われる。

(1) 王簡庵の汀州府知府としての簡単な治績については、本貫地である山西の雍正『沢州府志』巻三六、人物志、節行、鳳台県、国朝、および乾隆『汀州府志』巻二〇、名宦、国朝、参照。また当該知府に就任した年については、本書第四部第九章、四四〇頁註(22)、参照。

(2) 『臨汀考言』は原本が中国科学院図書館に所蔵されており、［中国科学院図書館編 - 九四］によれば、集部、別集類、清に分類されている(集二六〇—五六四)。

(3) 例えば、康熙『福建通志』巻六三、雑記、福州府、康熙十三年(一六七四)の条には「耿精忠反」、同じく泉州府、同年の条には「耿精忠叛」とある。三藩の乱の福建における存在形態を取りあえず〈耿精忠の乱〉と称する所以である。なお三藩の乱については、［劉鳳雲 - 九四］参照。福建に関する論考としては、［中道邦彦 - 六八］・［中道邦彦 - 六九］がある。

(4) 王簡庵『臨汀考言』巻六、詳議、「諮訪利弊八条議」。

(5) 王簡庵『臨汀考言』巻一六、檄示、「勧諭敦厚風俗」。

（6）当該課題についての見通しは、すでに［三木聰－九八］二〇頁において述べてある。
（7）清代前半期の郷約・保甲については、［山田秀二－三四］・［松本善海－三九b（松本善海－七七）］・［佐伯富－六四（佐伯富－七一）］・［谷口規矩雄－七五］・［目黒克彦－七六］・［栗林宣夫－七八］・［華立－八八］等、参照。
（8）明末福建の郷約・保甲については、本書第三部第七章、参照。
（9）乾隆『刑科題本』「礼部尚書劉統勲等題」乾隆三十年（一七六五）十一月十三日（中国第一歴史檔案館・中国社会科学院歴史研究所編『清代土地佔有関係与佃農抗租闘争』〈乾隆刑科題本租佃関係史料之二〉（以下『土地佔有』と略称）下、中華書局、北京、一九八八年、六二一—六二四頁）。
（10）同前（『土地佔有』下、六二二頁）。
（11）清律、刑律、人命には「尊長為人殺私和」の条項が存在する（乾隆『大清律例』巻二六、刑律、人命、「尊長為人殺私和」）。
（12）乾隆『刑科題本』「武英殿大学士阿桂等題」乾隆五十六年（一七九一）九月十三日（『地租剝削』上、二一八—二二〇頁）。なお図頼については、本書第四部、参照。
（13）前註、乾隆『刑科題本』「武英殿大学士阿桂等題」（『地租剝削』上、二一八頁）。
（14）乾隆『刑科題本』「署刑部尚書阿克敦等題」乾隆十九年（一七五四）閏四月二十一日（『地租剝削』下、五三三—五三四頁）。
（15）同前（『地租剝削』下、五三三頁）。
（16）［華立－八八］一〇九頁、参照。
（17）徐士林の分巡汀漳道としての在任期間については、［滋賀秀三－八四］所収の「清代判牘目録」参照。
（18）徐士林『徐雨峰中丞勘語』巻四、「海澄県民楊興告王衛等案」。
（19）同前。
（20）同前に、

練総江錫権亦供、是王懋徳父親、同楊興去捜、汎兵没有去。

とある。
（21）王簡庵『臨汀考言』巻一二、審讞、「武平県民廖可先、誣告人命」。
（22）王簡庵『臨汀考言』巻一一、審讞、「寧化県兪永清、誣告頼自生等搶散倉穀」。なお事件を康熙三十六年（一六九七）に比定した理由は、この年が上杭県では「荒旱」（乾隆18『上杭県志』巻三、祥異、国朝）、永定県では「大飢」（乾隆『永定県志』

巻一、封域志、星野、災寇）とあり、汀州府一帯で飢饉の状態にあったと思われ、また寧化県に隣接する帰化県でも搶米事件が起こっているからである（『臨汀考言』巻一〇、審讞、「帰化県民頼文茲、鼓衆囲衙、挟官発穀」）。
(23) 前註『臨汀考言』巻一一、審讞、「寧化県兪永清、誣告頼自生等搶散倉穀」。
(24) 王簡庵『臨汀考言』巻一二、審讞、「上杭県陳謙吉、誣告曹盛玉被盗殺死」。
(25) 同前。
(26) ［渋谷裕子‐九五］一〇八頁では、康熙年間の徽州において「約内、郷約、約と呼ばれる役職者」が村落・宗族内の紛争の調停を行っていたことが指摘されている。また郷約・保長・地保等と裁判とのかかわりについては、［佐伯富‐七一］三六九頁、および［華立‐八八］一〇八―一〇九頁、参照。
(27) ［森正夫‐七一］・［森正夫‐七三］・［森正夫‐七四］・［森正夫‐七八］・［森正夫‐九一］。〈黄通の抗租反乱〉に論及するものとしては、他に［傅衣凌‐四七（傅衣凌‐八二）］・［傅衣凌‐六一ａ］・［甘利弘樹‐九八］等がある。
(28) 主として［森正夫‐七四］・［森正夫‐九一］による。
(29) ［森正夫‐七四］一六頁。
(30) 李世熊『寇変紀』（中国社会科学院歴史研究所清史研究室編『清史資料』一輯、中華書局、北京、一九八〇年、三六頁）。
(31) ［森正夫‐九一］二四頁、参照。
(32) 李世熊『寇変後紀』（前掲『清史資料』一輯、五〇頁）。
(33) 同前。
(34) 李世熊『寇変後紀』（前掲『清史資料』一輯、五二頁）。
(35) 同前。
(36) 万暦『帰化県志』巻二、建置誌、隅都。
(37) 黎士弘『託素斎文集』巻四、墓誌銘表、「呉常茂処士誌銘」。
(38) 乾隆『贛県志』巻三三、藝文志三、文三、国朝、王郊「守贛実紀」。
(39) 同前。
(40) ［傅衣凌‐六一ａ］・［傅衣凌‐七五（傅衣凌‐八二）］・［森正夫‐七一］・［王連茂‐七八（王連茂‐八四）］参照。
(41) ［傅衣凌‐六一ａ］一一六―一一八頁、一三九―一四〇頁、および一八二頁等、参照。

(42) 王簡庵『臨汀考言』巻八、審讞、「寧化県民羅遂等、私立斗頭、聚衆殺官」。
(43) 同前。
(44) 同じく「寧化県民羅遂等、私立斗頭、聚衆殺官」には、次のようにある。
　拠供、較斗之時、従旁観看、並非同類。但当日較斗之時、人心鼎沸。
(45) 『重囚招冊』「閩浙総督郭世隆題」康熙三十六年(一六九七)五月十日(『康雍乾』上冊、一〇〇頁)。
(46) [傅衣凌 - 六一 a]一一七頁。
(47) 民国『寧化県志』巻一七、循吏伝、清、黄浩。
(48) 例えば、中国第一歴史檔案館編『康熙朝漢文硃批奏摺彙編』一冊、檔案出版社、北京、一九八四年、八四六—八五〇頁、所収の閩浙総督梁鼐の奏摺は台湾鎮の総兵王元について論じたものであるが、それに対する康熙帝の硃批には、
　王元、即黄元、先任沙虎口副将。朕向所深知、為人胆量、雖好倣官、平常所以不得官兵之心、原不欲用。

とあり、王元と黄元とが通用されている。
(49) 王簡庵『臨汀考言』巻一五、審讞、「上杭県民林章甫、私立斗頭」。
(50) 王簡庵『臨汀考言』巻一八、批答、「批上杭県民郭東五等、呈請較定租斗」。
(51) [傅衣凌 - 六一 a]一八一—一八二頁では、〈耿精忠の乱〉時に上杭県で「較斗の風潮」が存在していたことを指摘している。
(52) 王簡庵『臨汀考言』巻九、審讞、「上杭県民陳益生、聚衆搶犯、致丘馮養落水身死」。
(53) なお、[傅衣凌 - 六一 a]一三九頁では、佃戸の地主に対する長期的な闘争という枠組に限定されているとはいえ、斗頭を「農村に設立された半公開の大衆的団体」と規定している。
(54) 李世熊『寇変後紀』(前掲『清史資料』一輯、四八頁)。『清史資料』本では「既投誠為諫(?)総」とされているが、同じく李世熊が著述した康熙『寧化県志』巻七、政事部下、寇変志の順治十一年(一六五四)十二月の条には、
　自僧即登為黄通千総後、僧徒悉以劫掠為事。及投誠為練総、益無所忌。

とあり、「諫総」は明らかに「練総」の誤りだと思われる。従って、本文では豫め「諫総」を「練総」に改めてある。
(55) 乾隆『汀州府志』巻二〇、名宦、国朝、王国脈。
(56) 乾隆『汀州府志』巻三二、郷行、国朝、謝朝庸。
(57) 乾隆『汀州府志』巻三一、孝義、国朝、呉舟済。

(58) 雍正『永安県志』巻七、秩官、名宦、国朝、高咸臨。
(59) 康熙『沙県志』巻一〇、列伝、隠逸、国朝、葉高登。
(60) 乾隆『邵武府志』巻一五、名宦、国朝。
(61) 同前。
(62) 楊一鳳の乱および周元功の団練については、乾隆『邵武府志』巻一二、兵制、寇警、国朝の康熙十七年(一六七八)秋の条にも記載されている。
(63) 乾隆『永春州志』巻一〇、人物志一、義烈、国朝。
(64) 同前。
(65) 団練については清末を中心としたフィリップ・A・キューン氏の著名な研究がある([Kuhn - 1970])。なお、キューン氏は清末の団練に連なる系譜の最初期の形態として、明末の崇禎年間に鄖陽巡撫・湖広巡撫・兵部侍郎を歴任し、農民反乱に対峙した盧象昇の団練を位置づけているが(pp. 41-42)、福建では万暦年間の二人の巡撫、許孚遠と黄承玄とによって保甲制に立脚した郷兵の組織化(団練)が行われていた。本書第三部第七章、三〇三―三〇四頁、参照。
(66) [銭実甫 - 八〇a]一五四六―一五四八頁。
(67) 『撫閩文告』には撰者名が欠落しているが、それを呉興祚に比定した点については、本書第二部第五章、一九六頁註(32)、参照。
(68) 呉興祚『撫閩文告』巻上、「団練郷壮示」康熙十八年(一六七九)十一月二十四日。
(69) 乾隆『龍巖州志』巻一二、雑記、寇乱。
(70) 康熙『寧化県志』巻三、人民部上、官師志、官師題名、大清知県。
(71) 李世熊『寒支初集』巻三、書、尺牘、「呈郭令君詳免衛官書」。
(72) 呉興祚『撫閩文告』巻下、「厳査私蔵鎗炮牌」康熙十九年(一六八〇)九月十二日。
(73) ここに見える種々の火器については、「鳥鎗」が鳥銃(火縄銃)であること以外は不詳である。ただ「排鎗」に関連すると思われるものに、明末の芽瑞徴『武備志』巻一二五、軍資乗、火七、火器図説四、銃二、所載の「五排鎗」がある。
(74) [岸本美緒 - 九八]六四―六五頁では、十七世紀の後半を転機として東アジア世界に「軍縮の時代」の出現を展望している。
(75) 〈清朝の平和〉については、[岸本美緒・宮嶋博史 - 九八]二九二―二九四頁、参照。

附　篇　明代里老人制の再検討

はじめに

十四世紀後半に成立した明朝によって実施された里甲制は単なる賦役徴収機構ではなく、当該社会の全構造に関連するものとして王朝国家の農民支配を貫徹するための体制と看做されるべきものであった。(1)里甲制に内在する具体的な機能としては、主として次の三点を挙げることができる。すなわち、第一に賦役の徴収、第二に再生産の維持、そして第三に治安・秩序の維持である。(2)特に第三の機能にかかわる裁判システムとして、郷村社会の紛争処理のために機能したとされるのが里老人制である。この附篇は里老人制について従来の諸説の再検討を行い、私見を提示することを目的としている。

はじめに、これまでの研究史について一瞥しておきたい。里老人制研究の嚆矢としてまず注目しなければならないのは、一九三九年における松本善海氏の研究である。(3)松本氏は〈村落自治〉という視点から里老人制を把握し、その成立に至る過程および洪武三十一年(一三九八)に最終的に頒布された『教民榜文』の分析によって、里老人制の制度内容をはじめて体系的に明示されたのであった。その後、小畑龍雄・栗林宣夫両氏によって地方志等の史料に基づく新たな知見が附け加えられたが、基本的には松本氏が設定した枠組を超えるものではなかったといえよう。[4]

一九六九年および一九七七年において、細野浩二氏は里老人制に関する二篇の論考を発表された。[5] 前者において細野氏は、松本氏以来の『教民榜文』理解に対置して当該史料により密着した解釈の中から里老人制の新たな理念型を開示され、後者では太祖朱元璋の統治理念および「地方官治」との関連性において、里老人制の前段階としての耆宿制から郷老人制への移行、さらには洪武末年における「郷村自治機構としての里老人制」の成立という図式を描出されたのであった。[6]

以上の松本善海氏から細野浩二氏へと至る研究は、基本的には明朝国家の理念的所産としての、まさしく当為としての里老人制を究明されたものであり、制度に反映された農村社会の現実、或いは里老人制施行後の実態に対するアプローチは稀薄であったといえよう。

こうした研究とは異なる視角から里老人制に論及するものとして、一九七八年の高橋芳郎氏および一九八二年の濱島敦俊氏の研究はきわめて注目すべきものである。[7] ともに宋代以降の農村社会における地主制の発展というコンテクストの中に里老人制を定位したものであり、里老人制を媒介として明朝国家によって公認された郷居地主の法的地位またはその権力が、明初の段階に〈絶頂〉に到達したという見解を提示されたのであった。[8] 特に濱島氏の研究は、明初の具体的な政治過程および礼制改革との関連性において里老人制を位置づけるとともに、当該制度の基底に元末以来の浙東地主の農村支配の現実を透視するという、まさしく実態へのアプローチを内在させたものであった。但し、論理の根幹に明朝国家による郷居地主への裁判権・刑罰権——里老人制の当為——の附与という点が据えられているものの、考察の重点は郷居地主の農村支配という側面に置かれていたのであり、その一方で、当為としての里老人制が郷村社会の中で具体的に実現していた側面＝実態についての分析は、依然として残されていたのである。

以上、里老人制に関する研究史を概観してきたが、ここでは主として裁判の側面に焦点をあて、里老人制の実態の把握という視角から、当為としての里老人制が現実の農村社会の中にどのように浸透し、かつどのように定着していたのかという問題について若干の考察を試みることにしたい[9]。

一　里老人制の成立

周知のように、様々な形態をもつ里甲組織が全国的・統一的な制度へと移行すべく、里甲制実施の命令が明朝中央政府によって公布されたのは洪武十四年(一三八一)正月であった[10]。しかしながら、里甲制体制の一翼を担うべき里老人制が実施されるには若干の遅延をともなったのである。本節では里老人制の成立の画期について、先学の諸説の再検討を行うことにしたい。

里老人制の成立に関しては、その画期をめぐってほぼ三つの説が提示されてきた。それぞれの論者・成立時期・典拠を挙げるならば、およそ次の通りになる。

(I)松本善海・洪武二十七年(一三九四)四月・『明太祖実録』巻二三二、洪武二十七年四月壬午[11](史料A)

(II)小畑龍雄・洪武二十二年(一三八九)十一月・『明太祖実録』巻一九八、洪武二十二年十一月癸未[12](史料B)

(III)細野浩二・洪武三十一年(一三九八)三月・『教民榜文』[13](史料C)

『教民榜文』全四十一条の前半部分、すなわち第一条から第十四条までの記載(以下、当該の各条を(1)・(14)のように記す)が基本的には里老人を中心とした裁判に関する内容であることからも明らかなように、里老人制の主要な任務は郷村社会における紛争処理のための〈郷村裁判〉にあったのである。[14] 従って、里老人制成立の最も重要な指標は、明朝国家による明確な裁判権の附与という一点に収斂されるべきものと思われる。

　さて、如上の三説の中で(II)の小畑説は史料Bの記述から、洪武二十一年（一三八八）に廃止された耆宿制の復活としての里老人制の成立を読み取られるのであるが、当然のように小畑説は耆宿が「里中の是非を質正」していた点を前提としていた。[15] しかしながら、耆宿制の本質が地方官行政に対する〈諮問機構〉という点にあったことからも、里老人制との質的な相違は明らかだと思われる。[16] すでに周知の史料であるが、南直隷の蘇州府の万暦『嘉定県志』巻六、田賦考中、徭役、老人の項は、

　国初、里編老人一人、得参議民間利害、及政事得失。上謂之方巾御史。後郷都有婚姻田土之訟、輒用平其曲直。最後則供交際之事、督興作之役、及料理諸瑣屑而已。当時頗以殷実戸充之、往往為吏胥求索、有破家者。

　国初は、里ごとに老人一人を選んだが、民間の利害および政治の得失に参画することができた。上《こうてい》はこれを〈方巾御史〉と呼んだ。後に郷都に婚姻・田土の訴訟があれば、すなわち〔老人を〕用いてその曲直を正すようにさせた。最後には〔官の〕交際のために供給し、興作の役を監督し、さらには諸々の煩瑣で些細な事柄を処理するだけであった。当時はほぼ殷実な戸を〔老人に〕充てていたが、往々にして吏胥に搾取されて、破産する者もいた。

と記述されており、「老人」制という大枠の中で「方巾御史」として地方官行政に対する「参議」を任務とした耆宿制から、その「後」の段階として郷村社会の訴訟問題を取り扱うようになった里老人制へ、そして里老人が単なる徭役の一種と化し、里老人戸層が没落していく「最後」の段階へ、というように時系列的変化を鮮やかに描写しているのである。

　以上のように(II)の洪武二十二年（一三八九）説は、小畑氏が典拠とする史料Bの内容の乏しさと相俟って些か説得性に欠ける嫌いがあるように思われる。[17] 従って、ここで検証すべきは(I)および(III)の二説ということになる。

まず、(I)松本善海・洪武二十七年(一三九四)説が典拠とする史料Aから見ていくことにしたい。

命民間高年老人、理其郷之詞訟。先是州郡小民、多因小忿、輙興獄訟、越訴于京、及逮問多不実。上於是厳越訴之禁、命有司択民間耆民、公正可任事者、俾聴其郷訴訟。若戸婚田宅闘殴者、則会里胥決之、事渉重者、始白於官。且給教民榜、使守而行之。

民間の高齢の老人に命じて、その郷の詞訟を審理させる。これ以前には州郡の小民たちは、多くは些細な諍いを原因として、訴訟沙汰を起こし、京師まで越訴していたが、訊問するとその多くはでたらめな訴えであった。そこで上は越訴の禁止を厳命し、有司に命じて民間の耆民の中から、公正で事を任せることのできる者を選び、その者に郷の訴訟を審理させることにした。戸婚・田宅・闘殴などは、すなわち里胥と共に解決させ、事が重事に及んだ場合に、はじめて官に訴えるようにした。さらに教民榜を給付し、これを遵守して実行させた。

松本善海氏は洪武二十七年(一三九四)四月の段階において、「老人」に「戸婚・田宅・闘殴」といわれる民事案件および軽微な刑事事件に関する裁判権を附与し、かつ「教民榜」を給付したことを里老人制成立の根拠とされたのであった。

それに対して、細野浩二氏は史料Aを里老人制の前段階に措定する郷老人制に関するものと理解し、当該史料の解釈をめぐって松本説に対する批判を展開されたのである。細野氏の松本説批判は次の三点に集約される。すなわち、第一に、ここでの「老人」が「郷之詞訟」を扱うべく設置されていることから、老人の設置単位が里ではなく郷であること、第二に、老人選充の主体が里老人の場合の「里構成員」とは異なって「地方正官層」であること、そして第三に、里老人が里長・甲首とともに裁判を行うべく『教民榜文』に規定されているのに対して、ここでの「会同」の対象が「里胥」であること、以上の三点である[18]。

細野氏の松本説批判――郷老人制と里老人制との相違の主張――について、筆者はかつて若干の疑問点を提示したことがあるが[19]、三点にわたる批判のすべてが妥当なものとは思われないのである。まず第一の批判点に関しては、里老人の「里」が里甲組織としての明確な実体的概念であるのに対して、郷老人の設置単位としての「郷」の実体がきわめて不鮮明であり、細野氏は「郷」そのものに対する明確な理解を対置される必要があろう。そもそも郷には「〇〇郷」というような宋元以来の実体化した農村地域の区画を指す場合もあれば、或いは単に漠然と郷村社会一般を指す場合もあるのであり、細野氏の解釈に疑問なしとはしない[20]。第二点についてもまさに史料解釈それ自体の問題であり、細野氏の〈厳密〉な史料解釈が十分に史実に迫りえているとはいい難いのである。里老人の場合も「衆」による推薦と地方官による任命という二段階の手続によって選ばれたと理解することができ、この点に関しても両者の間に明確な相違を見出すことはできないといえよう[21]。第三の点は「里胥」の解釈という、きわめて単純な問題である。里胥とは古くは『漢書』食貨志に見られる語彙であり、まさしく「一里の長」を表したものである[22]。従って、史料Aの「里胥」の場合も里甲制における里長――或いは現年里甲(里長・甲首)――の雅称と理解すべきであろう[23]。

以上のように、細野氏の三点にわたる松本説批判は、その批判自体が有効性をもちえないものとなり、(I)の松本説は依然として有力な見解として残されているのである。

最後に、(III)細野浩二・洪武三十一年(一三九八)説の検討に移ることにしたい。細野氏は前述のように松本善海氏の洪武二十七年(一三九四)説を批判し、新たに現存する史料C＝『教民榜文』の頒布を命じた洪武三十一年(一三九八)三月を里老人制成立の画期と看做されたのであった。細野説は郷老人制から里老人制へという氏独自の論理との関連において提出されたものであり、郷老人制の措定そのものに疑義が存在する以上、この見解自体も脆弱なものといわざるをえない。

さらに『教民榜文』前文には、洪武三十一年(一三九八)三月十九日における太祖の「聖旨」の中で、前已条例昭示。爾戸部再申明。

先頃、すでに条例を頒布した。戸部は重ねて明確に知らしめよ。

と明記されており、松本氏が正しく解釈されているように『教民榜文』はまさしく史料Aの詔勅に見える「教民榜」に対して、その内容の充実と条文の加増とを図り、里老人制の精密化を志向して再度頒布されたものと理解すべきであろう。(24)

以上、里老人制成立の画期をめぐって、松本善海・小畑龍雄・細野浩二各氏の見解を検証してきたが、小畑・細野両氏の説が史料的にも論理的にも妥当とは思われないのに対して、松本氏の洪武二十七年(一三九四)四月説が基本的には踏襲されるべきものと思われる。里老人制の最も重要な属性が明朝国家による裁判権の附与によってもたらされたとするならば、国家理念としての里老人制はまさに洪武二十七年(一三九四)四月を画期として成立したと看做すべきであろう。(25)

二　申明亭と都・図

明初の郷村社会における教化施設として、旌善亭とともに〈勧善懲悪〉のプロパガンダ機能を担ったのは申明亭であった。太祖洪武帝による申明亭設置の詔勅は洪武五年(一三七二)二月に出されているが、地域によっては当該時期より以前の段階からその設置は進められていたのである。(26)

郷村社会の中で申明亭は当初、犯罪者の姓名・罪状を榜示することによって教化・懲戒の機能のみを果たしていたが、里老人制の実施にともない、そこには新たな内容が附加されたのである。すなわち紛争処理のための裁判が執り行われる、いわば〈裁判所〉としての役割であった。

　では、申明亭はどのような単位で設置されるべきものと考えられていたのであろうか。『明太祖実録』巻七二、洪武五年（一三七二）二月「是月」の条には、

　建申明亭。上以田野之民、不知禁令、往往誤犯刑憲、乃命有司、於内外府州県、及其郷之里社、皆立申明亭。凡境内人民有犯、書其過名、榜于亭上、使人有所懲戒。

　申明亭を設置した。上は田野の民が、禁令を承知せず、往々にして誤って法を犯していることを考慮し、有司に命じて、〔京師〕内外の府州県、およびその郷の里社に、すべて申明亭を設置させた。およそ地域内の人民が罪を犯せば、罪名を書いて、亭に掲示し、人々に懲戒の意を理解させた。

とあり、府治・州治・県治とともに郷村地域の「里社」にも申明亭を設置すべきことが述べられている。一方、『教民榜文』では、次のように規定されている。

(3)一、凡老人里甲、剖決民訟、許於各里申明亭議決。其老人須令本里衆人、推挙平日公直、人所敬服者、或三名五名十名、報名在官、令其剖決。若事干別里、須会該里老人里甲、公同剖決。其坐次先老人、次里長、次甲首、論歯序坐。如里長年長於老人者、坐於老人之上。如此剖判民訟、抑長幼有序、老者自然尊貴。

一、およそ老人・里甲が、民の訴訟を裁くときは、各里の申明亭において議決することを許す。老人は須く本里の衆人に、平日、公平・実直で、人が敬服する者を推挙させるべきであり、或いは三名・五名・十名など、報告して官に登録し、その者に剖決《さいばん》を行わせる。もし事が別の里にかかわったならば、須く該当する里の老人・里甲と、合同で剖決を行うべきである。その席次は老人を先にし、次いで里長、次いで甲首として、年齢の順に席次とする。もし里長が老人より年長であった場合は、老人の上に坐る。こうして民の訴訟を裁いたならば、そもそも長幼の序列が明確になり、老齢の者は自ずと尊崇されるであろう。

この史料は里老人制における裁判の〈場〉を主題としたものであり、裁判は「各里」の申明亭で行うべきことが規定されている(27)。ここに見える「里」はまさしく里甲組織としての里である。里老人制における裁判システムは、里ごとに申明亭が存在することを前提としていたのである。

ところで、郷村社会の実態として、申明亭は〈裁判所〉として十全に機能していたのであろうか。確かに各地の地方志の「申明亭」の項には、次のような記事が存在する。

里老于此剖決詞訟。（南直隷蘇州府、弘治『呉江志』巻三、治所、申明亭）

里老はここにおいて詞訟を裁く。

凡遇民間争闘詞訟、里老則拘於此亭剖理。（浙江温州府、永楽『楽清県志』巻四、舗舎、申明亭）

およそ民間の諍いや詞訟があれば、里老は〔関係者を〕この亭に拘引して裁判を行う。

里老会断民間戸婚争闘詞訟居此。（福建泉州府、嘉靖『永春県志』巻二、規制志、亭、申明亭）

里老が民間の戸婚・争闘などの詞訟を裁くときはここで行う。

里之老人、居以聴訟。（河南汝寧府、嘉靖『固始県志』巻三、建置志、公署、申明亭）

里の老人は、ここに居て聴訟《さいばん》を行う。

まさしく申明亭において里老人を中心とした「剖理」「聴訟」が行われていたことが記されているが、その一方で、江西瑞州府の正徳『瑞州府志』巻四、宮室志、公署、高安県治、申明亭のように、

正門右。各郷毎都一所。洪武八年立。内懸板榜、凡民有過悪者、書其名以示戒。今多廃。

正門の右。各郷では都ごとに一ヵ所。洪武八年に立てられた。内には板榜が懸けられており、およそ民で過ちを犯した者がいたならば、その名を書いて戒めとした。今ではその多くが廃れている。

としか書かれておらず、裁判には一切言及しない地方志もまま存在するのである。明初の段階に、各地の申明亭

が一里の〈裁判所〉として十全に機能したと一概にいい切ることが、果たしてできるのであろうか。

そこで次に検討したいのは、『教民榜文』第三条の規定のように里甲制・里老人制の基本的単位である里(図)ごとに果たして申明亭が設置されていたのか、という点である。地方志の中には、それぞれの地域に設置された申明亭の数を伝えるものがあり、取りあえずその数値を手掛かりに定量的分析を行うことにしたい(28)。

［表‐9］の①〜⑧は、それぞれ南直隷の松江府・常州府・徽州府、浙江の温州府、福建の延平府・建寧府・汀州府、および江西の瑞州府に所属する合計二十一の県について、申明亭に対する郷村地域の区画＝郷・都、さらには里甲組織＝里(図)等の割合を示したものである。それぞれの地域の府志・県志を典拠としているが、当然のようにここでは当該地方志がたまたま申明亭数を書き残したという史料的偶然性に大きく規定されており、かつきわめて僅かな事例しか提示しえていない。しかしながら、この表からもある程度は大まかな傾向、或いは地域性による違いを読み取ることが可能であるように思われる。

まず、この表の①③④⑤⑧からはごく一部の地域(徽州府の黟県)を除いて、申明亭がほぼ都ごとに設置されていることが窺えよう(29)。常州府の四県(②)については無錫県が都ごとの設置であるのに対して、武進・宜興・江陰の三県はむしろ都より上位の区画である郷ごとに設置されている。汀州府清流県(⑦)の場合は都という区画が存在せず、「倉盈里」「永得里」等の大きな区画ごとに申明亭が置かれていたのである(30)。

しかしながら、ここでは申明亭と都との関係よりも、むしろ申明亭に対する里(図)の割合に注目したい(31)。従って、問題となるのは別表の里(図)数を申明亭数で除した数値である。最も低い数値が福建延平府将楽県の一・六三であるのに対して、最も高い数値は南直隷松江府華亭県の三四・一七である。すなわち、華亭県の場合は三十四の里——制度的には正管戸三千七百四十戸——に対して僅か一という割合でしか申明亭は設置されていなかったことになる。「各里」に申明亭が存在し、里老人を中心に里を単位として裁判システムが機能するという『教民榜文』の理念からすれば、華亭県をはじめ上海県(二三・六二)、常州府の宜興県(二一・〇〇)・江陰県(一九・六八)の数値から窺える実態はあまりにも懸け離れているといわざるをえない。

他方、当該表の⑤によれば全県で六十七の図に対して四十一の申明亭が存在し、その割合が一・六三という低い数値で表されている将楽県の場合は、相対的に『教民榜文』の理念により近い実態を想定しえるのではなかろうか。万暦『将楽県志』巻二、建置誌、公署、申明亭には、次のような興味深い事実が記されている。

按、旧志、県轄隅六・都四十一、各設申明旌善二亭。今亭皆圮、然郷都曲直、民猶有藉里老、上亭公論者。是其実尚未泯云。

按ずるに、旧志によれば、(当)県は隅六・都四十一を管轄しており、それぞれに申明・旌善の二亭が設けられていた。今では亭はみな壊れている。しかしながら、郷都の曲直について、民の中にはなお里老に頼って、亭において議論する者がいる。その名実はまだ滅んでいないという。

当該県志は万暦十三年(一五八五)に刊行されたものであり、一般的には里老人制衰退後の状況となるのであるが、しかし、この記事では申明亭が廃屋と化しているにも拘わらず、里老人は存在しており、申明亭での裁判(「公論」)も行われており、かつ里老人制の理念(「其実」)は消滅していない、と述べられているのである。当該史料は明初における実態としての里老人の裁判を彷彿させるものだといえよう。

申明亭と里(図)とに関する将楽県の状況に類似したものを、われわれは同じ福建の泉州府恵安県に見出すことができる。[表-10]は隆慶四年(一五七〇)から万暦二年(一五七四)までの恵安県知県、葉春及の『恵安政書』によって作成したものである。(32) 当該表は十六世紀後半の段階における恵安県の都・図と申明亭との関係を明示するものであり、これによって明初の里老人制実施段階の状況であると看做すことはできない。(33) しかしながら、筆者にはこの表からも明初の状況をある程度は窺うことができるように思われる。

［表-9］続き

⑤　延平府(福建)

県名	a 申明亭	b 隅	c 都	d 図	(b+c)/a	d/a
将楽	41	2	39	67	1.00	1.63

典拠：弘治『将楽県志』巻1，地理，郷都，および巻4，公署，文職公署による。

⑥　建寧府(福建)

県名	a 申明亭	b 郷	c 里(都)	d 図	b/a	c/a	d/a
浦城	31	10	33	154	0.32	1.06	4.97
崇安	19	8	19	88	0.42	1.00	4.63
政和	34	4	10(32)	64	0.12	0.29(0.94)	1.88

典拠：弘治『建寧府志』巻7，地理志，坊都，および巻11，公署，文署による。なお建寧府属の建安・甌寧・建陽・松渓の4県については，申明亭数が明記されていない。cの「里」は地理区画としての里であり，ここでの数値には県城内の「隅」も含まれている。また政和県のみ「里」とともに「都」数が記されており，cに並記した。

⑦　汀州府(福建)

県名	a 申明亭	b 里	c 図	b/a	c/a
清流	7	7	55	1.00	7.86

典拠：嘉靖『清流県志』巻1，図里，および巻3，楼閣による。なおbの「里」は地理区画としての里である。

⑧　瑞州府(江西)

県名	a 申明亭	b 郷	c 都・団	d 里	b/a	c/a	d/a
高安	46	17	46	301	0.37	1.00	6.54
上高	47	15	47	175	0.32	1.00	3.72
新昌	41	8	41	152	0.20	1.00	3.71

典拠：正徳『瑞州府志』巻2，地理志，廂都，および巻4，宮室志，公署による。なお申明亭数は県城内設置分を除外した。また上高県については，cの「都」のレヴェルが「団」になっている。

[表－9] 明代各地域の申明亭数

① 松江府（南直隷）

県名	a 申明亭	b 郷	c 保	d 区	e 図	b/a	c/a	d/a	e/a
華亭	24	8	24	63	820	0.33	1.00	2.63	34.17
上海	26	5	26	54	614	0.19	1.00	2.08	23.62

典拠：正徳『松江府志』巻 9，郷保，および巻 11，官署上による。小数点二桁以下の数値は四捨五入した。以下，同。

② 常州府（南直隷）

県名	a 申明亭	b 郷	c 都	d 里	b/a	c/a	d/a
武進	35	35	83	457	1.00	2.37	13.06
無錫	62	22	60	410	0.35	0.97	6.61
宜興	17	16	68	357	0.94	4.00	21.00
江陰	19	17	50	374	0.89	2.94	19.68

典拠：成化『毗陵志』巻 3，地理 3，郷都，および同，官寺，諸司廨舎による。なお d の項の数値は，万暦『大明一統志』巻 10，常州府，建置沿革による。

③ 徽州府（南直隷）

県名	a 申明亭	b 郷	c 都	d 里	b/a	c/a	d/a
歙県	40	16	37	190	0.40	0.93	4.75
休寧	33	12	37	160	0.36	1.12	4.85
婺源	40	6	50	164	0.15	1.25	4.10
祁門	22	6	22	51	0.27	1.00	2.32
黟県	4	4	12	26	1.00	3.00	6.50
績渓	15	7	15	25	4.67	1.00	1.67

典拠：弘治『徽州府志』巻 1，地理 1，廂隅郷都，および巻 5，郡邑公署による。

④ 温州府（浙江）

県名	a 申明亭	b 郷	c 都	d 図	b/a	c/a	d/a
楽清	34	6	34	255	0.18	1.00	7.50

典拠：永楽『楽清県志』巻 3，坊郭郷鎮，および巻 4，舗舎による。なお申明亭数は県城内設置分を除外した。

［表－10］恵安県の都・図と申明亭

坊・都	図数	申明亭
在　坊	2	申明
一　都	1	申明・旧申明
二　都	1	申明
三都・四都	1	申明・旧申明
五　都	1	申明・旧申明
六　都	1	申明
七　都	1	申明・旧申明
八　都	1	申明
九　都	1	申明
十　都	1	申明・旧申明
十一都・十二都・十三都	1	申明
十四都・十五都・十六都・十七都	1	申明・旧申明
十八都	1	申明
十九都・二十都	1	申明・旧申明
二十一都	1	申明・旧申明
二十二都	1	申明
二十三都	1	申明・旧申明
二十四都	1	申明・旧申明
二十五都	1	申明・旧申明
二十六都	1	今申明・旧申明
二十七都	1	申明
二十八都	1	申明・旧申明
二十九都	1	今申明・旧申明
三十都	1	申明・旧申明
三十一都	1	今申明・旧申明
三十二都	1	申明・旧申明
三十三都	1	申明
三十四都	1	申明

典拠：葉春及『恵安政書』4～8による。「申明」「旧申明」「今申明」は当該書の記載通りである。

〔表－10〕の申明亭はそのすべてが明初以来のものではなく、当該項目に「申明」或いは「今申明」とあるのが、おそらくは葉春及によって新たに再建された申明亭であろう[34]。一方、「在坊」を除く二十七の都、二十八の図に合計十七の「旧申明」が記されているが、これこそが葉春及によって実際に確認された、かつての申明亭だと思われる。

〔表－10〕に見える恵安県の郷村地域の図数二十八を「旧申明」で除した数値でさえ一・六五となり、先の将楽県のそれときわめて近似したものとなるが、また葉春及がほぼすべての都（≒図）に申明亭を再建したこと自体、明初の状況への回帰を志向したものと思われ、この時期に存続していた旧申明亭の多さと相俟って、恵安県では明初の段階にほぼ図（≒都）ごとに申明亭が設置されていたと推定することができよう。

以上、主に申明亭と都・里（図）との関係についての定量的分析によって、『教民榜文』(3)の理念――〈裁判所〉

としての申明亭が里ごとに存在する――とそれぞれの地域的実態との間には、大きな乖離が存在することが明らかになったと思われる。きわめて限られた事例に基づくものではあるが、ほとんどの地域で里(図)ではなく、都を単位として申明亭は設置されていたのである。それと同時に、ここで分析の対象としたそれぞれの地域の間にもきわめて大きな差異が存在していた。経済的に最先進地帯であった江南デルタに位置し、図(里)数も八百二十と突出している松江府華亭県では、申明亭が一里の紛争を処理する〈裁判所〉としては全く機能していなかったと断ずることができるのとは対照的に、福建の延平府将楽県・泉州府恵安県という小規模の県では図数と申明亭数とがかなり接近しており、その意味では『教民榜文』(3)の理念がある程度は実態化していたと看做しえるのではなかろうか。

三　里老人制と裁判――当為と実態――

(i)　当為としての里老人制

里老人を中心とした裁判システムの内容に関する、ほぼ唯一の史料が『教民榜文』(全四十一条)である。ここではまず松本善海・細野浩二両氏の研究を参照しつつ、『教民榜文』に規定された当為としての里老人制の、特に裁判システムの内容についてまとめておくことにしたい(35)。

『教民榜文』の規定によれば、里老人制の裁判システムの内容は、おおよそ以下の通りである。

①基本的には里を単位とした裁判が申明亭において執り行われる。(1)・(3)

②里老人(三〜十名)および現年里甲(一里長戸と十甲首戸)が〈裁判官〉として一里の案件を審理するが、特殊な事案の場合は里を超えて複数里の衆老人等を含めた審理が行われる。(3)・(4)・(5)・(7)

③裁判で審理する案件は基本的には〈戸婚・田土の案〉或いは〈小事〉といわれる民事および軽微な刑事事件であるが、但し「姦盗」「人命」等の〈重事〉を取り扱うこともできる。(1)・(2)・(11)

④〈小事〉に関しては県衙門に直接告訴すること、すなわち〈越訴〉が禁止されている。(1)・(38)

⑤〈裁判官〉としての里老人・現年里甲には同時に刑罰権が附与されている。(2)

⑥牢獄の設置および裁判関係者の拘禁は禁止されている。(13)

⑦裁判はあくまでも告訴を前提としたものであり、〈不告不理〉の原則が貫徹している。(14)

以上である。これらの内容のうち、ここでは特に④と⑤の二点について検討することにしたい。

まず、④の〈越訴〉の禁止について、『教民榜文』の当該規定を提示しておきたい。

(1)一、民間戸婚田土闘殴相争一切小事、不許輒便告官、務要経由本管里甲老人理断。若不経由者、不問虚実、先将告人杖断六十、仍発回里甲老人理断。

一、民間の戸婚・田土・闘殴・相争の一切の小事は、すなわち官に告訴することを許さず、務めて必ず管轄の里甲・老人の理断《さいばん》を経由すべきである。もし経由しなければ、その虚実を問わず、まず告訴した人を杖六十で処断し、さらに里甲・老人に差し戻して理断させる。

(38)一、民間詞訟、已令自下而上陳告、越訴者有罪。所司官吏、往往不遵施行、致令越訴者多。今後敢有仍前不遵者、以違制論的決。

一、民間の詞訟は、すでに下から上へ〔順次〕訴えるようにしており、越訴する者は処罰する。有司の官は、往々にして遵守・施行せず、結果として越訴する者が多くなっている。今後、敢えて従来のように遵守しない者がいたならば、「違制」の罪で〔笞・杖の〕実刑に処す。

(1)の内容は里老人制の裁判の基本的原則にかかわるものであり、〈小事〉に関する案件は必ず里老人制の裁判を経由せねばならず、官＝県衙門へ直接告訴した場合は、告訴そのものが杖六十という処罰の対象とされているのである。「越訴」という文言は見られないものの、まさしく〈越訴〉の禁止を規定したものであった。他方、(38)では明確に「越訴」は「有罪」と記されているが、それと同時に〈越訴〉を受理した官僚の処罰についても規定されている。また「民間詞訟」は〈下から上へ〉と段階的に処理すべきことが述べられており、後者の〈越訴〉禁止の意図は、単に里老人制から官＝県へという段階にのみ限定されたものではなかったのである。

ところで、顧炎武『日知録』巻八、「郷亭之職」は、

今代県門之前、多有牓曰、誣告加三等、越訴笞五十。此先朝之旧制、亦古者懸法象魏之遺意也。今人謂、不経県官、而上訴司府、謂之越訴。是不然。太祖実録、洪武二十七年四月壬午、命有司択民間高年老人、公正可任事者、理其郷之詞訟。若戸婚田宅闘殴者、則会里胥決之。事渉重者、始白於官。若不由里老処分、而径訴県官、此謂之越訴也。

現王朝では県門の前に、多くは榜示が掲げられ、〔次のように〕書かれている。「誣告は三等を加え、越訴は笞五十とする」と。此れは前王朝の旧制であり、古代に法を象魏に懸けたという遺意である。今の人は、県官を経由しないで、司や府に上訴することが、越訴であると言っている。これはそうではない。太祖実録の、洪武二十七年四月壬午〔の条〕によれば、有司に命じて民間の高齢の老人の中から、公正で事を任せることのできる者を選んで、その郷の詞訟を審理させる。戸婚・田宅・闘殴などは、すなわち里胥と共に解決させる。事が重事に及んだ場合に、はじめて官に訴えるようにさせる、とある。里老による処分を経由しないで、すぐに県官に訴えた場合は、これを越訴という。

と記述されている。「県官」を経由しないで「司・府」に上訴することを「越訴」とする「今人」の理解を批判

して、顧炎武は里老人制の「里老」の裁判を経ないで、ただちに県官に訴えた場合こそが「越訴」であると主張しているのである。しかしながら、顧炎武のこの見解はあまりにも一面的であるといえよう。

なぜならば、〈越訴〉の禁止自体は本来的には官の裁判機構における問題だからである。すでに第一節において里老人制成立の画期を示す史料と看做した——顧炎武自身も如上の記事で引用している——実録の洪武二十七年（一三九四）四月壬午の条の前半部分でも、「小忿」を原因とした訴訟が中央政府（「京師」）にまで持ち込まれる事態が頻発する中で「越訴之禁」が厳しくされ、その一環として里老人制による〈郷村裁判〉が導入されたことが記述されているのである。(36)

また『明太祖実録』には洪武元年（一三六八）から洪武十七年（一三八四）にかけて、〈越訴〉禁止に関する次のような記事が残されている。

(a)置登聞鼓于午門外、日令監察御史一人監之。凡民間詞訟、皆自下而上、府州県省官、及按察司、不為伸理、及有冤抑重事、不能自達者、許撃登聞鼓。監察御史、随即引奏、敢沮告者死。其戸婚田土諸細事、皆帰有司、不許撃鼓。（巻三七、洪武元年〈一三六八〉十二月己巳）

登聞鼓を午門外に設置し、毎日、監察御史一人にこれを監督させる。およそ民間の詞訟は、すべて下から上へ〔順次上るように〕行い、府・州・県の省官および按察司が、理を明らかにせず、また重事に関する冤罪を自ら雪ぐことができない者がいたならば、登聞鼓を撃つことを許す。監察御史は、ただちに上奏を行い、敢えて訴えを妨害した者は死〔罪〕とする。戸婚・田土など諸々の細事については、すべて有司の取り扱いとし、〔登聞〕鼓を撃つことは許さない。

(b)勅刑部、申明越訴之禁。凡軍民訴戸婚田土作奸犯科諸事、悉由本属官司、自下而上陳告、毋得越訴、輒赴京師。……違者罪之。（巻一四九、洪武十五年〈一三八二〉十月戊戌）

刑部に勅命し、越訴の禁止を申し渡すようにさせた。およそ軍民が戸婚・田土の事柄や、悪事や犯罪を訴えた場合は、すべて所轄の官司を経由し、下から上へ〔順次〕訴えるようにし、越訴を目的として、京師に赴いてはならない。……違反した者は処罰する。

(c)上諭礼部臣曰、……朕今命以八事、爾礼部其為榜示天下。……其八、民間詞訟、務自下而上、不許越訴。以上八事、頒布天下、永為遵守。（巻一六一、洪武十七年〈一三八四〉四月壬午）

上は礼部の臣に命じて言った。「……朕は今、八つの事柄を命令するが、汝礼部は天下に榜示せよ。……その八、民間の詞訟は、務めて下から上へ〔順次上るように〕行い、越訴することは許さない。以上の八事は、天下に頒布し、永久に遵守せよ」と。

(a)・(b)では「戸婚・田土」等の「細事」を直接「京師」に訴え出ることの禁止が、また(a)・(b)・(c)すべてにおいて訴訟の審理が官僚機構の〈下から上へ〉段階的に取り扱われるべきことが記されている。滋賀秀三氏が〈必要的覆審制〉と名づけられた官レヴェルの重層的な裁判機構における審理の過程で〈越訴〉は問題とされているのである。[37]まさしく、こうした脈絡の延長線上に里老人制の〈越訴〉規定は定位されるべきであり、『教民榜文』(38)が存在する所以もそこに在ったといえよう。

以上のように、里老人制の裁判における越訴禁止規定の存在は、当該システムが官の裁判機構からいわば自立していた証左というよりは、州県衙門から中央政府（皇帝）へ至る裁判機構のヒエラルキーの基層に、いわば〈第一審〉を担当する〈裁判所〉として整序されたと考える方がより妥当であるように思われる。[38]

次に、⑤の里老人制における刑罰権について見ていくことにしたい。『教民榜文』の当該規定は、

(2)一、老人里甲、与郷里人民、住居相接、田土相隣、平日是非善悪、無不周知。凡因有陳訴者、即須会議、従公剖断、許用竹篦荊条、量情決打。若不能決断、致令百姓赴官紊煩者、其里甲老人、亦各杖断六十。年七十已上者不打、依律罰贖、仍着落果断。若里甲老人、循情作弊、顚倒是非者、依出入人罪論。

一、老人・里甲は、郷里の人民と、住居が相接し、田土が隣り合っており、平日の是非・善悪については、周知しないことはない。およそ訴える者がいた場合は、ただちに須く集まって、公正に剖断《さいばん》すべきであり、竹篦や荊条を用いて、事情を量って決打《しょばつ》することを許す。もし決断することができず、百姓が官に赴いて煩わせることになったならば、里甲・老人も、また各々杖六十とする。年齢が七十以上の者は体刑とせず、律に照らして罰贖とするが、やはり〔里甲・老人に〕判決を出させる。もし里甲・老人が、情実に囚われて不正を行い、是非を顚到した場合は、「人の罪を出入した」ことで処罰する。

とあり、この記述の後に里老人制の裁判が取り扱うべき案件十九項目が列挙されている。但し、ここで問題となるのは「剖断」の後に「竹篦・荊条」による刑罰の執行が許されている点である。

里老人制に刑罰権が附与されていたという共通認識は、まさに当該史料に依拠して形成されたものであった。しかしながら、「竹篦・荊条」による「決打」がどのような刑罰に相当するのかという点において、松本善海氏と奥村郁三氏との間に大きな見解の相違が存在するのである。松本氏が「竹篦・荊条」を所謂五刑の中の笞刑・杖刑と看做されたのに対して、奥村氏はこれらが「五刑外の懲戒的な体罰」であり、「笞刑や杖刑とは完全に区別」されるものと指摘されたのであった(39)。

確かに「荊条」は物理的には明朝国家における五刑の笞・杖に用いられたものではあるが、『教民榜文』の規定では笞・杖と明記されるのではなく「竹篦・荊条」とあること自体、奥村氏の理解のように国家の五刑とは区別すべきものと思われる(40)。この点との関連において、『教民榜文』(35)の規定に注目したい。

(35)一、郷里人民、住居相近、田土相隣、父祖以来、非親即識。其年老者、有是父祖輩行、有是伯叔輩行、有是兄輩行者。雖不是親、也是同郷、朝夕相見、与親一般。年幼子弟、皆須敬譲。敢有軽薄、不循教誨者、許里甲老人、量情責罰。若年長者、不以礼導後生、倚恃年老、生事羅織者、亦治以罪。務要隣里和睦、長幼相愛。

如此則日久自無争訟、豈不優遊田里、安享太平。

一、郷里の人民は、住居が近く、田土が隣り合っており、父祖以来、親族でなければ知り合いである。老年の者には、父祖の輩行の者がおり、伯叔の輩行の者がおり、兄の輩行の者もいる。親族ではないとはいえ、やはり同郷であり、朝夕に出会うことは、親族と同様である。年若い子弟は、みな敬って譲るべきである。敢えて軽薄にも、教導に従わない者がいたならば、里甲・老人が、事情を量って懲罰を加えることを許す。もし年長の者で、礼によって後生の者を導かず、老年であることに恃み、事件を起こして巻き込もうとした場合は、処罰する。務めて同郷の者同士が睦まじくし、長と幼とが互いに思いやるべきである。このようにしたならば、自ずから末永く訴訟沙汰はなくなり、郷村で悠々自適に過ごして、太平を享受しないことがあろうか。

明初の郷村社会では〈長幼の序〉という〈礼〉に基づく社会秩序の安定が太祖朱元璋によって志向されたことは周知の事実であるが、(35)の内容もまた郷村の社会秩序に関連するものである。[41] ここでは「隣里和睦、長幼相愛」という社会の〈有るべき姿〉が設定され、この礼的秩序に違反した者に対する「量情責罰」が里老人等に許されているのである。この「量情責罰」は(2)の「量情決打」と同様に、彼らの裁量に委ねられた懲戒的な処罰と解すべきであろう。[42]『教民榜文』に見える刑罰権の存在は、一定の地域社会の中で、その構成員の間で自ずから形成され、実態化していた〈共同体的制裁〉とでもいうべきものを前提とし、それを制度として取り込んだものと理解しえるのではなかろうか。

以上のように、当為としての里老人制における越訴の禁止および刑罰の執行という問題は、前者が官の裁判機構における原則を〈下へ〉敷衍することによって成立した規定であるのに対して、後者はむしろ既存の郷村社会における実態を〈上へ〉汲み上げることによって制度化したものだといえよう。特に後者の場合、それは殊更に国家によって附与された〈刑罰権〉と呼ぶほどには〈強力〉なものではなかったと思われる。

(ii) 実態としての里老人制

では、『教民榜文』に規定された当為としての里老人制は、郷村社会の中でどれほど実態化していたのであろうか。引き続いて〈越訴〉の禁止および刑罰の執行という二つの側面から検討していくことにしたい。

まず〈越訴〉の禁止について『明太祖実録』巻三九、永楽三年(一四〇五)二月丁丑の条には、次のような記載が存在する。

巡按福建監察御史洪堪、言十事。……其七曰、無知愚民、不諳常憲、或因小忿、輙訴公庭、及論以法、方覚悔惧。推原其情、亦出愚戇誤犯。乞令有司、今後詞訟、除奸盗詐偽人命外、若戸婚田土闘殴相争一切小事、依洪武年間教民榜例、付該管老人里甲、従公剖決。若里老徇私不公、及頑民不服者、有司方如法治之、庶使獄訟清簡。……上皆納焉。

巡按福建監察御史の洪堪は、十の事柄を奏上した。……その七では〔次のように〕言っている。無知の愚民は、常法に暗く、或いは些細な諍いを原因として、法廷に訴え出るが、法によって裁かれるに及んで、はじめて後悔を覚える。その事情を推し量るならば、愚かな者が誤って罪を犯したものである。有司に命じて、今後、詞訟は奸盗・詐偽・人命を除き、戸婚・田土・闘殴・相争の一切の小事については、洪武年間の教民榜例に依拠して、管轄の老人・里甲に附託して、公正に剖決をさせるようにして頂きたい。里老で私事に託けて公正に〔裁判を〕行わず、また頑民で承服しない場合は、有司が法に基づいて処罰すれば、訴状沙汰も少なくなるであろう、と。……上はすべて裁可した。

福建巡按御史洪堪のこの上奏が『教民榜文』の頒布から七年後のものである点に留意する必要があろう。この史料の後半では里老人制の原則の再確認がなされているが、ここでは前半の傍点部分に特に注目したい。

里老人制の実施直後にあたる永楽三年(一四〇五)という段階において、「小忿」を原因とした訴訟が官(「公庭」)に持ち込まれており、一方で官の側も訴状の受理を拒否するという態度は全く見られないのである。本来的には『教民榜文』の〈越訴〉禁止の原則に基づいて〈戸婚・田土の案〉に該当する訴訟は官によって〈門前払い〉にされ、かつ原告側は杖六十という処罰を甘受せねばならなかったはずである。当為とは異なって〈小事〉関係の訴訟が県に直接持ち込まれた場合、現実には官によって受理されていたのではなかろうか。

早くも洪熙・宣徳年間には当為としての里老人制がほとんど機能していないことを示す記事が、実録の中に頻見するようになる。それらの中では里老人の「多くは其の人に非ず」、裁判においても「是非を顛倒」し、単に「利を図り己を肥やす」だけであり、また各地の申明亭も廃屋と化しており、故に「洪武の旧制を申明し」或いは「旧制を興挙」すべきことが述べられている。(43) 従来、こうした現象はまさしく里老人制の変質・衰退・解体を表すものと考えられてきた。(44) しかしながら、こうした事態は制度の疲弊にともなう解体化現象とのみ解釈するのではなく、制度それ自体に内在する固有のもの、まさしく当為と実態との乖離の表現にほかならないのではなかろうか。従って、明代中期の史料の中にも里老人制の実態面を窺わせるものがまま存在するものと思われる。

そこで、明代中期の実録に見える、二つの記事を提示することにしたい。一つは(a)『明英宗実録』巻二三一、景泰四年(一四五三)七月壬申の条であり、いま一つは(b)『明憲宗実録』巻一一六、成化九年(一四七三)五月辛卯朔の条である。

(a)禁軍民越訟。時軍民刁頑者、或懐挟仇怨、或避免操差、往往捜求細故、羅織重情、赴京越訟。比至究理、誣者過半、且連染無辜、死於非命。太子太保兼刑部尚書兪士悦等、請如洪武・永楽間例、掲榜禁之。自今朝廷機密重情外、軍民一切私忿細故、倶先所在官司理之。其越訴于京者、無問虚実、悉杖遣口外充軍。従之。

軍民の越訴を禁止する。時に軍民の悪賢い者が、或いは仇怨を抱き、或いは役を免れるために、往々にして細故を探し求め、重情をでっち上げ、京師に赴いて越訴を行っている。〔事件を〕究明するに及んで、誣告が半分を超え、かつ無辜の民を巻き込んで、非命に死すこともあった。太子太保兼刑部尚書の僉士悦等は、洪武・永楽間の例の如く、榜示してこれを禁止するように願い出た。今後、朝廷の機密や重情を除いて、軍民の一切の私忿・細故については、すべてまず所在の官司がこれを審理する。京師に越訴する者は、その虚実を問わず、尽く杖刑を加え〔た後〕、口外に送って軍に充てる。〔上諭は〕これに従えとあった。

(b)刑部奏。刑科給事中趙艮、建言事謂、在外司府州県官、不親理民間争訟、以致里甲耆老、夤縁作弊。誠如其言。宜通行禁約。自後告戸婚田土債負闘殴等事、有文巻可稽、衆証已白者、官司当躬自問理。如人命劫奪謀逆重情、方委里甲耆老人等、従公保勘。不遵者、並治以罪。従之。

刑部は上奏した。刑科給事中趙艮は、建議した事柄の中で〔次のように〕言っている。在外の司・府・州・県の各官は、民間の訴訟を自ら審理せず、その結果、里甲・耆老が、それに託けて悪事を働いている、と。誠にその言の通りである。宜しく禁約を通行すべきである。今後、戸婚・田土・債負・闘殴などの事柄に関する訴えがあり、調査すべき文書や明白な多くの証言が残されているものについては、官司が自ら審理すべきである。人命・劫奪・謀逆などの重情については、はじめて里甲・耆老人等に委ねて、公正に調査・保証させる。遵守しない場合は、すべて処罰する、と。〔上諭は〕これに従えとあった。

(a)はまさしく〈越訴〉禁止に関するものであるが、ここでの〈越訴〉は「細故」の案件を直接「京へ赴いて越訟する」ことであり、その対策として刑部尚書僉士悦等は「洪武・永楽間例」に回帰し、すべての「私忿細故」はその地域の「官司」が審理するように主張しているのである。(b)でも刑科給事中趙艮の建言をうけた刑部の上奏は〈戸婚・田土の案〉を官が自ら「問理」すべきことを説いている。彼ら中央官僚にとって里老人制の存在自体は全く視野の外に在ったのであり、(a)に典型的に見られるように里老人制の裁判システムの存在は「洪武・永楽間例」からも全く缺落しているのである。[45]

里老人制の実施から半世紀以上を経過した時点での官僚の認識の中に、〈戸婚・田土の案〉を〈第一審〉として担当するのは県の衙門であり、それが〈本来の制度〉であるという考えが定着していたのである。そのことは里老人制の当為とは異なる、〈戸婚・田土の案〉の裁判をめぐる明初以来の実態――〈戸婚・田土の案〉関係の訴状を県の衙門が一般的に受理していた――を逆に照射しているのではなかろうか。〈第一審〉を担当する裁判システムとしての里老人制の原則は、当初からなし崩し的に空文化していたものと思われる。[46]『教民榜文』の〈越訴〉禁止規定によって、里老人制の裁判と県衙門での裁判との間を理念的に隔てていた垣根は現実にはさほど高いものではなく、容易に越えることのできるものだったといえよう。

次に、刑罰執行の実態について検討していくことにしたい。『教民榜文』(2)の刑罰規定が郷村社会における〈共同体的制裁〉を前提としたものであろうことはすでに述べたが、里老人による事実上の刑罰権行使を窺わせる史料として、小山正明氏の紹介された南直隷蘇州府呉江県の順治『庉村志』風俗の記事がある。[47]

明初設立老人、即古之亭長。穿帯老人頭巾円領糸縧皁韡。一郷有不法事、許赴告准理。擺設公座桌囲硃筆刑杖、差人拘執、抝理審問杖責。若情重者、審明備文申解。宣徳年間、有謝巷梅某為老人、公平執法、里中畏之人、自是不敢為非。

明初に老人を設置したのは、古代の亭長のようなものである。老人用の頭巾・円領・絲縧・皁韡《ちょうか》を身につけていた。郷村に不法行為があれば、告訴を受理することが許されていた。〔審理するときは〕公座・桌囲・硃筆・刑杖を配置し、人を遣わして〔関係者を〕拘引し、道理に基づいて審問し、杖刑を執行した。重事については、審問した後、文書を〔県に〕送付した。宣徳年間に、謝巷の梅某が老人となったが、公平に法を執行したので、里中の人々は彼を畏れ、これ以後、敢えて悪事を働くことはなかった。

「頭巾・円領・糸篠・皁韡」という特異な服装が里老人の「政治的社会的地位」を明示する史料とされてきたものであるが、ここでは裁判にあたって、あたかも官府のような態様――「公座・桌囲・硃筆・刑杖」を配置――を整え、里老人が「審問杖責」を行っている点に注目したい。まさしく『教民榜文』の規定に合致するような状況が描写され、かつ宣徳年間においても十分に機能していたことが述べられているのである。

順治『厖村志』に見える事態を果たして普遍的なものと看做すことができるのであろうか。里老人制の裁判の実態を記述した史料がほとんど見られない現状の中で、栗林宣夫氏によって紹介された、同じく蘇州府の崇禎『呉県志』巻四七、人物、卓行、本朝、「薛鋳」の記事はきわめて注目すべきものだといえよう(48)。

薛鋳、木瀆鎮老人、坐申明亭聴断。一離婚事、鋳叱其婦翁曰、何故議離。云、壻流落、貧甚不堪也。鋳曰、若既欲離、罰出十金。則欣然取十金来曰、求一休婚書。鋳曰、且未即時。令人至家、更取十金、共付壻曰、速択日成親。婦翁頓足曰、曷為罰吾金、而復婚之。鋳曰、若嫌婚貧耳。今有二十金、可成礼生業。婦翁語塞、其壻叩謝去。

薛鋳は、木瀆鎮の老人であり、申明亭において聴断《さいばん》を行った。ある離婚案件において、鋳は妻の父親を叱って言った。「なぜ離婚しようとするのか」と。〔その父親は〕言った。「婿が零落し、あまりにも貧乏で堪えられません」と。鋳は言った。「もし離婚しようとするのであれば、罰として銀十両を出せ」と。すなわち〔父親は〕欣然として十両を取って来て言った。「休婚書（離婚許可書）を出して下さい」と。鋳は言った。「急ぐ必要はない」と。家へ人を遣わし、十両を取って来させ、全部を婿に与えて言った。「速やかに日を選んで結婚せよ」と。妻の父は地団駄を踏んで言った。「なぜ私の金を罰金としたのに、また結婚させようとするのですか」と。鋳は言った。「ただ貧乏な結婚を嫌っただけなのだ。今、二十両の金が有れば、婚礼を行って生業を立てることができよう」と。妻の父は言葉もなく、その婿は感謝して去って行った。

当該史料は木瀆鎮の里老人薛鋳による裁判を描写しただけの、地方志の人物伝としては異例の内容であるが、薛鋳はまさしく申明亭において離婚案件を「聴断」しているのである。[49]「卓行」として薛鋳を顕彰する目的の記事であり、かつ案件の性格が離婚問題であるということもあって、この「聴断」では当事者の処罰は行われていない。ここで描かれている薛鋳の行為はどちらかといえば〈調解〉に相当するものだといえよう。

以上、里老人制の実態に関して性格を異にする二つの史料を提示したが、特に後者の事例に関連すると思われるものに、福建泉州府の嘉靖『恵安県志』巻八、公宇の、次のような記事がある。

申明旌善二亭、倶洪武中建。申明亭、日令老人一人坐之。民犯小罪、可以道理勧諭者、老人与之詳解律令大誥等本意、使之自改。

申明・旌善の二亭は、ともに洪武中に建てられたものである。申明亭には、毎日、老人一人が詰めていた。民が些細な罪を犯し、それが道理によって諭すことのできる場合は、老人がこの者に律令・大誥等の本意を詳説し、自ら悔い改めさせたのである。

申明亭における里老人の裁判は刑罰権の掌握に依拠した強圧的なものではなく、「道理」に基づく「勧諭」によって当事者の「自改」を促すものであったという。[50]また、同県志、巻四、習尚には、

郷里有是非曲直、多就其郷之公正者平之。一言得其情、輙悔而改。有不悛者、衆共非責之、久之亦悔。以故泉七邑、唯吾邑之訟易理。

郷里に是非曲直〔の諍い〕が有った場合、多くはその郷の公正なる者がこれを解決した。一言で事情を理解し、悔い改めたのである。改悛しない者がいれば、衆人みんなでこの者を非難し、しばらくするとまた悔い改めた。故に泉州の七県では、ただ我が県の訴訟だけが処理しやすかったのである。

という記載も存在する。ここに見える「郷之公正者」がどのような階層の者であり、また里老人とどのように関

連するのかは不詳であるが、恵安県の郷村社会における紛争処理の問題(「是非曲直」)は「公正」を中心とした当該社会の構成員(「衆」)による調解によって、当事者が悔い改めることで一件落着するという状況が描かれているのである。(51)

嘉靖『恵安県志』の後者の史料が嘉靖年間における特殊恵安県的状況を描写したものであることはいうまでもないが、しかしながら、当該県志の二つの記事を対照するとき、里老人制の施行直後と里老人制の解体後とを問わず、両者の間に通底した、郷村社会に内在する自律的な紛争処理能力(調解)の存在を看取することができ、それはまた里老人制の前提としても存在していたのではなかろうか。里老人制の実態は郷村社会の現実——調解による紛争処理——によって、その制度内容＝理念がまさに換骨奪胎されていたと考えることができるように思われる。里老人制の裁判(「聴断」「剖理」)の実態は、笞刑・杖刑の行使に代表される〈暴力的〉〈強力的〉なものではなく、調解を主としたいわば〈柔らかな裁判〉がむしろ一般的だったのではなかろうか。

最後に、里老人制の前提にあったと思われる郷村社会を象徴するものとして、元末明初という時代を生き、洪武二十八年(一三九五)に〈藍玉の獄〉に連坐して処刑された南直隷蘇州府呉県の人、王行の『半軒集』巻四、記、「寿樸堂記」に描かれた呉江県の一聚落の状況を提示しておきたい。(52)

松陵有地名綺川、亦湖山間之一聚也。居人三数百家、務于耕稼、而尊奉其郷耆徳、以不違其教戒為善。是以人無怠荒、而俗多謹厚。予友莫芝翁之居在焉。

松陵(呉江)には綺川という土地があり、湖山の間の一聚落であった。住民は三数百家いて、農業に務めていたが、その郷の耆徳を尊崇し、その教戒に背かないことを良しとしていた。こうして人に怠惰な者はおらず、習俗も多くは謹厚であった。私の友人である莫芝翁はここに居住している。

ここに描かれた綺川という聚落は、郷居地主に相当すると思われる「耆徳」を中心として秩序意識が貫徹している郷村社会であり、こうした社会が里老人制の基底には存在していたといえよう(53)。

(iii)　里老人制から郷約・保甲制へ

里老人制の衰退・解体にともない、主として嘉靖年間から万暦年間にかけて全国各地で郷約・保甲制が実施された。すでに第七章において福建を対象とした郷約・保甲制の分析を行ったが、私見によれば郷村社会の紛争処理の面で、郷約・保甲制では約正を中心として約(または会)の構成員による調解が重視されており、里老人制のような裁判権・刑罰権は明確に否定されていたのである(54)。

こうした理解は巡撫等の地方官によって制定された郷約・保甲制関係の〈条規〉〈事宜〉の類を分析し、『教民榜文』との比較対照によって得られたものであるが、それはまさに当為の問題に終始したものであった。すでに紹介した史料であるが、万暦二十年(一五九二)から同二十二年(一五九四)までの福建巡撫、許孚遠の『敬和堂集』公移撫閩稿、「頒正俗編、行各属」所収の「郷保条規」(全四十五条)の第十九条は、

一、凡有戸婚田土一切小忿、会衆互相勧解、或口稟約正、従公分辯、務使侵犯者帰正、失誤者謝過、心平気和、以杜後争。其或曖昧不明、跡無指証、止可敷陳礼法、微言諷諭、毋得軽発陰私、以開嫌隙、毋得擅行決罰、以滋武断。如違、定行査究不恕。

一、およそ戸婚・田土の一切の些細な紛争は、会衆が互いに仲裁を行い、或いは約正に口頭で申し出て、公正に解き明かし、務めて大きな誤りを犯した者を正しい道に立ち戻らせ、過失を犯した者に謝罪させて、心を平静にし、そうして以後の争いを止めさせる。その〔争いごとの内容が〕曖昧で明確ではなく、証拠がはっきりしない場合は、ただ礼法を申し述べ、婉曲な言葉で遠回しに諭すだけにし、軽々しく秘密を暴いて、嫌隙を開くようにしてはならず、勝手

に処罰を行って、武断的な状況を増すようにしてはならない。もし従わなければ、きっと調査・究明を行って寛大にはしない。

と規定されており、郷約・保甲制では紛争当事者間に「心平気和」をもたらすことが最大の眼目とされ、「決罰」は禁止されているのである(55)。関連史料として、同じく福建漳州府の万暦『漳州府志』巻六、漳州府、礼楽志、礼儀、「郷約」にも、

按、郷約在今日、最宜挙行。然約長副、須精択其人、又須禁約、不許濫受詞状、以開武断之門。

按ずるに、郷約は今日において、最も宜しく挙行すべきである。そうであるならば、約長・約副は、須くその人を精選すべきであり、また須く禁止して、妄りに詞状を受理し、武断の門を開くことを許さないようにすべきである。

とあり、郷約のリーダーが妄りに訴状を受理することは禁止されていた。

明初の段階に里老人制が実施され、それにともなう〈郷村裁判〉がいわば〈第一審〉として定位されていた状況と、明代後期に郷約・保甲制が実施され、それによって〈郷村裁判〉が明確に否定された状況とは大きく異なるものだといえよう。但し、こうした相違はあくまでも当為のレヴェルにおけるものであり、郷村社会の実態とは明確に区別して考えなければならないであろう。すなわち、郷約・保甲制の場合は郷村社会の基底に存在した自律的な紛争処理能力を汲み上げて、実態により合致したかたちの制度を志向したものと看做しえるのではなかろうか。

例えば、浙江台州府の嘉靖『太平県志』巻五、職官志下、職掌、「郷約」は次のように記載されている。

先是御史周公汝員、巡按両浙、檄諭守令、挙行郷約、有司率視為具文。今知県曾君才漢至、迺令毎都為一約、推挙年高徳望者一人為約正、多不過二人。以有才力能幹済者為約副、人無定数。約所立大木牌一座、楷書聖教六諭、置于上方。而以泰和雲亭郷約四礼条件、諭令約正副、相参講行。凡同族或郷里有争、先以開于約副為直之、不服則以聞約正、又不服則以聞于県。及官司有律重情軽、或恩義相妨事理、亦判牒送約所為直。繇

是吾邑健訟之風、寖衰焉。

これ以前に、御史の周汝員は、両浙の巡按御史として、知府・知県に命じて、郷約を挙行させたが、有司は概ね具文と看做した。今、知県の曾才漢が着任し、都ごとに一つの約を編成し、高齢で徳望のある者一人を約正とし、多くても二人を超えることはなかった。才力があって仕事のできる者を約副としたが、定数は決めなかった。約所には大きな一枚の木牌を作り、聖教六諭を楷書で記し、上方に設置した。そして泰和の雲亭郷約四礼条項を、約正・約副に命じて、斟酌して講釈するようにさせた。およそ同族および郷里で争いが有れば、まず約副に訴えて為正《ちょうかい》するようにさせ、それに服さなければ約正に知らせ、また服さなければ県に報告するようにさせた。官司によれば律は重いのに罪状が軽く、或いは恩義によれば道理を妨げる場合は、判牒を約所に送って為直《ちょうかい》させた。こうして我が県の健訟の風潮は、収束したのである。

太平県では浙江巡按御史周汝員の命令を受け、嘉靖十七年（一五三八）に就任した知県曾才漢によって郷約が実施された。ここでは「同族」「郷里」での紛争が約（約副から約正へ）から県へという順序で処理されるべきことが述べられているが、それも単なる〈一方通行〉ではなく、逆に県から約へという方向で訴状が差し戻されて調解が行われるというように、紛争の終結に向けてまさに実質性が重視されていたのである。

清代における県レヴェルの裁判の実態として、県衙門での裁判と「民間の調停」とが決して「二者択一」的な解決方法ではなく「同時進行的」「相互補完的」なものであったことが、岸本美緒・滋賀秀三両氏によって指摘されている。(56) そうした状況は明代の郷村社会においても基本的には同様であり、如上の太平県の郷約の事例がまさにそのことを示唆しているといえよう。また福建の万暦『漳州府志』巻六、漳州府、礼楽志、礼儀、「郷約」でも、先の引用部分に続いて、

及府県亦不宜批状。但中間事有干礙、難以法行者、発与和処。亦厚風俗之一端也。惟有司加意而已。

府・県に及んでもまた批状すべきではない。但しその中でも差し障りがあって、法を適用し難い場合は、〔郷約に〕送って調解させる。これもまた風俗を良くするための一端である。ただ有司が気をつけるのみである。

と記述されている。まさしく官の裁判において「法」の執行が難しい場合は郷約による調解(「和処」)に再度委ねられたのである。

〈戸婚・田土の案〉といわれる紛争の解決・処理をめぐって、里老人制と郷約・保甲制との間の相違はあくまでも当為のレヴェルの問題であった。里老人制による制度的な箍が消滅することによって、後者の段階では郷村社会の紛争が理念的にも州県の裁判と直接的に結びつくこととなったのである。しかしながら、明一代を通じて——さらには清代においても——社会の基底には紛争の自律的な解決を志向する力が厳然として存在していたのであり、その力がまさに調解として発現していたといえよう。[57]

こうした実態を背景として、〈戸婚・田土の案〉は民間レヴェルで解決すべきであるという認識が清代においても見られるのである。例えば、康熙年間の後半、福建汀州府知府として在任した王簡庵は『臨汀考言』巻一六、檄示、「勧諭息訟」の中で次のように述べている。

照得、里以仁譲為美、民以樸実為良。……無如積習頽風、好争健訟。於本府涖任之始、紛紛具控。及至披閲情詞、十無一実、或飾小忿為大冤、或翻旧案為新題、或一案而牽告多人、或一詞而羅織数事。……合行出示勧諭。為此示仰府属軍民人等知悉。嗣後務宜平心下気、蠲忿息争。以餽送胥吏之銭、何不少譲一分、結交郷党。以容受衙役之気、何不少忍片刻、輯睦親隣。以往返之盤費、養親撫幼、以守候之日月、力作営生。守法保身、莫良於此。本府念切民瘼、是以諄諄勧諭。凡我軍民、果受貪官蠹役光棍詐害、以及人命強盗重情、冤抑無伸者、許即具詞陳告。本府執法持平、自当為爾伸雪。至於戸婚田産、以及口角細故、悉聴親族郷隣、従公勧息、不得妄起訟端。如或頑梗無知、不率勧誨、仍前好争健訟者、本府亦何難標一准字。審渉虚誣、即行反坐。官法如炉、噬臍莫及。勿謂本府言之不早也。

調べたところ、里では仁譲を美としており、民は質朴を良としている。……ところが、頽廃の風が積み重なり、好争健訟〔の風〕となっている。本府が着任してすぐ、紛々として訴訟が続いた。訴状を披閲するに及んで、十に一つも真実〔の訴え〕は無く、或いは些細な諍いを大きな冤罪にでっち上げたり、或いは古い案件を新しい事件にすり替えたり、或いは一つの案件で多くの人を告訴したり、或いは一枚の訴状で数件の事柄を書き込んだりしていた。……まさに告示を出して勧諭《せつゆ》すべきである。このために府下の軍民人等に命じて承知させる。今後は務めて心を平和にして気を静め、争い事を止めるようにすべきである。胥吏に渡す賄賂の代わりに、どうして少し譲って、郷党同士で仲良くしないのか。衙役の怒声を受ける代わりに、どうして一時、我慢して、親族・近隣と睦まじくしないのか。往復の旅費で、親を養い幼児を愛しみ、滞在の日々で、本業に務め生活を営むことができよう。法を守り身を保つには、これより良いものはない。本府は民の苦しみを切に考えており、従って、諄々と勧諭するのである。およそ我が軍民が、果たして貪官・蠹役・光棍の詐害、および人命・強盗の重情で、冤罪や不当な扱いを明らかにすることのできない場合は、ただちに訴状を添えて告訴することを許す。本府の法の執行は公平であり、当然、汝らのために冤罪を雪ぐであろう。戸婚・田産、および口論などの些細な事柄については、すべて親族・郷隣が、公正に調解を行うことを許し、妄りに訴訟の原因を生み出してはならない。もし頑固・無知で、教戒を聞かず、依然として争いを好み、健訟を行う者については、本府としても、どうして「准」の字を〔訴状に〕記すことが難しいであろうか。審理して誣告がわかれば、ただちに反坐で処罰する。官法は炉の如く〔厳しく〕、臍を噬んでも間に合わないのである。本府の言うことが遅かったと思ってはならない。

王簡庵は汀州府における「健訟」の風潮化の中で、訴訟沙汰が金銭的にも精神的にも如何に割の合わないものであるかを諄々と説諭している。そして、特に「戸婚・田産」等の「細故」については「親族・郷隣」による調解（「勧息」）によって処理すべきことを説いているのである。しかし、だからといって官による裁判の門が閉ざされていたわけではない。「好争健訟」の者については訴状を受理（「標一准字」）し、厳格に裁くことを王簡庵は明記しているのである。

おわりに

以上、明初に実施された里老人制の、特に〈郷村裁判〉システムの問題について、『教民榜文』に規定された制度的理念と里老人制の郷村社会における実態との峻別に留意しつつ若干の考察を行ってきた。しかしながら、推定に終始した部分が多々あり、更なる史料捜集によって実証性を深めることが今後の課題である。

制度とはすぐれて理念的所産であり、実際にそれが施行されて具体的に機能する段階に至ると、〈当為〉とは別の〈実態〉としての顔が浮かび上がってくるといえよう[58]。里老人制においても『教民榜文』に規定された当為の内容と、現実の郷村社会の中で里老人制が実態化していたものとは、様相が大きく異なっていたといわざるをえない。例えば、ここで主として検討の対象としてきた、里老人制の裁判システムにおける〈越訴〉の禁止および刑罰の執行という二点についても、まさしく当為と実態という二面性を有していたのである。

『教民榜文』の〈越訴〉禁止規定は、里老人制を明朝の裁判機構の基層に〈第一審〉担当の〈裁判所〉として定位するうえで重要な意味をもつものであったが、実際には里老人制の裁判と県衙門の裁判との間を隔てていた当該規定は当初から空文化していたのであり、たとい〈戸婚・田土の案〉＝〈小事〉関係の訴訟であっても直接、官の裁判に持ち込まれていたのである。他方、刑罰の執行についても里老人の裁判に附与された刑罰権自体が国家の刑罰体系とは異質のものであり、郷村社会に既存の〈共同体的制裁〉を前提としたものであったと思われるが、実際の紛争処理においても里老人制の裁判は刑罰の行使に象徴される〈強力的〉なものではなく、調解を主とした〈柔らかな裁判〉が一般的であったといえよう。

ところで、『教民榜文』によって裁判システムとして規定された里老人制が、社会の基底に存在した秩序意識を前提とする民間の調解によって換骨奪胎され、その一方で些細な紛争(戸婚・田土の案)でさえも容易に官の裁判と結びついていた実態が明らかになるに従い、筆者には明初の里老人制における状況が、滋賀秀三氏によって描かれた清代州県の裁判をめぐる状況——州県の裁判と民間の調解とが異質なものではなく、紛争の実質的な解決へ向けて「切れ目のない空間」の中で一体化していた——と意外と酷似しているように思われる。(59)

たとい里老人制が明朝国家によって施行されたとしても、やはり社会の基層レヴェルでは個々人の現実に即応したすぐれて実際的な紛争の解決が志向されていたのであり、国家の制度を絶対的なものとして受容し、かつそれに全面的に依存すべきものとは考えられていなかったといえよう。こうした観念自体は、中国社会の中で歴史を通貫して存在していたのではなかろうか。(60)

(1)［鶴見尚弘－七一］参照。
(2)［森正夫－七六］一一九頁。
(3)［松本善海－三九a(松本善海－七七)］。
(4)［小畑龍雄－五二］・［栗林宣夫－五四(栗林宣夫－七一)］。
(5)［細野浩二－六九］・［細野浩二－七七］。
(6)郷老人制については、すでに［細野浩二－六九］六六頁において提起されていた。
(7)［高橋芳郎－七八b］・［濱島敦俊－八二］。
(8)なお、高橋芳郎氏は近著において、「地主の法的地位」が明初に「絶頂に達した」という、かつての見解を撤回ないし修正されているようである。［高橋芳郎－〇二］一一八頁、参照。
(9)他に里老人制を扱った研究として、［江原正昭－五九］・［藤沢弘昌－六二］参照。また耆宿制に関するものとして、［小畑龍雄-五〇]・[前迫勝明-九〇]参照。中国における里老人制に関する専論としては、[余興安-八二]等がある。なお[井上徹-九〇]は、「結びにかえて」の中で里老人制の研究、特に細野浩二・濱島敦俊両氏の研究を検討し、里老人制の制度内容を「単なる国家の当為、理念としてのみ片づける」のではなく、「現実に機能しうるものとして制定され、かつ実際に施行されたものと理解する観点から改めて検討するべきであろう」と述べている。筆者にとって井上氏の問題提起は受容するところとはなっていない。制度史研究においてはやはり「機能しうるもの」＝当為と「実際に施行されたもの」＝実態とは峻別すべきであり、「施行されたものと理解する」ためには「施行された」こと自体を検証すべきであると考えるからである。

(10) [鶴見尚弘-七一]七〇頁、参照。

(11) [松本善海-七七]一一九頁。

(12) [小畑龍雄-五二]二八―二九頁。

(13) [細野浩二-六九]六六頁、および[細野浩二-七七]五一頁。

(14) 例えば、福建汀州府の嘉靖『清流県志』巻二、力役には、

　又毎図設老人一名、掌風俗小訟。

とあり、湖広岳州府の弘治『岳州府志』巻三、巴陵県、徭役志、里役に、

　老人一名、以剖詞訟。

とあり、さらに山東済南府の嘉靖『武定州志』賦役志、老人にも、

　毎里僉老人一、視民訟断。

とあるように、各地の地方志には同様の記載が数多く見られる。

(15) 耆宿の裁判権に関する史料とされる『明太祖実録』巻一九三、洪武二十一年(一三八八)八月壬子の条には、

　罷府州県耆宿。初令天下郡県、選民間年高、有徳行者、里置一人、謂之耆宿、俾質正里中是非。歳久更代。至是戸部郎中劉九皐言、耆宿頗非其人、因而蠹蝕郷里、民反被其害。遂命罷之。

と記されている。なお[前迫勝明-九〇]八六―八七頁は、耆宿が「不完全な裁判権」を掌握していたと指摘されている。

(16) [細野浩二-七七]三二頁、参照。

(17) 史料Bは、次のように記述されている。

　命吏部、令天下州県、選民間耆年有徳者、毎里一人、以次来朝。既至、令随朝観政、三月遣帰。

(18)［細野浩二－七七］四六―四七頁。
(19)［三木聰－七八］一七四頁。
(20) 例えば、細野氏が里老人制成立後における郷老人制の〈残存〉形態を示すとされる『教民榜文』(24)の「本郷老人」は、当該条全体の文脈から見ても「本郷の(里)老人」と理解すべきであると思われる。この点については、［中山美緒－七九b］八六頁、参照。
(21)［余興安－八二］七八頁でも同様の見解が示されている。なお十六世紀段階から振り返ったものではあるが、河南開封府の嘉靖『蘭陽県志』巻四、置制志、申明には、
洪武三十一年、節該欽奉教民榜文、出令昭示天下、可謂不尽民之情者也。蓋耆年之人、素行為里閈推服、其曲直自有輿論、而情易相通。未及公庭之鞫、然所訟已平矣。夫有司慎択其人、正吾邑今日之急務也。

と記されており、里老人の「有司」による選充が窺えよう。
(22)［加藤繁－四二］一二六頁。
(23)［森正夫－八八(森正夫－六五)］三三三頁註(87)で紹介された、江南蘇州府の嘉靖『常熟県志』巻一一、集文志、所収の張洪「常熟県済農倉記」には、
於是官吏耆民粮長里胥僉曰、天子恩詔、公敷布之、窮民之生、公全活之。無所論載、実為闕典。

という記載が存在するが、ここに「官吏・耆民・粮長」と並んで出てくる「里胥」は、まさしく里長――ないしは現年里甲――と解して間違いあるまい。
(24)［松本善海－七七(松本善海－四一)］四六六―四六七頁、参照。なお、洪武二十七年(一三九四)四月の「教民榜」が全何条であったかは不明であるが、最終的には『教民榜文』全四十一条が洪武三十一年(一三九八)四月の段階で頒布されたのであった。すでに松本氏も触れているように、前者から後者へ至る過程で『明太祖実録』巻二五五、洪武三十年(一三九七)九月辛亥の条に記載された、
上命戸部、①下令天下民人、毎郷里各置木鐸一、内選年老或瞽者、毎月六次持鐸、徇于道路曰、孝順父母、尊敬長上、和睦郷里、教訓子孫、各安生理、毋作非為。②又令民毎村置一鼓、凡遇農種時月、清晨鳴鼓集衆。鼓鳴皆会田所、及時力田。其怠惰者、里老人督責之。里老縦其怠惰、不勧督者有罰。③又令民凡婚姻死喪吉凶等事、一里之内、互相賙給、不限貧富、随其力以資助之、庶使人相親愛、風俗厚矣。

という詔勅の内容は、それぞれ①が『教民榜文』⒆に、②が同じく㉔に、③が同じく㉕に継承されているのであり、まさしく条文の加増が行われたといえよう。

(25) なお[栗林宣夫‐七一]五九頁では「洪武二十七年四月、老人に対して民間詞訟を剖理せしめ、さらに三十一年九月《ママ》には整備した教民榜文を刊行し、老人の任務が明確に規定された里老人制が確立した」と述べている。

(26) [松本善海‐七七]一一六頁、および[小畑龍雄‐五四]二三―二四頁、参照。

(27) 『教民榜文』⑶は里老人の選充、複数の里にかかわる案件の裁判、および申明亭における席次という問題についても規定しているが、基本的にはすべて裁判を行う〈場〉としての申明亭に関連するものであった。この点、『教民榜文』(全四十一条)の各条の内容を要約し、全四十条――⑴と⑵とを併せて第一条としている――として記載する、福建興化府の弘治『興化府志』巻五一、刑紀、国朝刑書、「欽降教民榜例」第二条では、きわめて簡潔に、

老人・里甲、許於各里申明亭議決。

と記されている。

(28) こうした手法は、すでに[栗林宣夫‐七一]七五―七六頁註(74)で試みられており、江西の正徳『饒州府志』および万暦『南昌府志』の分析が行われている。

(29) [表‐9]①からも明らかなように、松江府の二県には都という区画は存在しないが、[小山正明‐九二(小山正明‐六九)]二三九頁で指摘されているように「保が都に相当するもの」と思われる。

(30) 嘉靖『清流県志』巻一、図里、および同、郷落。

(31) この附篇では里甲制施行時期の里が地縁性を有するものであり、「郷村として社会的に実体化していた」との認識に立っている。[鶴見尚弘‐七二]七〇頁、参照。

(32) [表‐10]の作成にあたっては、[山根幸夫‐九五a(山根幸夫‐五四)]一九一―一九二頁をも参照した。

(33) 恵安県の里甲(図)数は明初の段階では四十一であったが、嘉靖四十二年(一五六三)には三十まで減少していた。[山根幸夫‐九五a]一九一頁、参照。

(34) 葉春及『羅浮石洞葉絅斎先生文集』巻八、公牘一、「立申明旌善亭」には、

本県旌善申明亭、被侵没、蓋四十餘年矣。……職為政務、挙祖宗之旧、所轄二十八都、已除淫祠建亭、独附郭不備。何以示彰癉、而成教化哉。

とある。なお葉春及は恵安県の都数が事実上二十八――「在坊」も含めて――であると看做していた。
(35)［松本善海－三九ａ（松本善海－七七）］・［細野浩二－六九］。
(36)［細野浩二－七七］四五―四六頁、参照。
(37)［滋賀秀三－八四（滋賀秀三－六〇）］二三頁、参照。
(38)すでに［奥村郁三－六九］三四頁では「これは制度上、県の下に事実上の一つの審級を設けたことになる」と指摘されている。また［滋賀秀三－八四（滋賀秀三－七〇）］一〇一頁は、明朝国家によって「地域社会の自治的機能を国制の一端として取込もうと」企図されたものが里老人制であると述べている。
(39)［松本善海－七七（松本善海－三九ａ）］一二〇頁、および［奥村郁三－六九］三四頁。
(40)『大明律直解』巻首、「獄具之図」には「笞」について「以小荊条為之」とあり、「杖」について「以大荊条為之」とある。なお「竹篦」については宋代の事例であるが、［高橋芳郎－八六］六二―六四頁で国家の一般的な刑罰とは異なる州県学の「教刑」の中に存在することが紹介されている。
(41)『明太祖実録』巻七三、洪武五年（一三七二）五月「是月」の条。
(42)『教民榜文』(23)にも、

今後老人、須要将本里人民、懇切告誡。凡戸婚田土闘殴相争等項、細微事務、互相含忍。設若被人凌辱太甚、情理難容、亦須赴老人処告訴、量事軽重、剖断責罰、亦得伸抑鬱、免致官府繫累。

とあり、「剖断責罰」が規定されている。
(43)『明宣宗実録』にはそれぞれ次のような記述を見出すことができる。

巡按四川監察御史何文淵言、太祖高皇帝、令天下州県、設立老人、必選年高有徳、衆所信服者、使勧民為善。郷閭争頌、亦使理断。……比年所用、多非其人、或出自僕隷、或規避差科。県官不究年徳如何、輒令充応、使得憑藉官府、肆虐閭閻。或因民訟、大肆貪饕、或求公文、横加騒擾。妄張威福、顚倒是非。……切慮、天下州県、類有此等、請加禁約。上諭行在戸部臣曰、必申明洪武旧制、選年高有徳者充、違者并有司、皆寘諸法。（巻四、洪熙元年〈一四二五〉七月丙申）
監察御史王豫奏、老人之設、本以理断民訟、勧誡頑愚。今多不遵旧制、往往営求差遣、図利肥己。於其所当理断之事、略不究心、致使詞訟紛然。乞禁約之。上命行在都察院、申明旧制、違者、令巡按御史・按察司究治。（巻五九、宣徳四年〈一四二九〉十月乙亥）

陝西按察僉事林時、言二事。其一、洪武中、天下邑里、皆置申明旌善二亭、民有善悪、則書於此、以示勧懲。凡戸婚田土闘殴常事、里老於此剖決、彰善癉悪。最是良法。今各処亭宇多廃、民之善悪不書、無以勧懲。凡有争闘小事、不由里老、輒赴上司。獄訟之繁、皆由於此。請興挙旧制、庶幾民風可厚、獄訟可省。……上曰、此皆旧制、所司即申明之。（巻八六、宣徳七年〈一四三二〉正月乙酉）

(44)　［栗林宣夫－七一］二四三―二四九頁。

(45)　(b)の史料について、［小畑龍雄－五四］三九頁では「ここに教民榜文に規定された老人の裁判権の独立性は否定された」のであり、それはまた「太祖の方針の修正であること」を指摘されている。なお、旧稿では当該史料に関して「刑科給事中趙良建の言」と記したが、ここに見える刑科給事中が「趙艮」であることは、［中島楽章－九四ａ］により批正を頂いた。

(46)　南直隷応天府の嘉靖『六合県志』巻二、人事志、徭役、老人に、

毎里一名。旧多積猾。知県董邦政、及革退、慎選素有郷行、衆所推服者応役。遇有軽訟、批委勘報。

という記事を見出すことができる。董邦政は嘉靖二十九年（一五五〇）任の知県であり（同県志、巻四、秩官志、職名、国朝知県）、里老人選充の面で制度理念の回復を企図しているが、「軽訟」における里老人の役割は案件の実情調査と報告であると認識していたのである。

(47)　［小山正明－九二（小山正明－六九）］二五〇―二五一頁註(54)。なお小山氏が紹介されたのは「許赴告准理」までの部分である。

(48)　［栗林宣夫－七一］七五頁註(73)。

(49)　当該史料の末尾には割註で「馮翼濵上編」と書かれており、この記事が馮翼『濵上編』からの引用であることが窺えるが、当該書については未詳である。

(50)　当該史料と全くの同文を湖広岳州府の万暦『慈利県志』巻一〇、公宇にも見出すことができる。万暦『慈利県志』の纂修者である陳光前は万暦元年（一五七三）就任の知県であるが、その本貫は福建の恵安県であり、嘉靖二十二年（一五四三）の挙人として嘉靖『恵安県志』巻一二、選挙、国朝挙人の項にも記載されている。彼が嘉靖『恵安県志』を閲読していた可能性は大きく、万暦『慈利県志』の記事はまさに嘉靖『恵安県志』のアナロジーと看做すことができよう。

(51)　「公正」は江南では一般に糧長を指す名辞であるが（［濱島敦俊－八二］一一八頁）、恵安県には糧長は設置されていない。嘉靖『恵安県志』巻七、職役。

(52)　正徳『姑蘇志』巻五四、人物一三・一四、王行、等。
(53)　例えば、浙江紹興府の万暦『新昌県志』巻一一、郷賢志、耆徳、国朝には、潘淮について、

性端厳、甘貧力学、行毎慕古。事継母孝、撫弟溥、俾之成立。対客無惰容、郷人敬信。凡有争、得片言輒解。当道以謹厚持身、義方教子、掲名于旌善亭。

とあり、また同じく王坦についても、

少有隠智、長好学慕古。富于貲、而能推有餘、以賙困乏。性行質直。郷人有争訟者、輒為彖之。頗能詩文、尤精於医術。邑令屢礼為郷賓。

とある。彼らを中心として〈自律的〉な紛争解決が行われた郷村社会を、まさに里老人制の基底に措定しえるのではなかろうか。
(54)　本書第二部第七章、二九九―三〇一頁。
(55)　本書第二部第七章、二九九―三〇〇頁。
(56)　［岸本美緒－九九(岸本美緒－八六)］二六三頁、および［滋賀秀三－八八］五五頁。
(57)　清代の郷村社会における調解の例として、康熙年間の後半に幕友を務めた呉宏の『紙上経綸』巻四、讞語、「負義匿留等事」には、

審得、王招鄭氏家僕也。自六歳時、為其家所鬻、鄭氏用価買明、撫育成人、配与甘氏、生子代法・東保。鄭之待招、其恩不為不厚矣。夫何王招負義逃外。経鄭訪確尋回、又不服使用。鄭乃鳴於村衆、以招之去志既堅、無復恋主之念、衆議将招身契給還、另立文約、以代法留鄭服役。招挈其妻与子陳保、背主而去、不法極矣。

とあり、「村衆」による調解の様子が描かれている。また乾隆『刑科題本』「巡撫福建等処地方陳大受題」乾隆十二年(一七四七)九月三十日(『地租剝削』下、三六七頁)にも、

問拠翁黎氏供、那死的翁立魁、是小婦人丈夫、与范紹松們、没有仇隙。因丈夫於乾隆四年間、用了二十千文掛脚銭、向丁廷献、批了三百秤的田耕種。因天年豊歉不斉、積欠丁廷献六十多石租穀是有的。十年二月裡、丁廷献要起田另佃。経郷衆們勧処、叫丈夫把従前貼他掛脚銭、扣出十千文、抵還租穀。下欠的穀、按年随租加穀五石、陸続清還、這事就歇了。

とあり、佃租の滞納をめぐって「郷衆」による調解が行われている事例が存在する。
(58)　こうした視角からする最も優れた成果として、例えば［鶴見尚弘－六四］・［濱島敦俊－八八(濱島敦俊－〇一)］等がある。
(59)　［滋賀秀三－八一(滋賀秀三－八四)］・［滋賀秀三－八八］参照。また、［岸本美緒－九七(岸本美緒－九〇)］九一頁では、滋

賀氏の研究に関連して「こうした滋賀の議論から導かれるのは、……普遍的公正さへの関心と地方的具体状況への関心とが、実質的正しさを求める姿勢の中に一体となってとけこんでいる、はっきりした切れ目のない空間としての「規範の成り立つ場の構造」なのである」と指摘されている。

(60)［高橋芳郎-九二］一九三頁では、当代中国の調解制度が「調解委員会という組織に対する信頼ではなくして、調解員という個別的な人間に対する信頼によって成り立っているのではないか」と指摘されている。

補論

一九九〇年代に入ってから、明代の里老人制に関する知見は飛躍的に増大した。特に徽州文書を利用した徽州地域研究において、地域の実態に即した個別具体的な里老人制像、或いは地域の紛争処理システムの解明が進んだことは研究史における大きな成果だといえよう[1]。以下、最近の里老人制に関する研究について若干の紹介を行うことにしたい。

一九九二年において筆者は、郷村裁判システムとして地域社会の紛争処理機能を担ったとされる明初の里老人制の実態が如何なるものであったのか、という問題に焦点をあてた考察を行った[2]。特に〈越訴〉の禁止と刑罰の執行という点で、『教民榜文』に規定された制度内容＝当為と里老人制の郷村社会における実態とが大きく異なっていたこと、また里老人の裁判自体も調解を中心としたものであって、里老人制は社会の基底に存在する秩序意識に基づいた既存の調解機能によって換骨奪胎されるとともに、〈小事〉といわれる些細な紛争でさえも容易に官の裁判と直結していたことを指摘した。

一九九四年以降、きわめて精力的に行われた中島楽章氏の一連の研究は、新史料の発掘という貴重な作業をともないつつ、明代中期を中心とした里老人制の、或いは郷村社会における紛争処理の実態に迫るものであり、里老人制の研究に着実かつ大きな前進をもたらすものであった。(3)中島氏はまず筆者の里老人制に関する実態理解を批判し、郷村裁判システムとしての里老人制の「原則」が明代中期段階においても「明確に法的有効性」を認められていたことを述べるとともに、徽州文書の分析を中心として当該社会の現実に即応した具体的な里老人制の考察を通じて、里老人制が「同族」「地域名望家」「衆議」等の「民間調停」といわば同列に、かつ相互補完的に存在しており、特に明代前期には「かなり実質的な「郷村裁判」が行われて」いたことを指摘した。中島氏によれば、里老人制は「実効性に乏しい理念のみの産物ではなかった」という。(4)

ここで中島氏の筆者に対する批判について一言するならば、特に実態としての里老人制をどのように評価するか、という点で筆者と中島氏との間には基本的な認識面で大きなズレが存在しているのである。第一に、当為と実態とを峻別することで里老人制の実態に『教民榜文』の空文化を見出す筆者に対して、官僚における「法的有効性」の認識という当為レヴェルの議論を対置する点で、第二に、筆者が『教民榜文』に明記された里老人制(当為)を郷村社会の紛争処理全般を被う制度と看做して、その実態化自体を問うのに対して、里老人等による個別的な裁判・調解の有無をもって「理念」の「実効性」を主張する点で、中島氏の筆者に対する批判はあまり有効性をもちえていないように思われる。(5)

中島氏はまた、徽州社会に密着した論考の中で、宋元以来の「地域名望家」層を中心とした「自生的な紛争処理」と、それを通じて形成された既存の社会秩序を基盤として、その延長線上に明初の里老人制が位置していたことを実証しており、(6)さらには休寧県茗州呉氏の紛争記録の分析によって、十六世紀段階に里甲制・里老人制を中心とした紛争処理の「枠組み」が「より多様化・流動化」していく一方で、紛争処理面での「里長などの役割は依然として大きかった」ことを指摘している。(7)基本的な史実として、徽州文書の分析から、里老人への訴えが口頭によるのではなく、文書によって行われていたことが、中島氏および夫馬進氏によって解明されている。[8]

祁門県の山林を対象として、十五世紀半ばに「合理的」な管理・維持システムが存在した時期から十八世紀後半に山林の崩壊へと至る歴史を活写した上田信氏は、初期段階に山林の維持が十全に機能するうえで「里老」の調解が一定の役割を果たしていたことを述べるとともに、当該地域では一宗族が「里老」の「代表格」として存在していたことを推定している。[9] 十五世紀半ば以降、機能不全に陥った「里老」から「新しいシステム」＝郷約への移行が見られたというが、やはり徽州社会の実態に即した里甲制・里老人制解体の原因とその具体像が求められているのではなかろうか。

里老人制に関してはまた、伊藤正彦氏が貴重な問題提起を行っており、[10] 寺田浩明・岩井茂樹両氏の間で取り交わされた里老人制をめぐる議論も公開されている。[11] これらの議論にほぼ共通している点は理念にしろ実態にしろ、里老人制の特質を究明するうえで何よりも里老人制が導入された契機、或いは里老人制を施行した国家の意図を明らかにする必要性が喚起されていることであろう。

この点に関して、寺田浩明氏は里老人制には種々の不正をはたらく地方官に〈小事〉を「扱わせない」という目的があり、かつ京師へ直接、訴訟が持ち込まれる事態に対する「バリアー」としての意味があったことを指摘しており、[12] 伊藤正彦氏も煩雑化していた〈小事〉関係の裁判業務を「回避」するために創出された制度が里老人制であったと解釈している。[13] また谷井陽子氏によれば、里老人制は「在地の裁判」に対する中央政府の無関心の表れであり、「京控」防止のために地方段階で「訴訟の窓口を少しでも増やして拡散させ」ることを目的とした制度であったという。[14] ともに里老人制実施の前段階に存在した、訴訟をめぐる地方官の不正、多くの誣告・冤罪事件の発生、そして京師まで持ち込まれる訴訟の頻発という事態を重視しており、そうした明初の状況と里老人制の実施とが直接的に関連するものとして把握しようとしているように思われるのである。これまでともすれば里老人制の郷村社会に及ぼした影響——裁判権・刑罰権の附与が郷居地主層(里長・里老人戸層)の郷村支配における槓杆として作用した——という点に着目してきた状況からすれば、むしろ制度を実施した国家の側から再び里老人制を照射することの必要性が主張されているといえよう。

ところで、岩井茂樹氏は伝統中国に通底する行・財政システムおよび徭役体系の特質解明を目指した壮大な論考の中で、明初の里甲正役に関する通説を覆すとともに、きわめて注目すべき里甲制像を構築している(15)。従来、漠然と「公的な仕事」と解釈されてきた、里甲正役の一つである「勾摂公事」は、事件や裁判に関連して犯人の逮捕や原告・被告の拘引を行ったり、関係者を出頭させたりする、きわめて具体的な行為を指したものであった。従って、里甲正役の中心的職責である「催辦銭糧、勾摂公事」は州県衙門における「銭穀、刑名」のアナロジーであり、「里甲制の本質」は官府の「縮小版」として州県衙門の「補助的機能」を果たすことに在ったという。岩井氏の見解は当然のように里老人制をも包摂する論理を構成しており、郷村社会に設定された「縮小官府」の一環として里老人制を理解するならば、初期明朝国家の里老人制実施の意図がより明確に浮かび上がってくるといえよう。

(1)　徽州文書および〈徽学〉については、〔臼井佐知子－九七〕、参照。
(2)　本書第三部附篇。
(3)　〔中島楽章－九四a〕・〔中島楽章－九四b〕・〔中島楽章－九五a〕・〔中島楽章－九五b〕・〔中島楽章－九六〕。
(4)　主として〔中島楽章－九四a〕・〔中島楽章－九五a〕。
(5)　なお、中島氏は『教民榜文』などの諸史料の中で「里老人」という呼称が使われていないことから「「里老人」の語は少なくとも史料用語としては不適切」であると述べ(〔中島楽章－九四a〕二六頁註1)、一貫して「老人」「老人制」と称している。しかしながら、従来、「里老人」「里老人制」という呼称は、明朝里甲制体制のもとで郷村裁判を担うべく施行された制度を表すための、いわば歴史性を刻印された術語として使用されてきたのであり、たとえ史料に「里老人」という語彙が見出せないからといって「里老人制」と称することが「不適切」だとは思われない。また管見によれば、『教民榜文』には「本里老人」「当里老人」という記述が見られ、それぞれ「本里の老人」「当里の老人」と訓ずるとはいえ、「里の老人」を「里老人」と呼ぶことに差し障りがあるとも思えない。さらに地方志の中には「里之老人」や「坊老」と並記された「里老」という記述も見出されるのであり、「里老人」が「史料用語」として「不適切」だとも必ずしもいえないのではなかろうか。

（6）［中島楽章 一九五ｂ］。
（7）［中島楽章 一九六］。
（8）［中島楽章 一九五ａ］四―五頁、および［夫馬進 一九三］二〇六―二〇七頁。
（9）［上田信 一九七］。なお上田氏は地域を風水とかかわらせて「「龍脈」に沿ってつながる線状《リニア》な空間の関連」として捉える、斬新な視角を提起している。
（10）［伊藤正彦 一九六］。
（11）［寺田浩明・岩井茂樹 一九五］。
（12）［寺田浩明・岩井茂樹 一九五］二五・二九頁。
（13）［伊藤正彦 一九六］一一一頁。
（14）［谷井陽子 一九六］。
（15）［岩井茂樹 一九四ａ］。

［附記］　この補論は、［三木聰 一九八］第五節を再録したものである。

第四部　図頼と伝統中国社会

第九章　抗租と図頼
――『点石斎画報』「刁佃」の世界――

はじめに

明末以降、特に華中南農村社会では佃戸の地主に対する抗租闘争が日常的に展開した。中国史における地主制(地主‐佃戸関係)の展開というマクロな構図の中で、その発展＝解体の表象として抗租を定位する、いわば〈発展〉的視座とは別に、伝統社会における〈持続〉的位相の中で抗租をとらえることも可能ではなかろうか。(1)

それというのも抗租には佃戸が地主の収奪に対する抵抗形態の一つとして選択した、きわめて悽愴な行為が存在するからである。すなわち「図頼」或いは「軽生図頼」「架命図頼」といわれるものがそれである。図頼とは他人を恐喝するために、或いは他人を罪に陥れるために人間の死または死骸を利用する行為であるが、その場合の死および死骸の多くは当事者の自殺または親族の自殺・殺害によってもたらされるというものであった。抗租の場合、当然のように図頼の標的は地主である。

但し、図頼自体は必ずしも当該時期の抗租に固有のものではなく、中国の伝統社会を生きた人々が長期にわたって持続的に展開していたものであった。従って、法制度の上からも明清律の刑律、人命には「殺子孫及奴婢

図頼人」条として、図頼行為に対する処罰が明確に規定されていた。(2)

本章ではこうした図頼の問題を、特に明末以降における抗租の展開という文脈の中で考察することを意図しているが、すでに森正夫氏は十九世紀前半の著名な抗租史料『江蘇山陽収租全案』「計開詳定規条」の訳註において、十二世紀から十九世紀に至る図頼の歴史性を、抗租との関連で次のように簡潔に指摘されている。

毒草を食べたり、首をくくったりして自殺することによって、他人を威迫し、自己の要求を貫徹するすさまじい行為は、一つの風習として、すでに一二世紀後半(『淳熙三山志』)、一三世紀前半(『北渓大全集』)の福建について指摘されているが、こうした伝統が佃戸の田主に対する抵抗の手段となったのは、一六世紀後半のころからであり(……)、本禁止条例の作られた一九世紀前半には、いっそう普遍化したもののようである。(3)

本章は森氏のこの指摘を踏まえて、抗租と図頼との関連性を具体的事例に即して検討することに主眼を置いた、きわめて初歩的な考察である。(4)

一　『点石斎画報』「刁佃」の記事

まずここで最初に取り上げるのは清末の『点石斎画報』の記事である。『点石斎画報』はイギリス人茶商メイジャー兄弟が中心となって上海に開設した申報館から光緒十年(一八八四)四月に創刊され、同二十二年(一八九六)十二月までの十三年間にわたって、毎月六の日に発行された旬刊の〈絵入新聞〉である。(5)

その『点石斎画報』二六七号〈金集三〉、光緒十七年(一八九一)六月上浣には「刁佃」と題された、きわめて興味深い記事が収録されている。当該画報の「主戦力となった絵師」の一人、張志瀛の筆になる絵とともに、記事(6)

の全文を提示しておきたい。

湖北孝感県某甲、小康家也。有田数十畝、佃於某乙、已有年矣。乙知甲有長者風、数年不償租値。甲不能堪、控諸官、拘乙懲責、限期償付。閲一日、乙詣甲家、謂曰、小人自蒙控官懲責、頓首生機矣。甲問故、乙曰、主人豈不聞里諺乎。笞臀一板、値銭十千。今小人笞数百板矣。除抵完租課外、尚有贏餘。乞即算給。甲無詞以応。乙遂告辞。数月後、乙忽登門、作悔罪状、邀甲至家、杯酒言歓、并算明積欠、陸続償還。甲聞而喜甚。次日、偕兄弟二人、至其家。乙先以茶煙款待、少頃奥辞入室、久之不出。俄聞室中作呻吟声。心知有異、入内覘之、則乙正扶其癱瘓之老母懸梁、已将投入繯内。大驚而出、告知其弟、遍訴隣里。乙知之、将母放下、持利刃窮追、責甲偪索貲財、致母情急図尽。甲由是不敢再至乙処。乙居然拠有其田矣。刁佃之刁、竟至此哉。

湖北の孝感県の甲は、小康の家であった。田数十畝を所有し、乙に小作させてすでに何年にもなっていた。乙は甲に長者の風があるのを知って、数年に亘って佃租を払わなかった。甲はもはや堪えることができず、このことを官に訴え、乙を拘引して処罰し、期限を決めて償還させようとした。一日が過ぎ、乙は甲の家を訪ねて、次のように言った。「私が官に訴えられて処罰されるのであれば、今が頭を下げる頃合でしょう」と。甲はその理由を聞いた。乙は言った。「御主人様は里諺を聞いたことがないのですか。〈臀を竹板で一回打たれると、値は銭十千〉というのを。今、私は数百回打たれるのですから、佃租を完納してもお釣りが来るのです。どうかすぐに清算させて下さい」と。甲は応えるべき言葉もなかった。そこで乙は辞去した。数ヵ月後、乙は突然訪ねて来て、これまでの罪を悔い、甲を家に招き、酒を酌み交わして歓談し、併せて滞納額を計算して、続々と返済することを申し出た。甲はそれを聞いて大いに喜んだ。翌日、甲は兄弟二人揃ってその家へ行った。乙はまずお茶と煙草で歓待したが、しばらくして奥の部屋へ引っ込み、なかなか出て来なかった。にわかに部屋の中から呻き声が聞こえてきた。何か変だと思い、中へ入って見たところ、まさに乙が中風の母親を支えて梁に吊り下げようとしており、すでに縄の環の中にその首を入れようとするところであった。甲は大いに驚いて跳び出し、弟に告げて隣近所に触れ回った。乙はそれを知って母親を降ろし、刃物を持って追いかけ、甲が無理に金を取り立てようとしたので、母親が性急に自殺を図ったのだと責めたてた。甲はこれ以来、敢えて再び乙のところへ行こうとはしなかった。乙はまさにその田を自分のものにしたのである。刁佃の〈刁〉はついにここに至ったのだ！

湖北省漢陽府孝感県の地主－佃戸関係および抗租に関連した具体的な記述であるが、絵の方はまさに佃戸乙夫婦が梁から下がった縄の環の中へ老母の首を入れようとしており、それを地主甲が覗き見ている、そして別室にはその弟が座っている、というシーンが描かれている。

さて、当該記事の内容は何年にもわたって抗租を行ってきた佃戸が滞納分の佃租を清算すると偽って地主を自宅に招き、そのときに病身の老母を自縊に見せかけて殺害しようとしたというものである。老母の自殺が地主の過酷な佃租取り立てに起因するように仕組まれたものであった。佃戸乙の意図したところは、老母自殺の原因を地主甲になすりつけ、地主を脅迫して滞納分の佃租を帳消しにしてもらうことにあったといえよう。乙はまさに母親の死（自縊を偽装した殺害）を前提として地主に対する図頼を企てたのである。結果は未遂に終わり、当初の企ては失敗であった。しかしながら、乙にとっては小作していた土地が事実上、自分のものとなったのである。乙の意図とは別の様態になったとはいえ、抗租の貫徹という面ではまさしく成功したのである。しかも、より多くの実利をともなって。

取りあえず、当該記事からは次の点を抽出しえるのではなかろうか。すなわち、図頼という行為がきわめて凄惨なものであるにも拘わらず、それを行う佃戸の側にとってもその標的とされた地主の側にとっても、図頼が意外と身近な行為であったという点である。なぜならば、一方には図頼を企てた佃戸とともに、強制された自縊を受容して死に赴こうとする母親が存在し、他方にはそれを覗き見てすぐに図頼だと認識し、自らの無実の証のた

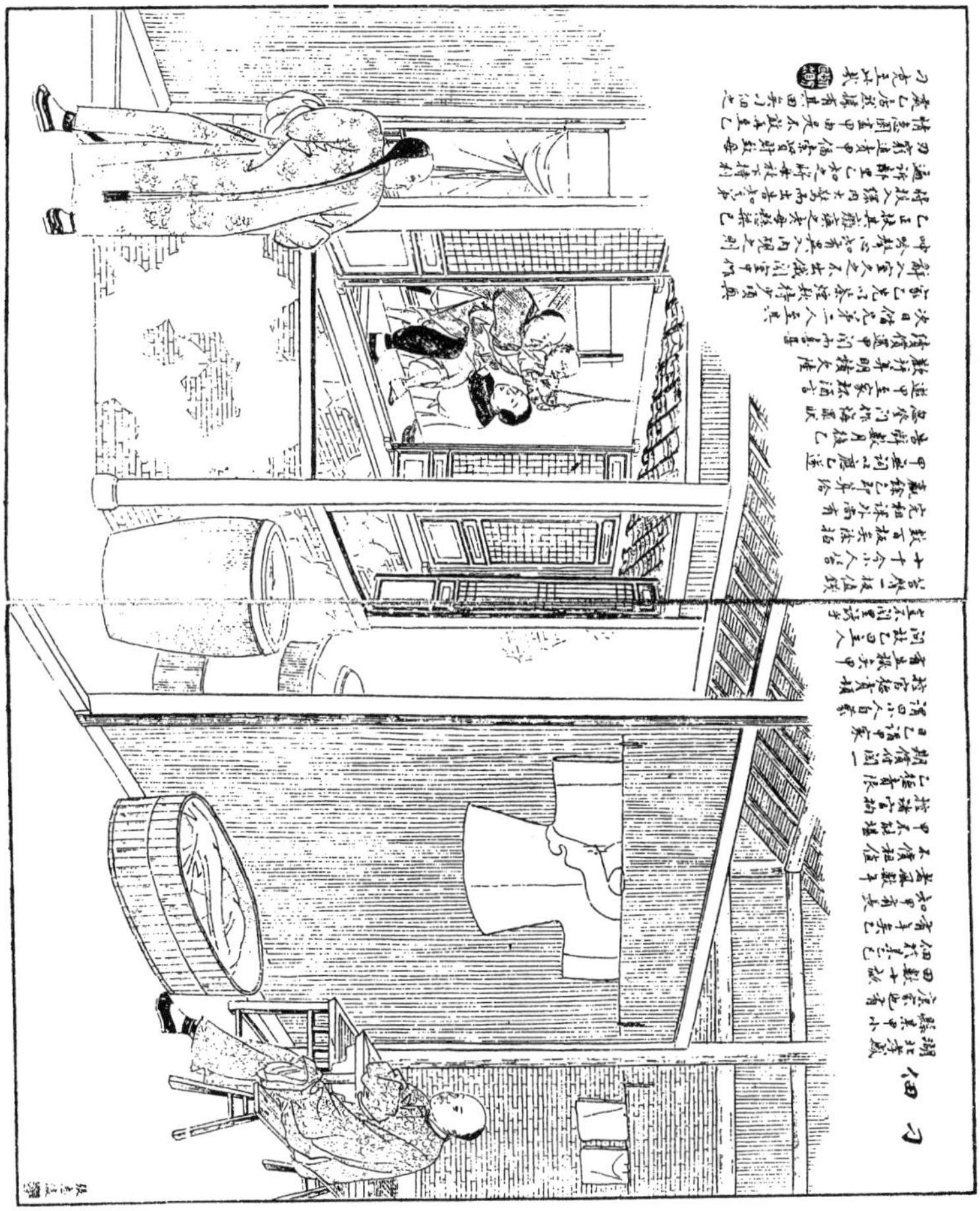

〔図-8〕『点石斎画報』267号〈金集3〉、「刁佃」

めに近在に触れ回る地主が存在するからである[7]。

ところで、当該記事の末尾には著者の按語に相当するものが残されている。「刁佃之刁、竟至此哉」という部分がそれである。〈頑佃〉〈刁佃〉〈黠佃〉等、抗租を行う佃戸に対する罵詈の辞は多くの史料に見出すことができるが、抗租を貫徹するために母親をも殺害する佃戸の存在を眼前にして、著者の慨嘆の言が挿入されたものだといえよう。〈親殺し〉の図頼、これこそはまさしく〈刁佃〉の究極の行為であった。

次に、抗租と図頼とについて、当該「刁佃」の舞台となった湖北省漢陽府孝感県の状況を確認しておきたい[8]。時代はかなり遡るが、康熙『孝感県志』巻五、風土考、習俗には、それぞれ次のような記述が存在する。

まず、抗租については、

有有田之農、有無田之農。有田之農、悉不自為農。蓋流習漸靡、恒恥躬耨。……無田之農、受田於人、厥名為佃。与田主計労苦、算牛種、藉口水旱、逋其入。兵燹以来、土満人稀、輙以逝将去汝、恐嚇田主。故田之所入、佃得十八、而事賦不及焉。

田を所有する農民がいて、田を所有しない農民がいる。田を所有する農民は、すべてが農業を営んでいるわけではない。蓋し風俗は徐々に衰微し、常に自ら耕作することを恥じるようになったからである。……田を所有しない農民は、人から田を借りているが、それを佃戸という。〔佃戸は〕田主と労働〔の成果〕や耕牛・種籾〔の借り賃〕を計算するが、水・旱害に託けて、〔租の〕納入を滞らせる。戦乱が起こって以来、土地は餘っているのに人は少なく、おまえのところから去っていくぞと言って、田主を恐喝する。故に田の収穫は、佃戸が十の八を得ており、〔田主が〕賦を支払おうとしても足りないのである。

とあり[9]、また、図頼についても、

投繯赴水自刎仰薬、諸図頼往歳多有。死者家謂之苦主、敵家謂凶手。一人死、則其家鳩衆擁死人、入敵家行掠、曰打擄。不待対簿、而敵已破家矣。今幸奉上厳禁、諸凡自殺者、概置不問。年来漸知図頼無益、人命之訟、頼以少熄。

投繯・赴水・自刎・仰薬による諸々の図頼は、従来、多く見られた。死者の家は「苦主」と言い、仇の家は「凶手」と言う。一人が死ぬと、その家では多く〔の親族〕を集めて死人を担いで、仇の家へ行って掠奪を加えるが、これを「打擄」と言う。〔裁判での〕審問を待たずに、仇の家はすでに破産してしまうのである。今は幸いにも上官の厳しい禁令を奉じており、すべての自殺者については、概ね放置して取り上げないことになっている。ここ数年来、図頼は無益であることが徐々に知れ渡り、人命についての訴訟は、それによって少なくなったのである。

と記されている。すでに清初の段階で水旱害を口実に佃租の滞納（「逋其入」）、すなわち抗租を行う佃戸の存在を確認することができよう。他方、自縊・投身・自刎・服毒による死骸を擁して「敵家」に押し掛け、掠奪行為をはたらくこと（「打擄」）、すなわち図頼も多く見られたという。

『点石斎画報』「刁佃」の著者が「ここに窮まった」（「竟至此哉」）と表現した抗租と図頼との結合が、康熙『孝感県志』では明示されていないものの、当該地域においては必ずしも清末段階に至ってはじめて到達した形態でなかったことは、前掲の森正夫氏の指摘からも予想されるところである。

二　明末以降の抗租における図頼の展開

ここでは明末以降の福建・湖南・江西・江蘇の華中南四地域について、抗租と図頼との関連を史料的に確認しておきたい。なお分析の対象が当該四地域となった所以は、あくまでも筆者の力量不足によって寓目した史料がきわめて限られたものとなったためである。

福建　まず、万暦二十年(一五九二)―同二十二年(一五九四)の福建巡撫許孚遠の布告の中に、図頼についての指摘を見出すことができる。

及訪、有等刁潑佃戸、結党撒頼、不顧理法、遇分収則先盗抜、議納粟又多挿沙、或負銀租経年不納、甚至軽生図頼。田主糧食賦税、従何而出。(許孚遠『敬和堂集』公移撫閩稿、「照俗収租、行八府一州」)

さらに調べたところ、ある種の悪賢い佃戸が仲間を集めて悪事を行い、道理や法を顧みず、分収(分益租)の場合には〔田主の収租よりも〕先に〔稲を〕盗抜し、納粟(定額現物租)と決まっていれば砂を多く混ぜ、或いは銀租を滞納して何年も払わず、甚だしい場合には軽生《じさつ》して図頼を行っている。〔こうした状況では〕田主の糧食や賦税は何によって賄われるのであろうか。

当該布告は福建の租佃関係をめぐって、地主の恣意的収奪の規制と佃戸の抗租の禁止とを主たる内容とするものである。許孚遠の認識によれば「分収」「議納」「銀租」という各々の佃租形態に即応した抗租が見られる一方で、抗租における究極の形態として「軽生図頼」が行われていたという[10]。

明清時代の福建では、多くの地方官の言説の中で「閩俗」「閩省慣習」として図頼のことが取り上げられているが[11]、地主に対する抗租においても佃戸は図頼という行為を選択していたのである。例えば、福寧州の万暦『福安県志』巻一、輿地志、風俗に描かれた、

其在村落悪少、動以逋租自毒。

村落にいる悪少年たちは、ともすれば佃租を滞納して自ら服毒する。

という記述も、そうした状況を裏付けているといえよう。

福州府長楽県の事例として、同治『長楽県志』巻一六、列伝五、郷行、国朝、陳仕雅の項には、次のような逸

話が残されている[12]。

陳仕雅、字道月、郡庠生、十四都人。性孝友。……一日向佃戸取租、佃者厲目張拳、反行肆詈。仕雅不校而帰。有頃佃者俥水、墜車下死。有嗾之嚇詐者、其家人曰、吾逋租反辱業主、奈何復以屍嚇之。其大量服人類。此年八十、県挙賓筵。

陳仕雅、字は道月、府学の生員で、十四都の人である。性格は〔親に〕孝・〔兄弟に〕友であった。……ある日、佃戸のところへ租を取り立てに行ったが、佃戸は目をつりあげ拳を握って、かえって罵詈雑言を吐いた。仕雅は〔租を〕取り立てもせず帰ってきた。しばらくして佃戸は〔田で〕揚水作業をしていたときに、〔龍骨〕車から落ちて死亡した。〔田主を〕恐喝するように唆す者がいたが、家族の者は言った。「我々は租を滞納してかえって業主を侮辱したのに、どうしてまた死体を使って恐喝することなどできようか」と。その度量の大きさが人々を敬服させたのである。八十歳になったとき、知県は賓筵に推挙した。

この記事は陳仕雅の地主としての側面を伝えるものである。収租に来た地主陳仕雅を罵倒して追い返した佃戸が、龍骨車による水利作業中に誤って水に落ちて死亡した。早速、その死骸を利用して地主の「嚇詐」を教唆する者が現れるが、しかし家族の者はそれを拒否した、というのがその内容である。佃戸の家族によって図頼が行われなかったということ自体が、まさしく〈郷行〉として陳仕雅が頌徳される所以であった。逆に〈徳のない〉地主は佃戸による図頼の脅威に常に晒されていたというのは穿ちすぎであろうか。

湖南　嘉慶『直隷郴州総志』巻終、附考に収められた、康熙五十三年（一七一四）の興寧県署知県楊蔵の告示「禁悪佃占田示」には、次のような叙述が存在する。

詎有奸悪佃戸、任意欺騙。……不此之思、而徒逞其刁頑之習、因而連年騙租、甚且公然盗売。春則占挿、秋則強割。或倚老病図頼、或使婦人撒潑。存倉者且被強搬、旧欠者不敢過問、以致買田之戸、空輸銭糧、占田之家、坐享籽粒。是誠人情之所大不平、而悪俗之所当急懲者。

ところが悪賢い佃戸は、勝手に〔田主を〕欺瞞している。……このことを考えもせず、徒に刁頑の行為をほしいままにしており、そうして何年も騙租《こうそ》し、甚だしい場合には公然と〔小作している田を〕盗売している。春には勝手に田植えを行い、秋には無理やり収穫している。或いは老人や病人を利用して図頼し、或いは婦人を使って乱暴な振る舞いをさせる。倉に残っていたものは無理やり持っていかれ、〔租の〕滞納については敢えて聞くこともできず、田を購入した戸は、〔租が納入されないのに〕空しく銭糧を納め、田を占拠した家は、〔収穫した〕米穀を享受することになる。これは誠に人情として大いに不平のところであり、悪俗として速やかに懲らしめるべきものである。

「奸悪佃戸」による「騙租」「盗売」という抗租的状況との関連において、老人・病人を利用した図頼の存在が指摘されている。こうした図頼をも包摂する抗租を、楊蔵は早急に取り締まるべき「悪俗」と認識していたのである。

次に、重田徳氏によって詳細な分析がなされた『湖南省例成案』の地主制関係史料の中にも「覇種の悪佃」による図頼についての言及が見られる。乾隆二年(一七三七)十月の岳州府同知陳九昌の詳文には、

亦有田主不甘、将田另召別人耕種、而旧佃虎踞鳩占、刁悪多端。或将老病之父母、放死図頼、或将撒潑之婦女、辱罵上門、或称価頂之世業、横索陋規、或称肘腋之良田、誰敢接種。於是新佃畏不敢攖、情愿裏足而退。而此田竟為佃戸之世業、永無還租之日矣。(『湖南省例成案』工律、巻一、河防、「失時不修堤防」所収「堤塍頂冲之処皆打石硪栽柳防護、厳禁喪家歌鼓悪習、禁止召佃不許田主索取進庄規礼」)

また田主が甘んじないで、別の佃戸を招いて耕作させようとすると、もとの佃戸は居座り続けて、様々な悪さを行う。或いは老病の父母を死なせて図頼を行い、或いは乱暴な婦女に〔田主の〕門のところで罵らせ、或いは〔田面は〕購入した世業だと称して、無理に陋規を求め、或いはすぐ傍の良田だと言えば、誰も敢えて耕作するものはいない。その結

果、新しい佃戸は畏れて近寄ろうとせず、躊躇して止めることを願うのである。こうしてこの田は遂に佃戸の世業となり、租を納入する日は永久にやって来ないのである。

と記されている。(13)「悪佃」に対する地主の退佃――小作田土の取り上げ――という措置への対抗として「将老病之父母、放死図頼」等の行為が佃戸によって行われ、結果としてその土地は事実上「佃戸之世業」となっていたのである。

嘉慶八年(一八〇三)二月、岳州府知府に再任された張五緯も「服毒嚇詐」を禁止する布告の中で、次のように述べている。

茲訪各属、有種頑民、或欠人銭債、無可抵償、或欠人田租、不能再佃。又有偸窃敗露、父兄妻子、冀図先発制人、及逞凶懐羞、忿不顧身。無顔自立之輩、輒服黄藤莽草。似此等凶狠愚頑、其初念未必尽有必死之心、多有藉此恐嚇、或為主使誘服詐解、希図詐頼。迨翻救稍遅、遂自戕身命。因而屍親人等、藉命居奇、架漫無影響之重情、横行訐控。(張五緯『涇陽張公歴任岳長衡三郡風行録』巻二、岳州府嘉慶八年二月回任、「厳禁服毒嚇詐」)

ここに各県を調査したところ、ある種の頑な民は、或いは人の負債を滞納して、返済することもできず、或いは人の田租を滞納して、続けて小作することもできないのである。また窃盗を行ったことが暴かれると、父兄・妻子は、先に人を制することを考え、また乱暴されて恥を抱くと、怒りで身を顧みることもしない。面目をつぶされた輩は、すなわち黄藤莽草を服して死ぬことになる。こうした凶悪で愚かな者たちは、初めは必ずしも絶対に死のうとする気持ちが有ったわけではなく、多くの場合はこれに託けて恐喝しようと考え、或いは教唆する者に誘われて、図頼を行うのである。救護が少しでも遅れると、遂には自ら命を落とすことになる。それによって死者の親族等は、死を利用して金儲けをはかり、全く影も形もなかった重情をでっち上げ、よこしまな告訴を行うのである。

張五緯在任中の岳州府では、銭債・欠租・窃盗等を原因とした「頑民」による図頼、すなわち当事者の自殺とその死骸を利用した親族による恐喝、或いは官憲への誣告が行われていた。[14]

江西　ほぼ同じ頃、『西江政要』に収められた江西按察使汪志伊の告示からも、抗租と図頼との関連を窺うことができる。

一、佃戸耕種、理応依期納租也。乃有悪佃任意拖欠、田主欲行稟追、又恐招富戸名色、受差擾害。如起田別種、該佃戸非縦婦女撒潑、即掇老邁拚命、強行覇踞。即或田主起田自種、而田坐該佃肘腋、或壖水淹苗、或放水旱禾、或成熟盜割、多方戕害、任控莫何。寔為可悪。此種悪佃、地方官応随時厳拿、尽法究治。（『西江政要』巻三六、嘉慶二年、按察使汪志伊「厳禁地方弊端条示」[15]）

一、佃戸が〔田主の土地を〕耕作した場合は、道理としてまさに期限通りに租を納入すべきである。ところが、悪佃は勝手に滞納を行うが、田主は〔官に〕訴えて追徴してもらおうとしても、また富裕な戸であることが、差役の害を招くことを恐れるのである。もし田を取り上げて別〔の佃戸〕に耕作させようとすると、もとの佃戸は婦女に乱暴を働かせるのでなければ、老人を唆して命を捨てさせ、無理やり〔土地の〕覇占を行う。たとい田主が田を取り上げて自耕しようとしても、田はその佃戸の〔家の〕傍に所在しており、或いは〔田に〕水を入れて苗を水没させたり、或いは〔田から〕水を抜いて禾を枯らしたり、或いは稲が稔ると勝手に刈り取ったりと、様々な手段で〔田主を〕妨害し、どうすることもできないのである。まことに憎むべきものである。こうした悪佃については、地方官が随時、厳しく逮捕し、法を尽くして処罰すべきである。

「悪佃」の取締に関する内容であるが、抗租を原因とした地主の退佃（「起佃別種」）に対していわば〈居座り〉（「覇踞」）のための手段として佃戸が選択したものは「掇老邁拚命」という行為であった。老人の死を利用して、地主を標的とする図頼が行われていたのである。

江蘇　今堀誠二・森正夫両氏が紹介・分析された、江北の淮安府山陽県の『江蘇山陽収租全案』の中に、抗租の貫徹のために「服鹵・服毒・自縊等」によって「架命図頼」を行う「悪佃」についての記述が見られるが[16]、江南の蘇州府崑山県においても、道光十四年(一八三四)八月に建立された「崑山県奉憲永禁頑佃積弊碑」には抗租と図頼との関連が明示されている[17]。

当該碑文は崑山県署知県孫琬の告示を刻んだものであるが[18]、「為厳禁頑佃結党抗租、佃農借命詐擾、以除積習、而儆刁徒事」という表題からも明らかなように、佃戸による図頼(「借命詐擾」)は当地の深刻な社会問題となっていたのである。また、孫琬の告示に引用された江蘇署按察使李某の札文には「蘇属抗租旧案」として、嘉慶十二年(一八〇七)―同十三年(一八〇八)の按察使百齢による「示禁頑佃病故、誣陥勒詐之弊」の存在が紹介され、さらに次のように記述されている。

本署司到任以来、検査近年案牘、如元和県佃民陳茂廷欠租、交保病故、屍親陳万等吵毀詐財一案、又無錫県佃民盛万全父子、明退暗覇、捏告人民一案、均経辦以流徒。近日又有儀徴県佃民朱起枢等、借命打搶業主陳元泰家房物一案、即照棍徒生事擾害例、発極辺充軍。又華亭県佃民王桂金、将伊病父、扛抛詐頼、借命毀殴一案、亦奉両院憲批飭勒拿究辦。可見、此風総未尽革、以致因此犯法者、日見其多。

本署司が着任以来、近年の案牘を調査したところ、例えば、元和県の佃戸陳茂廷が租を滞納したので、保甲に引き渡したところ病死し、その親族である陳万等が打ち壊しに行って、財を詐取した一案や、また無錫県の佃戸盛万全の父子が、表では田を返すと言いながら裏では覇占し、人民を誣告した一案については、均しくすでに流罪・徒罪という処罰を行っている。近日では、また儀徴県の佃戸朱起枢等が、人命に託けて業主陳元泰の家の物を掠奪した一案について、ただちに「棍徒が事件を起こして治安を乱した」という例に照らし、極辺に送って軍に充てた。また華亭県の佃戸王桂金が、彼の病気の父を、〔相手の家に〕担いで行って図頼しようとし、人命に託けて掠奪を行い、殴打を加えた一案についても、二人の院憲（総督・巡撫）の命を奉じて逮捕・処罰を行った。こうした風潮すべてを改めることはできず、その結果、これによって法を犯す者が、日々、多く見られることがわかるであろう。

ここに列記された四件の抗租案件のうち、蘇州府元和県・揚州府儀徴県および松江府華亭県のそれは明らかに図頼事件であった。例えば、華亭県の佃戸王桂金の案件は病気の父親を地主の家の門口に運び、その死を待って地主を恐喝し、家財を掠奪するとともに暴力行為をはたらいたというものであろう。

以上、福建・湖南・江西・江蘇の四地域について、抗租と図頼との関連性の見られる事例をいくつか提示してきた。きわめて限られたものではあるが、当該時期の抗租における図頼の展開を、ある程度の地域的・社会的な拡がりのもとに確認しえたといえよう。

また『江蘇山陽収租全案』には〈悪佃〉による「或唆悍妻拚鬧、或架病親尋尽」という行為が明記されていたが、如上の史料の中にも「或倚老病図頼、或使婦人撒潑」（楊蔵）、「或将老病之父母、放死図頼、或将撒潑之婦女、辱罵上門」（陳九昌）、「非縦婦女撒潑、即掇老邁拚命」（汪志伊）という、半ば定型化した表現が見られる点には留意しておきたい。このこと自体、抗租を貫徹するために「婦女」の〈大騒ぎ〉とともに「老病」「老邁」の死を前提とした図頼を選択する佃戸が普遍的に存在していたことを物語っていると思われるからである。

三　図頼関係人命案件――租佃関係をめぐって――

(i)　康熙三十六年福建汀州府上杭県の傅氏自殺事件

福建の中でも、閩西の漳州府龍巖県――雍正十二年(一七三四)五月以降は龍巖直隷州[20]――および汀州府上杭・武平・永定三県一帯は、特産の断腸草による服毒自殺の死骸を利用した図頼がまさしく「刁風」となっていた[21]。康熙三十五年(一六九六)に汀州府知府として着任した王簡庵(諱は廷掄)は、習俗化した図頼の悽まじさを次のように伝えている[22]。

況上杭・武平・永定三県、深山窮谷之中、又生一種毒草、名曰断腸。毒勝砒霜、一経下咽、必無生理。匹夫匹婦、易為採食而捐軀、若子若孫、利其服毒而図頼、以致抄搶之風日熾、軽生之案日繁矣。康熙三十四年八月間、憲台下車之始、於飭誡軽生条示内、已奉告誡諄諄、自応翻然悔悟。其如山深民悍、悪習難除。卑府自受事以来、甫経一載有奇、審過藉命抄搶之案、指不勝屈。除寧化県民曾士才身死一案、以真命而抄搶之外、如武平県民婦修氏身死一案、永定県民廖景林身死一案、上杭県民婦傅氏身死一案、皆服断腸毒草、自殞其身、而屍親藉命抄搶之案也。更有如寧化県民王徳身死一案、武平県民藍生現身死一案、一以砒霜、拌入米粿、子毒其父、一以断腸草汁、拌入米粿、弟毒其兄。無非欲図抄搶、自干寸磔之条。此等案犯、律法未足蔽辜。所当仰籲憲威、特賜厳禁。(王簡庵『臨汀考言』巻六、詳議、「諮訪利弊八条議[23]」)

ましてや上杭・武平・永定の三県は、深山窮谷の中に在り、一種の毒草が生えているが、名を断腸〔草〕という。毒は砒霜より強く、ひとたび喉元を過ぎれば、決して生きていることはできない。匹夫・匹婦は摘んで来て食べて、容易に死ぬことができ、子や孫は服毒して図頼することを利と看做しており、結果として掠奪の風潮が日々に激しく、軽生《じさつ》の案件が日々に多くなっているのである。康熙三十四年八月、憲台が下車《ちゃくにん》したときに、軽生を戒める告示の中に見える、諄々と戒める内容を奉じて、自ら翻然と悔悟すべきであった。山が深く民が荒々しければ、悪習は除き難いのである。卑府が着任して以来、やっと一年餘を過ぎたばかりなのに、審理したところの人命に託けて掠奪をはたらいた案件は、指を屈するに勝えないほどである。寧化県の民曾士才が死亡した一案は、本当の人命事件で掠奪を行ったものであるが、それを除いて、例えば、武平県の婦人修氏が死亡した一案、永定県の民廖景林が死亡した一案、および上杭県の婦人傅氏が死亡した一案は、すべて断腸毒草を服して、自ら命を絶ち、死者の親族が人命に託けて掠奪したという案件である。さらに寧化県の民王徳が死亡した一案、および武平県の民藍生現が死亡した一案は、一つは砒霜を米飯に混ぜ、子がその父を毒殺したものであり、一つは断腸草の汁を米飯に混ぜ、弟がその兄を毒殺したものである。掠奪してやろうと考えて、自ずから死刑の条項に触れたのである。これらの事件の犯人については、律法でもその罪を十分に裁くことはできない。まさに憲台の威光を仰ぎ、特に厳禁〔の命令〕を賜るべきである。

王簡庵は着任以来、一年有餘の間に数多くの「藉命抄搶」案件を審理したといい、具体的な事案として寧化・武平・永定・上杭の各県における六件の図頼事件を例示している。

ここで最初に分析の対象とするのが、如上の史料に見える「上杭県民婦傅氏身死一案」である。事件は康熙三十六年(一六九七)七月二十六日に起こった。[24] 取りあえず、王簡庵『臨汀考言』巻九、審讞、「上杭県民鄧公瑾、威逼傅氏服毒身死」によって、その概要を提示しておきたい。[25]

地主鄧公麟・公瑾兄弟は倉房を共用して収租を行っていた。佃戸羅日賓は鄧公瑾の田土を小作し、毎年、定額一石二斗三升の租穀を納入することとなっていた。この年の七月二十六日、羅日賓が出稼ぎで不在のために、妻の傅氏は親族の張辛生に依頼して租穀二斗を地主の倉房へ納入してもらうことにした。ところが、滞納額のあまりの多さに、鄧公瑾は租穀を運んで来た竹籠を返却せず、かつ身内の者による清算を要求した。張辛生から話を聞いた傅氏は地主との交渉のために出かけて行ったが、鄧公瑾との間で口喧嘩となった。公瑾は傅氏を罵倒・侮辱した。傅氏も負けずと不遜な語を吐き、公瑾の顔を平手で殴った。側にいた鄧公麟はすぐさま竹棒で傅氏の腿を殴り、傅氏を追い払ったのである。憤慨して帰宅した傅氏は毒を服し、再び地主の倉房へ出向き、鄧公麟を摑んで腕に咬みついたが、すでに毒は全身に回っており、その場に倒れて死亡した。傅氏の死を聞いた遺族の羅啓碩は「強姦殺命」で鄧公麟を告訴したのである。

佃租滞納に起因した、地主鄧公瑾・公麟兄弟と佃戸羅日賓の妻傅氏との間の諍いが、地主兄弟に侮辱・殴打を加えられて憤激した傅氏による服毒自殺と遺族羅啓碩による「強姦殺命」の誣告とを惹起した事件である。

上杭県の招解を受けて、知府王简庵は次のような擬罪を行った。

惟是傅氏与公瑾、互相口角之時、公麟不以理遣反、将竹槓殴逐。傅氏之憤極軽生、実由於此。威逼致死之条、公麟百喙難辞。……照依県擬本条正律、予以満杖、追給埋葬銀両。此亦平情準法、非敢故為軽縦也。鄧公瑾留筐辱詈、致起釁端、縄以不応重杖、洵為不枉。(26)

ただ傅氏と公瑾とが、互いに言い争いをした時、公麟は道理によって帰るようにさせるのではなく、竹棒で殴って追い払ったのである。傅氏が憤懣やるかたなく軽生したのは、誠にこれが原因であった。威逼致死条〔の適用〕は、公麟がどのように辯解しても逃れ難いのである。……県が擬罪した本条の律文に照らして、満杖(杖百)とし、埋葬銀両を追徴して支給することとする。このようにすれば、情の平衡を保ち、法に依拠することにもなり、敢えて故意に寛大に扱ったということにはならないであろう。鄧公瑾は筐を返さずに罵詈を加え、事件の発端となったのであるから、不応重律による杖刑としても、誠に不当な処罰にはならないであろう。

傅氏の「憤極軽生」の主たる原因が鄧公麟の竹棒による殴打にあると王简庵は認定し、鄧公麟に対しては清律の「威逼人致死」条の適用による杖一百、鄧公瑾に対しては「不応重律」による杖八十という処罰を、さらに公麟には傅氏の夫羅日賓へ「埋葬銀両」の支給を命じたのである[27]。

当該事件の性格について、王簡庵はまた次のような注目すべき見解を表明している。

再閲原給租帖、毎年輸穀、載定一石二斗三升、実係還少欠多。明出傅氏尋釁図頼、竟以死徇羅啓碩等。見傅氏已死、視為奇貨、以公麟臂咬有痕、指為強姦的拠[28]。

さらにもともとの租帖を閲したところ、毎年の租穀の納入額は、一石二斗三升と決められており、実際には払った額は少なく、滞納分が多かったのである。明らかに傅氏が諍いを求めて図頼し、遂に死によって羅啓碩等に（図頼することを）誘いかけたのである。傅氏がすでに死んだのを見て、奇貨（居くべし）と看做し、公麟の腕に噛みついた痕が残っていたのを指して、強姦の証拠としたのである。

地主の「租帖」（収租簿）に明記された定額の佃租一石二斗三升と当該年度における実際の佃租納入額――多額の欠租となっていた――とを比較対照して、王簡庵は傅氏の行為が地主鄧兄弟を標的とした意図的な図頼（「尋釁図頼」）であり、自殺と引き換えに遺族がその死を利用して実質的な利益を得るように身をもって要請したものと認識しているのである。

傅氏自殺事件は欠租に端を発した図頼であった。地主の収奪に晒された佃戸にとって、死をともなう図頼は地主に対する抵抗の最終的な手段とでもいうべきものであろう。傅氏のあまりにも性急な死の選択は、直接的には地主の侮辱・殴打に対する憤激によってもたらされたものであった。しかしながら、佃戸の妻である傅氏の心の深層には地主を見返す手段として、常日頃から図頼という行為が内在していたと看做しえるのではなかろうか。

(ii)　康熙四十年代湖南岳州府の毛玉鼎自殺事件

『趙恭毅公自治官書』巻一七、讞断、刑政類に所収された「批鍾奇索租、致毛玉鼎服毒自尽一案」は、趙申喬が康熙四十一年(一七〇二)から同四十九年(一七一〇)まで湖南の巡撫――制度上は「偏沅巡撫」――として在職した時期の案牘であるが[29]、当該案件の内容もまた租佃関係の矛盾から派生した図頼事件であった。この案牘には康熙四十三年(一七〇四)―同四十九年(一七一〇)の湖南按察使郎廷棟[30]の詳文が引かれているが、その詳文によって事件の概要を見ることにしたい[31]。

毛玉鼎はもともと田土を所有して自耕していたが、ある年、その田土を鍾正奇に売却し、そのまま佃戸となった。昨年、主佃双方の合意によって佃租は〈臨田分割〉と取り決められた。ところが、毛玉鼎は地主との〈分割〉の前に、勝手に三石分の稲を刈り取ったのである。鍾正奇は奴僕の鍾長を遣して一石五斗分の佃租納入を要求したが、両者の間で口喧嘩となった。その結果、毛玉鼎は短気を起こして服毒自殺した。息子の毛良はその夜、鍾正奇の家の門口まで父の死骸を担いで行った。そして「鍾長等が佃租の催促で諍いを起こし、父親を蹴殺した」と県衙門に告状を提出したのである。他方、鍾正奇の側も「玉鼎の死は族人による会銀の強要が原因で、併せて図頼による抗租を企てたのだ」という反論の訴状を提出した[32]。

この史料には事件の起こった府州県名が明記されていない。しかしながら、郎廷棟が引用する府の詳文に、

県験服毒自尽、並無傷痕。詳奉批審、転飭平江県審詳議。

県の験死では服毒による自殺であり、全く傷痕は無かった。詳文に対する〔憲台の〕審理せよという批を奉じ、転じて平江県に命じて審理して報告するようにさせた。

とあることから、当該の府が事件と直接的には関係のない平江県に〈委審〉を命じていたことが窺えよう。従って、ここで該当する府は平江県の所属する岳州府であったと思われる[34]。

事件そのものは地主鍾正奇と佃戸毛玉鼎との間の収租をめぐる諍い——毛玉鼎の事実上の抗租——に起因したものであった。地主の奴僕鍾長による佃租の取り立てに対して毛玉鼎が服毒自殺し、妻の毛阿馮および息子の毛良がその死骸を地主の家の門口に放置して、地主の奴僕に殺害された〔踢傷身死〕と県に誣告したものである。まさしく図頼であった。

図頼・誣告を行った毛阿馮・毛良の処罰について、郎廷棟の詳文は上述の平江県の再審理による、次のような擬律を引用している。

毛良将已死父身屍図頼律、杖一百・徒三年。毛阿馮比以卑幼、将期親尊長図頼人律、杖八十・徒二年、照例収贖[35]。

毛良は「すでに死亡した父の死体によって図頼した」という律によって、杖一百・徒三年とする。毛阿馮は「卑幼で、期親の尊長〔の死体〕によって人を図頼した」という律に比附して、杖八十・徒二年とするが、例に照らして罰贖とする。

ともに図頼の律によるものであり、毛阿馮は「収贖」処分であるが、毛良は杖一百および徒三年の実刑というものであった。しかしながら、按察使郎廷棟は、

毛阿馮等告詞固虚、律応議擬、但伊夫伊父身死是実、情殊可憫。応請従寛免其問徒、留養及収贖。

毛阿馮等の告訴状はもとよりでたらめであり、律によって擬罪すべきであるが、但し夫や父が死亡しているのは事実であり、情として誠に憐れむべきである。まさに寛大に取り扱って徒罪を免除し、留養および罰贖にするように請うべきである。

とあるように、(36)誣告という事実を認めながらも、父であった毛玉鼎の死という情状を酌量して、毛良に対しては徒刑免除による「留養及収贖」という措置を妥当なものと判断したのである。(37)

他方、図頼の被害者側にあたる地主鍾正奇および奴僕鍾長に対してはどのような処置がなされたのであろうか。鍾長の場合は、

此鍾長等、雖無可畏之威、然辱人不堪、致令玉鼎服毒自尽、実属不合。応予重杖、以慰幽魂。

鍾長等は、畏るべき威勢が無かったとはいえ、しかし、人が堪えられないほど恥辱を与え、結果として玉鼎が服毒による自殺を行うことになったのであり、誠に不合《ふとどき》である。まさに重い杖刑として、〔死んだ玉鼎の〕幽魂を慰めるべきである。

とあって、(38)佃租の取り立て自体に「威逼」はなかったものの、毛玉鼎の自殺という厳然たる事実の前に鍾長の行動が「不合」と看做され、「重杖」といういわば懲戒的処分が科せられることになったのである。また鍾正奇についても、次のように記述されている。

鍾正奇接買毛玉鼎庄田、契載価銀七両、止給六両、虚填一両、致令玉鼎含怨於中。迨欠租穀一石五斗、復令両僕、上門逼取、亦属過挙。被控、復捏族逼会銀起釁情詞妄訴、不合。応於正奇名下、追田価銀一両、並量断銀四両、以為玉鼎埋葬之費。念係生員、免其議擬。(39)

鍾正奇は毛玉鼎の庄田を購買したとき、契約書には価銀が七両と記載されていたが、ただ六両を支払っただけで、一両を払ったように見せかけていたために、玉鼎が怨みを抱くことになったのである。〔玉鼎が〕租穀一石五斗を滞納するに及んで、また二人の奴僕に、家に出向いて取り立てるようにさせたのは、やりすぎである。訴えられたとはいえ、また一族に会銀を払うように迫られて諍いが起こったという訴詞をでっち上げたことは、不合である。まさに正奇の名前で、田の価銀一両を追徴すべきであり、併せて銀四両を〔出させて〕、玉鼎の埋葬の費用とする。〔正奇が〕生員で

あることを考慮し、擬罪を免除する。

毛玉鼎から田土を購入した際に銀一両分の未納があったこと、欠租の取り立てが「過挙」であったこと、そして提出された訴状が虚偽の内容であったことの三点が考慮され、鍾正奇自身も「不合」と看做されて未納分の田価銀一両および玉鼎の埋葬費用として銀四両を追徴され、遺族へ支給されることになったのである。(40)

ここで特に注目しておきたい点は、毛良等が明らかに図頼を行ったにも拘わらず、逆に地主の鍾正奇から埋葬費用として銀四両が支給されるという実利に与っていることである。事実として、図頼はその行為を選択した側に〈利〉をもたらしたのであった。それと同時に、たとい加害者側の図頼という不法行為が明白であったとしても、すでに一人の命が失われたという厳然たる事実は存在するのであり、その事実に見合った処置が模索され、加害者・被害者双方の諸々の情状が勘案された結果、図頼を敢行した毛良等に対しては事実上の減刑という措置がとられたのである。

なお、当該事件でも先の傅氏自殺事件と同様に「威逼」の問題が微妙に影響している点(「雖無可畏之威」)には留意しておきたい。

(iii)　道光二十年代江西吉安府泰和県の周作統自殺事件

道光十五年(一八三五)に弱冠二十五歳で贛州府興国県知県に就任し、その後、同二十二年(一八四二)には南康府安義県、同二十三年(一八四三)には吉安府泰和県、そして道光二十五年(一八四五)からは饒州府鄱陽県と江西の知県を歴任し、それぞれの地域で〈名宦〉として地方志に顕彰され、名判官と謳われた沈衍慶の『槐卿政績』巻三、判牘二、泰和、「図逼斃命事」は、泰和県知県時代における図頼事件についての判語である。(41)先の二つの事例と同様に、まず概要を提示することにしたい[42]。

周作統は族叔周星会の田土を小作していた。その土地は元来、周作統が自分の土地を売却したものであったが、彼はそのまま佃戸となり、すでに数年が経っていた。一度、周作統が佃租を滞納したとき、周星会はその田土を取り上げ、滞納額の完納を俟って再び小作させた。また周星会は地主と佃戸との区別が曖昧になることを恐れ、作統の佃作地を取り上げて、同じく五斗種の別の田土を小作させようとした。ところが、その土地が瘠地であったにも拘わらず、佃租は全く減額されなかったのである。周作統は周星会の家の門口で自縊した。家の戸口を開けて作統の自殺死体を発見した周星会は、その死骸を家の裏に隠して難を逃れようとした。しかし、周作統の死体を発見した妻の黄氏は、一族の周継運等を使って死体を再び周星会の家の門口まで運んだのである。

これも租佃関係にかかわる事案である。地主に対する憤懣を抱いて佃戸周作統が自縊した。その憤懣の原因は地主周星会による「奪佃」と「換田」とに在った。ここでは特に周作統の自縊に接した妻黄氏の行動に注目したい。

黄氏の取った行動は、地主の隠匿した周作統の死骸をもう一度、地主の家の門口まで運ばせて放置するというものであった。地主の家の門口で自縊するという周作統の行為自体も図頼を意図したものと思われるが、黄氏の行為もまさしく図頼であった。当該判語による限り、恐喝という事実は見られないものの、黄氏の行為は地主に対する嫌がらせを意図するとともに、何がしかの実入りを期待してのことであったと思われる。

知県沈衍慶は、周星会が地主として周作統の佃作地を取り替えたこと(「換田」)自体を「不合」とは看做していないが、痩せ地であるにも拘わらず、佃租の減額を行わなかった点については「平允」を欠いたものと判断している[43]。さらに星会が作統の死骸を発見した後、それを隠匿しようとしたこともあって、黄氏に対して「埋葬銀十両」を支給するように地主周星会に命じたのである。その一方で、図頼の行為者である黄氏は如何なる処分も受けていないのである。[44] 結果的には、図頼を行った側が埋葬銀という名目で銀十両を地主からせしめたことになろう。

(iv) 若干の考察

以上、僅か三例のみではあるが、地主 - 佃戸関係および抗租に関連した図頼の具体的事例について検討してきた。

この三つの事案に共通するものとして特に注目したい点は、図頼を行った側がすべて死者の埋葬の費用(「埋葬銀」「埋葬之費」)を支給されていることである。王簡庵の判は傅氏自殺の原因が地主鄧公麟の直截的暴力という「威逼」によるものと認定し、清律の条文に依拠して埋葬銀十両を地主から追徴するというものであった。但し、その一方で傅氏の自殺が図頼であるとの認識にも至っていたのである。次に趙申喬の案牘では、毛玉鼎の死骸を利用した毛良の行為が図頼と認定され、清律の「殺子孫及奴婢図頼人」条による擬律が行われながらも、結局のところ毛良は情状酌量による留養処分——但し、杖一百という処罰は受ける——となった。他方、地主の側は埋葬費用として銀四両を支払わされたのである。そして沈衍慶の判では、夫の死骸を地主の門口まで運ばせた黄氏の図頼的行為に対しては全くの〈お咎めなし〉であったが、逆に地主の側は埋葬銀十両を追徴されたのである。

特に三番目の事案は〈州県自理〉の判であり、知県沈衍慶の裁量——滋賀秀三氏の所謂〈常識的衡平感覚〉——こそが判断の源泉であった。[45] 当該図頼案件を裁いた沈衍慶の認識は、図頼した側だけが一方的に処罰される存在だったのではなく、図頼された側も何らかの責を負わねばならないというものであった。自ら選択した行為が不法な図頼であったにも拘わらず、夫の自死という不幸に直面した被告黄氏に対しては原告の地主周星会による埋葬銀の支給こそが適度なバランスある処置だと、沈衍慶には判断されたものと思われる。

ところで、当然のように埋葬銀の追徴は清律の「威逼人致死」条を踏まえてのことであったが、この点は趙申喬の案牘に見える郎廷棟の措置にも共通するものだといえよう。諸々の事情が勘案されているとはいえ、地主による埋葬費用の支給によって両造間のバランスがある程度は保たれるという認識であろう。

こうして見てくると、地方レヴェルの裁判の場では、抗租における究極の行為とでもいうべき図頼を選択した佃戸（およびその家族の者）が、図頼という不法行為を犯したことで法的に、しかも厳密に処罰されるということがあまりなかったといえるのではなかろうか。さらにそうした佃戸が裁判の結果として地主による埋葬銀の支給という実利に与ることができたという点をも併せ考えるとき、当該時期における裁判の実態が図頼行為を益々助長するという悪循環をも醸成していたと看做すことができよう。

おわりに

清末の『点石斎画報』に掲載された「刁佃」の記事は、地主の収奪に対する佃戸の抵抗を、いわば究極の様態において描写したものであった。地主に対する抗租を貫徹するために〈親殺し〉の図頼を選択したことは、その行為が未遂に終わったとはいえ、まさに意図した以上の結果を当該佃戸にもたらしたのである。

『点石斎画報』「刁佃」に象徴的に表現された世界、抗租を行うにあたって、主として親族の死または死骸を利用して地主を恐喝・誣告する佃戸――或いは当人の自死を利用する佃戸の親族――の存在は、明末以降の華中南地域においてまさしく社会的な拡がりをもつ事象であったといえよう。その一方で、地方官権力の図頼案件への対応については、明清律に「殺子孫及奴婢図頼人」条の明確な規定が存在するにも拘わらず、当該条文が厳密に適用されることはあまりなかったのであり、地主‐佃戸関係という社会的・経済的な対抗関係の中では、むしろ社会的・経済的な上位者とでもいうべき地主による「威逼」の問題が図頼案件には色濃く投影していたのである。個々の案件では結果として、図頼を行った側の佃戸が地主から埋葬銀を支給されるというケースがかなり一般的であったと思われる。なお、法制面における図頼と威逼との関連については、より詳細な検討を次章で行うことにしたい。

最後に、図頼を選択する佃戸の心性の問題に関連して若干附言しておきたい。図頼を意図して自死した佃戸について、史料的には「軽生図頼」「短見軽生」と表現されるようにそれはあまりにも性急な死の選択であった。また父や夫の自死という過酷な状況に直面した家族が、その死骸を日頃から怨みを抱いていた地主の家まで運ぶという行為(「擡屍」)には、驚愕・悲嘆からの覚醒という心の転換がなされざるをえないであろう。さらに当該時期の佃戸ばかりでなく、地主をも含む広汎な階層の人々にとって図頼はきわめて悽愴な行為であったにも拘わらず、意外と親和性をもつものであったことも軽視しえない点だといえよう。筆者にとって図頼は、特に社会の底辺に生きた人々の秩序意識・行為規範と密接に関連していたように思われるのである。こうした図頼をめぐる心性については、史料的に大きな困難がともなうことが予想されるが、一つの重要な課題として取り組んでいかねばならないであろう。

なお、図頼または性急な死の選択ということに関連して、ここでは一点のみ指摘しておくことにしたい。それは当時の佃戸たちの〈死生観〉〈他界観〉の問題である。例えば、前出の湖南岳州府知府時代の張五緯は次のような抗租の取締に関する韻文体の告示を残している。

更有佃欠主人穀。豈尽歳歉租無餘。味心呑抗仍覇種。退佃打降毀戸扉。掘塍割禾並砍樹。牽去牛隻悞耕犂。

慣行服毒詐害険。那計死別与生離。審明覇佃田仍退。縦死鴻毛付溝渠。（張五緯『涇陽張公歴任岳長衡三郡風行録』巻二、岳州府嘉慶八年二月回任、「七字瑣言示諭」）

更に佃戸で主人の穀物を滞納する者がいる。どうしてすべてが不作で、払うべき租がないなどといえようか。心を欺いて抗租を行い、さらに〔田を〕覇種する。佃戸を辞めさせようとすれば、暴れて戸を壊したりする。溝を掘り作物を刈り取り、さらに樹を切り倒す。〔借りていた〕耕牛を連れ去り、耕作ができないようにさせる。服毒を慣れ行い、その詐害は陰険である。どうして死別と生離とを較べたりするのか。審理して覇佃が明らかになれば、〔小作している〕田は取り上げられる。たとい死んだとしても、鴻毛を溝渠で流すようなものである。

注目すべきところは「慣行服毒詐害険。那計死別与生離」という部分である。張五緯は佃戸による図頼の選択が「死別」と「生離」とを天秤にかけたうえでなされているという認識に至っていたのである。まさしく〈生〉と〈死〉とが同一の次元に置かれ、〈生〉の延長線上に〈死〉の選択がなされているという認識であろう。こうした死生観に裏打ちされた心性と性急な死をともなう図頼行為の選択とは、まさしく密接な関連性を有していたのである。(46)

（1）　岩井茂樹氏は戦後の明清社会経済史を主導されてきた小山正明氏の『明清社会経済史研究』〔小山正明一九九二〕の書評において「発展、変化の位相において研究対象を把握するばかりでなく、変化せざるもの、持続の位相に着目することも、歴史研究の必経の途ではないだろうか」と述べられている。〔岩井茂樹一九九四b〕三六五頁。

（2）　明律、刑律、人命、「殺子孫及奴婢図頼人」の条文は、次の通りである。
凡祖父母父母、故殺子孫、及家長故殺奴婢、図頼人者、杖七十、徒一年半。若子孫将已死祖父母父母、奴婢雇工人将家長身屍、図頼人者、杖一百、徒三年。期親尊長、杖八十、徒二年。大功小功緦麻、各遞減一等。若尊長将已死卑幼、及他人身屍、図頼人者、杖八十。其告官者、随所告軽重、並依誣告平人律論罪。若因而詐取財物者、計贓、准窃盗論、搶去財物者、准白昼搶奪論、免刺、各従重科断。（〔黄彰健一九七九〕八一三―八一四頁）

清律では若干の小註が加えられているが、ほぼ同文である。なお、唐律には当該条項は存在しない。
（3）［森正夫－八三］三七三―三七四頁。
（4）なお図頼については、［上田信－九六］を併せて参照されたい。
（5）『点石斎画報』については、［武田雅哉－八八］・［武田雅哉－八九］・［方漢奇－八一］等、参照。『点石斎画報』の近年刊行された影印本としては、管見の限り、次の三種類が存在する。①天一出版社、台北、一九七八年、全三〇冊、②広東人民出版社、広州、一九八三年、全四四冊、③江蘇広陵古籍刻印社、揚州、一九九〇年、全二冊、である。但し①と②とは当初発行されたものではなく、おそらくは光緒二十三年（一八九七）に再刊されたもの――②によれば甲集～癸集を『点石斎画報初集』、子集～亥集を『同二集』、金集～木集を『同三集』としており、それぞれの封面にはともに「丁酉九秋重印」と記されている。「丁酉」は光緒二十三年（一八九七）を指すと思われる――の影印であり、号数および発行年月が記載された各号の封面が削除されている。他方、③は当初のものによると思われ、各号の封面を含む影印がなされているが、二冊本で「上」「下」と銘打たれているものの、中身は光緒十年（一八八四）四月の創刊号から同十一年（一八八五）七月上浣の第四八号までの、全体の一割にも満たないというものである。なお、原刊本は残本――光緒十年（一八八四）から同十九年（一八九三）までの合計二六五号分――ではあるが、東京大学東洋文化研究所に所蔵されている。
（6）［武田雅哉－八九］一八頁。
（7）例えば、道光二十六年（一八四六）に浙江厳州府建徳県署知県に就任した段光清の『鏡湖自撰年譜』道光二十七年丁未には「忽有城南対河一人、在署外叫喊云、有人在我家図頼」に始まる、図頼されそうになった男が慌てて県衙門に訴えて来る逸話が収録されている。自縊等による死骸がいまだ存在しない段階で、すなわち図頼が行われる以前の段階でそれを図頼だと認識する共通の基盤が、当時の民衆の世界には存在していたといえよう。本書第四部第十章、四四七―四四九頁、参照。
（8）孝感県はもともと徳安府に属していたが、雍正七年（一七二九）に漢陽府の所属となっている。［牛平漢－九〇］二二八・二三五頁、参照。
（9）当該史料は、［安野省三－六二］七四頁において紹介された。なお光緒『孝感県志』巻五、風土志、習俗でも、康熙県志の当該記事がそのまま踏襲されている。
（10）本書第一部第一章、一五―一七頁、および［森正夫－八三］二五五―二五九頁、参照。
（11）例えば、万暦四十三年（一六一五）―同四十五年（一六一七）の福建巡撫黄承玄は「閩俗険健、毎毎軽生自尽、習以為常」

（『盟鷗堂集』巻三〇、公移二、「禁図頼」）といい、また康熙三十八年（一六九九）十一月、同じく巡撫張志棟も「閩省慣習假命、害累株連」（康熙『武平県志』巻一〇、藝文志、条約）と述べている。

（12）当該記事の末尾には、割註で「旧志」と記されている。また民国『長楽県志』巻二六、列伝六、義行、清、陳仕雅の項にもほぼ同文が収録されているが、その末尾には同じく「乾隆賀志」と記されている。同治県志の当該記事は、乾隆『長楽県志』のそれを踏襲したものだといえよう。なお、乾隆県志はわが国には現存しない。

（13）［重田徳‐七五（重田徳‐六一）］六九―七〇頁、参照。

（14）また、同じく『涇陽張公歴任岳長衡三郡風行録』巻二、岳州府嘉慶八年二月回任、「扎飭各邑査辦刁佃控案」にも次のように記されている。

何以抗欠覇踞、竟至刁佃成風。……更有可仗以逞其刁者。一経田主控追、即以応交租穀之半、賄囑原差、遂可安然無事。或賄商経差、捏情誣控、計図抵塞。或主婦女蛮頼、強索賃資。甚至毀壊田屋、做死恐嚇、装傷訛詐、誣告田東。

（15）この『西江政要』は寺田浩明氏の所謂「按察司本」である。［寺田浩明‐九三］参照。

（16）李程儒『江蘇山陽収租全案』「計開詳定条例」（全五条）第一条の「悪佃」の項。当該史料に関しては、［今堀誠二‐六七（今堀誠二‐六八）］・［森正夫‐七一］・［森正夫‐八三］参照。

（17）江蘇省博物館編『江蘇省明清以来碑刻資料選集』生活・新知・読書三聯書店、北京、一九五九年、四三七―四三九頁。当該史料は洪煥椿編『明清蘇州農村経済資料』江蘇古籍出版社、南京、一九八八年、六一六―六一八頁にも収録されている。

（18）当該史料に見える「署江南蘇州府崑山県正堂加十級・紀録十次孫」が孫琬であることは、光緒『崑新両県続修合志』巻一六、歴代職官表、国朝、崑山知県によって確認した。

（19）当該史料では「案奉前署按察使李札発示開」と記されているが、［銭実甫‐八〇b］によれば、道光元年（一八二一）以降、李姓の江蘇按察使は在任しておらず、現時点では「前署按察使李」を特定するに至っていない。

（20）［牛平漢‐九〇］一六六・一七二頁、参照。

（21）例えば、康熙『龍巖県志』巻九、藝文志、公移に収録された万暦十一年（一五八三）就任の龍巖県知県、呉守忠「六議」には、

一、禁服毒草。……今龍巖山僻、地産断腸草、食之輒死。蓋郷愚恃以為先発制人之策、地棍藉此為騙詐罔害之媒。此也殞命、彼則傾家。以故楽視其親戚之死而不救、図以報仇搬搶為快志。

と見える。また乾隆『永定県志』巻一、封域志、土産、花艸、「草之通有者」の「断腸艸」の項にも、
　根名野葛、葉名鈎吻。毒人立死。毎有因憤食以死者、亦有愚民争闘、食之死、以恣図頼者。
とあって、断腸草と図頼との関連が述べられている。断腸草はまた「野葛」「鈎吻」とも呼ばれていた。現在の福建でも断腸草と通称されており、地域によっては梭葛・山砒霜・大茶薬等と呼ばれているようである。学名は *Gelsemium elegans* (*Gardn. Et Champ.*) *Benth.* であり、和名フジウツギ科の毒草だと思われる。[中国科学院北京植物研究所－七四]三七一頁、[福建省医薬研究所－七九]三八三－三八五頁、および[伊東智恵子－八四]三一頁、参照。如上の三文献については、金沢大学文学部持井康孝氏の御教示を頂いた。ここに謝意を表する次第である。

(22)　王簡庵の汀州府知府としての着任年代については、[森正夫－七三]三一頁補註(2)で検討されているが、史料間の記事の異同によって年代の確定を留保されていた。例えば、乾隆『汀州府志』巻一八、職官三、国朝知府、王廷掄の項には「康熙三十五年任」とあるが、同府志、巻二〇、名宦、国朝、王廷掄の項では「康熙三十四年、由戸部郎中、出知汀州」と記されているからである。しかしながら、『臨汀考言』巻首、所収の河南帰徳府商丘県出身の宋犖によって「康熙庚辰中秋」＝康熙三十九年(一七〇〇)八月に書かれた序には、
　三晋王使君簡庵、以民部郎、出守汀州四年、政修民和、百廃具興。

とあって、王簡庵の汀州府知府着任の年代を康熙三十五年(一六九六)に比定することができるように思われる。

(23)　ここに引用したのは「諮訪利弊八条議」の第一条に相当する「假命之刁風甚熾、抄搶之懲創宜厳也」に始まる部分である。

(24)　註(25)に提示した史料では、事件の発生について「本年七月二十六日」という日附が記されているのみであるが、註(22)で述べたように、王簡庵の知府着任が康熙三十五年(一六九六)であり、かつ前掲の『臨汀考言』「諮訪利弊八条議」によって明らかなように、着任後「一載有奇」の間に当該事件が起こっていることから、事件の発生を康熙三十六年(一六九七)に比定した次第である。

(25)　概要は王簡庵『臨汀考言』巻九、審讞、「上杭県民鄧公瑾、威逼傅氏服毒身死」の次の記述に拠った。
　審看得、鄧公麟真山僻郷愚、斯驕且吝、与弟鄧公瑾、各有田産、共廪収租。有佃戸羅日賓者、該租穀一石二斗三升。因傭工遠出、伊妻傅氏於本年七月二十六日、浼親張辛生挑穀二斗、赴倉交納。雖欠数過多、応俟其夫回日補償。夫何公瑾留其送穀籮筐、令辛生喚伊親属、来倉清算。辛生帰語傅氏、竟自親身往理。彼此較論多寡、公瑾詬詈相加、傅氏逞刁不遜。而公麟即持竹槓、殴傷氏腿、以致傅氏抱憤、帰家蔵毒、復往一入倉門、即将公麟扭結、咬傷手臂。公麟見其形状詑異、揮拳一撃、始

得脱身出外。急呼隣婦劉氏・薛氏、幷隣居李淑英等、斉至倉房、而傅氏之毒発攻心、僵仆於地、已莫可解救矣。此倉隣李淑初、備悉其詳、合之公麟等各犯所供、如出一口。乃屍親羅啓碩、遂以強姦殺命為詞。……

覆審看得、傅氏服毒、被毆而死也。実因鄧公麟弟兄、以交穀数少、留筐肇釁、傅氏驟聞張辛生之語、即踉蹌而来、以歳歉薄収、冀図取筐清結。詎公麟等執持原租定額、筐既不還、復加詬詈。而傅氏亦語多不遜、遽爾掌撃公瑾之面。公麟恃居田主、輒将竹槓、撃其右腿、駆之出門。乃傅氏田間愚婦、帰家気憤塡胸、遂又服毒而往、早拚一死、以洩其忿。誠匹婦之短見軽生。故一入倉門、逢人扭結。時公瑾見其狂背之状、即為趨避。猝遇公麟、被扭不放、咬其手膊。公麟脱身無計、加之以拳傅氏右肋之傷。……

(26)『臨汀考言』巻九、審讞、「上杭県民鄧公瑾、威逼傅氏服毒身死」。

(27)清律の「威逼人致死」および「不応為」の規定は各々、次の通りである。

凡因事〈戸婚田土銭債之類〉、威逼人致〈自尽〉死者、〈審犯人必有可畏之威〉杖一百。若官吏公使人、非因公務、而威逼平民致死者、罪同。〈以上二項〉並追埋葬銀一十両〈給付死者之家〉。（呉壇『大清律例通考』巻二六、刑律、人命、威逼人致死。なお〈　〉内は小註の記載である。以下、同）

凡不応得為而為之者、笞四十。事理重者、杖八十〈律無罪名、所犯事有軽重、各量情而坐之〉。（同、巻三四、刑律、雑犯、不応為）

前者については、［中村茂夫－七三］、後者については、［中村茂夫－八三］参照。なお王簡庵の擬罪は「憲台」（按察使か）の「駁飭」によって、いわば〈差し戻し〉となった。従って、註(25)所引史料の「覆審」以下が二度目の判である。但し、簡庵の二度目の擬罪も初判と同様の内容であった。

(28)註(26)参照。

(29)［銭実甫－八〇ａ］一五六三－一五六八頁、参照。なお、偏沅巡撫は康熙三年（一六六四）以降、その衙門が長沙に置かれており、雍正二年（一七二四）に至るまで名称は維持されたものの、実質的には湖南巡撫であった。［劉子揚－八八］七四頁、参照。

(30)［銭実甫－八〇ｂ］二〇二二－二〇二四頁、参照。

(31)概要は趙申喬『趙恭毅公自治官書』巻一七、讞断、刑政類、「批鍾奇索租、致毛玉鼎服毒自尽一案」の次の記述に拠った。

按察使郎廷棟、査看得、毛玉鼎服毒身死一案。縁、玉鼎於某年、将田売与鍾正奇為業。仍玉鼎耕種納租、歴久無異。至上年、主佃共議、臨田分割。詎玉鼎於未分之前、即独自割穀三石。内正奇該分一石五斗、正奇遣僕鍾長等、前往索租、両相角口、玉鼎遂爾短見軽生、服毒自尽。伊子毛良等、当夜扛屍於正奇之門、捏称為鍾長等、索租起釁、踢傷身死告県。而正奇称、玉鼎之死、為衆逼取会銀起釁、藉以図頼掯租具訴。

(32) 前註所引史料からも明らかなように、毛良については「告県」、鍾正奇については「具訴」と表現されている。〈告状〉と〈訴状〉とについては、[夫馬進－九三]四四〇頁、参照。

(33) 『趙恭毅公自治官書』巻一七、讞断、刑政類、「批鍾奇索租、致毛玉鼎服毒自尽一案」。

(34) 〈委審〉については、[滋賀秀三－八四]三四―三六頁、参照。

(35) 註(33)参照。

(36) 同前。

(37) 毛良の「留養及収贖」は、清律、名例律、「犯罪存留養親」の律文に、

若犯徒流〈而祖父母父母老疾、無人侍養〉者、止杖一百、餘罪収贖、存留養親。(呉壇『大清律例通考』巻四下、名例律下、「犯罪存留養親」)

とある規定に対応するものであろう。なお「留養」については、[滋賀秀三－八四]二五頁、参照。

(38) 註(33)参照。

(39) 同前。

(40) 郎廷棟の定擬は、趙申喬の〈批〉でもそのまま裁可された。

(41) 沈衍慶の治績については、①同治『贛州府志』巻四三、官師志、県名宦、国朝、②同治『安義県志』巻六、職官志、名宦、国朝、③光緒『泰和県志』巻五、政典、宦蹟、④同治『饒州府志』巻一三、職官志五、名宦下、県職、鄱陽県、等から窺うことができるが、特に②では、

除莠安良、執法尚厳、豪強者畏之。審訟畢堂断、渉筆即成。

とあり、また④でも、

聴断明決、積牘一清、民服其明允。

と記されている。

(42) 沈衍慶『槐卿政績』巻三、判牘二、泰和、「凶逼斃命事」の全文は、次の通りである。

周作統、旧耕族叔周星会田畝。星会因其欠租而奪之、旋俟其完租而還之、此亦田舎翁之常事也。作統原売有五斗種田、与星

会為業、仍属作統賃耕、已経数年。星会慮日後主佃不分、将田起回、另換五斗田給耕、此又小民為子孫計之恒情也。然則作統之自縊、於星会乎何尤。独是始之奪佃、原欠実属無多、継之換田、業瘠而租未減。是星会平日、錙銖必較、不留餘地、亦概可見。且開門見有縊屍、理応報験。乃輒将屍身、移至屋後、希図脱卸。掩耳盗鈴、何其愚也。夫業各有主、起佃換田、在星会並無不合。惟所換之田略瘠、応較原租七碩、減為六碩五斗、以昭平允。除飭屍兄作級、換立賃耕外、仍酌断星会、出埋葬銀十両、給屍妻黄氏具領。周継暹・聘選等、聴従黄氏、将屍由屋背、移回星会門首、大属不応。訊無主使、藉詐別情。姑免深究。

（43）　註（42）参照。

（44）　同前。

（45）　［滋賀秀三 - 八一（滋賀秀三 - 八四）］・［滋賀秀三 - 八七 a］・［滋賀秀三 - 八七 b］等、参照。なお〈常識的衡平感覚〉という用語は、［滋賀秀三 - 八七 b］三四四頁において用いられている。

（46）　自縊・服毒等による悲業の死の場合、死者の魂が〈鬼〉となってこの世に漂い、怨みのある者に祟るという通念の存在も、図頼の心性にかかわる問題であろう。［中生勝美 - 九二］一九三―一九四頁、参照。なお［上田信 - 九六］は、図頼関係の裁判では社会の中から「危険な死体」を取り除くことに主眼が置かれ、「罪であるか否か」は「二次的な問題とされていた」という見解を表明されている（八八頁）。また、乾隆五年（一七四〇）正月二十九日附の「短見」「軽生」を戒める告示の中で、河南巡撫の雅爾図は、

雖輪廻之説、不足尽憑、但横死之人、往往冤魂不散。即春秋奉文、設祭厲壇、此等孤魂、皆不給食。則一時之短見、不但生前苦楚、死後亦復可憐。（雅爾図『雅公心政録』檄示、巻一、「為勧諭愚民、毋尋短見等事」）

と述べている。性急な自死がもたらす死後の状況は「孤魂」としての憐れむべきものであるという、まさに死生観・冥界観に密着した訓戒だといえよう。本書第四部第十章、四八〇―四八四頁、参照。

第十章　軽生図頼考
――特に威逼との関連について――

はじめに

本章は明清時代の中国社会においてかなり普遍的に見出すことのできる「軽生図頼」「假命図頼」、或いは単に「図頼」といわれる不法行為について考察したものである。後に詳しく述べるように、図頼は人間の死または死骸を利用して恐喝や誣告を行うものであった。因みに「軽生」とは生命を軽んじるという原義から派生して多くは自殺を指し、「假命」とは人命事件に假託することをいう。

図頼に関する従来の研究としては、抗租(小作料不払闘争)との関連ではじめて図頼に注目された森正夫氏、図頼という行為にとって必要不可欠な死骸に対する観念を問題にされた上田信氏、さらに明末以降の華中南地域で抗租の貫徹のために佃戸によって選択された図頼の社会的な拡がりを確認した筆者自身のものを除いて、図頼の問題を本格的に扱った研究は皆無だといえよう(1)。

私見によれば、図頼の考察を通じて、伝統中国の民衆レヴェルにおける秩序意識・行為規範の問題に接近することが可能であるように思われるが、本章では主に明清時代における法文化的状況との関連において、図頼という凄惨な行為の分析を行うことにしたい。

一　図頼とは何か

図頼という名辞は、そもそもどのような行為を指していたのであろうか。明清律の刑律、人命には、図頼の罰則について規定した「殺子孫及奴婢図頼人」という条文が収録されているが、[2]わが国の江戸時代の大儒、荻生徂徠は『明律国字解』の中で当該条文に註釈を附し、「図頼は、ねだることなり」と述べている。[3]また『大明律例譯義』を著した高瀬喜朴は「殺子孫及奴婢図頼人」の解説として「我が子及び奴婢をころして、先の者がころしたりといひかくる事を云」と記す一方で、「図頼ハ悪事を人にかぶせて、罪に行ハせんとたくむをいふ」と指摘している。[4]さらに明律の註釈書ではないが、小畑行簡は和刻本『福恵全書』の中で、図頼に対して「イヒカケ」という傍註を附しているのである。[5]図頼は「頼を図る」と訓読することもできるが、その場合の「頼」は「他人になすりつける」或いは「言いがかりをつける」という意味だと思われる。[6]

しかしながら、明清時代において図頼という行為には人間の死または死骸が不可欠の要素としてかかわっていた。筆者が寓目した史料の中に「軽生図頼」「假命図頼」「藉命図頼」「架命図頼」「斃命図頼」「服毒図頼」「自尽図頼」「借屍図頼」「扛屍図頼」「以屍図頼」等と見られるように、多くの場合、図頼には死または死骸に関する語が附されているのである。

また、道光年間に刊行された『大清律例按語』巻一九、雍正朝、刑律、人命、「殺子孫及奴婢図頼人」原律、按語は、

以上図頼、皆係指屍恐嚇、未経告官者。四節定告官図頼之条。

以上の図頼は、すべて屍《したい》を指して恐嚇し、未だ官に訴えていないものである。第四節は官に〔誣〕告して図頼することに関する条項を定めている。

と、図頼が死骸を用いて「恐嚇」するものだと説明している。同様に「移屍抄掠」「假命嚇詐」「假命居奇」「借命抄搶」「自尽訛詐」「借命詐財」「服毒嚇詐」「藉命図詐」「假命図詐」等、図頼と同義の表現も頻見する。図頼はまさに人間の死または死骸と結びついた行為であった。

清末の道光二十六年（一八四六）に浙江省厳州府建徳県の署知県として赴任した段光清は[7]、その翌年に起こった図頼未遂事件について次のように書き残している。

一日、各教官皆至。忽有城南対河一人、在署外叫喊云、有人在我家図頼。余随往勘、路問是人因何至爾家図頼。答以隣居年荒、偶窃糧食、小人妻子尋見、責其還原、彼已食罄、因而口角。今不知被何人唆使、乃尋至小人家中図頼。及余至其家、図頼之人已不見。其妻乃言、聞太爺至、即先逃去。余仍回県。……又聞喊救人復至云、其人仍在門前図頼、並大言、太爺未必能常至。余再往、其人見余至、乃走入塘中。余着人諭之曰、爾之図頼、不過謂賊名難当耳。今我至此、何不上岸自辨其誣。若不自訴、雖死亦是畏罪自尽也。不且白死。而又居賊名乎。其人聞之、立即登岸、来跪余前、衣上滴水、哭訴曰、糧食乃小人向伊家借的。後忽要小人還原、並説小人是賊。小人是以不甘。余曰、借必有還、爾願還否。答曰、小人安能不還。小人先約秋成、復因他逼、再約麦熟。余謂喊救者曰、彼約還爾、固非賊也。今来図頼、蓋情急耳。爾家不可於荒春、索他還原。

（『鏡湖自撰年譜』道光二十七年〈一八四七〉丁未）[8]

ある日、各教官がみな集まって来た。そのとき、城南の川向こうに住む一人が、〔県〕署の外で叫んで言った。「誰かが我が家で図頼しようとしています」と。私は行って調べてみることにしたが、道すがら質問した。「この者はなぜおまえの家で図頼しようとするのか」と。〔彼は〕答えた。「隣の家が端境期に、たまたま糧食を盗んだので、私の妻が見つけて、返済するように責め立てたのですが、彼は食べ尽くしており、そのために口論となったのです。今、誰に唆され、我が家に来て図頼しようとしているのかは知りません」と。私がその家に着くと、図頼しようとした者はすでに見あたらなかった。その妻が言うには、太爺《ちけんさま》が来るのを聞いて、その前に逃げていったとのことであった。私はそこで県署に戻った。……また助けを求める者がやって来て叫ぶのを聞いた。「あの者がまだ門のところで図頼しようとしており、大声で「太爺がいつも来るとは限らないぞ」と言っています」と。私がまた出かけて行くと、その者は私が来るのを見て、ため池の中に飛び込んだのである。私は人を介してこの者を諭して言った。「おまえの図頼は、ただ賊名を着せられたというに過ぎない。今、私が来たのだから、どうして上がってきてその冤罪を晴らそうとしないのか。もし自ら訴えなければ、たとい死んだとしても、罪を畏れて自殺したことになるぞ。それこそ犬死ではないか。賊名を着せられたままでよいのか」と。その者はこれを聞き、すぐに岸に上がってきて、私の前に跪き、服から水を滴らせながら、涙ながらに訴えて言った。「糧食は私が彼の家から借りたものであります。後になって突然、私に返済するように要求し、併せて私を賊呼ばわりしました。私はこれに甘んじることはできません」と。私は言った。「借りたものは必ず返さなければならないが、おまえは返そうと思っているのか」と。答えて言った。「どうして私に返さないことがありましょう。私は先に秋の収穫時に〔返済することを〕約束したのです」と。私は助けを求めに来た者に言った。「彼は今度は〔春の〕麦が稔ったとき〔に返済する〕と約束したのだから、もとより賊ではない。今回の図頼は、かっとなっただけなのだ。おまえは彼に返済することを約束したのだから、もとより賊ではない。」

「有人在我家図頼」に始まる当該事件は、隣人同士の間で行われた糧食の貸借をめぐる諍いが図頼を惹起したものであった。段光清が現場に出向いたところ、図頼を企てた者は最初は逃げ去るが、二度目にはため池に飛び込んで死のうとする。結局のところ段光清の説得を受け入れてため池から出た後に、図頼を行おうとした事由を切々と訴えるのであるが、借りた糧食の返済が遅滞したために相手から賊呼ばわりされたことが図頼の直接的な原因であった。段光清は最後に「今来図頼、蓋情急耳」と述べているのである。この事件からも明らかなように、図頼とは単に「言いがかりをつける」とか「他人になすりつける」という意味を表すものではなく、死そのものが図頼の概念を構成する不可欠の因子として内包されていたといえよう。

さて、図頼には様々なヴァリエーションがあった。明末の万暦二十年(一五九二)—同二十二年(一五九四)に福建巡撫として在任した許孚遠は『敬和堂集』公移撫閩稿、「頒正俗編、行各属」所収の「郷保条規」全四十五条の第三十三条において、次のように述べている(9)。

一、閩中無藉之徒、偶因小忿、輒服毒自縊、或故殺奴婢子女、甚至逼令老病父母、自経溝瀆、肆行図頼。屍親人等、因而攻家、搶虜財物、或打傷人口。及以人命告官、吏仵皀快地方諸人、百般恐嚇、立至傾家。此風漸不可長。

一、閩中の無頼の輩は、たまたま小忿を原因として、服毒や自縊したり、或いは奴婢・子女を故殺し、甚だしい場合には老病の父母に無理やり自殺させて、ほしいままに図頼を行っている。死者の親族等は、それによって(仇の)家を攻め、財物を掠奪したり、或いは人を傷つけたりする。人命事件として官に告訴すると、胥吏・仵作・皀快や地方などの者が、様々に恐喝を加え、立ちどころに家は傾いてしまう。こうした風潮を助長してはならない。

許孚遠は図頼のいわば必要条件とでもいうべき死の有りようについて、次の三つを挙げている。第一に、「小忿」を抱いた当事者が服毒や自縊によって自殺すること、第二に、奴婢や子女を殺害すること、そして第三に、老病の父母に迫って自殺させること、である。そうした死骸を利用して、残された者が図頼を行うのである。

また図頼には集団的な暴力行為へと発展するものもあった。同じく万暦四十三年(一六一五)—同四十五年(一六一七)の福建巡撫、黄承玄の『盟鷗堂集』巻三〇、公移、「禁図頼」によれば、

閩俗険健、毎毎軽生自尽、習以為常。究其根原、非真有不可忍之情也。或因片言之忿、而以身殉気、或為錙銖之争、而以身殉財。……一人畢命、挙族若狂、集衆擡屍、毀門破壁。事主被其捉鎖、資財為之捲空。

閩俗は険健で、いつも軽生自尽が見られ、それが常態となっている。その原因を尋ねたとしても、本当に堪えることのできない事情があるわけではない。或いは片言による怒りを原因として、その身を怒りに殉じ、或いはわずかな金銭上の諍いのために、その身を金に殉ずるのである。……一人が命を落とすと、一族を挙げて狂ったようになり、衆人を集めて屍を擡《かつ》ぎ、（仇の家の）門を毀し壁を破る。当事者は鎖に繋がれ、資財は一空と化すのである。

とあり、図頼には諍いの相手の家に一族総出で死骸を擡いで押し掛け、集団的略奪行為をはたらく場合もあったのである。(10)

こうした図頼によって諍いの相手に対する忿懣の情を晴らすのであるが、それと同時に何らかの金銭的な利益を得ることも図頼の目的であった。或いは実利を得ることの方にむしろ重点が置かれていたのではなかろうか。清末の同治六年（一八六七）―同九年（一八七〇）の江蘇巡撫、丁日昌は「自尽図頼」を禁止する告示の中で、

照得、自尽人命、律無抵法、而小民愚戇、毎因細故、動輒軽生。其親属聴人主唆、無不砌詞混控、牽渉多人。意在求財、兼圖洩忿。（『撫呉公牘』巻五、「会銜厳禁各属自尽人命、親属藉屍図詐告示」）(11)

調査したところ、自殺による人命事件は、律に該当する法が存在しないのに、愚かな小民は、常に些細な事柄を原因として、ややもすれば軽生《じさつ》を図る。その親族の者は人の教唆を受け、訴状をでっち上げて無闇に告訴し、多くの人々を巻き込んでいる。意図するところは金を求めることにあり、兼ねて恨みを晴らそうとするのである。

と、図頼の意図するところが「求財」にあり、「洩忿」はむしろ第二義的なことであると述べているのである。

以上のように、図頼とは諍いを起こした相手を恐喝して実利を得るために、或いは相手を罪に陥れるために、人間の死または死骸を利用する行為であるが、その場合の死および死骸の多くは当事者の自殺、または親族の自

殺や殺害によってもたらされるという、きわめて悽愴な行為であった。

ところで、すでに前章でも指摘したが、図頼に利用される死は老人や病人などのいわば家庭内弱者のそれであることが多いように思われる。[12] 上述の許孚遠の記事でも「老病父母」を強制的に自殺させることが述べられていた。福建汀州府の康熙『武平県志』巻一〇、藝文志、条約には、康熙三十七年(一六九八)十二月附の武平県署知県趙良生の告示が収録されているが、そこでは、

炤得、武邑積習、假命居奇。凡有債務微嫌、戸婚細故、懐鴆毒以消仇、借雉経而息忿。……或値親老垂危、使之捐軀、因而詐害。或乗子孫篤疾、迫之自尽、遂行抄搶。

調査したところ、武平県の積習として、人命に託けて金儲けを図ることがある。およそ債務による小さな怨みや、戸婚関係の些細な事柄が有れば、毒を服して怨みを晴らし、首を吊って怒りを解こうとする。……或いは老齢の親が危篤であれば、命を捨てさせ、騙して害を与えようとする。或いは子孫が重い病気に罹っていれば、これに自殺させ、遂に〔怨みのある家に行って〕掠奪を行うのである。

と記述されている。まさに危篤の老人や重病の子孫の自殺、しかも強制的な自殺を利用して図頼が行われているというのが、趙良生の認識であった。

関連する事例として、康熙十四年(一六七五)—同十七年(一六七八)の浙江省嘉興府知府、盧崇興の判牘を提示しておきたい。[13]『守禾日紀』巻四、讞語類、所収の「一件、移屍陥詐事」がその史料である。

審得、屠敬泉貧而刁健者也。向賃陸道亨房屋居住、歴欠租銀。道亨勒其搬移、事或有之。乃敬泉啣怨蓄謀。適因瑞龍傷寒病篤、遂襁負其子、併用緑袱遮面、偕妻周氏・媳管氏、送至亨家、而不意已旋登鬼籙矣。敬於是張大其詞、更借五月間、曾索伊弟道行織紬工銀為題、謂為亨兄弟両人、行凶打死。毋論衆証盈庭、当日並無索銀交手之事。即云五月十四日、偶有言語小傷、至九月十四日病殞之日、計已四閲月。而猶嘵称打死、其

誰信之。仵作相験無傷、医生交供傷寒。是実屠敬泉、借端図頼。法応坐誣、姑念該犯貧老、応与扛幇硬証之劉錫、各擬杖決。庶小懲大誡、可以儆刁頑、而安良善矣。伏候憲裁。

審理したところ、屠敬泉は貧しいが悪賢い者である。以前から陸道亨の房屋を賃借して居住していたが、歴年にわたって租銀を滞納していた。道亨が引っ越すように要求したことは、事として有ったかも知れない。ところが敬泉は怨みを晴らそうとして謀を考えたのである。たまたま〔息子の〕瑞龍が風邪を悪化させて重病となっていたが、遂にその息子を背負い、さらに緑色の布で顔を隠し、妻の周氏や嫁の管氏と一緒に、道亨の家まで連れて行ったのだが、思いがけず死んでしまったのである。敬泉はそこで訴状をでっち上げ、さらに五月の間に、彼の弟道行に機織りの工賃を要求したことを本題として、道亨兄弟二人が、凶暴にも〔瑞龍を〕殴り殺したと申し立てた。無論、出廷した多くの証人によれば、当日、銀を求めて支払われたということは全く無かったのである。たとい五月十四日に、たまたま言葉で傷つけられたとしても、九月十四日に病気で亡くなる日まで、すでに四ヵ月も経っているのである。それなのに「殴り殺された」と不平を申し立てたとしても、誰が信用するであろうか。仵作の検死では〔死体に〕傷は無く、医者は風邪を引いていたと供述している。実際のところ、屠敬泉は言いがかりをつけて図頼しようとしたのである。法としてはまさに誣告とすべきであるが、該犯が貧しい老人であることを考慮し、まさに手助けして証言を行った劉錫とともに、各々杖刑に処すことにする。〔そうすれば〕僅かな懲らしめで大きな戒めとなり、悪賢い者を戒めて、良民を安んずることができるであろう。伏して上憲の裁可を俟つ。

事件は、家賃を滞納した屠敬泉が家主の陸道亨に対して図頼を企てたものである。ここで屠敬泉の取った行動は「傷寒病篤」の息子屠瑞龍を背負って行き、陸道亨の家の門口（或いは敷地内）に放置するというものであった。重病の瑞龍が死ぬのを俟って、陸道亨兄弟に殴殺（「打死」）されたと誣告したのである。

この事件は図頼を行うにあたって重病の息子の死を利用するというものであったが、それと同時に家主－店子関係における家賃滞納という問題が図頼という行為に帰結したものでもあった。また地主－佃戸関係の矛盾の表現としての抗租においても、佃戸の地主に対する抵抗の究極の形態として図頼は行われていた[14]。こうした点をも考慮するとき、図頼の特徴として次の点を指摘することができるのではなかろうか。すなわち、地主と佃戸、家主と店子、債権者と債務者、或いは一般的に〈大戸〉と〈小戸〉というように、当該時期に社会的・経済的関係を形成していた人々の間で、いわば下位の者の上位の者に対する行為として図頼は行われており、しかもそれがかなり一般的であった、と。清末の福建省邵武府光沢県の地方志、光緒『光沢県志』巻八、風俗略は「厲禁」すべき習俗十四項目の一つとして、

倚屍詐命、大戸不寧。

屍を利用して人命〔事件〕をでっち上げ、大戸は安閑としてはいられない。

という点を挙げているが、図頼によって「大戸不寧」という表現はまさに象徴的なものだといえよう。

次に、図頼に怯える〈大戸〉の状況をきわめて具体的に伝えてくれる史料として、蕭大亨『刑部奏議』巻七に収められた、万暦三十二年（一六〇四）三月十日附の「覆新建伯参沙煥等疏」を提示することにしたい[15]。

臣於万暦八年、因無子息、奉臣母命、娶妾沙氏。随因性気潑悪、与臣母妻不孝不和。伊悪兄沙珍聘、見今改名沙煥、今冒充通州参将中軍、逞刁誣奏。奉聖旨、這刁徒、輒敢肆行瀆擾、着法司究問明白、従重処治。欽此。該刑部断令沙氏、帰母家居住、珍聘枷九十・徒二年半。覆奉聖旨、沙珍聘逞刁誣捏、挟制勲臣、罪軽情重。還着錦衣衛拿去、用二号枷、於該城地方、枷号一箇月釈放。欽此。自此以後、沙氏一向在伊母家居住、不敢復至臣家。近於二十六年内、因臣母妻相継病故、沙氏同悪兄沙煥、浼臣親族央説、本婦業已知罪痛改、日夜思念二子。又其父沙相・母呉氏、倶年近八十、動輒恃老図頼、含血噴人。臣因念本婦有子、又懼其父兄刁悪、専一誣衊挟制、不得已於本年収回臣家。

臣は万暦八年に、子息ができないのを理由に、母の命を奉じて、沙氏を妾として娶った。ところが気性が激しいため

に、臣の母に孝養を尽くさず、妻とは不仲であった。彼女の悪兄の沙珍聘は、現在、沙煥と改名し、今では通州参将旗下の軍に充てられているが、凶悪にも〔臣を〕陥れる上奏を行ったのである。聖旨を奉じたところ、「このような刁徒が、勝手に〔勲臣を〕冒瀆した場合は、法司に命じて究明し、重く処罰せよ」とあった。当該の刑部は、沙氏には実家に戻って居住するようにさせ、珍聘は杖九十・徒二年半に断じた。覆奏によって聖旨を奉じたところ、「沙珍聘が凶悪にも誣告を行い、勲臣を押さえつけようとしたことは、罪は軽いが情は重いものである。さらに錦衣衛に命じて逮捕し、二号枷を用いて、当該県城で枷号一ヵ月とし、〔その後で〕釈放せよ」とあった。これ以後、沙氏はずっと彼女の実家に居住し、敢えて臣の家には近づかなかった。最近、〔万暦〕二十六年に、臣の母と妻とが相継いで病死したために、沙氏は悪兄の沙煥とともに、臣の親族を介して〔次のように〕言ってきた。本婦はすでに罪を自覚して改心しており、日夜、二人の子のことを思っている。また父の沙相と母の呉氏とは、ともに年齢が八十に近く、ややもすれば老齢を利用して図頼を行い、血を含んで人に吹きかけるかも知れない、と。臣はこの婦人に子が有り、またその悪辣な父兄が、人を罪に陥れたり押さえつけたりすることを畏れ、やむをえず今年、〔沙氏を〕臣の家に入れたのである。

当該史料は王守仁の三代目として新建伯を継承した王承勲の上奏である。[16] 内容は王承勲の私生活にかかわるものであり、承勲の妾沙氏の一族の悪行に悩まされている様相が描かれている。母と妻とに対する「不孝不和」を原因として、一度は実家に帰された沙氏の希望を受け入れて、母と妻の死後、王承勲は再び沙氏を家に入れることになるが、その理由の一つは沙氏の要求を拒絶した場合、老齢の父沙相と母呉氏の死を利用した図頼が行われるかも知れないという恐怖であった。まさに王承勲の戦々恐々とした様子を窺うことができよう。

以上のように、社会的・経済的に上位の階層に位置する者にとって、下層の者たちによる図頼という行為はまさしく脅威の対象以外の何ものでもなかったのである。

二　図頼の地域的展開と習俗化

本章では、明清時代における図頼の地域的な展開を確認しておきたい。

まず、福建についてはすでに許孚遠・黄承玄という、明末の二人の巡撫による史料を紹介したが、汀州府の康熙『武平県志』巻一〇、藝文志、条約には、(Ⅳ)前出の康熙三十七年(一六九八)十二月附の署知県趙良生の告示のほかに、(Ⅰ)康熙三十八年(一六九九)十一月附の福建巡撫張志棟、(Ⅱ)康熙三十五年(一六九六)五月二十八日附の福建按察使李成林、および(Ⅲ)康熙三十七年(一六九八)五月十日附の汀州府知府王廷掄(簡庵)による図頼関係の通達文書または告示が収録されている。

(Ⅰ)巡撫福建等処地方提督軍務都察院右副都御史加五級張、一、禁小民軽生、假命図頼。人命重大、宜惜宜忍。閩省慣習假命、害累株連。

巡撫福建等処地方・提督軍務・都察院右副都御史加五級張〔志棟〕、一、小民が軽生し、人命に託けて図頼を行うことを禁ずる。人命はきわめて重いものであり、宜しく惜しみ、宜しく忍ぶべきである。閩省では人命に託け〔て図頼す〕ることが慣わしとなっており、その被害は多方面に及んでいる。

(Ⅱ)福建等処提刑按察使司按察使李諱成林、為請厳假命嚇詐之禁、以遏刁風事。……本司履任之始、訪聞、閩省悪習、毎因細故微嫌、動輙軽生自尽、非投河撞撲、則服毒自経。逞忿忘軀、自戕其命、而親族・奸徒、于是乗此生端、不曰故殺、則称謀害、声張大題、移屍抄掠。

福建等処提刑按察使司按察使李成林、人命に託けて恐喝・詐欺を行うことの禁令を厳しくして、刁風をなくすように請う件について。……本司は着任してすぐ、調査したところ、閩省の悪習では、常に些細な怨みを原因として、ややもすれば軽生自尽するが、河に身投げしたり自らを傷つけるのでなければ、すなわち服毒したり首を吊ったりする。怒りのままに自分自身を見失い、自ら命を絶つのであるが、親族や奸徒は、これに乗じて事を起こし、「故殺された」と言うのでなければ、「謀殺された」と言い、大げさに言いふらし、屍《したい》を移して掠奪を行っている。

(Ⅲ)汀州府正堂加五級王諱廷掄、為再行厳禁藉命図頼、以杜刁風、以安民生事。……本府自下車以来、深悉此弊。雖所属各邑、在在俱有、惟武邑刁風為尤甚。

汀州府正堂加五級王廷掄、再び人命に託けて図頼を行うことを厳しく禁じ、それによって刁風をなくし、民の生活を安んずる件について。……本府は着任以来、この弊害を深く認識している。所属の各県ではどこでも見られるとはいえ、ただ武平県の〔図頼の〕刁風が特に甚だしいのである。

(Ⅳ)署武平県事連城県正堂趙諱良生、為厳禁假命図頼、以全良善事。炤得、武邑積習、假命居奇。

署武平県事連城県正堂趙良生、人命に託けて図頼を行うことを厳しく禁じ、それによって良民〔の生活〕を全うさせる件について。調査したところ、武平県の積習として、人命に託けて金儲けを図ることがある。

それぞれ図頼が「閩省慣習」(Ⅰ)、「閩省悪習」(Ⅱ)、「武邑刁風」(Ⅲ)、「武邑積習」(Ⅳ)であると指摘されているのである。王廷掄による(Ⅲ)では「所属各邑、在在俱有」と書かれていることからも、福建省―汀州府―武平県という各レヴェルにおいて図頼がいわば習俗と化していた状況を窺うことができよう。(17)

福建の他の地域についても同様の記述を見出すことができるが、ここではもう一例だけ史料を挙げることにしたい。『福建省例』巻三四、刑政、「禁服毒草斃命図頼」に引かれた、乾隆六十年(一七九五)の福州府閩県の「民」馮恒裕・林永泰の呈文には次のように書かれている。

抛閩県民馮恒裕・林永泰呈称、切、閩省之風俗、有刁悍之不同、淳頑之不一。無如閩邑之合北里塘頭墩地方、風尚刁悍蛮頑、俗多寡廉少恥、常服毒草、甃命図頼者、為害不浅。蓋毒草即吻腸草也。山郷無地不生、該処郷頑、或因口角微嫌、或有田畝典売、不論業已断絶、強湊強尽、一有不遂其欲、即挟毒草拚命、図勒厚貲。……此該郷悪習、実在情形也。細査根源、皆由服毒之家属、迫使老邁残疾拚命。或駆其婦女無用之人、或厭其游手懶惰之輩、明則哄伊服食毒草恐嚇、自必救活、私則喜以一人拚命図頼、冀得厚利瓜分。郷隣族保、随声附和、坐観成敗。人人視為利藪、悪習相沿成風。居心寡廉少恥、人命軽如草菅、傷風敗俗、撃目寒心。

閩県の民馮恒裕・林永泰の呈文には〔次のように〕書かれていた。「閩省の風俗には、狡猾・乱暴の違いや、醇朴・頑固の別が見られます。如何せん、閩県の合北里塘頭墩の辺りは、風俗が狡猾・乱暴・頑迷で、廉恥の心が少なく、常に毒草を服し、命を落としてから図頼を行う者がおり、その被害は甚大であります。蓋し毒草とは吻腸草を指しています。山の郷に生えていないところは無く、その土地の頑迷な民は、或いは口論の怨みを原因として、或いは田畝の典売で、土地がすでに絶売となったにも拘わらず、無理やり〔找価を〕要求し、自らの欲望を遂げることができないときは、すぐに毒草によって命を捨て、多額の金銭を取ってやろうと図るのであります。……こうした該郷の悪習は、誠に実態となっています。細かくその原因を調べたところ、すべては服毒した者の家族が、老齢や残疾の者に無理やり命を捨てさせているのです。或いは婦女子で無用の人を駆り立て、或いは游手無頼の輩を嫌って、表では毒草を食べて恐喝すれば、きっと命を救ってやるとその者を騙し、裏では一人が命を捨てて図頼を行うことを喜び、多くの利益の分け前に与ることを願っているのであります。郷隣や族保も、附和雷同し、黙って成り行きを見ているだけなのです。人々は〔図頼を〕儲け口と看做しており、悪習は次第に風潮と化しております。廉恥の心の少ない者たちは、人命を草のように軽んじておりますが、それは風俗を傷つけ、目を撃ち心を寒くさせるものであります。……」と。

福州府閩県の合北里塘頭墩というミクロな社会において、「吻腸草」の服毒による図頼は「悪習」として実態化（「実在情形」）していたのである[18]。

図頼の風潮化・習俗化は何も福建に限られた現象ではなかった。隣接する**広東**について、康熙二十年（一六八

二)―同二十六年(一六八七)の広東巡撫、李士禎は『撫江撫粤政略』巻三、撫粤政略、符檄、「審擬命盗摘要」人命の中で、

一、粤省人命誣捏図頼居多。有等奸悪棍徒、視愚懦殷実為可啖、百般嚇騙勒詐。少払其意、或尋取遺骸、或冒認屍親、装詞膚愬。一経准理、便破人之家、蕩人之産、拖累無辜、莫可枚挙。此習俗使然。

一、粤省《かんとん》では人命によって誣告・図頼することが多い。ある種のあくどい棍徒たちは、気の弱い富裕な者を食い物にしてやろうと考え、様々な方法で恐喝や詐欺を行う。少しでも意に逆らえば、或いは死骸を捜してきて、或いは屍の親族だと偽って、訴状をでっち上げて告訴を行う。ひとたび受理されれば、その人の家を破産させ、無実の人に累を及ぼすことは、枚挙に暇もないほどである。これは習俗がそうさせているのである。

と述べている。広東でも図頼事件は頻繁に起こっていたのであり、それは「習俗使然」というものであった。

次に**河南**については、雍正二年(一七二四)―同十年(一七三二)の河南巡撫であり、同六年(一七二八)以降は河東総督をも兼任した田文鏡が、『撫豫宣化録』巻四、文移、所収の雍正二年(一七二四)十一月附の「厳禁借命詐財、以杜刁風、以安民生事」の中で次のように伝えている。

本署院訪得、豫省民風、婦女率多軽生、或因翁姑偶爾詬誶、或与夫婿間有齟齬、或妯娌不和、或隣居吵嚷、輙便短見自尽。為父兄者、不能訓誨於平時、縦其刁潑、反欲居奇於死後、借此苛求。甚至告及全家、拖累婦女。地方官不問事由、混行准理。原差郷約、講処焼埋、賄息私和、種種不法。官吏只図結案、一紙攔詞、即万事全休、均置不問。……如此刁風、豈容漸長。

本署院が調査したところ、豫省《かなん》の民風では、婦女の軽生が多く、或いは翁・姑にたまたま罵られ、或いは夫との間で齟齬があり、或いは兄弟の嫁同士で仲が悪く、或いは隣の家と喧嘩をして、すぐに短見自尽してしまう。父兄の者は、普段、訓戒することもできず、その激しい気性を放っておき、死んだ後でかえって儲けようと考え、これに託けて金

銭を要求する。甚だしい場合には、訴えが一族全体に及び、婦女にまで累が及ぶことになる。地方官は理由も問わず、妄りに〔訴状を〕受理するのである。原差や郷約は、埋葬〔費用を支払うこと〕で調解を行ったり、賄賂をもらって仲裁をするなど、様々な不法行為を行っている。官はただ事案の終結を図るだけであり、一枚の訴状だけで審理を止め、万事すべて終わったと看做し、放置して取り上げようともしない。……こうした刁風は、長ずるがままにしておいてよいであろうか。

婦女の自殺（「軽生」）を発端として父兄が「居奇」「苛求」を謀ることは「豫省民風」となっていたのである。

『湖南省例成案』には**湖南**の図頼に関する多くの記事が収録されている。ここでは、①雍正四年（一七二六）の湖南巡撫布蘭泰、②乾隆三年（一七三八）の同按察使厳瑞龍、③乾隆九年（一七四四）の同巡撫蔣溥、および④乾隆二十一年（一七五六）の同按察使夔舒の言を、それぞれ提示することにしたい。

①又聞、楚南悪習、藉屍抄搶、惨過強人。（刑律、巻九、断獄、「検験屍傷不以実」所収「厳禁假命図詐、藉屍抄搶各条」）

また仄聞したところ、楚南《こなん》の悪習では、屍を利用して掠奪を行っており、その惨禍は強い人間でも堪えられないほどである。

②蚩蚩愚民、多因細事小忿、或吃薬赴水、或投繯自刎、以為一死可以図頼、而屍親亦即居奇索詐。……此等悪習、楚南為甚。是以湘郷・衡陽・綏寧・耒陽各令、紛紛請禁也。（同前、所収「屍傷速相験、自尽速審結、誣告究訟師、盗賊誣抜究主使、溺女責令族隣出首、審案不得侵佔上司分限」）

愚かな民は、多くの場合、細事や小忿を原因として、或いは吃薬・赴水し、或いは投繯・自刎するが、一人が死ねば図頼できると考え、死者の親族はすぐに勿怪の幸いと金銭を騙し取ろうとする。……こうした悪習は、楚南で甚だしいのである。従って、湘郷・衡陽・綏寧・耒陽の各知県が、次々と禁令を出すように願い出ている。

③本部院下車之始、即訪聞、楚南有一種黄藤毒草、無頼之徒、常因小忿、輙服此草、走向仇家嚇詐。各属多有、而於衡州府属之衡山県為甚、又於草市一鎮為尤甚。（刑律、巻七、人命、「威逼人致死」所収「申禁服毒嚇詐」）

本部院が下車してすぐに調査したところ、楚南には黄藤毒草というものが有り、無頼の輩は、常に小忿を原因として、この草を食べ、仇の家に行って恐喝を行う。〔こうしたことは〕各地で多く見られるが、衡州府属の衡山県が特に甚だしく、また草市鎮が最も甚だしいのである。

④該本司遵査、楚南民俗刁悍、健訟成風、而屍親藉命居奇、尤為官民之累。……此不僅衡繁之大邑為然、即簡僻之区、亦復如是。（刑律、巻七、人命、「殺子孫及奴婢図頼人」所収「冒認屍親指控多人、或藉命抄搶、地方官照例究擬」）

該本司が〔命令に〕遵って調べたところ、楚南の民俗は狡猾・乱暴であり、健訟が風潮化し、死者の親族が人命に託けて金儲けを図っており、最も官・民の累となっている。……このことは衡・繁の大県だけがそうなのではなく、たとい簡・僻の地区でもまた同様である。

①は図頼（「藉屍抄搶」）が「楚南悪習」だと述べており、②ではそうした「悪習」が湖南では甚だしく、長沙府湘郷県・衡州府衡陽県・同府耒陽県・靖州綏寧県の各知県が図頼に対する禁止措置をとるよう上請しているという。③によれば「黄藤毒草」の服毒による図頼が各地域で見られるが（「各属多有」）、衡州府の衡山県および草市鎮が特に激しいとあり、さらに④では図頼が「楚南民俗」となっており、それは「衡繁之大邑」でも「簡僻之区」でも同様であったという。雍正～乾隆の時期、巡撫・按察使という省レヴェルの地方官の認識によれば、図頼はまさに湖南の「悪習」「民俗」と化していたのである。

江蘇については、前出の江蘇巡撫丁日昌がまた次のように述べている。

照得、江蘇地方、毎有自尽図頼之案、江北尤甚、大為民累。業経本部院、会同爵閣督部堂、頒発告示厳禁在案。近月以来、此風稍息。……惟是悪習相沿、已非一日、欲使痛為湔滌、尤応垂示久遠。（『撫呉公牘』巻三〇、「飭通各州庁県、将厳禁自尽命案図頼告示、捐廉勒石」）

調査したところ、江蘇では、常に自殺による図頼の案件が発生しており、江北では特に甚だしく、民の大きな累となっている。すでに本部院は、閣臣・総督と合同で、告示を頒布して厳しく禁止している。最近では、この風潮も少し治まってきた。……ただ悪習が続いていることは、一日というわけではなく、徹底して洗い流そうとするのであれば、まさに永久に告示を残すべきである。

江蘇では常時「自尽図頼」事件が発生しており、特に江北では甚だしかったという。

最後に**浙江**の事例として、嘉靖三十七年（一五五八）―同四十一年（一五六二）の厳州府淳安県知県、海瑞の『海瑞集』上篇、淳安知県時期、「興革条例」刑属（中華書局、北京、一九六二年、一一五頁）によれば[19]、

一、人命。淳俗多以人命誣人。此事亦因上人用意過致之。

一、人命。淳安の習俗では、人命によって人を誣告することが多く見られる。このことはまた上憲が意を尽くして〔禁止措置を〕行っている。

とあり、図頼が「淳俗」であったという認識が示されている。

以上、福建・広東・河南・湖南・江蘇・浙江という、きわめて限られた地域の事例しか提示することができなかったが、明清時代の各地において、図頼はいわば習俗と化していたといえよう[20]。

さて、次に検討しておきたいことは、ある特定の地域において図頼がどれほど頻繁に起こっていたのか、という点である。ここでは筆者自身の史料的な限界から、福建の事例を提示するだけにしたい。

まず、康熙『龍巖県志』巻九、藝文志、公移、所収の万暦十一年（一五八三）就任の龍巖県知県呉守忠の「六

議」の第五項には[21]、次のように書かれている。

一、禁服毒草。……今龍巖山僻、地産断腸草、食之輙死。蓋郷愚恃以為先発制人之策、地棍藉此為騙詐罔害之媒。此也殞命、彼則傾家。以故楽視其親戚之死而不救、図以報仇搬搶為快志。卑職洞察其弊間、察巖民非甚処有、無可奈何之際、毎因闘気、輙服毒草者、十有八九。然或忿争者、一時很激而食則有之。而彼家人隣佑明知之、皆袖手而不力救者。明乎借此為図頼瞭然矣。……歴稽前案、毎載輙斃数十命。受事之初、効尤不止。若復蹈故轍姑息、則此風伊誰之咎。豈恤民命者之宜哉。

一、毒草を服することを禁ずる。……今、龍巖は山の僻地で、土地には断腸草が生えており、これを食べれば死ぬ。蓋し郷民はそれを恃みとして人に先んじて制する策を考え、地棍はこれを利用して騙りや罪に陥れる手段としている。こちらも命を落とすが、あちらは家を傾けるのである。従って、親族の死を楽しんで視《み》て救おうともせず、仇を報じて掠奪することを痛快と看做している。卑職はその弊害について洞察する間に、龍巖の民には別に大したことではないが、どうしようもないときに、常に意地を張って、毒草を服する者が、十に八・九もいることを理解した。そうであるならば、或いは諍いを起こした者が、一時、激昂して〔断腸草を〕食べることもあるであろう。そのとき、彼の家人や隣近所の者は明らかにこれを知りながら、みな手を拱いて救おうともしないのである。これを利用して図頼しようとすることは一目瞭然である。……以前の事案を調べたところ、毎年、数十の命が失われている。着任したばかりのときも、真似る者が止まなかった。もしまた従来通り姑息に扱うならば、この風潮は一体、誰の咎になるのであろうか。民の命を救おうとする者の行うことであろうか。

当該時期の龍巖県では断腸草の服毒死を利用した図頼が頻繁に行われており、しかも自殺しようとする者に対して、親族でさえその死を「楽視」するという状況であった。呉守忠がこれまでの案件を調査したところ、当地では図頼のために毎年「数十命」が失われていたという。

また、前出の康熙三十年代に汀州府知府として在任した王廷掄は『臨汀考言』巻六、詳議、「諮訪利弊八条議」の第一条「假命之刁風甚熾、抄搶之懲創宜厳也」の中で、

卑府自受事以来、甫経一載有奇、審過藉命抄搶之案、指不勝屈。除寧化県民曾士才身死一案、以真命而抄搶之外、如武平県民婦修氏身死一案、永定県民廖景林身死一案、上杭県民婦傅氏身死一案、皆服断腸毒草、自殞其身、而屍親藉命抄搶之案也。更有如寧化県民王徳身死一案、武平県民藍生現身死一案、一以砒霜、拌入米粿、子毒其父、一以断腸草汁、拌入米粿、弟毒其兄。

卑府が着任して以来、やっと一年餘を過ぎたばかりなのに、審理したところの人命に託けて掠奪をはたらいた案件は、指を屈するに勝えないほどである。寧化県の民曾士才が死亡した一案は、本当の人命事件で掠奪を行ったものであるが、それを除いて、例えば、武平県の婦人修氏が死亡した一案、永定県の民廖景林が死亡した一案、および上杭県の婦人傅氏が死亡した一案は、すべて断腸毒草を服して、自ら命を絶ち、死者の親族が人命に託けて掠奪したという案件である。さらに寧化県の民王徳が死亡した一案、および武平県の民藍生現が死亡した一案は、一つは砒霜を米飯に混ぜ、子がその父を毒殺したものであり、一つは断腸草の汁を米飯に混ぜ、弟がその兄を毒殺したものである。

と述べている。(22) 王廷掄は当該知府として着任した後、一年有餘の間に「指を屈するに勝えない」ほど多くの図頼(「藉命抄搶」)事件を審理したのであった。

さらに、道光八年(一八二八)―同十一年(一八三一)の漳州府詔安県知県、陳盛韶の『問俗録』巻四、詔安県、「作餉」は次のように記述している。(23)

民間自縊自溺自戕、及服毒死者、藉作図頼張本。漳・泉皆然。……予初至漳郡、訪知詔安之弊、首重図頼。涖任月餘、反坐三案、此風頗息。然漳・泉作宰、不準図頼命案、則良田変為石田、丁胥皆垂首喪気、嘖有繁言。非主人把握先定、不行也。

民間の自縊・自溺・自残し、さらに服毒して死ぬ者は、それを利用して図頼を行う原因となっている。漳州・泉州ではどこでもそうなのである。……私が初めて漳州府に到ったとき、詔安県の弊害としては、図頼が最も重いことを知った。着任して一月餘で、三件の〔図頼〕案件を反坐としたところ、この風潮は頗る治まったのである。そうであるならば、漳州・泉州で地方官となる者が、図頼関係の人命案件を受理しなければ、〔金儲けを謀ることのできる〕良田は石田に変わり、兵丁や胥吏はみな首を垂れてやる気を無くしたように〔がっかりし〕、いろいろとうるさく言うであろう。主人たる者は〔状況を〕把握して先を読んで決定しなければだめである。

詔安県では図頼が深刻な社会問題となっていたが、着任して一月餘の間に、陳盛韶は図頼に関する三つの案件を誣告として反坐処分にしたという。

以上、福建について僅か三例しか提示することができなかったが、図頼事件がかなりの頻度で発生していたことを、ある程度は確認することができたといえよう。

三　図頼と威逼

(i)　威逼条適用の実態と図頼の処理

図頼という死または死骸を利用して恐喝・誣告を行う凄惨な行為を、伝統中国の法文化的状況との関連において考察するというのが、本章の主題であるが、ここでは特に明清律、刑律、人命に「威逼人致死」条として規定されていた「威逼」、すなわち滋賀秀三・中村茂夫両氏が〈自殺の誘起〉と呼ばれたものと自殺をともなう図頼

〔「軽生図頼」〕との関連について検討することにしたい。(24)

はじめに清律の「威逼人致死」条を提示することにしよう。

凡因事〈戸婚田土銭債之類〉、威逼人致〈自尽〉死者、〈審犯人必有可畏之威〉杖一百。若官吏公使人等、非因公務、而威逼平民致死者、罪同。〈以上二項〉並追埋葬銀一十両〈給付死者之家〉。（呉壇『大清律例通考』巻二六、刑律、人命、「威逼人致死」律文。なお〈　〉内は小註の記載である）

およそ〈戸婚・田土・銭債の類の〉事を原因として、威勢で人に迫って〈自殺による〉死をもたらした者は、〈犯人に必ず畏るべき威勢が有ることを調べて〉杖一百とする。もし官吏や公使人等が、公務によるのではなく、威勢で平民に迫って死をもたらした者も、罪は同じとする。〈以上の二項は〉ともに埋葬銀十両を追徴〈して死者の家に給付〉する。

明清律の規定によれば「堪え忍び難い威勢逼迫を受けた被害者をして切羽詰って自殺に訴えしめた場合」(25)には「威勢逼迫」の加害者は杖一百に処せられ、さらに「埋葬銀」という名目で銀十両を追徴されることになっていた。

では、ともに明清律、刑律、人命に規定されていた図頼と威逼とはどのような関係にあったのであろうか。万暦四十二年（一六一四）前後に刊行されたと思われる、明律の註釈書『刑台法律』巻一〇、刑律、人命、「殺子孫及奴婢図頼人」の割注には、(26)

律称、祖父母父母故殺子孫、家長故殺奴婢、罪止杖六十・徒一年。今此故殺者、因与人争忿、或被人威逼、故将無罪子孫奴婢殺死、図頼他人、以雪忿逼之情。其情深為可悪也。

律には〔次のように〕書かれている。「祖父母・父母が子孫を故殺し、家長が奴婢を故殺した場合、罪は杖六十・徒一年に止まる」と。今、この故殺を行う者は、人と諍いを生じたり、或いは人に威逼されたりしたことを原因として、無罪の子孫や奴婢を殺害し、他人を図頼することで、憤懣や威逼の情を晴らそうとするのである。その情は深く憎むべきものである。

と記されている。図頼が行われる原因として「争忿」と「威逼」とが挙げられており、図頼によって「忿逼之情」を晴らすと書かれているのである。

上述の広東巡撫李士禎は、また次のように述べている。

至于因事威逼人、致自尽死者、須審犯人、必有可畏之威、方擬罪追銀。若無真正威逼情形、即趕釈不究。仍差人押令限三日掩埋、取結存案、則軽生刁悪之風自息、而借屍図頼之輩、亦無従生波起釁矣。（『撫江撫粤政略』巻三、撫粤政略、符檄、「審擬命盗摘要」人命）

事によって人を威逼し、自殺による死をもたらした者については、須く犯人を審問し、必ず畏るべき威勢が有った場合に、罪に充てて〔埋葬〕銀を追徴するのである。もし真の威逼の状況が見られないのであれば、ただちに釈放して究明しない。なお人を遣わして三日を限って埋葬させ、〔遵依〕結状を取って書類に保存しておけば、軽生という刁悪な風潮は自ずから治まり、屍を利用して図頼を行う輩も、もめごとや事件を起こす術がなくなるであろう。

「威逼人致死」条は「可畏之威」があってはじめて適用されるべきものであり、当該条項の厳密な適用によって「軽生刁悪」「借屍図頼」の風潮を抑えることができる、というのが李士禎の見解であった。

すなわち、図頼と威逼とは密接に関連していたのであり、例えば甲という人物が乙という人物に対して威逼を加えた場合、乙は甲に対して図頼によって仕返しをするという構図を読み取ることができよう。図頼と威逼とはいわば一枚のコインの表と裏との関係にあったのである。

では、明清時代において実際の図頼関係の事案を審理した官の側は、どのような処分を行っていたのであろうか。

まず、明末の万暦四十年（一六一二）頃に成立した、明律の著名な註釈書である王肯堂『王肯堂箋釈』巻一九、刑律、人命、「威逼人致死」は、次のような内容となっている。

第一節、事如戸婚田宅銭債等事。威逼致死、謂威勢凌逼、以致其人、或乗忿、或畏威、因而自尽身死。要看因事威逼四字。蓋其死必因其事、其事必用其威。雖因事而死、必有逼迫不堪之情、方坐以杖一百之罪、追給埋葬。今問刑官、多因律罪稍軽、容易加人。愚夫愚婦、口語相争、輒便軽生自尽者、即以威逼坐之、而初無威逼之状。雖罪止於杖、然埋葬銀十両、已包三年之徒工矣。豈可軽以加人也哉。

第一節で、事とは戸婚・田宅・銭債等のような事である。威逼して死をもたらすとは、威勢によって責めたてた結果、その人が或いは憤懣に乗じて、或いは威勢を畏れて、自殺による死をもたらした場合を言う。必ず「因事威逼」の四字に注目すべきである。蓋しその死は必ずその事を原因としており、その事には必ずその威勢が用いられているからである。事によって死ぬとはいっても、必ず責めたてられて堪えられない状況が有って、はじめて杖一百の罪に充て、埋葬銀を追徴・支給するのである。今の問刑官は、多くの場合、律の罪がやや軽いことによって、容易に人に適用している。愚かな夫婦が、口論を行い、すぐに軽生自尽してしまった場合にも、ただちに威逼〔条〕を適用するが、全く威逼の状況など無いのである。罪は杖に止まるとはいえ、しかしながら、埋葬銀十両は、三年分の傭工〔の賃金〕に相当する。どうして軽々しく適用してよいであろうか。

先に提示した『刑台法律』の記事と同様に、当該記事も「威逼人致死」条の適用に関するものである。「逼迫不堪之情」があって、はじめて威逼条が適用されるべきことが主張されているが、ここでは特に後半部分の記述に注目したい。なぜならば、当該時期における「威逼」条適用の実態が明示されているからである。すなわち、当時の「問刑官」は自殺案件に対して安易に「威逼」条を適用しており、夫婦間の口喧嘩を原因とした自殺の場合も、威逼の状況など全く見られないにも拘わらず、即座に威逼条を適用しているという。また「律罪稍軽」という認識が「威逼」条の安易な適用をもたらす原因となっていたことも指摘されている(27)。

『王肯堂箋釈』の中で明示された、当時の威逼条適用の実態は当然のように図頼関係の案件を審理する場合も同様であった。福建の嘉靖『龍巖県志』巻上、官師志、公移には、嘉靖三十二年(一五五三)に龍巖県知県に就任した湯相の「申明図頼禁約」が収録されているが、そこに引用された嘉靖十八年(一五三九)十一月の福建巡按御史王瑛の案牘には、次のように記されていた(28)。

有等愚很軍民、重利軽生、偶因争忿、輙服断腸草、或自縊隕亡。親属楽観其斃、因而乗機搶騙。一不満意、遂装人命、越赴上司聳告。被誣之家、業命俱敗。雖或究竟渉虚、而問官推原、事出有因、不論有無威逼、並断埋葬。以此習成刁風、合行厳禁。其軍民人等、再有似前故犯服毒自縊者、先将家長里隣、問究不救罪名、被害之人、決不追坐威逼埋葬銀罪。問官如有仍前擬断者、定以故入人罪論。其死者家属、乗機搶騙、及告誣者、定坐誣告重罪、仍枷号示衆。

ある種の愚かな軍民は、利を重んじて生を軽んじ、たまたま諍いが起こると、すなわち断腸草を服し、或いは自縊して死ぬ。親族はその死を楽しんで観ており、その機会に乗じて掠奪・詐取を行おうとする。ひとたび意に満たなければ、遂に人命事件をでっち上げて、上司に赴いて告発する。誣告された家は、業も命も共に失うのである。或いは結局のところ虚偽であるとはいえ、審問する官が取り調べたところ、事件には原因があるからと、威逼の有無を論ぜず、すべて埋葬〔銀の支給〕と断ずるのである。こうして習俗は刁風化していくのであり、まさに厳しく禁止すべきである。軍民人等で、さらに依然として殊更に服毒・自縊する者がいたならば、まず家長や隣近所の者を、救わなかったという罪名で追究し、害を被った人を、決して威逼による埋葬銀の罪に充ててはならない。審問の官で、従来通り擬罪する者がいたならば、必ず「故意に人を罪に充てた」ということで論罪する。死者の家族で、機会に乗じて掠奪・詐取を行い、また誣告を行った者は、必ず「誣告」の重罪に充て、さらに枷号に処して衆人に晒す。

図頼にともなう誣告を審理するにあたって「問官」はそれが虚偽であることを知りながら、物事には必ずや原因があるからと、威逼の有無に関係なく被告――図頼された側――に対して埋葬銀の追徴を行っており、そのことがまた図頼の〈刁風〉化を助長している、というのが王瑛の認識であった。

同様の見解は、康熙五十五年（一七一六）―雍正元年（一七二三）に安徽按察使として在任した朱作鼎の『皖臬政紀』巻四、示文、「自尽人命、毋許抄搶誣告」においても開示されている。

為厳禁自尽訛詐之悪風、以安民生事。照得、螻蟻尚且貪生、為人豈不惜死。奈何江南地方、愚夫愚婦、或因一時口角、些小微嫌、或因翁姑夫婦、偶爾争閙、儘可忍耐、儘可寛容者、乃竟投河懸梁自刎服毒。何其不自惜命、一至于此。本司披閲各属報到自尽人命、率多如是、並無有被人毆逼欺凌、出乎情之不得已者。一経自尽、而屍親人等、以為奇貨可居、架詞具控、或借題訛詐、或乗勢抄搶。在小民不知律法、恐有大罪、俯首受詐。孰知、律載威逼人致死者、不過杖一百、追埋葬銀十両而已。且必犯人有可畏之威、方謂之威逼。若只平等之人、彼此相争、軽生自尽者、並不作威逼人命、亦無問罪追埋之事。近来有司各官、往往以人死非命、情有可憫、遂不問其威逼寔拠、亦不究其抄搶真情、混行擬罪追埋、以致自尽之風不息、搶詐之習日多。……若是彼此平等之人、些小口角、並無威勢凌逼、而輙軽生自尽者、此皆自作之孽、与人何尤。概不問罪。如有抄搶誣告等項、仍行究問反坐。

自殺して詐取するという悪風を厳禁し、それによって民の生活を安んずる件について。調査したところ、螻・蟻でさえ生きようとするのに、人間がどうして死を惜しまないでよいであろうか。何ということか、江南地域では、愚かな夫婦が、或いは一時の口論によって、小さな怨みを抱き、或いは翁姑夫婦によって、たまたま諍いが起こるが、ともに耐えることができ、寛容にできることであったとしても、遂に投河・懸梁・自刎・服毒を行う。どうして自ら命を惜しまないで、すべてこのようになるのであろうか。本司が各地から報告される自殺による人命案件を調べたところ、概ね多くの場合がこのようなものであり、人に暴力で責められたり、馬鹿にして苛められたりなど、情としてやむを得ないことから生じたものは全く無かったのである。ひとたび自殺したならば、死者の親族等は、〈奇貨居くべし〉と考え、訴状をでっち上げて告発し、或いはそれに託けて〔金品を〕詐取したり、或いは勢力に乗じて掠奪を行ったりする。小民は律法を知らず、大罪に処せられることを恐れ、首を垂れて言いなりになるのである。律の記載では、人を威逼して死をもたらした者は、杖一百に処せられ、埋葬銀十両を追徴されるに過ぎないことを知らないのだ。かつ必ず犯人に畏るべき威勢が有って、はじめて威逼と言うのである。もしただ対等な人たちが、互いに争って、軽生自尽した場合は、全く威逼による人命案件には該当せず、また罪に問われて埋葬銀を追徴されることも無いのである。近頃では、有司の各官が、往々にして人が非業の死を遂げた場合に、情として憐れむべきだと考え、遂に威逼の証拠を問うこともなく、また掠奪の真相を究明もせず、妄りに罪に充てて埋葬銀を追徴しており、その結果、自殺の風潮は止まず、掠奪・詐取の行為は日々多くなっているのである。……もし互いに対等な人が、些細な口論により、全く威勢によって責めたてられることもないのに、軽生自尽した場合は、すべて自分がもたらした災厄であり、人に何の咎があろうか。〔その場合は〕概ね罪は問わない。もし掠奪して誣告するなどのことが有ったならば、やはり究明して反坐に処すことにする。

朱作鼎の在任当時、「各属」から上ってきた「自尽人命」案件の多くは威逼を原因としたものではなく、むしろ図頼を目的としたものであった。しかしながら、「有司各官」の対応は自殺という非業の死の場合には同情の餘地があるからと、威逼の証拠を問おうともせず、また図頼の真相を究明しようともせず、一概に威逼として処理し、図頼の被害者側から埋葬銀の追徴を行っているという。結果として、ここでも「自尽」「搶詐」の風潮を助長していたのである。

以上のように、現実に図頼が行われた事件が訴訟に持ち込まれた場合、その裁判では図頼そのものが裁かれることは稀であり、むしろ図頼に利用された死——多くの場合が自殺による——が威逼によるものとして処理され、逆に図頼の被害者から埋葬銀を追徴するというケースが一般的だったのである。また図頼に対する官側のこうし

た対応は、図頼が頻繁に行われ、かつ習俗化するという連鎖の環をも成り立たせていたのであった。(29)

威逼条適用の実態と図頼事件の処理との問題に関連して、河南巡撫田文鏡は『撫豫宣化録』巻三下、文移、「為再行厳飭創懲、捏傷誣控、唆訟訛詐、以息刁風事」雍正五年（一七二七）二月附の中で、

> 照得、借命詐財、法所必懲、捏誣唆訟、罪難寛恕。屢経厳禁、而刁風至今未息、皆由地方官罷軟所致。或視為屍親、而不加之以法、或恐其上控、而故聴其所為、或検験未明、而認案不確、或只求無事、而草率完案。視屍親一紙攔詞、即奉為霊符宝録、以為又完一件公案矣。死者之含寃、生者之受累、倶不之顧如此、而曰、我地方官也。我父母官也。愧乎不愧。……若一味因循、只求無事為安穏、則無故受詐、破産蕩家、固不必言、而悪棍効尤、刁風日熾、此皆庸懦之吏、醸之禍也。
>
> 調査したところ、人命に託けて金銭を詐取した場合は、法として必ず懲罰を加え、誣告したり訴訟の教唆を行った場合は、罪を寛大にすることは難しい。しばしば厳禁の措置を講じているが、刁風が今に至るも止まないのは、すべて地方官の軟弱な対応の結果である。或いは死者の親族と看做せば、法で処罰しようとせず、或いはその上訴を恐れて、殊更にその行為を許し、或いは検死の結果が明らかでないことを理由に、事案〔の内容〕を確定せず、或いはただ何も起こらないことを求めるだけで、倉卒に案件を終わらせてしまう。死者の親族による一枚の訴状を見て、ただちに霊符・宝録と奉り、また一案件を終えることができたと考える。死者の〔晴らすことのできない〕怨みや、生きている者の被害については、このように顧みることもなく、「私は地方官である。私は父母官である」と言う。恥ずかしくはないのか。……もし相変わらず因循姑息にし、ただ何も起きないことを求めて安穏としているのであれば、理由もなく〔金品を〕詐取され、家が破産に追い込まれることは、もとより言わないとしても、悪い棍徒たちが真似ることで、刁風が日々激しくなるのは、すべて凡庸な官が、この災厄を醸成しているのである。

と述べている。図頼（「借命詐財」）の〈刁風〉化現象が無能な地方官の安易な対応によるとしながらも、その内実と

して図頼に利用された死骸の親族に対する配慮、加害者の上訴に対する危惧、実情を調査・認識する能力の欠如、および〈事勿れ主義〉の四点を田文鏡は挙げている。特に注目したいのは、死骸の親族に対する配慮・同情という点である。先に提示した朱作鼎の場合も同様のことが指摘されていた。すなわち、個々の図頼案件を審理する過程で、いわゆる〈情〉の問題がクローズ・アップされていたのである(30)。そのこと自体、まさに明清時代の裁判、特に〈州県自理〉にかかわる基層レヴェルの裁判の固有の性格と緊密に関連していたといえよう。

滋賀秀三氏が明らかにされたように、伝統中国の裁判の性格はいわゆる法の正義を明らかにするものではなく、むしろ個々の事案そのものに即して〈情理〉すなわち道理や人情を主たる法源として、両造間における紛争の実質的な終結をもたらそうとするものであり、きわめて「実質合理的・個別主義的」なものであった(31)。上述の、図頼事件を裁く場合に「威逼」条が適用されるという実態は、まさにこうした点と関連していたのではなかろうか。以下、威逼・図頼関係の具体的な裁判事例の分析を行うことにしたい。

(ii)　威逼・図頼関係人命案件

はじめに「威逼人致死」条が適用された事例を提示することにしたい。順治六年(一六四九)―同十二年(一六五五)に浙江金華府推官として在任した李之芳の『棘聴草』巻二、讞詞、人命、所収の「分守道奉両院、一件、為殛詐事」である(32)。

審得、倪以瑞、因呂老尚欠其債銀二両、日久未楚、於本年二月二十二日、親往取討。老尚無銀相償、而欲令写其妻子服役。事雖未成、言出於口、亦足以明其情之傷心、而気之凌轢矣。迨以瑞方帰、老尚因即自縊。雖匹夫之愚、経於溝瀆、然察其所以致死之故、謂非以瑞不及此。按律杖百、其何能少逭哉。而其親属呂老七者、乃於控県之後、不奉官断、輒即私収其銀三両・鵝二隻・酒四罈・稲一挑、随行埋葬。是上不足以明法、而下恵私也、豈足訓乎。相応追前銀三両入官、並杖示儆。其鵝酒稲子之類、姑免追、以少資給葬之費。楼明進係告県干証、故併詰之、餘免議。

審理したところ、倪以瑞は、呂老尚が借りた銀二両を滞納して、長い間、返済しなかったので、今年の二月二十二日、自ら取り立てに出向いた。老尚には返済する銀が無かったので、その妻を服役させることを〔契約書に〕署名させようとした。そのことは不首尾に終わったとはいえ、言葉が口から発せられたのであり、その事柄が心を傷つけ、怒りが沸き上がってきたことは、十分に理解することができよう。以瑞が帰った後に、老尚はすぐに自縊したのである。匹夫の愚かさが、自殺させたとはいえ、しかしながら、死んだ理由を考えるならば、以瑞が〔その場に〕居なければこうはならなかったであろう。律に照らして杖百とすることを、どうして逃れることができよう。その親族の呂老七なる者は、県に訴えた後に、官の判決を守らず、勝手に銀三両・鵝二羽・酒四樽・稲一束を受け取って、次いで〔死者の〕埋葬を行った。このことは上では法に従わず、下では自分を儲けさせたことになり、どうして教訓とすることができよう。まさにその銀三両を追徴して没官とし、併せて杖刑に処して戒めとする。鵝・酒・稲の類は、追徴を免じ、それによって埋葬の費用を補うようにさせる。楼明進は〔呂老七が〕県に告訴したときの証人であるから、併せて審問を行い、他の者は審問を免除する。

事件は債権者倪以瑞によって借金を取り立てられ、返済する金銭を缺くために妻の身売りを要求された（「欲令写其妻子服役」）呂老尚が自縊したというものである。呂老尚の自殺後、親族の呂老七は官に告訴する一方で、倪以瑞に対して金品を要求し、銀三両のほかに鵞鳥・酒・稲米をせしめたのであった。呂老七の行為は死骸を利用したものではないが、図頼に類するものだといえよう。

李之芳の判は、呂老尚の自縊が債務の取り立て、特に妻の身売りを要求されたことが原因だと看破し、倪以瑞に対して「按律杖百」という処罰を科すものであった。この場合の「律」は明らかに「威逼」条を指していると思われるが、まさに倪以瑞の言動が威逼と認定されたものといえよう。一見したところ倪以瑞に対する「威逼」条の適用は些か安易に思われるが、しかしながら、そこには判者李之芳の呂老尚に対する同情の念が現れているのであり、「亦足以明其情之傷心、而気之凌轢」という部分にそれを窺うことができよう。直接的に図頼を行った案件ではないが、「威逼」条適用の実態を明示した一事例だといえよう。

次に、自殺事件を威逼として告訴した事例を見ていくことにしたい。事件の起こった地域・年代を特定することはできないが、康熙年間後半に幕友を務めた呉宏[33]の『紙上経綸』巻四、讞語、所収の「逼死女命事」という事案である。

審得、黜生杜賢長女之死、以忤父自縊者也。六月十七日、賢家捍麪、以供午爨。賢之次子、方十三歳、見而朶頤、女嗔不与食。雖家庭飲食細故、尊卑先後之序、亦不容紊。父未食、而子女先已啜啜。賢悪其過急、而並叱之、固不足怪。豈女不遜、至自抓毀其面、欲与父抗。是又人倫之変矣。夫何女不自悔、越両日、而悍潑之性不解、至二十日自縊。事本至微、而短見畢命。此誠自作之孽、与杜賢何罪哉。陳文祥者、上年曾聘此女為媳、有礼金五両、及銀花戒指等物。女未過門而死、慮賢不退、致以逼命控。世豈有親父自訓子女、而可言逼命者乎。祥子陳連、若有不能甘心於賢者、或因痛妻所致、或聴唆於人、更於礼金之外、別有妄想、皆未可知。然刁風難長。杜賢女縊不報、輒自掩埋、予以薄責、再令退還陳聘。法止此矣。陳連如敢再生事端、自有図頼之罪、毋悔噬臍也。

審理したところ、生員〔身分〕を剝奪された杜賢の長女の死は、父に逆らって自縊したものである。六月十七日、賢の家では麵を打って、昼食に出すことになっていた。賢の次子は、十三歳であったが、〔麵を〕見て摘み食いをしようとしたところ、娘は怒って食べさせなかった。家庭内の飲食をめぐる些細なこととはいえ、尊卑の先後の序列を、乱すことは許されない。父がまだ食べてもいないのに、子女が先に騒ぎ立てたのである。賢はその急ぎすぎを憎み、〔二人を〕合わせて叱ったことは、別におかしなことではない。ところが、娘は不遜にも、自ら顔を引っ掻いて、父に逆らおうとしたのである。これは人倫の異常なことである。何ということか、娘は自ら〔の行為を〕悔やむのではなく、二日を越えても、激しい気性が収まらず、二十日に至って自縊したのである。事柄はもともと些細なものであったが、短見《じきつ》して命を落としたのである。これは誠に自らが引き起こした災厄であり、杜賢に何の罪があろうか。陳文祥なる者は、昨年、この娘を息子の嫁に決め、礼金五両および銀の指輪等を送っていた。娘が結婚する前に死んだので、賢が〔礼金等を〕返さないかもしれないと考え、威逼による人命事件として訴えたのである。世の中に、父親が子女を訓導して、これを逼命と言えるものが有ろうか。文祥の息子陳連が、賢〔のしたことを〕受け入れることができず、或いは妻〔になる娘〕の行為を痛んで、或いは人に教唆されて、さらに礼金のほかに、別の妄想が有るかどうかについては、すべて知る術はない。しかしながら、刁風は助長してはならないのである。杜賢は娘が縊死したことを〔官に〕報告せず、勝手に埋葬したのであるから、軽く〔笞または杖で〕処罰し、さらに陳の家の聘礼を返済させる。法が行うのはここまでである。陳連がもしさらにもめ事を起こすならば、自ずから図頼の罪があるのであり、臍を噬んで悔やまないようにせよ。

六月二十日、杜賢の長女が自縊した。六月十七日の昼食の席で父に叱責されたことがその原因であった。事件はきわめて単純なものであったが、長女との定婚が成立していた陳連およびその父陳文祥が「逼命」として杜賢を告訴したのである。定婚の聘財の還付を確実にするという意図が告訴の背景には存在していたが、他方、当該判語の末尾で呉宏が「図頼之罪」に言及するように、陳文祥・陳連親子の告訴は図頼を意図したものだったのではなかろうか。呉宏の判は杜賢の威逼(「逼命」)という事実を否定しながらも、長女の自殺を官に報告しなかったこと、および死骸を勝手に埋葬したことを理由として杜賢を「薄責」という懲戒処分にしたのである。そこには婚約者の死という事態に直面した陳連に対する、何らかの配慮――同情をも含む――があったのではなかろうか。

さて、以下の二つの事例は明らかに図頼が行われたものである。明末の天啓四年（一六二四）—崇禎元年（一六二八）の福建興化府推官、祁彪佳の『莆陽讞牘』には「分守道、一件、人命事、杖罪鄭邦振」と題する、次のような判牘が収められている(34)。

審得、鄭邦振之故父鄭国祉、四十一年間、将田地共二十五畝有奇、価売呉在升銀一百五十両。国祉旋以銀十両、贖取地二畝五分。其餘田五畝四分、地十七畝五分、応属在升管業。乃邦振称陸続償逋、無片紙隻字可拠。即干証鄭允開、不能為之諱、而妄図増找、則狡甚矣。田已収戸、而踞地自種、不吐原主、則横甚矣。乃計屈詞窮、乗雛女殤死、抛尸其家、致郷衆抱憤、則澆甚矣。念其貧窶、薄擬杖懲。呉在升出価、已十有餘年、而未得尺地之利。今自願得価還地、然邦振赤棍、何従得此価償。姑照県断、在升出挿花例銀十両、仍着在升召佃収租、永為呉氏有、可也。

審理したところ、鄭邦振の死んだ父鄭国祉は、〔万暦〕四十一年に、田・地を合わせて二十五畝餘を、呉在升に銀百五十両で売却した。国祉は〔その後〕銀十両で、地二畝五分を贖回した。残りの田五畝四分と地十七畝五分とは、まさに在升が管業すべきものである。ところが、邦振は陸続と返済したと称しているが、わずかな書付や字句も証拠となるものは無いのである。証人の鄭允の供述によれば、これを覆い隠すことができず、妄りに找価の増額を要求したとあるのは、狡猾の甚だしいものだといえよう。〔購入した〕田はすでに〔帳簿の当該〕戸に登録されており、その土地で自耕しようにも、もとの田主が引き渡さないのは、横暴の甚だしいものだといえよう。ところが、計略も行き詰まり、訴訟も窮まったことで、幼女の夭折に乗じて、その死体をその家〔の敷地〕に放置し、その結果、郷衆の憤りを招いたことは、軽薄の甚だしいものだといえよう。〔但し〕その貧乏を考慮して、軽く杖刑による懲罰を与える。呉在升は代価を払って、すでに十数年が経つのに、未だ僅かの土地の利益も受け取っていない。今、代価を取り戻して土地を返済することを願っているが、しかしながら、邦振は赤貧の棍徒であり、どうやって代価を払うことができよう。差しあたり県の判決に照らして、在升には挿花例銀十両を出させ、〔土地は〕やはり在升に佃戸を招いて租を徴収させ、永久に呉氏の所有とするのがよいであろう。

事件の発端は万暦四十一年(一六一三)に鄭国祉が二十五畝の土地(田と地)を呉在升に売却(活売)したことに始まる。鄭国祉の死後、息子の鄭邦振は売却した土地を不法に占拠し続け、さらには找価の増額を要求していた。おそらくは当該訴訟が惹起される以前に土地の所有権をめぐる訴訟沙汰が起こっていたと思われるが、その過程で「計屈詞窮」した鄭邦振は、夭折した娘(「雛女」)の死骸を呉在升の家の敷地に放置したのである。まさに土地争いが図頼事件へと発展したものであった。

判者祁彪佳は、図頼を行った鄭邦振に対しては彼の「貧窶」という情状を酌量して「杖懲」という懲戒的な罰を与えるが、その一方で、もっぱら被害者であり続けた呉在升に対しても「県断」をうけたものではあるが、「挿花例銀」という名目で銀十両を鄭邦振に支払うよう命じたのであった。当該判牘の記載による限り、呉在升にはいかなる落度もないように思われるが、それにも拘わらず、銀十両を追徴されたのである。ここに見える「挿花例銀」はまさに埋葬銀に相当するものであろう。呉在升と鄭邦振との間の土地争いに本来、全く無関係であった死骸が登場してきたことによって、まさしく〈情〉の問題が大きくクローズ・アップされたのではなかろうか。

最後に、道光二十三年(一八四三)に江西の吉安府泰和県の知県に就任した沈衍慶の『槐卿政績』巻三、判牘二、泰和、「凶逼斃命事」を提示することにしたい。

周作統、旧耕族叔周星会田畝。星会因其欠租而奪之、旋俟其完租而還之、此亦田舎翁之常事也。作統原売有五斗種田、与星会為業、仍属作統賃耕、已経数年。星会慮日後主佃不分、将田起回、另換五斗田給耕、此又小民為子孫計之恒情也。然則作統之自縊、於星会乎何尤。独是始之奪佃、原欠実属無多、継之換田、業瘠而租未減。是星会平日、錙銖必較、不留餘地、亦概可見。且開門見有縊屍、理応報験。乃輒将屍身、移至屋後、希図脱卸。掩耳盗鈴、何其愚也。夫業各有主、起佃換田、在星会並無不合。惟所換之田略瘠、応較原租七碩、減為六碩五斗、以昭平允。除飭屍兄作級、換立賃耕外、仍酌断星会、出埋葬銀十両、給屍妻黄氏具領。周継暹・聘選等、聴従黄氏、将屍由屋背、移回星会門首、大属不応。訊無主使、藉詑別情。姑免深究。

周作統は、従来から族叔周星会の田畝を耕作していた。星会は租を滞納したことで〔作統から田畝を〕取り上げたが、租を完納するのを俟って〔田畝を〕返したのであり、これまた田舎翁《じぬし》が行う通常のことである。作統はもともと五斗種の田を売却して、星会の業となったのであるが、依然として作統が小作し、すでに数年が経っていた。星会は将来、主・佃の別が曖昧になることを考慮し、田を〔作統から〕取り上げて、別に五斗〔種〕の田を給付したのであるが、これまた小民が子孫のために行う通常のことである。そうであるならば、作統が自縊したことは、星会に何の罪があろうか。ただ初めに小作を取り上げたときは、〔租の〕滞納が実際には多くなかったのであり、次いで田を取り換えたときは、土地が痩せていたのに租額を減じなかったのである。星会が平日、僅かの金銭にもきたなく、餘地を残さなかったことは、概ね理解できるであろう。さらに門を開いてそこに縊屍があるのを見れば、当然、〔官に〕報告すべきである。それなのに死体を、家の後ろ側に隠して、〔事件から〕逃れようと図ったのである。耳を覆って鈴を盗むとは、何と愚かなことではないか。そもそも田業にはそれぞれ田主がおり、佃戸を辞めさせ田を取り換えることは、星会にとって決して不合《ふとどき》なことではない。ただ取り換えた田がやや痩せていれば、まさにもとの租七碩と較べて、六碩五斗に減じて、それによってバランスを取るべきであった。死者の兄である〔周〕作級が、〔作統に〕替わって小作〔契約〕を取り交わすことを除いて、やはり星会に対しては、埋葬銀十両を出させ、死者の妻黄氏に給付して受領させることにする。周継暹・聘選等が、黄氏の指図を受けて、〔作統の〕屍を家の後ろ側から、星会の門のところまで戻したことは、大いに不応《ふとどき》である。訊問したところ〔誰かに〕教唆されて、別の事柄をでっち上げることは無かった。差しあたり深く追究することはしない。

当該判牘については前章において概要を提示し、かつ若干の分析を加えたので、事件の内容について改めて詳述することはしない[35]。しかしながら、行論の必要上、次の三点を確認しておきたい。すなわち第一に、租佃関係の諍いが佃戸周作統に地主周星会の家の門口で自縊させたこと、この行為自体、残された者による図頼を期待してのものだったと思われる。第二に、地主が隠蔽しようとした夫の死骸を妻の黄氏が再び地主の家の門口に放置したこと、これも図頼を意図してのことだと思われる。第三に、この訴訟は当該判牘の表題にも見られるように、黄氏の側が地主周星会を威逼として告訴したことである。

沈衍慶の判は、事件の背景をきわめて丁寧に究明したものだといえよう。まず地主－佃戸間における「奪佃」「換田」の問題が取り上げられているが、地主周星会によるこうした措置自体を「不合」ではないとする一方で、「換田」後の土地が痩地であったにも拘わらず、佃租の減額を行わなかった点をバランス（「平允」）を欠いたものと認定している。さらに周星会が周作統の死骸を隠蔽したこともあって、最終的には図頼された側の地主周星会に対して、死者の妻黄氏への埋葬銀十両の支払いを命じたのであった。他方、図頼を企てた側の黄氏はいかなる罪も問われることはなかったのである。

この沈衍慶の判は個別的な諸々の事情が勘案され、その結果として〈情理〉、すなわち滋賀秀三氏のいわゆる〈常識的衡平感覚〉[36]に基づいた判断がなされた、州県レヴェルの裁判の典型的な事例だといえよう。ここではたとい図頼に利用されたとはいえ、人間ひとりの死、しかも自殺による死の存在がきわめて大きな位置を占めていたのである。図頼の被害者側に威逼の事実がなかったとしても、図頼の加害者側ではひとりの人命が失われたのであり、まさしくそこで考慮すべき〈情〉――死という事実と家族に対する同情――が前面に押し出されてきたといえよう。すなわち、ひとりの人間の自死に対してはそれに釣り合う何らかの代償が求められたのであり、その場合に「威逼」条に規定された埋葬銀十両の支給という措置が最も妥当なものと判断されたのではなかろうか。

以上、四例のみではあるが、威逼および図頼に関する裁判事例を検討してきた。特に最後の二例に見られるように、実際の裁判の場では図頼を企てた側が図頼という事実によって処罰されるのではなく、案件に介在した自殺を中心とする死が大きく取り上げられることで、図頼の被害者側から埋葬銀を支給されるという状況が、むしろ一般的であったといえよう。

明清時代における図頼の風潮化・習俗化という現実は、如上の伝統中国社会に内在した法文化的な状況——端的には図頼という行為が裁判の場であまり処断されないという実態——と密接に関連していたのである。だからこそ、当該社会の下層に位置する人々にとって、地主や大戸に対する図頼という凄惨な行為が報復・抵抗の手段としてきわめて有効なものだったのではなかろうか。

おわりに

以上、図頼と威逼との関連を中心に、明清時代の図頼について若干の考察を行ってきた。最後に、各節の内容を改めて要約することはせず、残された課題について言及することにしたい。

「軽生図頼」といわれる、諍いの当事者の自殺(「軽生」)を利用した図頼の問題を、伝統中国社会に生きた人々の行為の選択という視角から考察しようとするとき、やはり当時の人々の心性(メンタリティ)の問題にアプローチする必要があるように思われる。前章の末尾でも些か触れた点ではあるが、[37]ここでは図頼の心性に関連して図頼または自死を選択する人々の死生観・他界観を窺わせる史料を紹介することにしたい。

それは、(A)河南巡撫田文鏡の『撫豫宣化録』巻四、文移、「勧誡短見軽生、以重民命事」雍正三年(一七二五)十二月附、(B)乾隆四年(一七三九)—同八年(一七四三)の河南巡撫雅爾図の『雅公心政録』檄示、巻一、「為勧諭

愚民、毋尋短見等事」乾隆五年（一七四〇）正月二十九日附、および(C)乾隆二年（一七三七）に広東省羅定州知州として就任した逯英の『誠求録』巻一、告示、「為軽生之悪習宜除、再行明白勧諭事」である。(38)

(A)照得、寿夭各有天数、豈可自殺其身。螻蟻尚且貪生、豈有人不畏死。総因賦性憨愚、不明情理、一時気忿、便爾軽生。男人間或有之、婦女指不勝屈。……太平世界、不論富貴貧賤、皆知快楽。你們家道雖貧窮些、丈夫雖愚蠢些、也是命該如此。若能安命一般様、生男育女、成分人家。難道肯捨了自己性命、倒叫別人得銀銭、白白棄了父母公婆、撇了丈夫児女、帯了縄子、去見閻王。俗云、縊死之人、要変牛馬、脖項常繫一縄。如此言果真、何苦放了、好人不做、好景不楽、倒去変牛馬、受鞭笞呢。

調査したところ、〔人の〕寿命は各々天によって決められているのであるから、どうして自らその身を殺してよいであろうか。螻・蟻でさえ生きようとするのに、どうして人が死を畏れないことがあろうか。すべては性質が愚かであって、情理をわきまえず、一時の怒りにまかせて、軽生してしまうのである。男の場合もまま有るが、婦女の場合は指で数えられないほど〔多いの〕である。……太平の世では、富貴・貧賤に拘わらず、みなが楽しみを知っている。おまえたちの生活が貧しく、夫が愚か者であったとしても、また天命がそうさせているのである。もし同様に天命を受け入れたならば、男女の子供を生育し、一人前にすることができよう。どうして自分の命を捨てて、かえって他人に金銭を儲けさせ、むざむざ父母や舅姑を棄て、夫や子女を残し、縄に繋がれて、閻魔大王に会いに行くのであろうか。俗に言うではないか、縊死した人は、牛馬に変えられ、常に首は縄で繋がれている、と。この言葉が本当であれば、どんな苦しみから逃れようとして、よい人間にもならず、よいことも楽しまず、逆に牛馬に変えられて、鞭を受けようとするのか。

(B)豫省民風強悍、尚気好勝。本部院下車以来、披閲各属詳文、自尽命案、毎日不下四五起。或口角微嫌、遽萌短見、或耰鋤細故、遂致軽生。或兄弟之参商、或郷隣之萋菲、或家貧乏食、或負債無償、或妯娌争持闘口、或翁姑督責過厳、或因稚子之無知、或係夫婦之反目、懸梁服滷溺井投河。考其起釁之由、無非至微之事、原其致死之心、不過一時之忿、以致父母無依、忍飢受凍、妻児失所、東散西離。……俗語云、留得青山在、那怕無柴焼。此身若存、諸事尚有指望。若一旦軽生、身埋土壌、事事尽属他人。雖輪廻之説、不足尽憑、但横死之人、往往冤魂不散。即春秋奉文、設祭厲壇、此等孤魂、皆不給食。則一時之短見、不但生前苦楚、死後亦復可憐。爾等将本部院此示、大家伝説、無分男女大小、箇箇牢記在心。

豫省《かなん》の民風は凶暴であり、気を重んじて勝つことを好んでいる。本部院が下車《ちゃくにん》して以来、各地方官の詳文を披閲したところ、自殺による人命案件は、毎日、四・五件を下らない。或いは口論による小さな怨みで、すぐに短見に及び、或いは農作業での些細な事柄で、遂に軽生を行う。或いは兄弟の仲違いで、或いは郷隣の讒言によって、或いは家が貧しくて食に乏しく、或いは負債を償うことができず、或いは兄弟の嫁同士の口喧嘩で、或いは翁・姑にひどく叱られて、或いは子供の無知によって、或いは夫婦間の反目によって、懸梁・服滷・溺井・投河を行う。ことの原因を尋ねると、きわめて些細なことであり、死のうとした気持を探ると、一時の怒りに過ぎず、その結果、父母は寄る辺を失い、飢えを忍び寒さに凍え、妻子は居場所を失い、東や西に離散してしまうのである。……俗諺に言うではないか、生きていれば〔どこにでも〕青山はあり、どうして焚く薪が無いことを心配する必要があろうか、と。この身が存在していれば、諸事はなお希望が持てるのである。もし一旦、軽生して、その身が土に埋められたならば、すべての事柄は他人のこととなる。輪廻の説は、すべてが依拠できるわけではないが、非業の死を遂げた人は、往々にしてその冤魂は〔あの世に〕行くことができないのである。たとい春秋〔の祭〕に文を奉じ、祭厲壇を設けたとしても、これらの孤魂は、みな食にありつくことができない。〔そうであるならば〕一時の短見は、ただ生前に苦しかったばかりでなく、死後もまた憐れむべきものになるのである。汝等は本部院のこの告示を、みなで伝え合い、男女・老幼に拘わらず、一つ一つしっかりと心に刻みつけるようにせよ。

(C)今本州将奉発的告示、編作家常話、刻成斗方、遍行散給。你們自今以後、須要勤倹謀生、忍耐性気、郷党宗族、親戚朋友、間有口角微嫌、投告族長地保理処。如理処不公、稟官剖断、是非曲直、自然得箇明白。婦人以柔順為本、孝敬翁姑丈夫、是本分的事。翁姑丈夫利害些、亦説不得的。貧富関乎分定人力、難以強求。但天不負良善的人、若能安分行好、天必錫之以福。目前度日、就艱窘些、這是時運未転。天下的人、有許多先貧後富的。……何苦妄生短見、棄了父母翁姑、撇了丈夫妻児、要做無常的鬼呢。更有自怨命薄、妄説不如早死、来生托箇好処、尤属悖謬。試看、那無常的鬼、難得転生、流落人間、夜哭泉臺。就做鬼、也是不安楽的。是軽生自尽、這箇念頭、万万不可起了。

今、本州は〔上憲から〕奉じた告示を、口語に編集し直し、大きな紙に印刷して、遍く給付する。おまえたちは今後、須く倹約に務めて生活を謀り、怒りっぽい性格を耐え忍ぶべきであり、郷党・宗族や親戚・朋友の間で、まま口論による小さな怒りがあったとしても、族長や地保に訴えて調解してもらうようにせよ。もし調解が公正でなければ、官に訴えて裁いてもらえば、是非・曲直は、自ずからはっきりさせることができるであろう。婦人は柔順を本分とし、翁・姑に仕えて夫を敬うことが、本分にかかわることである。翁姑・夫が少し厳しかったとしても、口に出して言ってはならない。貧富は分によって定められた人の力量に関係しており、強く求めることのできないものである。但し、天は善良な人に背くことはなく、もし分に安んじてよい行いをしていれば、天は必ず福を与えてくれる。現在の生活が、少しばかり困窮していたとしても、これは時の運がまだ好転していないからである。天下の人の中には、初めは貧しくても後に富裕になった者がきわめて多いのである。……何が苦しくて妄りに短見を行い、父母や翁姑を棄て、夫や妻を残して、無常の鬼になろうとするのか。さらに自ら命運が薄いことを怨み、妄りに早く死んだ方がましだと言い、来世のすばらしさに託そうとするのは、特に誤った考えである。試しに考えてもみよ、あのような無常の鬼は、転生することができず、人間世界に零落し、夜ごと墓場で泣いているのだ。鬼になったとしても、また安楽ではないのである。軽生自尽という、この考えは、万々一にも起こしてはならない。

三者ともに「軽生自尽」を戒める内容であるが、(A)と(C)とは口語表現を含むものとなっている。(A)では俗諺を引き、自縊で死んだ者はあの世で「牛馬」に変えられ、鞭笞を受ける辛苦だけが待っているという。(B)では「軽生」という非業の死(「横死」)の場合、死後の魂は〈鬼〉(「冤魂」「孤魂」)としてこの世に漂い、あの世へ行くことさえもできず、飢えて憐れむべきものとなる点を強調している。また(C)でも自殺(「短見」)による「無常の鬼」はあの世に転生することができず、この世(「人間」)で落ちぶれ果てることになると述べている。

しかしながら、「軽生」「短見」による非業の死が死後のいっそうの苦しみをもたらすと説く、これらの戒めの告示はほとんど奏功しなかったといえよう。だからこそ、死を内在させた図頼は風潮化・習俗化していたのである。前章で紹介した張五緯の「七字瑣言示諭」は「慣行服毒詐害険。那計死別与生離」と述べているが[39]、図頼を選択する人々にとって「生離」も「死別」も同一次元の問題と考えられていたように思われる。〈生〉の延長線上に〈死〉を措定し、死後の〈生〉——たとえ〈鬼〉になったとしても——を信じるという、そうした死生観・他界観に裏打ちされた、当時の人々の心性の一端を安易な「軽生図頼」選択の後景に読み解くことも可能ではなかろうか[40]。

（1）［森正夫 - 八三］・［上田信 - 九六］および本書第四部第九章。図頼の問題を概括的に取り扱ったものとして、［三木聰 - 九五］参照。
（2）本書第四部第十一章第一節、参照。
（3）［内田智雄・日原利国 - 六六］四〇二頁。
（4）［小林宏・高塩博 - 八九］四六五頁。
（5）『福恵全書附索引』汲古書院、一九七三年、一七一頁、等。
（6）中国で刊行された『漢語大詞典』は、図頼の語義を「企図抵頼」(言い逃れようとすること)、「誣頼」(なすりつける)、「訛詐」(言いがかりをつけて強請る)としている(三巻、漢語大詞典出版社、一九八九年、六六八頁)。
（7）段光清『鏡湖自撰年譜』道光二十六年(一八四六)丙午、十月の条(中華書局、北京、一九六〇年、一三頁)参照。
（8）同前、一九—二〇頁。

（9）以下、本文に提示する総督・巡撫の在任期間について、明代は呉廷燮『明督撫年表』上・下、中華書局、北京、一九八二年、清代は［銭実甫－八〇a］参照。なお清代の按察使については、［銭実甫－八〇b］参照。

（10）同様に、明末の崇禎十三年（一六四〇）－同十五年（一六四二）の応天巡撫黄希憲の『撫呉檄略』巻一、禁約告示、「為督撫地方事」崇禎十三年（一六四〇）五月には、「禁図頼」として、次のような記述を見出すことができる。

乃有一等刁民、聴信訟師、撥置誣告、不曰謀殺、則曰殴死。及哄准一詞、即統衆擡屍登門、抄掠財貨、逼辱妻孥、白昼横行、凶同盗寇。

（11）当該史料は、江蘇省博物館編『江蘇省明清以来碑刻資料選集』生活・新知・読書三聯書店、北京、一九五九年、二六三－二六五頁にも、「江蘇撫院厳禁自尽図頼以重民命碑」同治七年（一八六八）十月として収録されている。

（12）本書第四部第九章、四二四頁、参照

（13）盧崇興の嘉興府知府としての在任期間については、康熙『嘉興府志』巻一四、官師上、郡職、嘉興府、知府、皇清、参照。

（14）本書第四部第九章、参照。

（15）蕭大亨は、万暦二十三年（一五九五）－同三十二年（一六〇四）の刑部尚書である。『明史』巻一一二、表一三、七卿年表二、参照。

（16）『明史』巻一九五、列伝八三、王守仁、参照。

（17）王廷掄の⑾は、王簡庵『臨汀考言』巻一六、檄示、所収の「申禁軽生図頼」とほぼ同文であるが、前者における「惟武邑刁風為尤甚」が後者では「惟杭・武刁風為尤甚」となっている。

（18）「吻腸草」は断腸草と同じものだと思われる。断腸草については、本書第四部第九章、四三九－四四〇頁註（21）参照。

（19）海瑞の淳安県知県在任期間については、『海瑞集』附録、伝記、所収の王国憲「海忠介公年譜」（『海瑞集』下冊、五八三－五八七頁）による。

（20）すでに南宋時代の江南東路において、図頼が「風俗」となっていたという指摘がある。『名公書判清明集』巻一三、懲悪門、誣頼、所収の蔡久軒「以死事誣頼」に、

江東風俗、専以親属之病者、及廃疾者、誣頼報怨、以為騙脅之資。蔣百六、自因病死于家。其兄蔣百五、却拖移誣頼朱百八官。既以死事誣人、又且持刀拒追、可謂凶悪之最者。

と見える。

(21) 呉守忠の龍巖県知県に就任した年については、康熙『龍巖県志』巻四、秩官志、県官、明、参照。

(22) 当該史料は、康熙『武平県志』巻一〇、藝文志、条約にも、「汀州府正堂加五級王諱廷掄、為諮訪利弊事」に始まる、康熙三十七年(一六九八)二月八日附の告示として収録されている。

(23) 陳盛韶の詔安県知県在任期間については、『問俗録』巻四、目録、参照。

(24) [滋賀秀三-六三]・[滋賀秀三-八三]・[中村茂夫-七三]・[中村茂夫-七六]参照。

(25) [中村茂夫-七三]二一八頁。

(26) 近年、影印本が刊行された『刑台法律』中国書店、北京、一九九〇年には「巡按福建監察御史徐鑒」の序が収められているが、万暦四十二年(一六一四)当時、徐鑒が福建巡按御史として在任していたことが『明神宗実録』巻五二〇、万暦四十二年(一六一四)五月壬戌の条、等から確認できる。

(27) 但し、埋葬銀十両が民衆レヴェルにとってきわめて大きな負担であった点――埋葬銀十両が「三年之徒工」の賃金に相当すると記されている――も、威逼条の安易な適用を戒める理由の一つであった。なお、明末清初期江南の傭工(農業労働)の賃金が年三～五両であったという記述ともほぼ合致するといえよう。[岸本美緒-九七(中山美緒-七九a)]一六一頁、参照。

(28) 湯相の龍巖県知県に就任した年については、嘉靖『龍巖県志』巻上、官師志、歴官、皇明、知県、参照。なお当該「申明図頼禁約」には「巡按御史王」としか記されていないが、これが王瑛であることは、崇禎『閩書』巻四五、文蒞志、皇朝、巡撫監察御史、および『国朝献徴録』巻六五、欧大任「監察御史王公瑛伝」によって確認した。

(29) 図頼が威逼として処理され、図頼の加害者が埋葬銀を支給されるという現実を窺わせるものとして、以上の他に次のような史料が存在する。前出の許孚遠『敬和堂集』公移撫閩稿、「頒正俗編、行各属」所収の「郷保条規」第三十三条には、

其軽生自尽、非有威逼情状者、有司官不許断給埋葬、以長刁風。

とあり、同じく黄承玄『盟鷗堂集』巻三〇、公移、「禁図頼」にも、

如係図頼虚詞、務行反坐、勿断埋葬、以長悪風。

とある。また、福建の万暦『漳州府志』巻八、漳州府、刑法志、詞訟には、

査得、本府同知羅拱辰、嘗条陳地方利病、一、請禁図頼、以息刁風。照得、漳民毎因小忿、或引縄自縊、或服毒自斃、未経赴官告理、先儘搬搶家財。又有幇唆棍徒、令其赴官聳告。一行審問、則吏仵之相験、里隣之結勘、其弊有不可勝言者。及其誣告反坐、又令代出納贖、不問有無威逼、並追埋葬銀両。及事雖得明、而家則已敗矣。

と記されている。本書第四部第十一章、参照。

(30)［滋賀秀三－八七b］三五一頁では、「判断基準としての〈情〉とは、争訟における関係者一人ひとりを案件の具体的状況を考慮に入れながら同情的に処遇しなければならないという原理である、と定義してよいかも知れない」と指摘されている。

(31)［滋賀秀三－八一（滋賀秀三－八四）］・［滋賀秀三－八七a］・［滋賀秀三－八七b］・［寺田浩明－九四b］参照。

(32)李之芳の金華府推官在任期間については、康熙『金華府志』巻一一、官師一、国朝、推官、参照。

(33)［滋賀秀三－八四］所収「清代判牘目録」、参照。

(34)祁彪佳および『莆陽讞牘』については、［濱島敦俊－九三］五二〇―五二五頁、参照。

(35)本書第四部第九章、四三二―四三四頁、参照。

(36)［滋賀秀三－八七b］三四四頁。

(37)本書第四部第九章、四四三頁註(46)、参照。

(38)逯英が羅定州知州に就任した年については、道光『広東通志』巻五六、職官表四七、国朝一四、羅定州知州、参照。

(39)張五緯『涇陽張公歴任岳長衡三郡風行録』巻二、岳州府嘉慶八年二月回任、「七字瑣言示諭」。本書第四部第九章、参照。

(40)魯迅は一九三六年九月三日の「死」という一文の中で、「みんなの信じている死後の状態が、死にたいするいいかげん（「随便」）な態度をいっそう助長して」おり、死後も「全くの無」になるのではなく「鬼」として存在することが、「死など取るに足りぬ」という考えをもたらしていると述べている。［丸尾常喜－九三］二一五―二一六頁では、魯迅のこの文に関連して「生と死が截然と隔てられていないこと、死後の世界と現世とが一種の地つづきとなっていることに注目しておく必要がある」と指摘されている。なお魯迅の訳文は丸尾氏による。

第十一章　伝統中国における図頼の構図

――明清時代の福建の事例について――

はじめに

伝統的中国社会では、現在のわれわれから見れば非常に奇異に思われる行為がごく一般的に行われていた。本章が考察の対象とする図頼という行為もそのうちの一つである。図頼とは諍いや紛争による憤懣・怨恨を発端として、その原因をもたらした相手を恐喝して金銭を奪い取ったり、相手を誣告して罪に陥れたりするために、主として家族や親族の死を利用する行為であるが、そこに登場する死骸は一般的には、諍い・紛争の当事者が自殺したもの、或いは家族や親族の者を自殺に見せかけて殺害したり、強要して自殺させたりしたものであった。明清時代の史料には「假命図頼」「架命図頼」「軽生図頼」「借屍図頼」「擡屍図頼」等、「図頼」に死または死骸にかかわる語を冠した表現を多く見出すことができる(1)。

さて、きわめて凄惨な行為である図頼は伝統中国の歴史の中で持続的に行われていたのであり、現代中国においても類似の行為を見出すことはさほど難しいことではない(2)。図頼はむしろ現代にまで底流する伝統中国的要素の一つの発現形態と看做すことができるのではなかろうか。

一九八〇年代以降、わが国の中国明清史研究は、それまでの主として社会経済史の分野を中心に当該社会に内在する発展的諸側面を抽出する傾向とは対照的に、むしろ伝統中国社会の「固有の型」「変わらない型」を注視するという方向で展開してきたように思われる。すなわち、中国という歴史的世界の固有の構造やその背後に存在する秩序の形態、さらには秩序を生成する人々の行為の選択という側面に大きな関心が向けられているといえよう。(3) ここで図頼という行為に焦点をあてる場合、単に国家的・法的な秩序を前提として考察するだけではなく、図頼の持続的な展開が当該行為を選択する民衆レヴェルの如何なる秩序意識、或いは行為規範に媒介されていたのかをも問わねばならないであろう。

しかしながら、如上の課題に対して筆者はいまだ十分な解答を用意する段階には至っていない。従って、本章はきわめて初歩的なものであり、明清時代の福建の事例を分析したものに過ぎない点を最初に断っておきたい。

一　明清律と図頼

まずはじめに、明清時代における法と図頼との関連、すなわち明らかに不法行為と看做すことのできる図頼が、明清律においてどのように規定されていたのかを検討しておきたい。

図頼は、明律・清律ともに刑律、人命の「殺子孫及奴婢図頼人」という条文（以下「図頼」条と略称）に規定されていた。その内容はほぼ次の五項目に分けることができる。ここでは明初の洪武末年に最終的に成立した明律の本来の条文ではなく、(4) 明末の万暦年間に編纂され、小註が附されたことで内容がより明確化した姚思仁『大明律附例註解』によって当該条文を提示することにしたい。(5)

(A)凡祖父母父母、故殺子孫、及家長故殺奴婢〈却詐作他人威逼殴死等項、謀〉図〈誣〉頼〈他〉人者、〈比故殺加一等〉杖七十・徒一年半。

およそ祖父母・父母が子孫を故殺し、および家長が奴婢を故殺し、〈かえって他人が威逼・殴死した等と詐称し〉他人を〈誣〉頼しようと〈謀〉図した者は、〈故殺に比べて一等を加えて〉杖七十・徒一年半とする。

(B)若子孫将已死祖父母父母、奴婢雇工人、将家長〈已死未葬〉身屍図頼人者、杖一百・徒三年。

もし子孫がすでに死んだ祖父母・父母〔の死骸〕によって、奴婢・雇工人が家長の〈すでに死んでいるが未だ葬っていない〉死骸によって、人を図頼した者は、杖一百・徒三年とする。

(C)〈将〉期親尊長〈身尸図頼人者〉、杖八十・徒二年。〈将〉大功小功緦麻〈以上尊長尸図頼人者〉、各遞減一等。若尊長将已死卑幼、及他人身屍図頼人者、杖八十。

〔もし子孫が〕期親の尊長〈の死骸によって人を図頼した者〉は、杖八十・徒二年とする。大功・小功・緦麻〈以上の尊長の死骸によって人を図頼した者〉は、各々一等を減ずる。もし尊長がすでに死んでいる卑幼、および他人の死骸によって、人を図頼した者は、杖八十とする。

(D)其告官者、随所告軽重〈或逼死情軽、或殺死情重〉、並依誣告平人〈加三等〉律、〈反坐〉論罪。

官に告訴した者は、告訴した内容の軽重によって、〈或いは威逼による死は情が軽く、或いは殺害による死は情が重いが〉すべて「平人を誣告する〈〔者は〕三等を加える〉」という律によって、〈反坐として〉処罰する。

(E)若因而詐取財物者、計贓、准窃盗論。搶去財物者、准白昼搶奪論、免刺。各従重科断。〈図頼罪重、従図頼論、詐取搶奪罪重、依詐取搶奪論〉。

もし〔図頼に〕よって財物を詐取した者は、贓物を計り、「窃盗」に准じて論ずる。財物を掠奪した者は、「白昼搶奪」に准じて論じ、刺青は免ずる。各々、重い条項によって処罰する。〈図頼の罪が重ければ、図頼によって論じ、詐取・搶奪の罪が重ければ、詐取・搶奪によって論ずる〉。

(A)のみ「祖父母・父母」が「子孫」を故殺するという行為が前提とされているが、(A)から(C)までは各々「子孫」「祖父母・父母」「尊長」「卑幼」という親族(或いは擬制的親族)の死骸を利用して図頼を行った場合の刑罰が規定されている。[6] 当該条文に見える図頼とは、基本的には血縁的関係にあるものの死骸を利用して行われるものであった。それは明末に成立した明律の解説書『王肯堂箋釈』(以下『箋釈』と略称)が、

此条専為以親属死屍、図頼人者而設。

この条は、専ら親族の死体を利用して、人を図頼した場合のために設けられている。

と指摘している所以でもある。[7]

しかしながら、(C)では「他人身屍」を利用した場合についても規定されている。「尊長」が「卑幼」の死骸を利用した場合と併記されているが、ともに刑罰は杖八十である。(A)〜(C)自体、親族内における〈尊卑の分〉に基づく段階的な規定となっており、同じく『箋釈』が、

尊長以卑幼死屍、図頼人、及以他人之死屍、図頼人者、則雖有暴露、而其分已殺、其情已疎。故各杖八十。

尊長が卑幼の死体を利用して人を図頼し、または他人の死体を利用して人を図頼した者は、すなわち(死体が)晒されているとはいえ、分としては殺がれており、情としても疎遠である。故に各々杖八十とするのである。

と註釈しているように、[8]「他人身屍」による図頼は「情」も「疎」であることから、杖八十という相対的に軽い刑罰とされていたのである。

さて、(D)では図頼にともなう「告官」、すなわち図頼の過程で恨みを抱いた相手を陥れるために死骸を利用し、人命事件として——多くは「逼死」或いは「殺死」と偽って——官に告発することについて規定されており、そこでは「誣告」律が適用されることになっていた。[9] この点に関連して、そもそも法文上「図頼」という語はどの

ように定義されていたのであろうか。明清律の種々の註釈書ではおよそ次のように記述されている。[10]

①凡図頼者、止声言図頼、不曾告官、而被所頼之人、告発者。(『大明律附例註解』)

およそ図頼とは、ただ図頼を行うと言明するのみで、まだ官に告訴せず、しかも図頼された人が告発した場合である。

②凡図頼者、指未告官而言。(『刑台法律』)

およそ図頼とは、未だ官に告発していないものを指して言う。

③前項図頼、謂将身屍擡在伊家、指其打死、不曾告官者也。(『箋釈』)

前項の図頼は、死体を擡《かつ》いで彼の家へ行き、殺されたと指摘するが、まだ官に告訴していない場合を言う。

④以上俱是私自図頼之罪、未曾告官者也。(『大清律輯註』)

以上は共に、ひそかに図頼した罪であり、まだ官に告訴していない場合である。

⑤以上図頼、皆係指屍恐嚇、未経告官者。(『大清律例按語』)

以上の図頼は、すべて死体を利用して恐喝するものであり、まだ官に告訴していない場合である。

法文上「図頼」として裁かれるものは律の(A)~(C)の行為、すなわち主に家族・親族の死骸を利用して相手を威嚇するという行為であり、図頼の過程で相手を陥れるために「告官」した場合は「図頼」としてではなく「誣告」として処罰されることになっていたのである。

同様に、図頼には必ず見られる行為であるが、相手の家に死骸を擡ぎ込んで金銭を強要・略奪した場合には(E)の規定が適用されることになっていた。すなわち「詐取」の場合は「窃盗」律、「搶去」の場合は「白昼搶奪」律による処罰であった。[11] 図頼にともなう「詐取」および「搶去」については、清初の康熙年間に成立した沈之奇『大清律輯註』が次のような註記を残している。[12]

詐取者、其人畏其図頼、而自与之。故准窃盗論。搶去者、図頼之人、恃強取去、不由人与也。故准搶奪論。

詐取とは、その人が図頼を畏れて、自らこれに〔金銭を〕与えることである。故に「窃盗」に准じて論ずるのである。

搶去とは、図頼した人が無理やり掠奪し、人から与えられたものではない。故に「搶奪」に准じて論ずるのである。

図頼という行為は単に死骸を用いて相手を威嚇するだけで完結するものではなく、多くの事例が伝えるように「告官」または「詐取」「搶去」をともなうものであった。従って、図頼の実行犯に対して当該条文の(A)～(C)が適用されることはきわめて稀であったといえよう。

ところで、すでに清末の法学者薛允升が述べているように「図頼」条は明律が継承したとされる唐律に見出すことはできない(13)。しかしながら、明初に制定された明律に「図頼」条が存在すること自体、明朝成立以前に図頼についての法的基盤がある程度は形成されていたことを示しているといえよう。

後述のように、図頼自体は宋代の史料にも見出しえるが、明律の「図頼」条の法的な淵源を確実に遡ることができるのは元代までのようである。すでに徳永洋介・高橋芳郎両氏によって明らかにされたように(14)、『元史』刑法志には明律の「図頼」条に繋がると思われる、次の三ヵ条が存在していた(15)。

諸奴故殺其子女、以誣其主者、杖一百七。

すべての奴が子女を故殺し、それによって主人を誣告した場合は、杖一百七とする。

諸因争、以妻前夫男女溺死、誣頼人者、以故殺論。

すべての争いを原因として、妻の前夫の子供を溺死させ、人を誣頼した場合は、故殺として処罰する。

諸故殺無罪子孫、以誣頼仇人者、以故殺常人論。

すべての無罪の子孫を故殺し、それによって仇を誣頼した場合は、常人を故殺したことによって処罰する。

後二者に見える「誣頼」は字義的には「なすりつける」とか「言い掛かりをつける」という謂であるが、図頼とほぼ同じ行為を表現したものだといえよう。但し、この三ヵ条とも「故殺」或いは「溺死」という殺害行為を前提としており、しかもすべてが「故殺」によって処断されることになっていた。この点、死骸を利用して威嚇するという行為そのものが律文上に、いわば独立して明確に規定されている、明律の「図頼」条とはまさしく異なっているのである。すなわち、明律の「図頼」条は元代の法規定を継承すると同時に、一定程度それを発展させたものであったといえよう。

さて、明清律の「図頼」条が同じく刑律、人命の「威逼人致死」条（以下「威逼」条と略称）と密接な関係にあった点は、すでに前章で考察したところである。[16]〈自殺誘起罪〉といわれる、威力による圧迫を加えた結果として相手の者が自殺してしまうという威逼と、[17]威逼を行った家に自殺した死骸を擡ぎ込んで恐喝する図頼とは、いわば一枚のコインの表と裏との関係にあった。明清律の「威逼」条は次のように規定されていた。[18]

凡因事〈戸婚田土銭債之類〉、威逼人致〈自尽〉死者、〈審犯人必有可畏之威〉杖一百。若官吏公使人等、非因公務、而威逼平民致死者、罪同。〈以上二項〉並追埋葬銀一十両〈給付死者之家〉。

およそ〈戸婚・田土・銭債の類の〉事を原因として、威勢で人に迫って〈自殺による〉死をもたらした者は、〈犯人に必ず畏るべき威勢が有ることを調べて〉杖一百とする。もし官吏や公使人等が、公務によるのではなく、威勢で平民に迫って死をもたらした者も、罪は同じとする。〈以上の二項は〉ともに埋葬銀十両を追徴〈して死者の家に給付〉する。

実際には図頼をめぐる裁判の過程で、威逼による自殺ではないにも拘わらず、図頼の加害者側が利用した自殺の死骸が被害者側の威逼によるものと認定され、加害者側に埋葬銀が支給されるという事例が多々見られたのである。特に〈州県自理の案〉といわれる州県レヴェルで完結する裁判では、州県官の〈情理〉に基づく裁量が最も重要な判決の拠り所となっていた。[19]従って、図頼が裁判に持ち込まれた場合、図頼の加害者側に存在する一人の死を前提とした〈情理〉判断が行われ、結果として図頼の被害者側が埋葬銀を支払わせられるという事態が一般化していたのである。[20]まさしく伝統中国的法文化とでもいうべきものが、図頼をあまり処罰の対象とはしない現実を招来していたといえよう。またそうした状況が、当時の人々に図頼という行為の選択をさらに促していたのであった。

なお、薛允升は「威逼」条も明律に至ってはじめて登場した法規定であると述べているが[21]、最近、高橋芳郎氏は明律の「威逼」条と唐律の所謂「恐迫人致死傷」条との間に「強い系譜関係」を見出すとともに、南宋以来の「自殺と自殺に乗じた強請や誣頼の頻発」という「社会的現実」が明律の「威逼」条に影響を与えていることを指摘されている[22]。高橋氏の見解を踏まえるならば、明律の「図頼」条も同様に宋代以来の「社会的現実」を当然のように背負いながら登場してきたものであったといえよう。

二　風俗と図頼

伝統中国社会を生きた人々にとって、図頼はどのような行為として受けとめられていたのであろうか。この問題に接近するために、本節では明清時代における図頼と〈風俗〉との関連について検討することにしたい[23]。

明清時代の諸史料には、中国の広汎な地域で図頼が「積習」「悪習」「刁風」「民風」「民俗」「習俗」となっていたという記述を見出すことができる[24]。しかしながら、こうした状況は明清時代に至ってはじめて現出したものではなく、例えば南宋の著名な裁判史料『名公書判清明集』には、

江東風俗、専以親属之病者、及廃疾者、誣頼報怨、以為騙脅之資。蔣百六、自因病死于家。其兄蔣百五、却駝移誣頼朱百八官。既以死事誣人、又且持刀拒追、可謂凶悪之最者。

江東の風俗では、もっぱら親族の中の病気の者、および身体障害の者を利用して、誣頼して怨みを晴らそうとし、恐

喝の材料としている。蔣百六は、病気を原因として自宅で死亡した。その兄の蔣百五は、〔その死骸を〕運んで朱百八官を誣頼したのである。死を利用して人を誣頼し、かつ刀を持って拘引を拒否したのであるから、凶悪の最たる者と言うべきであろう。

という記述が残されている。(25) ここでは「誣頼」と表現されているが、南宋時代の江南東路(明清時代の江西・安徽)では図頼が「風俗」となっていたのである。

以下、本節で取り上げる主な史料は明清時代の福建の地方志の中に見出すことのできる図頼関係の記事であるが、地方志の記載項目に準拠すれば、それらの記事は次の四つの系統に分けることができる。すなわち第一に、「風俗」の項であり、第二に、地方官の治績を顕彰するために書かれた「名宦」「宦績」の項であり、第三に、上は巡撫から下は知県に至るまでの地方官による通達・告示の類であり、そして第四に、「物産」の項に見える「断腸草」についての記載である。

まず第一の「風俗」の記事であるが、明末の崇禎年間に編纂された崇禎『閩書』の風俗志は、福建の内陸部、いわゆる〈山区〉に位置する建寧府と汀州府とに関してのみ自殺(「軽生」)の風潮について書き留めている。その中の建寧府の項には、

其小民忿怒叫囂、雖可理折、未免軽生而楽闘。

小民は憤怒によって騒ぎ立てるが、理は屈することができるとはいえ、軽生《じさつ》して争いを楽しむことを免れないのである。

とある。(26) 「忿怒」を原因とした「軽生」はまさに図頼の前提条件をなすものであり、「軽生而楽闘」という表現に当地で図頼が社会的に定着していたことを暗示しているといえよう。

万暦二十七年(一五九九)に刊行された、漳州府の万暦『南靖県志』は、

郷落愚民、動因小忿、服薬図頼。不無為風俗之蠹。

郷村の愚民たちは、ややもすれば小忿により、服毒して図頼する。まさに風俗を蠹《むしば》むものだといえよう。

と記しており、[27] 図頼は南靖県において〈風俗〉を害するもの（「風俗之蠹」）と看做されていた。時期的には前後するが、正徳十六年（一五二一）刊の正徳『順昌県志』にも次のような記事が存在する。[28]

争訟不勝、負債不償、及角力不敵、輒有服砒礵毒断腸草自尽、藉此以要利。此風之至悪也。

訴訟では勝てず、負債は償えず、また喧嘩でも敵わなければ、すなわち砒礵毒・断腸草を服して自殺し、これを利用して利益を求めようとする。これは風の最も悪いものである。

延平府の順昌県では当時、裁判・債務・諍い等で弱い立場に置かれた者が「砒礵毒」「断腸草」を服して自殺し、その死を利用して実利を求めることが一般化していた。またこうした状況を当該県志は「風之至悪」と表現しているのである。

福建の山区に位置する邵武府——所轄は邵武・光沢・泰寧・建寧の四県——について、康熙九年（一六七〇）に刊行された康熙『邵武府続志』は断腸草による自殺の記事の後に、

俗之刁険者、認屍居奇、妄告無辜、抄劫殷懦。此風煽害已久。

俗の刁険なものとして、死を利用して金儲けを図り、妄りに無辜の人を告訴したり、富裕で弱々しい者から奪い取ったりする。こうした風の煽害はすでに久しいのである。

と叙述している。[29] 自殺した死骸を利用して無実の者を誣告したり、富裕な家を略奪したりすることが、邵武府では「俗之刁険」「此風煽害」となっていたのである。同様に乾隆『泰寧県志』は「旧志」以来のこととして「軽生図詐」を挙げており、乾隆『建寧県志』も所謂〈健訟〉（「囂訟」）の風潮と訟師（「績歇」）の暗躍との関連で「軽生図頼」を「蠹俗」の一つとして記している。[30] さらに光緒『光沢県志』は厳禁すべき〈風俗〉の一つとして「倚屍詐

命、大戸不寧」という点を挙げている。[31]

以上のように、邵武府に些か突出して見られるとはいえ、福建の地方志の「風俗」の項において「風俗之蠹」「風之至悪」「俗之刁険」「蠹俗」等と表現された図頼は、それぞれの撰者にとって当該地域から排除されるべき〈風俗〉として認識されていたのである。先の正徳『順昌県志』には、また、

　自正徳十三年、知県馬性魯、立法禁革、此風寝息。

　正徳十三年から、知県の馬性魯が、方策を講じて禁止したので、この風は治まった。

と書かれており、[32]康熙『邵武府続志』でも、

　適汪公至、遍示哀誨。一有此事、惟重処其家属、並両隣地方、不行救止者、且不准抵塡。今悪習漸除、実挽回之力。

　たまたま汪公が〔知府として〕至り、哀悼して教誨する告示を遍く出した。ひとたびこうしたことが有れば、ただ家族および両隣・地方で、救護を行わなかった者を重く処罰するだけで、かつ〔人命に〕当てることを許さなかった。今、悪習が漸く除かれたのは、誠に〔風俗を〕挽回しようとする力によるのだ。

と記されている。[33]ともに知府・知県の的確な措置（「法」）によって、それぞれの地域では図頼の「風」「悪習」が見られなくなったという。しかしながら、両者の記事はそうした状況が当該地方官の在任中に限られた、一時的のものであったことも逆に物語っているのである。

次に第二の史料として、地方志の「名宦」「宦績」に描かれた図頼の記事を提示することにしよう。康熙『漳州府志』の宦蹟志は、康熙四十年（一七〇一）に詔安県知県となった毛殿颺について、

　其革陋規、儆図頼、禁停棺、修橋梁道路、皆善政之可紀者也。

　陋規を廃止したこと、図頼を戒めたこと、停棺を禁じたこと、橋梁・道路を修理したことは、すべて善政として書き

残すべき事柄である。

と述べている。(34) 知県毛殿颺の「善政」の一つが「儆図頼」であった。建寧府の万暦『建陽県志』には、嘉靖四十五年（一五六六）―隆慶五年（一五七一）の建陽県知県李思寅が「名宦」の一人として挙げられている。六年の在任中に彼が行った四項目にわたる「懲禁」の一つが「図頼」であった。(35) 同じく建寧府の嘉慶『浦城県志』は、康熙四十五年（一七〇六）に浦城県知県に就任した李元璂について、

浦俗命案、屍親毎肆掠仇家。元璂厳戢之、弊始絶。

浦〔城県の風〕俗では、人命案件で死者の親族が常に仇の家をほしいままに掠奪する。元璂は厳しくこれを取り締まったので、悪弊はやっと途絶えたのである。

と伝えている。(36) ここでも浦城県の〈風俗〉（「浦俗」）となっていた図頼の「弊」が、知県李元璂の尽力によって治まったという。

同様に、汀州府の康熙『寧化県志』は万暦十一年（一五八三）に寧化県知県となった褚国祥について「寧俗丕変」という実績を残したことを記述している。彼の六項目に及ぶ具体的な治績の一つは「究図頼」であった。(37) 乾隆25『上杭県志』でも康熙二十七年（一六八八）に上杭県知県に就任した汪曾垣について、

時多藉假命為奇貨者。曾垣首為懲禁、悪習永改。

時に人命に託けて奇貨《かねもうけ》を図る者が多かった。曾垣はまず懲戒・禁止を行ったので、悪習は永久に改まったのである。

と記している。(38) 汪曾垣の「懲禁」によって図頼の「悪習」は除かれたという。しかし、上杭県ではその後も図頼が持続的に行われていたのであり、(39) 当該記事が「名宦」として汪曾垣を称揚するためのレトリックであったことは明らかであろう。

以上、地方志の「名宦」「宦績」等で顕彰・称揚された知県の治績において図頼の取締に言及するものをいく

つか提示したが、基層の地方行政機関に赴任した州県官にとって、図頼は当該地域を統治する際に必ず対策を講じなければならない社会問題の一つであったといえよう。

ところで、地方志における第三の史料、すなわち地方官による通達・禁令等の中にも各地の〈風俗〉と図頼との関連が反映されていた。汀州府の康熙『武平県志』には五件に及ぶ図頼関係の「条約」が収録されているが、それらはともに康熙三十五年(一六九六)から同三十八年(一六九九)までの間に出されたものであり、福建巡撫張志棟、福建按察使李成林、汀州府知府王廷掄(二件)および武平県署知県趙良生の通達・告示という、武平県に関係する福建の各行政レヴェルにおける公文書であった[40]。このこと自体、福建の地方志の記載としてはきわめて異例であり、図頼が武平県にとって軽視しえない社会問題であったことの証左にほかならないであろう。

巡撫張志棟および按察使李成林の通達は、図頼が「閩省慣習」「閩省悪習」だと指摘している。知府王廷掄(字は簡庵)の通達は、赴任後、一年餘の間に「審過藉命抄搶之案、指不勝屈」と汀州府における図頼関係事案の多さを嘆いており、また汀州府の各県で図頼が行われている一方で、武平県における図頼の「刁風」が特に甚だしいとも述べている[41]。同様に、もともと連城県の知県在任中に武平県の署知県をも兼任した趙良生の告示でも「武邑積習、假命居奇」と記している。当該の知府・知県にとって図頼はまさしく「刁風」「積習」と看做すべきものだったのである。

同じく汀州府の康熙『連城県志』には、明末の万暦年間に連城県知県を務めた徐大化による「地方弊政・積習」についての詳文が収められている。そこでは「禁扛屍図頼」と題する項目において、

連城更有一種悪俗。人命不論真假、輒将屍棺、擡入人家、驚散男婦、恣意搶擄。

連城県にはさらに一種の悪俗が有る。人命案件では真・假に拘わらず、棺桶を人の家に擡ぎ込み、男・女を驚かせて逃げるようにし、勝手放題に掠奪を行っている。

という記述を見出すことができる。[42] 連城県でも図頼は「悪俗」となっていたのである。

汀州府の南に隣接する漳州府龍巖県の地方志、嘉靖『龍巖県志』には嘉靖三十年代の龍巖県知県湯相による「申明図頼禁約」が収録されている。湯相によれば「軽生」「図頼」は「龍岩故習」であり、その弊害は「有不可尽言者（言を尽くすべからざるものであった）」という。また当該禁約が書かれた時点までの在任四年の間に、湯相は図頼に対する禁止措置をたゆまず講じた結果、

貧者得全其命、富者得保其財。毎接見士夫、必以此為称首。

貧しい者はその命を全うすることができ、富裕な者はその財を保つことができた。士大夫に接見する度に、必ずこのことが第一〔の業績〕と称賛された。

というように、当地の士大夫層から治績の第一として称賛されたことを自ら書き残している。[43] 士大夫層にとっても図頼は何時、わが身に降りかかるかも知れない災厄の一つであり、重大な関心事であった。但し、当該記事の後に「近日又有若前所為者（近日また以前と同じような行為が見られる）」と、龍巖の社会から図頼を容易になくしえない実情を湯相は改めて表白しているのである。

本節の最後に、第四の史料として地方志の「物産」に見える「断腸草」に関する記事を取り上げることにしたい。断腸草とは別名で「野葛」或いは「鈎吻」と呼ばれる毒草であるが、[44] 明清時代の福建では断腸草を食して自殺し、その後で図頼が企てられるという事件が多発していた。[45]

福建の地方志では、主として物産、草之名の項に断腸草の名を見出すことができるが、内容的には単に毒草としての存在を記すだけのものから、断腸草による服毒自殺、或いはその自殺を利用した図頼に言及するものまで様々であった。泉州府の嘉慶『恵安県志』は「呴吻」の名のもとに、

食之殺人。人多採食、以頼人。

これを食べれば人を殺すことになる。採取して食べる人は多く、それによって人を図頼するのである。と記しており、(46) また汀州府の乾隆『永定県志』は「断腸艸」について次のように述べている。(47)

毒人立死。毎有因憤食之以死者。亦有愚民争闘、食之死以恣図頼者。

人に服毒させれば立ちどころに死ぬ。常に憤慨したときに、これを食べて死ぬ者がいる。愚民の中には、諍いを起こすと、これを食べて死に、勝手放題に図頼を行う者がいる。

一面では、断腸草の生育を可能にする福建の植生が行為としての図頼を助長していたともいえよう。なお、明末の万暦年間に福建の提学副使を務めた王世懋の『閩部疏』は、断腸草について次のように叙述している。(48)

山谷中在在有之。民間闘不能勝、服之令妻子扶、而之怨家死焉。其妻子利之、亦不甚禁也。怨家富而畏事、厚償之去。

山谷中には至るところにこれが有る。民間では争いを起こして勝つことができなければ、これを食べた後に、妻子に支えられて、怨みのある家へ行って死ぬ。その妻子はこれを利と看做して、また厳しく禁じようともしない。怨まれた家が富裕であれば、事〔が大きくなること〕を畏れ、手厚く〔金銭を〕償って帰らせるのである。

福建各地の風土や山川・草木等の類を書き連ねた当該書の中で、王世懋は「山谷中」のどこでも眼にすることのできる断腸草を取り上げるとともに、図頼にも言及しているのである。王世懋の描く図頼のパターンは次のようなものであった。諍いを起こした者が断腸草を食べ「怨家」へ行って死ぬ。家族の者はそうした行為を厳しく禁止することもせず、逆に図頼を行う。他方、恨みの対象となった家の方も図頼を行った側に金銭を支払い、裁判沙汰に発展するかも知れない「事」をまるく収めようとする。こうして一件の図頼は完結するのである。

以上のように、明清時代の福建の地方志、特に「風俗」「物産」「名宦」の項、或いは地方志に収録された通達・告示等を繙くならば、それぞれの地域で図頼が「悪俗」「蠹俗」「積習」といわれるような〈風俗〉として定着しており、かつ州県官の眼にもそれが軽視することのできない社会問題として映っていたことを、容易に理解することができよう。しかしながら、一部の有能な地方官が在任した時期には当該の地域で図頼はある程度の収束を見せるものの、それはあくまでも一時的な状況であり、一般的には福建各地において図頼は持続的かつ頻繁に行われていたのである。図頼の〈風俗〉は、まさしく地方官にとって対応することのきわめて困難な問題であったといえよう。それは取りもなおさず、伝統中国社会の中に行為としての図頼を持続させる要因が構造的に組み込まれていたことを表しているのではなかろうか。

三　小忿・図頼・告官

前節で部分的に提示した嘉靖『龍巖県志』所収の湯相「申明図頼禁約」には、また注目すべき記述が存在していた。それはこの禁約に引用されている、嘉靖十八年（一五三九）十一月の福建巡按御史王瑛の「案験」である。(49)

(A)有等愚很軍民、重利軽生、偶因争忿、輙服断腸草、或自縊隕亡。親属楽観其斃、因而乗機搶騙。一不満意、遂装人命、越赴上司聳告。被誣之家、業命倶敗。

ある種の愚かな軍民は、利を重んじて生を軽んじ、たまたま諍いが起こると、すなわち断腸草を服し、或いは自縊して死ぬ。親族はその死を楽しんで観ており、その機会に乗じて掠奪・詐取を行おうとする。ひとたび意に満たなければ、遂に人命事件をでっち上げて、上司に赴いて告発する。誣告された家は、業も命も共に失うのである。

(B)雖或究竟渉虚、而問官推原、事出有因、不論有無威逼、並断埋葬。以此習成刁風、合行厳禁。

或いは結局のところ虚偽であるとはいえ、審問する官が取り調べたところ、事件には原因があるからと、威逼の有無を論ぜず、すべて埋葬（銀の支給）と断ずるのである。こうして習俗は刁風化していくのであり、まさに厳しく禁止すべきである。

(C)其軍民人等、再有似前故犯服毒自縊者、先将家長里隣、問究不救罪名、被害之人、決不追坐威逼埋葬銀罪。問官如有仍前擬断者、定以故入人罪論。其死者家属、乗機搶騙、及告誣者、定坐誣告重罪、仍枷号示衆。

軍民人等で、さらに依然として殊更に服毒・自縊する者がいたならば、まず家長や隣近所の者を、救わなかったという罪名で追究し、害を被った人を、決して威逼による埋葬銀の罪に充ててはならない。審問の官で、従来通り擬罪する者がいたならば、必ず「故意に人を罪に充てた」ということで論罪する。死者の家族で、機会に乗じて掠奪・詐取を行い、また誣告を行った者は、必ず「誣告」の重罪に充て、さらに枷号に処して衆人に晒す。

(A)では図頼が恐喝・略奪から誣告へと発展していく様相が記されている。諍いを原因として自殺しようとする者がいても、図頼の目的のためにはその死を「楽観（楽しんで観る）」し、敢えて助けようとしない親族がいるという。(B)では図頼が一旦、裁判の場に持ち込まれると、「問官」は「威逼」の有無に拘わらず、図頼の被害者側に対して「埋葬銀」の追徴という判決を下すが、そうした裁判の有りようが図頼の風潮を助長していると指摘している。そして(C)では頻発する図頼事件に対して地方官はどのように対処すべきかという点について、図頼の加害者側には「誣告」罪を適用すべきこと、被害者側には決して「威逼」罪を適用しないこと、等が述べられている。図頼を行う側とそれを裁く側の両者の実態が鮮やかに描かれているといえよう。

龍巖県の地方志として嘉靖『龍巖県志』に引き続いて編纂された康熙『龍巖県志』には、万暦十年代の龍巖県知県呉守忠による「六議」と題された禁令が収録されている。その「六議」にも図頼に関連する「禁服毒草」という一項が存在していた。龍巖県の状況は「毎因闘気、輒服毒草者、十有八九（常に意地を張って、毒草を服する者が、十に八・九もいる）」というものであり、呉守忠が「前案」を調べたところ図頼によって「毎載輙斃数十命（毎年、数

十の命が失われている）」という。さらに、おそらくは先の湯相による禁約の影響を受けていると思われるが、

以故楽視其親戚之死而不救、図以報仇搬搶為快志。……而彼家人隣佑明知之、皆袖手而不力救者。明乎借此為図頼瞭然矣。

従って、親族の死を楽しんで視《み》て救おうともせず、仇を報じて掠奪することを痛快と看做している。……そのとき、彼の家人や隣近所の者は明らかにこれを知りながら、みな手を拱いて救おうともしないのである。これを利用して図頼しようとすることは一目瞭然である。

と「禁服毒草」には記されているのである。[50]

先に王瑛は「楽観」といい、ここでは呉守忠が「楽視（楽しんで視る）」と表現しているが、図頼の前提条件をなす自殺を覚めた眼で傍観する家族や親族がいたのである。前節で提示した『閩部疏』でも断腸草による服毒自殺を家族の者が「亦不甚禁也（また甚だしく禁じょうともしない）」と記されていた。実利をともなう報復のためなら骨肉の死をも顧みない図頼という行為には、当時の民衆レヴェルにおける独自の秩序観が見え隠れしているように思われる。

なお呉守忠によれば、服毒自殺を利用した図頼に対して「依律所犯重軽反坐（律の（記載する）犯罪の軽重によって反坐とする）」という内容の告示を「家伝戸暁」したところ、五年の間、服毒による自殺事件は起こらなかったという。さらに呉守忠は従来、図頼案件が頻発した原因として「皆有司不厳禁止、故縦之（すべて有司が厳しく禁止もせず、殊更にこれをほしいままにさせていた）」ことを厳しく批判しているのである。[51]

以上の嘉靖・康熙の両『龍巌県志』の分析を踏まえるならば、きわめて凄惨な行為である図頼がさほど珍しくもない事柄として行われていた背景には、およそ次のような二つの問題が存在していたと思われる。第一に、家族や親族の自殺を「楽観」「楽視」すると述べられているように、図頼を行うためには血縁関係にある者をもい

わば見殺しにするという、ある種の秩序意識に媒介された行動様式である。そして第二に、図頼が裁判に持ち込まれた場合の、図頼を助長するような官の対応である。

まず第一の点については、先の二人の龍巖県知県、湯相および呉守忠の禁令に類似した、二つの史料を提示することにしたい。一つは康熙八年（一六六九）から次年にかけて閩浙総督に就任した劉兆麒の『総制浙閩文檄』所収の(I)「禁假命抄搶服毒図頼」であり、(52)いま一つは康熙十七年（一六七八）―同二十年（一六八一）の福建巡撫、呉興祚の『撫閩文告』所収の(II)「申厳假命之禁示」である。(53)

(I)往往郷愚雀角争闘、輒思短見自尽。其父兄親属、又多習於報忿、視為奇貨可居、見死不救。旋即糾衆移屍、破墻毀屋、搶掠資財。

往々にして郷村の愚民たちが喧嘩や諍いを起こすと、すなわち短見自尽しようとする。その父兄や親族も、また多くは報復を習わしとしており、〈奇貨居く可し〉と考え、死を見ても救おうとしない。かえってすぐに衆人を集めて死体を運び、〔恨みのある家の〕垣根を破り家屋を毀して、資財を掠奪するのである。

(II)愚氓任性、或遭口角相争、或渉財利屈抑、一時忿激、視死非難。短見一萌、或服毒、或投繯、何所不至。但従傍、豈無父母妻孥兄弟、骨肉相憐者。何忍視其甘従鬼録、而不為之解勧。乃非惟不行挽止、且利於其死、相与熟商、或促之速亡。肉未及寒、即便擡屍至怨家抄搶。彼被抄者、慮告官受累不已、猶願献納求和。

愚民たちは気ままに行動し、或いは口論による諍いになったり、或いは金銭の面で押さえつけられたりすると、一時、憤懣やるかたなく、死は簡単なものだと看做す。ひとたび短見《じさつ》しようとすると、或いは服毒し、或いは首吊りすることに、どうしてならないことがあろうか。但し、その傍らには、どうして父母や妻子、兄弟や親族の哀れに思う者がいないことがあろうか。どうして甘んじて鬼籍に入ろうとするのを見て、その者に〔止まるように〕説得しないでいられようか。ところが、ただ引き止めないばかりか、さらにその死を利と考え、みんなで相談して、早く死ぬように促している。〔死んだ後で〕身体がまだ冷たくなってもいないのに、すぐに死体を擡ぎ、怨みのある家に行って掠奪を行う。被害を受けた側は、官に告訴すると〔胥吏・衙役による搾取など〕様々な累を被ることを恐れて、やはり〔金銭を〕支払って和解しようと願うのである。

(I)では「短見自尽」と表現された安易な自殺に対して、「父兄親属」は図頼によってもたらされる実利のために〈奇貨居く可し〉と考え、自殺をやめさせたり、救護したりしない実態が描かれている。同様に(II)でも口喧嘩や金銭のもつれを原因として自殺(「短見」)しようとすると、家族や親族の者は自殺を思い止まるように説得するのではなく、自殺を「利」と看做して「速亡」を願い、いざ自殺した場合にはただちにその死骸を「怨家」に擡ぎ込んで略奪を行うという。他方、図頼の標的とされた家、すなわち被害者の側は裁判沙汰に巻き込まれて「累」を受けるよりは金銭を支払って和解を求める方を選択するのが、一般的な対応であった。

まさに図頼のもたらす実利のためには家族・親族の自殺をも「楽観」「楽視」し、或いは「速亡」を願う人々が存在していたのである。明清時代の人々が行為としての図頼を選択する前提には、自殺による死を平然と受け入れ、凄惨な図頼さえも当然の行為と看做すような、ある種の秩序意識が存在していたといえよう。換言すれば、図頼そのものが人々の行為規範の中に明確に定位されていたといえるのではなかろうか。こうした秩序意識・行為規範の存在こそが福建の各地に図頼を〈風俗〉として定着させ、有能な地方官の努力にも拘わらず、それぞれの地方社会から図頼をなくすことのできない要因の一つであったと思われる。

次に第二の点、すなわち図頼が裁判に持ち込まれた場合の官の対応についてである。すでに第一節で触れたように、官の一般的な対応は図頼の加害者側を図頼の罪に当てるのではなく、当該案件に介在した自殺による死という「情」の問題を考慮し、図頼の被害者側を威逼と認定して埋葬銀を追徴することで両造間のバランスを取ろうとするものであった。まさに〈州県自理の案〉では「情理」判断を重視するという裁判の性格と関連していたのである。

さて、万暦『漳州府志』の刑法志には、隆慶三年（一五六九）—同五年（一五七一）の漳州府同知羅拱辰による「条陳地方利病」の一部が引用されているが、そこには図頼の風潮に対処するための、次のような方策が提議されていた。(54)

照得、漳民毎因小忿、或引縄自縊、或服毒自斃、未経赴官告理、先儘搬搶家財。又有帮唆棍徒、令其赴官聳告。一行審問、則吏仵之相験、里隣之結勘、其弊有不可勝言者。及其誣告反坐、又令代出納贖、不問有無威逼、並追埋葬銀両。及事雖得明、而家則已敗矣。今後如有服毒自縊者、先将家長里隣、問以不救之罪。如故違告状、定坐誣告之罪。或有搬搶実跡、問擬応得罪名、庶民知警畏、図頼之風不行、而非命之死自少矣。

調査したところ、漳州府の民は、常に小忿を原因として、或いは縄を使って自縊したり、或いは服毒して自殺したりするが、まだ官に赴いて訴えもしないうちに、先に資財をすべて掠奪する。またそれを教唆する棍徒がいて、〔関係者に〕官に赴いて告訴させるのである。ひとたび審問が行われると、すなわち胥吏・仵作による検死や、近隣の者による保証書の交付などで、言うに堪えない弊害が見られる。誣告・反坐となっても、〔金銭を〕代わりに出して納めさせたり、威逼の有無を問わず、すべて埋葬銀を追徴したりする。さらに事案が解明されたとしても、家はすでに破産しているのである。今後、もし服毒・自縊する者がいたならば、まず家長や近隣の者を「救わなかった」という罪で処罰する。もし故意に告状をでっち上げたならば、必ず「誣告」の罪で処罰する。或いは〔資財を〕掠奪したという事実があって、まさに適応すべき罪名で処罰したならば、民は戒めを知り、図頼の風も治まって、非業の死も自ずから少なくなるであろう。

隆慶年間の漳州府では「小忿」を原因とする自殺、怨みの家に対する略奪、そして官への誣告という形態で図頼が行われていた。こうした図頼を助長したものは官の適切を欠いた処理、すなわち被害者側から「埋葬銀両」

を追徴することできわめて安易に図頼案件を終息させようとする対応にあった。さらに羅拱辰は「図頼之風」をなくすために、図頼を目的とした告訴には「誣告之罪」を適用することが肝要である点を主張している。しかしながら、当該記事の直後の按語では「然各属猶未遵行、図頼之風日熾（しかしながら各県では未だ遵守せず、図頼の風は日々に盛んである）」と記されており[55]、図頼の風潮がいっこうに治まらない実態が吐露されているのである。

すでに第一節で若干の検討を加えたように、明清律の「図頼」条は図頼にともなう「告官」に対しては「誣告」律の適用による反坐とすることを明確に規定していた。しかも、ここまでに提示した数多くの史料、特に地方官の通達・禁令の類では、多くのものが「誣告の重罪」にあて「必ず反坐に擬す」べきことを述べているのである。さらに事例を挙げるならば、万暦四十年代の福建巡撫黄承玄の『盟鷗堂集』所収の「禁図頼」と題する通達でも、

如係図頼虚詞、務行反坐、勿断埋葬、以長悪風。

もし図頼による虚偽の訴えであれば、務めて反坐に処し、埋葬銀〔の追徴〕と断じて、悪風を助長してはならない。

と記されており[56]、図頼を目的とした虚偽の訴えには反坐によって対応し、被告側（図頼の被害者）から埋葬銀を追徴しないように戒めているのである。

また道光八年（一八二八）―同十一年（一八三一）の漳州府詔安県の知県陳盛韶は『問俗録』の中で、詔安県に赴任した直後、「三案を反坐とした」ところ図頼の風潮が治まったと述べている[57]。逆にそれまでの知県が図頼による「告官」を誣告と認定して反坐とする、適切な処理を行っていなかったことを明示しているといえよう。この点、康熙後半の汀州府知府王廷掄も先の康熙『武平県志』にも収録されていた「申禁軽生図頼」という通達の中で、図頼にともなう「捏詞控告」が頻繁に行われていたにも拘わらず、「従未聞按原告、以反坐之律（従来、原告を反坐の律で処罰したことを聞いたことがない）」と指摘しているのである[58]。

図頼を〈風俗〉として福建の社会に定着させた、もう一つの要因は、図頼の一環として行われた誣告に対して反坐という適切な処罰が行われず、図頼の被害者側から埋葬銀を追徴することで安易に事案の終結を図ろうとする地方官の対応にあった[59]。そのことは〈州県自理の案〉に見られる州県レヴェルの裁判の固有の性格と密接に関連するものであり、図頼を図頼として裁くことのできない伝統中国の法文化の特質を逆に照射しているといえよう。

おわりに

以上、本章は地方志を中心とする福建関係の史料に依拠して、伝統中国における図頼の構図に関する若干の考察を行ってきた。史料的にはなお不十分であり、議論自体も雑駁なものではあるが、所論はおよそ次の二点にまとめることができよう。

図頼という凄惨な行為には、諍いや紛争によって生じた相手への憤懣・怨恨を解消すると同時に、恐喝や誣告によってもたらされる金銭等の実利がともなっていた。伝統中国社会には家族や親族の自殺を覚めた眼で傍観し、それを平然と受け入れて、ただちにその死骸を利用して図頼を行おうとする人々が存在していたのである。あたかも当然の行為として図頼が選択される背景には、人々の日常的な行動様式の中に図頼自体が明確に定位されていたことがあるように思われる。換言すれば、伝統中国に生きる人々の秩序意識、或いは行為規範はそれが如何に凄惨な行為であり、かつ法的に処罰の対象となるものであったとしても、自らが選択すべき行為の一つとして図頼を明確に位置づけていたといえるのではなかろうか[60]。こうした秩序意識ないしは行為規範の存在が、図頼を〈風俗〉として社会的に定着させた要因の一つであったと思われる。以上が第一の点である。

第二の点は、加害者による誣告であれ、被害者による訴えであれ、図頼が裁判に持ち込まれた場合の官側の対応にあった。明清律の「図頼」条は図頼の一環として行われる「告官」に対しては誣告として反坐に処すべきことを規定していた。それにも拘わらず、実際の裁判の過程では図頼の加害者を反坐によって処罰することはきわめて稀であり、多くの場合、自殺による一人の死を前提とした〈情理〉判断が行われ、結果として図頼の被害者側から埋葬銀が追徴されて加害者側に支給されるというのが、図頼に対する一般的な取り扱いであった。〈州県自理の案〉では両造間における紛争の実質な終結を目的とする、いわば〈実質的合理性〉が追求されていたのであり、そうした州県レヴェルの裁判の性格は、図頼があまり処断されないという現実の事態を招来していたのである。まさしく伝統中国の法文化そのものが、行為としての図頼の選択に拍車をかけていたといえよう。

（1）図頼については、本書第四部第九章・第十章、および［三木聰 - 九五］参照。
（2）［上田信 - 九六］参照。
（3）［岸本美緒 - 九二］参照。
（4）明律の成立過程については、［佐藤邦憲 - 九三］参照。
（5）姚思仁『大明律附例註解』巻一九、刑律、人命、「殺子孫及奴婢図頼人」。なお王肯堂『王肯堂箋釈』巻一九、刑律、人命、「殺子孫及奴婢図頼人」に準拠して、当該条文を五項目に分けた。
（6）当該条文では(A)のみ「祖父母・父母」「家長」による「子孫」「奴婢」を故殺する行為が含まれており、(B)・(C)では「子孫」「奴婢・雇工人」「尊長」による各々「祖父母・父母」「尊長(期親・大功・小功・緦麻)」「家長」「卑幼」「他人」の故殺については規定されていない。『王肯堂箋釈』巻一九、刑律、人命、「殺子孫及奴婢図頼人」によれば、前者の「祖父母・父母」「家長」が「子孫」「奴婢」を故殺した場合は「杖六十・徒一年」のみの処罰であり、唯一「図頼」律の方が重い刑罰規定(杖七十・徒一年半)になるが、後者では当然のように「故殺」律(「斬・監候」)の方が重くなるのである。「従重科断」という原則が貫徹されていたのである。
（7）『箋釈』巻一九、刑律、人命、「殺子孫及奴婢図頼人」。

（8）同前。
（9）「誣告」については、明律、巻二二、刑律五、訴訟に規定されていた。［黄彰健-七九］八一三―八一四頁、参照。
（10）①姚思仁『大明律附例註解』巻一九、刑律、人命、「殺子孫及奴婢図頼人」上註。②『刑台法律』巻一〇、刑律、人命、「殺子孫及奴婢図頼人」。③『箋釈』巻一九、刑律、人命、「殺子孫及奴婢図頼人」。④沈之奇『大清律輯註』巻一九、刑律、人命、「殺子孫及奴婢図頼人」総註。⑤『大清律例按語』巻一九、雍正朝（雍正三年）、刑律、人命、「殺子孫及奴婢図頼人」原律按語。
（11）「窃盗」「白昼搶奪」ともに、明律、巻一八、刑律一、賊盗に規定されていた。［黄彰健-七九］七六一・七六三頁、参照。
（12）沈之奇『大清律輯註』巻一九、刑律、人命、「殺子孫及奴婢図頼人」上註。
（13）薛允升『唐明律合編』巻一八、明律巻一九、刑律二、人命、「殺子孫及奴婢図頼人」総註。
（14）［「中国近世の法制と社会」研究班-九七］五六一頁、および［高橋芳郎-九九］四四―四五頁、参照。
（15）三ヵ条ともに『元史』巻一〇五、刑法志四、殺傷。
（16）本書第四部第十章第三節。
（17）威逼については、［中村茂夫-七三］参照。
（18）呉壇『大清律例通考』巻二六、刑律、人命、「威逼人致死」律文による。
（19）〈州県自理の案〉および〈情理〉については、［滋賀秀三-八一（滋賀秀三-八四）］・［滋賀秀三-八七a］・［滋賀秀三-八七b］等、参照。
（20）本書第四部第十章第三節、参照。
（21）薛允升『唐明律合編』巻一八、明律巻一九、刑律二、人命、「威逼人致死」総註。
（22）［高橋芳郎-九九］四九頁。
（23）〈風俗〉については、［岸本美緒-九六］五八―五九頁、参照。〈風俗〉にはそれを書き残した士大夫・読書人層の良否・善悪の価値判断が反映されていたという。
（24）本書第四部第十章第二節、参照。
（25）『名公書判清明集』巻一三、懲悪門、誣頼、蔡久軒「以死事誣頼」。
（26）崇禎『閩書』巻三八、風俗志。

(27) 万暦『南靖県志』巻一、輿地志、風俗。
(28) 正徳『順昌県志』巻一、風俗志、「軽生」。
(29) 康熙『邵武府続志』巻一、輿地志、風俗。
(30) 乾隆『泰寧県志』巻一、輿地志、風俗、および乾隆『建寧県志』巻九、風俗、驀俗。
(31) 光緒『光沢県志』巻八、風俗略。
(32) 註(28)。
(33) 註(29)。なお、ここに見える「汪公」は康熙三年(一六六四)に邵武府知府に就任した汪麗日だと思われる。乾隆『邵武府志』巻一五、名宦、国朝、参照。
(34) 康熙『漳州府志』巻二〇、宦蹟志下、国朝知県、詔安県、毛殿颺。
(35) 万暦『建陽県志』巻四、官師誌、名宦、李思寅。
(36) 嘉慶『浦城県志』巻一八、宦績、国朝、李元瑾。
(37) 康熙『寧化県志』巻三、人民部上、名宦志、褚国祥。
(38) 乾隆25『上杭県志』巻七、名宦志、国朝、汪曾垣。
(39) 康熙年間の後半に汀州府知府となった王簡庵(諱は廷掄)の『臨汀考言』には、上杭県で起こった図頼事件についての判牘が収められている。また、本書第四部第九章、四二五―四二八頁、参照。
(40) 康熙『武平県志』巻一〇、藝文志、条約。
(41) 王廷掄の二件の通達は若干の字句の異同をともないつつ、王簡庵『臨汀考言』巻六、詳議、「諮訪利弊八条議」に、或いは同、巻一六、檄示、「申禁軽生図頼」として収められている。
(42) 康熙『連城県志』末巻、増添。
(43) 嘉靖『龍巖県志』巻上、官師志、公移、「申明図頼禁約」。
(44) 断腸草については、本書第四部第九章、四三九―四四〇頁註(21)参照。
(45) なお南宋の福州の地方志、淳熙『三山志』にはすでに「野葛」と図頼との関連を窺わせる記述が見られる(巻三九、土俗累一、戒諭、「去野葛」)。[森正夫 - 八三]三七三頁、参照。
(46) 嘉慶『恵安県志』巻一三、物産、花卉之属、「呁吻」。

(47) 乾隆『永定県志』巻一、封域志、土産、花艸之属、「断腸艸」。
(48) 王世懋『閩部疏』「断腸草」。
(49) 註(43)。
(50) 康熙『龍巖県志』巻九、藝文志、公移、呉守忠「六議」。
(51) 同前。
(52) 劉兆麒『総制浙閩文檄』巻二、「禁假命抄搶服毒図頼」。この禁令は文中に「閩地多産毒草」とあることから、福建を対象としたものであることが窺われる。
(53) 呉興祚『撫閩文告』巻下、「申厳假命之禁示」康熙二十年(一六八一)二月附。
(54) 万暦『漳州府志』巻八、漳州府、刑法志、詞訟。
(55) 同前。
(56) 黄承玄『盟鷗堂集』巻三〇、公移二、「禁図頼」。
(57) 陳盛韶『問俗録』巻四、詔安県、「作餉」。
(58) 王簡庵『臨汀考言』巻一六、檄示、「申禁軽生図頼」。
(59) 州県レヴェルの裁判において誣告反坐がほとんど行われなかった点については、[中村茂夫‐七六]参照。
(60) 寺田浩明氏は清代の「聴訟世界」をめぐる論考の中で、伝統中国社会の秩序構造との関連で「どのような理由があるにせよ人を無碍に追い詰め・押しつぶしてまではいけない」という「社会的な基礎感覚」の存在を提示されている。ここでいう秩序意識・行為規範は、寺田氏の「社会的な基礎感覚」と表裏をなすものだと思われる。[寺田浩明‐九七]参照。

結　語

明末以降の華中南農村社会に展開した抗租の問題を、特に福建という地域の社会経済的状況に即して考察するとともに、抗租に関連する明清王朝国家の対応および図頼という行為の内容等について検討を加えてきた。国家権力および図頼の問題については、ともに法運用の実態や中国的法文化への関心もあって福建という地域に限定されたものではなく、むしろ伝統的中国一般へと分析対象が拡がっており、史料的に些か厳密性を欠く嫌いがあるのではないかと恐れるものである。しかしながら、本書を構成する各章では、基本的には福建の史料から出発して他地域へと展開するか、或いは他地域の事例を福建の史料に立ち戻って考えるという作業を繰り返しており、そうした意味で、本書は福建という視座から明清の社会を、農村を中心に眺望しようとした試み——或いは〈無謀な〉という形容詞の附された——といえるのかも知れない。

福建農村社会に展開した日常的経済闘争としての抗租は、明末から清代後期にかけて恒常的かつ持続的に行われており、空間的にも福建のほぼすべての府・州(清代には台湾を除くと九府二州)においてその存在を確認することができる。江南の抗租が佃戸による農村手工業という江南特有の商品生産と密接に関連していたのと同様に、福建の抗租においても当該地域の社会経済的状況に密着した特質を見出すことができる。福建では、佃戸による商品生産は主として商業的農業、すなわち甘蔗や葉煙草を中心とした商品作物栽培として行われていた。糧食事情に恵まれず、恒常的な米穀移入が不可欠であった福建にとって、商品作物栽培の進展——甘蔗・葉煙草等のモノカルチャー化という動きも見られる——はただちに米穀（糧食）不足と結びついていたのであり、福建内部の米穀をめぐる生産・流通の地域的偏差の存在は、商品としての米穀のもつ投機性をますます高めることとなったのである。福建の米穀流通市場が〈地主的市場〉として展開していたこともあり、地主と結託した商業資本による米穀の買い占めと〈他境〉への搬出は、佃戸が生産に従事し、かつ生活を行う場としての〈本境〉に飢餓的状態をもたらしていたのであった。「以米尚在本境、縦貴不至飢也（米はまだ本境に在ることで、たとい（価格が）貴くても飢えるには至らない）」（康熙『清流県志』）という当時の史料からは、米そのものを〈本境〉内に確保することが地域社会の重要な課題であったことを読み取ることができよう。明末以降の福建で展開した抗租には、佃租として地主に収奪された米穀が〈他境〉へ搬出されるのを阻止するという一面が明確に表現されていたのである。すなわち、乾隆年間の史料に「即攔阻租穀、不許出水（すなわち租穀（の持ち出し）を阻止し、（船に積んで）出発することを許さない）」（『福建省例』）と明記されているように、福建の抗租は阻米闘争としての性格を内在させていたといえよう。なお、福建山区に位置する延平府沙県に関するミクロな観察からは、福州と沙県との間に形成された商業資本のネットワークを媒介として米穀の買い占めが行われ、また買い占め構造の中核に地主による水碓・船碓という精米施設が組み込まれていたことも確認することができた。

　抗租という地主‐佃戸関係の矛盾に対して明清の国家権力はどのようにかかわっていたのであろうか。福建では明末の段階に巡撫として在任した許孚遠による抗租禁令（「照俗収租、行八府一州」）が残されているが、清代前期には抗租の禁圧に代表される国家権力の介入を前提として収租体制の整備を志向する地主（錦里黄氏等）の存在を見出すことができる。江南の万暦『秀水県志』に描かれた、抗租をめぐる地主の告発に対する国家の不介入を窺わせる事態とは対照的に、福建では明末以降、国家権力は着実に抗租の問題に介入していたようであり、〈抗租禁止条例〉という国家の法規定がいまだ整備されていない十七世紀の末頃には、すでに地方官による「抗租の罪」という認識さえ見られたのである。雍正五年(一七二七)に至って清朝国家は〈抗租禁止条例〉を制定した。従来、明末以降の抗租の展開に対する国家の回答として当該条例の〈画期性〉が主張されてきたが、現実には、抗租の問題は州県レヴェルの裁判で〈細事〉として取り扱われ、〈情理〉に依拠した地方官の裁量によって処理されていたのである。抗租の禁圧が法制化されていたか否かに拘わらず、伝統中国の法システムでは抗租自体は処罰の対象となりえたのである。抗租は〈細事〉に包摂されるものであったことは、逆に地主の訴えが地方官によって等閑視されるという事態をも招来していたのであり、万暦『秀水県志』の事例はむしろ法制度の運用にともなう固有の事態として解釈しえるのではなかろうか。清朝によって制定された〈抗租禁止条例〉も現実の抗租禁圧の面ではほとんど実質性を有していなかったといえよう。なお、明末以降の福建では、農村社会の治安や秩序の維持にかかわる郷約・保甲制が抗租の取締に関与していた事例を見出すことができる。

抗租には図頼という凄惨な行為がともなっていた。かの許孚遠も抗租禁令の中で「拖負田租、反行図頼(田租を滞納し、かえって図頼を行う)」(『敬和堂集』)と述べているが、地主の佃租収奪に晒されていた佃戸にとって、親族の死(或いは死骸)を利用する図頼という行為は地主に対する究極の抵抗形態であったといえよう。但し、図頼自体は抗租に特有の行為ではなく、多様な矛盾を内在させていた当時の社会関係においてはごく一般的に見られたのである。図頼は、それが如何に凄惨な行為であり、かつ処罰の対象になっていたとしても、明清時代を生きた人々の秩序意識に基づく行動様式の中に日常的に定位されていたのである。また明清律に法規定(「殺子孫及奴婢図頼人」)が明文化されていたにも拘わらず、州県レヴェルの裁判ではあまり処断されないという現実が、他方では当時の人々による図頼の選択を助長していたといえよう。まさに伝統的な法文化、或いは民衆文化そのものが図頼という行為には反映していたのである。

以上、本書は、従来、経済的最先進地帯＝江南の豊富な史料によって構築されてきた〈明末清初の抗租〉像に対して、福建に特殊な社会経済的な状況に即した〈地域の抗租〉像を提示するとともに、中国の地主制（地主－佃戸関係）における史的発展の指標であった抗租に国家の対応や図頼の選択という角度から光を照射することで、むしろ伝統中国の〈持続性〉との関連において相対化された抗租の新たな一面を明らかにしたものである。

参考文献一覧

［凡　例］

一　以下に収録したものは、本書に引用した研究文献等であり、併せて引用略記も提示してある。
一　日文については著者名の五十音順に、中文についても同じく拼音順に、および英文についてはsurnameのアルファベット順に配列してある。
一　本書における参考文献の引用略記は、角括弧［　］内に著者名および西暦年代の下二桁で表示する。なお、英文についてはsurnameと西暦年代とを横書きで表示する。
一　同一著者の文献が同一年に発表されている場合は、末尾にa・b等を附して区別化する。
一　参考文献の論文が著書に再録されている場合は、基本的には著書の頁数を表示する。また、角括弧［　］内に著書名の略記と同時に、丸括弧（　）を附して論文名の略記を表示する場合がある。

日　文

青山一郎「明代の新県設置と地域社会――福建漳州府寧洋県の場合――」『史学雑誌』一〇一編二号、一九九二年→［青山一郎‐九二］
安部健夫「米穀需給の研究――『雍正史』の一章としてみた――」『東洋史研究』一五巻四号、一九五七年→［安部健夫‐五七］
安部健夫『清代史の研究』創文社、一九七一年→［安部健夫‐七一］
天野元之助『支那農業経済論』上、改造社、一九四〇年→［天野元之助‐四〇］
天野元之助『支那農村襍記』生活社、一九四二年→［天野元之助‐四二］
天野元之助「清代の農業とその構造(一)」『アジア研究』三巻一号、一九五六年→［天野元之助‐五六］
天野元之助「明代農業の展開」『社会経済史学』二三巻五・六号、一九五八年→［天野元之助‐五八］

天野元之助「解放前の中国農業とその生産関係――華中(二)――」『アジア経済』一八巻五号、一九七七年→〔天野元之助‐七七〕

天野元之助『中国農業経済論』一巻、龍渓書舎、一九七八年→〔天野元之助‐七八〕

天野元之助『中国農業史研究』〈増補版〉、御茶の水書房、一九七九年→〔天野元之助‐七九a〕

天野元之助『中国農業の地域的展開』龍渓書舎、一九七九年→〔天野元之助‐七九b〕

甘利弘樹「明末清初期、広東・福建・江西交界地域における広東の山寇――特に五総賊・鍾凌秀を中心として――」『社会文化史学』三八号、一九九八年→〔甘利弘樹‐九八〕

伊東智恵子『中日植物名称対照表』〈私家版〉、一九八四年→〔伊東智恵子‐八四〕

伊藤正彦「明代里老人制理解への提言――村落自治論・地主権力論をめぐって――」足立啓二編『東アジアにおける社会・文化構造と異化過程に関する研究』〈平成六―七年度文部省科学研究費研究成果報告書〉、一九九六年、所収→〔伊藤正彦‐九六〕

井上　徹「明朝の「里」制について――森正夫著『明代江南土地制度の研究』に寄せて――」『名古屋大学東洋史研究報告』一五号、一九九〇年→〔井上徹‐九〇〕

今堀誠二「清代の抗租について」『史学雑誌』七六編九号、一九六七年→〔今堀誠二‐六七〕

今堀誠二『中国近代史研究序説』勁草書房、一九六八年→〔今堀誠二‐六八〕

岩井茂樹「徭役と財政のあいだ――中国税・役制度の歴史的理解にむけて――(三)」『経済経営論叢』二九巻二号、一九九四年→〔岩井茂樹‐九四a〕

岩井茂樹(書評)「小山正明著『明清社会経済史研究』」『法制史研究』四三、一九九四年→〔岩井茂樹‐九四b〕

上田　信「そこにある死体――事件理解の方法――」『東洋文化』七六号、一九九六年→〔上田信‐九六〕

上田　信「山林および宗族と郷約――華中山間部の事例から――」木村靖二・上田信編『人と人の地域史』〈地域の世界史一〇〉、山川出版社、一九九七年、所収→〔上田信‐九七〕

内田智雄・日原利国(校訂)『律例対照定本明律国字解』創文社、一九六六年→〔内田智雄・日原利国‐六六〕

浦　廉一「清初の遷界令の研究」『広島大学文学部紀要』五号、一九五四年→〔浦廉一‐五四〕

江原正昭「里甲制と老人」『歴史研究』二号、一九五九年→〔江原正昭‐五九〕

王　賢徳「明末動乱期に於ける郷村防衛」『明代史研究』二号、一九七五年→〔王賢徳‐七五〕

王　連茂(三木聰訳)「明末泉州の佃租収奪と「斗栳会」闘争」『史朋』一七号、一九八四年→〔王連茂‐八四〕

大塚久雄「いわゆる前期的資本なる範疇について」『経済志林』八巻二号、一九三五年→［大塚久雄‐三五］
大塚久雄『大塚久雄著作集』三巻〈近代資本主義の系譜〉、岩波書店、一九六九年→［大塚久雄‐六九］
岡田武彦『王陽明と明末の儒学』明徳出版社、一九七〇年→［岡田武彦‐七〇］
岡田与好「前期的資本の歴史的性格」大塚久雄・高橋幸八郎・松田智雄編『西洋経済史講座』一〈封建制の経済的基礎〉、岩波書店、一九六〇年、所収→［岡田与好‐六〇］
奥崎裕司「中国の専制主義と民衆――明・清両朝を中心に――」滕維藻・王仲犖・奥崎裕司・小林一美編『東アジア世界史探求』汲古書院、一九八六年、所収→［奥崎裕司‐八六］
奥村郁三「戸婚田土の案」『関西大学法学論集』一七巻五号、一九六八年→［奥村郁三‐六八］
奥村郁三「中国における官僚制と自治の接点――裁判権を中心として――」『法制史研究』一九、一九六九年→［奥村郁三‐六九］
小畑龍雄「明代極初の老人制」『山口大学文学会誌』一巻創刊号、一九五〇年→［小畑龍雄‐五〇］
小畑龍雄「明代郷村の教化と裁判――申明亭を中心として――」『東洋史研究』一一巻五・六号、一九五二年→［小畑龍雄‐五二］
小山正明「明末清初の大土地所有――特に江南デルタ地帯を中心として――(一)」『史学雑誌』六七編一号、一九五八年→［小山正明‐五八］
小山正明「明代の十段法について(一)」『仁井田陞博士追悼記念論文集』一巻〈前近代アジアの法と社会〉、勁草書房、一九六七年、所収→［小山正明‐六七］
小山正明「明代の十段法について(二・完)」『千葉大学文理学部文化科学紀要』一〇輯、一九六八年→［小山正明‐六八］
小山正明「明代の糧長について――特に前半期の江南デルタを中心として――」『東洋史研究』二七巻四号、一九六九年→［小山正明‐六九］
小山正明「賦・役制度の変革」岩波講座『世界歴史』一二、中世六〈東アジア世界の展開Ⅱ〉、岩波書店、一九七一年、所収→［小山正明‐七一］
小山正明『〈ビジュアル版〉世界の歴史』一一〈東アジアの変貌〉、講談社、一九八五年→［小山正明‐八五］
小山正明『明清社会経済史研究』東京大学出版会、一九九二年→［小山正明‐九二］
片岡芝子「福建の一田両主制について」『歴史学研究』二九四号、一九六四年→［片岡芝子‐六四］
片山誠二郎「明代海上密貿易と沿海地方郷紳層――朱紈の海禁政策強行とその挫折の過程を通しての一考察――」『歴史学研究』一

六四号、一九五三年→〔片山誠二郎-五三〕
片山誠二郎「嘉靖海寇反乱の一考察――王直一党の反抗を中心に――」山崎宏編『東洋史学論集』第四、不昧堂書店、一九五五年、所収→〔片山誠二郎-五五〕
片山誠二郎「月港「二十四将」の反乱」『清水博士追悼記念明代史論叢』大安、一九六二年、所収→〔片山誠二郎-六二〕
加藤　繁（訳註）『史記平準書・漢書食貨志』岩波書店（文庫）、一九四二年→〔加藤繁-四二〕
川勝　守「張居正丈量策の展開――特に、明末江南における地主制の発展について――（二）」『史学雑誌』八〇編四号、一九七一年→〔川勝守-七一〕
川勝　守「明代の寄荘戸について」『東洋史研究』三三巻三号、一九七四年→〔川勝守-七四〕
川勝　守「明代里甲編成の変質過程――小山正明氏の「析戸の意義」論の批判――」『史淵』一一二輯、一九七五年→〔川勝守-七五〕
川勝　守「清朝賦・役制度の確立――江南の均田均役法と順荘編里法とについて――」『法制史研究』二六、一九七七年→〔川勝守-七七〕
川勝　守『中国封建国家の支配構造――明清賦役制度史の研究――』東京大学出版会、一九八〇年→〔川勝守-八〇〕
岸本美緒「『歴年記』に見る清初地方社会の生活」『史学雑誌』九五編六号、一九八六年→〔岸本美緒-八六〕
岸本美緒「モラル・エコノミー論と中国社会研究」『思想』七九二号、一九九〇年→〔岸本美緒-九〇〕
岸本美緒「明清期の社会組織と社会変容」社会経済史学会編『社会経済史学の課題と展望』〈社会経済史学会創立六〇周年記念〉、有斐閣、一九九二年、所収→〔岸本美緒-九二〕
岸本美緒「風俗と時代観」『古代文化』四八巻二号、一九九六年→〔岸本美緒-九六〕
岸本美緒『清代中国の物価と経済変動』研文出版、一九九七年→〔岸本美緒-九七〕
岸本美緒『東アジアの「近世」』〈世界史リブレット一三〉、山川出版社、一九九八年→〔岸本美緒-九八〕
岸本美緒『明清交替と江南社会――一七世紀中国の秩序問題――』東京大学出版会、一九九九年→〔岸本美緒-九九〕
岸本美緒・宮嶋博史『世界の歴史』一二〈明清と李朝の時代〉、中央公論社、一九九八年→〔岸本美緒-九八〕
草野　靖「明末清初期における田面の変質――閩・江・広三省交界山田地帯の場合――」『熊本大学文学部論叢』一号〈史学篇〉、一九八〇年→〔草野靖-八〇〕

草野　靖『中国近世の寄生地主制――田面慣行――』汲古書院、一九八九年→［草野靖-八九］
栗林宣夫「明代老人考」東京教育大学東洋史学研究室編『東洋史学論集』第三、不昧堂書店、一九五四年、所収→［栗林宣夫-五四］
栗林宣夫『里甲制の研究』文理書院、一九七一年→［栗林宣夫-七一］
栗林宣夫「清代前期における郷村管理」『社会文化史学』一五号、一九七八年→［栗林宣夫-七八］
黒木國泰「福建の一条鞭法」『山根幸夫教授退休記念明代史論叢』下巻、汲古書院、一九九〇年→［黒木國泰-九〇］
香坂昌紀「清代前期の沿岸貿易に関する一考察――特に雍正年間・福建-天津間に行われていたものについて――」『文化』三五巻一・二号、一九七一年→［香坂昌紀-七一］
小口彦太「中国の法と裁判」『中世史講座』四〈中世の法と権力〉、学生社、一九八五年、所収→［小口彦太-八五］
国立国会図書館参考書誌部（編）『日本主要図書館・研究所所蔵中国地方志総合目録』清和堂書店、一九六九年→［国立国会図書館参考書誌部-六九］
小島晋治「農民と革命」『中国文化叢書』八〈文化史〉、大修館書店、一九六八年、所収→［小島晋治-六八］
小島淑男「辛亥革命前後における蘇州府の農村社会と農民闘争」東京教育大学東洋史学研究室アジア史研究会・中国近代史研究会編『近代中国農村社会史研究』〈東洋史学論集第八〉、大安、一九六七年、所収→［小島淑男-六七］
小島淑男「一九一〇年代における江南の農村社会」『東洋史研究』三三巻四号、一九七四年→［小島淑男-七四］
小島淑男「地主制と農民層分解――辛亥革命期江南を中心として――」講座『中国近現代史』三巻〈辛亥革命〉、東京大学出版会、一九七八年、所収→［小島淑男-七八］
小林一美「抗租・抗糧闘争の彼方――下層生活者の想いと政治的・宗教的自立の途――」『思想』五八四号、一九七三年→［小林一美-七三］
小林宏・高塩博（編）『大明律例譯義』創文社、一九八九年→［小林宏・高塩博-八九］
近藤秀樹「清朝権力の性格――中国における絶対王制――」岩波講座『世界歴史』一二、中世六〈東アジア世界の展開II〉、岩波書店、一九七一年、所収→［近藤秀樹-七一］
斎藤史範「明清時代福建の墟市について」『山根幸夫教授退休記念明代史論叢』下巻、汲古書院、一九九〇年、所収→［斎藤史範-九〇］

佐伯　富「清代の郷約・地保について――清代地方行政の一齣――」『東方学』二八輯、一九六四年→〔佐伯富‐六四〕
佐伯　富『中国史研究』第二、東洋史研究会、一九七一年→〔佐伯富‐七一〕
佐伯有一「明代匠役制の崩壊と都市絹織物業流通市場の展開」『東洋文化研究所紀要』一〇冊、一九五六年→〔佐伯有一‐五六〕
酒井忠夫『中国善書の研究』弘文堂、一九六〇年→〔酒井忠夫‐六〇〕
酒井忠夫「明代前中期の保甲制について」『清水博士追悼記念明代史論叢』大安、一九六二年、所収→〔酒井忠夫‐六二〕
佐久間重男「明代海外私貿易の歴史的背景――福建省を中心として――」『史学雑誌』六二編一号、一九五三年→〔佐久間重男‐五三〕
佐久間重男『日明関係史の研究』吉川弘文館、一九九二年→〔佐久間重男‐九二〕
佐藤邦憲「明律・明令と大誥および問刑条例」滋賀秀三編『中国法制史――基本資料の研究――』東京大学出版会、一九九三年、所収→〔佐藤邦憲‐九三〕
滋賀秀三「清朝時代の刑事裁判――その行政的性格。若干の沿革的考察を含めて――」法制史学会編『刑罰と国家権力』創文社、一九六〇年、所収→〔滋賀秀三‐六〇〕
滋賀秀三（書評）「瞿同祖『旧中国の法と社会』」『国家学会雑誌』七六巻九・一〇号、一九六三年→〔滋賀秀三‐六三〕
滋賀秀三「清朝の判例に現われた宗族の私刑――とくに私的な死刑に対する国家の態度について――」『国家学会雑誌』八三巻三・四号、一九七〇年→〔滋賀秀三‐七〇〕
滋賀秀三「清朝の法制」坂野正高・田中正俊・衛藤瀋吉編『近代中国研究入門』東京大学出版会、一九七四年、所収→〔滋賀秀三‐七四〕
滋賀秀三「清代の司法における判決の性格――判決の確定という観念の不存在――（二・完）」『法学協会雑誌』九二巻一号、一九七五年→〔滋賀秀三‐七五〕
滋賀秀三「清代訴訟制度における民事的法源の概括的検討」『東洋史研究』四〇巻一号、一九八一年→〔滋賀秀三‐八一〕
滋賀秀三「法制史の立場から見た現代中国の刑事立法――断想的所見――」法学協会編『法学協会百周年記念論文集』第一巻〈法一般・歴史・裁判〉、有斐閣、一九八三年、所収→〔滋賀秀三‐八三〕
滋賀秀三『清代中国の法と裁判』創文社、一九八四年→〔滋賀秀三‐八四〕
滋賀秀三「中国法文化の考察――訴訟のあり方を通じて――」日本法哲学会編『東西法文化』〈法哲学年報一九八六〉、有斐閣、一九

八七年、所収 → [滋賀秀三 - 八七 a]
滋賀秀三「伝統中国における法源としての慣習――ジャン・ボダン協会への報告――」国家学会編『国家学会百年記念国家と市民』第三巻〈民事法・法一般・刑事法〉、有斐閣、一九八七年、所収 → [滋賀秀三 - 八七 b]
滋賀秀三「清代州県衙門における訴訟をめぐる若干の所見――淡新檔案を史料として――」『法制史研究』三七、一九八八年 → [滋賀秀三 - 八八]
重田　徳「清初における湖南米市場の一考察」『東洋文化研究所紀要』一〇冊、一九五六年 → [重田徳 - 五六]
重田　徳「清初における湖南の地主制について――『湖南省例成案』による小論――」『和田博士古稀記念東洋史論叢』講談社、一九六一年、所収 → [重田徳 - 六一]
重田　徳「清朝農民支配の歴史的特質――地丁銀成立のいみするもの――」『仁井田陞博士追悼記念論文集』一巻〈前近代アジアの法と社会〉、勁草書房、一九六七年、所収 → [重田徳 - 六七]
重田　徳「清律における雇工と佃戸――「主僕の分」をめぐる一考察――」『中国史研究』六号、一九七一年 → [重田徳 - 七一 a]
重田　徳「郷紳支配の成立と構造」岩波講座『世界歴史』一二、中世六〈東アジア世界の展開Ⅱ〉、岩波書店、一九七一年 → [重田徳 - 七一 b]
重田　徳『清代社会経済史研究』岩波書店、一九七五年 → [重田徳 - 七五]
渋谷裕子「清代徽州農村社会における生員のコミュニティについて」『史学』六四巻三・四号、一九九五年 → [渋谷裕子 - 九五]
清水泰次「明代福建の農家経済――特に一田三主の慣行について――」『史学雑誌』六三編七号、一九五四年 → [清水泰次 - 五四]
白石博男「清末湖南の農村社会――押租慣行と抗租傾向――」東京教育大学東洋史学研究室アジア史研究会・中国近代史部会編『中国近代化の社会構造――辛亥革命の史的位置――』〈東洋史学論集第六〉、東京教育書籍、一九六〇年、所収 → [白石博男 - 六〇]
G・W・スキナー（今井清一・中村哲夫・原田良雄訳）『中国農村の市場・社会構造』法律文化社、一九七九年 → [G・W・スキナー - 七九]
鈴木智夫『近代中国の地主制』汲古書院、一九七七年 → [鈴木智夫 - 七七]
周藤吉之「清代前期に於ける佃戸の田租減免政策」『経済史研究』三〇巻四号、一九四三年 → [周藤吉之 - 四三]
周藤吉之『清代東アジア史研究』日本学術振興会、一九七二年 → [周藤吉之 - 七二]
相田　洋「清代における演劇と民衆運動」『木村正雄先生退官記念東洋史論集』汲古書院、一九七六年、所収 → [相田洋 - 七六]

相田　洋「羅教の成立とその展開」青年中国研究者会議編『続中国民衆反乱の世界』汲古書院、一九八三年、所収→［相田洋－八三］
相田　洋『中国中世の民衆文化――呪術・規範・反乱――』中国書店、一九九四年→［相田洋－九四］
クリスチャン・ダニエルズ「明末清初における新製糖技術体系の採用及び国内移転」『就実女子大学史学論集』三号、一九八八年→［クリスチャン・ダニエルズ－八八］
戴　国煇『中国甘蔗糖業の展開』アジア経済研究所、一九六七年→［戴国煇－六七］
多賀秋五郎『中国宗譜の研究』下巻、日本学術振興会、一九八二年→［多賀秋五郎－八二］
高崎美佐子「十八世紀における清タイ交渉史――暹羅米貿易の考察を中心として――」『お茶の水史学』一〇号、一九六七年→［高崎美佐子－六七］
高橋芳郎「宋元代の奴婢・雇傭人・佃僕について――法的身分の形成と特質――」『北海道大学文学部紀要』二六巻二号、一九七八年→［高橋芳郎－七八ａ］
高橋芳郎「宋代佃戸の身分問題」『東洋史研究』三七巻三号、一九七八年→［高橋芳郎－七八ｂ］
高橋芳郎「宋代の抗租と公権力」『宋代の社会と文化』〈宋代史研究会研究報告一集〉、汲古書院、一九八三年、所収→［高橋芳郎－八三］
高橋芳郎「中国における人民調解委員会――上海市青浦県朱家角鎮の場合――」森正夫編『江南デルタ市鎮研究――歴史学と地理学からの接近――』名古屋大学出版会、一九九二年、所収→［高橋芳郎－九二］
高橋芳郎「宋代の士人身分について」『史林』六九巻三号、一九八六年→［高橋芳郎－八六］
高橋芳郎「明律「威逼人致死条」の淵源」『東洋学報』八一巻三号、一九九九年→［高橋芳郎－九九］
高橋芳郎『宋‐清身分法の研究』北海道大学図書刊行会、二〇〇一年→［高橋芳郎－〇一］
武田雅哉『翔べ！大清帝国――近代中国の幻想科学――』リブロポート、一九八八年→［武田雅哉－八八］
武田雅哉「ゾウを想え――清末人の『世界図鑑』を読むために――」中野美代子・武田雅哉『世紀末中国のかわら版――絵入新聞『点石斎画報』の世界――』福武書店、一九八九年、所収→［武田雅哉－八九］
田尻　利「清代タバコ研究史覚書」『近きに在りて』八号、一九八五年→［田尻利－八五］
田尻　利『清代農業商業化の研究』汲古書院、一九九九年→［田尻利－九九］

田仲一成「十五・六世紀を中心とする江南地方劇の変質について(一)」『東洋文化研究所紀要』六〇冊、一九七三年→〔田仲一成‐七三〕
田中正俊「起ちあがる農民たち――十五世紀における中国の農民叛乱――」民主主義科学者協会歴史部会編『世界歴史講座』二、三一書房、一九五四年、所収→〔田中正俊‐五四〕
田中正俊「明末清初江南農村手工業に関する一考察」『和田博士古稀記念東洋史論叢』講談社、一九六一年、所収→〔田中正俊‐六一a〕
田中正俊「民変・抗租奴変」『世界の歴史』一一〈ゆらぐ中華帝国〉、筑摩書房、一九六一年、所収→〔田中正俊‐六一b〕
田中正俊「中国の変革と封建制研究の課題(一)」『歴史評論』二七一号、一九七二年→〔田中正俊‐七二〕
田中正俊『中国近代経済史研究序説』東京大学出版会、一九七三年→〔田中正俊‐七三〕
田中正俊「中国――経済史――」『発展途上国研究――七〇年代日本における成果と課題――』アジア経済研究所、一九七八年、所収→〔田中正俊‐七八〕
田中正俊「明・清時代の問屋制前貸生産について――衣料生産を主とする研究史的覚え書――」『西嶋定生博士還暦記念東アジア史における国家と農民』山川出版社、一九八四年、所収→〔田中正俊‐八四〕
田中正俊・佐伯有一「十五世紀における福建の農民叛乱(一)」『歴史学研究』一六七号、一九五四年→〔田中正俊・佐伯有一‐五四〕
谷井陽子「明代裁判機構の内部統制」梅原郁編『前近代中国の刑罰』京都大学人文科学研究所、一九九六年、所収→〔谷井陽子‐九六〕
谷口規矩雄「于成龍の保甲法について」『東洋史研究』三四巻三号、一九七五年→〔谷口規矩雄‐七五〕
谷口規矩雄「明代福建の一条鞭法について」『東アジアの法と社会』〈布目潮渢博士古稀記念論集〉、汲古書院、一九九〇年、所収→〔谷口規矩雄‐九〇〕
谷口規矩雄『明代徭役制度史研究』同朋舎、一九九八年→〔谷口規矩雄‐九八〕
「中国近世の法制と社会」研究班「元史刑法志譯注考(三)」『東方学報』〈京都〉六九冊、一九九七年→〔「中国近世の法制と社会」研究班‐九七〕
鶴見尚弘「明代の畸零戸について」『東洋学報』四七巻三号、一九六四年→〔鶴見尚弘‐六四〕

鶴見尚弘「明代における郷村支配」岩波講座『世界歴史』一二、中世六〈東アジア世界の展開II〉、岩波書店、一九七一年、所収→［鶴見尚弘-七一］
鶴見尚弘「旧中国における共同体の諸問題――明清江南デルタ地帯を中心として――」『史潮』新四号、一九七九年→［鶴見尚弘-七九］
寺田隆信『山西商人の研究――明代における商人および商業資本――』東洋史研究会、一九七二年→［寺田隆信-七二］
寺田浩明「田面田底慣行の法的性格――概念的な分析を中心として――」『東洋文化研究所紀要』九三冊、一九八三年→［寺田浩明-八三］
寺田浩明「清代の省例」滋賀秀三編『中国法制史――基本資料の研究――』東京大学出版会、一九九三年、所収→［寺田浩明-九三］
寺田浩明「明清法秩序における「約」の性格」溝口雄三・浜下武志・平石直昭・宮嶋博史編『アジアから考える』四〈社会と国家〉、東京大学出版会、一九九四年→［寺田浩明-九四a］
寺田浩明「明清法制史学の研究対象について」『法学』五八巻三号、一九九四年→［寺田浩明-九四b］
寺田浩明「権利と冤抑――清代聴訟世界の全体像――」『法学』六一巻五号、一九九七年→［寺田浩明-九七］
寺田浩明・岩井茂樹『勾摂公事、里老人、その他――電子メールによる討論一九九四・一〇～一九九五・一――』〈私家版〉、一九九五年→［寺田浩明・岩井茂樹-九五］
東京大学東洋文化研究所『東京大学東洋文化研究所漢籍分類目録』〈合冊訂正縮印版〉、汲古書院、一九八一年→［東京大学東洋文化研究所-八一］
中生勝美「死のコスモロジー――僵屍考――」『現代思想』一九巻一一号、一九九一年→［中生勝美-九一］
中島楽章「明代中期の老人制と郷村裁判」『史滴』一五号、一九九四年→［中島楽章-九四a］
中島楽章「明代中期、徽州府下における「値亭老人」について」『史観』一三一冊、一九九四年→［中島楽章-九四b］
中島楽章「明代前半期、里甲制下の紛争処理――徽州文書を史料として――」『東洋学報』七六巻三・四号、一九九五年→［中島楽章-九五a］
中島楽章「徽州の地域名望家と明代の老人制」『東方学』九〇輯、一九九五年→［中島楽章-九五b］
中島楽章「明代徽州の一宗族をめぐる紛争と同族結合」『社会経済史学』六二巻四号、一九九六年→［中島楽章-九六］

中道邦彦「清初靖南藩と台湾鄭氏の関係――特に経済的側面よりみたる――」『歴史の研究』一三号、一九六八年→［中道邦彦－六八］
中道邦彦「清初靖南藩と台湾鄭氏の関係――特に政治的側面よりみたる――」『歴史』二八号、一九六九年→［中道邦彦－六九］
中村茂夫『清代刑法研究』東京大学出版会、一九七三年→［中村茂夫－七三］
中村茂夫「清代の判語に見られる法の適用――特に誣告、威逼人致死をめぐって――」『法政理論』九巻一号、一九七六年→［中村茂夫－七六］
中村茂夫「不応為考――「罪刑法定主義」の存否をも巡って――」『金沢法学』二六巻一号、一九八三年→［中村茂夫－八三］
中谷　剛「万暦二二年福州府の食糧暴動について――都市下層民の心性――」『山根幸夫教授退休記念明代史論叢』上巻、汲古書院、一九九〇年、所収→［中谷剛－九〇］
中山美緒「「恒産瑣言」について」『東洋学報』五七巻一・二号、一九七六年→［中山美緒－七六］
中山美緒「清代前期江南の物価動向」『東洋史研究』三七巻四号、一九七九年→［中山美緒－七九a］
中山美緒（書評）「『中山八郎教授頌寿記念明清史論叢』」『史学雑誌』八八編二号、一九七九年→［中山美緒－七九b］
仁井田陞「中国の戯曲小説の挿画と刑法史料」『東亜論叢』五輯、一九四一年→［仁井田陞－四一］
仁井田陞「支那近世の一田両主慣習と其の成立」『法学協会雑誌』六四巻三・四号、一九四六年→［仁井田陞－四六］
仁井田陞「中国社会の「封建」とフューダリズム」『東洋文化』五号、一九五一年→［仁井田陞－五一］
仁井田陞「中国の農奴・雇傭人の法的身分の形成と変質――主僕の分について――」『封建制と資本制』〈野村博士還暦記念論文集〉、有斐閣、一九五六年、所収→［仁井田陞－五六］
仁井田陞『中国法制史研究』〈刑法〉、東京大学出版会、一九五九年→［仁井田陞－五九］
仁井田陞『中国法制史研究』〈土地法・取引法〉、東京大学出版会、一九六〇年→［仁井田陞－六〇］
仁井田陞『中国法制史研究』〈奴隷農奴法・家族村落法〉、東京大学出版会、一九六二年→［仁井田陞－六二］
西嶋定生「中国初期綿業市場の考察」『東洋学報』三一巻二号、一九四七年→［西嶋定生－四七］
西嶋定生『中国経済史研究』東京大学出版会、一九六六年→［西嶋定生－六六］
西村元照「清初の土地丈量について――土地台帳と隠田をめぐる国家と郷紳の対抗関係を基軸として――」『東洋史研究』三三巻三号、一九七四年→［西村元照－七四］

西村元照「清初の包攬——私徴体制の確立、解禁から請負徴税制へ——」『東洋史研究』三五巻三号、一九七六年 →［西村元照 - 七六］
西村元照「明代中期の二大叛乱」谷川道雄・森正夫編『中国民衆叛乱史』二〈宋〜明中期〉、平凡社、一九七九年、所収 →［西村元照 - 七九］
則松彰文「雍正期における米穀流通と米価変動——蘇州と福建の連関を中心として——」『九州大学東洋史論集』一四号、一九八五年 →［則松彰文 - 八五］
濱島敦俊「明代江南の水利の一考察」『東洋文化研究所紀要』四七冊、一九六九年 →［濱島敦俊 - 六九］
濱島敦俊「明末浙江の嘉湖両府における均田均役法」『東洋文化研究所紀要』五二冊、一九七〇年 →［濱島敦俊 - 七〇］
濱島敦俊「均田均役の実施をめぐって」『東洋史研究』三三巻三号、一九七四年 →［濱島敦俊 - 七四］
濱島敦俊「明末江南の葉朗生の乱について」『海南史学』一二・一三号、一九七五年 →［濱島敦俊 - 七五］
濱島敦俊「明末南直の蘇松常三府における均田均役法」『東洋学報』五七巻三・四号、一九七六年 →［濱島敦俊 - 七六］
濱島敦俊「明代前半の江南デルタの水利慣行——「田頭制」再考——」『史潮』新三号、一九七八年 →［濱島敦俊 - 七八］
濱島敦俊「明末清初の均田均役と郷紳——デナライン氏の研究をめぐって——」『史朋』八号、一九七九年 →［濱島敦俊 - 七九］
濱島敦俊「業食佃力考」『東洋史研究』三九巻一号、一九八〇年 →［濱島敦俊 - 八〇］
濱島敦俊「北京図書館蔵『按呉親審檄稿』簡紹」『北海道大学文学部紀要』三〇巻一号、一九八一年 →［濱島敦俊 - 八一］
濱島敦俊『明代江南農村社会の研究』東京大学出版会、一九八二年 →［濱島敦俊 - 八二］
濱島敦俊「北京図書館蔵『莆陽讞牘』簡紹——租佃関係を中心に——」『北海道大学文学部紀要』三二巻一号、一九八三年 →［濱島敦俊 - 八三］
濱島敦俊「明清時代、中国の地方監獄——初歩的考察——」『法制史研究』三三、一九八三年 →［濱島敦俊 - 八四a］
濱島敦俊「明末東南沿海諸省の牢獄」『西嶋定生博士還暦記念東アジア史における国家と農民』山川出版社、一九八四年、所収 →［濱島敦俊 - 八四b］
濱島敦俊「明清時代の地主佃戸関係と法制」菊池英夫編『変革期アジアの法と経済』〈昭和五八—六〇年度文部省科学研究費（一般研究A）研究成果報告書〉、一九八六年、所収 →［濱島敦俊 - 八六a］
濱島敦俊「「主佃之分」小考」『中村治兵衛先生古稀記念東洋史論叢』刀水書房、一九八六年、所収 →［濱島敦俊 - 八六b］

濱島敦俊「明初城隍考」『榎博士頌寿記念東洋史論叢』汲古書院、一九八八年、所収→〔濱島敦俊－八八〕
濱島敦俊「明代の判牘」滋賀秀三編『中国法制史――基本資料の研究――』東京大学出版会、一九九三年、所収→〔濱島敦俊－九三〕
濱島敦俊「変貌する社会」谷口規矩雄編『アジアの歴史と文化』四〈中国史―近世Ⅱ〉、同朋舎出版、一九九四年、所収→〔濱島敦俊－九四〕
濱島敦俊『総管信仰――近世江南農村社会と民間信仰――』研文出版、二〇〇一年→〔濱島敦俊－〇一〕
林　和生「明清時代、広東の墟と市――伝統的市場の形態と機能に関する一考察――」『史林』六三巻一号、一九八〇年→〔林和生－八〇〕
林田芳雄「何喬遠と『閩書』」『史窓』五四号、一九九七年→〔林田芳雄－九七〕
藤井　宏「新安商人の研究（一）」『東洋学報』三六巻一号、一九五三年→〔藤井宏－五三a〕
藤井　宏「新安商人の研究（二）」『東洋学報』三六巻二号、一九五三年→〔藤井宏－五三b〕
藤井　宏「新安商人の研究（三）」『東洋学報』三六巻三号、一九五三年→〔藤井宏－五三c〕
藤井　宏「一田両主制の基本構造（七）」『近代中国』一一巻、一九八二年→〔藤井宏－八二〕
藤沢弘昌「明代の農村支配体制」『史学研究』八四号、一九六二年→〔藤沢弘昌－六二〕
夫馬　進「明代白蓮教の一考察――経済闘争との関連と新しい共同体――」『東洋史研究』三五巻一号、一九七六年→〔夫馬進－七六〕
夫馬　進「明末の都市改革と杭州民変」『東方学報』〈京都〉、四九冊、一九七七年→〔夫馬進－七七〕
夫馬　進「明清時代の訟師と訴訟制度」梅原郁編『中国近世の法制と社会』京都大学人文科学研究所、一九九三年、所収→〔夫馬進－九三〕
古島和雄「明末長江デルタに於ける地主経営――沈氏農書の一考察――」『歴史学研究』一四八号、一九五〇年→〔古島和雄－五〇〕
古島和雄「旧中国における土地所有とその性格」山本秀夫・野間清編『中国農村革命の展開』アジア経済研究所、一九七二年、所収→〔古島和雄－七二〕
古島和雄『中国近代社会史研究』研文出版、一九八二年→〔古島和雄－八二〕

細野浩二「里老人と衆老人――『教民榜文』の理解に関連して――」『史学雑誌』七八編七号、一九六九年 →［細野浩二‐六九］
細野浩二「耆宿制から里老人制へ――太祖の「方巾御史」創出をめぐって――」『中山八郎教授頌寿記念明清史論叢』燎原書店、一九七七年、所収 →［細野浩二‐七七］
堀込憲二「風水思想と中国の都市――清時代の城市を中心に――」『建築雑誌』一二四〇号、一九八五年 →［堀込憲二‐八五］
前迫勝明「明初の耆宿に関する一考察」『山根幸夫教授退休記念明代史論叢』上巻、汲古書院、一九九〇年、所収 →［前迫勝明‐九〇］
前田勝太郎「明清の福建における農家副業」『鈴木俊教授還暦記念東洋史論叢』同記念会、一九六四年、所収 →［前田勝太郎‐六四］
前田勝太郎「清代の広東における農民闘争の基盤」『東洋学報』五一巻四号、一九六九年 →［前田勝太郎‐六九］
松浦　章「清代における沿岸貿易について――帆船と商品流通――」小野和子編『明清時代の政治と社会』京都大学人文科学研究所、一九八三年、所収 →［松浦章‐八三］
松本善海「明代」和田清編『支那地方自治発達史』中華民国法制研究会、一九三九年、所収 →［松本善海‐三九ａ］
松本善海「清代」和田清編『支那地方自治発達史』中華民国法制研究会、一九三九年、所収 →［松本善海‐三九ｂ］
松本善海「明代における里制の創立」『東方学報』〈東京〉一二冊、一九四一年 →［松本善海‐四一］
松本善海『中国村落制度の史的研究』岩波書店、一九七七年 →［松本善海‐七七］
馬淵昌也「最近の日本における明清時代を対象とする「社会史」的研究について」『中国史学』六巻、一九九六年 →［馬淵昌也‐九六］
丸尾常喜『魯迅――「人」「鬼」の葛藤――』岩波書店、一九九三年 →［丸尾常喜‐九三］
三浦国雄『中国人のトポス――洞窟・風水・壺中天――』平凡社、一九八八年 →［三浦国雄‐八八］
三木　聰（書評）「中山八郎教授頌寿記念明清史論叢、星博士退官記念中国史論集」『東洋学報』六〇巻一・二号、一九七八年 →［三木聰‐七八］
三木　聰「明末の福建における保甲制」『東洋学報』六一巻一・二号、一九七九年 →［三木聰‐七九］
三木　聰「死骸の恐喝――中国近世の図頼――」泥棒研究会編『盗みの文化誌』青弓社、一九九五年、所収 →［三木聰‐九五］
三木　聰「明清時代の地域社会と法秩序」『歴史評論』五八〇号、一九九八年 →［三木聰‐九八］

水野正明「『新安原板士商類要』について」『東方学』六〇輯、一九八〇年→〔水野正明 - 八〇〕
宮崎市定「中国近世の農民暴動――特に鄧茂七の乱について――」『東洋史研究』一〇巻一号、一九四七年→〔宮崎市定 - 四七〕
宮崎市定「明清時代の蘇州と軽工業の発達」『東方学』二輯、一九五一年→〔宮崎市定 - 五一〕
宮崎市定『宮崎市定全集』一三巻〈明清〉、岩波書店、一九九二年→〔宮崎市定 - 九二〕
宮崎一市「清代初期の租税減免について――清代財政の一齣(二)――」『釧路論集』九号、一九七七年→〔宮崎一市 - 七七〕
宮田道昭「一九世紀後半期、中国沿岸部の市場構造――「半植民地化」に関する一視点――」『歴史学研究』五五〇号、一九八六年→〔宮田道昭 - 八六〕
村松祐次『近代江南の租棧――中国地主制度の研究――』東京大学出版会、一九七〇年→〔村松祐次 - 七〇〕
目黒克彦「清朝初期の保甲法に関する一考察――浙江省臨安県の場合――」『愛知教育大学研究報告』二五輯〈人文社会〉、一九七六年→〔目黒克彦 - 七六〕
森　正夫(書評)「傅衣凌著『明清農村社会経済』」『東洋史研究』二一巻二号、一九六二年→〔森正夫 - 六二〕
森　正夫「十五世紀前半太湖周辺地帯における国家と農民」『名古屋大学文学部研究論集』三八〈史学一三〉、一九六五年→〔森正夫 - 六五〕
森　正夫「明末の江南における「救荒論」と地主佃戸関係」『高知大学学術研究報告』一七巻〈人文科学〉一四号、一九六九年→〔森正夫 - 六九〕
森　正夫「明清時代の土地制度」岩波講座『世界歴史』一二、中世六〈東アジア世界の展開II〉、岩波書店、一九七一年、所収→〔森正夫 - 七一〕
森　正夫「十七世紀の福建寧化県における黄通の抗租反乱(一)」『名古屋大学文学部研究論集』五九〈史学二〇〉、一九七三年→〔森正夫 - 七三〕
森　正夫「十七世紀の福建寧化県における黄通の抗租反乱(二)」『名古屋大学文学部研究論集』六二〈史学二一〉、一九七四年→〔森正夫 - 七四〕
森　正夫「日本の明清時代史研究における郷紳論について(三)」『歴史評論』三一四号、一九七六年→〔森正夫 - 七六〕
森　正夫「十七世紀の福建寧化県における黄通の抗租反乱(三)」『名古屋大学文学部研究論集』七四〈史学二五〉、一九七八年→〔森正夫 - 七八〕

森　正夫「明末の社会関係における秩序の変動について」『名古屋大学文学部三〇周年記念論集』一九七九年、所収 →［森正夫‐七九］
森　正夫「抗租」谷川道雄・森正夫編『中国民衆叛乱史』四〈明末～清II〉、平凡社、一九八三年、所収 →［森正夫‐八三］
森　正夫「「郷族」をめぐって――厦門大学における共同研究会の報告――」『東洋史研究』四四巻一号、一九八五年 →［森正夫‐八五］
森　正夫『明代江南土地制度の研究』同朋舎出版、一九八八年 →［森正夫‐八八］
森　正夫「『寇変紀』の世界――李世熊と明末清初福建寧化県の地域社会――」『名古屋大学文学部研究論集』一一〇号〈史学三七〉、一九九一年 →［森正夫‐九一］
森田　明「明末清代の「棚民」について」『人文研究』〈史学〉二八巻九分冊、一九七六年 →［森田明‐七六］
安野省三「明末清初、揚子江中流域の大土地所有に関する一考察――湖北漢川県、蕭堯寀の場合を中心として――」『東洋学報』四四巻三号、一九六一年 →［安野省三‐六一］
山田秀二「明清時代の村落自治について(一)(二)(三)」『歴史学研究』二巻三・五・六号、一九三四年 →［山田秀二‐三四］
山根幸夫「十六世紀中国における或る戸口統計について――福建恵安県の場合――」『東洋大学紀要』六集、一九五四年 →［山根幸夫‐五四］
山根幸夫「一条鞭法と地丁銀」『世界の歴史』一一〈ゆらぐ中華帝国〉、筑摩書房、一九六一年、所収 →［山根幸夫‐六一］
山根幸夫『明代徭役制度の展開』東京女子大学学会、一九六六年 →［山根幸夫‐六六］
山根幸夫『明清華北定期市の研究』汲古書院、一九九五年 →［山根幸夫‐九五a］
山根幸夫(編)『新編日本現存明代地方志目録』汲古書院、一九九五年 →［山根幸夫‐九五b］
山本英史「中国の地方志と民衆史」神奈川大学中国語学科編『〈神奈川大学中国語学科創設十周年記念論集〉中国民衆史への視座』〈新シノロジー・歴史篇〉、東方書店、一九九八年、所収 →［山本英史‐九八］
「北海道大学東洋史談話会一九八〇年夏期シンポジウム「抗租闘争の諸問題」の記録」『史朋』一五号、一九八二年 →［北海道大学東洋史談話会‐八二］

中文

陳 及霖『福建経済地理』福建科学技術出版社、福州、一九八四年→［陳及霖-八四］
戴 一峰「近代閩江航行初探」『中国社会経済史研究』一九八六年三期→［戴一峰-八六］
戴 一峰「再論近代閩江上游山区的商品生産」『中国社会経済史研究』一九八九年四期→［戴一峰-八九］
方 漢奇『中国近代報刊史』上、山西人民出版社、太原、一九八一年→［方漢奇-八一］
馮 爾康「清代地主階級述論」南開大学歴史系中国古代史教研室編『中国古代地主階級研究論集』南開大学出版社、天津、一九八四年、所収→［馮爾康-八四］
馮 爾康『雍正伝』人民出版社、北京、一九八五年→［馮爾康-八五］
福建省医薬研究所（編）『福建薬物志』第一冊、福建人民出版社、福州、一九七九年→［福建省医薬研究所-七九］
傅 衣凌「清乾隆福建吃老官斎匪滋事攷」『福建文化』一巻四期、一九四一年→［傅衣凌-四一］
傅 衣凌『福建佃農経済史叢考』協和大学中国文化研究会、邵武、一九四四年→［傅衣凌-四四］
傅 衣凌「明末清初閩贛毗隣地区的社会経済与佃農抗租風潮」『社会科学』三巻三・四期、一九四七年→［傅衣凌-四七］
傅 衣凌『明清時代商人及商業資本』人民出版社、北京、一九五六年→［傅衣凌-五六］
傅 衣凌『明清農村社会経済』生活・読書・新知三聯書店、北京、一九六一年→［傅衣凌-六一a］
傅 衣凌「論郷族勢力対於中国封建経済的干渉――中国封建社会長期遅滞的一個探索――」『厦門大学学報』〈社会科学版〉、一九六一年三期→［傅衣凌-六一b］
傅 衣凌「明末南方的〝佃変〟・〝奴変〟」『歴史研究』一九七五年五期→［傅衣凌-七五］
傅 衣凌「清代農業資本主義萌芽問題的一個探索――江西新城《大荒公禁栽煙約》一篇史料的分析――」『歴史研究』一九七七年五期→［傅衣凌-七七］
傅 衣凌『明清社会経済史論文集』人民出版社、北京、一九八二年→［傅衣凌-八二a］
傅 衣凌「明清封建各階級的社会構成」『中国社会経済史研究』一九八二年一期→［傅衣凌-八二b］
傅 衣凌「明万暦二十二年福州的搶米風潮」『南開学報』〈哲学社会科学版〉、一九八二年五期→［傅衣凌-八二c］
傅 衣凌『明清社会経済変遷論』人民出版社、北京、一九八九年→［傅衣凌-八九a］
傅 衣凌『傅衣凌治史五十年文編』厦門大学出版社、厦門、一九八九年→［傅衣凌-八九b］

郭　松義「清代国内的海運貿易」『清史論叢』四輯、一九八二年→〔郭松義‐八二〕
国立中央図書館特蔵組(編)『台湾公蔵方志聯合目録(増訂本)』国立中央図書館、台北、一九八一年→〔国立中央図書館特蔵組‐八一〕
華　立「清代保甲制度簡論」中国人民大学清史研究所編『清史研究集』六輯、光明日報出版社、北京、一九八八年、所収→〔華立‐八八〕
経君健「論清代蠲免政策中減租規定的変化――清代民田主佃関係政策的探討之二――」『中国経済史研究』一九八六年一期→〔経君健‐八六〕
経　君健「論清代社会的等級結構」『中国社会科学院経済研究所集刊』三集、一九八一年→〔経君健‐八一〕
黄彰健(編)『明代律例彙編』〈中央研究院歴史語言研究所専刊七五〉上・下、一九七九年→〔黄彰健‐七九〕
経　君健『清代社会的賤民等級』浙江人民出版社、杭州、一九九三年→〔経君健‐九三〕
景甦・羅崙『清代山東経営地主底社会性質』山東人民出版社、済南、一九五九年→〔景甦・羅崙‐五九〕
李　鵬年「略論乾隆年間従暹羅運米進口」『歴史檔案』一九八五年三期→〔李鵬年‐八五〕
李　文治「論清代前期的土地占有関係」『歴史研究』一九六三年五期→〔李文治‐六三ａ〕
李　文治「明清時代的封建土地所有制」『経済研究』一九六三年九期→〔李文治‐六三ｂ〕
林　祥瑞「福建永佃権成因的初歩考察」『中国史研究』一九八二年四期→〔林祥瑞‐八二〕
劉　鳳雲『清代三藩研究』中国人民大学出版社、北京、一九九四年→〔劉鳳雲‐九四〕
劉　永成「清代前期佃農抗租闘争的新発展」『清史論叢』一輯、一九七九年→〔劉永成‐七九〕
劉　永成「清代前期的農業租佃関係」『清史論叢』二輯、一九八〇年→〔劉永成‐八〇〕
劉子揚(編)『清代地方官制考』紫禁城出版社、北京、一九八八年→〔劉子揚‐八八〕
牛平漢(編)『清代政区沿革綜表』中国地図出版社、北京、一九九〇年→〔牛平漢‐九〇〕
銭実甫(編)『清代職官年表』第二冊、中華書局、北京、一九八〇年→〔銭実甫‐八〇ａ〕
銭実甫(編)『清代職官年表』第三冊、中華書局、北京、一九八〇年→〔銭実甫‐八〇ｂ〕
戎　笙「清代社会各階級処理主佃矛盾的対策」『清史論叢』七輯、一九八六年→〔戎笙‐八六〕
王　連茂「明末泉州的地租剝削与〝斗栳会〟闘争」『泉州文物』二四期、一九七八年→〔王連茂‐七八〕

王　毓銓『明代的軍屯』中華書局、北京、一九六五年 →［王毓銓－六五］

王　業鍵「十八世紀福建的糧食供需与糧価分析」『中国社会経済史研究』一九八七年二期 →［王業鍵－八七］

魏　金玉「明清時代佃農的農奴地位」『歴史研究』一九六三年五期 →［魏金玉－六三］

巫宝三・張之毅『福建省食糧之運銷』商務印書館、長沙、一九三六年 →［巫宝三・張之毅－三六］

徐　天胎「福建租佃制度研究」『福建文化』一巻一期、一九四一年 →［徐天胎－四一］

張偉仁（編）『中国法制史書目』〈中央研究院歴史語言研究所専刊六七〉第一冊、一九七六年 →［張偉仁－七六］

鄭　涵『呂坤年譜』中州古籍出版社、鄭州、一九八五年 →［鄭涵－八五］

中国科学院北京天文台（編）『中国地方志聯合目録』中華書局、北京、一九八五年 →［中国科学院北京天文台－八五］

中国科学院北京植物研究所（編）『中国高等植物図鑑』第三冊、科学出版社、北京、一九七四年 →［中国科学院北京植物研究所－七四］

中国科学院図書館（編）『中国科学院図書館中文古籍善本目録』科学出版社、北京、一九九四年 →［中国科学院図書館－九四］

周遠廉・謝肇華『清代租佃制研究』遼寧人民出版社、瀋陽、一九八六年 →［周遠廉・謝肇華－八六］

朱　維幹『福建史稿』下冊、福建教育出版社、福州、一九八六年 →［朱維幹－八六］

朱士嘉（編）『美国国会図書館蔵中国方志目録』中華書局、北京、一九八九年 →［朱士嘉－八九］

英　文

Chuan, Han-sheng and Kraus, Richard A., *Mid-Ch'ing Rice Markets and Trade: An Essay in Price History*, Harvard University Press, Cambridge and London, 1975. → [Chuan and Kraus - 1975]

Dennerline, Jerry, "Fiscal Reform and Local Control : the Gentry-Bureaucratic Alliance Survives the Conquest", in Frederic Wakeman Jr. and Carolyn Grant, ed., *Conflict and Control in Late Imperial China*, University of California Press, Berkeley, 1975. → [Dennerline - 1975]

Kuhn, Philip A., *Rebellion and Its Enemies in Late Imperial China: Militarization and Social Structure, 1796–1864*, Harvard University Press, Cambridge, 1970. → [Kuhn - 1970]

Perkins, Dwight H., *Agricultural Development in China 1368–1968*, Aldine Publishing Company, Chicago, 1969. → [Perkins

- 1969]

Rawski, Evelin Sakakida, *Agricultural Change and the Peasant Economy of South China,* Harvard University Press, Cambridge, 1972. → [Rawski - 1972]

Skinner, G. William, "Marketing and Social Structure in Rural China", *The Journal of Asian Studies,* 24:1, 1964, 24:2, 3, 1965. → [Skinner - 1964, 65]

Wang, Yeh-chien, "Food Supply in Eighteenth-Century Fukien", *Late Imperial China,* 7:2, 1986. → [Wang - 1986]

あとがき

本書は、二〇〇〇年八月、北海道大学に提出した学位請求論文「抗租の研究――十六―十八世紀の福建を中心とする社会経済史的・法文化史的考察――」を基礎として修改を加えたものである。論文の審査に当たられた津田芳郎・川合安・佐藤錬太郎先生に対して深甚の謝意を申し上げる。試問の席で賜った御指正を十分に取り入れることができないままに刊行せざるをえなかったことは、ひとえに私の怠惰・菲才のなせる結果である。

本書の各章および附篇を構成する論考は、一九七五年に北海道大学大学院修士課程に入学以来、主に明清時代の福建を対象として継続的に行ってきた保甲制・抗租・図頼等に関する研究の過程において個別に発表してきたものである。すでに四半世紀という長い時間を経過したにも拘わらず、そのあまりにも乏しい成果に内心忸怩たる思いである。しかしながら、これまで多くの方々から頂戴した学恩がなければ、私の研究が本書のような形をなすことはなかったといえよう。ここに謝辞を申し述べたい。

濱島敦俊先生から頂戴した心温かな御指導は、私がこれまで曲がりなりにも歴史学徒としての道を歩むことのできた根底を形成している。不肖の弟子は、先生の御教導を十分に自らのものとすることのできなかったことを恥じ入るのみである。菊池英夫先生には学部時代から現在に至るまで御指導を仰いでおり、津田芳郎先生からは多くの励ましをいただいた。

一九七七年四月から一年間、東京における事実上の内地留学では、東京大学の田中正俊先生に大学院ゼミへの出席を許され、精緻な史料読解について御教示を賜った。また東洋文庫の明代史研究会では、山根幸夫・佐久間重男先生から親しくお教えいただいた。

一九八二年当時、外国人留学生に対して未開放だった厦門大学への留学が可能となったのは、濱島先生のお口添えによるものである。福建の社会経済史を研究する者にとって、故傅衣淩先生の居られた厦門大学で研究に従事できたことは望外の幸せであった。留め置かれた北京語言学院において、厦門大学歴史系への留学許可が下りたという知らせを聞いたときの感激は、今も忘れることができない。厦門大学では傅衣淩・楊国楨先生から多くの御厚情を賜り、また当時、研究生であった李伯重・陳支平氏等にも御援助を仰いだ。

一九九〇年四月以降、在職する高知大学人文学部では、旧史学研究室の渡邉昌美(フランス中世史)・秋澤繁(日本近世史)・福地惇(日本近代史)等諸先生から多くの学問的刺激を賜った。村井和彦氏(イギリス近代文学)には、〈泥棒研究会〉の中心として『盗みの文化誌』という成果にまで導いていただいた。この会に参加できたことが、本書第四部の図頼研究の出発点をなしている。棚田に溢れた〈山区〉高知の景観も、福建を研究する者に示唆を与えてくれた。

一九九七年四月から二年間、慶応義塾大学地域研究センターのプロジェクト「中国清代の国家と地域」に参加させていただき、代表の山本英史氏をはじめ、岸本美緒・片山剛・新宮学氏等から貴重な助言を賜った。

持井康孝氏および岩井茂樹氏からは、一九八一年秋、留学中の北京で知己を得て以来、今日まで言葉に表せないほどの御援助に与っており、それは拙論に対する批正から史料の照合や文献の入手にまで及んでいる。

史料との邂逅は、私にとって最も楽しく、心躍る瞬間であった。本書の史料的な出発点は、一九七六年に北海道大学東洋史研究室のマイクロ・リーダーを通じて接した許孚遠『敬和堂集』であるが、濱島先生には所持されていたマイクロ・フィルムの閲読を快くお許しいただいた。王簡庵『臨汀考言』は、傅衣淩先生の御研究によってはじめてその存在を知り、留学中に中国科学院図書館で部分的に抄写しただけであったが、全面的に利用することが可能になったのは森正夫先生の御援助の賜である。先生は私の無心を快諾され、御自身が所蔵されている景照本をお貸しくだされた。森先生にはまた、保甲制の論考(本書第三部第七章)を一九七九年に発表して以来、折に触れて御教示を仰いでいる。

本書の基底をなす史料群の大半は、わが国の国立公文書館(内閣文庫)・東洋文庫・静嘉堂文庫・尊経閣文庫・東京大学東洋文化研究所・京都大学人文科学研究所等、および中国の北京図書館(現中国国家図書館)・中国科学院図書館・福建省図書館・泉州市図書館・厦門市図書館・厦門大学図書館等で蒐集したものであるが、各機関の関係各位から多くの便宜を与えられた。一九八二年八月、猛暑の福州において、毎日通った福建省図書館で披閲した雍正『崇安県志』の中に、本書第一部第二章で紹介した抗租史料を見出したときの感動は、今でも鮮明に思い起こすことができる。

以上に記すことのできなかった方々を含めて、心から感謝の意を表したい。

本書の出版に際しては、日本学術振興会の平成十三年度科学研究費補助金(研究成果公開促進費)の交付を受けた。北海道大学図書刊行会の前田次郎氏には、大変な御尽力をおかけした。また校正では円子幸男氏に御世話いただいた。記して御礼を申し上げる。

最後に、私事にわたって恐縮であるが、自らの思う道を行くことに惜しみない援助を与えてくれた両親に感謝するとともに、いつも明るく私を支えてくれている妻ふみよに、本書を捧げることにしたい。

二〇〇二年一月十五日

三木　聰　識

三 木　聰（みき さとし）

1951 年　北海道に生まれる
1974 年　北海道大学文学部卒業
1980 年　北海道大学大学院文学研究科博士後期課程単位取得退学
現　在　高知大学人文学部教授・博士(文学)
著書・主要論文
『盗みの文化誌』(共著，1995 年，青弓社)
「清代前期福建農村社会与佃農抗租闘争」(『中国社会経済史研究』1988 年 2 期)，「明代の福建における魚課について」(『山根幸夫教授退休記念明代史論叢』上巻，1990 年)，「許孚遠の謀略——豊臣秀吉の「征明」をめぐって——」(『人文科学研究』 4 号，1996 年)

明清福建農村社会の研究

2002 年 2 月 28 日　第 1 刷発行

著 者　三 木　聰
発行者　佐 伯　浩

発行所　北海道大学図書刊行会
札幌市北区北 9 条西 8 丁目北海道大学構内(〒 060-0809)
tel. 011(747)2308・fax. 011(736)8605・http://www.hup.gr.jp

㈱アイワード／石田製本

ISBN 4-8329-6271-X

書　名

本書についてのご感想・ご意見

今後の企画についてのご意見

ご購入の動機

1書店でみて	2新刊案内をみて	3友人知人の紹介
4書評を読んで	5新聞広告をみて	6ポスターをみて
7DMをみて	8その他（　　）	

値段・装幀について

A　値　段（安　い　　普　通　　高　い）
B　装　幀（良　い　　普　通　　良くない）

郵便はがき

料金受取人払

札幌中央局
承認

25

差出有効期間
2003年12月31日
まで

0608787

札幌市北区北九条西八丁目
北海道大学構内

北海道大学図書刊行会 行

ご氏名 （ふりがな）		年齢　歳	男・女
ご住所	〒		
ご職業	①会社員　②公務員　③教職員　④農林漁業 ⑤自営業　⑥自由業　⑦学生　⑧主婦　⑨無職 ⑩学校・団体・図書館施設　⑪その他（　　　）		
お買上書店名	市・町　　書店		
ご購読 新聞・雑誌名			

索　引

［凡　例］

①「事項索引」「人名索引」「史料索引」は，ともに50音順に配列した。

②「史料索引」は撰編者名を括弧（　）内に，地方志等は刊行年号を亀甲〔　〕内に表記した。

③「史料索引」では，本文・註で用いた略称をそのまま表記した。書名と略称との対応関係は下記の通りである。

王肯堂箋釈（王肯堂）→ 箋釈
錦里黄氏家譜 → 家譜
康雍乾時期城郷人民反抗闘争資料 → 康雍乾
沙県志〔嘉靖〕→ 嘉靖志
沙県志〔康熙〕→ 康熙志
沙県志〔道光〕→ 道光志
沙県志〔民国〕→ 民国志
清代地租剝削形態 → 地租剝削
大清律例通考（呉壇）→ 通考

事項索引

あ 行

悪商　154, 157
悪俗　418
悪佃　255, 420, 421
安沙黠商　70, 102, 146, 162
委審　428
違制律　205, 210, 264
一条鞭法　282
一田三主制　21, 51, 190
一田両主制　30, 39, 42, 45, 49, 54, 58, 64, 189
市場町　121, 122, 129, 133
威逼　430, 432, 434, 462, 467, 468, 472, 477, 493, 494, 503, 511
威逼条適用の実態　466, 469
威逼人致死　426, 433, 439, 463, 464, 465, 470, 493
威力制縛人律　205, 211, 212, 213, 260, 267
駅伝銀　282
越訴　376, 377, 381, 382, 394, 402
〈越訴〉禁止　383, 384
越訴禁止規定　379
越訴の禁　378
沿海郷紳　293, 295
沿海郷紳層　294
塩商　142, 144, 309
煙田　47
押租　39, 45, 236
押佃所　201, 259

か 行

会　41, 296, 298, 301, 318
街　115, 124, 133
解銀　284
海商　309
海上密貿易　291
解忿　300, 301
火器　352, 355
学租　21
較斗　336, 337, 340
較桶之説　335
枷号　234, 248, 254, 256, 258, 259
嘉靖海寇反乱　288
枷責　255
活売　475
荷当　45
家兵　319
貨幣租　55
假命　443
花名清冊　176
架命図頼　409, 421
関　332
官員　210, 211
宦家　105
看験収割　226
甘薯　96, 111
甘蔗栽培　47, 48, 83, 109
監生　266
甘泉学派　316
勧息　393
奸佃　21, 255
頑佃　42, 188, 230, 243, 245, 255
奸販　70, 102, 152, 153, 154
奸販囤積　157
鬼　441, 482
徽賈　143
起耕　46
起埂銀　45
耆宿　396
耆宿制　362, 364, 395
寄荘戸　175, 176, 195
黠佃　36
起佃　246
起田　324
義田　20
絹織物業　82
覊舗　259
客商　78, 144, 145
義勇　347

122, 130, 133, 134, 160
399
205, 210, 211, 285, 290, 291, 293, 305
郷紳地主　105, 211
郷紳支配　2, 295, 318
郷紳支配論　2
郷紳・生監層　302, 303, 304, 309
郷紳的土地所有　278, 284, 315
郷紳の私兵　304
郷族　50, 56
郷村裁判　301, 364, 378, 390
郷村裁判システム　402, 403
郷地　72, 75
郷長　72, 250, 325, 329
強佃　255
「業佃相資」「業佃倶困」　22, 100
郷・都　370
共同体的制裁　319, 381, 385, 394
共同体的用益　173
供飯　195
郷兵　303, 352, 360
郷兵制　304
郷兵組織　332
郷保　72, 75, 324, 326, 329, 356
郷保条規　296
教民榜　365
郷約　72, 296, 322, 327, 328, 329, 356, 358, 390, 391, 404
郷約・保甲　356, 357
郷約・保甲制　7, 72, 279, 289, 295, 298, 301, 302, 305, 309, 315, 322, 389, 390, 392, 517
郷勇　335, 345, 347
郷練　75, 186, 325, 329, 356
郷老人制　362, 365, 366, 397
墟市　134, 141, 331
挙人　266
漁民　309
魚鱗底簿　176
魚鱗田冊　188
均役　283
衿監　205, 211
均田　283
均田均役法　282
均徭　281
均徭銀　282
経承　34
軽生　443, 478, 482, 495
軽生図頼　409, 416, 434, 463, 478, 496
刑部　237
原差　184, 242
健訟　393, 496
欠税覇耕　39, 250
欠租　18, 20, 66, 67, 190, 201, 218, 224
欠租追比　186, 191
減租闘争　49
現年里甲　280, 376, 397
広域流通圏　134
行営砲　355
鑛火器　355
豪牙・蠹戸　309
郷居地主　4, 173, 362, 388
郷居地主層　405
綱銀　281, 282
香菰客　142
耕作権　45, 65, 190, 191
公正　388, 400
抗税　35
江西商人　144, 145, 162
耿精忠の乱　64, 74, 321, 322, 332, 334, 335, 338, 343, 344, 348, 352, 356, 357
勾摂公事　405
硬秥　38
抗租　1, 2, 9, 13, 32, 47, 77, 106, 108, 113, 157, 167, 201, 226, 305, 409, 428, 443, 515, 516
抗租案件　230
抗租禁圧　248, 249, 252, 262
抗租禁止条例　5, 6, 10, 39, 49, 168, 184, 185, 192, 200, 201, 202, 207, 209, 210, 211, 212, 213, 214, 228, 231, 233, 237, 240, 244, 251, 256, 258, 260, 261, 262, 264, 265, 269, 517
抗租禁令　248
抗租・欠租　237, 242
抗租弾圧　186, 191
抗租取締　40, 71, 220
抗租の禁止　17, 168, 200, 207
抗租の時期区分　4
抗租の罪　206, 219, 221, 261, 268, 516
抗租の摘発・取締　28, 34
抗租覇耕　46

抗租覇産　45
抗租反乱　1, 37, 114
抗租風潮　40
黄通の抗租反乱　13, 25, 50, 330, 331, 334, 335, 343, 352
鑛徒　309
黄藤毒草　458
鈎吻　438, 500
高利貸資本　2, 19, 63, 67, 68, 101
穀主　19, 67
告状　440
五刑　380
呉建の乱　306, 320
孤魂　441, 482
戸婚・田土　299, 379
戸婚・田土の案　200, 216, 220, 251, 259, 261, 268, 376, 383, 385, 392, 394, 395
湖糸　82
棍徒　340

さ 行

細故　29, 220, 393
細事　71, 220, 221, 226, 228, 237, 242, 251, 252, 259, 261, 379, 517
財主　19
在地地主　278
在地地主層　302, 309
催辦銭糧　405
差役　29, 34, 178, 184, 242
沙県商人　146, 156
佐弐官　230
殺子孫及奴婢図頼人　432, 434, 444, 488, 517
山西商人　144, 162
三藩の乱　154, 321
産米地区　93
市　115, 122, 124, 130, 133, 134, 160
市儈　149, 153, 155
紙客　142
自警団　303
自殺の誘起　462
自殺誘起罪　493
師爺　182, 197
自新所　259
自尽人命　468
自尽図頼　459
死生観　434, 435, 441, 478, 482
地主制　199, 409, 518
地主制の発展　362
地主的市場　100, 106, 516
地主－佃戸関係　1, 199
地主－佃戸関係の解体　68, 71
地主－佃戸関係の変質　22, 100
邪教　306, 307
畬人　309
朱一貴の乱　172
重案　43
州県自理　432, 470
州県自理の案　200, 216, 221, 231, 255, 493, 506, 509, 510
重事　324, 376
重杖　223, 429
収贖　211, 428
収租　53, 66, 107
収租体制　201
収租簿　182, 426
収租枡　181, 186, 330, 335
十段法　281, 282, 317
十家牌法　293
主佃の分　209, 211, 267
筍客　142
順荘編里　196
順荘編里法　176
情　477, 485
上級市場と下級市場　134
商業区　123
商業・高利貸資本　13, 71, 101, 113
商業資本　68, 69, 101, 102, 103, 127, 142, 148, 149, 154, 155, 516
商業地理書　96
城居地主　67
杖刑　18, 227, 228, 254, 256, 258, 259, 261, 380
小事　221, 237, 242, 376, 377, 394, 402, 404
常識的衡平感覚　477
情状酌量　226, 432
小税主　22, 51
掌責　271
杖責　271
杖懲　271, 475
召佃　71
商品作物栽培　48, 49, 78, 84, 109, 515

小米田　128, 159
上游米販　149
情理　216, 221, 262, 470, 477, 493, 506, 510, 517
省例　258
蔗田　47
庶民地主　207, 211, 213, 260
胥吏　29, 34
新安商人　143, 144
紳衿　168, 205, 208
紳衿地主　207, 260
進庄礼銀　240
心性　478, 482
清朝の平和　355, 360
申報館　410
申明亭　367, 369, 370, 371, 374, 375, 383, 398
水碓　149, 154, 155, 156, 163, 516
税　51
生員　266
菁客　309, 320
生谷　66
旌善亭　367
青苗　66
青苗子銭　70, 103, 146
世界史の基本法則　1
責懲　248, 271
接耕批銀　39
浙東地主　362
遷界令　171, 194
前期的資本　68
前期的商人資本　113
占耕　246
千総　331
船碓　149, 150, 152, 153, 154, 155, 156, 516
秈稲　38
銭糧減免政策　37
銭糧蠲免・佃租減免政策　229
租　192, 198
蘇阿普の乱　124, 159
找価　475
挿花例銀　475
総小甲制　288
搶奪律　39, 251
搶麦　222
搶米　327
搶米風潮　112
搶米暴動　103, 309, 320
租棧　194, 201
訴状　440
租帖　426
租佃契　175, 178, 187
租桶　330
租簿　175
素封之家　100
阻米　108
阻米闘争　106, 112, 157, 516
村落自治　361

た　行

第一審　385, 390, 394
大家　105
題結の案　231
擡屍　434
大租権　190
大租主　22, 191
退佃　244, 245, 254, 260, 419, 420
退田　67, 188, 256
対佃完糧　176
台湾米　89, 110
他境　70, 102, 105, 106, 155, 156, 516
短見　482
短見自尽　506
断腸草　423, 438, 460, 496, 500, 501
団練　330, 335, 344, 346, 348, 349, 352, 356, 360
竹篦　399
竹篦・荊条　380
笞刑　228, 261, 380
笞・杖・枷号　200, 255, 259, 261
知数先生　182, 197
地碓　150
地丁銀制　168, 192
秩序意識　402, 443, 488, 505, 506, 509, 513, 517
地保　72, 75, 254, 322, 324, 329, 356, 358
地方　328, 329
地方公費　281
茶市　140
茶業　144
懲戒　214, 222, 225, 228
調解　387, 388, 391, 392, 393, 394, 401

調解機能　402
懲戒行為　218
調解行為　301
調解制度　402
懲戒的処分　227, 261, 429
長関　330, 331, 332, 335, 338, 356
長関之会　334
長関編牌冊　331
長関令　338
聴訟　369
鳥鎗　355, 360
聴断　387, 388
調停　300, 324, 325, 329
刁佃　242, 255, 414
徴比銭糧之例　184
長幼の序　381
賃批銀　39
追租局　194, 201
通行　205, 264
定額租　17, 196
定期市　129, 133
梯田　121, 159
丁料　282
鉄砲狩り　355
鉄砲狩令　355
佃戸　1, 13, 68, 105, 167
佃戸経営　2
佃戸の商品生産　48, 78
田根　41, 189, 197, 249
田根・田面　43
田主　66, 337
典商　144
靛青客　142
佃租　1, 38, 48, 85, 88, 100, 105, 154, 313, 412, 516
佃租形態　17
佃租追比　230
田底権　197
転佃　182
佃頭銀　21
伝統中国　6, 405, 443, 470, 487, 509, 510, 518
伝統中国社会　478, 502
伝統中国的法文化　493
佃頭糞土銀　191
転賠　71
田皮　189, 246, 249
田皮・田骨　30, 39, 42, 64, 245
田皮・田骨慣行　45, 65
佃変　1, 7, 25, 52, 335
田畝清冊　177
田面　197
田面権　3, 35, 41, 45, 64, 66, 182, 188, 189, 191, 197, 246, 249
桶　36, 53
盗耕種官民田律　270
当商　142
冬牲　114
稲田　47, 84
糖品客　142
鄧茂七の乱　114, 115, 123, 157
唐律　492
東林派　316
督糧庁　181, 184, 196
土豪　63, 66, 68, 69, 71, 73, 101
土棍　340
斗頭　335, 338, 340, 343, 356, 359
図頼　7, 17, 23, 409, 412, 414, 415, 420, 423, 426, 430, 433, 434, 436, 443, 445, 449, 451, 478, 487, 491, 492, 497, 500, 501, 506, 509, 517
図頼案件　470, 504, 508
図頼事件　424, 427, 430, 456, 475, 503
図頼と威逼　464
図頼の心性　441, 478
図頼の選択　435
図頼の目的　448
斗栳会　13, 25, 26, 195, 335
囤積　100, 149, 153, 155, 156
呑租　254
屯田　171
問屋制前貸　69, 71, 103, 111

な　行

二期作　105, 181
日常的抗租　3, 29, 49, 71
人情　216
認租　196
認租字　178, 196
認佃字　175
奴変　305
奴僕　17

農民闘争史研究　7

は 行

排鎗　355
牌頭　293
薄責　473
白昼搶奪　271, 491
白昼搶奪律　222, 272
薄懲　219, 271
白蓮教　306
葉煙草　84, 109
葉煙草栽培　84, 85, 88, 94, 141
罰穀　18
発展段階論　1
班館　259
反坐　219, 462, 508, 509, 510
飯米　88, 101
番米　89
販洋　171
必要的覆審制　379
皮田　188
批頭銀　236, 238
非身分性地主　207
平倉　327
風水　127
風水思想　152
不応為　439
不応為律　218, 261, 267
不応軽律　237
不応重律　205, 214, 234, 237, 238, 260, 426
不応律　214
布客　142
富戸　100, 147
誣告　466, 490, 503, 509, 511
誣告反坐　513
不告不理　376
福建商人　195
物資集散地　69, 114
賦は租より出づ　71, 184, 192, 193, 198, 248, 252
誣頼　492, 495
分益租　17, 226
吻腸草　455, 483
糞土銀　21, 35, 66, 182
糞土之例　66, 182
米牙　149, 153, 155
米穀移入　48, 55, 83, 89, 110, 515
米穀市場　100
米穀流通圏　69, 93, 94, 101, 153
米穀流通市場　71, 106, 516
米商　68, 69, 101
米典　74
方巾御史　364
剖断　380
棚民　163
包攬　190
剖理　369, 388
捕衙　185
保甲　293, 352
保甲制　179, 186, 191, 277, 278, 289, 291, 294, 295, 303, 304, 307, 309, 315
保甲組織　296, 332
保長　72, 75, 178, 186, 302, 303, 322, 325, 329, 358
本境　103, 104, 106, 107, 112, 516

ま 行

埋葬銀　432, 433, 434, 463, 468, 477, 478, 484, 493
埋葬銀両　426, 507
前貸　69, 70, 101, 156
明清社会経済史研究　1
明清律　409, 444, 491, 517
民壮銀　282
明律　492
無為教　306, 307
無常の鬼　482
無米　98
棉布業　82
木商　139, 142, 143
木籠　258

や 行

野葛　438, 500, 512
約　41, 296, 391
約正　296, 300, 302, 303, 391
約地　322, 327, 329, 356
約副　391
約保　72, 75
約保事宜　296
約練　178, 329, 356
柔らかな裁判　388, 394

游示　255
優免　285, 293
傭工　484
洋米　89

ら・わ　行

藍玉の獄　388
里　366, 369
里(図)　370
吏員　205
里甲制　4, 277, 286, 301, 361
里甲正役　281, 405
里甲制研究　278
里甲制体制　278, 289, 363
里甲制の解体　278, 315
里甲編成　279, 281
里社　368
里胥　365, 366, 397
里長　4, 279, 287, 299, 319, 397
里長・甲首　365
立枷　258, 259, 273
里班　176
流通市場圏　155
留養　440
留養処分　432
糧衙　184
量情責罰　381
糧長　319, 401
良田不如良佃(良田は良佃に如かず)　42, 53
糧捕庁　196
糧捕通判館　196
里老　404
里老人　4, 287, 298, 299, 365, 369, 376, 385, 386, 400, 404, 405
里老人戸層　364
里老人制　4, 277, 362, 364, 367, 369, 390, 392, 394, 395, 402, 403, 404, 405
里老人制研究　361
里老人制の裁判　377, 379, 385, 388, 394
里老人制の成立　363
練総　326, 329, 344, 347, 352
練長　347
練保　75
栳　197
老人　365, 405
老人制　405
爐商　142
和処　392

人名索引

あ 行

青山一郎　159
安部健夫　74, 89, 109, 110, 194
天野元之助　53, 109, 110, 111, 163, 194, 195, 263, 273
甘利弘樹　358
伊東智恵子　438
伊藤正彦　404, 406
井上　徹　396
今堀誠二　53, 272, 421, 437
岩井茂樹　404, 405, 406, 435
上田　信　404, 406, 436, 441, 443, 482, 510
臼井佐知子　405
内田智雄　482
浦　廉一　194
江原正昭　395
王毓銓　194
王澐　158
王瑛　466, 467, 484, 502, 504
王衛　325
王簡庵　85, 144, 185, 218, 219, 321, 322, 328, 329, 335, 338, 340, 356, 392, 393, 394, 423, 424, 426, 432, 438, 512
王企堂　272
王業鍵(Wang)　163
王桂金　422
王元　359
王賢徳　277, 316
王浩　337, 338
王行　388
王国脈　344
汪志伊　420
王式渙　204, 206
王紫綬　334, 335
区日振　291
王守仁　452
王承勳　452
王世懋　501
王相　177
汪曾垣　498
王坦　401
王亶　237
王廷掄　453, 454, 461, 483, 499, 508
王蓍　232
応宝時　258, 273
王猷　291
欧陽鐸　284
王陽明　293
王誉命　347
汪麗日　512
王連茂　13, 26, 50, 52, 358
大塚久雄　74
岡田武彦　320
岡田与好　74
荻生徂徠　444
奥崎裕司　263
奥村郁三　268, 380, 399
小畑行簡　444
小畑龍雄　317, 361, 363, 367, 395, 396, 398, 400
小山正明　2, 9, 50, 74, 108, 167, 193, 196, 222, 268, 273, 279, 281, 316, 317, 319, 320, 385, 398, 400, 435
鄂爾泰　242, 243
温茂彩　343

か 行

海瑞　459, 483
夏允彝　284, 285
何喬遠　105, 111
郭起元　109
郭璜　349
郭松義　108
郭世隆　336
片岡芝子　52, 159, 198
片山誠二郎　289, 317, 318
加藤　繁　397
華立　357, 358
川勝　守　195, 196, 279, 316, 320

顔希深　31, 53, 78
季概　283
魏金玉　213, 263, 265, 267
魏時応　64
岸本美緒　6, 10, 54, 112, 360, 391, 401, 484, 510, 511
夔舒　457
祁彪佳　17, 18, 216, 219, 222, 290, 474, 475, 485
丘崇　328
丘濬養　340, 342, 343
牛平漢　437
キューン(Kuhn)　360
許孚遠　5, 7, 14, 17, 18, 19, 192, 215, 291, 295, 297, 298, 299, 301, 303, 304, 305, 309, 313, 315, 316, 318, 320, 360, 389, 416, 447, 449, 453, 516
季濂　28
金学曾　291
草野　靖　271
虞上明　324
クラウス(Kraus)　110
栗林宣夫　277, 316, 317, 357, 361, 386, 395, 398, 400
黒木國泰　317
倪以瑞　471
経君健　204, 206, 213, 263, 264, 266, 269
景甦　263
厳瑞龍　457
乾隆帝　232, 234, 236, 237, 268
孔毓珣　202, 205
黄貽楫　40
江永隆　236
江拐仔　64, 74
洪煥椿　437
高咸臨　346
黄希憲　483
康熙帝　359
黄江　169, 170, 178, 179, 181, 182, 194
黄洪憲　24
香坂昌紀　108
黄氏　431, 432, 433, 477
黄錫時　172, 195
黄彰健　267, 271, 511
黄承玄　290, 295, 296, 298, 300, 302, 304, 317, 360, 436, 447, 453, 508
耿精忠　355
黄赤　331
洪堪　382
黄通　330, 331, 332
耿定向　72, 279, 291, 318
黄廷宥　18
黄濤　169, 194
黄日旭　171
洪武帝　367
黄謨　224
黄懋中　279
顧炎武　51, 378
小口彦太　263
呉建　306
呉宏　401, 472, 473
呉興祚　196, 348, 352, 355, 360, 505
呉済舟　345
呉在升　475
呉三鳳　333, 334
呉氏　452
小島晋治　168, 193, 263
小島淑男　194, 263, 273
呉守忠　437, 460, 484, 503, 504, 505
呉甡　65
呉震　252, 254, 272
呉世禎　224
胡宗憲　291
呉壇　209, 210, 266
小林一美　319
小林　宏　482
呉鳴羽　223
胡理源　185, 219
近藤秀樹　263

さ　行

崔涯　291, 319
蔡奇　183, 184
蔡献臣　20, 195, 287
蔡澍　272
斎藤史範　160
佐伯　富　357, 358
佐伯有一　108, 317
酒井忠夫　157, 277, 316, 318, 319
佐久間重男　108, 317
沙氏　452
沙相　452

佐藤邦憲　510
滋賀秀三　200, 216, 263, 264, 268, 269, 272, 273, 391, 399, 401, 432, 440, 441, 463, 470, 477, 484, 485, 511
重田　徳　2, 9, 111, 112, 168, 192, 193, 198, 200, 263, 264, 267, 269, 318, 319, 418, 437
斯守通　233
史正治　196
渋谷裕子　358
清水泰次　112, 159
謝騫　288, 291
謝肇華　254, 263, 272
謝朝庸　344
朱維幹　163
周遠廉　254, 263, 272
周検　328
周元功　347, 360
周作統　431, 477
周之夔　19, 67, 100, 309, 310, 312
周汝員　391
周人驥　233, 235
戎笙　263
周星会　431, 432, 433, 477
周祚　291
周立　290
朱紈　289, 290, 291, 293, 294, 295
朱元璋　362, 381
朱国禎　316
朱作鼎　467, 468, 470
朱士嘉　157
朱廷益　291
荘為璣　56
商為正　282
邵啓明　224
葉元省　319
葉高登　346
葉春及　291, 371, 374, 399
葉承遇　283
鍾正奇　428, 429, 430
葉世沾　183, 184
蕭大亨　483
鍾長　428, 429
蔣溥　457
葉夢珠　160
蔣良鼎　291
徐階　22
徐球　28
徐顕臣　291
徐弘祖　153
徐士林　325, 326, 357
徐大化　499
徐天胎　196, 197
徐鑒　484
白石博男　269
沈衍慶　430, 431, 432, 433, 440, 475, 477
任煥　187
沈五保　323
沈之奇　271
沈廷正　184
スキナー(Skinner)　160
鈴木智夫　197, 273
周藤吉之　269
盛顒　281
薛允升　208, 209, 210, 266, 492, 494
薛鋳　387
銭実甫　53, 196, 270, 272, 273, 437, 439, 483
曹盛玉　328, 329
相田　洋　320
宋武烈　324, 325
宋朋公　324
宋犖　438
即登　344
曾才漢　391
蘇纘轍　27
曾昇　27
曾添生　324
孫琬　421, 437
孫養正　291

た　行

戴一峰　160, 161
戴国煇　109
高崎美佐子　110
高塩　博　482
高瀬喜朴　444
高橋芳郎　198, 267, 362, 395, 399, 402, 492, 494, 511
武田雅哉　436
田尻　利　109
田仲一成　195
田中正俊　2, 9, 13, 50, 75, 108, 111, 157, 167, 193, 195, 263, 268, 317, 320

谷井陽子　404, 406
ダニエルズ，クリスチャン　163
谷口規矩雄　317, 357
段光清　436, 445, 446, 447
段汝霖　240
譚綸　291
チュアン(Chuan)　110
張偉仁　266
張英　53, 54
張延登　138
趙吉士　225, 226
張五緯　240, 242, 270, 419, 420, 434, 435, 482
趙弘恩　107
趙艮　384, 400
趙参魯　291
張志瀛　410
張之毅　164
張志棟　437, 453, 499
趙時用　290
趙申喬　427, 432, 440
趙挺　51
張米奴　324, 325
趙茂　226
張履端　290
趙良生　449, 453, 499
褚国祥　498
陳永賓　323
陳益生　342, 343
陳九昌　418
陳及霖　109, 157
陳仰達　323
陳謙吉　328, 329
陳光前　400
陳弘謀　107, 251, 252
陳国玉　237
陳国仁　237
陳在仁　18, 218
陳仕雅　417
陳松　152
陳汝咸　190
陳盛韶　42, 43, 461, 462, 484, 508
陳善行　291
陳文祥　473
陳万　234
陳有向　185, 219
陳連　473
陳和　234
鶴見尚弘　316, 320, 395, 396, 398, 402
程竇　291
鄭涵　267
丁継嗣　290
丁元薦　316
鄭国祉　475
丁日昌　258, 273, 448, 458
鄭宗周　55
鄭邦振　475
デナライン(Dennerline)　317
寺田隆信　162
寺田浩明　6, 10, 54, 270, 404, 406, 437, 485, 513
田文鏡　204, 205, 206, 207, 260, 264, 266, 456, 469, 470, 478
董応挙　20, 306, 307
鄧応韜　70, 104
陶煦　262
董啓太　324
鄧公瑾　425, 426
鄧公麟　425, 432
唐世涵　290
董遷儒　224
湯相　291, 466, 484, 500, 504, 505
鄧万献　185, 219
鄧茂七　114, 288
陶鎔　290
徳永洋介　492
徳福　31, 52, 78
屠敬泉　450
杜賢　473
屠瑞龍　450

な　行

中生勝美　441
中島楽章　400, 402, 405, 406
中道邦彦　356
中村茂夫　267, 271, 439, 463, 484, 511, 513
中谷　剛　320
中山美緒　54, 397
仁井田陞　53, 189, 197, 257, 263, 269, 273
西嶋定生　82, 109, 195
西村元照　51, 157, 196, 198
寧文龍　332

則松彰文　110

は　行

裴養清　75
パーキンズ(Perkins)　111
白賁　291
馬全十　307
濱島敦俊　4, 9, 10, 17, 39, 51, 53, 54, 193, 195, 197, 213, 221, 256, 263, 266, 267, 268, 271, 272, 285, 316, 317, 319, 320, 362, 395, 400, 401
林　和生　160
林田芳雄　111
潘鏊　291
潘思榘　74, 234
范承謨　317
万廷言　291
潘淮　401
日原利国　482
傅衣凌　7, 10, 13, 46, 50, 53, 54, 56, 109, 110, 111, 112, 159, 162, 163, 164, 319, 320, 335, 337, 358, 359
馮恒裕　106, 454
馮爾康　263, 264
傅国珍　24
傅氏　425, 426, 432
藤井　宏　9, 19, 51, 52, 55, 108, 110, 143, 162, 271, 320
藤沢弘昌　395
夫馬　進　318, 320, 404, 406, 440
巫宝三　164
布蘭泰　457
古島和雄　112, 316
文太青　223
房永清　188
方漢奇　436
龐尚鵬　282, 291
彭適　178
卜忠　223
細野浩二　317, 362, 363, 365, 366, 367, 375, 395, 396, 397, 399
堀込憲二　158

ま　行

前迫勝明　396
前田勝太郎　46, 54, 109, 111, 160, 162, 163, 270, 320
松浦　章　108
松本善海　277, 316, 317, 319, 357, 361, 363, 365, 366, 367, 375, 380, 395, 396, 397, 398, 399
丸尾常喜　485
三浦国雄　159
水野正明　110
宮崎市定　157, 195
宮崎一市　168, 193, 263, 269
宮嶋博史　360
宮田道昭　108
村松祐次　194, 197, 263
メイジャー　410
目黒克彦　357
毛阿馮　428
毛玉鼎　428, 429, 430, 432
毛殿颺　497, 498
毛文銓　184
毛良　428, 429, 430, 432, 440
持井康孝　438
森田　明　163
森　正夫　3, 5, 6, 9, 10, 13, 50, 51, 52, 53, 54, 56, 187, 192, 195, 197, 198, 263, 268, 269, 271, 272, 316, 320, 330, 358, 395, 397, 410, 421, 436, 437, 438, 443, 482, 512

や　行

安野省三　316, 319, 436
山田秀二　277, 316, 318, 357
山根幸夫　157, 281, 316, 317, 318, 398
山本英史　9, 266
雅爾図　441, 479
熊士逵　20, 51
熊人霖　320
游典　349
兪永清　327
兪士悦　384
楊一豹　64, 74
楊一鳳　360
陽思謙　290
雍正帝　204, 205, 206, 207, 208, 209, 264
楊葳　227, 228, 417
余興安　396, 397

ら 行

頼高鼻　328
頼志福　329
頼謝氏　323
頼発子　323
羅其熊　154, 164
羅拱辰　507, 508
駱騤曾　291
羅啓碩　425
羅日賓　425, 426
羅日光　37
羅蓮善　154
羅連富　236
羅崙　263
李愷　280, 281
李巨鰲　226
陸偁　291
陸道亨　450
李元璂　498
李元陽　281, 317
李思寅　498
李士衡　347
李士禎　456, 464
李之芳　223, 224, 470, 471, 485
李侍問　291
李祥　331
李世熊　331, 332, 343, 352, 359
李成林　453, 499
李殿図　40, 148
李抜　98
李文治　168, 193, 263
李鵬年　110
劉永成　55, 196
柳華　288
劉思問　291
劉子揚　439
龍遂　294
劉兆麒　505
劉鳳雲　74, 356
李友蘭　331
梁鼐　359
凌燽　245, 246
呂華　347
逯英　244, 245, 479, 485
呂坤　214
呂老七　471
呂老尚　471
林永泰　454
林希元　279, 294
林憲度　218
林祥瑞　52
林章甫　340
林和　29
黎士弘　332
黎天祚　291
郎廷棟　427, 433, 440
盧象昇　360
魯迅　485
盧崇興　222, 223, 449, 483

史料索引

あ　行

安海志〔康熙〕　80
安義県志〔同治〕　440
安渓県志〔乾隆〕　105, 197
安渓県志〔康熙〕　105
按呉親審檄稿(祁彪佳)　222
一統路程図記(黄汴)　95
雲霄庁志〔嘉慶〕　41
永安県志〔道光〕　46, 77, 80, 82, 87, 97, 111, 142, 145, 150, 151
永安県志〔雍正〕　80, 158, 161, 162, 163, 346, 360
永春県志〔嘉靖〕　80, 369
永春州志〔乾隆〕　347, 360
永定県志〔乾隆〕　37, 38, 80, 86, 109, 250, 357, 438, 501, 513
永定県志〔道光〕　42
永定県志〔民国〕　54, 86
閲世編(葉夢珠)　160
燕支蘇氏族譜　26
弇州山人四部稿(王世貞)　284
烟譜(陸耀)　87
延平府志〔嘉靖〕　149, 150, 153, 158, 163
延平府志〔順治〕　90
王肯堂箋釈(王肯堂)　464, 466, 490, 510
憶記(呉甡)　65

か　行

槐卿政績(沈衍慶)　430, 440, 475
海瑞集(海瑞)　459, 483
介石堂集(郭起元)　90, 109
海澄県志〔康熙〕　87, 90
海澄県志〔崇禎〕　290
岳州府志〔弘治〕　396
雅公心政録(雅爾図)　441, 478
嘉興府志〔康熙〕　268, 483
嘉興府志〔万暦〕　52
嘉靖志　121, 133, 134, 135, 158, 163
嘉定県志〔万暦〕　364
家譜　170, 171, 172, 194, 195
皖臬政紀(朱作鼎)　467
贛県志〔乾隆〕　334, 358
寒支初集(李世熊)　360
寒支二集(李世熊)　164
贛州府志〔同治〕　440
漢書　366
広東通志〔道光〕　270, 485
帰化県志〔万暦〕　158, 358
徽州府志〔弘治〕　373
棄草文集(周之夔)　19, 68, 90, 93, 100, 147, 163, 309
祁忠恵公日記(祁彪佳)　290
宮中檔雍正朝奏摺　90, 184, 197
鏡湖自撰年譜(段光清)　436, 445, 482
教民榜文　298, 300, 316, 361, 362, 363, 365, 366, 367, 368, 370, 371, 374, 375, 376, 379, 380, 381, 382, 383, 385, 386, 389, 394, 395, 397, 398, 399, 402, 403
玉華堂集(趙弘恩)　107
棘聴草(李之芳)　223, 470
金華府志〔康熙〕　268, 485
錦里黄氏家譜　169
恵安県志〔嘉慶〕　46, 500, 512
恵安県志〔嘉靖〕　387, 388, 400
恵安政書(葉春及)　371, 374
刑科題本〔乾隆〕　75, 183, 185, 186, 196, 231, 234, 323, 325, 357, 401
刑台法律　463, 465, 484, 491, 511
啓禎野乗(鄒漪)　268
刑部奏議(蕭大亨)　451
涇陽張公歴任岳長衡三郡風行録(張五緯) 240, 270, 419, 435, 437, 485
敬和堂集(許孚遠)　14, 75, 90, 192, 196, 215, 290, 295, 303, 313, 319, 320, 389, 416, 447, 484
元史　492, 511
建寧県志〔乾隆〕　35, 496, 512
建寧県志〔民国〕　55
建寧府志〔康熙 22〕　290

建寧府志〔弘治〕　372
建寧府志〔万暦〕　24
建陽県志〔万暦〕　23, 24, 25, 52, 64, 164, 498, 512
元和唯亭志〔道光〕　256
江陰県志〔道光〕　272
興化府志〔弘治〕　80, 398
孝感県志〔康熙〕　414, 415
孝感県志〔光緒〕　436
康熙志　115, 117, 119, 121, 122, 124, 128, 130, 131, 133, 134, 135, 136, 137, 139, 140, 141, 143, 158, 159, 160, 164
康熙朝漢文硃批奏摺彙編　359
広志繹(王士性)　90
交城県志〔康熙〕　268
江蘇山陽収租全案(李程儒)　255, 272, 410, 421, 422, 437
江蘇省明清以来碑刻資料選集　272, 437, 483
江蘇省例　257
江蘇省例続編　257
光沢郷土志略〔光緒〕　86
光沢県志〔乾隆〕　74
光沢県志〔康熙〕　290
光沢県志〔光緒〕　451, 496, 512
皇朝文献通考　207, 264
耿天台先生文集(耿定向)　72, 279, 290
洪塘小志〔民国〕　75
寇変紀(李世熊)　331, 358
寇変後紀(李世熊)　331, 332, 343, 358, 359
康雍乾　269, 272, 359
康雍乾時期城郷人民反抗闘争資料　112, 197, 231
国朝献徴録(焦竑)　484
呉県志〔崇禎〕　386
呉江志〔弘治〕　369
固始県志〔嘉靖〕　369
姑蘇志〔正徳〕　401
古田県志〔万暦〕　80, 290
胡南省例成案　238, 418, 457
湖南通志〔嘉慶〕　270
崑新両県続修合志〔光緒〕　437

さ　行

崔筆山文集(崔涯)　290
沙県志〔嘉靖〕　114
沙県志〔康熙〕　114, 116, 118, 125, 155, 290, 346, 360
沙県志〔道光〕　112, 114
沙県志〔民国〕　114
三山志〔淳熙〕　512
示我周行(頼盛遠)　95
資治新書(李漁)　223, 268
紙上経綸(呉宏)　401, 472
士商要覧(儋漪子)　95
実政録(呂坤)　267
支那省別全誌　111, 158, 161, 162
重囚招冊　336, 359
秀水県志〔万暦〕　3, 4, 5, 6, 9, 14, 24, 52, 221, 516, 517
守禾日紀(盧崇興)　196, 222, 449
寿寧待志〔崇禎〕　145
硃批奏摺　112
順昌県志〔正徳〕　496, 497, 512
詔安県志〔康熙〕　290
上杭県志〔乾隆 18〕　37, 80, 86, 90, 357
上杭県志〔乾隆 25〕　498, 512
松江府志〔正徳〕　198, 373
松江府志〔崇禎〕　198
商賈便覧(呉中孚)　86, 95
漳州府志〔乾隆〕　34, 81, 82, 90, 196
漳州府志〔康熙〕　80, 83, 87, 109, 196, 497, 512
漳州府志〔光緒〕　54
漳州府志〔崇禎〕　21, 22, 34, 87, 290
漳州府志〔万暦〕　281, 290, 300, 317, 390, 391, 484, 507, 513
饒州府志〔同治〕　440
常熟県志〔嘉靖〕　397
商程一覧(陶承慶)　95
邵武県志〔咸豊〕　187
邵武府志〔乾隆〕　74, 86, 111, 186, 346, 360
邵武府志〔天啓〕　55, 80, 90, 138, 318
邵武府続志〔康熙〕　496, 497, 512
徐雨峰中丞勘語(徐士林)　325, 357
漳浦県志〔康熙〕　190, 286, 288, 290
将楽県志〔弘治〕　372
将楽県志〔万暦〕　371
徐霞客遊記(徐弘祖)　153
慈利県志〔万暦〕　400
晋江県志〔乾隆〕　87, 90, 290
晋江県志〔道光〕　80

晋江県志〔民国〕　56
清高宗実録　268
清史稿　266, 268
清史資料　358, 359
新昌県志〔万暦〕　401
清世宗実録　202, 263
清代地租剝削形態　75, 197, 231
清代土地佔有関係与佃農抗租闘争　357
申報　273
瑞州府志〔正徳〕　369, 372
崇安県志〔嘉慶〕　80, 162
崇安県志〔康熙〕　30, 57, 64
崇安県志〔雍正〕　31, 57, 77, 249
崇相集(董応挙)　20, 306, 320
清遠県志〔光緒〕　242
誠求録(逯英)　244, 479
世経堂集(徐階)　52
西江視臬紀事(凌燽)　245
西江政要　420, 437
清白堂稿(蔡献臣)　20, 195, 287
清流県志〔嘉靖〕　372, 396, 398
清流県志〔康熙〕　70, 75, 102, 111, 145, 162, 516
箋釈　491, 511
泉州張鎔鬮書　55
泉州府志〔乾隆〕　33, 52, 87, 195, 290
泉州府志〔万暦〕　3, 6, 14, 20, 46, 48, 53, 81, 90, 110
泉南雑志(陳懋仁)　55, 109
僊遊県志〔乾隆〕　87, 196
蒼霞餘草(葉向高)　290
総制浙閩文檄(劉兆麒)　505, 513
総督両河宣化録(田文鏡)　264
租覈(陶煦)　197, 262, 273

た　行

大清会典〔雍正〕　213
大清会典事例〔嘉慶〕　265, 266
大清会典事例〔光緒〕　264, 265
大清会典則例〔乾隆〕　264, 265
大清律集解附例〔雍正〕　193, 199
大清律輯註(沈之奇)　211, 271, 491, 511
大清律例〔乾隆〕　209, 357
大清律例按語　210, 267, 444, 491, 511
大清律例全纂集成(王又槐)　271
大清律例通考(呉壇)　209, 264, 439, 440, 463, 511
泰寧県志〔乾隆〕　496, 512
太平県志〔嘉靖〕　390
大明一統志〔万暦〕　373
大明律直解　399
大明律附例註解(姚思仁)　214, 488, 491, 510, 511
大明律例諺義(高瀬喜朴)　444
泰和県志〔光緒〕　440
沢州府志〔雍正〕　356
託素斎文集(黎士弘)　332, 358
譚襄敏公奏議(譚綸)　290
耻躬堂文集(王命岳)　90
地租剝削　269, 357, 401
籌海図編(鄭若曾)　90
中国科技史資料選編　163
中国近代経済史統計資料選輯(厳中平)　55
中国民商事習慣調査報告録　270
趙恭毅公自治官書(趙申喬)　427, 439, 440
澄江治績続編　252, 272
長泰県志〔乾隆〕　87
長楽県志〔乾隆〕　437
長楽県志〔崇禎〕　104, 110, 284, 285
長楽県志〔同治〕　416
長楽県志〔民国〕　437
直隷郴州総志〔嘉慶〕　227, 417
直隷郴州総志〔乾隆〕　268
通考　266, 267, 269, 270, 271
汀州府志〔嘉靖〕　161
汀州府志〔乾隆〕　36, 344, 356, 359, 438
汀州府志〔崇禎〕　90, 290
定例成案合鐫〔康熙〕　229
定例類鈔(黄文煒)　230
天下郡国利病書(顧炎武)　51
天下路程(陳舟士)　95
点石斎画報　410, 415, 433, 436
同安県志〔乾隆〕　34, 87, 90, 96
同安県志〔康熙〕　26, 29, 34, 51, 90, 220
道光志　137, 141, 145, 150, 156
登州府志〔順治〕　268
唐明律合編(薛允升)　511
篤素堂文集(張英)　53
読例存疑(薛允升)　208, 267
図書編(章潢)　306, 318
庉村志〔順治〕　385, 386

な　行

南安県志〔康熙〕　279
南栄集文選(熊人霖)　320
南靖県志〔万暦〕　495, 512
南村随筆(陸廷燦)　163
南平県志〔嘉慶〕　80, 87, 144, 147, 160, 161, 317
二希堂文集(蔡世遠)　90
日知録(顧炎武)　377
寧化県志〔康熙〕　86, 143, 144, 317, 359, 498, 512
寧化県志〔民国〕　337, 359
寧徳県志〔乾隆〕　290
寧洋県志〔康熙〕　86
農政全書(徐光啓)　195

は　行

培遠堂偶存稿(陳弘謀)　107, 112, 251
八閩通志(弘治)　82, 108, 290
半軒集(王行)　388
范忠貞公集(范承謨)　317
毗陵志〔成化〕　373
閩県郷土志〔光緒〕　160
閩雜記(施鴻保)　139, 161, 162
閩書〔崇禎〕　80, 90, 283, 285, 290, 484, 495, 511
閩政領要(徳福・顔希深)　31, 37, 52, 55, 68, 78, 79, 90, 91, 92, 94, 97, 110, 137, 146, 160, 161
閩都記(王応山)　74
閩部疏(王世懋)　160, 161, 163, 501, 504, 513
閩遊紀略(王澐)　158
福安郷土志〔光緒〕　86
福安県志〔万暦〕　23, 416
福恵全書〔和刻本〕　444, 482
福州府志〔乾隆〕　51, 74
福州府志〔万暦 24〕　74
福州府志〔万暦 41〕　90, 109, 317
福清県志〔康熙〕　80
福寧府志〔乾隆〕　98, 110, 111
撫江撫粤政略(李士禎)　456, 464
撫呉檄略(黄希憲)　483
撫呉公牘(丁日昌)　448, 459
福建事情実査報告　53, 159
福建省農村経済参考資料彙編(傅家麟)　53
福建省例　65, 74, 106, 189, 248, 454, 516
福建全省地輿図説　132
福建通志〔康熙〕　317, 356
福建通志〔道光〕　55
武定州志〔嘉靖〕　396
武備志(茅瑞徴)　360
撫閩文告(呉興祚)　176, 196, 348, 353, 360, 505, 513
武平県志〔康熙〕　437, 449, 453, 484, 499, 508, 512
撫豫宣化録(田文鏡)　456, 469, 478
平和県志〔康熙〕　80, 87, 194, 196, 197, 281, 282, 290, 319
碧山学士集(黄洪憲)　52
甓餘雑集(朱紈)　290, 294, 318
便民図纂　195
鳳池林氏族譜　29, 52
牧愛堂編(趙吉士)　225
浦城県志〔嘉慶〕　42, 498, 512
浦城県志〔乾隆〕　27, 52
浦城県志〔光緒〕　52, 87
莆田県志〔乾隆〕　55, 110
莆陽讞牘(祁彪佳)　17, 18, 51, 216, 474, 485

ま・や　行

明英宗実録　383
明季北略(計六奇)　138
明憲宗実録　383
民国志　133, 134, 135, 139, 140, 161, 164
明史　483
明神宗実録　290, 319, 484
明清蘇州農村経済資料(洪煥椿)　437
明世宗実録　290
明宣宗実録　399
明太祖実録　363, 368, 378, 382, 396, 397, 399
明督撫年表(呉廷燮)　483
明律国字解(荻生徂徠)　444
明律集解附例　270
盟鷗堂集(黄承玄)　290, 296, 437, 447, 484, 508, 513
名公書判清明集　483, 494, 511
木棉譜(褚華)　82
問俗録(陳盛韶)　42, 43, 54, 461, 484, 508, 513

尤渓県志〔崇禎〕　290
雍正上諭　202, 204, 211, 264
抑斎介山集（李愷）　280

ら 行

萊陽県志〔康熙〕　268
楽清県志〔永楽〕　369, 373
羅浮石洞葉絅斎先生文集（葉春及）　290, 398
蘭陽県志〔嘉靖〕　397
吏垣史書　206
李煦奏摺　90
李石渠先生治閩政略（黄貽楫）　40, 148
吏部処分則例〔乾隆〕　265
吏部処分則例〔雍正〕　265
龍巖県志〔嘉靖〕　290, 466, 484, 500, 502, 503, 512
龍巖県志〔康熙〕　86, 109, 437, 459, 484, 503, 513
龍巖州志〔乾隆〕　349, 360
龍巖州志〔道光〕　45, 80, 86
龍渓県志〔嘉靖〕　22, 23
龍渓県志〔乾隆〕　80, 87, 317
龍渓県志〔康熙〕　80, 87, 90, 196
両浙海防類考（謝廷傑）　290
林次崖先生文集（林希元）　279
臨汀考言（王簡庵）　85, 90, 110, 144, 162, 185, 218, 321, 326, 335, 336, 337, 338, 340, 356, 357, 358, 359, 392, 423, 424, 438, 439, 461, 483, 512, 513
連城県志〔康熙〕　499, 512
六合県志〔嘉靖〕　400
路程要覧（寉亭子）　95